水力尾矿库贮灰场坝渗流变形与地震响应力学特性研究

芮勇勤　宁　珂　戚晓东　编著

东北大学出版社

·沈　阳·

图书在版编目（CIP）数据

水力尾矿库贮灰场坝渗流变形与地震响应力学特性研究 / 芮勇勤，宁珂，戚晓东编著. — 沈阳：东北大学出版社，2024. 1

ISBN 978-7-5517-3502-5

Ⅰ. ①水…　Ⅱ. ①芮…　②宁…　③戚…　Ⅲ. ①尾矿坝—渗流力学—研究②尾矿坝—地震反应分析—研究　Ⅳ. ①TD926. 4

中国国家版本馆 CIP 数据核字(2024)第 033862 号

内容摘要

针对我国水力尾矿库贮灰场数量庞大，发生较为恶劣的一些常见灾害问题，确保其能够体现出较强的安全性和稳定性效果，具有较强的工程实践。为此，进行了尾矿库贮灰场研究总结归纳与动力响应研究。基于有限元流固耦合理论分析方法与实际工程反演，建立并形成水力尾矿库贮灰坝渗流防治工程措施，分析得出水力尾矿库贮灰坝渗流变形控制方案及坝型。确定了水力尾矿库贮灰坝渗流变形事故处理方式，在水力尾矿库贮灰坝上游封堵渗漏人口，在水力尾矿库贮灰坝下游采取导渗和滤水措施，使渗水在不带走土体颗粒的前提下迅速地排出。继而开展了不透水振冲碎石桩基+渗沟+减压井排水库坝、不透水棱体+褥垫排水库坝、不透水混凝土面板土石坝+土工筋带库坝、不透水混凝土面板土石坝+土工筋带+减压井排水库坝、不透水棱体褥垫+塑料排水板井排水库坝、不透水褥垫渗沟+减压井排水库坝、不透水排渗+导水钢管水力尾矿库贮灰场流固耦合动力特性、不透水土工筋带水利尾矿库贮灰场混凝土拱坝流固耦合动力特性。针对不透水水力尾矿库贮灰场渗流变形特性分析，进一步开展不透水土工筋带水利尾矿库贮灰场流固耦合动力特性分析，揭示了不透水水力尾矿库贮灰场渗流变形特性及其规律，为避免水力尾矿库贮灰场渗流变形事故提供处理措施，能为同类工程提供借鉴。

出 版 者：东北大学出版社
地址：沈阳市和平区文化路三号巷 11 号
邮编：110819
电话：024－83680176（总编室）　83687331（营销部）
传真：024－83680176（总编室）　83680180（营销部）
网址：http://www.neupress.com
E-mail: neuph@neupress.com
印 刷 者：辽宁一诺广告印务有限公司
发 行 者：东北大学出版社
幅面尺寸：185 mm×260 mm
印　　张：22. 75
字　　数：582 千字
出版时间：2024 年 1 月第 1 版　　印刷时间：2024 年 1 月第 1 次印刷
责任编辑：郎　坤　　责任校对：潘佳宁
封面设计：潘正一　　责任出版：唐敏志

ISBN 978-7-5517-3502-5　　定　价：98. 00 元

前　言

针对我国水力尾矿库贮灰场数量庞大，易发生较为恶劣的一些常见灾害问题，为提高水力尾矿库安全性和稳定性，开展渗流变形防治与地震响应相关研究意义重大，具有较强的工程实践性。

首先，概述了本书研究的背景、目的和意义，对国内外尾矿库贮灰场稳定性、渗流、动力特性、变形破坏监测与防治、灾害预警方法、溃坝灾害应急准备、安全管理与标准规范研究现状以及流固耦合分析机理与方法进行综述。提出我国溃坝灾害防控存在的主要问题是：中小型尾矿库比例高，灾害防控基础薄弱；监测系统稳定性差，缺乏有效管理维护；灾害预警模型准确度低，新方法缺乏实践验证；应急措施制定与评价不规范，理论支撑不足。认为我国溃坝灾害防控研究应注重5个方面，即科学划分尾矿库安全等别，规范主体变更程序；传统监测设备研发升级及新兴技术交叉应用；提高灾害预警精度，缩短预警响应时间，并建立完善应急联动机制；尾矿库灾害防控基础知识的普及宣传；正视事故原因，积极总结教训。

其次，介绍了非饱和渗流特性理论与本构模型理论分析方法。重点介绍了摩尔-库仑模型、土体硬化模型、小应变土体硬化模型和胡克-布朗模型，并基于塑性理论对典型本构模型进行了比较；介绍了有限元强度折减、极限平衡法与地震响应分析方法。

再次，根据水力尾矿库贮灰场坝溃坝事故实例，分析了溃坝的5个主要原因，即洪水、坝体失稳、渗流渗漏、地震液化、坝基沉陷，重点对火谷都尾矿库溃坝、镇安黄金矿业尾矿库溃坝进行仿真模拟，根据断面图建立二维有限元模型，进行了稳定性分析。介绍了水力尾矿库贮灰场的选择与规划。对太平沟贮灰场渗流破坏与加固排水进行了仿真模拟。

复次，简述了水力尾矿库贮灰场渗流场基本理论和基本分析方法，围绕水力尾矿库贮灰坝渗流防治工程中的排渗、抗渗与渗流变形处理措施以及防治工程实例，总结分析得出水力尾矿库贮灰坝渗流变形控制方案及典型坝型，共有8种情况，即基本型、下游褥垫排渗措施、下游棱体排渗措施、下游褥垫疏干排水+黏土心墙防渗措施、黏土心墙防渗措施、灌浆帷幕防渗措施、上游黏土心斜墙防渗措施、上游防渗褥垫铺盖+黏土心斜墙防渗措施。

又次，依据水力尾矿库贮灰场渗流变形控制典型工程，选择代表性的6种不透水库坝、2 种不透水/透水分区库坝、3 种透水库坝，进行了水力尾矿库贮灰场渗流变形特性研究，包括几何与有限元模型、渗流分析、渗流变形分析、渗流变形破坏（有限元强度折减）分析、渗流变形典型曲线特性分析，揭示了水力尾矿库贮灰场渗流变形特性及其规律，为避免水力尾矿库贮灰场渗流变形事故提供思路。

最后，在建立地震响应分析原理与方法、有限元数值模拟模型及其相关参数的基础上，选取 2 种典型的不透水库坝、2 种典型的不透水/透水分区库坝、4 种典型的透水库坝工程，进行了流固耦合弹塑性数值模拟分析，以及流固耦合动力特性数值模拟分析，包括变形网络，总应变矢量，总剪应变，总速度矢量，总加速度，相对剪切应力比，破坏区分布，特征点位移、速度和加速度历时曲线。

《水力尾矿库贮灰场坝渗流变形与地震响应力学特性研究》是由宁珂总工程师提供依托工程资料，同时借鉴《水力贮灰场溃坝渗流变形与地震响应力学特性研究》及中国建设者、科研人员工程实践经验，由芮勇勤教授、戚晓东研究生、安月研究生等开展专门研究汇总撰写，在此深深地感谢同行专家学者们给予的技术支持与指导。

编著者

2023 年 6 月

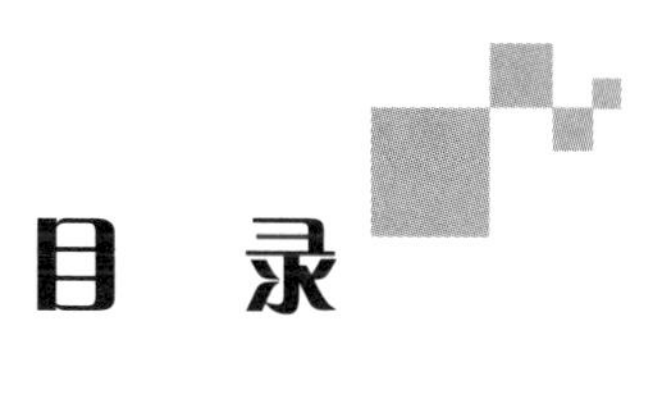

目 录

第1章　绪　论

矿产资源的开发在人类文明发展的过程中占据了相当大的比重，人类生活当中的工业消费品绝大多数是由矿物原料生产和加工出来的。我国矿产资源的开发有悠久的历史，矿产资源的需求量还在呈不断上升的趋势，资源开发规模也在逐渐加大，使得尾矿的产出量不断增加；为了安全管理好这些尾矿，减少对周边的环境和人员安全的影响，尾矿库的合理修建和运行就显得十分重要。

我国水力尾矿库贮灰场的数量比较庞大，是尾矿库的重要组成部分，必须需要高度关注，尤其是对于一些易引发较为恶劣的重特大灾害问题的水力尾矿库贮灰场，更是需要加强控制，确保其安全性和稳定性。

1.1　研究背景

尾矿库在以往的实际应用过程中，因为地质灾害问题的出现产生的损失是比较大的，甚至会对周围人民生命财产安全产生威胁和较大侵害，因此需要切实地围绕尾矿库的安全，做好相应预防控制工作，尽量减少地质灾害问题的发生（见图1.1）。

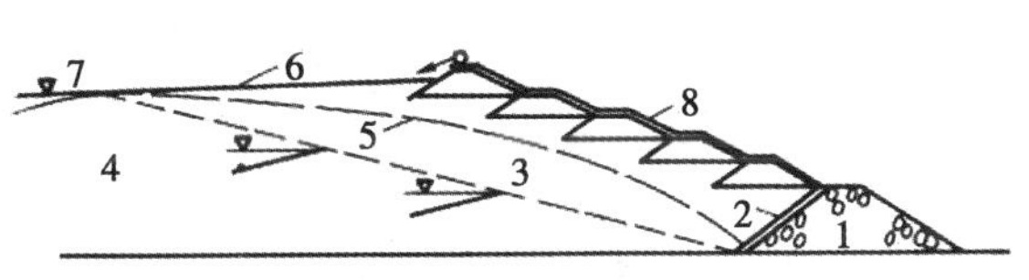

图1.1　露天矿场与上游法尾矿充填库坝

1—初期堆石坝；2—反滤层；3—沉积尾砂；4—泥沙；5—浸润线；6—尾砂沉积滩；7—水位；8—植被保护层

贮灰场是燃煤发电厂的主要生产设施之一，用来存放燃煤发电厂排出的粉煤灰和炉渣。按除灰方式不同，贮灰场可分为水力贮灰场和干式贮灰场。在我国，水力贮灰场的应用比较广泛，起步也比较早，在设计、施工、运行过程中积累了大量的经验。水力贮灰场是通过在山谷、冲淘内筑坝，或在平地、滩涂上圈地筑坝等方式形成具有一定容积、可用来存放粉煤灰和炉渣的场地。贮灰场通常包括灰坝、排洪系统、排灰水系统、除灰管道、灰水回水系统、管理站等建（构）筑物（见图1.2）。

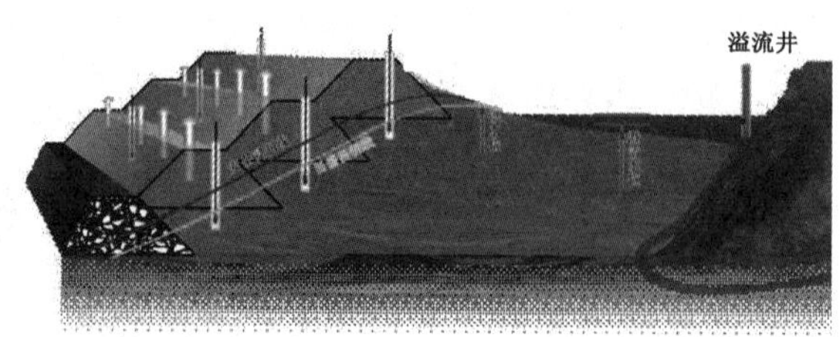

图 1.2　电厂与上游法贮灰场和监控设施

我国尾矿库贮灰场应用管理中遇到的各类灾害问题，其危害比较大，类型也相对较多，对于尾矿库贮灰场的影响是多方面的，其中较为突出的影响有渗漏、滑坡、崩塌以及泥石流等。对于尾矿库贮灰场在运营中遇到的渗漏、滑坡、崩塌以及泥石流等各类灾害问题，需要结合灾害的成因进行具体防控，以提升其最终规避防治效果(见表 1.1 及图 1.3 和图 1.4)。

表 1.1　尾矿库贮灰场发生的灾害事故

序号	时间	灾害事件	后果
1	2008. 9. 8	襄汾溃坝	死亡 281 人
2	1962. 9. 26	火谷都溃坝	死亡 171 人
3	1985. 8. 25	牛角垄溃坝	死亡 49 人
4	2000. 10. 18	南丹鸿图溃坝	伤亡 84 人
5	1994. 7. 13	大冶铜矿溃坝	死亡 28 人
6	2007. 11. 25	鼎洋溃坝	伤亡 53 人
7	2006. 4. 30	镇安黄金矿业溃坝	伤亡 22 人

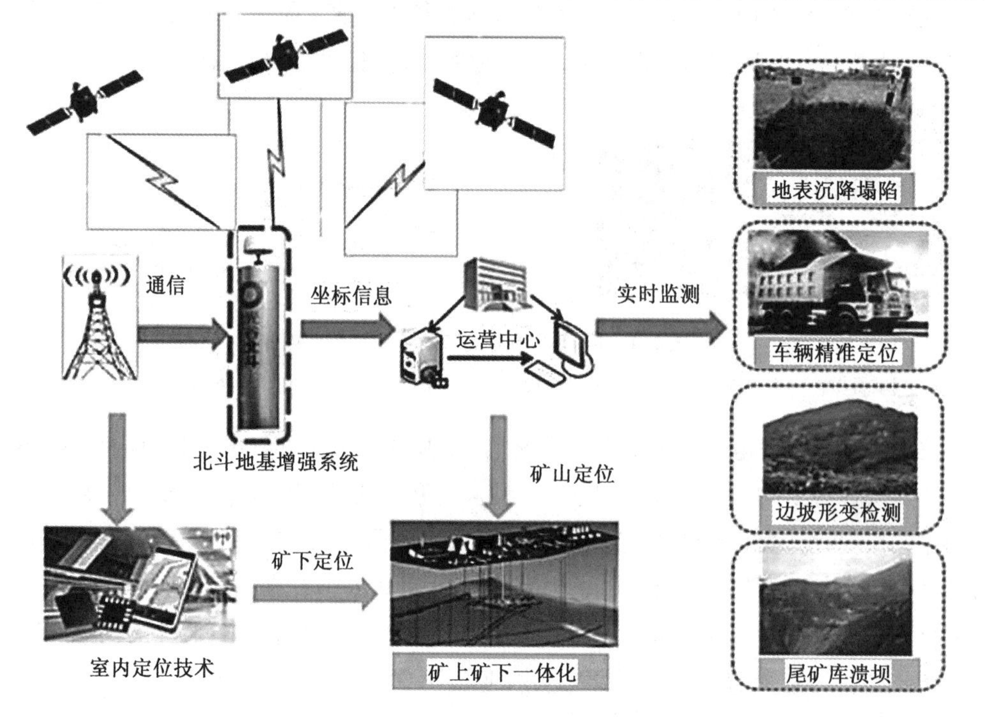

图 1.3　基于北斗智慧矿山尾矿库贮灰场管理结构模块图

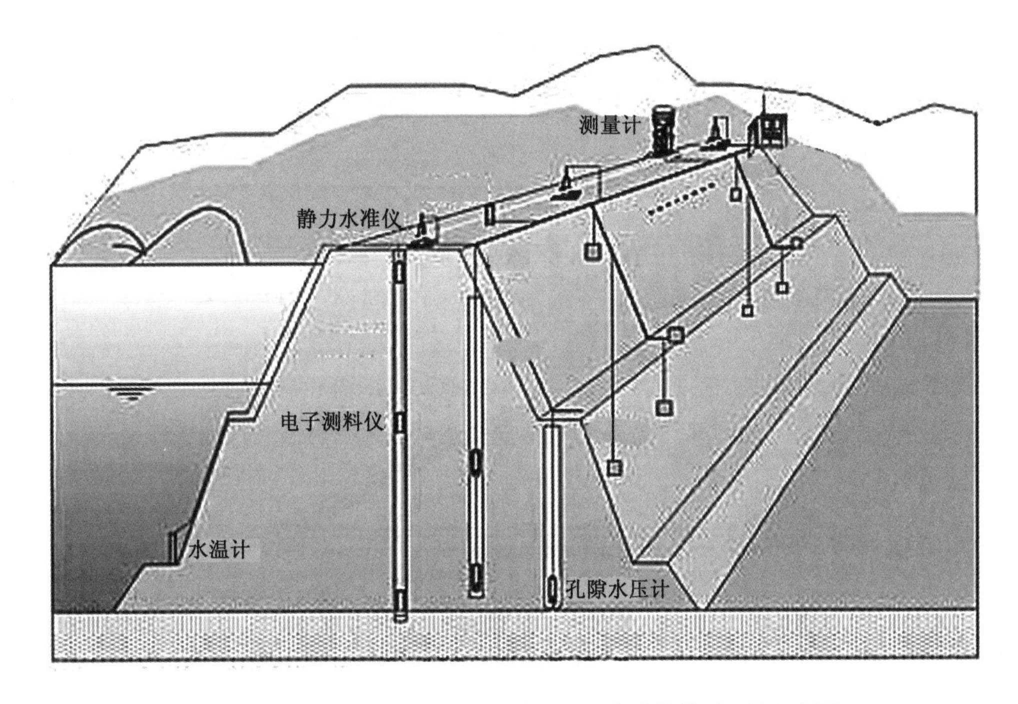

图 1.4　基于北斗智慧尾矿库贮灰场远程自动化检测系统示意图

1.1.1　初期坝的类型及其特点

在主坝体工程基建期间，同时在尾矿坝贮灰场址用土石等材料修筑成的坝体称为尾矿坝贮灰场的初期坝，用以容纳选矿厂生产初期 0.5~1 年排出的尾矿贮灰，并且作为后期坝的支撑及排渗棱体。初期坝可分为不透水坝和透水坝。不透水初期坝即用透水性较小的材料筑成的初期坝。因其透水性远小于库内尾矿贮灰的透水性，不利于库内沉积尾矿贮灰的排水固结。当尾矿堆高后，浸润线往往从初期坝坝顶上的多级子坝脚或坝坡逸出，造成坝面沼泽化，不利于坝体的稳定性。这类坝型适用于不用尾矿贮灰筑坝或因环保要求不允许向库下游排放尾矿贮灰水的尾矿坝贮灰场。透水初期坝即用透水性较好的材料筑成的初期坝。因其透水性大于库内尾矿贮灰的透水性，可加快库内沉积尾矿的排水固结，并可降低坝体浸润线，因而有利于提高坝体的稳定性。这类坝型是初期坝比较理想的坝型。初期坝具体有以下几种坝型：

(1)均质土坝

均质土坝是用黏土、粉质黏土或风化土筑成的坝，如图 1.5 所示，它像水坝一样，属典型的不透水坝型。在坝的外坡脚设有毛石堆成的排水棱体，以加强排渗，降低坝体浸润线。该坝型对坝基工程地质条件要求不高，施工简单，造价较低。在早期或缺少石材地区应用较多。

若在均质土坝内坡面和坝底面铺筑可靠的排渗层，如图 1.6 所示，使尾矿堆积坝内的渗水通过此排渗层排到坝外，便成了适用于尾矿堆坝要求的透水均质土坝。

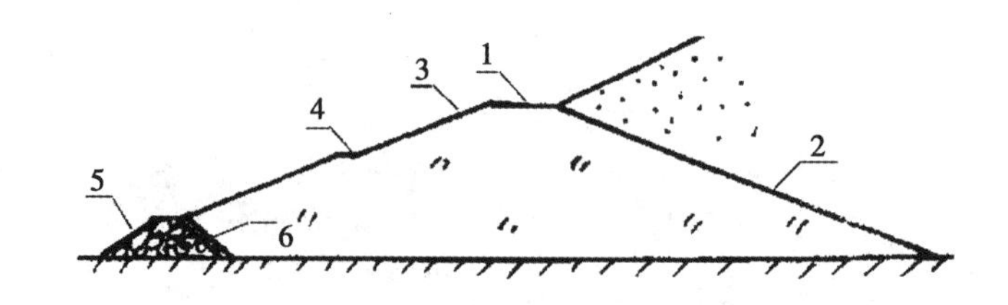

图 1.5　不透水均质土坝

1—坝顶；2—上游坡面(内坡)；3—下游坡面(外坡)；4—马道；5—排水棱体；6—反滤层

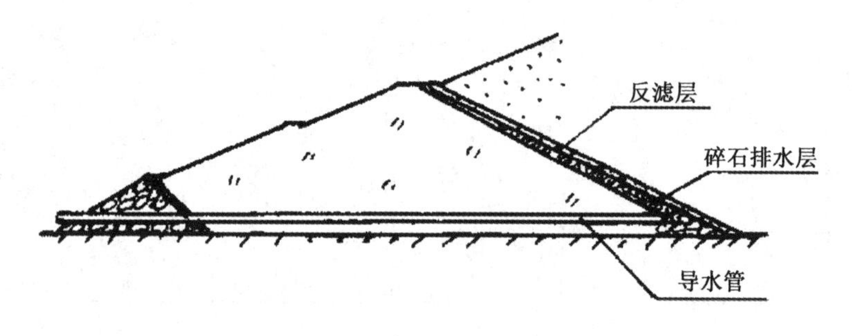

图 1.6　透水均质土坝

(2)透水堆石坝

透水堆石坝是用毛石堆筑成的坝，如图 1.7 所示。在坝的上游坡面用砂砾料或土工布铺设反滤层，其作用是有效地降低后期坝的浸润线。由于它对后期坝的稳定有利，且施工简便，成为 20 世纪 60 年代以后广泛采用的初期坝型。

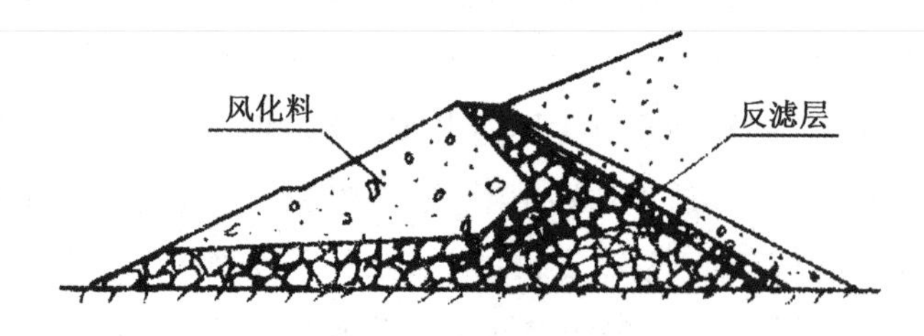

图 1.7　用毛石堆筑成的透水堆石坝

透水堆石坝型对坝基工程地质条件要求不高。当质量较好石料数量不足时，也可采用一部分质量较差的砂石料筑坝。即将质量较好的石料铺筑在坝体底部及上游坡侧(如浸水饱和部位)，而将质量较差的砂石料铺筑在坝体的次要部位，如图 1.8 所示。

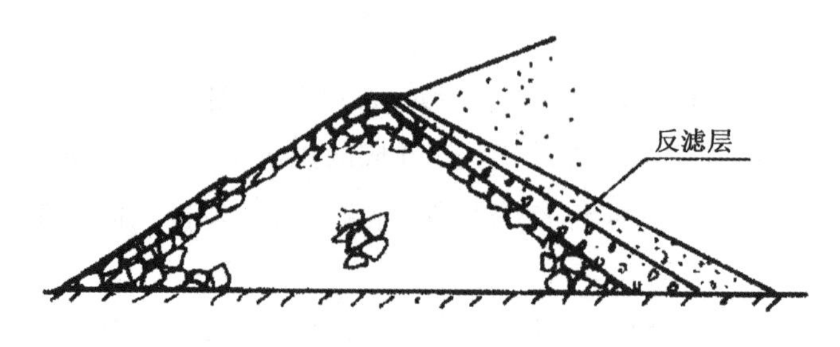

图 1.8　用砂石堆筑成的透水堆石坝

(3) 废石坝

用采矿场剥离的废石筑坝，有两种情况：一种是当废石质量能符合强度和块度要求时，可按正常堆石坝要求筑坝；另一种是结合采场废石排放而筑坝，废石不经挑选，用汽车或轻便轨道直接上坝卸料，下游坝坡为废石的自然安息角，为安全考虑，坝顶宽度较大，如图 1.9 所示。在上游坡面应设置砂砾料或土工布做成的反滤层，以防止坝体土颗粒透过堆石而流失。

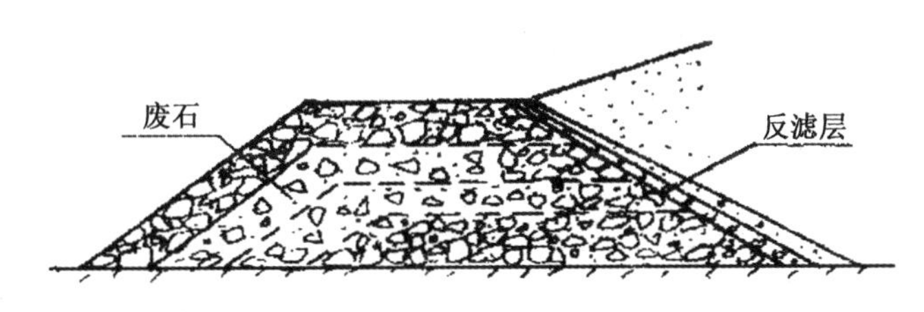

图 1.9　废石坝

(4) 砌石坝

砌石坝是用块石或条石砌成的坝。这类坝型坝体强度较高，坝坡做得比较陡，能节省筑坝材料，但造价较高。可用于高度不大的尾矿坝，但对坝基的工程地质条件要求较高，坝基最好是基岩，以免坝体产生不均匀沉降，导致坝体产生裂缝。

(5) 混凝土坝

混凝土坝是用混凝土浇筑成的坝。这类坝型的坝体整体性好，强度高，因而坝坡可做得很陡，筑坝工程量比其他坝型都小，工程造价高，对坝基条件要求高，采用的比较少。

1.1.2　初期坝的构造

(1) 坝顶宽度

为了满足敷设尾矿输送主管、放矿支管和向尾矿坝贮灰场内排放尾矿操作的要求，初期坝坝顶应具有一定的宽度。一般情况下坝顶宽度不宜小于表 1.2 所列参数。当坝顶需要行车时，还应按行车要求设计，生产中确保坝顶宽度不被侵占。

表 1.2　初期坝坝顶最小宽度

坝高/m	坝顶最小宽度/m
<10	2.5
10~20	3.0
20~30	3.5
>30	4.0

(2) 坝坡

坝的内、外坡坡比，应通过坝坡稳定性计算确定。土坝下游坡面上应种植草皮护坡，堆石坝的下游坡面应干砌大块石护面。

(3)马道

坝的高度较高时，坝体下游坡每隔10~15m高度设置一宽度为1~2m的马道，以利坝体的稳定，方便操作管理。

(4)排水棱体

为排出土坝坝体内的渗水和保护坝体外坡脚，在土坝的外坡脚处设置毛石堆成的排水棱体。排水棱体的高度为初期坝坝高的1/5~1/3，顶宽为1.5~2.0m，边坡坡比为1∶1~1∶1.5。

(5)反滤层

为防止渗透水将尾矿贮灰或土等细颗粒物料通过堆石体带出坝外，在土坝坝体与排水棱体接触面处以及堆石坝的上游坡面处或与非基岩接触面处都必须设置反滤层。反滤层由砂、砾料或卵石等组成，由细到粗顺水流方向敷设。反滤层上再用毛石护面。因为对各层物料的级配、层厚和施工要求很严格，反滤层的施工质量要求较高。现在普遍采用无纺土工织物作反滤层。在土工布的上下用粒径符合要求的碎石作过滤层，并用毛石护面。土工布作反滤层施工简单，质量易保证，使用效果好，造价也不高。

1.1.3 后期坝的类型及其特点

在生产过程中，随着尾矿贮灰不断排入尾矿库，在初期坝坝顶以上用尾砂贮灰逐层加高筑成的小坝体，称为子坝。子坝用以形成新的库容，并且在其上敷设放矿主管和放矿支管，以便继续向库内排放尾矿。子坝连同子坝坝前尾矿贮灰沉积体统称为后期坝(也称尾矿贮灰堆积坝)。后期坝除下游坡面有明确边界外，没有明确的内坡面分界线。也可认为沉积滩面即为其上游坡面。根据其筑坝方式可分为下列几种基本类型。

(1)上游式尾矿贮灰筑坝

上游式尾矿贮灰筑坝的特点是子坝中心线位置不断向初期坝上游方向移升，坝体由流动的矿浆自然沉积而成，如图1.10所示。受排矿灰方式的影响，往往含细粒夹层较多，渗透性能较差，浸润线位置较高，故坝体稳定性较差。但它具有筑坝工艺简单，管理相对简单，运营费较低等优点，且对库址地形没有特别的要求，所以国内外均普遍采用。

(2)下游式尾矿贮灰筑坝

下游式尾矿贮灰筑坝用水力旋流器将尾矿分级，溢流部分(细粒尾矿)排向初期坝上游方向沉积；底流部分(粗粒尾矿)排向初期坝的下游方向沉积。其特点是子坝中心线位置不断向初期坝下游的方向移升，如图1.11所示。由于坝体尾矿颗粒粗，抗剪强度高，渗透性较好，浸润线位置较低，坝体稳定性较好。但分级设施费用较高，且只适用于颗粒较粗的原尾矿，又要有比较狭窄的坝址地点。

(3)中线式尾矿贮灰筑坝

中线式尾矿贮灰筑坝工艺与下游式尾矿贮灰筑坝类似，但坝顶中心线位置始终不

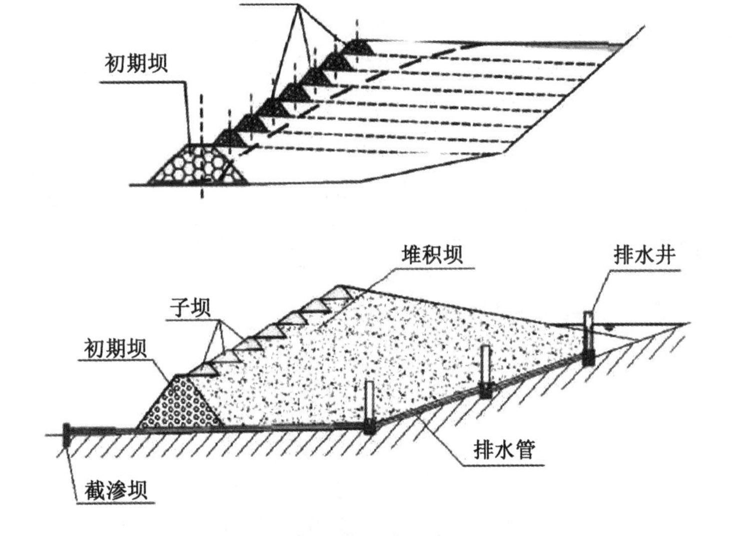

图 1.10 上游式尾矿贮灰筑坝

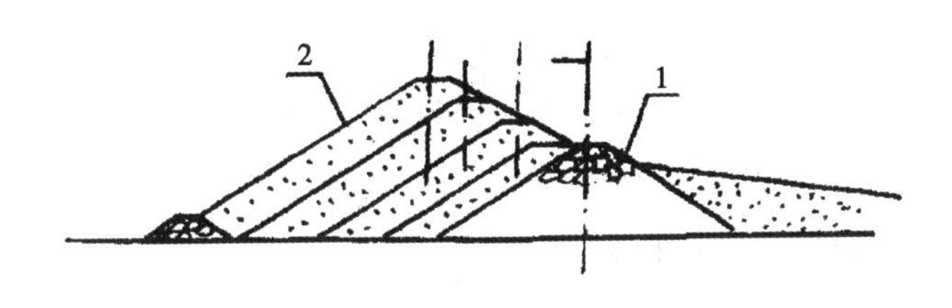

1—初级坝；2—子坝

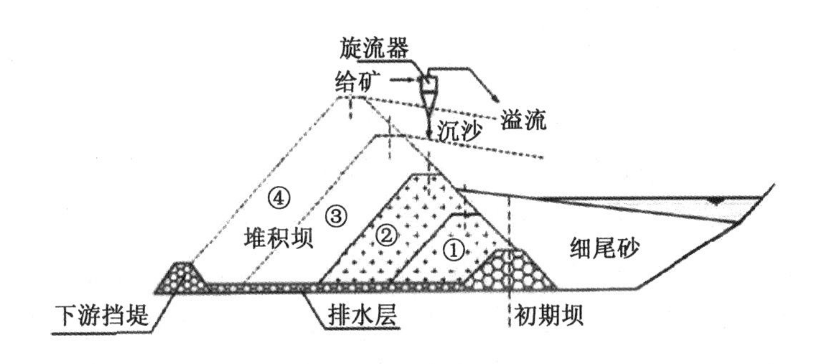

图 1.11 下游式尾矿贮灰筑坝

变，如图 1.12 所示。其优缺点介于上游式与下游式之间。

(4)浓缩锥式尾矿库贮灰场筑坝

浓缩锥式尾矿库贮灰场筑坝是将浓度 55%以上的浓缩尾矿用管道输送到堆存场地的某个点集中排放，沉积的尾矿贮灰自然形成锥形堆体，堆体表面坡度一般只有 5%~6%。占地面积较大，且需高效浓缩设施。

所有型式的后期坝下游坡坡度均须通过稳定性分析确定。

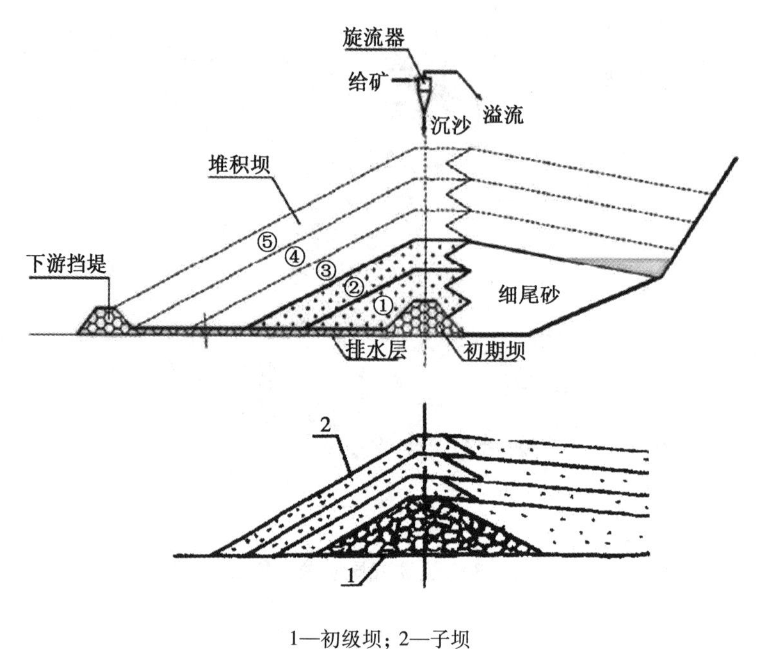

1—初级坝；2—子坝

图 1.12　中线式尾矿贮灰筑坝

1.1.4　尾矿库贮灰场坝稳定性分析

尾矿库贮灰场坝稳定分析主要指抗滑稳定、渗透稳定和液化稳定的分析。

(1)抗滑稳定分析

抗滑稳定分析研究尾矿库贮灰场坝(包括初期坝和后期坝)的下游坝坡抵抗滑动破坏的能力。设计一般要通过计算给出定量的评价。计算之前，先要拟定计算剖面。后期坝坝坡凭经验假定；浸润线位置由渗流分析确定；坝基土层的物理力学指标通过工程地质勘查确定；后期坝的物理力学指标可参照类似尾矿的指标确定，有条件者应在老尾矿库贮灰场坝上勘查确定。计算时，假定多个滑动面，根据滑动体的受力状态，求出滑动力和抗滑力。用滑动力与滑动力之比值作为抗滑稳定的安全系数。设计的作用就是要采取多种措施，确保最小安全系数不小于设计规范的规定。我国现行规定：尾矿库贮灰场坝坝坡抗滑稳定最小安全系数不得小于表 1.3 的数值。影响尾矿库贮灰场坝稳定性的因素很多。一般情况下，尾矿库贮灰场堆积高度越高、下游坡坡度越陡、坝体内浸润线的位置越浅、库内的水位越高、坝基和坝体土料的抗剪强度越低，抗滑稳定的安全系数就越小；反之安全系数就越大。

表1.3 尾矿坝坝坡抗滑稳定最小安全系数值

运行情况	坝的级别			
	1	2	3	4~5
正常运行	1.30	1.25	1.20	1.15
洪水运行	1.20	1.15	1.10	1.05
特殊运行	1.10	1.05	1.05	1.00

注：表1.3中“正常运行”是指尾矿库贮灰场水位处于正常生产水位时的运行情况；“洪水运行”是指尾矿库贮灰场水位处于最高洪水位时的运行情况；“特殊运行”是指尾矿库贮灰场水位处于最高洪水位时，又遇到设计烈度的地震运行情况。

(2)渗透稳定分析

由于渗流受到土粒的阻力，浸润线就产生水力坡降，称为渗透坡降，以I_S表示。渗透坡降越大，对土粒压力就越大。使土体开始产生不允许的流土、管涌等变形的渗透坡降称为临界坡降，以I_L表示。尾矿库贮灰场渗流分析的任务之一是确定浸润线的位置，从而判断浸润线在坝体下游坡面逸出部位渗透坡降是否超过临界坡降。渗透稳定的安全系数K由下式表示：

$$K=I_L/I_S \tag{1.1}$$

现行尾矿库贮灰场设计规范中对K值尚无具体规定，一般可根据坝的级别将K值限制在2.0~2.5。由于尾矿库贮灰场是一个特别复杂的非均质体，目前尾矿库贮灰场渗流研究成果还难以准确确定浸润线位置。因此，设计为安全计，对级别较高的尾矿库贮灰场结合抗滑稳定需要，大多采取措施使浸润线不致在坡面逸出；对级别较低的尾矿库贮灰场可在逸出部位采取贴坡反滤加以保护。

(3)液化稳定分析

所谓液化就是饱和砂土在振动作用下抗剪强度骤然下降为零而成为黏滞液体的现象。尾矿坝在大地震时可能发生液化，如果这种液化发生在坝体下游坡部位，则会引起边坡坍塌，危害甚大。即使不坍塌，其抗滑稳定安全系数也大大降低。尾矿库贮灰场抗震计算(即液化稳定分析)包括地震液化分析和稳定分析。我国现行《构筑物抗震设计规范》(GB 50191—2012)规定：地震设防烈度为6度地区尾矿坝可不进行抗震计算，但应满足抗震构造和工程措施要求，具体构造和要求见规范；6度和7度时，可采用上游式筑坝，经论证可行时，也可采用上游式筑坝工艺；8度和9度时，宜采用中线式或下游式筑坝工艺。三级及以下尾矿库贮灰场的液化分析采用一维简化动力法计算；一级和二级尾矿库贮灰场，采用二维时程法进行计算分析。尾矿坝的稳定分析可按圆弧滑动面的规定计算。尾矿库贮灰场的地震稳定性最小安全系数值应符合表1.4的规定。

表 1.4 地震稳定性最小安全系数值

效应组合	坝的等级		
	二级	三级	四、五级
组合Ⅰ	1.15	1.10	1.05
组合Ⅱ	1.05	1.05	1.00

注：组合Ⅰ：自重作用效应、正常水位的渗透压力、地震作用效应和地震动引起的孔隙水压力；组合Ⅱ：自重作用效应、设计洪水位的渗透压力、地震作用效应和地震动引起的孔隙水压力。

综上所述，对于尾矿库贮灰场长期应用中可能遭遇的各类灾害问题，需要详细分析渗漏、滑坡、崩塌以及泥石流灾害的成因和具体表现，进而采取较为合理的方式进行防治和控制，减少各类灾害对于尾矿库贮灰场的威胁和侵蚀影响。可见，进行水力尾矿库贮灰场溃坝固结渗流特性与动力稳定性研究具有重要意义。

1.2 研究目的

尾矿库贮灰场溃坝灾害应急响应时间短、潜在威胁巨大，往往造成惨重人员伤亡与巨额财产损失。近年，尾矿库贮灰场安全事故发生数量的总体下降趋势充分体现出现代化技术及安全管理方面的进步，然而重大事故发生频次却不减反增，2015 年巴西 Samarco 铁矿与 2014 年加拿大 Mount Polley 重大溃坝事故及其惨重后果，再次为尾矿库安全敲响警钟。我国现存尾矿库 8869 座，含“头顶库”1425 座，安全形势复杂。

在收集大量相关领域文献的基础上，聚焦尾矿库溃坝灾害防控体系中的安全监测、灾害预警与应急准备、安全管理与标准规范三大方面核心内容，分别综述对比国内外现状及前沿进展，探讨分析我国当前所面临的问题，提出改进建议，为尾矿库防灾减灾理论研究与技术革新提供参考。我国尾矿库安全监测标准高，但仪器耐久性、可靠度与实用性不足，专用监测器材与新技术的研发应用势在必行；灾害预警方法单一且可信度不高，而信息技术融合应用成为发展趋势；应急管理与预警决策需以充分科学论证为基础，当前研究在试验手段与计算方法上存在局限；我国拥有完善的安全管理标准规范体系，但在安全等别划分、全生命周期管理、主体变更、事故总结等方面仍有完善空间。

我国在 2007 年开展了卓有成效的尾矿库贮灰场综合治理及专项整治行动，消除了绝大多数危库、险库，但总体安全形势仍旧不容乐观，且情况较为复杂，具有数量多、上游法筑坝比例高、安全等级低的特点。2016 年 5 月，国家安全监管总局印发《遏制尾矿库“头顶库”重特大事故工作方案》，指出“头顶库”溃坝事故突发性强，溃坝时间短，泥沙流速大，应急时间有限，下游居民撤离和设施转移难度高，以提高安全保障能力、完善应急管理机制为目标，开展了综合治理工作。2017 年 1 月，国务院办公厅印发《安全生产“十三五”规划》，提出健全监测预警应急机制、提高应急救援处置效能等工作任务，切实降低重特大事故危害后果、最大限度减少人员伤亡和财产损失，充分体现出我国对于尾矿库灾害防控工作的高度重视。

鉴于上述情况，针对我国尾矿库贮灰场复杂的安全形势，结合新时代背景下安全生产的新要求，围绕安全监测、灾害预警方法与应急准备、安全管理与标准规范三大方面核心内容，梳理总结国内外研究现状及前沿进展，探讨我国尾矿库溃坝灾害防控当前所面临的问题，并尝试提出发展建议，开展水力尾矿库贮灰场溃坝固结渗流特性与动力稳定性研究，为尾矿库贮灰场防灾减灾理论研究与技术革新提供参考。

1.3 研究意义

尾矿库贮灰场指由一个或多个尾矿贮灰场堆筑拦截谷口或围地所构成的矿山生产电厂设施，用以堆存矿石粉碎选别后所残余的有用成分含量低、当前经济技术条件下不宜进一步分选的固体废弃材料。全球范围内，人类文明进步尤其是近代城镇化进程离不开各类矿产资源的开发利用。因此，尾矿库贮灰场在许多国家均有分布，特别是美国、加拿大、南非、澳大利亚、巴西、中国等矿产资源丰富地区。同时，全球矿产品需求量当前仍处于高位，而高品位、易采矿体逐渐开采殆尽，低品位矿体开采和提取成为矿业未来发展方向之一，可以预见尾矿贮灰废弃物排放规模仍将持续增大。以我国为例，2016 年统计数据显示，尾矿库贮累积堆存量高达 146 亿 t，年排放量超 15 亿 t，并仍呈增长态势，在大宗工业固体废弃物中占比最高；而用于空区充填、建筑材料等综合回收利用率仅 18.9%，其余绝大部分被贮存于尾矿库贮灰场中。

众所周知，尾矿库贮灰场是具有高势能的重大危险源，溃坝事故由于致灾因素多、机理复杂、突发性强、破坏力巨大，往往造成惨重的人员伤亡、巨额财产损失以及难以修复的环境污染。据世界范围内 18401 座矿山的统计数据，近一百年尾矿坝溃决事故率高达 1.2%，比蓄水坝 0.01%的溃坝事故率高出 2 个数量级。近些年，随着社会经济发展与技术革新，尾矿库贮灰场事故发生数量总体呈下降趋势，但重大事故发生频次却不减反增。据 1910—2010 年全球统计数据，55%的尾矿库贮灰场重大溃坝事故发生在 1990 年以后，并且 2000 年之后的溃坝事故中 74%属于重大或特别重大事故。例如，2015 年 11 月 5 日，巴西 Samarco 铁矿尾矿库因小型地震触发本身已接近饱和的超高坝体液化溃决，约 3200 万 m^3 尾矿涌出，淹没下游 5km 外 Bento Rodrigues 村庄 158 座房屋，造成至少 17 人遇难，污染 650km 河流汇入大西洋，引发巴西史上最严重的环境灾害。2014 年 8 月 4 日，加拿大 Mount Polley 金铜矿尾矿坝因坝基设计未考虑冰层而引发溃坝，约 2500 万 m^3 尾矿及废水瞬间倾出，破坏性巨大的尾矿泥沙将下游 Hazeltine 河宽度由 1m 冲刷到 45m，淹没大片森林与湖泊，生态环境遭到严重毁坏，引发加拿大政府与民众的高度关注。2009 年 8 月 29 日，俄罗斯 Karamken 尾矿库因强降雨引发溃坝事故，向下游倾泻 120 万

m^3泥沙，摧毁11座房屋并造成至少1人死亡。2008年9月8日，我国山西省襄汾塔山铁矿尾矿库因违规运营发生特别重大溃坝事故，泄漏尾矿约19万m^3，淹没下游仅50m外的办公楼、农贸市场、居民区等人群密集区，酿成至少281死、33伤的惨重后果，给当地经济发展和社会稳定造成极其恶劣影响。上述事故的发生及其惨痛教训，均凸显出尾矿库贮灰场现行溃坝灾害防控体系的薄弱，事故发生前监测系统形同虚设，并且缺乏稳定可靠的灾害评价与预警机制，以及高效合理的应急管理措施。可见，开展水力尾矿库贮灰场溃坝固结渗流特性与动力稳定性研究具有重要的意义。

1.4 国内外文献综述

1.4.1 尾矿库贮灰场稳定性研究

李岐[1]根据尾矿库与贮灰场在安全上的区别提出尾矿库是指利用天然沟谷或平地，修筑坝体以储存选矿厂矿石选别后排出尾矿的场所。贮灰场是指筑坝拦截谷口或围地构成的用以贮存燃煤发电厂除尘器收集的粉煤灰和锅炉底部炉渣的场所，混合物具有粉土、黏土的一些特性。由于尾矿和灰渣在物理力学指标上的差异，在设计及安全管理上有很大区别。

袁多亮等[2]采用达西定律和极限平衡理论，对山谷水力贮灰场坝体进行渗流稳定分析。计算分析结果表明灰渣坝体随着子坝级数的增加，坝体抗滑稳定性降低；增加灰场坝前灰渣干滩长度，可以有效提高坝体的抗滑稳定性，且其对抗滑稳定性的影响程度远超过坝体加高对抗滑稳定性的影响；保持坝体排水反滤层及防渗膜完好是坝体安全的重要保障。

王明斌等[3]提出贮灰场是火电厂的重要构筑物，主要以筑坝方式贮放粉煤灰渣。粉煤灰渣具有较好的渗透性，因此在贮灰场建设和运行中水是贮灰场最大的安全隐患。主要模拟强降雨条件下贮灰场的稳定性，研究了降雨持时对贮灰场稳定性的影响。

陈承等[4]分别以降雨强度70、120、154、510mm/h为研究工况点，借助Geo-studio模拟软件的Geo-studio SEEP/W模块，进行了坝坡稳定性分析，并得出坝坡稳定性安全系数与降雨强度及降雨持时的关系曲线。

苏永军等[5]在考虑尾矿库坝体地基基础与坝体之间地震动力相互作用的基础上，利用MATLAB编程开发有限元-无限元耦合计算程序，分析了河北承德建龙矿业有限公司尾矿库堤坝在Taft地震波作用下的不同外荷载作用时的$\sigma-\varepsilon$(应力-应变)地震反应谱影响规律。结果表明：堤坝在不同荷载作用下，$\sigma-\varepsilon$随着时间t与各向地震加速度a之间呈周期性变化，荷载越大其各个方向位移、应力时程越提前，尾矿库堤坝破坏越严重。

李涛等[6]为了确保砭家沟尾矿库的安全运行，通过现场勘查，建立了正常水位、洪水水位与特殊水位工况下的尾矿库有限元分析模型，对尾矿库的渗流特性及稳定性进行研究。

王文松等[7]以云南省狮子山铜矿的大沙河尾矿库加高扩容工程为背景，为对其扩容前后坝体动力反应和稳定性进行系统研究和合理评估，采用动三轴试验，对库内3种尾矿(尾细砂、尾粉砂和尾粉土)的动强度和动模量与阻尼比进行了测试；综合运用时程分析法、剪应力对比法、有限元极限平衡法和软化模量法，对扩容前后尾矿坝的液化范围、安全系数和坝顶震陷等进行了定量分析，并对常规极限平衡法的局限性和适用条件进行了探讨。

娄亚龙等[8]对不同工况下的南方某铀尾矿库进行了坝体渗流及稳定性分析，提出需要对库区内土层进行灌浆加固。

贾会会[9]以周家沟尾矿库为背景，研究了人工地震波对尾矿库的动力稳定性影响。

朱品竹等[10]为了对某尾矿库进行后期扩容加高设计，采用有限元极限平衡方法，应用 Geo-studio QUAKE/W 模块模拟了尾矿库在静力堆载和地震动载作用下应力场变化，通过 Geo-studio SLOPE/W 模块计算分析了静动力条件下现阶段和后期扩容后的尾矿库运行的稳定性。

Ferdosi[11]提出在地震动荷载作用下，细粒尾砂和饱和填土体内产生高孔隙水压力，堆石坝由于地震液化不具有较高强度，是导致尾矿坝失稳的主要原因。

宋家骏[12]根据某尾矿库坝体渗流稳定性分析提出尾矿库是采矿生产中的重要结构，尾矿坝的稳定性对矿业生产具有很重要的影响，对尾矿坝的渗流稳定性进行研究具有重要意义。

刘银坤等[13]对广东省某尾矿库进行研究，得出坝体在不同工况下的浸润线及流速矢量图,为类似尾矿库工程研究提供借鉴。

马波等[14]以大沙河尾矿库为研究目标，研究认为，浸润线的埋深对尾矿坝的稳定性影响较大，埋深越大稳定性越好。

豆昆等[15]采用瑞典条分法对边坡安全系数进行求解，从而得出边坡稳定情况。

王汉勋等[16]根据渗流与地震作用下铁矿尾矿坝稳定性分析，提出了尾矿坝有别于传统的挡水坝体，其堆积材料具有松散性、非均匀性及填筑质量不可控性等特点，常常在地震、强降雨等不利因素作用下发生溃坝灾害，严重危及人民生命财产安全。合理评判尾矿坝坝体在不同工况下的稳定性状是科学防灾减灾的前提。以内蒙古包钢集团某铁矿尾矿坝为研究对象，通过现场勘查与室内外试验，初步评价尾矿坝堆积体稳定性，获取稳定性分析所需的物理力学参数；考虑强降雨渗流及地震作用，分别采用 Geo-studio 及 STAB 土质边坡稳定性分析软件，基于极限平衡法进行了天然工况、暴雨工况、地震工况及暴雨+地震工况下的稳定性计算；基于有限元强度折减法，采用 ABAQUS 软件针对上述工况进行尾矿坝体稳定性对比计算；综合分析3种稳定性计算方法在潜在滑带识别及稳定性计算成果等方面的差异，建议采用极限平衡法与有限元分析相结合的方法在复杂工况下进行尾矿坝稳定性分析。

郝喆等[17]可靠评价大型尾矿库加高增容时的稳定性变化特征，以某尾矿库现场加高工程为研究对象，采用 ANSYS 平台和 FLAC^{3D}相结合的方法，自主开发接口程序建立数值模型，开发逐级加载模块进行尾矿库加高增容过程的浸润线、孔隙水压力、流速场和水力坡降分布模拟，据此获得坝体加高过程中的渗流工程特性和稳定性规律，为工程设计及治理提供理论依据。

胡亚东等[18]提出尾矿坝是逐层填筑而成的，而逐级加荷与一次加荷时土坝变形机理是不同的。在尾矿坝排渗设施布置时，通过渗流模拟可以检验非渗方案的合理性。

张圣等[19]针对某尾矿库在实际运行管理中需要快速判断库体稳定的实际需要，在仔细分析尾矿坝失稳原因的基础上结合赵家沟的工程实际情况确定浸润线埋深、退坡距离、干滩长度、黏聚力、摩擦力等 5 个主要的影响因素，通过正交试验设计方法设计了不同试验组合，利用 Geo-studio 边坡稳定计算分析软件计算得到各因素组合下安全系数为样本数据。根据改进的神经网络原理建立了影响因素与安全系数间的非线性映射网络模型，通过对样本数据训练得到预测模型，并将该模型用于安全系数的预测，通过实际值与预测值的对比表明所建立的预测模型具有较高的精确度，可以用于尾矿坝坝坡稳定预测。

刘洋等[20]针对尾矿静力液化特性，建立了尾矿砂的弹塑性本构模型，利用 FLAC 模拟尾矿砂的静力液化特性来分析尾矿坝整体稳定性。

1.4.2 尾矿库贮灰场渗流研究

宋国新[21]应用有限元方法对某水力贮灰场坝体进行渗流数值模拟分析，提出应用有限元方法对某水力贮灰场坝体进行渗流数值模拟计算，计算内容包括二级子坝校验及与实测浸润线的比较，三级子坝渗流数值模拟，以确定灰场和坝体内浸润线的位置，了解灰坝的渗流情况，为灰坝的设计及稳定性研究提供依据。

张川[22]在已有理论的基础上，把饱和度和测压管水头作为影响因子并推导出微分方程，建立了可以利用饱和度的分布自动捕捉浸润线的能进行饱和-非饱和渗流分析计算的数学模型。利用渗流理论和有限元方法结合数学模型，以辽宁清河电厂实例工程，对贮灰场的渗流情况进行分析，分析浸润线位置在不同工况下的变化情况。结合研究出的渗流场和边坡稳定分析理论，分析灰坝在静、动力不同条件下的稳定性。灰坝的静稳定性分析采用圆弧滑动法进行校核，动力条件下稳定安全系数采用拟静力法进行校核。并对渗流作用下的边坡稳定性采用极限平衡方法进行分析。

李鑫等[23]提出尾矿库的渗流稳定分析是尾矿库设计的重要内容。用有限元程序来模拟尾矿库的三维渗流过程，进而为实际尾矿库工程提供渗流稳定性评价，已成为尾矿库设计的一大发展趋势。据此，提出了采用三维建模软件 3D-Mine 来建立尾矿库的三维模型，并用 HyperMesh 进行有限元网格划分，使得建立的模型能与商业有限元程序 ABAQUS 实现良好数据对接。

郝喆[24]采用三维有限元渗流和稳定性分析相结合的方法，对大型尾矿坝加高过程进行稳定性评价。分析表明：现状坝体的浸润线高度和渗流路线正常，稳定性系数满足要求，但安全储备量不大；加高坝体时浸润线高度变动不大，排渗设施对降低浸润线有重要作用。

缪海波等[25]提出三维有限元渗流分析需要建立一个更真实、更理想的数学模型，才能使渗流计算结果更接近于实际情况。

李鑫等[26]提出在尾矿库的设计中，进行尾矿库渗流稳定分析，为尾矿安全运行与正常使用提供参考依据。以 ABAQUS 对某尾矿库扩容工程进行二维渗流稳定分析，有限元程序的运行结果对判断尾矿库渗流稳定及防渗设计具有一定的指导意义。

孙友佳等[27]根据尾矿坝准三维渗流计算分析提出，山谷型尾矿库的二维渗流分析由于未考虑坝轴方向的尺寸，导致计算浸润线偏高，使结果偏于危险，三维计算结果虽然较符合实际，但是耗时耗力。为解决这一问题，提出了尾矿库渗流计算的新方法。该方法在尾矿库的二维建模中选取边界及内部的特征点，通过插值法将该类点的轴向尺寸纳入计算。计算的浸润线与三维结果较为接近，能够在一定程度上反映渗流真实情况，且操作较为简单，原理清晰，具有一定的实用价值。

张平等[28]以温庄尾矿库尾矿坝为研究对象，采用 Geo-studio 数值模拟软件，考虑尾矿坝饱和与非饱和情况下，对现状坝高(+2310m)在两种工况下(正常、洪水)的渗流场进行二维数值计算，得到不同工况下尾矿坝浸润线埋深、地下水的流速矢量云图、总水头云图和孔隙水压力分布云图等。

乔云航[29]基于二维模型进行渗流和稳定性分析时，将问题转化为平面应变问题。

秦胜伍等[30]根据考虑降雨重现期的尾矿坝渗流稳定性分析提出降雨为影响尾矿坝渗流的一个重要因素，根据多年降雨资料，用 P-Ⅲ型分布描述降雨重现期，模拟得到坝坡的浸润线分布，结合改进 Green-Ampt 入渗模型得到坝坡湿润锋的发展过程，并以集安某尾矿坝为例，探讨了降雨重现期对尾矿坝坡顶、坡脚处孔压分布、浸润线变化及坝体稳定性的影响。

秦金雷等[31]选取某尾矿库正常和洪水两种工况，利用 MIDAS/GTS NX 和 Geo-studio 分别对其进行三维渗流计算与边坡稳定计算及分析，结果表明尾矿库在正常和洪水工况下孔压最大均分布在尾砂与基岩交界地带，孔压自上而下呈现逐渐变大的趋势，初期坝内出现负孔压，浸润面最小埋深洪水工况比正常工况下抬高 10 米，但均满足要求，尾矿库是渗流稳定的，进行了稳定性计算均满足要求，尾矿坝是抗滑稳定的。

柴军瑞等[32]依据三维渗流理论，通过三维有限元计算进行尾矿坝渗流场分析。

1.4.3 尾矿库贮灰场动力特性研究

李海臣[33]为了解决前峪尾矿库闭库后作为东鞍山铁矿排土场场地稳定性问题，仅从砂土地震液化角度出发，利用多种地震液化判别方式及国内外实例研究，对场地尾砂地震液化及今后场地利用做出趋势判断，为废弃尾矿库综合利用提供参考。

张云[34]基于结构动力学分析理论，对满库工况下某尾矿坝在地震荷载作用下动力特性进行计算分析。首先建立了三维有限元模型，然后采用有限单元法获得了前 3 阶振型自振频率、结构位移和应力、X 向和 Z 向速度与加速度时程等动力响应。

郑昭炀等[35]在大冶尾矿库溃坝现场考察和相关数据资料查阅基础上，分析尾矿库的结构特征、地质环境特征与溃坝尾砂运动特征。利用无人机航拍技术获取了大冶尾矿库溃坝后的地貌高程数据并建立尾矿库溃坝后的 DSM 模型，运用 DAN3D 软件建立了尾矿库溃坝的动力计算模型。

孙从露等[36]利用 Geo-studio 软件，对尾矿坝的稳态渗流和地震动力响应进行计算。结果表明，2 个计算断面在正常水位和洪水位运行时浸润线埋深均较浅，坝体自由面较高，水力坡降值在初期坝下游靠近坝基部位最大，超过规范值，水从初期坝坝面溢出，可能发生流土或管涌；动力加速度在 2 个断面均未呈现明显放大，动应力只在局部区域出现较大值，坝体整体动力稳定性较高；地震响应下最终坝高不发生液化，二级子坝库区局部发生液化，坝体整体不会出现液化造成的动力破坏。鉴于初期坝下游坝基水力坡降较大，建议采取坝体深部排水措施（如水平排水管、辐射井等），降低坝体的自由面，提高坝体稳定性，有效杜绝渗透破坏乃至溃坝事件。

Chakraborty 等[37]采用 FLAC^{3D}等软件对某个土质尾矿坝的典型横断面进行了静力和动力分析，得出地震作用对坝体变形影响严重，并且尾矿坝底层输入加速度沿坝高存在放大效应。

曹进海等[38]以某上游式尾矿坝为例，将排土场应用到尾矿坝加固上，采用完全非线性有限差分法，从浸润线、残余变形、平均动剪应力、液化区及安全系数等方面对比分析了在地震作用下排土场作为压坡体对尾矿坝稳定性的影响。

胡再强等[39]通过在尾矿库闭库的基础上采用碎石桩加固初期坝的方法来达到扩容的目的，该方法取得了良好的效果。

1.4.4 尾矿库贮灰场变形破坏监测与防治研究

谭伟雨等[40]结合防城港电厂复合土工膜施工情况，阐述复合土工膜在防城港电厂贮灰场底部防渗处理中的应用。

张慧峰等[41]通过现场踏勘、室内试验及有限元计算，分析了子坝坝坡渗水的主要原因，并提出了综合治理方案。

李桂云等[42]介绍了吉林热电厂贮灰场大坝堵漏工程施工工艺：采用风动潜孔锤同步跟管钻具造孔、可控灌浆技术进行灌浆堵漏，取得了良好效果。

谢定松等[43]根据青石壁贮灰场主坝排渗褥垫发生淤堵，导致初期坝坝底排渗褥垫渗透系数减小情况，研究发现初期坝施工时上坝料不均匀，存在局部块石集中的情况，形成集中渗漏通道，或在坝体内形成水平分层，导致高水位运行期间库水沿渗漏通道或水平分层流出，从而造成主坝坝面大面积渗水。通过渗流和稳定计算分析，经比较采用贴坡排渗、并放缓坝坡的方案。

司小飞等[44]结合国家能源局文件《国家能源局关于印发〈燃煤发电厂贮灰场安全评估导则〉的通知》(国能安全〔2016〕234号)及《燃煤发电厂贮灰场安全评估导则》要求，提出了贮灰场安全评估必要性、安全评估及保护措施。贮灰场安全评估已经成为及时排查和消除贮灰场生产安全事故隐患的有效手段，依据安全评估报告进行相应的安全保护措施，可以及时消除和控制生产隐患，提高贮灰场运行安全水平，提高燃煤发电厂贮灰场安全评估工作的科学性、客观性、公正性、严谨性。

张新法等[45]通过综合分析燃煤发电厂贮灰场的安全风险和安全管理现状，指出了贮灰场目前存在的主要事故隐患和风险点，并针对现场实际提出了相应的安全对策，以指导燃煤发电企业贮灰场的安全管理工作，提高发电厂的安全水平。

司小飞等[48]提出燃煤发电厂贮灰场对周围的生态环境和当地居民的生活造成很大影响，同时根据国家环境保护法中相关的规定和要求，必须对此制定科学合理的防治措施。结合相关规定及具体案例，对燃煤发电厂贮灰场环境污染与防治进行深入分析，探讨环境防治必要性及防治措施等问题。

王永金[47]在山谷型水力贮灰场增容改造工程中借鉴平原贮灰场经验，改变通常采用征地、加高灰坝来增加库容的方法，利用灰场现有的占地面积扩展立体空间，在灰面上用模袋筑隔，分区贮灰，集中蓄水，达到增加库容目的，节省土地资源，减轻动迁压力，降低建设投资，取得了明显成效。

潘和平等[48]为了解决火力发电厂贮灰场施工期过长，施工质量不易控制的问题，在贮灰场灰坝建设中应用土工合成材料，缩短了施工周期，节省了投资。

焦丽芳[49]结合新疆某电厂贮灰场的水文地质情况，分析了湿陷性黄土区域的地基处理方案，阐述了垫层法结合排水、封闭措施的施工技术。

李毅男等[50]提出黄土产生湿陷受内外两类因素的影响，内因是黄土的特殊结构性，以及黄土颗粒排列和联结方式；外因是浸水与压力。

张力霆[50]指出尾矿库溃坝形成的流体一般为泥流或泥石流，而影响尾砂流运动演进特性的是其流变性质。

金佳旭等[52]以辽宁某尾矿库为例，采用ANSYS中CFX流体动力分析软件对溃坝的尾砂流演进过程进行模拟，分析了溃坝后尾砂的流态变化、速度变化以及最终堆积形态。

Rico等[53]认为由于溃坝尾砂流变性质的复杂性，存在不同的尾矿库溃坝数值模拟流变模型。

刘海明等[54]提出尾矿库溃坝主要表现在边坡失稳破坏、渗透破坏及地震等原因造成坝体的崩塌、滑坡等。

于广明等[55]提出尾矿坝溃坝主要由地震液化、漫坝、渗流等引起。

王瑞等[56]以齐大山铁矿排土场为工程背景，通过对排土场边坡参数进行优化，达到了加高扩容的目的。

宋彦利[57]针对承德某铁矿尾矿库副坝坡脚出现的渗水现象，通过对隐患部位进行地质勘测和渗水原因分析，采取废石压坡、降低副坝坡度、设置排渗设施等综合措施，有效排除了安全隐患，保证了副坝安全。

杨海东等[58]分析了同谷型尾矿库结构组成、安全设施、事故类型及成团，结合陕西有色集团公司对所属尾矿库安全管理实际，提出金属、非金属尾矿库安全检查技术和运行管理措施。

蒲明[59]通过分析尾矿库地质灾害主要特征，将主要灾害划分为滑坡、崩塌和泥石流 3 种，针对不同灾害特征制定防治对策，以提高尾矿库地质灾害防治效果。

颜世航等[60]针对尾矿库内部结构复杂，风险预测指标没有明确界定，稳定性评价及预警手段尚未科学量化等问题，从优化尾矿库安全监测指标，研究监测数据变化规律入手，建立多层次数据分析模型，进而定量评估尾矿库风险状况和实时预测尾矿库安全发展趋势，最后通过实验证实了模型的有效性。

阮修莉[61]针对尾矿库几种环境风险来源总结了相应的处置措施，提出了尾矿库环境风险防范措施，从而对尾矿库环境风险的管理工作提供了一定的依据。

张家荣等[62]对尾矿库危害、安全评价方法以及预防措施进行了研究。采用事故树分析方法对尾矿库进行安全评价。

王昆等[63]提出尾矿库溃坝灾害应急响应时间短、潜在威胁巨大，往往造成惨重人员伤亡与巨额财产损失。近些年尾矿库安全事故发生数量的总体下降趋势充分体现出现代化技术及安全管理方面的进步，然而重大事故发生频次却不减反增，2015 年巴西 Samarco 铁矿与 2014 年加拿大 Mount Polley 重大溃坝事故及其惨重后果，再次为尾矿库安全敲响警钟。我国现存尾矿库 8869 座，含“头顶库”1425 座，安全形势复杂。

张驰等[64]提出尾矿库是选矿厂运行中比较重要的一个组成部分，其在实际应用过程中容易出现的灾害问题也是比较恶劣的，如此也就极有可能导致较多损失威胁出现，应该在尾矿库管理中予以高度重视，结合具体灾害特征进行有效防控。

王自力等[65]为提高尾矿库安全状态，解决当前尾矿库监管难度大、代价高、盲区多的现实问题，以四川省盐边县小水井尾矿库为研究对象，采用高分遥感、无人机和三维激光组成的空天地三维数据，建立多层级、多精度三维数据的协同流转模式，通过周边关系分析、关键指标检查、防排洪验算、稳定性分析和溃坝模拟等手段，提供了尾矿库风险管控与定量化评价参数。研究结果表明：该技术可有效提升尾矿库安全监管技术能力，有助于促进运营方和监管者建立尾矿库监测-预警-避灾-救援工作体系。

马国超等[66]依据遥感和无人机数据对地表类型进行分类，进行地表参数取值。

万露等[67]为确定尾矿库溃坝灾害后果及影响范围，提高库区下游防灾减灾及应急管理水平，应用模型相似理论对某尾矿库进行了室外溃坝试验，探究了发生溃坝事故时泥石流的流速变化、冲击高度和沉积深度等流动特性，并预测了下游溃坝影响范围。

张力霆等[68]提出流体的相似模型试验是一种较为准确地模拟溃坝后果和预测矿浆泥石流危害影响范围的方法，两个流动相似，则流场中相应点上各物理量也将成比例，因此可将现场试验的成果较好地应用于实际流动的模拟和预测中。

贾虎军等[69]提出尾矿库是具有高势能的人造泥石流危险源，如何运用科学、有效的手段监测是需要解决的关键问题。基于无人机航测技术获取尾矿库的高精度三维空间数据，研究尾矿库的可视化安全风险分析方法，实现对尾矿库全寿命周期管控。通过研究无人机航测的工作流程和空三加密原理，获取了尾矿库高精度、精细化数字地表模型、数字正射影像和三维点云数据，构建了尾矿库的三维空间数据。研究结果表明：采用尾矿库基础参数提取、堆排量变化计算、堆排三维建模预测、下游脆弱地物提取等方法，可及时有效地掌握尾矿库的安全状况，对拓宽尾矿库监测技术具有借鉴意义。

苏军等[70]根据某尾矿库应用光纤光栅（FGB）传感器使用情况，总结出FGB传感器的突出优点是运行稳定性好、抗干扰能力强，测量精度满足使用要求，不足是安装条件要求高，前期投入较高。

李青石等[71]提出运用科学、有效手段管理尾矿库，提升其安全度，关键在于对尾矿库进行安全监控，及时准确地分析尾矿库的安全状况。

郝喆等[72]针对《尾矿库在线安全监测系统工程技术规范》（GB 51108—2015）实施后存在的问题，结合辽宁省尾矿库在线监测工程的现场实际，进行了尾矿库在线安全监测管理平台设计。建立了在线监测平台的设计路线和总体架构，确定了监测平台软件组成、中心版和企业版的程序框图，阐述了数据同步方法、系统部署与用户访问方法，建立了大屏幕拼接系统并讨论了多屏幕处理方法。

郝哲[73]通过建立在线监测系统，科学研判尾矿库在一定时间段内的安全状态，有助于进一步增强企业、社会、政府对于尾矿库灾害的预警响应能力。

刘迪等[74]提出了尾矿坝安全研究能为现场的安全监管提供重要理论依据和技术支持。广泛调研了尾矿坝溃坝机理研究、稳定性分析方法、安全监测技术、安全预测预警方法等4方面的国内外现状，得出稳定性分析的应用在现场的安全监管中起着重要作用，实时安全监测预警是尾矿坝安全研究的发展方向之一。尾矿坝稳定性研究应融合尾矿物理力学指标、监测指标、环境影响等因素，综合应用定值计算、数值分析、不确定性分析等方法，定量分析影响因子对尾矿坝稳定性影响程度。合理应用稳定性分析方法、研究可靠监测技术与科学预警方法，实现尾矿坝运行安全的实时监测预警，将是尾矿坝安全研究发展的必然趋势。

黄磊等[75]基于三维 GIS 尾矿坝监测系统，实现坝体位移、浸润线、库水位和水情异常等参数的预警。

张铎等[76]采用有限差分与离散元的离散-连续耦合分析方法，模拟了潜在滑移面在充填前后的变化情况。

于广明等[77]提出目前我国尾矿坝安全监测指标主要有浸润线、库水位、干滩长度、坝体位移、降雨量等，针对这些重要监测指标的监测技术涵盖了仪器仪表、网络通信、电子传感、数据库等技术，可实现对于所有监测数据的实时采集、传输、处理、存储与显示，初步形成一个完整的监测技术体系。

李航[78]以浸润线监测数据为分析对象，建立了灰色预测模型，通过预测值与实际监测值的比对来划分预警等级，实现了尾矿坝安全预警。

宋传旺等[79]依据分形理论，采用分形维数预测坝体竖向位移，实现坝体位移预警。

梅国栋[80]从自然、固有和人为等 3 方面因素出发，以渗透破坏、洪水漫顶和地震液化等 3 方面的事故类型作为一级指标纵向分析，建立了尾矿坝安全预警指标体系，依据预警指标的不同，提出了指标预警、统计预警、模型预警等预警阈值确定及预警等级划分方法。

刘正强等[81]基于尾矿坝在线监测系统，研发了尾矿坝预警软件系统，能够实现与在线监测系统联机，实时采集干滩长度、坝体位移、浸润线、雨量、渗流量、库水位等参数的监测数据，监视各参数并统计，具备语音、短信报警功能，取得了较好的现场应用效果。

廖文景等[82]依据相关技术规范划分预警等级，以坝体位移、干滩长度、浸润线埋深等参数作为预警指标进行安全预警。

刘泽华等[83]提出孔隙水压力监测是尾矿库坝安全监测极为重要的项目，结合铁山垅钨业公司尾矿库安全监测，介绍了光纤光栅渗压传感器在尾矿库库坝中埋设安装关键技术，通过现场监测表明光纤监测系统运行稳定，对加快光纤传感技术在尾矿库监测领域的应用有现实意义。

李钢等[84]根据尾矿库洪水漫顶溃坝实验研究及数据分析，提出尾矿库是我国安全监管工作的重点内容之一，因其位置的特殊性，极易引发重特大事故。在加强尾矿库日常安全监管、降低事故隐患的基础上，建立漫顶溃坝试验模型研究坝体溃坝的演化过程、下泄流量及冲击距离，对加强下游库区安全管理、降低事故后果严重程度具有重要意义。基于相似理论建立了尾矿库漫顶溃坝物理模型，深入研究尾矿库漫顶溃坝过程中演化规律、冲击速度及下泄流体过泥深度等内容，并将实验结果与尾矿库溃坝计算模型结果进行对比，验证了物理模型实验数据的适用性、准确性，实验结果可为洪水期尾矿库的安全管理尤其是库区下游的治理工作提供理论和技术支撑。

敬小非等[85]开展了洪水水位条件下尾矿坝滑塌失稳模型试验，重点研究了由坝体浸润线过高引发的滑坡溃坝模式。

张力霆等[86]进行了坝体排渗系统失效致使浸润线持续升高而诱发尾矿库溃坝模型试验，利用坝体位移跟踪测量系统对尾矿库坝体溃决的演进过程进行了观测，总结了试验过程中的溃决模式。

王永强等[87]以四川尾矿库为研究背景，以倾斜挡板代替模型坝模拟堆积坝坡，通过溃坝试验研究了尾矿料与水混合物在下游沟谷的演进流动特性。

秦柯等[88]采用概化模型，以尾砂干燥、湿润状态和溃口形态为变量进行冲刷试验，对溃口发展形态及速度进行了研究。

郑欣等[89]开展尾矿坝渗透破坏溃坝模型试验，发现尾矿料沉积分层对坝内浸润线的位置和形状影响较大。

赵怀刚等[90]提出地形是影响尾矿库溃后泥石流演进的重要边界条件，以某尾矿库为背景，开展堆（溃）坝模型试验，探索在山地复杂地形条件下尾矿库溃后泥石流的演进规律。结果表明溃后泥石流淹没高度和流速随溃坝时间的变化整体表现为：前期缓慢增长及后期的高速增减，且随着演进距离增加，淹没高度和流速都明显降低；沟谷弯道至与河道汇合处的淹没高度大于坝址及下游，且出现最大淹没峰值；在沟谷弯道处出现“爬高”和“涡流反射”现象，造成两岸的淹没高度差值很大，而在沟谷与河道的连接处，泥石流冲出沟谷淤堵河道；上游沟谷和河道流速明显大于下游，最大峰值流速出现在沟谷弯道及沟谷和河道连接处。

赵天龙等[91]对比分析了土石坝和尾矿坝的溃决机理与溃坝致灾过程的区别和联系，总结了尾矿库在坝体形式、填筑方式、坝料组成和溃决机制等方面的特点。

王学良等[92]提出尾矿库是一个具有高势能人造危险源，一旦溃坝，将严重威胁下游人民生命财产安全和生态环境。由于尾矿库溃坝因素和条件的复杂性，以及溃坝体在下游沟道或场地运动及滞留特征的不确定性，导致尾矿库溃坝后运动特征预测成为一个难点。基于连续介质和非连续介质力学理论，考虑当前流固耦合数值模拟能力和特征，运用 Massflow 和 PFC^{3D}软件，结合无人机的精细测量、现场调查和验证分析等手段，开展了多手段相结合的尾矿库溃坝运动特征模拟研究。研究发现，基于 PFC^{3D}和 Massflow 两种数值方法模拟溃坝后的尾矿砂运动过程有所不同。Massflow 模拟结果显示，大部分尾砂体沿着尾矿库下游曲折沟道运移，在沟谷与张唐铁路交会的涵洞处堆积；而 PFC^{3D}模拟结果显示，尾矿库溃坝后大部分尾矿砂沿着尾矿库主体朝向溃决漫流，少部分进入其下游曲折沟道。研究认为，考虑地质体和运动过程的不确定性，对于尾矿库溃坝的运动特征模拟宜结合两种不同理论基础的模拟方法，并结合尾矿库实际情况进行综合分析预测。

魏勇等[93]用物理模型试验，研究砂流体积分数、溃口形态及下游坡度对溃坝砂流的流动特性及规律的影响。

武鸿鹏[94]根据海勃湾电厂扩建对应贮灰场的规划实例，分别介绍了两个场址的库容规划、设计方案，两个场址技术比较和经济比较。在每个场址都提出了降低工程造价的措施。对老工程改造及新建工程有一定的参考价值。

霍明等[95]介绍了太原某电厂灰场选择在煤矿已采区、贮灰形式为水力贮灰、山谷灰场采空区上建水力贮灰场情况。介绍了此灰场坝体、廊道等灰场的地基结构设计，对采空区上建立水力贮灰场结构设计研究具有一定的指导意义。

王有为[96]结合某热电厂新建事故灰场项目，对灰场选址与设计、环保措施、运行管理等方面做了系统介绍，不仅降低了工程投资，节约了宝贵的土地资源，也为相关工程设计与管理提供参考。

综上所述，相较于国外，我国拥有更加严格的尾矿库贮灰场安全监测规定，国内学者为解决稳定性差、精度低等具体实践问题开展了一系列研究。同时，国内外学者在尾矿库安全遥感监测方面均开展了大量的研究，但国内学者主要集中于理论研究，在实践应用方面相对欠缺。可以预见随着高分遥感、无人机、摄影测量等理论技术进步与装备革新，上述新型监测方法的大规模应用推广将成为可能。

1.4.5 尾矿库贮灰场溃坝灾害预警方法研究

尾矿库贮灰场溃决泥沙下泄是极其短时间的过程，溃坝灾害在孕育发展阶段均会呈现不同形式的征兆，可表征体现在各监测指标上。因此，溃坝灾害预测预警方法的研究对于尾矿库尤其是“头顶库”隐患治理与灾害防控具有重要的意义。

国外针对尾矿库溃坝灾害预警的研究较为少见，而其地质灾害领域的研究具有一定借鉴意义。Azzam 等通过太阳能供电网关连接测量传感器与通信处理单元节点，建立具有自组织、自愈能力的无线传感网络，构建出包括建筑物、滑坡山体、水坝、尾矿库及桥梁等的实时监测预警平台；Peters 等用多个传感网络节点监测法国南部山体孔隙水压力、倾斜度及温度等参数，耦合水动力学模型实现滑坡灾害实时预警；Intrieri 等将意大利中部某滑坡体划分为普通、警惕与报警 3 个危险级别，其中警惕级别由预设阈值触发，报警级别基于专家评估法预测确定，另通过数据冗余与均值处理减少错误警报；Capparelli 和 Tiranti 深入系统分析了滑坡与降雨量关系，建立出降雨因素诱发滑坡的预警经验模型；Intrieri 等概述了滑坡预警系统组成及其实践准则，指出预警敏感度与准确率互相矛盾，误报警无法完全避免，强调预警机制必须加强人工预警判断，培养强化人员应急能力；Krzhizhanovskaya 等提出传感器网络与溃坝模拟相结合的洪水预警决策支持系统，并利用人工智能及可视化技术保障该系统的稳定运行；Zare 等尝试运用多层神经网络与径向基网络两种人工神经网络方法分析预测山体滑坡，以期实现更为科学有效的灾害风险评估与预测。

国内学者在灾害预警平台开发、指标选取、算法优化等方面做了大量研究。黄磊等设计搭建了基于空间信息网络访问模型的尾矿库监测预警平台，并成功应用于洛阳市 5 座尾矿库，但存在数据处理算法过于简单及预警模型准确率低等问题；王刚毅等运用信息融合技术实现尾矿库多指标预警体系，系统由数据综合管理、实时评估、监控中心与预报预警 5 个模块构成，与实时气象信息融合，超前诊断尾矿库在极端条件下的运行状态；Dong 等利用物联网与云计算技术构建了基于实时监测与数值仿真的尾矿库灾害预警评估平台，根据监测数据及仿真计算结果划分预警级别。在预警指标选取方面，王晓航等选用洪水危险性、承灾体易损性和工程防御能力作为参数，基于 GIS 平台与线性加权模型，构建出蓄水坝溃坝生命损失预警综合评价模型；何学秋等试验得出尾矿坝变形包括衰减、稳定、加速三个阶段，基于流变突变理论，预警准则应根据各阶段特征分别制定；谢旭阳等选取了地形坡度、地质构造、降雨量、采矿活动、下游状况等 9 个指标建立尾矿库区域预警指标体系。在预测算法优化方面，王英博等构建和声搜索算法与修正型果蝇算法优化神经网络安全评价模型，选用滩顶高度、库水位、浸润线、干滩高度和安全超高 5 种指标实例验证，显示出较高预测精度；李娟等利用支持向量机预测尾矿库浸润线高度，实现了小样本情况下的高精度预测；Dong 等建立了区间非概率可靠度模型，验证可适用于数据不连续时尾矿坝稳定性评价；为克服监测信息的非线性与非对称性引起的误差，王肖霞等提出并验证了基于柔性相似度量和可能性歪度的风险评估方法。

国外学者围绕地质灾害领域、国内学者聚焦尾矿库安全，在预警平台构建、指标选取、算法优化等方面均开展了卓有成效的研究，其中不乏无线传感网络、云技术、水力学模型、大数据、人工智能等前沿理论方法，力求进一步提升灾害预警的准确率、实用性与智能化水平。

1.4.6　尾矿库贮灰场溃坝灾害应急准备研究

根据 Helping 等的研究，突发性事件中，人群处于恐慌逃逸情形下，容易出现从众、盲目、无组织的“羊群行为”，因此在事故已无法避免的情形下，高效合理的应急准备将在紧急疏散、灾后救援、次生灾害防治等方面发挥出极大作用，力争将损失伤亡降到最低。国内外监管机构对于尾矿库灾害应急准备均有明确规定。例如，澳大利亚维多利亚州规定应急预案要根据事故最坏情形来制定，必须包括受灾体特征评估、疏散程序、人员培训方案等细节；加拿大最新版尾矿设施管理规范明确规定应急预案应覆盖建设初期、运营及闭库的全生命周期，并应与灾害可能涉及的其他单位或社群建立协同机制；加拿大大坝协会(Canadian Dam Association，CDA)2015 年应急管理研讨会报告指出，尾矿坝应急响应预案不可忽视环境危害防治，且需随着库区运营阶段及时更新升级，应急演练必须全员参与，同时还开设线上论坛为会员企业共享应急管理经验及资料提供平台；加拿大矿业协会(Mining Association of Canada,MAC)总结 Mount Polley 事故教训，建议应急措施计划及救援物资预备需要根据溃坝发生后可能波及的范围来具体制定；由必和必拓、淡水河谷、英美资源等 23 家矿业巨头组成的国际矿业与金属理事会(International Council on Mining & Metals，ICMM)2016 年底联合发布尾矿库灾害防控立场声明，颁布安全管理一系列改进举措，其中提及应急预案需要包含触发条件、响应计划、机构职责、通信方式、演练周期、应急物资保障与可行性分析等；在我国，矿山企业需针对溃坝、洪水漫顶、排洪设施故障等灾害情形编制应急预案并定期组织演练，预案应包括机构职责、通信保障、人员物资撤离方案等内容。

溃坝泥沙演进规律能够为应急措施制定提供直接依据，为此国内学者结合数值仿真与相似模型试验开展了大量研究。张力霆等利用自主研发的尾矿库模型试验平台进行了坝体排渗系统失效致使浸润线持续升高而诱发溃坝的缩尺模型试验，分阶段描述溃决破坏形式；张兴凯等利用雷达干涉仪、高速摄像机、流速仪等仪器的模型试验装置模拟分析洪水漫顶溃决过程，得出了溃坝位移与坝体饱和度的关系；尹光志等以云南某尾矿库设计资料为依据，对不同高度尾矿坝瞬间全溃后的泥浆演进规律及动力特性进行研究，结果表明溃决泥浆淹没高程、冲击强度、运移速度均与坝高有关，冲击强度峰值在泥深峰值之前出现；郑欣等使用 CFD 软件模拟溃坝砂流演进过程，得出淹没范围、时间、流速等参数，据此估算出灾害生命损失，但研究存在大量假设条件且未考虑下游地形；刘洋等通过数值模拟对比验证河北某尾矿库溃坝事故案例中泥石流演进过程，总结出淹没范围、速度、厚度随时间的变化规律，并模拟出拦挡导流坝防护效果显著。在应急撤离方案方面，张士辰等针对溃坝情况应急撤离路径灾民分流优化配置问题，建立基于最优化理论与运筹学的分配机制；黄诗峰等探索了基于 GIS 网络分析功能的灾民撤离过程仿真模型，为洪水灾害应急措施制定提供依据。

从上述分析不难看出，国内外监管机构均高度重视尾矿库这一重大危险源的应急准备工作，并具体规定了应急预案、物资准备、撤离疏散及日常演练等基本内容。国外在应急准备制定原则、可行性分析、经验总结、案例共享以及改进升级等的方面先进机制值得我国学习。我国学者采用数值仿真和相似模拟方法深入研究分析了尾矿库溃坝泥沙演进规律及可能的致灾后果，为应急措施的制定与完善提供了科学依据。

1.4.7 尾矿库贮灰场安全管理与标准规范研究

科学合理的安全管理方法与健全的配套标准规范是尾矿库安全运营的基本保障，将在灾害防控工作中发挥出事半功倍的效果。Schoenberger 深入分析了巴布亚新几内亚 Ok Tedi 与加拿大 Mount Polley 两起重大溃坝事故的深层次原因，并列举了美国 McLaughlin 尾矿库长达二十年的安全与环保成功管理案例，批判性地揭露出溃坝事故频频发生的根本症结在于矿山安全管理方法缺陷或执行不力，而绝非工程技术层面的瓶颈。

美国、加拿大、澳大利亚等矿业发达国家在尾矿库安全管理方面，积累了丰富的经验。加拿大作为世界上矿山事故率最低的国家之一，由大坝协会（CDA）与矿业协会（MAC）共同制定了非常完善的尾矿库安全管理框架。CDA 于 2014 年出版技术报告，详细诠释了大坝安全相关概念及技术规范在尾矿坝领域的适用性，并做了必要补充；MAC 发布了《OMS 手册编写指南》，即《尾矿库运行、维护与监测手册》（*Operation, Maintenance and Surveillance Manual OMS*）的制定规范，矿山企业在设计阶段据此独立编写相应的 OMS 手册，从而构成完整的企业安全管理体系，督促企业维护职工及公众权益、遵守政府的法规与集团政策、尽职尽责开展安全管理，并在实践中持续改进；同时 MAC 还发布了《尾矿设施管理指导》，附有详细的安全检查清单，旨在明确安全与环保的主体责任，帮助企业建立安全管理体系、健全库区建设工程管理准则；在 Mount Polley 事故后，MAC 公布报告，探讨反思在可持续矿业（towards sustainable mining，TSM）协议框架下的管理规范可否防止该溃坝事故的发生，并总结提出修改完善《尾矿设施管理指导》及《OMS 手册编写指南》，增添了设计运营各环节独立审查流程、最优技术方案评估遴选准则、加强已闭库尾矿库管理、共享成熟管理案例经验、整改低等级库工作计划等 29 条具体建议；事故发生地 BC 省于 2016 年 7 月更新矿业标准，规定尾矿库需新增设具有从业资质且无利益相关的资料记录工程师（engineer of record，EOR），在库区易主或其他变更发生时保证数据、报告、安全记录等资料档案的完整且准确交接。

在澳大利亚，大坝委员会（Australian National Committee on Large Dams，ANCOLD）成员矿业公司在尾矿库安全管理方面积累了大量成功实践案例，ANCOLD 标准虽未对管理体系做出规定，但在技术指标方面比 CDA 更加严格，高度重视尾矿坝安全监测，以揭示坝体堆积过程中结构及其稳定性演变规律，并及时做出有效调整；维多利亚州对尾矿库安全管理全生命周期内设计阶段选址、渗流、污水处置、氰化物管理与闭库规划，建设阶段行政审批与资料管理，运营阶段组织结构、尾矿输送与坝体堆积方式、安全环保监测以及资料存档，闭库覆盖材料、地貌恢复、复垦方案及进度计划，闭库后的防洪、渗流与腐蚀防控、复垦状态及水质监测均做出了详细要求，并附上了各环节工作流程图与检查清单。

美国 SANS 研究所颁布的标准同样拥有大量尾矿库安全管理成功案例，区别在于 SANS 标准未详细规定管理体系职位及其责任划分，将权力下放增强企业自主决定权，量身裁衣提高管理效率。

欧盟委员会于 2009 年发布了尾矿管理最佳可行技术（best available techniques，BAT）的指导文件，明确了最小化尾矿排放量、最大化综合利用量、风险评估管理、潜在灾害应急准备、减少污染物泄漏基本原则，并且对尾矿库从设计到闭库的全生命周期安全管理内容做出详细规定：设计选址阶段要求论证闭库后长远影响、生态环境保护、人文社会与区域经济背景、风险评估与应急准备计划、安全监测方案、粉尘防治问题；建设阶段重视施工方案、图纸资料归类、专家监理等；运营阶段的规定包括实时监控、监测数据与尾矿排放日志维护、日常安全巡查、操作流程规范、事故责任界定、应急预案维护、安全状态独立审查等；闭库及闭库后阶段的规定包括基础设施维护、极端事件（地震、洪水、台风）应急、土壤与水污染防治、水冲冰冻风化腐蚀、土地恢复等。国际大坝协会（International Commission on Large Dams，ICOLD）与联合国环境规划署（United Nations Environment Programme，UNEP）分析大量事故案例，总结出尾矿库溃坝事故预防的 4 个关键点：建设初期质量控制、排洪设施有效维护、操作技术规范掌握，以及管理责任明确落实。

我国尾矿库的安全由国家及地方安全生产监督管理部门管理，各省市根据需要在国家法律法规及行业标准基础上颁布地方性法规与规范，尾矿库经营单位制定规章制度与操作规程，形成自上而下的法律法规及标准规范体系。国家安全监管总局于2011年公布修订版《尾矿库安全监督管理规定》，对尾矿库建设、运行、回采、闭库等环节程序及其安全管理监督做出明确指示。李全明等围绕法规标准、生命周期管理流程、关键设计参数、施工管理、安全监测、闭库流程等方面对比我国与加拿大尾矿库安全管理现状，提出完善闭库与复垦法规标准、设立复垦与环保基金、根据安全性与溃坝严重性划分等级、提高防洪与安全系数设防标准等具体建议；李仲学等运用系统分析方法，提取分类尾矿库设计、建设、运营与闭库全生命周期的风险因素，包括技术因素、外部环境、人为因素与法规标准，运用计划、实施、检查、处理(plan, do, check and action, PDCA)循环过程的PDCA模式持续改进方法，构建出各环节安全案例框架；王涛等运用定性与定量相结合层次分析法确定并排序尾矿库排洪、回水、输送与堆存等系统影响安全运行的因素权重，得出排洪与调洪能力是正常运行的主导因素，为安全管理指明了侧重点。谢旭阳等综合规模等级、服务年限、筑坝方式、排洪设施等11个方面分析了我国尾矿库安全现状与不足，提出落实企业主体责任、完善内部制度规程、规范尾矿库设计及安环评价流程、加强从业人员培训等建议。

综上所述，我国拥有完整的国家及地方标准规范体系，相对于发达国家，尾矿库安全管理仅局限于全生命周期的运营阶段，而对于规划设计、建设、闭库及闭库后等环节缺乏重视。随着我国经济社会进步与安全环保标准提高，亟须学习借鉴国外尾矿库全生命周期管理先进理念与成熟经验，顺应“绿色矿山”发展趋势，在各环节全面考虑、具体论证对生态环境与人文社会的长远影响，以及安全管理与应急准备计划的可行性；另外在事故教训总结方面同样需要进一步加强。

1.5 我国溃坝灾害防控存在的问题

(1)中小型尾矿库比例高，灾害防控基础薄弱

根据Azam和Li对1910—2010年间全球尾矿库溃坝案例的统计，约80%有明确记载的事故发生在坝高不足30m的小型库，尤其是广泛存在于发展中国家的上游式坝体。而由于工艺简单、经济合理，我国80%左右的尾矿坝采用上游法工艺堆筑，并且安全基础薄弱的中小型尾矿库数量庞大，其中坝高低于30m的五等库占比高达64%。另外，图1.13(a)所示，溃坝危险性巨大的1425座“头顶库”中，78.3%属于四等库或五等库。由于历史原因，部分中小型尾矿库未经过正规勘查与设计流程，建设运营资料缺失，在建设时期遗留大量问题，安全基础薄弱。而中小型矿山投入安全及环保管理的预算本来就有限，难以承担监测系统高昂的建设维护成本，使其安全管理处于恶性循环态势。此外，中小型尾矿库在设计单位、施工单位、管理运营者或所有人变更时，其勘查设计、施

工运营、变更维护、闭库规划、监测日志以及软硬件接口等档案资料常无法完整交接，导致出现大量无证经营、无设计资料、无人认领尾矿库，其安全管理的基础更加薄弱并且缺乏资金投入，如图 1. 13(b)中统计数据显示，处于停用或闭库状态的尾矿库约占“头顶库”总数的一半，其安全管理及监测同样不容疏忽。

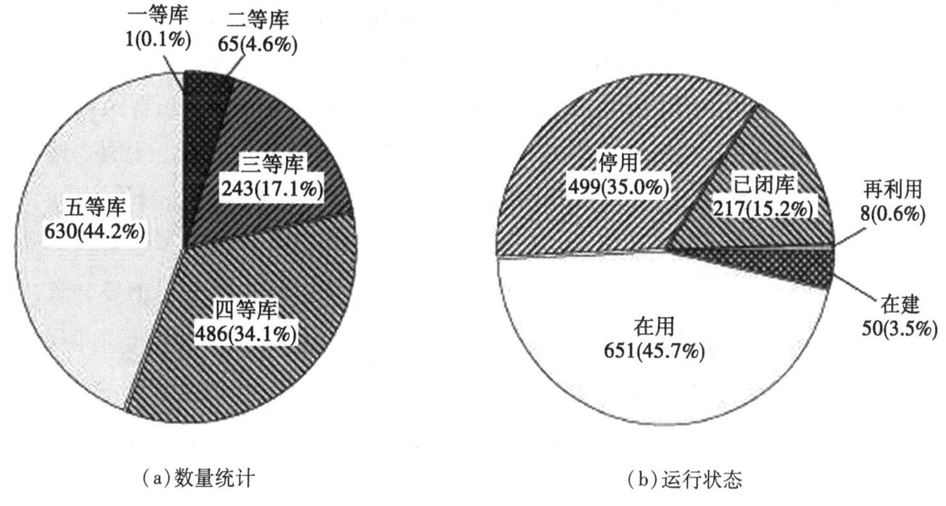

(a)数量统计　　(b)运行状态

图 1. 13　我国“头顶库”各等别

(2)监测系统稳定性差，缺乏有效管理维护

由于尾矿坝在构造特征、组成介质、几何形态、堆筑周期与力学行为等方面较为特殊，当前监测手段单一、稳定性差、可靠度低等问题愈发凸显。首先，尾矿浆多具有腐蚀性，传感器及其信号线缆极易老化失效，多数监测设备沿用自蓄水坝或岩土边坡等工程领域，难以适应尾矿坝大变形监测以及库区严苛复杂的环境，且部分设备易受天气、能见度、温度等外部条件制约。张达等指出传统尾矿库在线监测系统应立足于正常运行时数据的采集与展示，并非如何降低灾害损失，多存在“灵时不用，用时不灵”的情况。其次，尾矿坝高度随服务年限不断增长，监测系统常需分期建设及更新升级，部分矿企频繁更换设备供应商，监测设备或平台软件不相兼容，无形中大幅增加企业负担，还造成系统臃肿，维护难度增大等问题。有些矿山投入大量资金按照规范建设在线监测系统并验收合格后，因为缺乏专业技术人员或为节约成本，未能实现监测设备及软件平台定期维护升级，难以保证其持续健康运行，甚至监测数据已严重失准、失去参考价值。目前多数矿山仍主要依赖定性观察的人工巡查，即人员按照预定线路，借助自身经验或便携式仪器观测坝体、排洪设施及周边环境情况，不仅工作量大，且难以避免因地形、天气等限制出现数据采集盲区及人工操作误差。另外，监测数据的资源访问权限分布在不同管理部门，不同设备供应商数据库格式的多种多样、接口混乱，造成系统升级与集成难度高，数据共享程度有限，海量历史数据存储管理有待进一步规范。

安全监测系统应当以保障尾矿库安全运营、辅助矿山管理决策并且提升企业经济效益为主要目标，而上述现状已逐渐背离监管部门对于监测系统建设强制性规定初衷，监测系统逐渐沦为遮挡在企业落后管理机制上、用先进装备拼装出的“皇帝的新衣”，值得全体从业人员反思。

(3)灾害预警模型准确度低，新方法缺乏实践验证

当前监测数据处理分析手段过于简单，主要由设备配套软件平台自动生成图表，管理人员基于数据变化趋势及速率结合自身经验做出直观判断，与系统建设的高投入严重不相匹配。而灾害警报触发通过设置监测数据预警阈值及人工巡查实现，预设的阈值伴随坝体堆筑具有一定时效性，无效报警消息频发干扰正常生产秩序，预警系统逐渐失去管理者及公众的信任，已无法满足新时代背景下信息化安全管理要求。另外，尾矿坝溃决致灾要素复杂，包括地震、洪水漫顶、管涌、坝体裂缝、坝体渗漏、滑坡、排水构筑物垮塌、排水系统失效等，简单监测数据趋势分析难以准确及时揭露出各要素致灾演化过程，将灾害预警及应急管理置于不利局面。国内外学者针对灾害预警模型及其算法的优化开展了大量研究，取得了可喜成果，但普遍存在训练及验证数据样本量有限的问题，甚至有学者建立出100%准确率预警模型，但可靠性有待进一步实践验证。在大数据、人工智能等技术高速发展的信息时代，基于尾矿库事故案例库以及海量历史数据的预警算法将为预警准确率改进提供新的思路。

(4)应急措施制定与评价不规范，理论支撑不足

近几年，部分中小型矿山为控制成本，未完全按规定制定应急预案或委托设计院全权负责库区规划及建设方案设计。有些设计人员根据自身经验及矿山资料草草制定应急预案，并未经过严谨的科学论证，方案未必高效实用甚至未必可行。国内学者对溃坝灾害泥沙演进机制已开展了大量试验研究，为应急措施制定及改进提供了理论支撑。然而，研究涉及土力学、水力学、流体力学等学科交叉复杂问题，由于溃坝砂流破坏性巨大不易控制，只能借助物理相似模拟结合计算机数值仿真重现，当前研究主要在以下 4 个方面存在不足：

①往往忽略或简化处理库区及下游复杂地形，未考虑尾矿坝堆积材料多维、多相、多层次复杂工程特征，以及地质、气象、地表植被等影响因素，边界条件过于粗放或者理想化，因此结果具有不确定性。

②土体特性是由密度和应力水平共同决定，上述缩尺物理模拟试验未能复制原型问题的土体应力水平，可能出现较大误差甚至给出与实际情况相反的结论。

③主要通过试验现象以及库区水位、干滩面、坝体位移等参数简单描述溃决演进过程，缺乏更为先进、精确的量测手段。

④尾矿溃坝泥沙是类似于泥石流的带有自由面多相流体，当自由面发生较大变形时，网格类数值模拟方法难以给出精确可信计算结果。

当前应急措施的评价主要依赖监管部门强制性要求应急演练，由尾矿库管理人员及下游群众定期参与，模拟事故发生情形，检验考察应急程序、物资配备、通信能力、组织机构协调、应急人员技术水平。然而，长期实践过程中逐渐凸显出演练形式单一、关键

环节缺失、参与度低、应付检查、形式主义等问题，导致实际效果大打折扣。

1.6　我国溃坝灾害防控发展

(1)科学划分尾矿库安全等别，规范主体变更程序

我国尾矿库的设计等别根据库容与坝高从高至低划分为一等库至五等库，安全度等级根据坝体状态与调洪能力划分为危库、险库、病库、正常库，各等别对应不同严格程度的设计与安全标准。然而如上所述，我国低等级中小型库的数量庞大、安全基础薄弱，溃坝风险更大、后果更加严重，现行等别划分标准不能全面反映出坝体安全性与危害程度。可借鉴国外先进经验，综合评估库区规模、溃坝后果严重程度、安全保障能力、应急准备情况来进一步科学细分安全等级。解决部分废弃尾矿库无人认领或主体不明确问题，可以考虑借鉴加拿大管理经验，设置资料记录工程师岗位，根据尾矿库等别及其安全性，由具备从业资质的专人独立审查并管理一至多个库区的档案资料，在主体变更、企业破产等特殊情况下，资料记录工程师能够维持资料完整与可溯性。另可参照国外经验，在建设初期由企业出资筹建复垦环保基金，从资金上保障尾矿库的全生命周期管理。

(2)传统监测设备研发升级及新兴技术交叉应用

为提高监测系统的运行稳定性，在传统监测设备的基础上，研究开发适应尾矿库岩土特征，耐高压、耐腐蚀、高稳定性专用监测仪器，实现坝体深部及表层长期大变形的孔隙水压力、浸润线等参数的高精度连续监测。同时，为促进监测设备供应行业健康良性发展、调动矿企建设与维护积极性，设备厂商应充分考虑监测系统实用性与经济性，不应仅立足于安全监测与灾害防控，还需兼顾尾矿库运行参数的准确掌控与评估，迎合矿山企业安全生产及经济利益的诉求，为库区运营与规划提供决策支持。

在新兴技术交叉应用方面，近些年涌现出的卫星遥感、边坡雷达、摄影测量、智能机器人、无人机、无人船及无人车等新的技术与装备，在自然灾害防治领域各显神通，积累了大量成功案例。可以尝试借鉴引入到尾矿库灾害防控中，扩充安全监测视角，从技术装备层面提高尾矿库安全保障水准。然而，受卫星轨道的竞争、监测区域天气情况等不可预测因素影响，卫星遥感具有无法及时获取合格数据风险，尤其我国北方地区雾霾天气频繁，使得卫星监测的手段具有不确定性；微波遥感、热红外遥感、高分影像等在尾矿库监测中应用范围、识别解译规则和时间序列数据集构建方法等有待深入研究；无人机摄影测量实践过程中图像畸变、强光照、地表反射率等因素对三维重建模型精确度造成较大的影响，该技术应用到尾矿库监测领域中如何优化设计工作参数、提高重建模型精度成为需要研究的问题。在数据库管理维护方面，受矿石品位下降、矿产品价格波动、选矿技术装备革新、环保标准提升等因素促动，贮存尾矿在未来将具备潜在回采价值，而库区运营与监测数据合理存储管理，需建立界面更友好、操作更简洁、兼容性与扩展

性更强的数据库，为安全管理及闭库、复垦与将来可能的二次回采提供数据支撑。

（3）提高灾害预警精度，缩短预警响应时间，并建立完善应急联动机制

尾矿库溃坝灾害突发性强、演进速度快，灾害应急疏散分秒必争。尤其是我国大量存在的“头顶库”，预警响应时间往往关乎群众生命财产安危，其重要性不言而喻。灾害预警的关键问题在于准确及时地触发警报，迅速制定合理的应急决策，并及时传播到应急响应主体，以提供尽量长的应急疏散时间，即尽可能缩短预警响应时间。因此，除通过优化预警模型增加预警提前度与精度之外，还可借助数值分析、灾害仿真等先进手段，快速评估事故严重性及后果，辅助管理人员制定完善应急准备方案，以及警报发出时快速应急决策。针对当前研究存在的不足，可引入无网格法、离心模拟、GIS 等先进手段，结合典型事故案例验证分析，以增加溃坝灾害模拟结果可信度。

同时，建立完善高效可靠信息通信系统与应急联动机制，提高灾害预警信息发布的准确性与时效性，同样具有重要意义。尾矿库尤其是“头顶库”溃坝灾害往往不单涉及矿山企业，还可能危及下游群众、厂房、医院、学校、古迹等重要设施，并且应急措施的制定与完善、预警信息的发布与传播、灾情动态的实时掌控均需要政府部门、涉灾企业、社会组织与民众团体的共同参与、协调配合。建议进一步健全矿山灾情信息传递与共享体系、救灾物资装备高效统筹调运机制、规范协同工作方案，融合构成由预警触发、应急决策、警报发布、传播通知、紧急处置到解除警报的应急管理闭环全过程，并在库区各致灾形式的日常应急预案演练过程中持续考察改进。

（4）加强尾矿库灾害防控基础知识的普及宣传

目前，公众对于尾矿库基本构成、潜在危害及灾害应急等基础知识了解普遍存在偏差，并且缺乏学习认知途径。近几年受矿业形势波动影响，矿山人才流失严重，部分尾矿库运营及监管人员同样严重缺乏认识，灾害防控与自救互救的意识和能力不足。需进一步加强尾矿库尤其是“头顶库”全体职工及涉灾群体的安全培训与教育，借助宣传专栏、移动终端媒体、集中培训等通俗易懂的形式向公众宣传普及基本知识，帮助公众正确认知尾矿库及其潜在危险性，提高对谣言与伪科学的辨别能力，在思想上提高重视程度，保证灾害应急演练实际效果。此外，尾矿库是粉尘与有毒化学物聚集的工作环境，职工生命健康不可忽视，矿山企业应遵守国家法律法规，重视职业病预防常识宣传工作。

（5）正视事故原因，积极总结教训

事故调查工作最根本目的在于总结吸取教训，并防止同类事故再次发生，而责任追究只是为实现该目的的手段之一，过度强调责任追究势必忽视教训总结，并可能导致事故发生时涉事人员为逃避惩罚，刻意瞒报谎报事故真相，互相推脱责任，造成更加严重的后果，这也是重大事故频频发生的主要原因之一。因此，事故调查报告不应将大篇幅用在责任划分与人员处分上，而对于事故原因轻描淡写。事故发生原因的深入挖掘、独立调查、科学论证，多角度、客观还原事故演化过程与后果，将为事故预防、隐患治理、应急措施改进及相关研究提供一手资料，对于“依法治安、科技强安”推进、安全生产基

础保障能力建设以及政府公信力提升具有深远意义。此外，小型事故或者未遂事故同样需要引起各级安全管理人员重视，及时发现事故隐患并且采取合理整改措施，将有效防止更大事故的酿成。

综上所述，我国尾矿库数量庞大，尤其是“头顶库”安全问题棘手。在国民经济稳速发展、矿产资源需求总量维持高位、传统矿业绿色转型的大背景下，尾矿库溃坝灾害防控研究对于促进防灾减灾理论研究与技术革新、保障矿山安全生产、实现资源绿色开采、维持社会和谐稳定具有重要意义。梳理总结了安全监测、预警方法与应急准备、安全管理方法与标准法规这三方面国内外现状及前沿进展，分析得出如下结论：

①尾矿库安全监测在我国得到高度重视，但监测仪器精度低、效果差、缺乏维护等问题普遍。需要针对尾矿库的复杂岩土特征及较大变形监测需求，研发高稳定性、高可靠度、高耐久性的专用监测器件，并交叉融合新兴技术丰富监测手段。同时还需提高监测系统的实用性与经济性，从而调动矿山企业建设维护的积极性。此外，中小型尾矿库的安全监测同样不容忽视。

②当前监测数据处理方法过于单一，灾害预警方法在准确率、可靠度等方面存在不足。而大数据、人工智能等理论方法应用于数据分析预测及灾害预警，成为安全管理信息化发展的必然趋势。

③溃坝灾害应急准备及预警决策制定须经过充分科学论证。在国内学者大量研究的基础上，需进一步完善计算方法、提高模型的精准度与真实度。同时，规范完善各涉灾主体与政府部门、救援队伍应急联动机制，对于灾害应急的及时启动与有序开展同样至关重要。

④我国在安全管理方面拥有完善的国家及地方标准规范体系，监管部门协同矿山企业开展了大量工作。但在安全等别划分、全生命周期管理、主体变更等方面仍存在不足。此外，还需进一步树立事故原因分析与教训总结的正确导向，加强灾害防控基础知识的普及宣传。

第2章　非饱和渗流与本构模型理论分析方法

动力作用，尤其是地震作用亦是诱发事故的重要原因。强震作用下，强大的外力作用及地震液化对稳定性起到控制性作用。地震对稳定性作用的研究也是当前热点问题，对防灾减灾具有重要的现实意义。模拟岩土与结构体力学行为的方法有很多种，但它们的精度各不相同。例如，线性及各向同性弹性的胡克定律是最简单的应力-应变关系。由于它仅仅涉及两个输入参数，即弹性模量 E 和泊松比 ν，通常认为这种应力-应变关系太粗糙了，不能把握岩土体行为的本质特点。然而，对于大量结构单元和岩层的模拟，线弹性性质往往是比较合适的，为此深入研究岩土非饱和渗流与本构模型理论和分析方法显得尤为重要。

2.1　非饱和渗流特性理论分析

2.1.1　稳态流的基本方程

多孔介质中的渗流可以用达西定律来描述。考虑在竖向 x-y 平面内的渗流：

$$\left.\begin{aligned} q_x &= -k_x \frac{\partial \varphi}{\partial x} \\ q_y &= -k_y \frac{\partial \varphi}{\partial y} \end{aligned}\right\} \tag{2.1}$$

式中：q_x，q_y——比流量，由渗透系数 k_x，k_y 和地下水头梯度计算得到。水头 φ 定义为：

$$\varphi = y - \frac{p}{\gamma_w} \tag{2.2}$$

式中：y——竖直位置；

p——孔隙水压力（压力为负）；

γ_w——水的重度。

对于稳态流而言，其应用的连续条件为：

$$\frac{\partial q_x}{\partial x} + \frac{\partial q_y}{\partial y} = 0 \tag{2.3}$$

等式(2.3)表示单位时间内流入单元体的总水量等于流出的总水量，如图 2.1 所示。

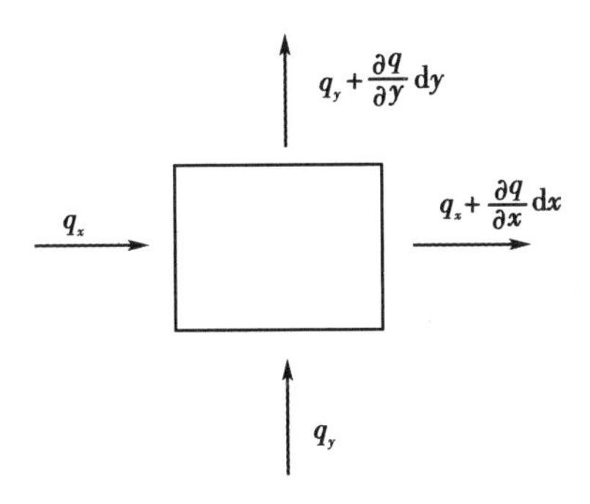

图 2.1　连续性条件示意图

2.1.2　界面单元中的渗流

在地下水渗流计算中界面单元需要特殊处理，可以被冻结或者激活。当单元被冻结时，所有的孔压自由度是完全耦合的；当界面单元激活时是不透水的(隔水帷幕)。

2.1.3　非饱和渗流材料模型

非饱和渗流的模拟基于 Van Genuchten 材料模型。根据该模型，饱和度与有效压力水头关系如下：

$$S(\phi_p)=S_{res}+(S_{sat}-S_{res})[1+(g_a|\phi_p|)^{g_n}]^{\left(\frac{g_n-1}{g_n}\right)} \tag{2.4}$$

Van Genuchten 假定了参数剩余体积含水量 S_{res}，该参数用来描述在吸力水头下保留在孔隙中的部分流体。一般情况下，在饱和条件下孔隙不会完全充满水，由于空气滞留在孔隙中，此时饱和度 S_{sat}小于 1。其他参数 g_a、g_l、g_n需要对特定的材料进行测定。有效饱和度 S_e表述为：

$$S_e=\frac{S-S_{res}}{S_{sat}-S_{res}} \tag{2.5}$$

根据 Van Genuchten 模型，相对渗透率表述为：

$$k_{rel}(S)=(S_e)^{g_l}[1-(1-S_e^{\frac{g_n}{g_n-1}})^{\frac{g_n-1}{g_n}}]^2 \tag{2.6}$$

使用该表达式计算饱和度时，相对渗透率可以直接用有效压力来表示。

2.1.4　Van Genuchten 渗流模型

水特征曲线 SWCC 描述地下水渗流非饱和区域(通常位于水位线以上)渗流参数。SWCC 描述的是不同应力状态下，土体持有水分的能力。有很多模型可以描述非饱和土的渗流行为。地下水渗流文献中最常见的是 Van Genuchten(1980)提出的模型，Van Genuchten 函数为 3 参数等式，将饱和度与有效压力水头 φ_p关联在一起：

$$S(\phi_p)=S_{res}+(S_{sat}-S_{res})[1+(g_a|\phi_p)^{g_n}]^{g_c} \tag{2.7}$$

$$\phi_p=\frac{p_w}{\gamma_w} \tag{2.8}$$

式中：p_w——吸力孔压；

γ_w——孔隙流体单位重度；

S_{res}——剩余饱和度，描述部分流体在高吸力水头的情况下仍存在于孔隙中；

S_{sat}——一般地，饱和条件下孔隙不会被水完全填充，其中可能包含空气，因此该值小于 1；

g_a——拟合参数，与土体的进气值相关，对特定材料需要量测获得，单位为 1/L，正值；

g_n——达到进气值后的拟合参数，该参数为水的抽取率的函数，对于特性材料需要测量得到该参数；

g_c——一般 Van Genuchten 等式中用到的拟合参数。

假定将 Van Genuchten 转换为 2 参数等式。

$$g_c=\frac{1-g_n}{g_n} \tag{2.9}$$

Van Genuchten 关系为中低吸力情况提供了合理结果。对于较高吸力值，饱和度保持在剩余饱和度。图 2.2 和图 2.3 显示了参数 g_a 和 g_n 对 SWCC 形状的影响。相对渗透性与饱和度的关系通过有效饱和度表示。

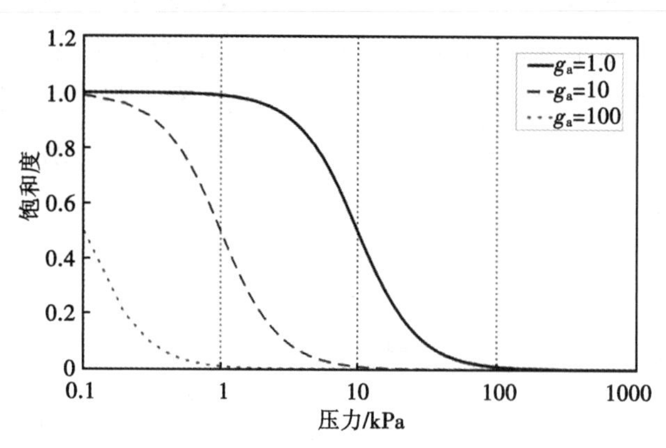

图 2.2　参数 g_a 对 SWCC 的影响

有效饱和度 S_e 表述为：

$$S_e=\frac{S-S_{res}}{S_{sat}-S_{res}} \tag{2.10}$$

根据 Van Genuchten 模型，相对渗透率表述为：

$$k_{rel}(S)=(S_e)^{g_l}[1-(1-S_e^{\frac{g_n}{g_n-1}})^{\frac{g_n-1}{g_n}}]^2 \tag{2.11}$$

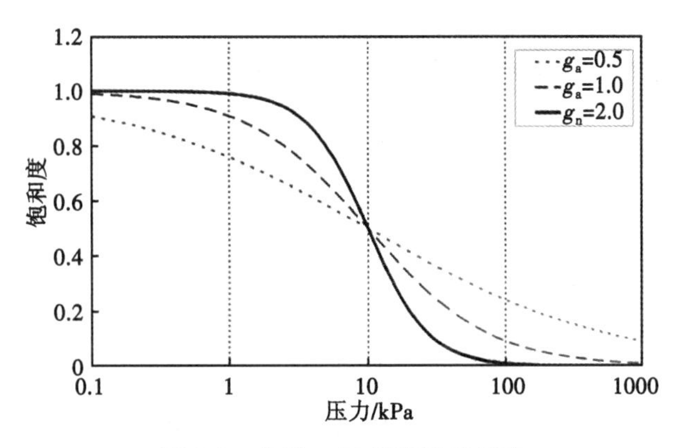

图 2.3　参数 g_n 对 SWCC 的影响

式中：g_l——拟合参数，对于特定材料需要测定。注意，使用上述表达式，相对渗透性可直接与吸力孔压相关。

饱和度的获取与吸力孔压相关：

$$\frac{\partial S(p_w)}{\partial p_w}=(S_{sat}-S_{res})\left[\frac{1-g_n}{g_n}\right]\left[g_n\left(\frac{g_a}{\gamma_w}\right)^{g_n}\cdot p_w^{(g_n-1)}\right]\left[1+\left(g_a\cdot\frac{p_w}{\gamma_w}\right)^{g_n}\right]^{\left(1-\frac{2g_n}{g_n}\right)} \tag{2.12}$$

图 2.4 和图 2.5 显示了某砂土材料的使用情况，Van Genuchten 模型对应的参数 $S_{sat}=1.0$，$S_{res}=0.027$，$g_a=2.24\text{m}^{-1}$，$g_l=0.0$，$g_n=2.286$。

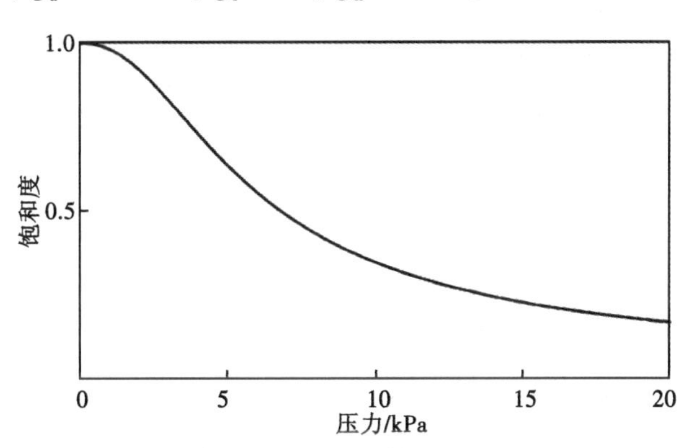

图 2.4　Van Genuchten 压力-饱和度关系曲线

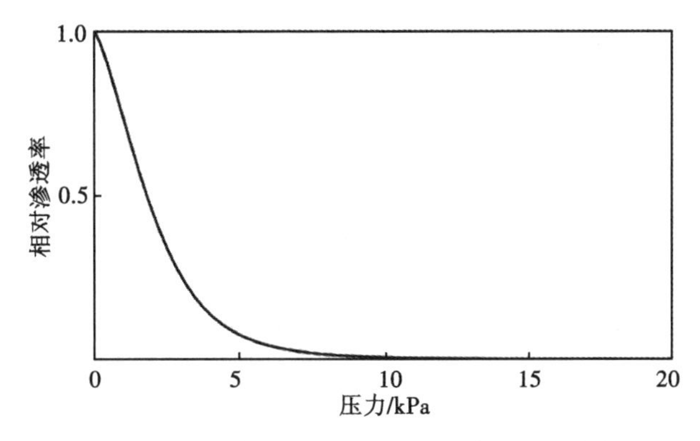

图 2.5　Van Genuchten 压力-相对渗透率关系曲线

2.1.5 近似 Van Genuchten 渗流模型

Van Genuchten 模型线性化模式可以获得模型参数的近似值。因此，饱和度与孔隙水头的关系表述如下：

$$S(\phi_p)=\begin{cases}1 & , \quad \phi_p \geqslant 0 \\ 1+\dfrac{\phi_p}{|\phi_{ps}|} & , \quad \phi_{ps}<\phi_p<0 \\ 0 & , \quad \phi_p \leqslant \phi_{ps}\end{cases} \tag{2.13}$$

变量 ϕ_{ps} 为与材料有关的压力水头，定义的是在静水压力条件下非饱和区域的范围。小于其初始值时，饱和度假定为0；饱和条件下，饱和度等于1。相对渗透率和压力水头之间的关系表述为：

$$k_{rel}(\phi_p)=\begin{cases}1 & , \quad \phi_p \geqslant 0 \\ 10^{\frac{4\phi_p}{|\phi_{pk}|}} & , \quad \phi_{pk}<\phi_p<0 \\ 10^{-4} & , \quad \phi_p \leqslant \phi_{pk}\end{cases} \tag{2.14}$$

由上式可知，在渗流区域，渗透系数与压力水头成对数-线性关系，其中 ϕ_{pk} 为压力水头，在该压力水头下，相对渗透系数降为 10^{-4}。当压力水头较大时，渗透系数保持为常数。在饱和条件下，相对渗透率为1，且有效渗透性为饱和渗透性，假定为常数。

近似 Van Genuchten 模型的参数从经典 Van Genuchten 模型的参数转化而来，以满足强大的线性模型的计算需要。对于参数 ϕ_{ps}，转化方式如下：

$$\phi_{ps}=\frac{1}{S_{\phi_p}-S_{sat}} \tag{2.15}$$

参数 ϕ_{pk} 等于压力水头，根据 Van Genuchten 模型，相对渗透率为 10^{-2}，最低限值为 -0.5m。图2.6描述了压力水头与饱和度的函数关系(根据近似 Van Genuchten 模型，并使用 $\phi_{ps}=1.48$)。图2.7给出了 $\phi_{pk}=1.15$ 时的压力-相对渗透率关系。地下水渗流问题还需要边界条件和初始条件。

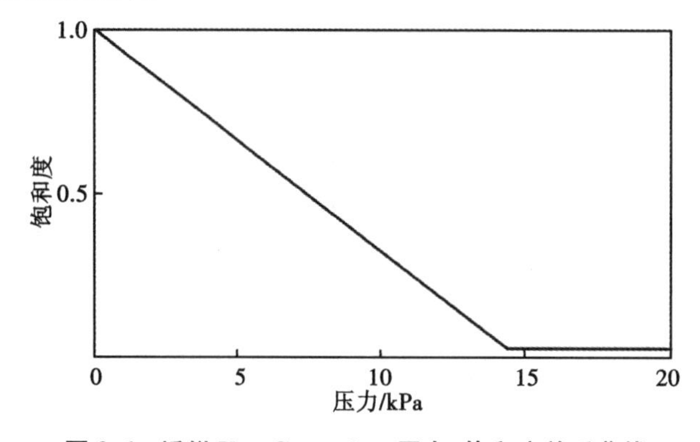

图2.6 近似 Van Genutchen 压力-饱和度关系曲线

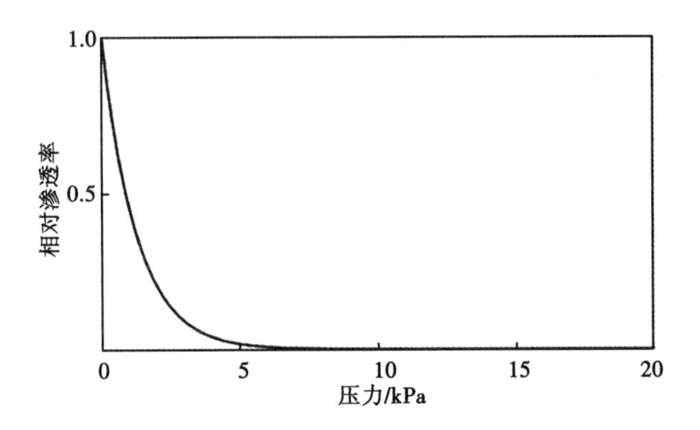

图 2.7　近似 Van Genuchten 压力-相对渗透率曲线

2.2　本构模型种类及其选用

2.2.1　本构模型种类及其特点

(1)线弹性(LE)模型

线弹性模型是基于各向同性胡克定理。它引入两个基本参数，弹性模量 E 和泊松比 ν。尽管线弹性模型不适合模拟土体，但可用来模拟刚体，例如混凝土或者完整岩体。

(2)摩尔-库仑(Mohr-Coulomb，MC)模型

弹塑性摩尔-库仑模型包括 5 个输入参数，即表示土体弹性的 E 和 ν，表示土体塑性的 ϕ 和 c，以及剪胀角 ψ。摩尔-库仑模型描述了对岩土行为的一种“一阶”近似。这种模型推荐用于问题的初步分析。对于每个土层，可以估计出一个平均刚度常数。由于这个刚度是常数，计算往往会相对较快。初始的土体条件在许多土体变形问题中也起着关键的作用。通过选择适当 K_0值，可以生成初始水平土应力。

(3)节理岩石(JR)模型

节理岩石模型是一种各向异性的弹塑性模型，特别适用于模拟包括层理尤其是断层方向在内的岩层行为等。塑性最多只能在三个剪切方向(剪切面)上发生。每个剪切面都有它自身的抗剪强度参数 ϕ 和 c。完整岩石被认为具有完全弹性性质，其刚度特性由常数 E 和 ν 表示。在层理方向上将定义简化的弹性特征。

(4)土体硬化(HS)模型

土体硬化模型是一种高级土体模型。同摩尔-库仑模型一样，极限应力状态是由摩擦角 ϕ、黏聚力 c 以及剪胀角 ψ 来描述的。但是，土体硬化模型采用 3 个不同的输入刚度，可以将土体刚度描述得更为准确：三轴加载刚度 E_{50}、三轴卸载刚度 E_{ur}和固结仪加载刚度 E_{oed}。一般取 $E_{ur}\approx 3E_{50}$和 $E_{oed}\approx E_{50}$作为不同土体类型的平均值，但是，对于非常

软的土或者非常硬的土通常会给出不同的 E_{oed}/E_{50} 比值。

对比摩尔-库仑模型，土体硬化模型还可以用来解决模量依赖于应力的情况。这意味着所有的刚度随着压力的增加而增加。因此，输入的三个刚度值与一个参考应力有关，这个参考应力值通常取为 100kPa(1bar)。

(5)小应变土体硬化(HSS)模型

HSS 模型是对上述 HS 模型的一个修正，依据土体在小应变的情况下土体刚度增大。在小应变水平时，大多数土表现出的刚度比该工程应变水平时更高，且这个刚度分布与应变是非线性的关系。该行为在 HSS 模型中通过一个应变-历史参数和两个材料参数来描述。如：G_0^{ref} 和 $\gamma_{0.7}$，G_0^{ref} 是小应变剪切模量，$\gamma_{0.7}$ 是剪切模量达到小应变剪切模量的 70%时的应变水平。HSS 高级特性主要体现在工作荷载条件。模型给出比 HS 更可靠的位移。当在动力中应用时，HSS 模型同样引入黏滞材料阻尼。

(6)软土蠕变(SSC)模型

HS 模型适用于所有的土，但是它不能用来解释黏性效应，即蠕变和应力松弛。事实上，所有的土都会产生一定的蠕变，这样，主压缩后面就会跟随着某种程度的次压缩。而蠕变和松弛主要是指各种软土，包括正常固结黏土、粉土和泥炭土。在这种情况下采用软土蠕变模型。请注意，软土蠕变模型是一个新近开发的应用于地基和路基等的沉陷问题的模型。对于隧道或者其他开挖问题中通常会遇到的卸载问题，软土蠕变模型几乎比不上简单的摩尔-库仑模型。就像摩尔-库仑模型一样，在软土蠕变模型中，恰当的初始土条件也相当重要。对于土体硬化模型和软土蠕变模型来说，由于它们还要解释超固结效应，因此初始土条件中还包括先期固结应力的数据。

(7)软土(SS)模型

软土模型是一种 Cam-Clay 类型的模型，特别适用于接近正常固结的黏性土的主压缩。尽管这种模型的模拟能力可以被 HS 模型取代，当前仍然保留了这种软土模型。

(8)改进的 Cam-Clay(MCC)模型

改进的 Cam-Clay 模型是对 Muir Wood(1990)描述的原始 Cam-Clay 模型的一种改写。它主要用于模拟接近正常固结的黏性土。

(9)NGI-ADP 模型

NGI-ADP 模型是一个各向异性不排水剪切强度模型。土体剪切强度以主动、被动和剪切的 S_u 值来定义。

(10)胡克-布朗(HB)模型

胡克-布朗模型是基于胡克-布朗破坏准则(2002)的一个各向同性理想弹塑性模型。这个非线性应力相关准则通过连续方程描述剪切破坏和拉伸破坏，深为地质学家和岩石工程师所熟悉。除了弹性参数 E 和 ν，模型还引入实用岩石参数，如完整岩体单轴压缩强度(σ_{ci})、地质强度指数(GSI)和扰动系数(D)。

综上所述，不同模型的分析表现为：如果要对所考虑的问题进行一个简单迅速的初步分析，建议使用摩尔-库仑模型。当缺乏好的土工数据时，进一步的高级分析是没有用的。在许多情况下，当拥有主导土层的好的数据时，可以利用土体硬化模型来进行一个额外的分析。毫无疑问，同时拥有三轴试验和固结仪试验结果的可能性是很小的。但是，原位试验数据的修正值对高质量试验数据来说是一个有益的补充。软土蠕变模型可以用于分析蠕变(即极软土的次压缩)。用不同的土工模型来分析同一个岩土问题显得代价过高，但是它们往往是值得的。首先，用摩尔-库仑模型来分析是相对较快而且简单的；其次，这一过程通常会减小计算结果的误差。

2.2.2　本构模型种类及其选用局限性

土工模型是对岩土行为的一种定性描述，而模型参数是对岩土行为的一种定量描述。尽管数值模拟在开发程序及其模型上面花了很多工夫，但它对现实情况的模拟仍然只是一个近似，这就意味着在数值和模型方面都有不可避免的误差。此外，模拟现实情况的准确度在很大程度上还依赖于用户对所要模拟问题的熟练程度、对各类模型及其局限性的了解、模型参数的选择和对计算结果可信度的判断能力。当前局限性如下。

(1)线弹性模型

土体行为具有高非线性和不可逆性。线弹性材料不足以描述土体的一些必要特性。线弹性模型可用来模拟强块体结构或基岩。线弹性模型中的应力状态不受限制，模型具有无限的强度。一定要谨慎地使用这个模型，防止加载高于实际材料的强度。

(2)摩尔-库仑模型

理想弹塑性模型 MC 是一个一阶模型，它包括仅有几个土体行为的特性。尽管考虑了随深度变化的刚度增量，但 MC 模型既不能考虑应力相关又不能考虑刚度或各向同性刚度的应力路径。总的说来，MC 破坏准则可以非常好地描述破坏时的有效应力状态，有效强度参数 ϕ' 和 c'。对于不排水材料，MC 模型可以使用 $\phi=0$，$c=c_u(s_u)$，来控制不排水强度。在这种情况下，注意模型不能包括固结的剪切强度的增量。

(3)HS 模型

这是一个硬化模型，不能用来说明由于岩土剪胀和崩解效应带来的软化性质。事实上，它是一个各向同性的硬化模型，因此，不能用来模拟滞后或者反复循环加载情形。如果要准确地模拟反复循环加载情形，需要一个更为复杂的模型。要说明的是，由于材料刚度矩阵在计算的每一步都需要重新形成和分解，HS 模型通常需要较长的计算时间。

(4)HSS 模型

HSS 模型加入了土体的应力历史和应变相关刚度，一定程度上，它可以模拟循环加载。但它没有加入循环加载下的逐级软化，所以，不适合软化占主导的循环加载。

(5)SSC 模型

上述局限性对软土蠕变(SSC)模型同样存在。此外，SSC 模型通常会过高地预计弹性岩土的行为范围。特别是在包括隧道修建在内的开挖问题上。还要注意正常固结土的初始应力。尽管使用 $OCR=1$ 看似合理，但对于应力水平受控于初始应力的问题，将导致过高估计变形。实际上，与初始有效应力相比，大多数土都有微小增加的预固结应力。在开始分析具有外荷载的问题前，强烈建议执行一个计算阶段，设置小的间隔，不要施加荷载，根据经验来检验地表沉降率。

(6)SS 模型

局限性(包括 HS 和 SSC 模型的)存在于 SS 模型中。事实上，SS 模型可以被 HS 模型所取代，这种模型是为了方便那些熟悉它的用户们而保留下来的。SS 模型的应用范围局限在压缩占主导地位的情形下。显然，在开挖问题上不推荐使用这种模型。

(7)MCC 模型

同样的局限性(包括 HS 模型和 SSC 模型的)存在于 MCC 模型中。此外，MCC 模型允许极高的剪应力存在，特别是在应力路径穿过临界状态线的情形下。进一步说，改进的 Cam-Clay 模型可以给出特定应力路径的软化行为。如果没有特殊的正规化技巧，那么，软化行为可能会导致网格相关和迭代过程中的收敛问题。改进的 Cam-Clay 模型在实际应用中是不被推荐的。

(8)NGI-ADP 模型

NGI-ADP 模型是一个不排水剪切强度模型。可用排水或者有效应力分析，注意剪切强度不会随着有效应力改变而自动更新。同样注意 NGI-ADP 模型不包括拉伸截断。

(9)胡克-布朗模型

胡克-布朗模型是各向异性连续模型。因此，该模型不适合成层或者节理岩体等具有明显的刚度各向异性或者一个两个主导滑移方向的对象，其行为可用节理岩体模型。

(10)界面

界面单元通常用双线性的摩尔-库仑模型模拟。当一个更高级的模型被用于相应的材料数据集时，界面单元仅需要选择那些与摩尔-库仑模型相关的数据：c，ϕ，ψ，E，ν。在这种情况下，界面刚度值取的就是弹性岩土刚度值。因此，$E=E_{ur}$，其中 E_{ur} 是应力水平相关的，即 E_{ur} 与 σ_m 成幂比例。对于软土蠕变模型来说，幂指数 m 等于 1，E_{ur} 在很大程度上由膨胀指数 κ^* 确定。

(11)不排水行为

总的来说，需要注意不排水条件，因为各种模型中所遵循有效应力路径很可能发生偏离。尽管数值模拟有选项在有效应力分析中处理不排水行为，但不排水强度 c_u 和 s_u 的使用可能优先选择有效应力属性(c'，ϕ')。请注意直接输入的不排水强度不能自动包括剪切强度随固结的增加。无论任何原因，无论用户决定使用有效应力强度属性，强烈推荐检查输出程序中的滑动剪切强度的结果。

2.3　基于塑性理论的摩尔-库仑模型

塑性理论是在常规应力状态，描述弹塑性力学行为的需要：弹性范围内的应力应变行为；屈服或破坏方程；流动法则；应变硬化的定义（屈服函数随应力而改变）。对于标准摩尔-库仑模型，弹性区域是新弹性，没有应变硬化。

（1）理想塑性理论模型

弹塑性理论的一个基本原理是：应变和应变率可以分解成弹性部分和塑性部分。胡克定律是用来联系应力率和弹性应变率的。根据经典塑性理论（Hill，1950），塑性应变率与屈服函数对应力的导数成比例。这就意味着塑性应变率可以由垂直于屈服面的向量来表示。这个定理的经典形式被称为相关塑性。

然而，对于摩尔-库仑型屈服函数，相关塑性理论将会导致对剪胀的过高估计（见图 2.8）。

通常塑性应变率可以写为：

$$\underline{\dot{\sigma}}' = \underline{\underline{D}}^e \underline{\dot{\varepsilon}}^e = \underline{\underline{D}}^e (\underline{\dot{\varepsilon}} - \underline{\dot{\varepsilon}}^p); \quad \underline{\dot{\varepsilon}}^p = \lambda \frac{\partial g}{\partial \underline{\sigma}'} \tag{2.16}$$

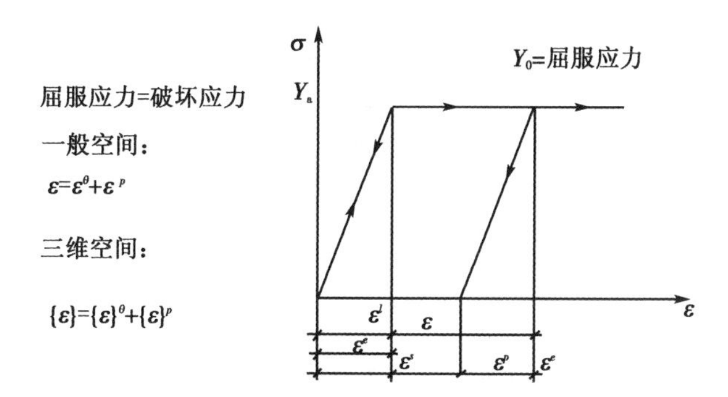

图 2.8　理想塑性理论模型

因此，除了屈服函数之外，还要引入一个塑性位能函数 g。$g \neq f$ 表示非相关塑性的情况。

在这里 λ 是塑性乘子。完全弹性行为情况下 $\lambda = 0$，塑性行为情况下 λ 为正：

$\lambda = 0$，当 $f<0$ 或者

$$\frac{\partial f^T}{\partial \underline{\sigma}'} \underline{\underline{D}}^e \underline{\dot{\varepsilon}} \leqslant 0 \tag{2.17}$$

$\lambda > 0$，当 $f = 0$ 或者

$$\frac{\partial f^T}{\partial \underline{\sigma}'} \underline{\underline{D}}^e \underline{\dot{\varepsilon}} > 0 \tag{2.18}$$

这些方程可以用来得到弹塑性情况下有效应力率和有效应变率之间的关系如下

(Smith 和 Griffith, 1982; Vermeer 和 de Borst, 1984):

$$\left.\begin{aligned}\dot{\underline{\sigma}}' &= \left(\underline{\underline{D}}^e - \frac{\alpha}{d}\underline{\underline{D}}^e \frac{\partial g}{\partial \underline{\sigma}'} \frac{\partial f^T}{\partial \sigma'}\underline{\underline{D}}^e\right)\dot{\underline{\varepsilon}} \\ d &= \frac{\partial f^T}{\partial \sigma'}\underline{\underline{D}}^e \frac{\partial g}{\partial \underline{\sigma}'}\end{aligned}\right\} \tag{2.19}$$

参数 α 起着一个开关的作用。如果材料行为是弹性的, α 的值就等于零; 当材料行为是塑性的, α 的值就等于 1。

上述的塑性理论限制在光滑屈服面情况下, 不包括摩尔-库仑模型中出现的那种多段屈服面包线。Koiter(1960)和其他人已经将塑性理论推广到了这种屈服面的情况, 用来处理包括两个或者多个塑性势函数的流函数顶点:

$$\dot{\underline{\varepsilon}}^p = \lambda_1 \frac{\partial g_1}{\partial \underline{\sigma}'} + \lambda_2 \frac{\partial g_2}{\partial \underline{\sigma}'} + \cdots \tag{2.20}$$

类似地, 几个拟无关屈服函数(f_1, f_2, …)被用于确定乘子(λ_1, λ_2, …)的大小。

(2)非理想塑性理论模型

图 2.9 所示为非理想塑性理论模型。

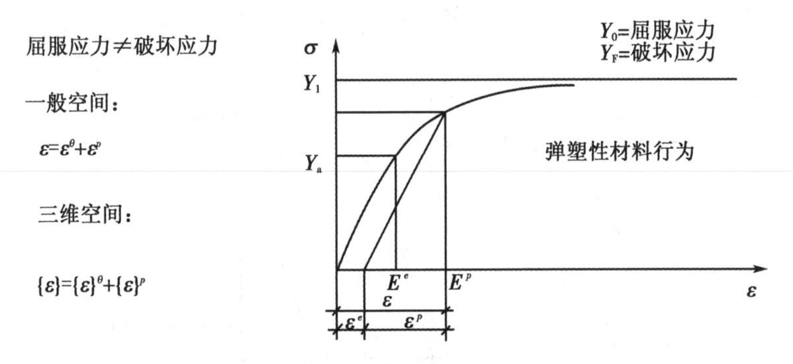

图 2.9　非理想塑性理论模型

(3)软化弹塑性理论模型

图 2.10 中材料属性决定软化的比例。

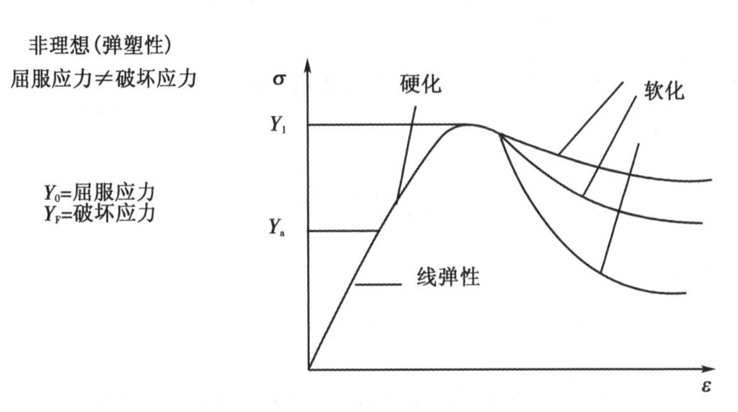

图 2.10　软化弹塑性理论模型

(4)屈服/破坏方程

图 2.11 所示为屈服/破坏方程示意图。图中，$f=0$ 表示应力空间的屈服面。

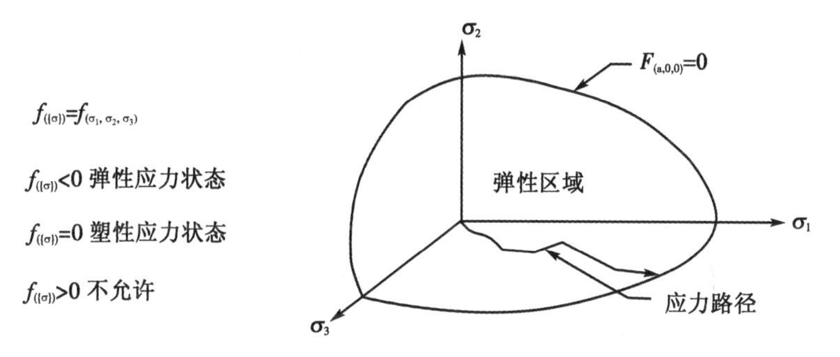

图 2.11　屈服/破坏方程

(5)摩尔-库仑准则

图 2.12 所示为摩尔-库仑准则示意图。

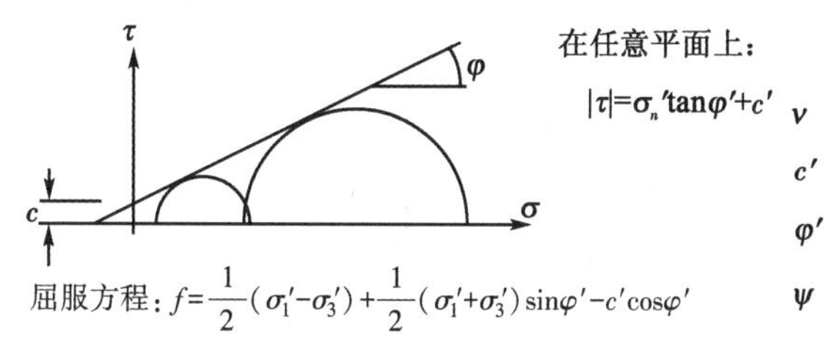

图 2.12　摩尔-库仑准则

基本参数：杨氏模量 E，单位 kN/m^2；泊松比 ν；黏聚力 c'，单位 kN/m^2；摩擦角 φ'，单位：(°)；剪胀角 ψ，单位：(°)。

(6)空间 3D 应力摩尔-库仑准则

摩尔-库仑屈服条件是库仑摩擦定律在一般应力状态下的推广。事实上，这个条件保证了一个材料单元内的任意平面都将遵守库仑摩擦定律。如果用主应力来描述，完全 MC 屈服条件由 6 个屈服函数组成：

$$\left.\begin{aligned}
f_{1a} &= \frac{1}{2}(\sigma_2'-\sigma_3')+\frac{1}{2}(\sigma_2'+\sigma_3')\sin\varphi - c\cos\varphi \leqslant 0 \\
f_{1b} &= \frac{1}{2}(\sigma_3'-\sigma_2')+\frac{1}{2}(\sigma_2'+\sigma_3')\sin\varphi - c\cos\varphi \leqslant 0 \\
f_{2a} &= \frac{1}{2}(\sigma_3'-\sigma_1')+\frac{1}{2}(\sigma_3'+\sigma_1')\sin\varphi - c\cos\varphi \leqslant 0 \\
f_{2b} &= \frac{1}{2}(\sigma_1'-\sigma_3')+\frac{1}{2}(\sigma_1'+\sigma_3')\sin\varphi - c\cos\varphi \leqslant 0 \\
f_{3a} &= \frac{1}{2}(\sigma_1'-\sigma_2')+\frac{1}{2}(\sigma_1'+\sigma_2')\sin\varphi - c\cos\varphi \leqslant 0 \\
f_{3b} &= \frac{1}{2}(\sigma_2'-\sigma_1')+\frac{1}{2}(\sigma_2'+\sigma_1')\sin\varphi - c\cos\varphi \leqslant 0
\end{aligned}\right\} \tag{2.21}$$

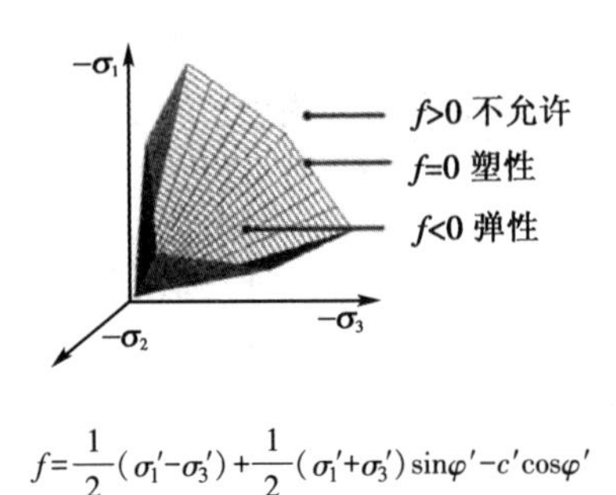

图 2.13　空间 3D 应力摩尔-库仑准则

出现在上述屈服函数中的两个塑性模型参数就是众所周知的摩擦角和黏聚力。如图 2.13 所示，这些屈服函数可以共同表示主应力空间中的一个六棱锥。除了这些屈服函数，摩尔-库仑模型还定义了 6 个塑性势函数：

$$\left.\begin{aligned}
g_{1a}&=\frac{1}{2}(\sigma_2'-\sigma_3')+\frac{1}{2}(\sigma_2'+\sigma_3')\sin\psi\\
g_{1b}&=\frac{1}{2}(\sigma_3'-\sigma_2')+\frac{1}{2}(\sigma_2'+\sigma_3')\sin\psi\\
g_{2a}&=\frac{1}{2}(\sigma_3'-\sigma_1')+\frac{1}{2}(\sigma_3'+\sigma_1')\sin\psi\\
g_{2b}&=\frac{1}{2}(\sigma_1'-\sigma_3')+\frac{1}{2}(\sigma_1'+\sigma_3')\sin\psi\\
g_{3a}&=\frac{1}{2}(\sigma_1'-\sigma_2')+\frac{1}{2}(\sigma_1'+\sigma_2')\sin\psi\\
g_{3b}&=\frac{1}{2}(\sigma_2'-\sigma_1')+\frac{1}{2}(\sigma_2'+1_1')\sin\psi
\end{aligned}\right\}\tag{2.22}$$

这些塑性势函数包含了第三个塑性参数，即剪胀角 ψ。它用于模拟正的塑性体积应变增量(剪胀现象)，就像在密实的土中实际观察到的那样。后面将对 MC 模型中用到的所有模型参数做一个讨论。在一般应力状态下运用摩尔-库仑模型时，如果两个屈服面相交，需要作特殊处理。有些程序使用从一个屈服面到另一个屈服面的光滑过渡，即将棱角磨光(Smith 和 Griffith，1982)。MC 模型使用准确形式，即从一个屈服面到另一个屈服面用的是准确变化。关于棱角处理的详细情况可以参阅相关文献(Koiter，1960；Van Langen 和 Vermeer，1990)。对于 $c>0$，标准摩尔-库仑准则允许有拉应力。事实上，它允许的拉应力大小随着黏性的增加而增加。实际情况是，土不能承受或者仅能承受极小的拉应力。这种性质可以通过指定“拉伸截断”来模拟。

在这种情况下，不允许有正的主应力摩尔圆。“拉伸截断”将引入另外三个屈服函数，定义如下：

$$\left.\begin{aligned}f_4=\sigma_1'-\sigma_t\leqslant 0\\ f_5=\sigma_2'-\sigma_t\leqslant 0\\ f_6=\sigma_3'-\sigma_t\leqslant 0\end{aligned}\right\}\tag{2.23}$$

当使用“拉伸截断”时，允许拉应力 σ_t 的缺省值取为零。对这三个屈服函数采用相关联的流动法则。对于屈服面内的应力状态，它的行为是弹性的并且遵守各向同性的线弹性胡克定律。因此，除了塑性参数 c 和 ψ，还需要输入弹性弹性模量 E 和泊松比 ν。

(7)偏平面摩尔-库仑准则

图 2.14 所示为偏平面摩尔-库仑准则示意图。

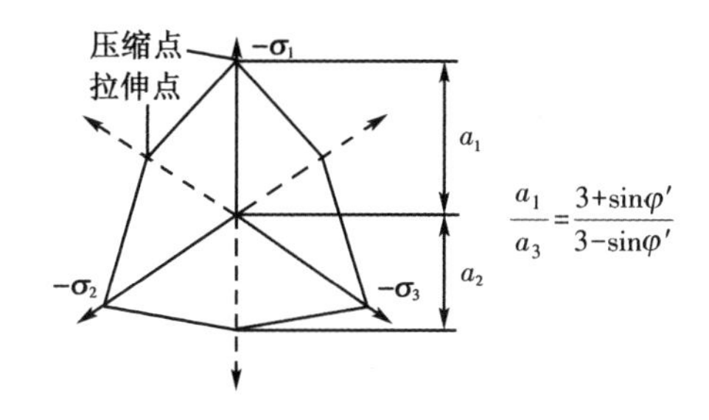

图 2.14　偏平面摩尔-库仑准则

(8)流动法则

屈服/破坏准则给出是否塑性应变，但是无法给出塑性应变增量的大小与方向。因此，需要建立另一个方程，即塑性势方程。图 2.15 所示为塑性势方程示意图。

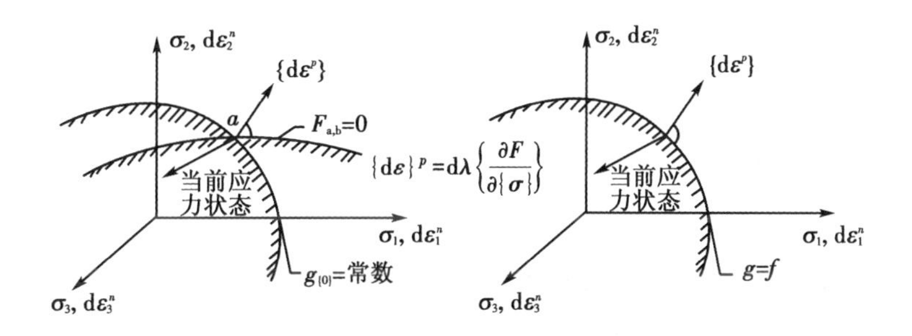

图 2.15　塑性势方程

塑性应变增量

$$\{d\varepsilon\}^p=d\lambda\left\{\frac{\partial g}{\{\partial\sigma\}}\right\}\tag{2.24}$$

式中，g——塑性势，$g=g_{(\{\sigma\})}$；

$d\lambda$——常量(非材料参数)。

不相关流动法则：

$$\{\mathrm{d}\varepsilon\}^{p}=\mathrm{d}\lambda\left\{\frac{\partial g}{\partial(\sigma)}\right\},\ g\neq f \tag{2.25}$$

相关流动法则：

$$\{\mathrm{d}\varepsilon\}^{p}=\mathrm{d}\lambda\left\{\frac{\partial F}{\partial\{\sigma\}}\right\},\ g=f \tag{2.26}$$

(9)摩尔-库仑塑性势

图 2.16 所示为摩尔-库仑塑性势示意图。

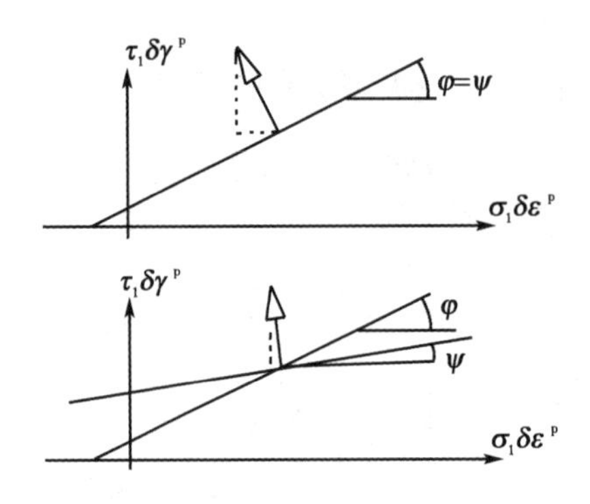

图 2.16　摩尔-库仑塑性势

$$\left.\begin{aligned}f&=\frac{1}{2}(\sigma_1'-\sigma_3')+\frac{1}{2}(\sigma_1'+\sigma_3')\sin\varphi'-c'\cos\varphi'\\g&=\frac{1}{2}(\sigma_1'-\sigma_3')+\frac{1}{2}(\sigma_1'+\sigma_3')\sin\psi+\cos\psi\end{aligned}\right\} \tag{2.27}$$

(10)摩尔-库仑剪胀

强度达到摩尔强度后的剪胀，强度=摩擦+剪胀。其中，Kinematic 硬化是指移动硬化特性。如图 2.17 和图 2.18 所示。

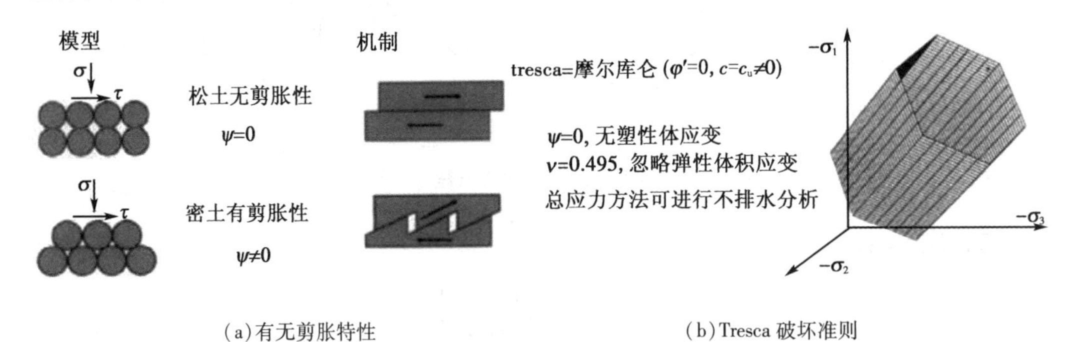

(a)有无剪胀特性　　(b)Tresca 破坏准则

图 2.17　摩尔-库仑有无剪胀性与 Tresca 破坏准则

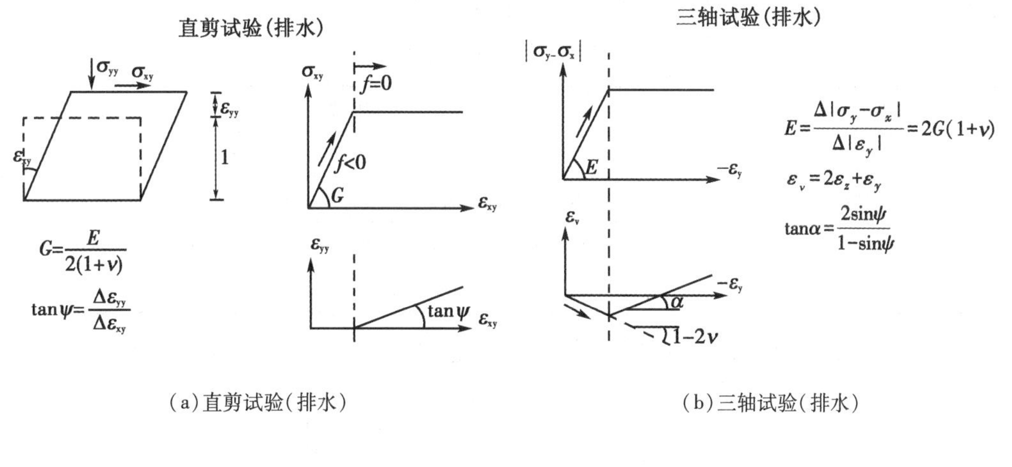

(a)直剪试验(排水)　　(b)三轴试验(排水)

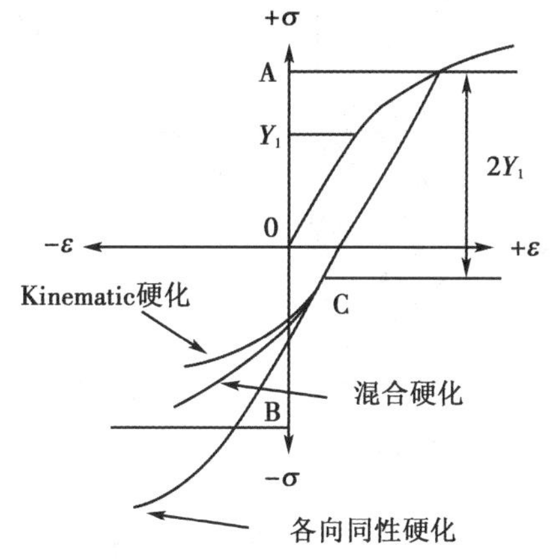

$F(\{\sigma\}_0\{\varepsilon\}^p)=0$　一般为 $F(\{\sigma\}_0 h)=0$; $h=f(\{\varepsilon\}^p)$

(c)摩尔-库仑应变硬化特性

图 2.18　摩尔-库仑排水剪切特性与应变硬化特性

综上所述，可知摩尔-库仑模型的性能与局限性。摩尔-库仑的性能：简单的理想弹塑性模型，一阶方法近似模拟土体的一般行为，适合某些工程应用，参数少而意义明确，可以很好地表示破坏行为(排水)，包括剪胀角，各向同性行为和破坏前为线弹性行为。摩尔-库仑的局限性：无应力相关刚度，加载/卸载重加载刚度相同，不适合深部开挖和隧道工程，无剪胀截断，不排水行为有些情况失真，无各向异性和无时间相关性(蠕变行为)。

2.4　基于塑性理论的典型本构模型比较

沈珠江院士认为计算岩土力学的核心问题是本构模型。下面讨论基坑数值分析土体本构模型的选择。目前，已有几百种土体的本构模型，常见的可以分为三大类即弹性模型、弹-理想塑性模型和应变硬化弹塑性模型，如表 2.1 所示。

表 2.1　主要本构模型

<table>
<tr><th>模型大类</th><th>本构模型</th></tr>
<tr><td>弹性模型</td><td>线弹性模型、非线性弹性模型、Duncan-Chang(DC)模型</td></tr>
<tr><td>弹-理想塑性模型</td><td>Mohr-Coulomb(MC)模型、Druker-Prager(DP)模型、</td></tr>
<tr><td>应变硬化弹塑性模型</td><td>Modified Cam-Clay(MCC)模型、Hardening Soil(HS)模型、
小应变土体硬化(HSS)模型</td></tr>
</table>

MC、HS 以及 MCC 三个本构模型选择的对比分析情况如图 2.19 所示。

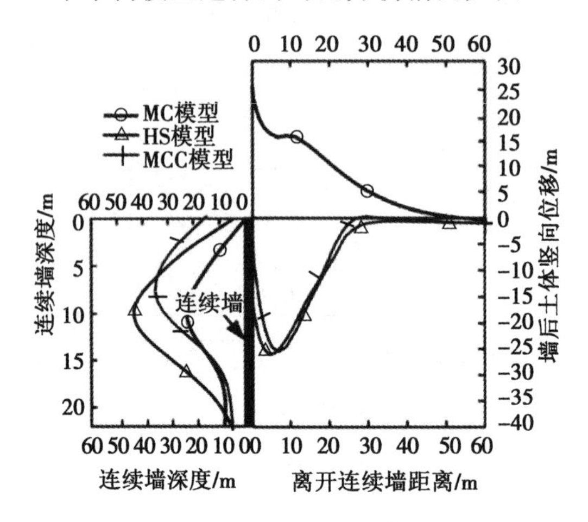

图 2.19　不同本构模型对比分析情况

研究基坑墙体侧移，HS 模型和 MCC 模型得到的变形较接近，MC 模型得到的侧移则要小得多，原因是 HS 模型和 MCC 模型在卸载时较加载具有更大的模量，而 MC 模型的加载和卸载模量相同，且无法考虑应力路径的影响，这导致 MC 模型产生很大的坑底回弹，从而减小了墙体的变形。从墙后地表竖向位移来看，HS 模型和 MCC 模型得到了与工程经验相符合的凹槽型沉降，而 MC 模型的墙后地表位移则表现为回弹，这与工程经验不符。产生这种差别的原因是 MC 模型的回弹过大而使得墙体的回弹过大，进而显著地影响了墙后地表的变形。表 2.2 为各种本构模型在基坑数值开挖分析中的适用性。

表 2.2　各种本构模型在基坑数值开挖分析中的适用性

本构模型的类型		不适合一般分析	适合初步分析	适合准确分析	适合高级分析
弹性模型	线弹性模型	√			
	横观各向同性	√			
	DC 模型		√		
弹-理想塑性模型	MC 模型		√		
	DP 模型		√		

表2.2(续)

本构模型的类型		不适合一般分析	适合初步分析	适合准确分析	适合高级分析
硬化模型	MCC 模型			√	
	HS 模型			√	
小应变模型	MIT-E3、HSS 模型				√

弹性模型由于不能反映土体的塑性性质、不能较好地模拟主动土压力和被动土压力，因而不适合于基坑开挖的分析。弹-理想塑性的 MC 模型和 DP 模型由于采用单一刚度往往导致很大的坑底回弹，难以同时给出合理的墙体变形和墙后土体变形。能考虑软黏土应变硬化特征、能区分加载和卸载的区别且其刚度依赖于应力历史和应力路径的硬化模型如 MCC 模型和 HS 模型，能同时给出较为合理的墙体变形及墙后土体变形情况。

由上述分析可知：敏感环境下的基坑工程设计需重点关心墙后土体的变形情况，从满足工程需要和方便实用的角度出发，建议采用 MCC 模型和 HS 模型进行敏感环境下的基坑开挖数值分析。

2.5　基于土体硬化(HS)模型的小应变土体硬化(HSS)模型

(1)小应变土体硬化(HSS)模型

最初的土体硬化模型假设土体在卸载和再加载时是弹性的。但是实际上土体刚度为完全弹性的应变范围十分狭小。随着应变范围的扩大，土体剪切刚度会显示出非线性。通过绘制土体刚度和 log 应变图可以发现，土体刚度呈 S 曲线状衰减。图 2.20 显示了这种刚度衰减曲线。它的轮廓线(剪切应变参数)可以由现场土工测试和实验室测试得到。通过经典试验(例如三轴试验、普通固结试验)在实验室中测得的刚度参数已经不到初始状态的一半了。

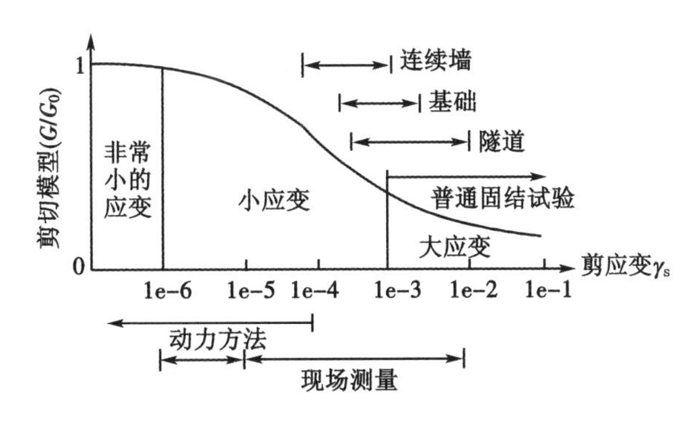

图 2.20　土体的典型剪切刚度-应变曲线

用于分析土工结构的土体刚度并不是依照图 2.20 在施工完成时的刚度。需要考虑小应变土体刚度和土体在整个应变范围内的非线性。HSS 模型继承了 HS 模型的所有特性，提供了解决这类问题的可能性。HSS 模型是基于 HS 模型而建立的，两者有着几乎相同的参数。实际上，模型中只增加了两个参数用于描述小应变刚度行为：初始小应变模量 G_0；剪切应变水平 $\gamma_{0.7}$——割线模量 G_s减小到 70%G_0时的应变水平。

(2)用双曲线准则描述小应变刚度

在土体动力学中，小应变刚度已经广为人知。在静力分析中，这个土体动力学中的发现一直没有被实际应用。静力土体与动力土体的刚度区别应该归因于荷载种类(例如惯性力和应变)，而不是范围巨大的应变范围，后者在动力情况(包括地震)下很少考虑。惯性力和应变率只对初始土体刚度有很小的影响。所以，动力土体刚度和小应变刚度实际上是相同的。

土体动力学中最常用的模型大概就是 Hardin-Drnevich 模型。由试验数据充分证明了小应变情况下的应力-应变曲线可以用简单的双曲线形式来模拟。类似地，Kondner 在 Hardin 和 Drnevich(1972)的提议下发表了应用于大应变的双曲线准则。

$$\frac{G_s}{G_0}=\frac{1}{1+\left|\frac{\gamma}{\gamma_r}\right|} \tag{2.28}$$

其中极限剪切应变 γ_r 定义为：

$$\gamma_r=\frac{\tau_{\max}}{G_0} \tag{2.29}$$

式中：$\tau_{\max}$——破坏时的剪应力。

式(2.28)和式(2.29)将大应变(破坏)与小应变行为很好地联系起来。

为了避免错误地使用较大的极限剪应变，Santos 和 Correia(2001)建议使用割线模量 G_s 减小到初始值的 70%时的剪应变 $\gamma_{0.7}$来替代 γ_r。

$$\frac{G_s}{G_0}=\frac{1}{1+a\left|\frac{\gamma}{\gamma_{0.7}}\right|} \tag{2.30}$$

其中 $a=0.385$。

事实上，使用 $a=0.385$ 和 $\gamma_r=\gamma_{0.7}$意味着$\frac{G_s}{G_0}=0.722$。所以，大约 70%应该精确的称为 72.2%。图 2.21 显示了修正后的 Hardin-Drnevich 关系曲线(归一化)。

(3)土体硬化(HS)模型中使用 Hardin-Drnevich 关系

软黏土的小应变刚度可以与分子间体积损失以及土体骨架间的表面力相结合。一旦荷载方向相反，刚度恢复到依据初始土体刚度确定的最大值。然后，随着反向荷载加载，

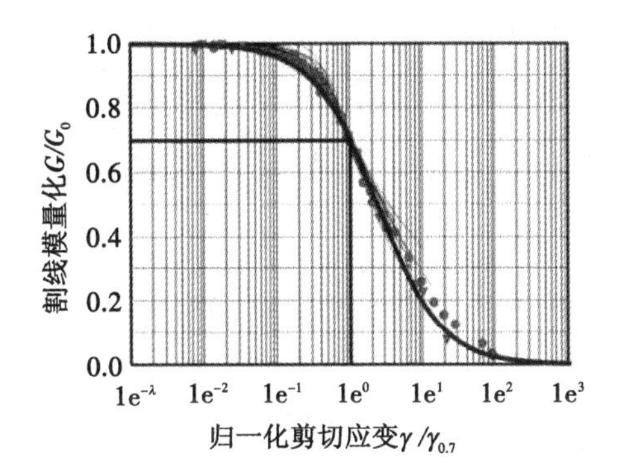

图 2.21　Hardin-Drnevich 关系曲线与实测数据对比

刚度又逐渐减小。应力历史相关，多轴扩张的 Hardin-Drnevich 关系需要加入 HS 模型中。这个扩充最初由 Benz(2006)以小应变模型的方式提出。Benz 定义了剪切应变标量 γ_{hist}：

$$\gamma_{hist}=\sqrt{3}\frac{\| \underline{\underline{H}}\Delta\underline{e} \|}{\| \Delta\underline{e} \|} \tag{2.31}$$

式中：$\Delta\underline{e}$——当前偏应变增量；

$\underline{\underline{H}}$——材料应变历史的对称张量。

一旦监测到应变方向反向，$\underline{\underline{H}}$ 就会在实际应变增量 $\Delta\underline{e}$增加前部分或是全部重置。依据 Simpson(1992)的块体模型理论：所有 3 个方向主应变偏量都检测应变方向，就像 3 个独立的 Brick 模型。应变张量 $\underline{\underline{H}}$ 和随应力路径变化的更多细节请查阅 Benz(2006)的相关文献。

剪切应变标量 γ_{hist}的值由式(2.31)计算得到。剪切应变标量定义为：

$$\gamma=\frac{3}{2}\varepsilon_q \tag{2.32}$$

式中：ε_q——第二偏应变不变量。

在三维空间中 γ 可以写成：

$$\gamma=\varepsilon_{axial}-\varepsilon_{lateral} \tag{2.32}$$

在小应变土体硬化(HSS)模型中，应力应变关系可以用割线模量简单表示为：

$$\tau=G_s\gamma=\frac{G_0\gamma}{1+0.385\dfrac{\gamma}{\gamma_{0.7}}} \tag{2.34}$$

对剪切应变进行求导可以得到切线剪切模量：

$$G_t=\frac{G_0}{\left(1+0.385\dfrac{\gamma}{\gamma_{0.7}}\right)^2} \tag{2.35}$$

刚度减小曲线一直到材料塑性区。在土体硬化(HS)模型和小应变土体硬化(HSS)

模型中，塑性应变产生的刚度退化使用应变强化来模拟。

在小应变土体硬化(HSS)模型中，小应变刚度减小曲线有一个下限，它可以由常规试验室试验得到，切线剪切模量 G_t 的下限是卸载再加载模量 G_{ur}，与材料参数 E_{ur}和 ν_{ur}相关：

$$\left.\begin{aligned} G_t &\geqslant G_{ur} \\ G_{ur} &= \frac{E_{ur}}{2(1+\nu_{ur})} \end{aligned}\right\} \tag{2.36}$$

截断剪切应变 $\gamma_{cut-off}$计算公式为：

$$\gamma_{cut-off} = \frac{1}{0.385}\left(\sqrt{\frac{G_0}{G_{ur}}}-1\right)\gamma_{0.7} \tag{2.37}$$

在小应变土体硬化(HSS)模型中，实际准弹性切线模量是通过切线刚度在实际剪应变增量范围内积分求得的。小应变土体硬化模型 HSS 中使用的刚度减小曲线如图 2.22 所示。

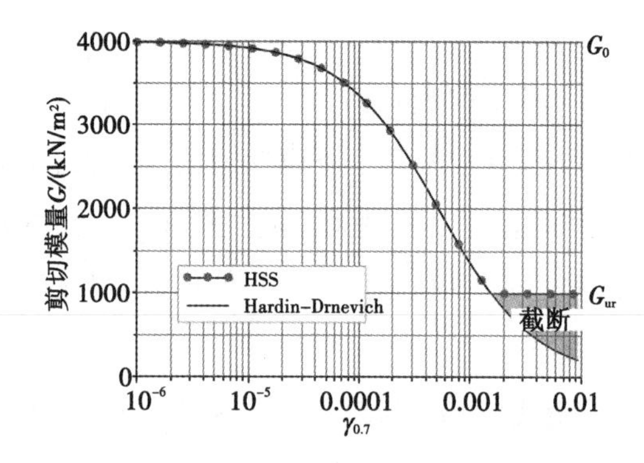

图 2.22 小应变土体硬化模型 HSS 中使用的刚度减小曲线以及截断

(4)原始(初始)加载与卸载/再加载

Masing(1962)在研究材料的滞回行为中发现土体卸载/再加载循环中遵循以下准则：卸载时的剪切模量等于初次加载时的初始切线模量。卸载再加载的曲线形状与初始加载曲线形状相同，数值增大 2 倍。

对于上面提到的剪切应变 $\gamma_{0.7}$，Masing 可以通过下面的设定来满足 Hardin-Drnevich 关系(见图 2.23 和图 2.24)。

$$\gamma_{0.7re-loading} = 2\gamma_{0.7virgin-loading} \tag{2.38}$$

HSS 模型通过把用户提供的初始加载剪切模量加倍来满足 Masing 的准则。如果考虑塑性强化，初始加载时的小应变刚度就会很快减小，用户定义的初始剪切应变通常需要加倍。HSS 模型中的强化准则可以很好地适应这种小应变刚度减小。图 2.23 和图 2.24 举例说明了 Masing 准则以及初始加载、卸载/再加载刚度减小。

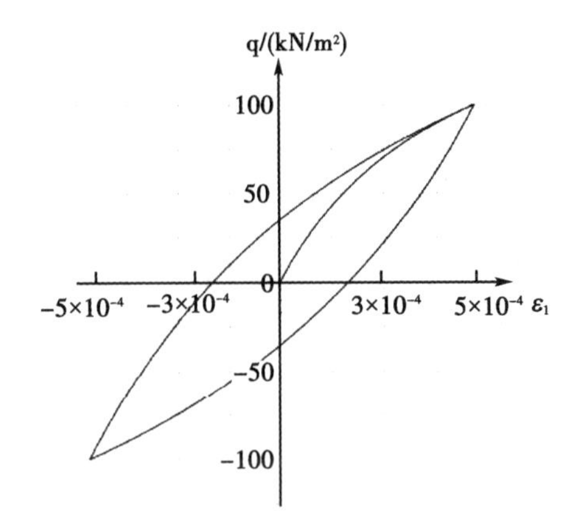

图 2.23　土体材料滞回性能

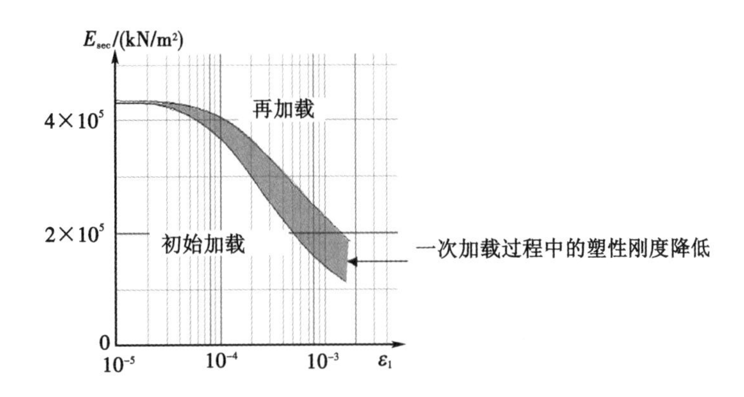

图 2.24　HSS 模型刚度参数在主加载以及卸载/再加载时减小示意图

(5)模型参数及确定方法

相比 HS 模型，HSS 模型需要两个额外的刚度参数输入：G_0^{ref} 和 $\gamma_{0.7}$。所有其他参数，包括代替刚度参数，都保持不变。G_0^{ref} 定义为参考最小主应力 $-\sigma_3'=p^{ref}$ 的非常小应变(如：$\varepsilon<10^{-6}$)下的剪切模量。卸载泊松比 ν_{ur} 设为恒定，因而剪切刚度 G_0^{ref} 可以通过小应变弹性模量很快计算出来 $G_0^{ref}=E_0^{ref}/[2(1+\nu_{ur})]$。界限剪应变 $\gamma_{0.7}$ 使得割线剪切模量 G_s^{ref} 衰退为 $0.722G_0^{ref}$。界限应变 $\gamma_{0.7}$ 是自初次加载。总之，除了 HS 模型需要输入的参数外，HSS 模型需要输入刚度参数：G_0^{ref} 为小应变($\varepsilon<10^{-6}$)的参考剪切模量，kN/m^2；$\gamma_{0.7}$ 为 $G_s^{ref}=0.722G_0^{ref}$ 时的剪切应变。图 2.25 表明了三轴试验的模型刚度参数 E_{50}、E_{ur} 和 $E_0=2G_0(1+\nu_{ur})$。对于 E_{ur} 和 $2G_0$ 对应的应变，可以参考前面的论述。如果默认值 $E_0^{ref}=G_{ur}^{ref}$，没有小应变硬化行为发生，HSS 模型就相当于 HS 模型。

① 弹性模量(E)。初始斜率用 E_0 表示，50%强度处割线模量用 E_{50} 表示，如图 2.26 所示。对于土体加载问题一般使用 E_{50}；如果考虑隧道等开挖卸载问题，一般需要用 E_{ur}

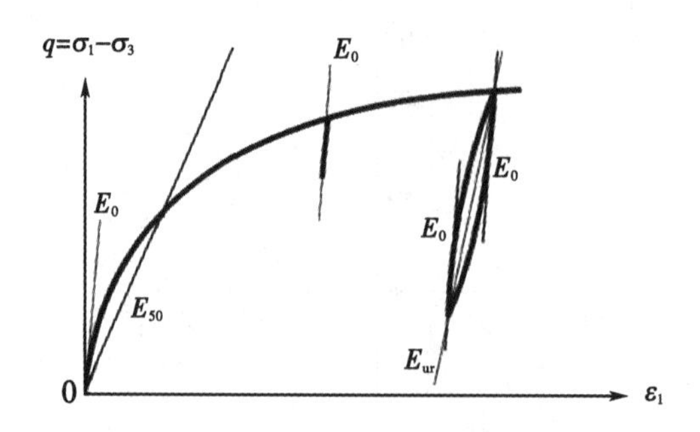

图 2.25　HSS 模型中的刚度参数 $E_0=2G_0(1+\nu_{ur})$

替换 E_{50}。

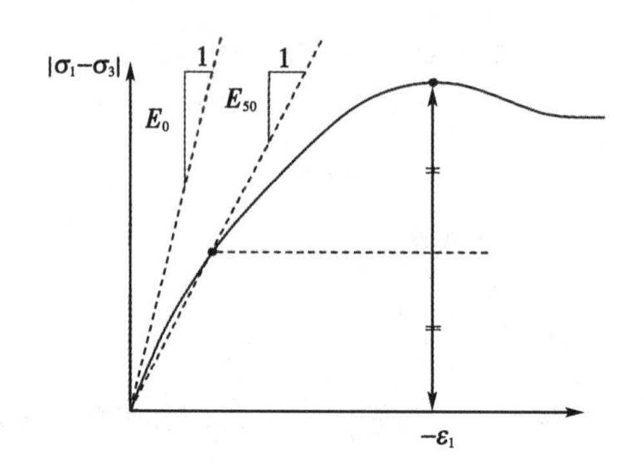

图 2.26　E_0和 E_{50}的定义方法(标准排水三轴试验结果)

对于岩土材料而言，不管是卸载模量还是初始加载模量，往往都会随着围压的增加而增大。给出了一个刚度会随着深度增加而增加的特殊输入选项，如图 2.27 所示。另外，观测到刚度与应力路径相关。卸载重加载的刚度比首次加载的刚度更大。所以，土体观测到(排水)压缩的弹性模量比剪切的更低。因此，当使用恒定的刚度模量来模拟土体行为，可以选择一个与应力水平和应力路径发展相关的值。

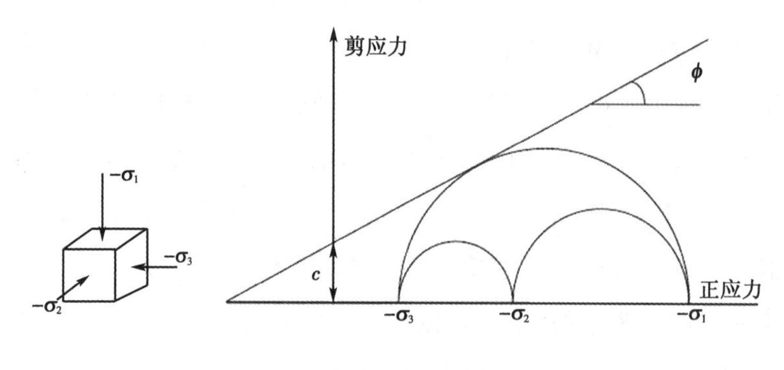

(a)有效应力强度参数

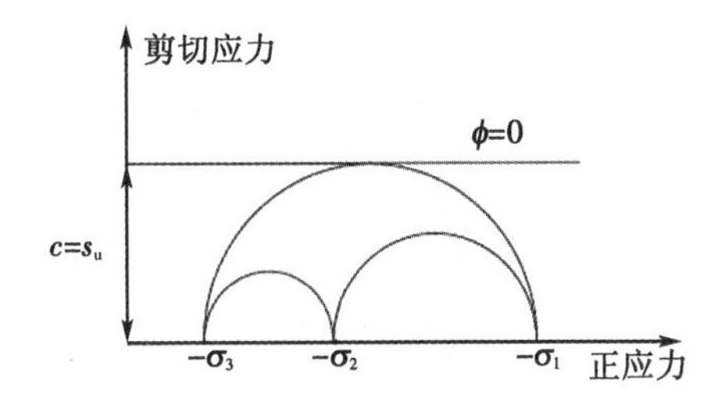

(b)不排水强度参数

图 2.27　应力圆与库仑破坏线

② 泊松比(ν)。当弹性模型或者 MC 模型用于重力荷载(塑性计算中 $\sum M_{\text{weight}}$从 0 增加到 1)问题时，泊松比的选择特别简单。对于这种类型的加载，给出比较符合实际的比值 $K_0=\sigma_h/\sigma_v$。在一维压缩情况下，由于两种模型都会给出众所周知的比值：$\sigma_h/\sigma_v=\nu/(1-\nu)$，因此容易选择一个可以得到比较符合实际的 K_0值的泊松比。通过匹配 K_0值，可以估计 ν 值。在许多情况下得到的 ν 值是介于 0.3 和 0.4 之间的。一般地说，除了一维压缩，这个范围的值还可以用在加载条件下。在卸载条件下，使用 0.15~0.25 更为普遍。

③ 内聚力(c)。内聚力与应力同量纲。在摩尔-库仑模型中，内聚力参数可以用来模拟土体的有效内聚力，与土体真实的有效摩擦角联合使用(见图 2.27(a))。不仅适用于排水土体行为，也适合于不排水(A)的材料行为，两种情况下，都可以执行有效应力分析。除此以外，当设置为不排水(B)和不排水(C)时，内聚力参数可以使用不排水剪切强度参数 c_u(或者 s_u)，同时设置摩擦角为 0。设置为不排水(A)时，使用有效应力强度参数分析的劣势在于，模型中的不排水剪切强度与室内试验获得的不排水剪切强度不易相符，原因在于它们的应力路径往往不同。在这方面，高级土体模型比摩尔-库仑模型表现更好。但所有情况下，建议检查所有计算阶段中的应力状态和当前真实剪切强度($|\sigma_1-\sigma_3|\leqslant s_u$)。

④ 内摩擦角(ϕ)。内摩擦角以度的形式输入。通常摩擦角模拟土体有效摩擦，并与有效内聚力一起使用(见图 2.27(a))。这不仅适合排水行为，同样适合不排水(A)，因为它们都基于有效应力分析。除此以外，土的强度设置还可以使用不排水剪切强度作为内聚力参数输入，并将摩擦角设为零，即不排水(B)和不排水(C)(见图 2.27(b))。摩擦角较大(如密实砂土的摩擦角)时会显著增加塑性计算量。计算时间的增加量大致与摩擦角的大小呈指数关系。因此，初步计算某个工程问题时，应该避免使用较大的摩擦角。如图 2.27 中摩尔应力圆所示，摩擦角在很大程度上决定了抗剪强度。

图 2.28 所示是一种更为一般的屈服准则。摩尔-库仑破坏准则被证明比 DP 近似更好地描述了土体，因为后者的破坏面在轴对称情况下往往是很不准确的。

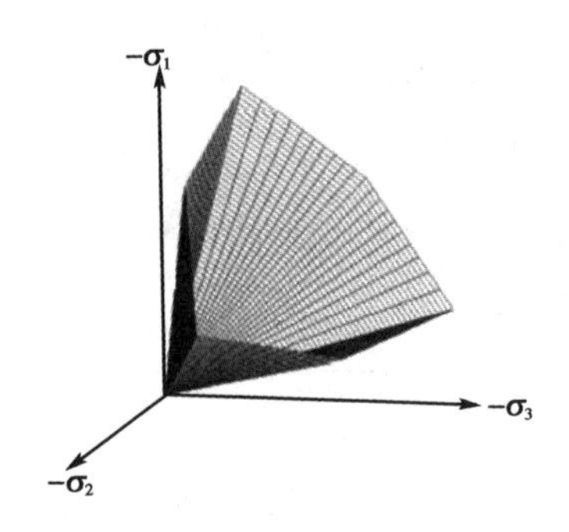

图 2.28　主应力空间下无黏性土的破坏面

⑤ 剪胀角(ψ)。剪胀角(ψ)是以度的方式指定的。除了严重的超固结土层以外，黏性土通常没有什么剪胀性($\psi=0$)。砂土的剪胀性依赖于密度和摩擦角。对于石英砂土来说，$\psi=\phi-30°$，ψ 的值比 ϕ 的值小 30°，然而剪胀角在多数情况下为零。ψ 的小的负值仅仅对极松的砂土是实际的。摩擦角与剪胀角之间的进一步关系可以参见 Bolton(1986)相关文章。

一个正值摩擦角表示在排水条件下土体的剪切将导致体积持续膨胀。这有些不真实，对于多数土，膨胀在某个程度会达到一个极限值，进一步的剪切变形将不会带来体积膨胀。在不排水条件下，正的剪胀角加上体积改变，将导致拉伸孔隙应力(负孔压)的产生。因此，在不排水有效应力分析中，土体强度可能被高估。当土体强度使用 $c=c_u$ (s_u)和 $\phi=0$，不排水(B)或者不排水(C)，剪胀角必须设置为零。特别注意，使用正值的剪胀角并且把材料类型设置为不排水(A)时，模型可能因为吸力而产生无限大的土体强度。

⑥ 剪切模量(G)。剪切模量 G 与应力是同一量纲。根据胡克定律，弹性模量和剪切模量的关系如下：

$$G=\frac{E}{1+(1+\nu)} \tag{2.39}$$

泊松比不变的情况下，给 G 或 E_{oed} 输入一个值，将导致 E 的改变。

⑦ 固结仪模量(E_{oed})。固结仪模量 E_{oed}(侧限压缩模量)，与应力量纲相同。根据胡克定律，可得固结仪模量：

$$E_{oed}=\frac{(1-\nu)E}{(1-2\nu)(1+\nu)} \tag{2.40}$$

泊松比不变的情况下，给 G 或 E_{oed} 输入一个值，将导致 E 的改变。

⑧ 压缩波速(V_P)与剪切波速(V_S)。一维空间压缩波速与固结仪模量和密度有关：

$$V_P=\sqrt{\frac{E_{oed}}{\rho}} \tag{2.41}$$

其中，$E_{oed}=\frac{(1-\nu)E}{(1+\nu)(1-2\nu)}$，$\rho=\frac{\gamma_{unsat}}{g}$。

一维空间剪切波速与剪切模量和密度有关：

$$V_S=\sqrt{\frac{G}{\rho}} \tag{2.42}$$

其中，$G=\frac{E}{2(1+\nu)}$，$\rho\leqslant=\frac{\gamma_{unsat}}{g}$。$g$ 取 $9.8m/s^2$。

⑨ 摩尔-库仑模型的高级参数。当使用摩尔-库仑模型时，高级的特征包括：刚度和内聚力强度随着深度的增加而增加，使用“拉伸截断”选项。事实上，后一个选项的使用是缺省设置，但是如果需要的话，可以在这里将它设置为无效。

• 刚度的增加(E_{inc})。在真实土体中，刚度在很大程度上依赖于应力水平，这就意味着刚度通常随着深度的增加而增加。当使用摩尔-库仑模型时，刚度是一个常数值，E_{inc} 就是用来说明刚度随着深度的增加而增加的，它表示弹性模量在每个单位深度上的增加量(单位：应力/单位深度)。在由 y_{ref} 参数给定的水平上，刚度就等于弹性模量的参考值 E'_{ref}，即在参数表中输入的值。

$$E(y)=E_{ref}+(y_{ref}-y)E_{inc}\quad(y<y_{ref}) \tag{2.43}$$

弹性模量在应力点上的实际值由参考值和 E'_{inc} 得到。要注意，在计算中，随着深度而增加的刚度值并不是应力状态的函数。

• 内聚力的增加(c_{inc} 或者 $s_{u,inc}$)。对于黏性土层提供了一个高级输入选项，反映内聚力随着深度的增加而增加。c_{inc} 就是用来说明内聚力随着深度的增加而增加的，它表示每单位深度上内聚力的增加量。在由 y_{ref} 参数给定的水平上，内聚力就等于内聚力的参考值 c_{ref}，即在参数表中输入的值。内聚力在应力点上的实际值由参考值和 c_{inc} 得到。

$$\begin{aligned}c(y)&=c_{ref}+(y_{ref}-y)c_{inc}\quad(y<y_{ref})\\ s_u(y)&=s_{u,ref}+(y_{ref}-y)s_{u,inc}\quad(y<y_{ref})\end{aligned} \tag{2.44}$$

• 拉伸截断。在一些实际问题中要考虑到拉应力的问题。根据图 2.27 所显示的库仑包络线，这种情况在剪应力(摩尔圆的半径)充分小的时候是允许的。然而，沟渠附近的土体表层有时会出现拉力裂缝。这就说明除了剪切以外，土壤还可能受到拉力的破坏。分析中选择拉伸截断就反映了这种行为。这种情况下，不允许有正主应力的摩尔圆。当选择拉伸截断时，可以输入允许的拉力强度。对于摩尔-库仑模型和 HS 模型来说，采用拉伸截断时抗拉强度的缺省值为零。

• 动力计算中的摩尔-库仑模型。当在动力计算中，使用摩尔-库仑模型，刚度参数的设置需要考虑正确的波速。一般来说小应变刚度比工程中的应变水平下的刚度更适合。当受到动力或者循环加载时，摩尔-库仑模型一般仅仅表现为弹性行为，而且没有滞回阻尼，也没有应变或孔压或者液化。为了模拟土体的阻力特性，需要定义瑞利阻尼。

(6) G_0 和 $\gamma_{0.7}$参数

一些系数影响着小应变参数 G_0 和 $\gamma_{0.7}$。最重要的是，岩土体材料的应力状态和孔隙比 e 的影响。在 HSS 模型，应力相关的剪切模量 G_0 按照幂法则考虑：

$$G_0=G_0^{\mathrm{ref}}\left(\frac{c\cos\varphi-\sigma'\sin\varphi}{c\cos\varphi-p^{\mathrm{ref}}\sin\varphi}\right)^m \tag{2.45}$$

上式类似于其他刚度参数公式。界限剪切应变 $\gamma_{0.7}$独立于主应力。

假设 HSS/HS 模型中的计算孔隙比改变很小，材料参数不因孔隙比改变而更新。材料初始孔隙比对找到小应变剪切刚度非常有帮助，可以参考许多相关资料(Benz，2006)。适合多数土体的估计值由 Hardin 和 Black(1969)给出：

$$G_0^{\mathrm{ref}}=\frac{(2.97-e)^2}{1+e} \tag{2.46}$$

Alpan(1970)根据经验给出动力土体刚度与静力土体刚度的关系。如图 2.29 所示。

在 Alpan 的图中，动力土体刚度等于小应变刚度 G_0 或 E_0。在 HSS 模型中，考虑静力刚度 E_{static}定义约等于卸载/重加载刚度 E_{ur}。

可以根据卸载/重加载 E_{ur}来估算土体小应变刚度。尽管 Alpan 建议 E_0/E_{ur}对于非常软的黏土可以超过 10，但是在 HSS 模型中，限制最大 E_0/E_{ur}或 G_0/G_{ur}为 10。

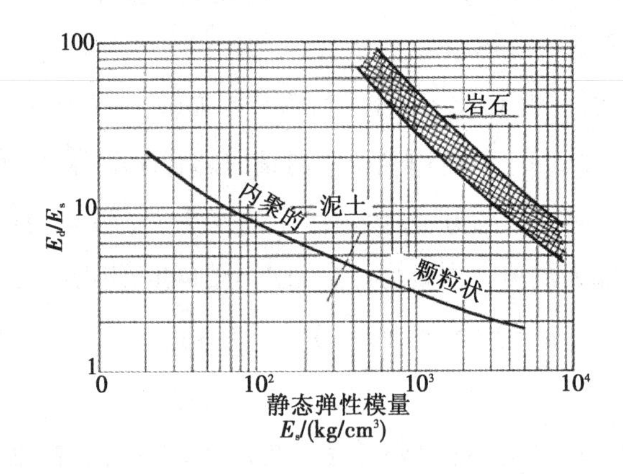

图 2.29　动力刚度($E_{\mathrm{d}}=E_0$)与静力刚度($E_{\mathrm{s}}=E_{\mathrm{ur}}$)的关系

在这个实测数据中，关系适用于界限剪应变 $\gamma_{0.7}$。图 2.30 给出了剪切应变与塑性指数的关系。使用起初的 Hardin-Drnevich 关系，界限剪切应变 $\gamma_{0.7}$可以与模型的破坏参数相关。应用摩尔-库仑破坏准则：

$$\gamma_{0.7}\approx\frac{1}{9G_0}\{2c'[1+\cos(2\varphi')]-\sigma_1'(1+K_0)\sin(2\varphi)\} \tag{2.47}$$

式中：K_0——水平应力系数；

σ_1'——有效垂直应力(压为负)。

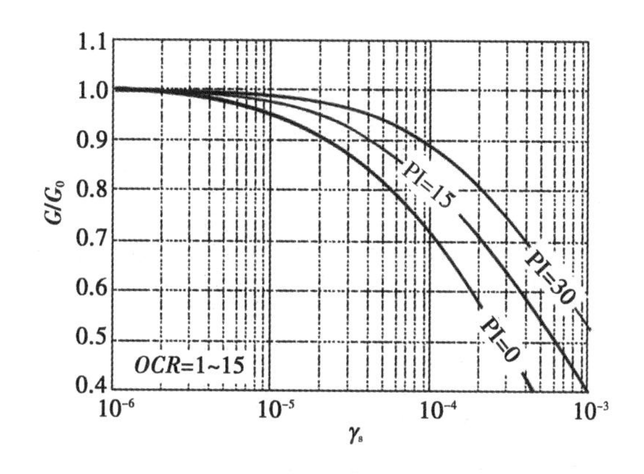

图 2.30　Vucetic 与 Dobry 给出的塑性指数对刚度的影响

(7)模型初始化

应力松弛消除了土的先期应力的影响。在应力松弛和联结形成期间，土体的颗粒(或级配)组成逐渐成熟，在此期间，土的应力历史消除。

考虑到自然沉积土体的第二个过程发展较快，多数边界值问题里应变历史应该开始于零($\underline{\underline{H}}=0$)。这在 HSS 模型中是一个默认的设置。

然而，一些时候可能需要初始应变历史。在这种情况下，应变历史可以设置，通过在开始计算之前施加一个附加荷载步。这样一个附加荷载步可以用于模拟超固结土。计算前一般超固结的过程已经消失很久。所以应变历史后来应该重新设置。然而，应变历史已经通过增加和去除超载而引发。在这种情况下，应变历史可以手动重置，通过代替材料或者施加一个小的荷载步。更方便的是试用初始应力过程。

当使用 HSS 模型，小心试用零塑性步。零塑性步的应变增量完全来自系统中小的数值不平衡，该不平衡决定于计算容许误差。零塑性步中的小应变增量方向因此是任意的。因此，零塑性步的作用可能像一个随意颠倒的荷载步，多数情况不需要。

(8)HSS 模型与 HS 模型的其他不同——动剪胀角

HS 模型和 HSS 模型的剪切硬化流动法则都有线性关系：

$$\dot{\varepsilon}_v^p=\sin\psi_m\dot{\gamma}^p \tag{2.48}$$

动剪胀角 ψ_m 在压缩的情况下，HSS 模型和 HS 模型有不同定义。HS 模型中假定如下：

对于 $\sin\varphi_m<3/4\sin\varphi$，$\psi_m=0$；对于 $\sin\varphi_m\geq 3/4\sin\varphi$ 且 $\psi>0$，$\sin\psi_m=\max\left(\dfrac{\sin\varphi_m-\sin\varphi_{cv}}{1-\sin\varphi_m\sin\varphi_{cv}},0\right)$；对于 $\sin\varphi_m\geqslant 3/4\sin\varphi$ 且 $\psi<0$，$\psi_m=\psi$；如果 $\varphi=0$，$\psi_m=0$。

其中 φ_{cv}是一个临界状态摩擦角，作为一个与密度相关材料常量，φ_m 是一个动摩擦角：

$$\sin\varphi_m = \frac{\sigma_1' - \sigma_3'}{\sigma_1' + \sigma_3' - 2c\cot\varphi} \tag{2.49}$$

对于小摩擦角和负的 ψ_m，通过 Rowe 的公式计算，ψ_m 在 HS 模型中设为零。设定更低的 ψ_m 值有时候会导致塑性体积应变太小。

因此，HSS 模型采用 Li 和 Dafalias 的一个方法，每当 ψ_m 通过 Rowe 公式计算则是负值。在这种情况下，动摩擦在 HSS 模型中计算如下：

$$\sin\psi_m = \frac{1}{10}\left\{ M\exp\left[\frac{1}{15}\ln\left(\frac{\eta}{M}\frac{q}{q_a}\right)\right] + \eta \right\} \tag{2.50}$$

其中，M 是破坏应力比，$\eta = q/p$ 是真实应力比。方程是 Li 和 Dafalias 的孔隙比相关方程的简化版。

2.6 土体硬化(HS)模型和小应变土体硬化(HSS)模型特征

(1)土体固结仪试验加载-卸载

土体硬化 HS 卸载：卸载泊松比较小，水平应力变化小。摩尔-库仑卸载：卸载泊松比即为加载泊松比，水平应力按照加载路径变化。如图 2.31 所示。

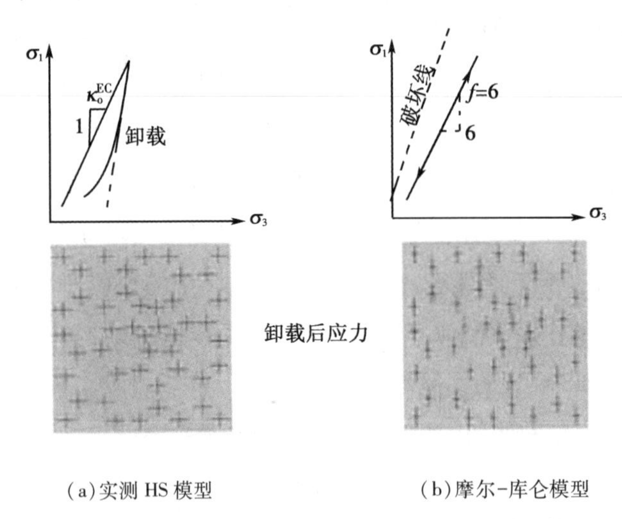

图 2.31　土体硬化 HS 卸载与摩尔-库仑卸载特性

① 条形基础沉降，加载应力路径下，各模型沉降分布结果差异较小。如图 2.32 所示。

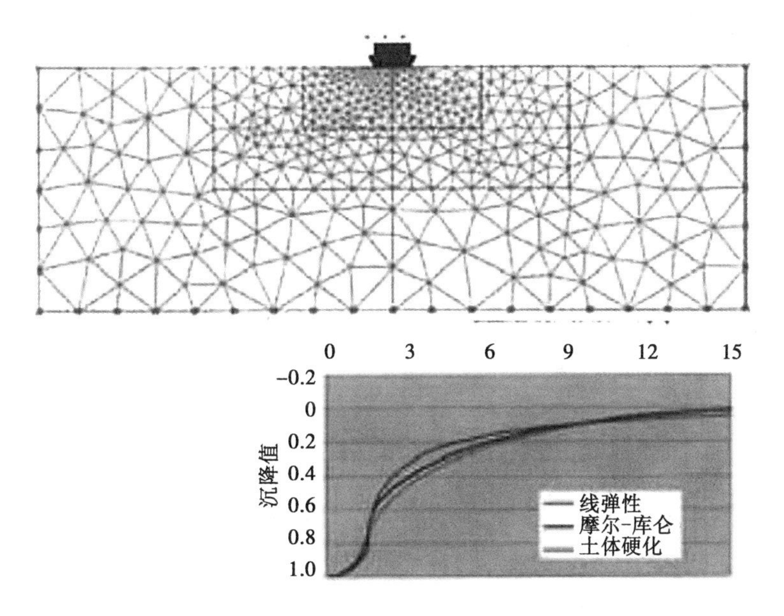

图 2.32　土体硬化 HS 卸载与摩尔-库仑卸载条形基础沉降特性

② 基坑开挖下挡墙后方竖向位移差异见图 2.33。

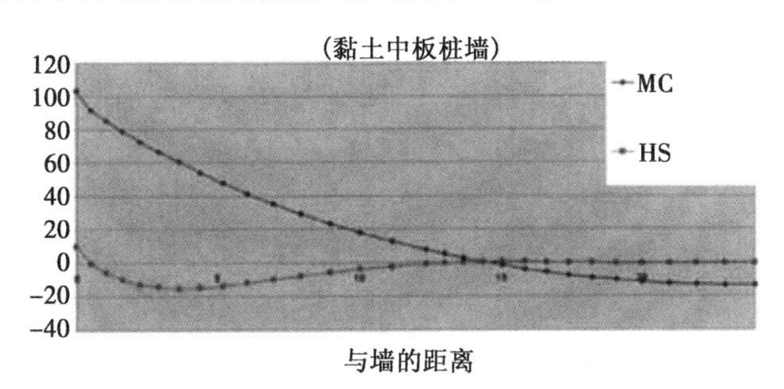

图 2.33　土体硬化 HS 卸载与摩尔-库仑卸载基坑开挖下挡墙后方竖向位移差异特性

(2)双曲线应力应变关系

① 标准三轴试验数据如图 2.34 所示。

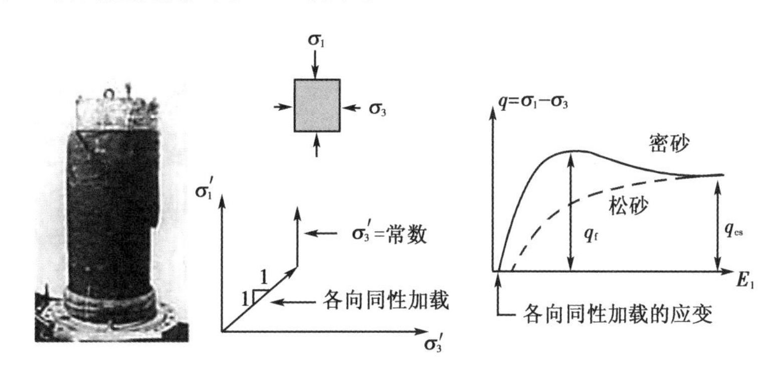

图 2.34　土体硬化 HS 标准三轴试验各向同性加载的应变特性

② 双曲线逼近方程应变特性如图 2. 35 所示。主要参考 Kondner 和 Zelasko(1963)的“砂土的双曲应力-应变公式”。

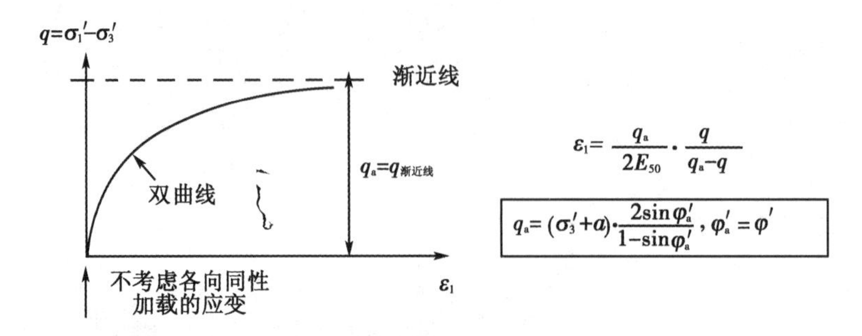

图 2. 35　土体硬化 HS 双曲线逼近方程各向同性加载的应变特性

基本参数：E 为杨氏模量，单位为 kN/m^2；ν 为泊松比；c'为黏聚力，单位为 kN/m^2，φ'为摩擦角，单位为(°)；ψ 为剪胀角，单位为(°)。

③ 割线模量 E_{50}的定义方程应变特性见图 2. 36。

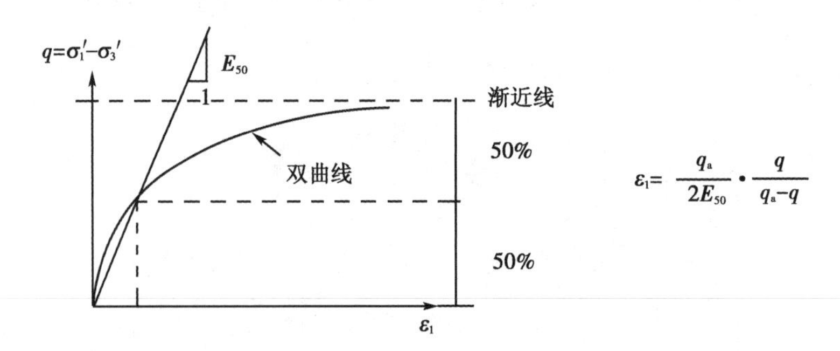

图 2. 36　土体硬化 HS 割线模量 E_{50}的定义方程各向同性加载的应变特性

E_{50}^{ref}为初次加载达到 50%强度的参考模量：

$$E_{50}=E_{50}^{\text{ref}}\left(\frac{\sigma_3'+a}{p_{\text{ref}}+a}\right)^m \tag{2.51}$$

其中，$m_{砂土}=0.5$；$m_{黏土}=1$。

④ 修正邓肯-张模型方程应变特性见图 2. 37。主要参考 Duncan 和 Chang(1970)的《土壤应力应变的非线性分析》。

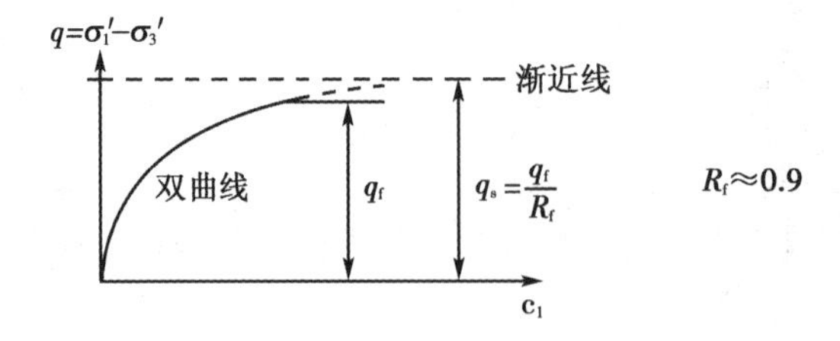

图 2. 37　土体硬化 HS 修正邓肯-张模型方程各向同性加载的应变特性

图中，双曲线部分 $q<q_f$；水平线部分 $q=q_f$。

$$q_1=(\sigma_3'+a)\frac{2\sin\varphi'}{1-\sin\varphi'} \tag{2.53}$$

摩尔-库仑破坏偏应力：$a=c'\cot\varphi'$

⑤ 排水试验数据(超固结 Frankfurt 黏土)见图 2.38。主要参考 Amann、Breth 和 Stroh (1975)的文献。

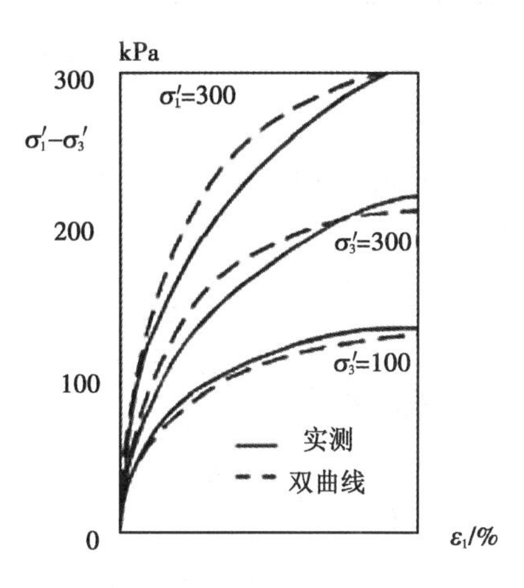

图 2.38　土体硬化 HS 排水试验数据(超固结 Frankfurt 黏土)各向同性加载的应变特性

(3)剪应变等值线

① 三轴试验曲线的双曲线逼近应变特性见图 2.39。

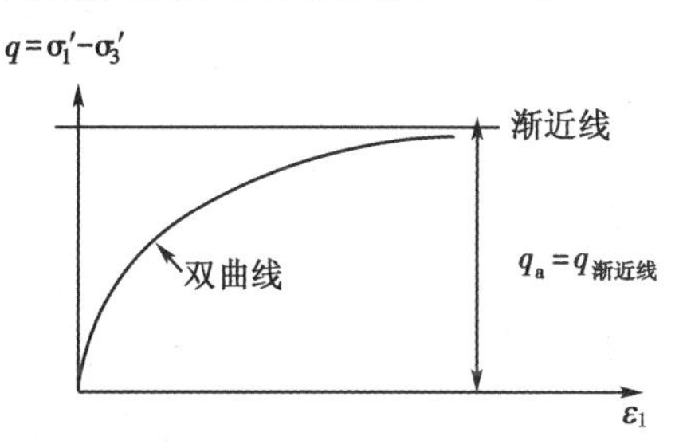

图 2.39　土体硬化 HS 三轴试验曲线的双曲线逼近各向同性加载的应变特性

剪切应变：

$$\gamma=\varepsilon_1-\varepsilon_3\approx\frac{3}{2}\varepsilon_1 \tag{2.54}$$

$$\gamma=\frac{3}{4}\frac{q_a}{E_{50}}\cdot\frac{q}{q_a-q} \tag{2.55}$$

$$q_a=(\sigma_3'+a)\frac{2\sin\varphi_a'}{1-\sin\varphi_a'} \tag{2.56}$$

$$\varepsilon_1=\frac{q_a}{2E_{50}}\cdot\frac{q}{q_a-q} \tag{2.57}$$

② $p-q$ 平面中的剪应变等值线($c'=0$)应变特性见图 2.40。

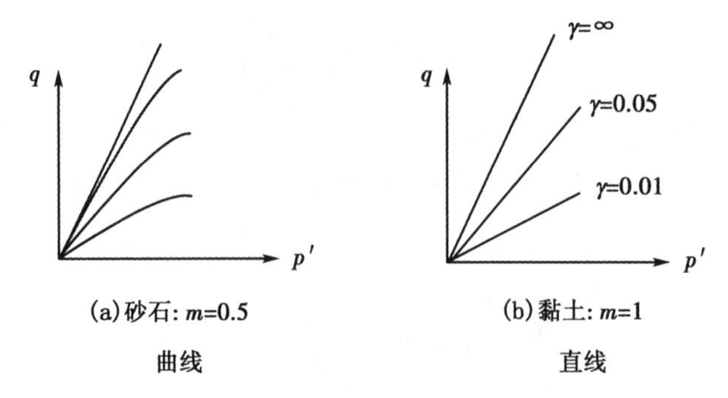

图 5.40　土体硬化 HS $p-q$ 平面中的剪应变等值线($c'=0$)各向同性加载的应变特性

$$\gamma=\frac{3}{4}\frac{q_a}{E_{50}}\cdot\frac{q}{q_a-q} \tag{2.58}$$

$$E_{50}=E_{50}^{\mathrm{rsf}}\left(\frac{\sigma_3'+c'\cot\varphi_a'}{p_{\mathrm{ref}}+c'\cot\varphi_a'}\right)^m \tag{2.59}$$

$$q_a=(\sigma_3'+a)\frac{2\sin\varphi_a'}{1-\sin\varphi_a'} \tag{2.60}$$

③ Fuji 河沙实验数据(Ishihara, 1975)应变特性见图 2.41。

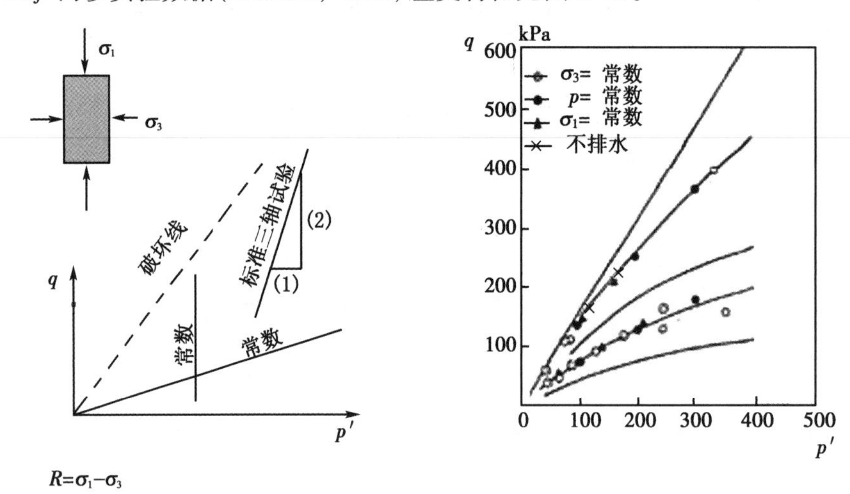

图 2.41　土体硬化 HS Fuji 河沙试验数据各向同性加载应变特性

④ 实测剪应变等值线和双曲线应变特性见图 2.42。

$$\gamma=\frac{3q_a}{4E_{50}}\frac{q}{q-q_a} \tag{2.61}$$

$$E_{50}=E_{50}^{\mathrm{ref}}\left(\frac{\sigma_3'+a}{p_{\mathrm{ref}}+a}\right)^m \tag{2.62}$$

$$q_a=(\sigma_3'+a)\frac{2\sin\varphi_a}{1-\sin\varphi_a} \tag{2.63}$$

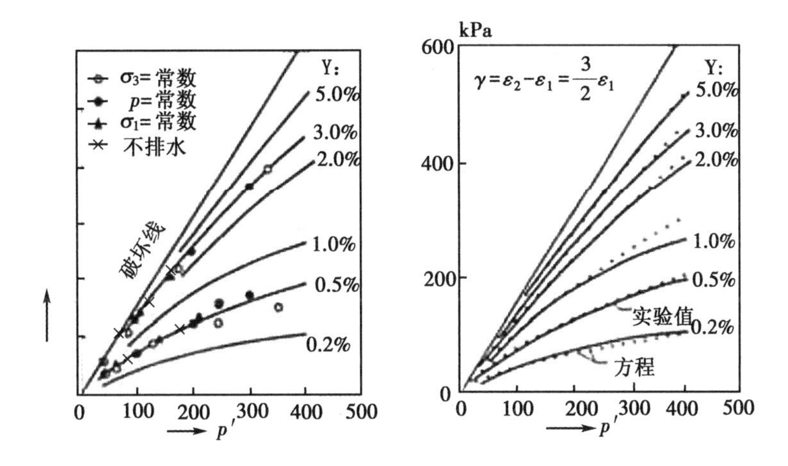

图 2.42　土体硬化 HS 实测剪应变等值线和双曲线各向同性加载应变特性

其中，$a=0$，$\varphi_a=38°$，$E_{50}^{ref}=30$ MPa，m=0.5。

⑤ 剪应变等值线与屈服轨迹 a 应变特性见图 2.43。

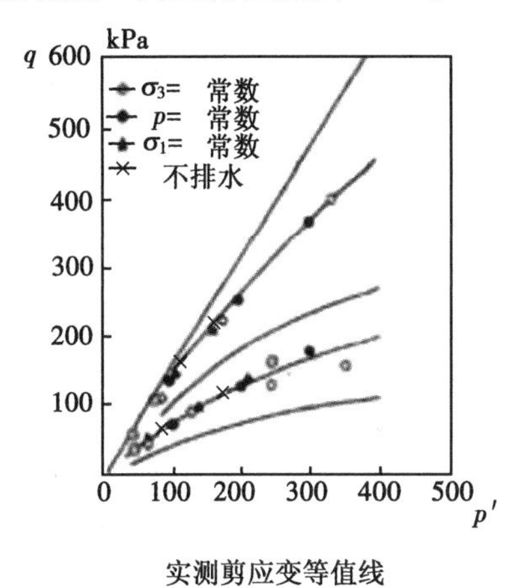

实测剪应变等值线

图 2.43　土体硬化 HS 剪应变等值线与屈服轨迹各向同性加载应变特性

(4)卸载与重加载

① 加载和卸载/重加载应变特性见图 2.44。

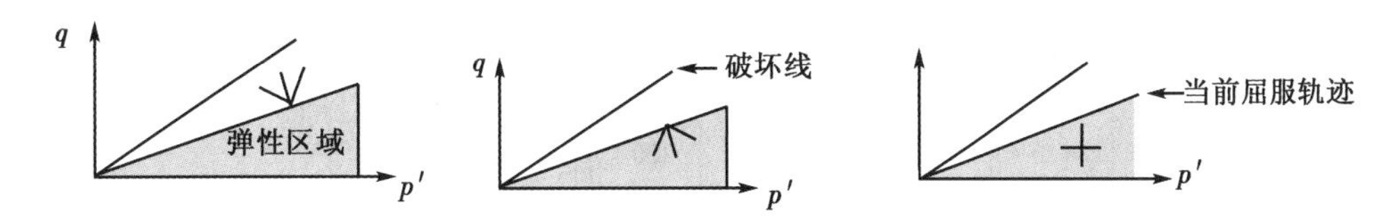

图 5.44　土体硬化 HS 加载和卸载/重加载各向同性应变特性

• 塑性状态加载：应力点在屈服轨迹上。应力增量指向弹性区域外。这将导致塑性屈服，如：塑性应变与弹性区扩张，材料硬化。

• 塑性状态卸载：应力点在屈服轨迹上。应力增量指向弹性区域内。这将导致弹性应变增量，应变增量与应力增量符合胡克定律，刚度为 E_{ur}。

• 弹性状态卸载/重加载：应力点位于弹性区域内，所有可能的应力增量都将产生弹性应变。

② 标准三轴试验卸载/重加载应变特性见图 2.45。

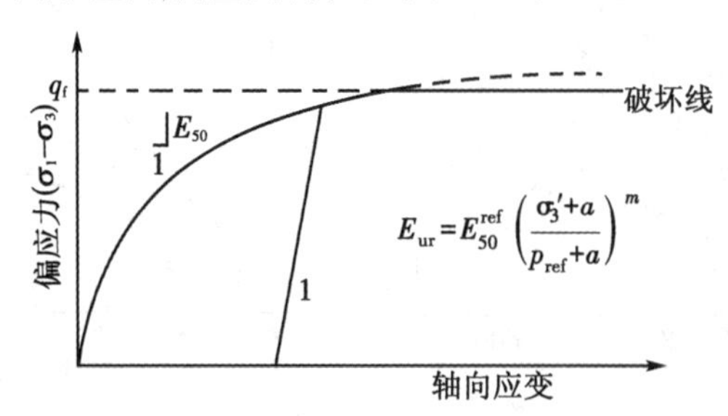

图 2.45　土体硬化 HS 标准三轴试验卸载/重加载各向同性应变特性

③ 砂土的卸载/重加载标准三轴试验应变特性见图 2.46。

④ 土体硬化 HS 胡克定律各向弹性各向同性应变特性见下式。

$$\left.\begin{aligned}\Delta\varepsilon_1^c&=\frac{1}{E_{ur}}(\Delta\sigma'_1-\nu_{ur}\cdot\Delta\sigma_2'-\nu_{ur}\cdot\Delta\sigma_3')\\\Delta\varepsilon_2^c&=\frac{1}{E_{ur}}(-\nu_{ur}\cdot\Delta\sigma_1'+\Delta\sigma_2'-\nu_{ur}\cdot\Delta\sigma_3')\\\Delta\varepsilon_3^c&=\frac{1}{E_{ur}}(-\nu_{ur}\cdot\Delta\sigma_1'-\nu_{ur}\cdot\Delta\sigma_2'+\Delta\sigma_3')\end{aligned}\right\}\tag{2.64}$$

$$\nu_{ur}=\text{Poisson's ratio}\approx 0.2\tag{2.65}$$

$$E_{ur}=E_{50}^{ref}\left(\frac{\sigma_3'+a}{p_{ref}+a}\right)^m\tag{2.66}$$

$$a=c'\cot\varphi'\tag{2.67}$$

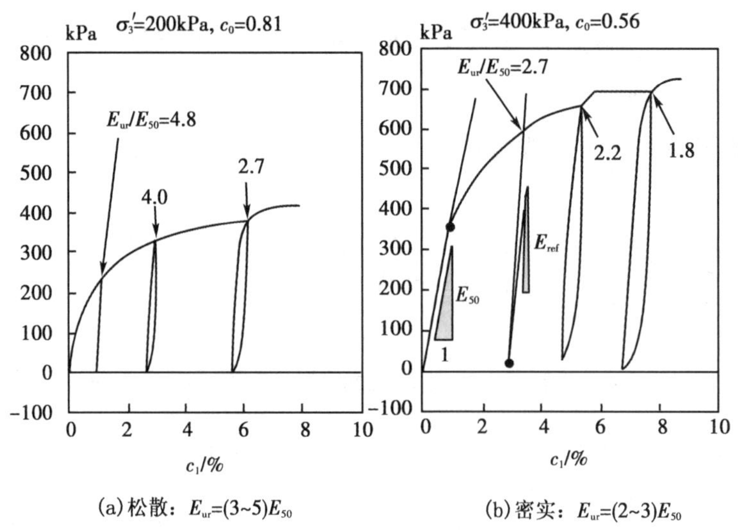

图 2.46　土体硬化 HS 砂土的卸载/重加载标准三轴试验各向同性应变特性

(5)密度硬化

① 三轴试验经典结果硬化特性见图 2. 47。

临界孔隙率：松砂受剪切时体积变小，即孔隙比减小。密砂受剪切时发生剪胀现象，使孔隙比增大。在密砂与松砂之间，总有某个孔隙比使砂受剪切时体积不变即临界孔隙率。

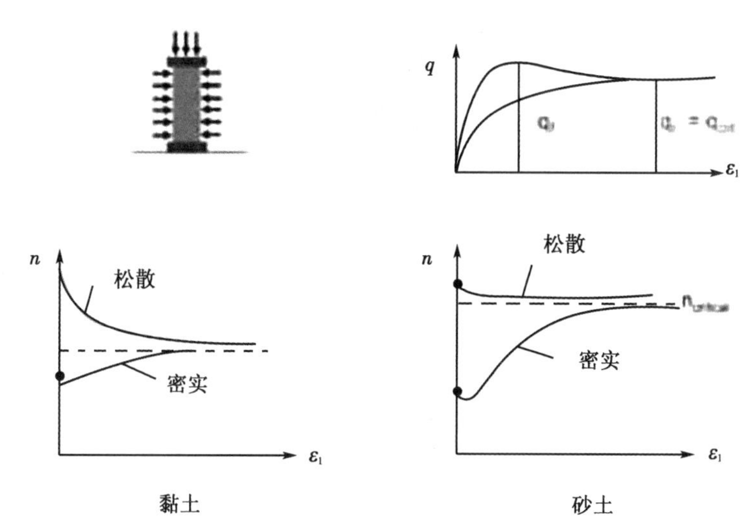

图 2. 47　土体硬化 HS 三轴试验经典结果密度硬化特性

② NC 黏土实测体应变等值线见图 2. 48。

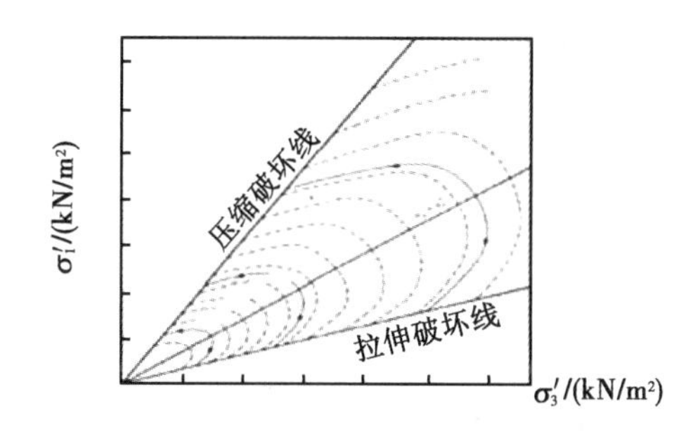

图 2. 48　土体硬化 HS NC 黏土实测体应变等值线

③ 黏土的实测等值线见图 2. 49。

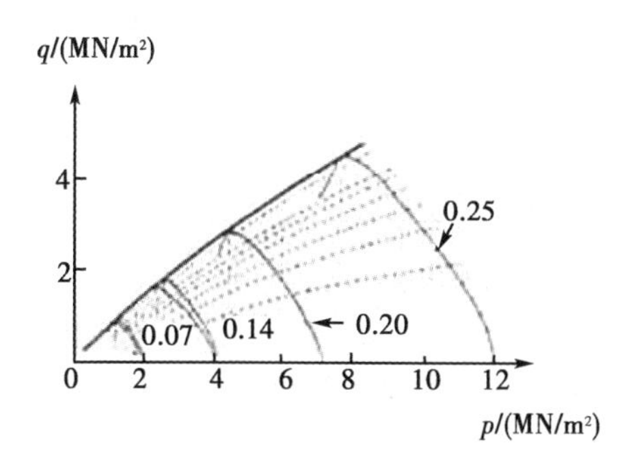

图 2. 49　土体硬化 HS 黏土的实测等值线

④ 等值线类椭圆见图 2.50。

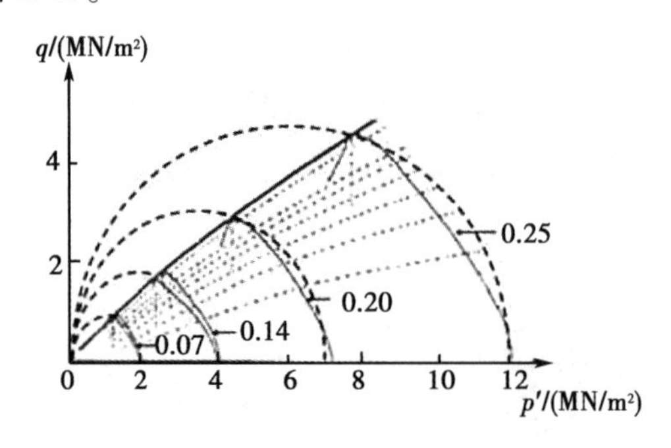

图 2.50　土体硬化 HS 等值线类椭圆

⑤ 密度硬化，体应变等值线椭圆中，椭圆用于修正剑桥模型，见图 2.51。

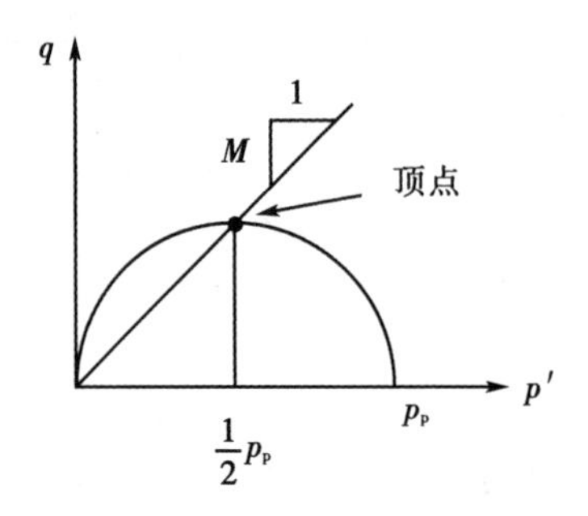

图 2.51　土体硬化 HS 体应变等值线椭圆

$$p'+\frac{q^2}{M^2p'}=p_p \tag{2.68}$$

其中：$M=\frac{6\sin\varphi'}{3-\sin\varphi'}$。

⑥ 松砂体应变等值线见图 2.52。

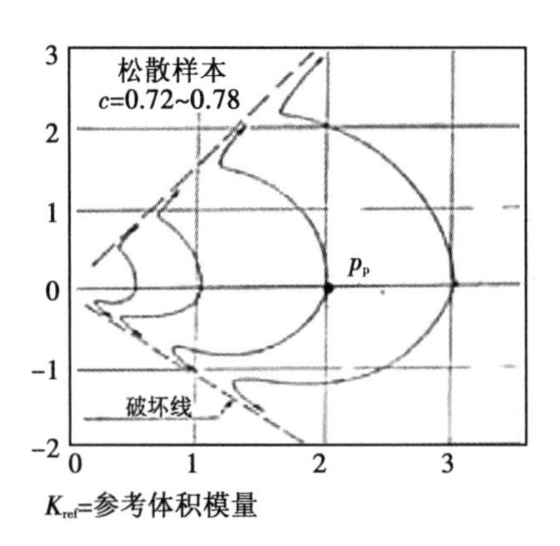

图 2.52　土体硬化 HS 松砂体应变等值线

图中，K_{ref} = 参考体积模量。

一般情况 $m \neq 1$：

$$\varepsilon_{\mathrm{ref}}=\frac{1}{1-m}\frac{p_{\mathrm{ref}}}{k_{\mathrm{ref}}}\left(\frac{p_{\mathrm{p}}}{p_{\mathrm{ref}}}\right)^{1-m} \tag{2.69}$$

特殊情况 $m=1$：

$$\varepsilon_{\mathrm{ref}}=\varepsilon'_{\mathrm{ref}}+\frac{p_{\mathrm{ref}}}{K_{\mathrm{ref}}}\ln\frac{p_{\mathrm{p}}}{p_{\mathrm{ref}}} \tag{2.70}$$

椭圆：

$$p_{\mathrm{p}}=p'+\frac{q^2}{M^2 p'} \tag{2.71}$$

(6) 双硬化

① 体积硬化与剪切硬化。体积硬化在正常固结黏土和松砂土中占主导；剪切应变硬化在超固结黏土和密砂土占主导。如图 2.53 所示。

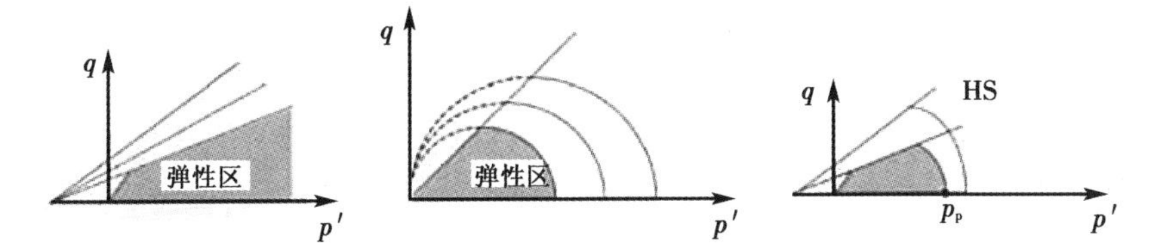

图 2.53　土体硬化 HS 体积硬化与剪切硬化

② 四个刚度区域见图 2.54。

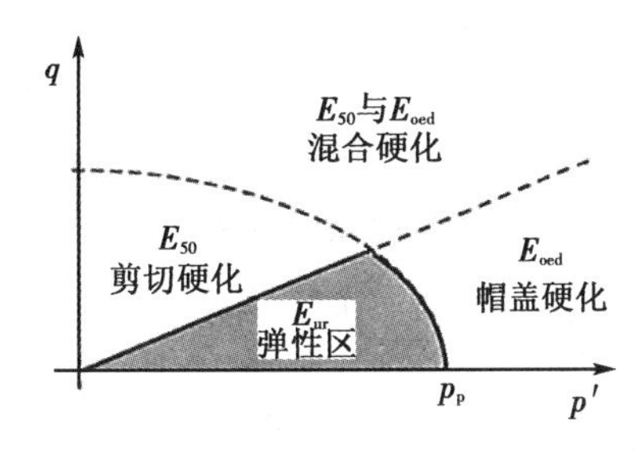

图 2.54　土体硬化 HS 四个刚度区域

(7) 土体硬化 HS 模型与小应变土体硬化 HSS 模型

① 三轴压缩试验中双曲线应力应变关系。遵循摩尔-库仑破坏准则的双曲线模型是 HS 和 HSS 模型的基础。相比邓肯-张模型，HS 与 HSS 模型是弹塑性模型。见图 2.55。

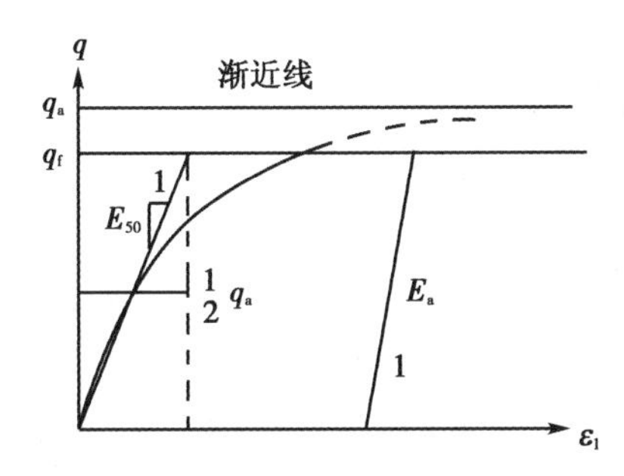

图 2.55　三轴压缩试验中双曲线应力应变关系

三轴加载中邓肯-张或双曲线模型：

对于 $q<q_f'$：

$$\varepsilon_1=\varepsilon_{50}\frac{q}{q_a-q} \tag{2.72}$$

其中：

$$q_f=\frac{2\sin\varphi}{1-\sin\varphi}(\sigma_3'+c\cot\varphi)$$

$$q_a=\frac{q_f}{R_f}\geqslant q_f$$

R_f 为破坏比，默认为0.9。

② 动摩擦中塑性应变（剪切硬化）见图2.56。

屈服方程：

$$f'=\frac{q_a}{E_{50}}\frac{q}{q_a-q}-\frac{2q}{E_{ur}}-\gamma^{ps} \tag{2.73}$$

其中，γ^{ps}是状态参数，它记录锥面的展开。γ^{ps}的发展法则：$d\gamma^{ps}=d\lambda^s$ 其中 $d\lambda^s$是模型锥形屈服面的乘子。

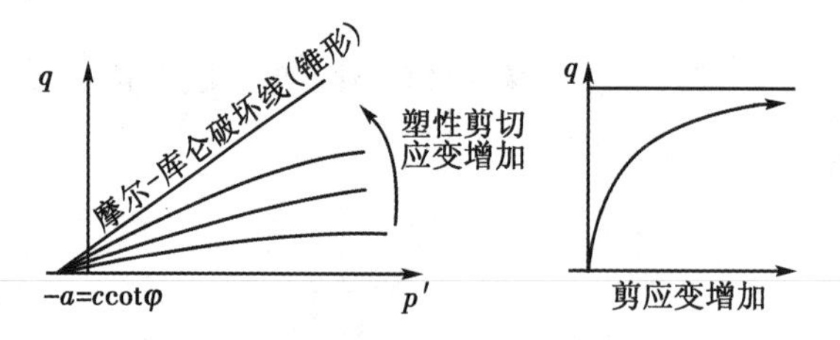

图2.56 动摩擦中塑性应变（剪切硬化）

③ 主压缩中塑性应变（密度硬化）。见图2.57。

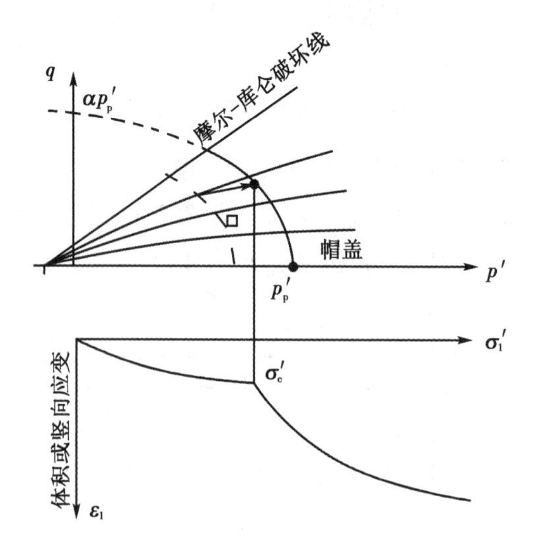

图2.57 主压缩中塑性应变（密度硬化）

屈服方程：

$$f' = \frac{\bar{q}^2}{\alpha^2} - p^2 - p_p^2 \tag{2.74}$$

其中：p_p 是状态参数，它记录帽盖的位移。

④ 幂关系的应力相关刚度见图 2.58。

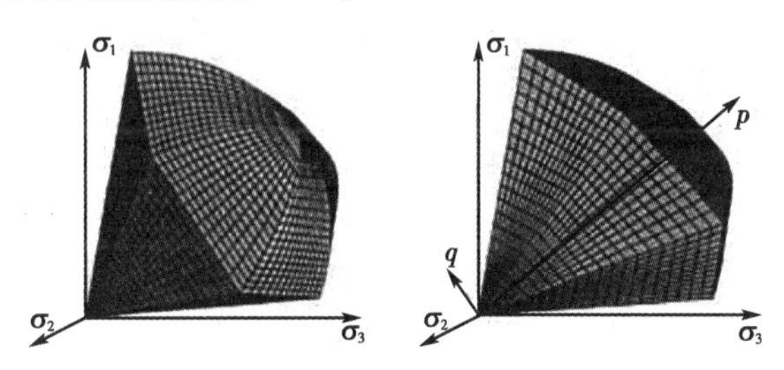

图 2.58　主应力空间下摩尔-库仑 MC 的锥面被帽盖封闭幂关系的应力相关刚度

主应力空间下摩尔-库仑的锥面被帽盖封闭。

因此：

$$\bar{q} = f(\sigma_1, \sigma_2, \delta_3, \varphi) \tag{2.75}$$

演化法则：

$$\mathrm{d}p_p = \frac{K_s - K_c}{K_s - K_c}\left(\frac{\sigma_1 + a}{p + a}\right)^m \mathrm{d}\varepsilon_v^p \tag{2.76}$$

其中：$K_s = \dfrac{E_{ur}^{ref}}{3(1-2v)}$和帽盖 K_c 的全积刚度由 E_{oed}和 K_0^{nc} 决定。

应力相关模量见图 2.59。

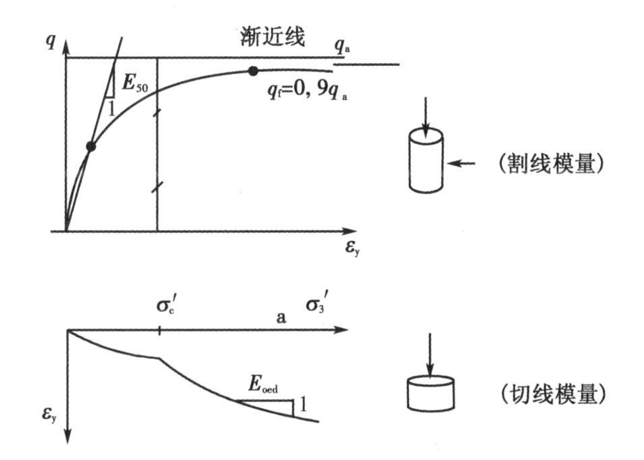

图 2.59　应力相关模量幂关系的应力相关刚度

⑤ 弹性卸载/重加载见图 2.60。

$$E_{ur} = \frac{E_{ur}}{3(1-2\nu_{ur})} \tag{2.77}$$

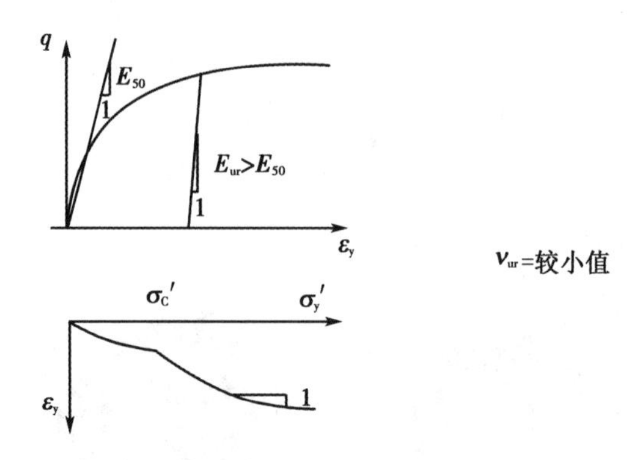

图 2.60　弹性卸载/重加载

$$G_{ur}=\frac{E_{ur}}{2(1+\nu_{ur})} \tag{2.78}$$

$$E_{ur}=\frac{E_{ur}(1-\nu_{ur})}{(1-2\nu_{ur})(1+\nu_{ur})} \tag{2.79}$$

⑥ 预固结应力的记忆见图 2.61。

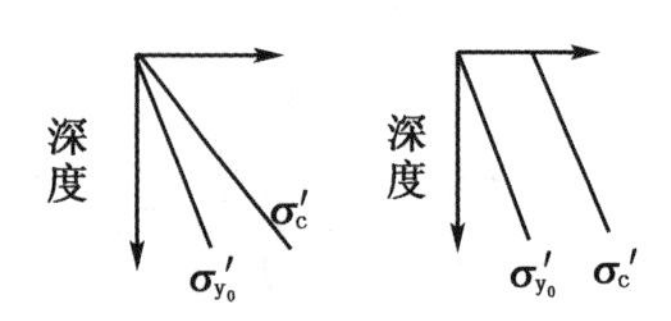

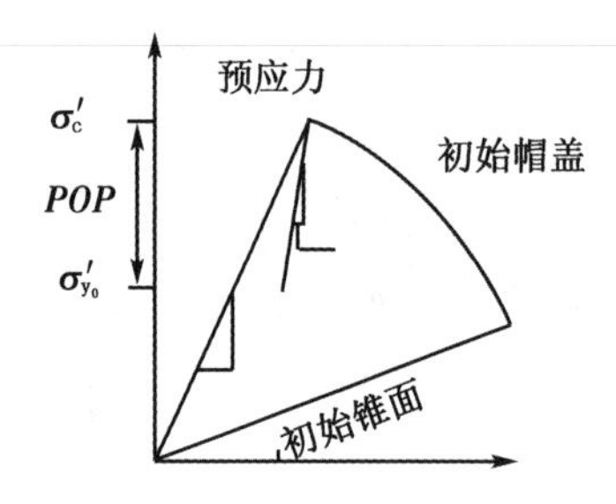

图 2.61　预固结应力的记忆

预固结通过与竖向应力相关的 *OCR* 和 *POP* 来输入，并转化为 p_p。

初始水平应力：

$$\sigma'_{10}=K'_0\sigma'_c-(\sigma'_c-\sigma'_{y0})\cdot\frac{\nu_{ur}}{1+\nu_{ur}} \tag{2.80}$$

默认：$K'_0=1-\sin\varphi$，如果达到 MC 屈服，则被修正。

输出的 *OCR* 是基于等效各向同性主应力，见图 2.62。

⑦ 摩尔-库仑线下的剪胀见图 2.63。

剪胀方程：Rowe(1962)修正，输入的摩擦角决定摩尔-库仑强度。剪胀角改变应变；较高的剪胀角获得较大体积膨胀和较小的主方向屈服应变。

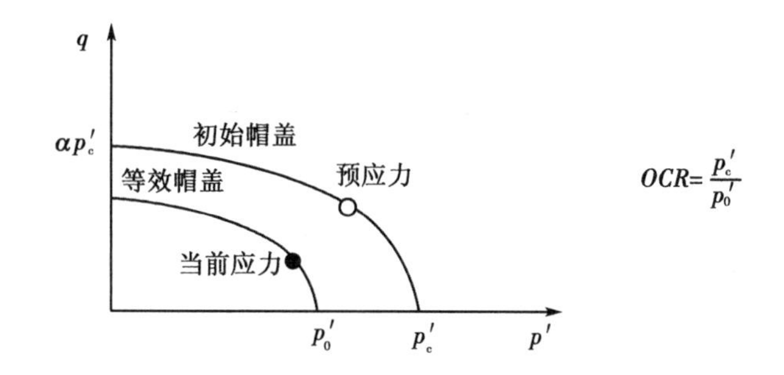

图 2.62　预固结应力中的 *OCR*

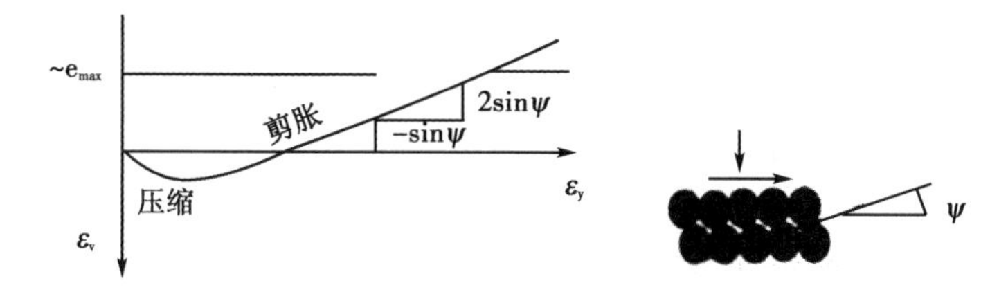

图 2.63　摩尔-库仑线下的剪胀

$$\left.\begin{aligned}\sin\varphi_{cv}&=\frac{\sin\varphi'-\sin\psi}{1-\sin\varphi'\sin\psi}\\ \sin\varphi_{m}&=\frac{\sigma_1'-\sigma_3'}{\sigma_1'+\sigma_3'-2c'\cot\varphi'}\\ \sin\psi_{m}&=\frac{\sin\varphi_{m}-\sin\varphi_{cv}}{1-\sin\varphi_{m}\sin\varphi_{cv}}\end{aligned}\right\}\tag{2.81}$$

从破坏线认识剪胀：

非关联流动：增加的剪胀角 ψ_m从零（φ_{cv}位置）到输入值 ψ_{input}（摩尔-库仑线）。Rowe 认为对于 $\sin\varphi_m<0.75\sin\varphi$，剪胀角等于零，见图 2-64。

关联流动：压缩从零增加到摩尔-库仑位置的最大值仅仅帽盖移动，见图 2.65。

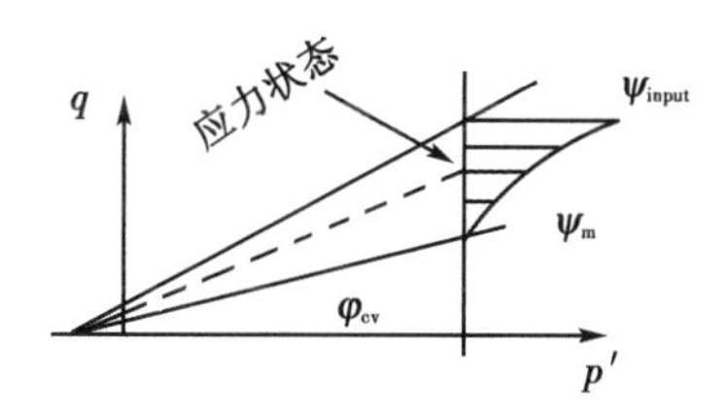

图 2.64　从破坏线认识非关联流动剪胀

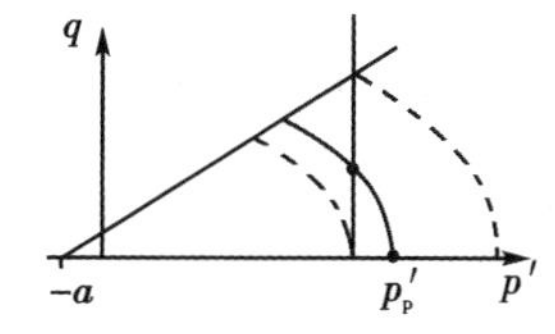

图 2.65　从破坏线认识关联流动剪胀

⑧ 小应变刚度。土体硬化 HS 中的压缩见图 2.66。

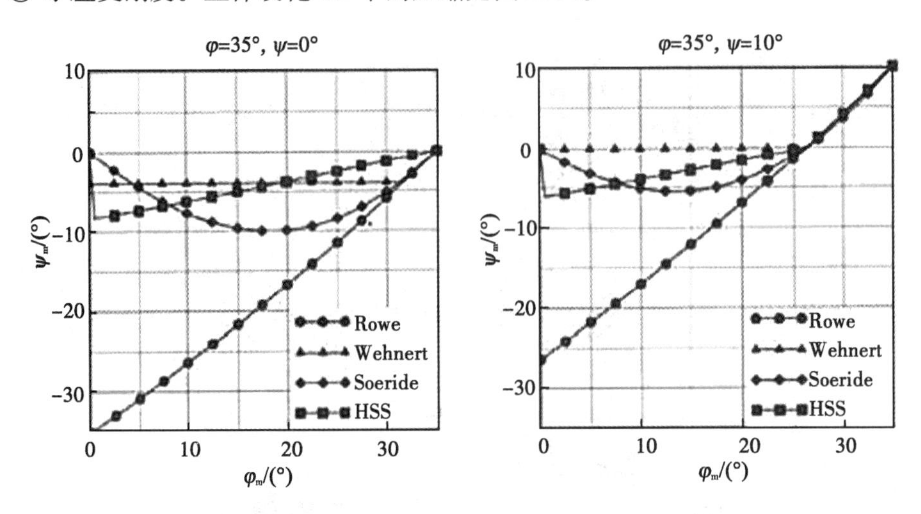

图 2.66 土体硬化 HS 中的压缩

土体硬化 HS 与小应变土体硬化 HSS 模型，当卸载-加载的幅值减小，滞回消失，因此，近乎真实的弹性响应仅在非常小的滞回环的情况发生。真正的弹性刚度叫作小应变刚度。如图 2.67 所示。

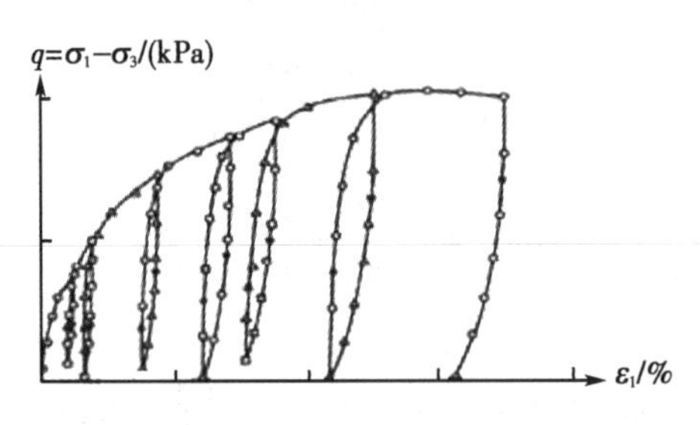

图 2.67 小应变刚度

小应变刚度或者 E_{ur} 和 E_0。土体硬化 HS 模型中定义屈服面内的刚度的卸载-加载 E_{ur} 是卸载重加载(大的)滞回环的割线模量，小应变(或小滞回)下 $E_0=E_{ur}$。见图 2.68。

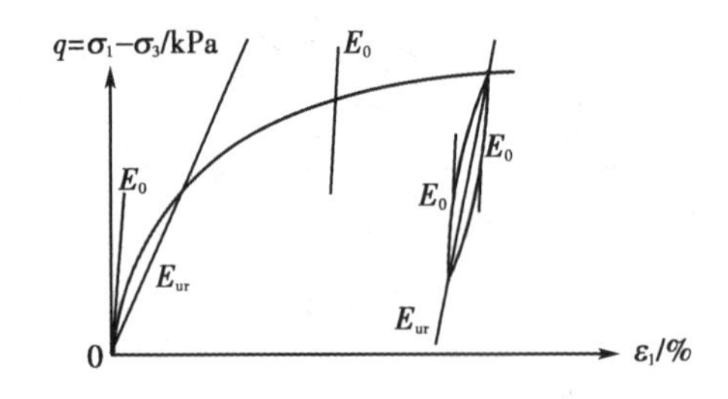

图 2.68 小应变刚度或者 E_{ur} 与 E_0

小应变刚度或者 G_{ur} 和 G_0。来自试验室的土体刚度一般给出割线剪切模量-剪切应变关系图。$G=G(\gamma)$ 是一个应用于荷载翻转后的剪切应变的函数。见图 2.69。

⑨ 小应变刚度的重要性。小应变刚度通过经典室内试验获得发现。因此，不考虑它

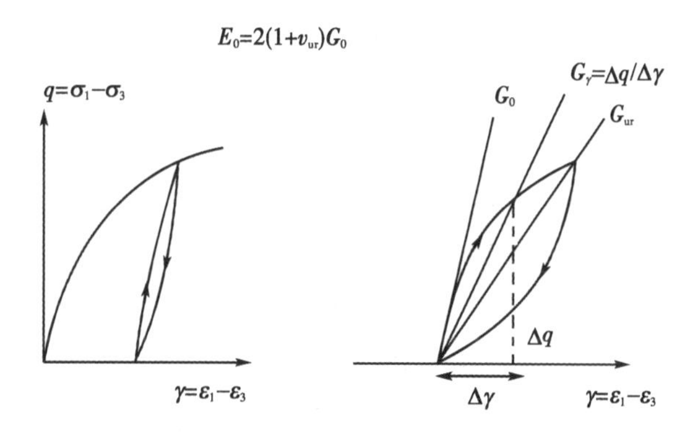

图 2.69　小应变刚度或者 G_{ur} 与 G_0

可能导致高估地基沉降和挡墙变形；低估挡墙后的沉降和隧道上方的沉降；桩或者锚杆表现的偏软等问题。由于边缘处的网格刚度更加大，分析结果对于边界条件不那么敏感，大网格不再导致额外的位移。小应变刚度与动力刚度：真实的弹性刚度首先在土体动力试验中获得的。明显动力情况的土体刚度比自然荷载下土体的刚度大很多。发现小应变下的刚度与动力实测测得结果差异很小。所以，有时将动力下的土体刚度作为小应变刚度是合理的。刚度衰减曲线特征见图 2.70。

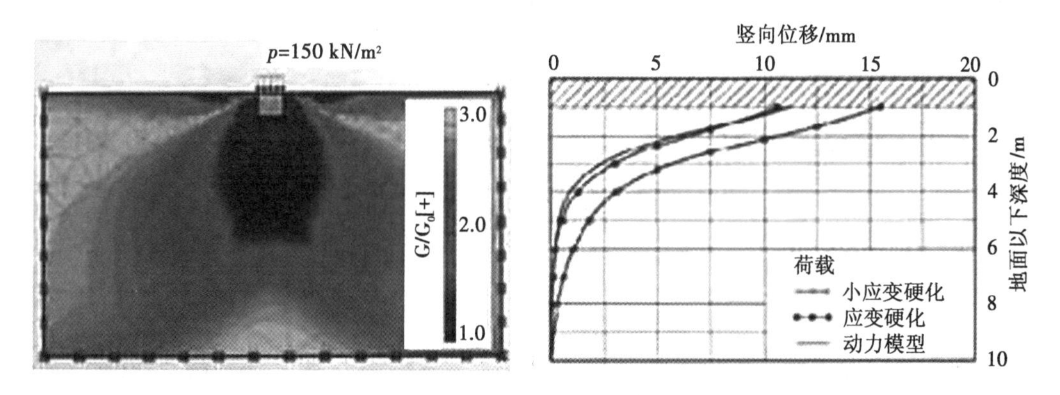

图 2.70　小应变刚度应用

小应变刚度的试验证明和数据见图 2.71。

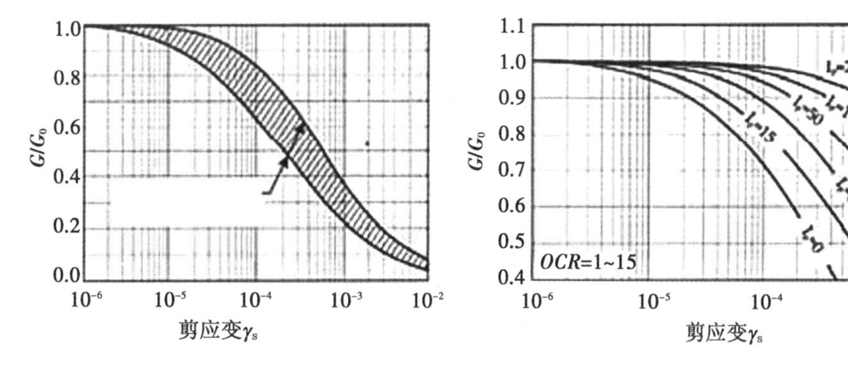

(a) Seed 和 Idris 刚度衰减曲线　　(b) Vucetic 和 Dobry 刚度衰减曲线

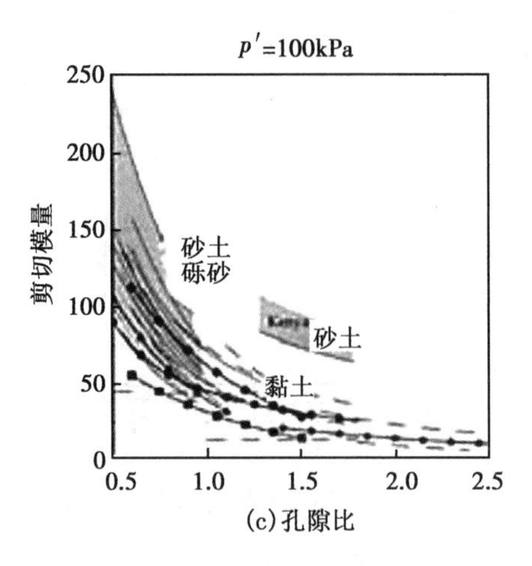

图 2.71 小应变刚度的试验证明和数据

经验公式：

$$E_0=2(1+\nu_{ur})G_0 \tag{2.82}$$

进一步的关系式为：

$$G_0=G_0^{ref}\left(\frac{p'}{p_{ret}}\right)^m \tag{2.83}$$

其中 G_0^{ref}=function(e)·OCR'

对于 $W_l<50\%$，Biarez 和 Hicher 给出：

$$E_0=E_0^{ref}=\sqrt{\frac{p'}{p_{ref}}} \tag{2.84}$$

其中 $E_0^{ref}=\frac{140}{e}$ MPa。

E_0经验数据和经验关系，Alpan 假定 $E_{dynamic}/E_{static}=E_0/E_{ur}$，则可获得 E_0与 E_{ur}的关系，如图 2.72 所示。

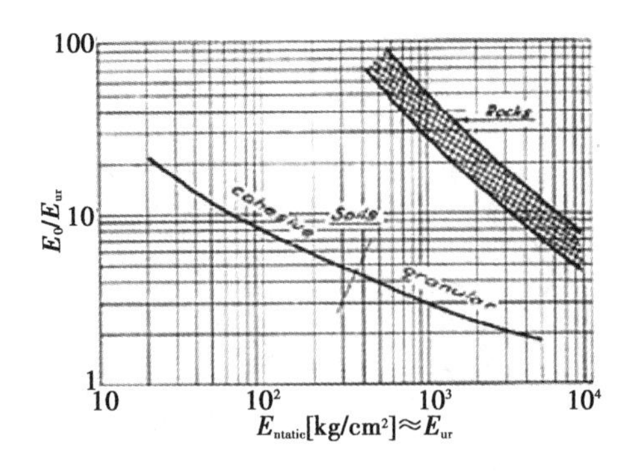

图 2.72 E_0 经验数据和经验关系

$\gamma_{0.7}$经验关系。基于实验数据的统计求值，Darandeli 提出双曲线刚度衰减模型关系，与小应变土体硬化 HSS 模型相似。关系给出不同的塑性指标。

基于 Darandeli 的成果，$\gamma_{0.7}$可计算为：

$$IP=0:\quad \gamma_{0.7}=0.00015\sqrt{\frac{p'}{p_{\mathrm{ref}}}} \tag{2.85}$$

$$IP=30:\quad \gamma_{0.7}=0.00026\sqrt{\frac{p'}{p_{\mathrm{ref}}}} \tag{2.86}$$

$$IP=100:\quad \gamma_{0.7}=0.00055\sqrt{\frac{p'}{p_{\mathrm{ref}}}} \tag{2.87}$$

$\gamma_{0.7}$的应力相关性在小应变土体硬化 HSS 模型中并没有实现。如果需要，可以通过建立子类组归并到边界值问题。可参考 Darendeli 和 Menhmet(2001)的相关论述。

(8)一维状态的小应变土体硬化 HSS 模型

Hardin 和 Drnevich 的一维模型见图 2.73。

Hardin 和 Drnevich 模型：

$$\frac{G}{G_0}=\frac{1}{1+\dfrac{\gamma}{\gamma_1}} \tag{2.88}$$

HSS 模型修正：

$$\frac{G}{G_0}=\frac{1}{1+\dfrac{3\gamma}{7\gamma_{2,3}}} \tag{2.89}$$

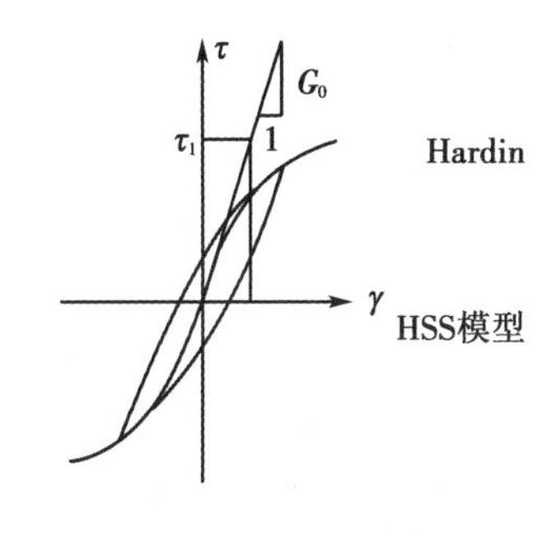

图 2.73　一维状态的小应变土体硬化 HSS 模型

刚度退化。左边：切线模量衰减→参数输入。右边：割线模量衰减→刚度退化截断。如果小应变土体硬化 HSS 中的小应变刚度关系预计到小于 Gurref 的割线刚度，模型的弹性刚度设置为定值，随后硬化的塑性说明刚度进一步衰减。如图 2.74 所示。

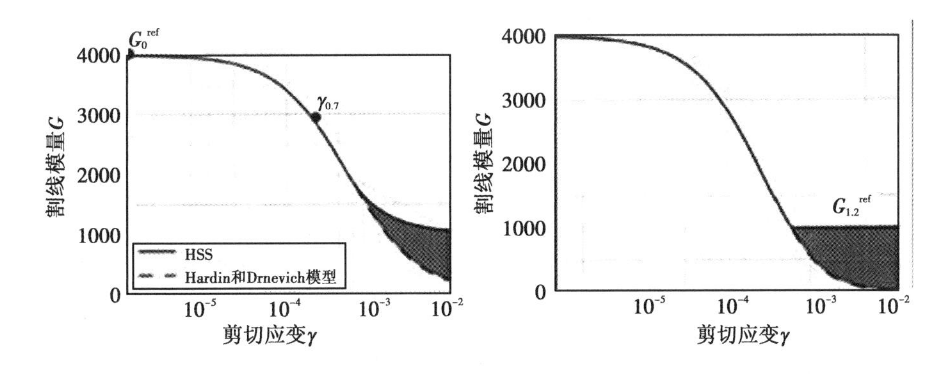

图 2.74　刚度退化

(9)小应变土体硬化 HSS 与土体硬化 HS 模型的不同

三轴试验中的模型性能。试验参数：$E_{ur}^{ref}=90\text{MPa}$，$E_0^{ref}=270\text{MPa}$，$m=0.55$，$\gamma_{0.7}=2\times10^{-4}$。土体硬化 HS 模型与小应变土体硬化 HSS 模型的应力-应变曲线几乎相同(见图 2.75)。

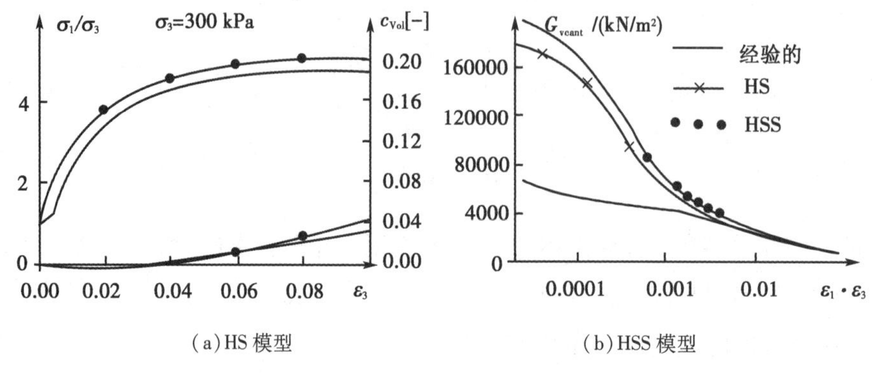

(a)HS 模型　　(b)HSS 模型

图 2.75　小应变土体硬化 HSS 模型-刚度退化

然而，注意曲线第一部分，两个模型是不一样的。

案例 A。Limburg 开挖基坑槽地面沉降见图 2.76。对比分析：摩尔-库仑模型 $E=E_{50}$；摩尔-库仑模型 $E=E_{ur}$；土体硬化 HS 模型 $E_{oed}=E_{50}$。

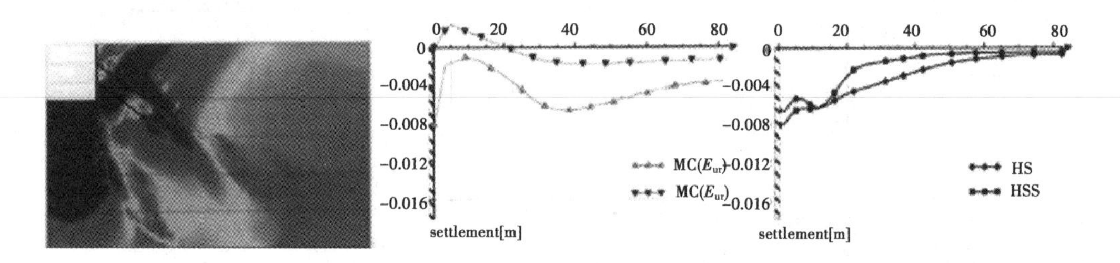

图 2.76　Limburg 开挖基坑槽地面沉降

Limburg 开挖墙体水平位移如图 2.77 所示。

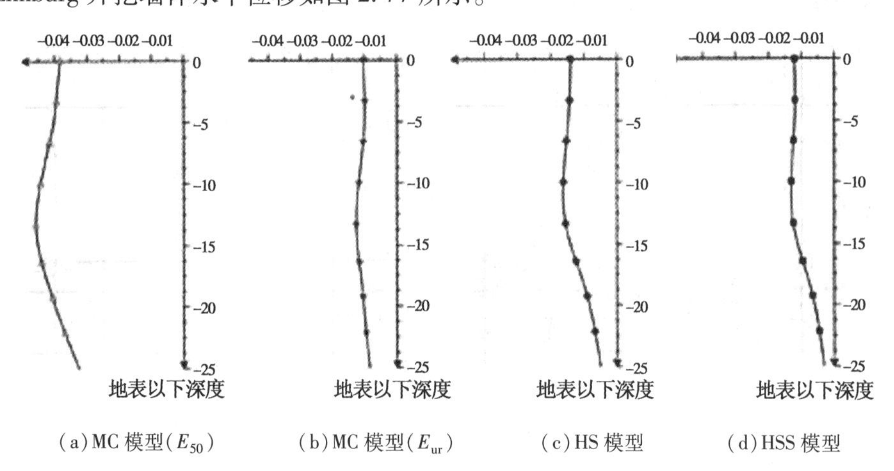

(a)MC 模型(E_{50})　　(b)MC 模型(E_{ur})　　(c)HS 模型　　(d)HSS 模型

图 2.77　Limburg 开挖基坑槽墙体水平位移

Limburg 开挖基坑弯矩如图 2.78 所示。

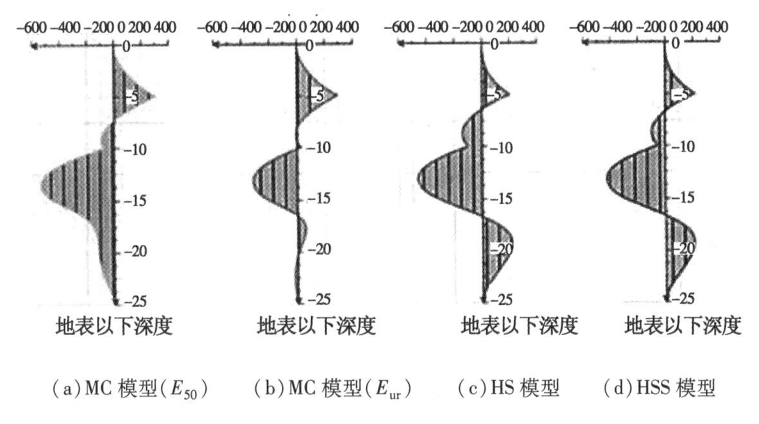

(a) MC 模型(E_{50})　(b) MC 模型(E_{ur})　(c) HS 模型　(d) HSS 模型

图 2.78　Limburg 开挖基坑弯矩

案例 B。隧道案例。如图 2.79 所示。

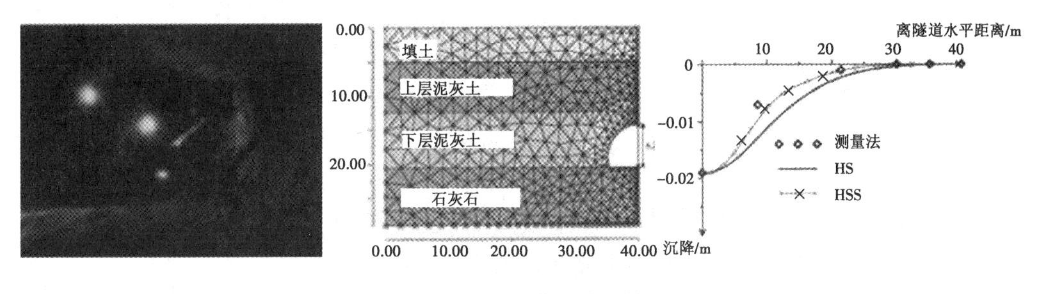

图 2.79　隧道开挖支护

2.7　胡克-布朗模型(岩石行为)

岩石一般比较硬，强度较大，从这个角度来看，岩石的材料行为与土有很大差别。岩石的刚度几乎与应力水平无关，因此可将岩石的刚度看作常数。另外，应力水平对岩石的(剪切)强度影响很大，因此可将节理岩石看作一种摩擦材料。第一种方法可以通过摩尔-库仑破坏准则模拟岩石的剪切强度。但是考虑到岩石所经受的应力水平范围可能很大，由摩尔-库仑模型所得到的线性应力相关性通常是不适合的。胡克-布朗破坏准则是一种非线性强度近似准则，在其连续性方程中不仅包含剪切强度，也包括拉伸强度。与胡克定律所表述的线弹性行为联合，得到胡克-布朗模型。胡克-布朗模型模拟各向同性岩石类型的材料行为。模型包括材料强度的分解(Benz 等，2007)。

2.7.1　胡克-布朗模型公式

胡克-布朗破坏准则可用最大主应力和最小主应力的关系式来表述(采用有效应力，

拉应力为正，压应力为负）：

$$\sigma_1'=\sigma_3'-\left(m_b\frac{-\sigma_3'}{\sigma_{ci}}+s\right)^a \tag{2.90}$$

式中：m_b——对完整岩石参数 m_i 折减，依赖于地质强度指数(GSI)和扰动因子(D)参数：

$$m_b=m_i\exp\left(\frac{GSI-100}{28-14D}\right) \tag{2.91}$$

s，a——岩块的辅助材料参数，可表述为：

$$s=\exp\left(\frac{GSI-100}{9-3D}\right) \tag{2.92}$$

$$a=\frac{1}{2}+\frac{1}{6}\left[\exp\left(-\frac{GSI}{15}\right)-\exp\left(-\frac{20}{3}\right)\right] \tag{2.93}$$

σ_{ci}——完整岩石材料的单轴抗压强度(定义为正值)。根据该值可得出特定岩石单轴抗压强度 σ_c 为：

$$\sigma_c=\sigma_{ci}s^a \tag{2.94}$$

特定岩石抗拉强度 σ_t：

$$\sigma_t=\frac{s\sigma_{ci}}{m_b} \tag{2.95}$$

胡克-布朗破坏准则描述如图 2.80 所示。

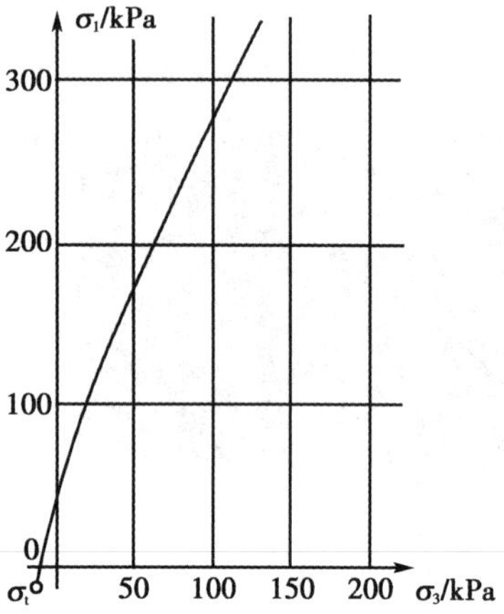

在塑性理论中，胡克-布朗破坏准则重新写为下述破坏函数：

$$f_{HB}=\sigma_1'-\sigma_3'+\bar{f}(\sigma_3') \tag{2.96}$$

其中$\bar{f}(\sigma_3')=\sigma_{ci}\left(m_b-\frac{\sigma_3'}{\sigma_{ci}}+s\right)^a$。

图 2.80　胡克-布朗破坏准则

对于一般三维应力状态，处理屈服角需要更多的屈服函数，这点与摩尔-库仑准则相似。定义压为负，且考虑主应力顺序 $\sigma_1'\leqslant\sigma_2'\leqslant\sigma_3'$，准则可用两个屈服函数来描述：

$$f_{HB,13}=\sigma_1'-\sigma_3'+\bar{f}(\sigma_3') \tag{2.97}$$

其中$\bar{f}(\sigma_3')=\sigma_{ci}\left(m_b-\frac{\sigma_3'}{\sigma_{ci}}+s\right)^a$。

$$f_{HB,12}=\sigma_1'-\sigma_2'+\bar{f}(\sigma_2') \tag{2.98}$$

其中$\bar{f}(\sigma_2')=\sigma_{ci}\left(m_b-\frac{\sigma_2'}{\sigma_{ci}}+s\right)^a$。

主应力空间中的胡克-布朗破坏面($f_i=0$)如图 2.81 所示。

除了上述两个屈服函数以外，胡克-布朗准则中定义了两个相关塑性势函数：

$$g_{HB,13}=S_i-\left(\frac{1+\sin\psi_{mob}}{1-\sin\psi_{mob}}\right)s_3 \tag{2.99}$$

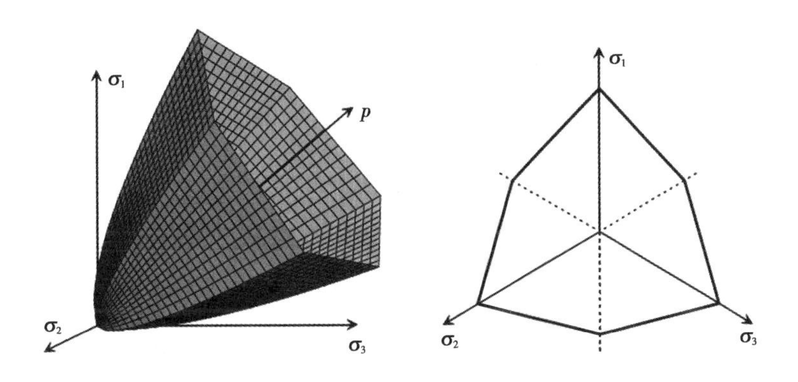

图 2.81　主应力空间中的胡克-布朗破坏面

$$g_{\mathrm{HB},\ 12}=S_i-\left(\frac{1+\sin\psi_{mob}}{1-\sin\psi_{mob}}\right)s_2 \tag{2.100}$$

其中：S_i——转换应力，定义为：

$$S_i=-\frac{\sigma_1}{m_b\sigma_{ci}}+\frac{s}{m_b^2}\quad(i=1,\ 2,\ 3) \tag{2.101}$$

ψ_{mob}——动剪胀角，当 σ_3'由其输入值($\sigma_3'=0$)降低为 0($-\sigma_3'=\sigma_\psi$)时，动剪胀角随之变化：

$$\psi_{mob}=\frac{\sigma_\psi+\sigma_3'}{\sigma_\psi}\psi\geqslant 0\quad(0\geqslant-\sigma_3'\geqslant\sigma_\psi) \tag{2.102}$$

此外，为了允许受拉区域中的塑性膨胀，人为给定了递增的动剪胀角：

$$\psi_{mob}=\psi+\frac{\sigma_3'}{\sigma_t}(90°-\psi)\quad(\sigma_t\geqslant-\sigma_3'\geqslant 0) \tag{2.103}$$

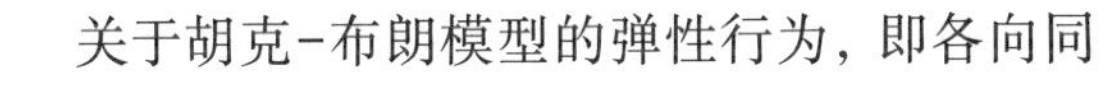

动剪胀角随 σ_3'的变化如图 2.82 所示。

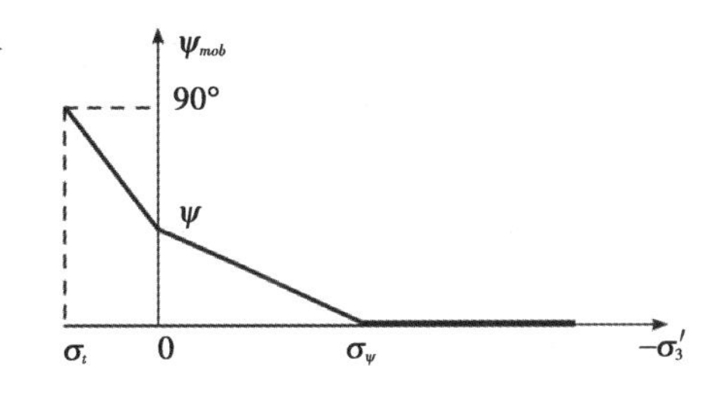

图 2.82　动剪胀角的变化

关于胡克-布朗模型的弹性行为，即各向同性线弹性行为胡克定律。模型的参数包括弹性模量 E(代表节理岩体破坏前的原位刚度)、泊松比 ν(描述侧向应变)。

2.7.2　胡克-布朗与摩尔-库仑之间的转换

对比胡克-布朗破坏准则和摩尔-库仑破坏准则在应用中的情况，需要特殊的应力范围，该范围内在指定围压下达到平衡(考虑拉为正，压为负)。

$$-\sigma_t\geqslant-\sigma_3'\geqslant-\sigma_{3,\ \max}' \tag{2.104}$$

此时，摩尔-库仑有效强度参数 c'、φ'之间存在下述关系(Carranza-Torres，2004)：

$$\sin\varphi' = \frac{6am_b(s+m_b\sigma'_{3n})^{a-1}}{2(1+a)(2+a)+6am_b(s+m_b\sigma'_{3n})^{a-1}} \tag{2.105}$$

$$c' = \frac{\sigma_{ci}[(1+2a)s+(1-a)m_b\sigma'_{3n}](s+m_b\sigma'_{3n})^{a-1}}{(1+a)(2+a)\sqrt{1+\dfrac{6am_b(s+m_b\sigma'_{3n})^{a-1}}{(1+a)(2+a)}}} \tag{2.106}$$

其中，$\sigma'_{3n}=\sigma'_{3,\max}/\sigma_{ci}$。围压的上限值 $\sigma'_{3,\max}$ 取决于实际情况。

2.7.3 胡克-布朗模型中的参数

胡克-布朗模型中一共有 8 个参数。参数及其标准单位如表 2.3 所示。

表 2.3 胡克-布朗模型参数

符号	名称	单位
E	弹性模量	kN/m^2
ν	泊松比	—
σ_{ci}	完整岩石单轴抗压强度(大于 0)	kN/m^2
m_i	完整岩石参数	—
GSI	地质强度指数	—
D	扰动因子	—
ψ	剪胀角($\sigma_3'=0$ 时)	(°)
σ_ψ	$\psi=0°$时围压 σ_3'的绝对值	kN/m^2

(1)弹性模量(E)

对于岩石层，弹性模量 E 视为常数。在胡克-布朗模型中该模量可通过岩石质量参数来估计(Hoek, Carranza-Torres 和 Corkum, 2002)：

$$E=\left(1-\frac{D}{2}\right)\sqrt{\frac{\sigma_{ci}}{p^{ref}}}\cdot 10^{\frac{GSI-10}{40}} \tag{2.107}$$

其中，$p^{ref}=10^5$kPa，并假定平方根的最大值为 1。

弹性模量单位为 kN/m^2($1\ kN/m^2=1$ kPa)，即由上述公式所得到的数值应该乘以 10^6。弹性模量的精确值可通过岩石的单轴抗压试验或直剪试验得到。

(2)泊松比(ν)

泊松比 ν 的范围一般为[0.1, 0.4]。不同岩石类别泊松比典型数值如图 2.83 所示。

(3)完整岩石单轴抗压强度(σ_{ci})

完整岩石的单轴抗压强度 σ_{ci} 可通过试验(如单轴压缩)获得。室内试验试样一般为完整岩石，因此其 $GSI=100$，$D=0$。典型数据如表 2.4 所示(Hoek, 1999)。

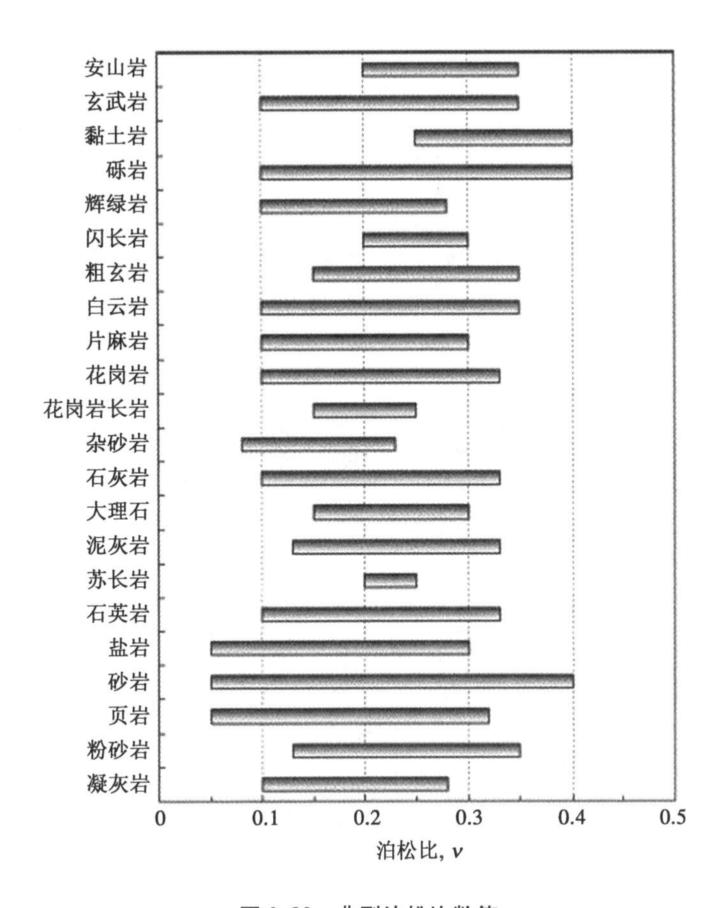

图 2.83　典型泊松比数值

表 2.4　完整单轴抗压强度

级别	分类	单轴抗压强度/MPa	强度的现场评价	示例
R6	极坚硬	>250	岩样用地质锤可敲动	新鲜玄武岩、角岩、辉绿岩、片麻岩、花岗岩、石英岩
R5	非常坚硬	100~250	需多次敲击岩样方可击裂岩样	闪岩、砂岩、玄武岩、辉长岩、片麻岩、花岗闪长岩、石灰岩、大理石、流纹岩、凝灰岩
R4	坚硬	50~100	需敲击 1 次以上方可击裂岩样	石灰岩、大理石、千枚岩、砂岩、片岩、页岩
R3	中等坚硬	25~50	用小刀刮不动，用地质锤一击即可击裂	黏土岩、煤块、混凝土、片岩、页岩、粉砂岩
R2	软弱	5~25	用小刀刮比较困难，地质锤点击可看到轻微凹陷	白垩、盐岩、明矾
R1	非常软弱	1~5	地质锤稳固点击时可弄碎岩样，小刀可削得动	强风化或风化岩石
R0	极其软弱	0.25~1	手指可按出凹痕	硬质断层黏土

(4)完整岩石参数(m_i)

完整岩石参数为经验模型参数，依赖于岩石类型。典型数值如表 2.5 所示。

表 2.5　完整岩石参数

岩石类型	等级	岩组	岩石结构			
			粗粒	中粒	细粒	极细粒
沉积岩	碎屑岩类		砾岩① 角砾岩①	砂岩(17±4)	粉砂岩(7±2) 杂砂岩(18±3)	黏土岩(4±2) 页岩(6±2) 泥灰岩(7±2)
沉积岩	碎屑岩	碳酸盐类	粗晶石灰岩(17±3)	亮晶石灰岩(10±2)	微晶石灰岩(9±2)	白云岩(9±3)
沉积岩	碎屑岩	蒸发岩类		石膏 8±2	硬石膏 12±2	
沉积岩	碎屑岩	有机质类				白垩(7±2)
变质岩	无片状构造		大理岩(9±3)	角页岩(19±4) 变质砂岩(19±3)	石英岩(20±3)	
变质岩	微状构造		混合岩(29±3)	角闪岩(26±6)	片麻岩(28±5)	
变质岩	片状构造②			片岩(12±3)	千枚岩(7±3)	板岩(7±4)
火成岩	深成岩	浅色	花岗岩(32±3)　闪长岩(25±5) 花岗闪长岩(29±3)			
火成岩	深成岩	黑色	辉长岩(27±3)　粗粒玄岩(16±5) 长岩(20±5)			
火成岩	浅成岩		斑岩(20±5)		辉绿岩(15±5)	橄榄岩(25±5)
火成岩	喷出岩	熔岩		流纹岩(25±5) 安山岩 25±5	石英安山岩(25±3) 玄武岩(25+5)	
火成岩	喷出岩	火山碎屑岩	集块岩(19±3)	角砾岩(19±5)	凝岩灰(13±5)	

(5)地质强度指数(GSI)

GSI 可以基于图 2.84 的描绘来选取。

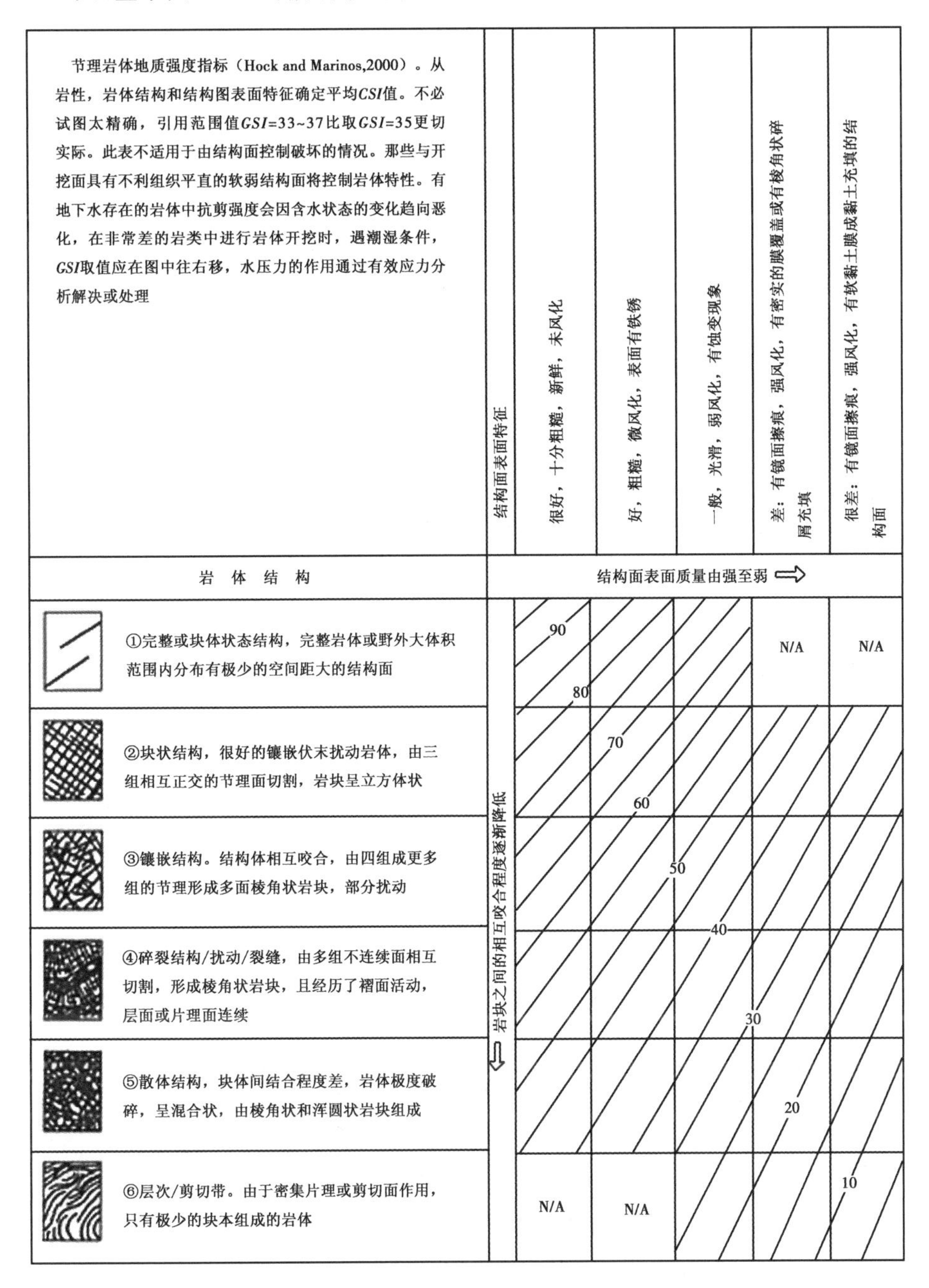

图 2.84　地质强度指数的选取

(6)扰动因子(D)

扰动因子依赖于力学过程中对岩石的扰动程度，这些力学过程可能为发生在开挖、隧道或矿山活动中的爆破、隧道钻挖、机械设备的动力或人工开挖。没有扰动，则 $D=0$，剧烈扰动，则 $D=1$。更多信息可参见 Hoek(2006)相关文献。

(7)剪胀角(ψ)和围巾(σ_ψ)

当围压相对较低且经受剪切时，岩石可能表现出剪胀材料特性。围压较大时，剪胀受抑制。

这种行为通过下述方法来模拟：当 $\sigma_3'=0$ 时给定某个 ψ 值，ψ 值随围压增大而线性衰减；当 $\sigma_3'=\sigma_\psi$时，ψ 值减小为 0。其中 σ_ψ为输入值。

2.7.4 胡克-布朗模型在动力计算中的应用

在动力计算中使用胡克-布朗模型时，需要选择刚度，以便模型正确预测岩石中的波速。当经受动力或循环荷载时，胡克-布朗模型一般只表现出弹性行为，没有(迟滞)阻尼效应，也没有应变或孔压或液化的累积。为了模拟岩石的阻尼特性，需要定义瑞利阻尼。

2.8 界面/弱面与软土/软弱夹层的本构模型

2.8.1 界面/弱面本构模型

界面单元通常用双线性的摩尔-库仑模型模拟。当在相应的材料数据库中选用高级模型时，界面单元仅选择那些与摩尔-库仑模型相关的数据(c, ϕ, ψ, E, ν)。在这种情况下，界面刚度值取的就是土的弹性刚度值。因此，$E=E_{ur}$，其中 E_{ur}是应力水平相关的，即 E_{ur}与 σ_m成幂指数比例关系。对于软土模型、软土蠕变模型和修正剑桥黏土模型，幂指数 m 等于 1，并且 E_{ur}在很大程度上由膨胀指数 K^* 确定。

2.8.2 软土/软弱夹层的本构模型

一般情况下，考虑的软土是指接近正常固结的黏土、粉质黏土、泥炭和软弱夹层。黏土、粉质黏土、泥炭这些材料的特性在于它们的高压缩性，黏土、粉质黏土、泥炭和软弱夹层又具有典型的流变特性。Janbu 在固结仪实验中发现，正常固结的黏土比正常固结的砂土软 10 倍，这说明软土极度的可压缩性。软土的另外一个特征是土体刚度的线性应力相关性。根据 HS 模型得到：

$$E_{oed}=E_{oed}^{ref}(\sigma/p_{ref})^m \tag{2.108}$$

这至少对 $c=0$ 是成立的。当 $m=1$ 可以得到一个线性关系。实际上，当指数等于 1 时，上面的刚度退化公式为：

$$\begin{aligned} E_{oed}&=\sigma/\lambda^* \\ \lambda^*&=p_{ref}/E_{oed}^{ref} \end{aligned} \tag{2.109}$$

在 $m=1$ 的特殊情况下，软土硬化模型公式积分可以得到主固结仪加载下著名的对数压缩法则：

$$\left.\begin{aligned}\dot{\varepsilon} &= \lambda^{*}\dot{\sigma}/\sigma \\ \varepsilon &= \lambda^{*}\ln\sigma\end{aligned}\right\} \tag{2.110}$$

在许多实际的软土研究中，修正的压缩指数 λ^{*} 是已知的，可以从下列关系式中算得固结仪模量：

$$E_{\text{oed}}^{\text{ref}} = p_{\text{ref}}/\lambda^{*} \tag{2.111}$$

2.9　有限元强度折减、极限平衡法与地震响应分析方法

目前，稳定性分析计算是将其视为复杂边坡来处理，仍沿用土力学的传统理论进行分析。边坡稳定分析方法种类繁多，各种分析方法都有各自的特点及适用范围，而得到广泛认可的有极限平衡条分法、有限元法(有限元强度折减法和有限元极限平衡法)等确定性方法。

2.9.1　边坡稳定性分析方法

① 极限平衡条分法将滑坡体视为刚体，不考虑土体的应力-应变关系，在计算边坡安全系数时需事先假定滑动面的位置和形状，然后，通过试算找到最小安全系数和最危险滑动面，给计算精度和效率带来了一定影响。极限平衡条分法根据满足平衡条件的不同可分为非严格条分法和严格条分法。

② 有限元法作为一种广泛应用的数值计算方法，它可以全面满足静力许可、应变相容和应力-应变之间的本构关系，还可以对复杂地貌、地质的边坡进行模拟。

有限元强度折减法作为有限元法的一种，在理论体系上比极限平衡条分法更为严格，无须假定滑动面的形状和位置，但需反复折减试算。对于非均质边坡，不同土层采用同一折减系数是否合理，带有结构物的边坡是否折减结构物的强度等问题有待进一步研究。

有限元极限平衡法理论体系严密，无须反复折减，计算效率高，这对于指导施工设计是非常重要的。

2.9.2　有限元强度折减法

有限元强度折减法(finite element strength reduction method)是指在外荷载保持不变的情况下，边坡内岩土体所发挥的最大抗剪强度与外荷载在边坡内所产生的实际剪应力之比。这里定义的抗剪强度折减系数，与极限平衡分析中所定义的土坡稳定安全系数本质上是一致的。所谓抗剪强度折减系数，就是将岩土体的抗剪强度指标 c 和 ϕ 用一个折减

系数 F_s 进行折减，然后用折减后的虚拟抗剪强度指标 c_F 和 ϕ_F，取代原来的抗剪强度指标 c 和 ϕ，如下式所示。

$$\left.\begin{aligned} c_F &= c/F_s \\ \phi_F &= \arctan(\tan\phi/F_s) \end{aligned}\right\} \tag{2.112}$$

$$\tau_{fF} = c_F + \sigma\tan\phi_F \tag{2.113}$$

式中：c_F——折减后岩土体虚拟的黏聚力；

ϕ_F——折减后岩土体虚拟的内摩擦角；

τ_{fF}——折减后的抗剪强度。

折减系数 F_s 的初始值取得足够小，以保证开始时是一个近乎弹性的问题。然后不断增加 F_s 的值，折减后的抗剪强度指标逐步减小，直到某一个折减抗剪强度下整个边坡发生失稳，那么在发生整体失稳之前的那个折减系数值，即岩土体的实际抗剪强度指标与发生虚拟破坏时折减强度指标的比值，就是这个边坡的稳定安全系数。

基于有限元数值模拟理论，针对排土场特征边坡开展强度折减计算时，混合排弃土、基岩等岩土体均采用下式所示的摩尔-库仑模型屈服准则：

$$f_s = \sigma_1 - \sigma_3\frac{1+\sin\phi}{1-\sin\phi} - 2c\sqrt{\frac{1+\sin\phi}{1-\sin\phi}} \tag{2.114}$$

式中：σ_1，σ_3——最大和最小主应力；

c——黏聚力。

ϕ——内摩擦角。

当 $f_s>0$ 时，材料将发生剪切破坏。在通常应力状态下，岩体的抗拉强度很低。因此，可根据抗拉强度准则（$\sigma_3 \geqslant \sigma_T$）判断岩体是否产生张拉破坏。强度折减计算时，不考虑地震及爆破振动效应的影响，对边坡稳定性只进行静力分析。

考虑稳态渗流时，将渗流力作为初始应力施加于土体上，对强度参数不断折减，以有限元数值计算是否收敛作为失稳破坏标准。

2.9.3 有限元极限平衡法

通过有限元计算输出模型区域内的真实应力场分布，采用插值方法得到已给定滑动面上的应力值，按照所采用的安全系数的定义计算沿滑动面的安全系数，用优化方法寻找最小安全系数及相应的滑动面，物理意义明确，滑动面上的应力更加真实符合实际，可以得到确定的最危险滑动面，易于推广和工程应用。

（1）安全系数定义

在平面应变问题中，土体中任意一点的土体抗剪强度可依据摩尔-库仑强度准则确定，其抗剪强度为

$$\left.\begin{aligned}\tau_1 &= \sigma_n \tan\phi + c \\ F_s &= \frac{\int_l (\sigma_n \tan\phi + c)\,dl}{\int_l \tau\,dl}\end{aligned}\right\} \tag{2.115}$$

式中：σ_n——法向应力；

c——土体的黏聚力；

ϕ——土体的内摩擦角；

F_s——滑动面安全系数，定义为沿滑动面土体抗剪强度与实际剪应力的比值。

(2)最危险滑动面搜索

土工结构滑动稳定性分析问题可以看成带有约束条件的广义数学规划问题，可简单描述为：将安全系数定为目标函数，约束条件是曲线在一定区域内，在已知的应力场内搜寻曲线使其安全系数达到最小。为求解方便，将应力场拓广到整个平面，可以消除约束条件。用 Geo-slope SIGMA/W、SLOPE/W，对于每一个积分点，在确定它在有限元应力计算的网格中所属单元的基础上，插值得到其应力，引入高斯积分法，按照式(2.115)计算 F_s值，采用 Hooke-Jeeves 模式搜索法即可求出最危险滑动面及相应的安全系数。

(3)有限元极限平衡法实现

采用 Geo-slope SIGMA/W，基于非关联流动法则，选择理想弹塑性本构模型和摩尔-库仑屈服准则进行数值模拟，选用 4 节点平面应变单元，得到整体的应力场分布，用线性插值方法确定给定滑动面上各控制节点的应力值，依据式(2.115)定义安全系数计算最危险滑动面的抗滑安全系数，采用广义数学规划法中的模式搜索法，即 Hooke-Jeeves 法优化搜索最危险滑动面的位置及其对应的最小安全系数。

2.9.4　非饱和渗流-固体耦合原理与方法

基于岩土体饱和-非饱和渗流运动微分方程推导，运用有限元法得到渗流-应力的耦合方程，以岩土介质饱和-非饱和渗流理论为依据，建立非饱和渗流-固体耦合原理与方法。

(1)渗流场基本方程

在非稳态渗流场下，多孔介质中地下水运动的微分方程可依据达西定律和质量守恒定律来推导，即根据渗流场中水在某一单元体内的积累速率等于该单元体水量随时间变化的速率。若取一微单元体，其体积为 $dxdydz$。设介质在 x，y，z 的 3 个方向的渗透速率分别为 v_x，v_y，v_z，则通过 3 个方向流进的水体质量分别为 $\rho v_x dydz$、$\rho v_y dxdz$、$\rho v_z dydx$，通过 3 个方向流出的水体质量分别为：

$$\left[\rho v_x + \frac{\partial(\rho v_x)}{\partial x}\right]dydz,\quad \left[\rho v_y + \frac{\partial(\rho v_y)}{\partial y}\right]dxdz,\quad \left[\rho v_z + \frac{\partial(\rho v_z)}{\partial z}\right]dydx \tag{2.116}$$

可得到单位时间内流入和流出单元体水量的变化量为：

$$\Delta Q=-\left[\frac{\partial(\rho v_x)}{\partial x}+\frac{\partial(\rho v_y)}{\partial y}+\frac{\partial(\rho v_z)}{\partial z}\right]\mathrm{d}x\mathrm{d}y\mathrm{d}z \tag{2.117}$$

相应的体积水质量 Θ 为 $n\rho\mathrm{d}x\mathrm{d}y\mathrm{d}z$，$\Theta$ 随时间的变化率为：

$$\frac{\partial\Theta}{\partial t}=\frac{\partial(n\rho\mathrm{d}x\mathrm{d}y\mathrm{d}z)}{\partial t} \tag{2.118}$$

根据达西定律和质量守恒定律，由式(2.117)和式(2.118)可得到不考虑水的密度变化时的多孔介质渗流基本微分方程为：

$$\frac{\partial}{\partial x}\left(k_x,\ \frac{\partial H}{\partial x}\right)+\frac{\partial}{\partial y}\left(k_y,\ \frac{\partial H}{\partial y}\right)+\frac{\partial}{\partial z}\left(k_z,\ \frac{\partial H}{\partial z}\right)+Q=\frac{\partial n}{\partial t} \tag{2.119}$$

式中：k_x，k_y，k_z——x，y，z 方向的渗透系数，m/s；

Q——源汇项，$\mathrm{m^3/s}$。

对于非饱和土，渗透系数取：

$$k_{mn}=k_r(\theta)k_{ij}\quad(0\leqslant k_r\leqslant 1) \tag{2.120}$$

式中：k_{ij}——饱和土渗透系数；

k_r——非饱和渗透系数相对应饱和渗透系数的比值。

由于介质体应变：

$$\left.\begin{aligned}&\varepsilon_{\mathrm{v}}=\frac{\Delta V}{V}=\frac{\Delta V_{\mathrm{s}}+\Delta V_{\mathrm{v}}}{V}\\&\frac{\partial V_{\mathrm{s}}}{\partial t}=0\\&\frac{\mathrm{d}\varepsilon_{\mathrm{v}}}{\mathrm{d}t}=\frac{\partial n}{\partial t}\end{aligned}\right\} \tag{2.121}$$

假设土体颗粒是不可压缩的，则有介质体应变的变化率就是孔隙率的变化率。

(2)渗流力学行为及有限元方程建立

在一定的水头差作用下，水会在土骨架之间的孔隙中发生流动，对土粒骨架形成渗透力。这种渗透体积力与土骨架对水的渗流所产生的阻力构成一对作用力与反作用力。渗流水头为：

$$H=Z'+\frac{P}{\gamma_{\mathrm{w}}} \tag{2.122}$$

式中：Z'——位置水头；

γ_{w}——水的重度；

P——渗透体积力。

渗流体积力与水力梯度成正比，则各方向的渗流体积力为：

$$\boldsymbol{P}=\begin{Bmatrix}P_x\\P_y\\P_z\end{Bmatrix}=\gamma_w\begin{Bmatrix}\dfrac{\partial H}{\partial x}\\\dfrac{\partial H}{\partial y}\\\dfrac{\partial H}{\partial z}+f\end{Bmatrix} \tag{2.123}$$

式中：P_x，P_y，P_z——x，y，z 方向的渗透体积力；

f——浮力。

将渗透力转化为单元节点力，则有：

$$\boldsymbol{P}^{\mathrm{e}}=\iiint \boldsymbol{N}^{\mathrm{T}}\boldsymbol{P}\,|J|\,\mathrm{d}\xi\mathrm{d}\eta\mathrm{d}\zeta \tag{2.124}$$

式中：$|J|$——Jaccobin 行列式；

ξ，η，ζ——局部坐标系；

$[\boldsymbol{N}]$——单元节点形函数矩阵。

在饱和-非饱和岩土体中，总应力和有效应力之间的关系，根据有效应力原理为：

$$\boldsymbol{\sigma}=\boldsymbol{\sigma}'+\boldsymbol{M}p \tag{2.125}$$

式中：$\boldsymbol{M}$——法向应力中单位列阵；

p——孔隙水压力。

根据虚功原理，应力的增量型平衡方程可写为：

$$\int_{\Omega}\boldsymbol{\delta\varepsilon}^{\mathrm{T}}\mathrm{d}\sigma\mathrm{d}\Omega-\int_{\Omega}\boldsymbol{\delta u}^{\mathrm{T}}\mathrm{d}b\mathrm{d}\Omega-\int_{\Gamma}\boldsymbol{\delta u}^{\mathrm{T}}\mathrm{d}l\mathrm{d}\Gamma=0 \tag{2.126}$$

式中：$\mathrm{d}\boldsymbol{\sigma}$——总应力增量；

$\mathrm{d}b$，$\mathrm{d}l$——体积力和面力增量；

$\delta\varepsilon$，δu——虚应变和虚位移。

联立土体中渗流作用力方程和应力方程，通过有限单元法可得到如下渗流-应力的耦合方程：

$$\left.\begin{aligned}&\boldsymbol{K\delta}=\boldsymbol{F}+\boldsymbol{P}^{\mathrm{e}}\\&\boldsymbol{K}_s\boldsymbol{H}=\boldsymbol{F}'\\&k_{ij}=k(\sigma_{ij})\end{aligned}\right\} \tag{2.127}$$

式中：$\boldsymbol{K}$——单元刚度矩阵；

$\boldsymbol{F}$——节点荷载；

$\boldsymbol{P}^{\mathrm{e}}$——上述渗透体积力引起的节点荷载；

$\boldsymbol{\delta}$——节点位移；

$\boldsymbol{F}'$——渗流自由项系数；

$\boldsymbol{K}_s$——整体渗透矩阵。

（3）饱和-非饱和土渗流-固体耦合原理

由以上分析可见，岩土体中因水相的渗透流动会产生相应的渗流体积力。通过有效应力原理可知，其节点总应力将随之改变。由此，以不同的本构理论可反算出岩土体体积应变率。土体的渗流场是一组与介质渗透系数 k_{ij} 密切相关的函数。根据饱和-非饱和土理论可知，k_{ij} 受到基质吸力、孔隙率温度、体积含水率等多种因素的影响。可见，渗流与应力-应变行为是一个相互影响的复杂过程。数值分析中可根据不同的非饱和理论设定 k_{ij} 函数式，将计算方程在时间和空间上离散，采取相应的数值计算方法，如：有限元法、差分法等，进行迭代计算。

2.9.5 地震响应分析原理与方法

地震动力对工程的影响主要有：地震期间出现的位移、变形和惯性力；产生的超孔隙水压力（液化问题）；土的剪切强度的衰减；惯性力、超孔隙水压力和剪切应力降低对稳定的影响；超孔隙水压力的重分布和地震后的应变软化；永久变形及大面积液化引起的破坏。研究表明地震停止之后出现的围堰导流堤、重力坝变形经常超过标准永久大变形。震后变形不是惯性力和位移引起的，是超孔隙水压力和土强度降低两者的耦合，尤其出现在人造工程中。地震震源以地震波的形式释放应变能，地震波使地震具有巨大的破坏力，包括两种在介质内部传播的体波和两种限于界面附近传播的面波。

（1）体波

纵波能通过任何物质传播，而横波是切变波，只能通过固体物质传播。纵波（P 波）在任何固体物质中的传播速度都比横波（S 波）快，在近地表一般岩石中，$V_P=5\sim6$km/s，$V_S=3\sim4$km/s。在多数情况下，物质的密度越大，地震波速度越快。

根据弹性理论，纵波传播速度 V_P 和横波传播速度 V_S 计算公式见下式。

$$\left.\begin{aligned} V_P &= \sqrt{\frac{E(1-\nu)}{\rho(1+\nu)(1-2\nu)}} \\ V_S &= \sqrt{\frac{E}{2\rho(1+\nu)}} = \sqrt{\frac{G}{\rho}} \end{aligned}\right\} \tag{2.128}$$

式中：E——介质的弹性模量。

ν——介质的泊松比；

ρ——介质的密度；

G——介质的剪切模量。

（2）面波

面波（L 波）是体波达到界面后激发的次生波，沿着地球表面或地球内的边界传播。

（3）地震动力模型

地震动力模型中最简单模型是线弹性模型。计算时泊松比 ν 最大值不应大于 0.49。

$$\begin{Bmatrix}\sigma_x\\ \sigma_y\\ \sigma_z\\ \tau_{xy}\end{Bmatrix}=\frac{E}{(1+\nu)(1-2\nu)}\begin{bmatrix}1-\nu & \nu & \nu & 0\\ \nu & 1-\nu & \nu & 0\\ \nu & \nu & 1-\nu & 0\\ 0 & 0 & 0 & \frac{1-2v}{2}\end{bmatrix}\begin{Bmatrix}\varepsilon_x\\ \varepsilon_y\\ \varepsilon_z\\ \gamma_{xy}\end{Bmatrix} \tag{2.129}$$

建立等效线性模型时，需确定等效线性剪切模量 G 和相应的阻尼比。

$$A_{\max}^{i}=\max\left[\sqrt{\sum_{n=1}^{n_p}(\alpha_n^i)^2/n_p}\right] \tag{2.130}$$

式中：α_n^i——节结点 n 对 i 步迭代的动态节点位移。

一次动力荷载停止计算的依据是位移最大标准值变化小于指定的容许值或者迭代达到了指定最大迭代步。位移收敛准则如下：

$$\delta A_{\max}=\frac{|A_{\max}^{i+1}-A_{\max}^{i}|}{A_{\max}^{i}}<[A_{\max}] \tag{2.131}$$

(4)有限元地震荷载产生的应力

地震荷载的表达式：

$$\boldsymbol{F}_g=\boldsymbol{M}\ddot{\boldsymbol{a}}_g \tag{2.132}$$

式中：$\boldsymbol{M}$——质量矩阵；

$\ddot{\boldsymbol{a}}_g$——应用结点的加速度。

(5)时程分析

时程分析采用的动力平衡方程如下：

$$\boldsymbol{M}\ddot{\boldsymbol{a}}_g+\boldsymbol{D}\dot{\boldsymbol{a}}+\boldsymbol{K}\boldsymbol{a}=p(t) \tag{2.133}$$

式中：$\boldsymbol{M}$——质量矩阵；

$\boldsymbol{D}$——阻尼矩阵；

$\boldsymbol{K}$——刚度矩阵；

$p(t)$——动力荷载；

$\dot{\boldsymbol{a}}$、$\boldsymbol{a}$——相对速度和位移。

2.9.6　有限元数值模拟动力分析方法

(1)建立模型

要求满足抵抗地震作用，地震力发生在工程建造完成之后运营期间。模型参数还要考虑材料的阻尼黏性作用，所以要输入瑞利阻尼系数 α 和 β；模型边界条件选取标准地震边界，地震波谱选用 UPLAND 记录的真实地震加速度数据分析如图 2.85 所示。

(2)边界条件与阻尼

有限元数值模拟分析地震动力计算过程中，为了防止应力波的反射，并且不允许模

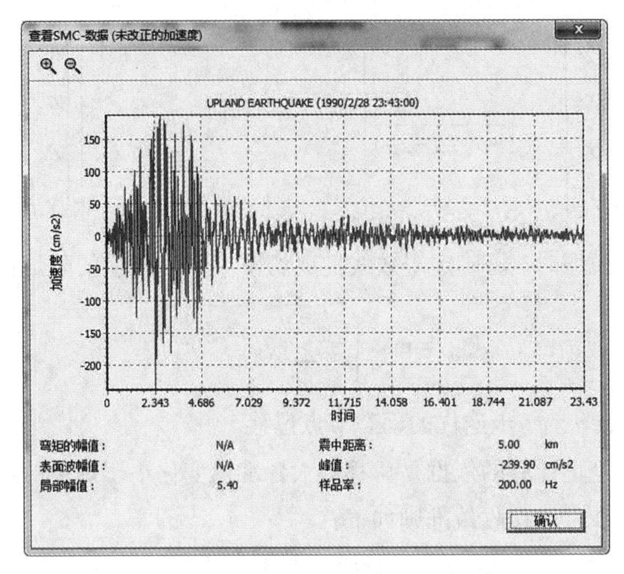

图 2.85　地震波谱加速度-时间曲线

型中的某些能量发散，边界条件应抵消反射，即地震分析中的吸收边界。吸收边界用于吸收动力荷载在边界上引起的应力增量，否则动力荷载将在土体内部发生反射。吸收边界中的阻尼器替代某个方向的固定约束，阻尼器要确保边界上的应力增加被吸收不反弹，之后边界移动。在 x 方向上被阻尼器吸收的垂直和剪切应力分量为：

$$\left.\begin{aligned}\sigma_n &= -C_1\rho V_p \dot{u}_x \\ \tau &= -C_2\rho V_s \dot{u}_y\end{aligned}\right\} \tag{2.134}$$

其中：ρ——材料密度；V_p——压缩波速；V_s——剪切波速；C_1、C_2——促进吸收效果的松弛系数。

取 $C_1=1$、$C_2=0.25$ 可使波在边界上得到合理的吸收。材料阻尼是由摩擦角不可逆变形如塑性变形或黏性变形引起的，故土体材料越具黏性或者塑性，地震震动能量越易消散。有限元数值计算中，$\boldsymbol{C}$ 是质量和刚度矩阵的函数：

$$\boldsymbol{C}=\alpha_R\boldsymbol{M}+\beta_R\boldsymbol{K} \tag{2.135}$$

(3)材料的本构模型与物理力学参数

由于土体在加载过程中变形复杂，很难用数学模型模拟出真实的土体动态变形特性，多数有限元土体本构模型的建立都在工程实验和模型简化基础上进行。但是，由于土体变形过程中弹性阶段不能和塑性阶段分开，采用设定高级模型参数添加阻尼系数，如表 2.6 中所列。

表 2.6　地层土体阻尼参数

模型土体	固有频率	阻尼比	α	β
混凝土	18.34	0.031	0.41	0.002
复合地基	45.29	0.03	0.74	0.004

表5.4(续)

模型土体	固有频率	阻尼比	α	β
粉质黏土	187.3	0.033	0.001	0.001
中砂土	45.29	0.03	0.74	0.004
黏土	160.9	0.033	0.001	0.001
粗砂土	152.0	0.037	4.05	0.0001
基岩	193	0.038	0.01	0.01

另外，土工格栅材料抗拉能力为 80kN/m，材料的阻尼布置均为 0.01。

第3章　水力尾矿库贮灰场坝溃坝实例与选择设计标准

尾矿库是高势能的人造泥石流危险源，一旦溃坝，人员伤亡、财产损失、环境破坏非常严重。根据尾矿库实际事故的统计资料分析，尾矿库事故中占比最高的是几乎占1/3的由于洪水原因所造成的，包括泄洪能力不足、超标洪水、排洪设施损坏或淤堵等；其次坝基渗漏事故约占1/5；其他事故中包括坝坡失稳以及地震液化等。

3.1　水力尾矿库贮灰场坝溃坝实例

3.1.1　因洪水而发生的事故

(1)美国布法罗河煤泥库

该库位于美国西弗吉尼亚州的布法罗河上，该库由三座相连的小库组成，下游库坝高45m、顶宽152m、坝长365m，坝材为煤矸石、低质煤、页岩、砂岩等。在下游坝上游180m及364m处又用煤矸石新建两座新坝，新坝坝高13m、顶宽146m、坝长167m，库内设有直径610mm排水管，以控制上游库内水位。自1972年2月23日起，连续降雨3天，23日雨量达94mm，致库内水位急剧上涨，水位高于坝顶标高2m，上游坝体出现纵向裂缝，继而坝坡产生大滑动。塌滑体挤压第二库(中库)，致第二库(中库)内泥浆涌起而越过坝顶，高达4m进入下游库区，致泥浆流冲开下游坝体宽度15m、深达7m的缺口，使上游库内$4.8\times10^5m^3$煤泥废水在15min内全部泄空，3h内泄流距离24km，达到布法罗河口。布法罗河煤泥库溃坝事故，造成125人死亡、4000多人无家可归，并冲毁桥梁9座、一段公路，经济损失达6200多万美元。

(2)岿美山尾矿库

该库位于我国江西省赣州地区，因尾矿库泄洪能力不足，1960年8月27日，洪水漫顶造成溃坝。该库初期坝坝高17m、宽度3m、坝长198m，相应库容$5.0\times10^5m^3$，库内设有直径1.6m的排水管、上部为0.5m×0.6m双格排水斜槽。溃坝之前已连续降雨16h，雨量达136mm，库内已是汪洋一片，排水斜槽盖板已被泥沙覆盖，泄流不足，导致洪水漫顶、坝体溃决，冲走土方$4\times10^4m^3$，尾矿$3\times10^4m^3$，近千亩田地受损。

(3)牛角垄尾矿库

该库位于湖南省郴州地区，为一山谷型尾矿库。初期坝坝高 16m、坝顶宽度 3m、坝长 92m。后期坝采用上游法水力冲填坝，尾矿堆积坝坝高 41.5m、库容 $150\times10^4m^3$。库内设有断面为 1.2m×1.9m 的排水沟及涵洞、长度约 570m，库尾还设有断面为 4m×2.9m、长度 222.7m 的截洪沟，将库区洪水排入东河。溃坝前该库已堆尾矿约 $110\times10^4m^3$，溃坝前连降暴雨，雨量达到 429.8mm，属于数百年不遇之特大洪水(郴州地区最大降水量为 180mm)。1985 年 8 月 25 日由于洪水超标，加之暴雨时大量泥石流下泄，上游洪水越过截水沟进入尾矿库，超标洪水致尾矿库水位上涨，造成洪水漫顶冲开坝体近 60m 长的缺口，致高达 23m 的尾矿堆积坝全部冲溃，尾矿流失量达 100×10^4t 左右。本次超标洪水灾害造成 49 人死亡，冲毁房屋 39 栋，输电、通信线路被毁近 8km，公路损坏 7.3km，直接经济损失达 1300 多万元。

类似洪水漫顶溃坝事故实例还有：银山铅锌矿尾矿坝于 1962 年 7 月 2 日，因洪水造成初期坝决口溃坝，致部分尾矿泄漏造成环境污染，所幸未造成人员伤亡。

3.1.2　因坝体失稳而发生的事故

(1)火谷都尾矿库

火谷都尾矿库位于我国云南省红河哈尼族彝族自治州境内，为自然封闭地形。它位于个旧市城区以北 6km，西南与火谷都车站相邻，东部高于个旧—开远公路约 100m，水平距离 160m，北邻松树脑村，再向北即为乍甸泉出水口，高于该泉 300m，周围山峦起伏、地势陡峻。库区有两个垭口，北面垭口底部标高 1625m，东部垭口底部标高 1615m，设计最终坝顶标高 1650m，东部垭口建主坝，待尾矿升高后，再以副坝封闭北部垭口(见图 3.1)。

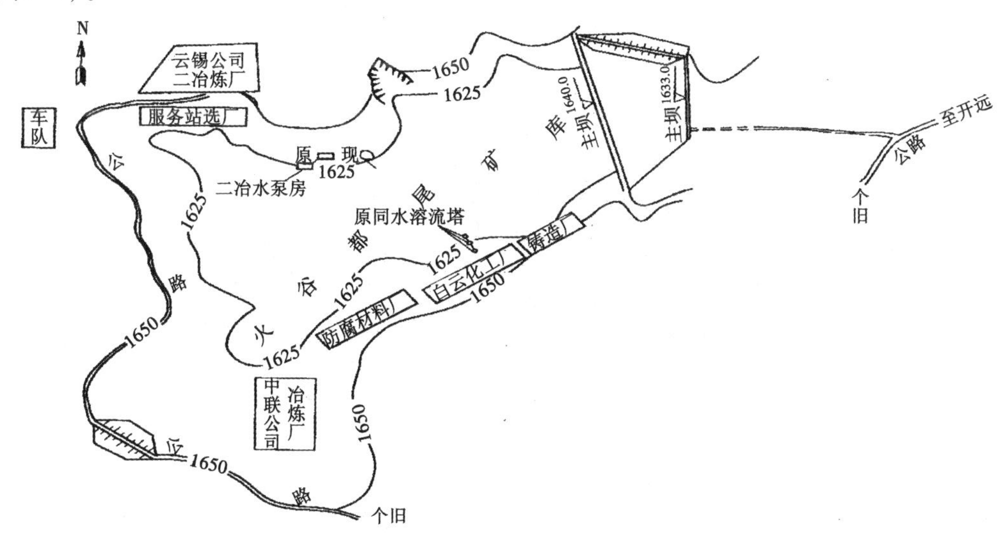

图 3.1　火谷都尾矿库平面布置图

①火谷都库位于溶岩不甚发育地区，周边有少许溶洞，主坝位于库区东部垭口处。原设计为土石混合坝(见图 3.2)，因工程量大分两期施工。第一期工程为土坝，坝高 18m，坝底标高+1615m，坝顶标高+1633m，内坡为 1∶2.5~1∶2.0，外坡为 1∶2.0，相应库容 $475\times10^4m^3$，土方量 $12\times10^4m^3$。

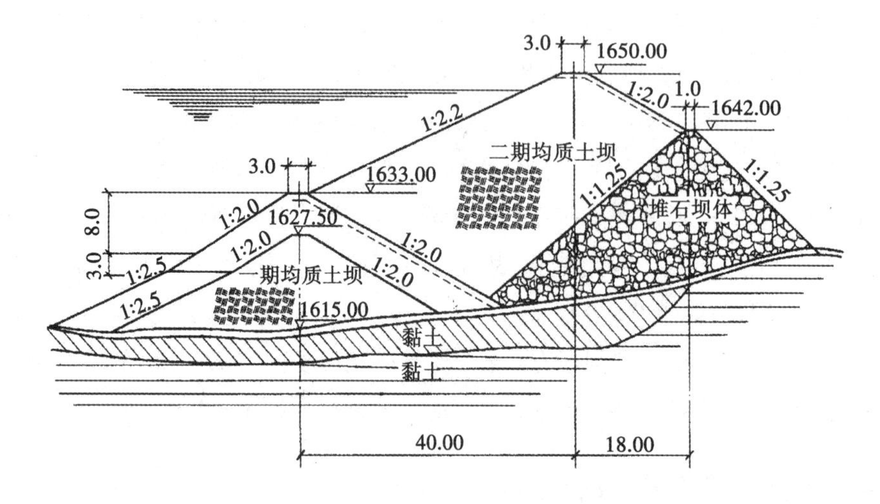

图 3.2　主坝原设计断面图(单位:m)

②原设计与实际尾矿库实体仿真建模。原设计尾矿库为土石混合坝，因工程量大分两期施工。第一期工程为土坝，第二期工程为土石混合坝，火谷都尾矿库原设计有限元模型以及网格划分见图 3.3 和图 3.4。

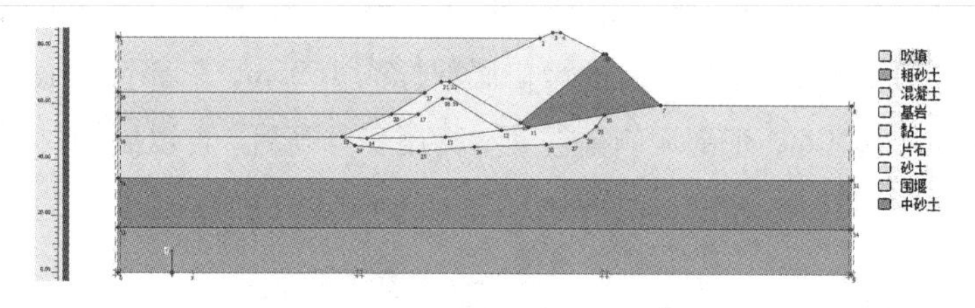

图 3.3　原设计尾矿库有限元几何模型

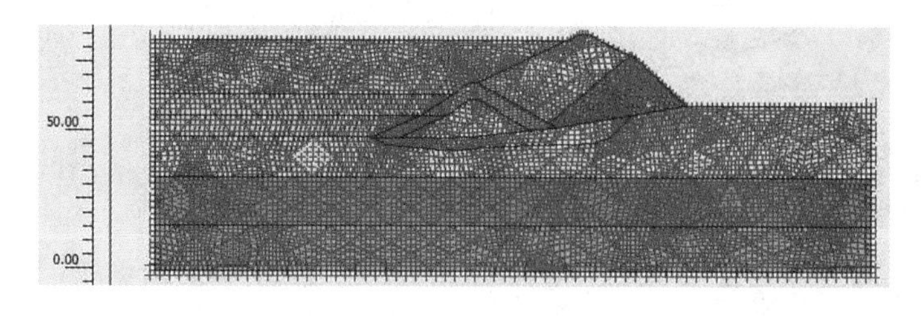

图 3.4　原设计尾矿库有限元数值模拟网格模型

③一期设计尾矿库稳定性分析。原设计尾矿库一期土坝稳定性分析。由图 3.5 至图 3.12 可以看出火谷都尾矿库原设计在一期建设完成后，其稳定性是满足要求的，在一期土坝坝后坡脚处流网分布较密且产生较小的位移，但不影响整体稳定。

• 最大主应变特征。最大主应变矢量分布见图3.5，强度折减稳定性系数为1.842。

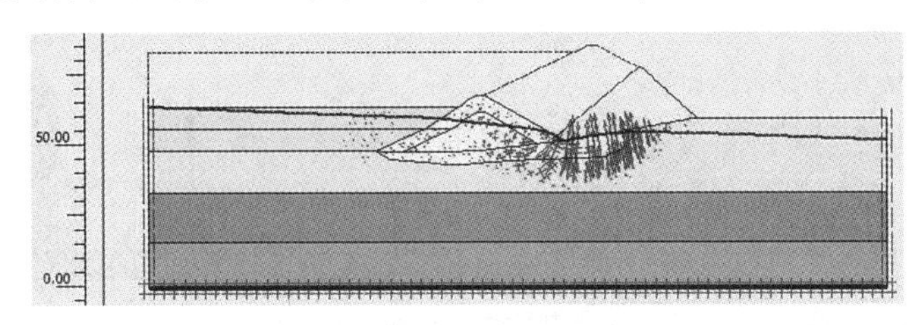

图3.5　最大主应变矢量分布图

• 最大有效主应力特征。最大主应力矢量分布见图3.6，最大主应力矢量值-1890Pa。

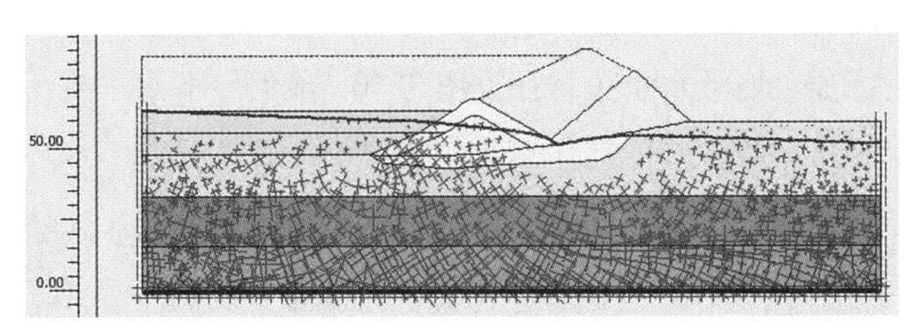

图3.6　最大主应力矢量分布图

• 最大总位移分布特征。最大总位移分布见图3.7。

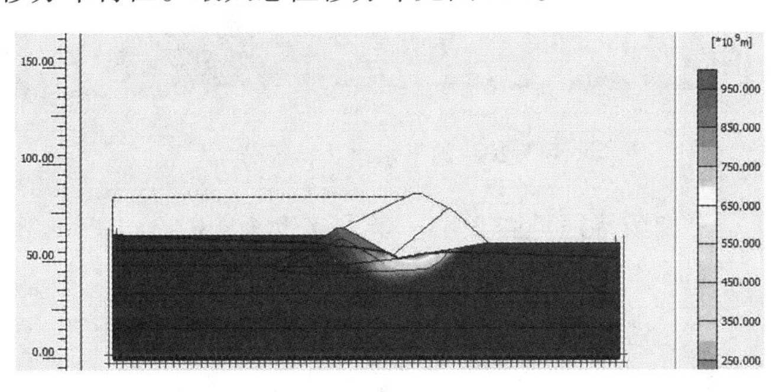

图3.7　最大水平位移云图分布

• 超固结特征。超固结特征见图3.8，最大超固结系数为1260。

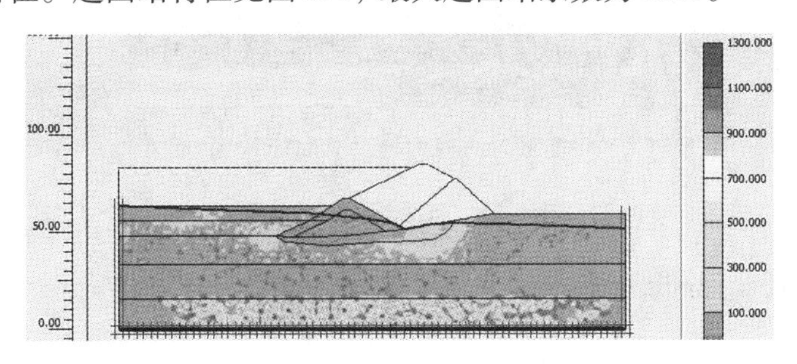

图3.8　超固结特征分布

• 总孔压特征。总孔压特征见图 3.9，最大总孔压为-640.00kN/m^2。

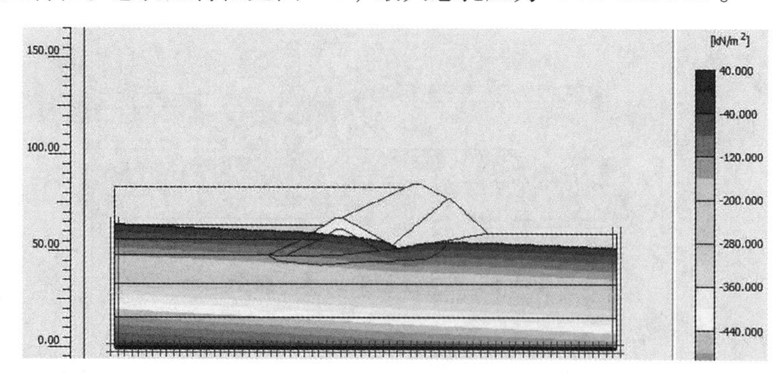

图 3.9　总孔压特征分布

• 地下水水头特征。地下水水头特征见图 3.10，最大地下水水头为 68m。

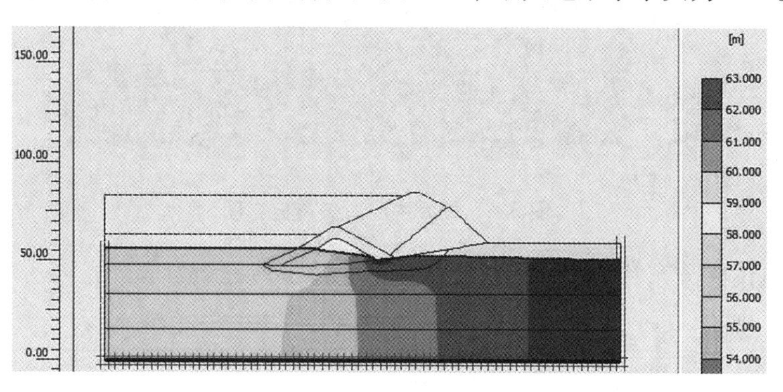

图 3.10　地下水水头特征分布

• 渗流场特征。渗流场特征见图 3.11，最大速度为 13.53×10^{-3}m/d。

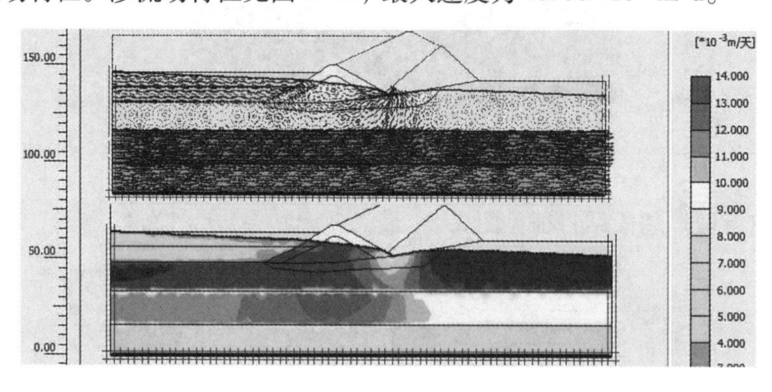

图 3.11　渗流场特征分布图

• 饱和度特征。饱和度特征见图 3.12，最大饱和度为 100.81%。

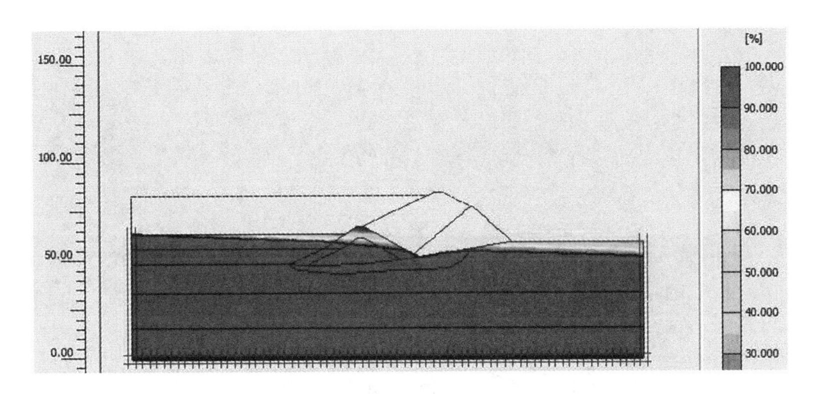

图 3.12　饱和度特征分布图

④二期设计尾矿库稳定性分析。第二期工程分析如图 3. 13 至图 3. 20 所示，当二期建设完成后整个坝体是稳定的，只有坝坡及坝后坡脚出现了极小位移，坡脚处有水渗出，整体无滑坡、渗漏现象，故原设计满足要求。

• 最大主应变特征。最大主应变矢量分布见图 3. 13，强度折减稳定性系数为 1. 342。

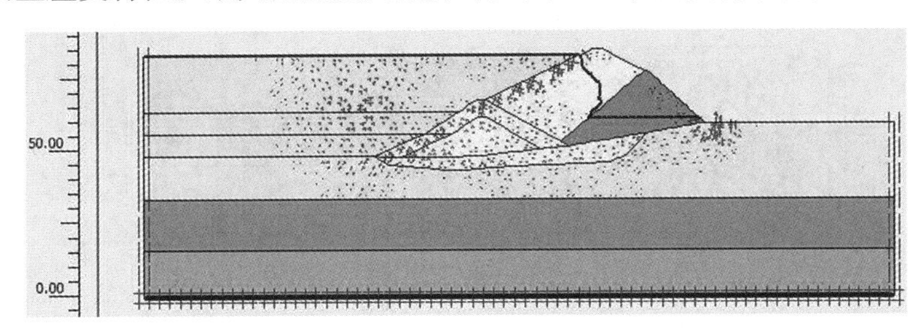

图 3.13　最大主应变矢量分布图

• 最大有效主应力特征。最大主应力矢量分布见图 3. 14，最大主应力矢量值 −7830Pa。

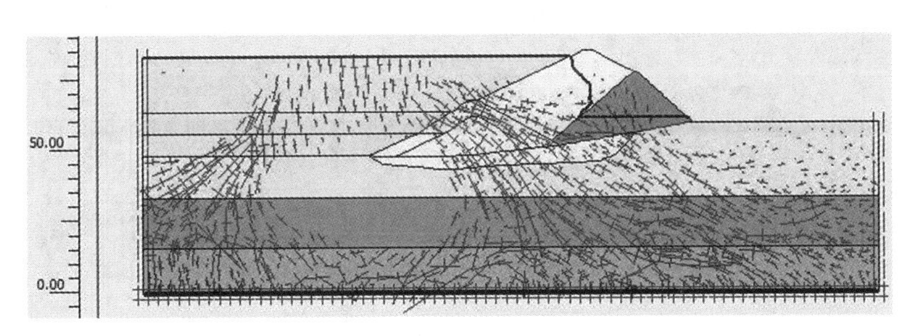

图 3.14　最大主应力矢量分布图

• 最大总位移分布特征。最大总位移分布见图 3. 15。

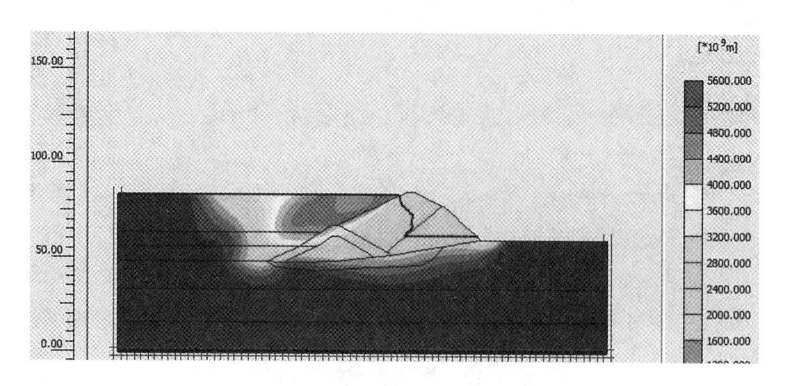

图 3.15　最大总位移云图分布

- 超固结特征。超固结特征见图 3.16，最大超固结系数为 1530。

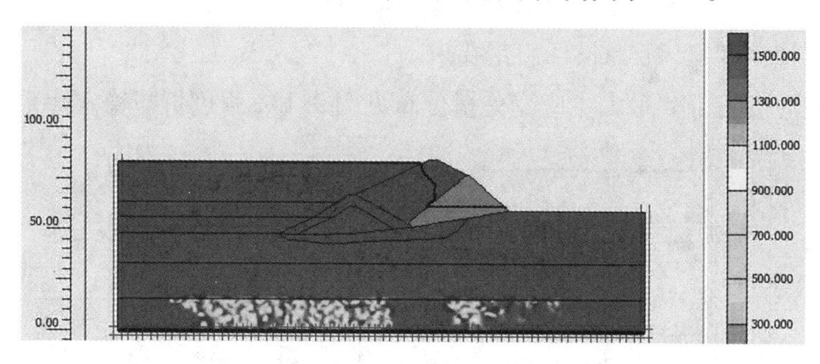

图 3.16　超固结特征分布

- 总孔压特征。总孔压特征见图 3.17，最大总孔压为-835.00kN/m^2。

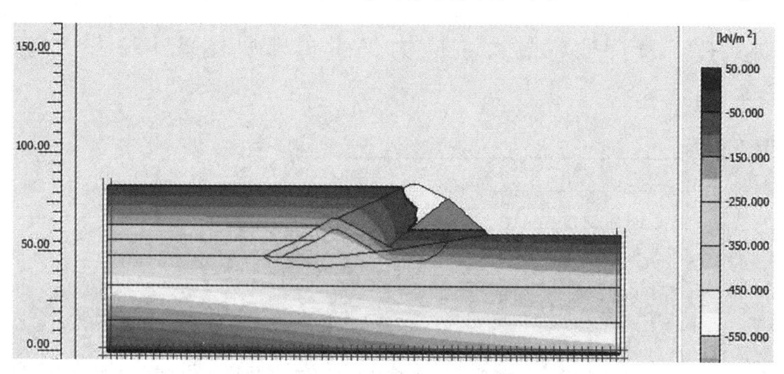

图 3.17　总孔压特征分布

- 地下水水头特征。地下水水头特征见 3.18，最大地下水水头为 85.50m。

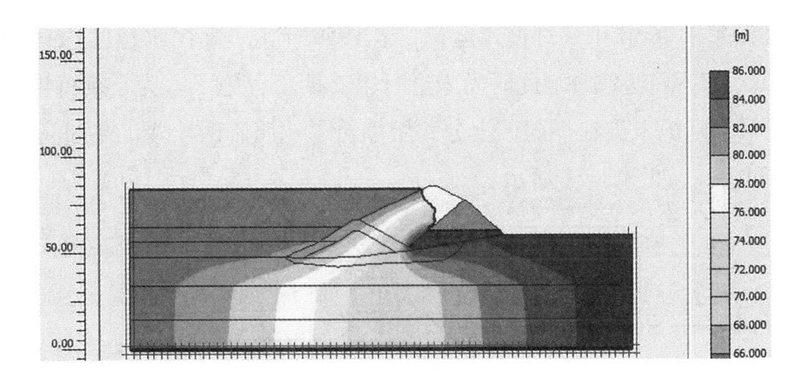

图 3.18　地下水水头特征分布

- 渗流场特征。渗流场特征见图 3.19，最大速度为 37.53m/d。

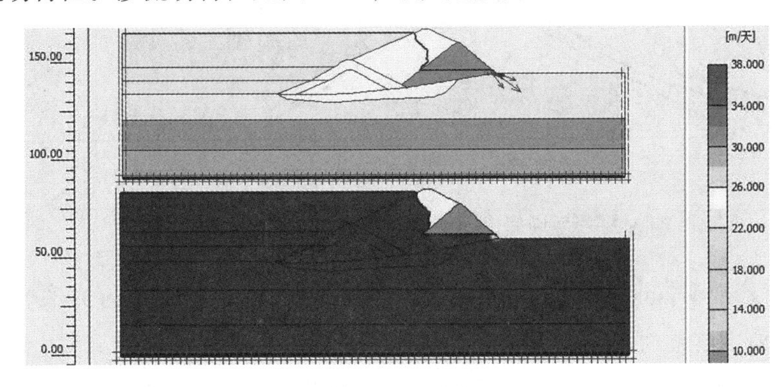

图 3.19　渗流场特征分布图

- 饱和度特征。饱和度特征见图 3.20，最大饱和度为 100.35%。

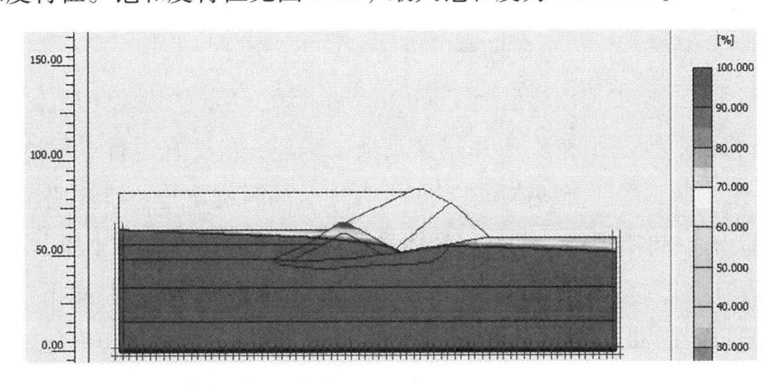

图 3.20　饱和度特征分布图

⑤第二期工程坝高 35m，坝顶标高+1650m，相应库容 $1275\times10^4m^3$，土方量 $32\times10^4m^3$，石方量 $18\times10^4m^3$。第一期土坝工程施工质量良好，实际施工坝高降低了 5.5m，坝顶标高为+1627.5m，相应减少土方工程量 $9\times10^4m^3$，相应库容量为 $325\times10^4m^3$。生产运行中，坝体情况良好，未发现异常现象。按原设计意图在第一期工程投入运行后，即应着手进行尾矿堆筑坝体试验工作，若不能实现利用尾矿堆筑坝体，则应按原设计进行二

期工程建设。该库于 1958 年 8 月投入运行，至 1959 年底，库内水位已达+1624. 3m，距坝顶相差 3. 2m，库容将近满库，此时尚未进行第二期工程施工。为了维持生产，于 1960 年全年，生产单位组织人员在坝内坡上分 5 层填筑了一座临时小坝，共加高了 6. 7m、坝顶标高为+1634. 2m，如图 3. 21 所示。

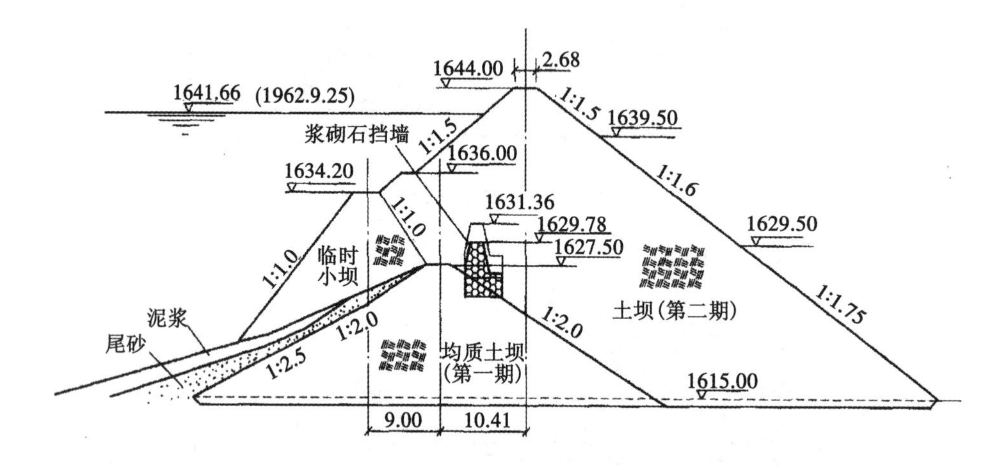

图 3. 21　主坝原设计修改后溃坝前断面图(单位：m)

筑坝与生产放矿同时进行(边生产边放矿)，大部分填土没有很好夯实，筑坝质量很差。1960 年 12 月，临时小坝外坡发生漏水，在降低水位进行抢险时又发生了滑坡事故。经研究将二期工程的土石混合坝坝型改为土坝，坝顶标高+1639. 5m，并将坝体边坡改陡至内坡 1：1. 5，外坡 1：(1. 5~1. 75)，以维持生产。第二期筑坝工程施工质量理应按第一期工程的质量要求进行工程施工，至于第二期坝体能否堆筑在临时小坝坝体之上以减少筑坝工程量，必须等待工程地质勘查做出结论后再行决定。

1961 年 3 月第二期工程坝体已施工至+1625m 标高，但筑坝速度(坝体增高)落后于库内水位上升速度。为了维持生产并减少筑坝工程量，在没有进行工程地质勘查情况下，即决定将第二期工程部分坝体压在临时小坝上，同时提出进一步查明工程地质情况和尾矿沉积情况后，再决定第二期工程坝体采取前进(全部压在临时小坝上)方案或后退(只压临时小坝 1/3)方案。1961 年 5 月，在未进行工程地质勘查的情况下，决定将第二期工程坝体全部压在临时小坝上，且坝体增高 4. 5m，即坝顶标高为+1644m，土坝内坡为 1：1. 5，外坡分别为 1：1. 5、1：1. 6、1：1. 75，修改后的坝体断面构造如图 3. 21 所示。

第二期工程从 1961 年 2 月开工到 1962 年 2 月完工。按原设计要求施工时每层铺土厚度为 15~20cm、土料控制含水率为 20%时，相应干密度不小于 1. 85t/m^3。但施工中压实后坝体干密度降低为 1. 7t/m^3，没有规定土料上坝的含水率，并且施工与生产运行齐头并进，甚至有 4~5 个月时间，由于库内水位上升很快，不得不先堆筑土坝来维持生产，因此施工中坝体的结合面较多(较大的结合面有 6 处)。坝体的结合部位没有采取必要的处理措施，施工质量差，施工中经试验后规定每层铺土厚度为 50cm，实际铺土厚度大部分为40~60cm，个别铺土厚度达80cm，施工中质检大部分坝体湿密度达1.7t/m^{3}以上。在施工期间已发现临时小坝后坡有漏水现象，有一段为100m×1m×1m的坝体(为后来的决口部位)含水较多，没有压实。在临时小坝内还存在抢险时遗留的钢轨、木杆、草席等杂物，以及临时小坝外坡长约43m、高为5~9m的毛石挡土墙。第二期工程完工后不久，于1962年3月曾发现坝顶有长为84m、宽为2~3cm的纵向裂缝一条，经过一个多月的观测，裂缝仍在发展，于5月将裂缝进行了开挖回填处理。溃坝事故由于施工期生产与施工作业同时进行，未进行坝前排放尾矿、坝前水位较高，加之事故前3天下了中雨，致库内水位已达1641.66m。1962年9月20日曾发现坝南端及后来溃坝决口处的坝顶上各有宽2~3mm的裂缝两条，长度约12m；另外，在内坡距坝顶0.8m(事故决口部位上)处亦发现同样裂缝一条。1962年9月26日，在坝体中部(坝长441m)发生溃坝，决口顶宽113m，底宽45m(位于+1933m一期坝高)深约14m，流失尾矿330×10^{4}m^3、澄清水38×10^{4}m^3，共流失尾矿及澄清水达368×10^{4}m^3。

此次溃坝事故共造成171人死亡、92人受伤，造成11个村寨及1座农场被毁，近8200亩农田被冲毁及淹没，冲毁房屋575间，受灾人达13970人，同时还冲毁和淹没公路长达4.5km，本次事故造成了巨大的人民生命、财产损失，是我国尾矿库事故中最为严重的一次。产生本次溃坝事故的主要原因是：坝体边坡过陡；施工质量差，且临时小坝基础为尾矿和矿泥，自身不稳，而二期坝体又筑在临时小坝之上；坝前未排放尾矿，坝体完全处于饱和状态；对事故发生前已有滑坡迹象没有足够的重视，最终导致坝内临时小坝失稳向库内滑动，从而导致整个坝体溃决。

⑥火谷都尾矿库实际施工模拟模型。主坝原设计修改后溃坝前断面如图3.21所示，在一期完成后加了临时小坝再进行二期建设。实际施工尾矿库有限元几何模型及有限元数值模拟网格模型见图3.22和图3.23。

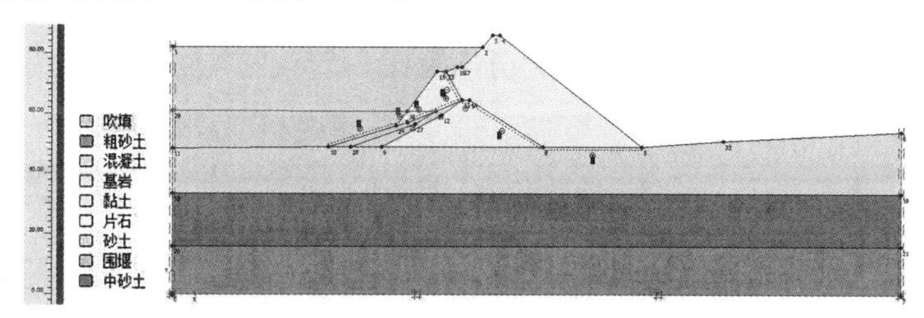

图3.22 实际施工尾矿库有限元几何模型

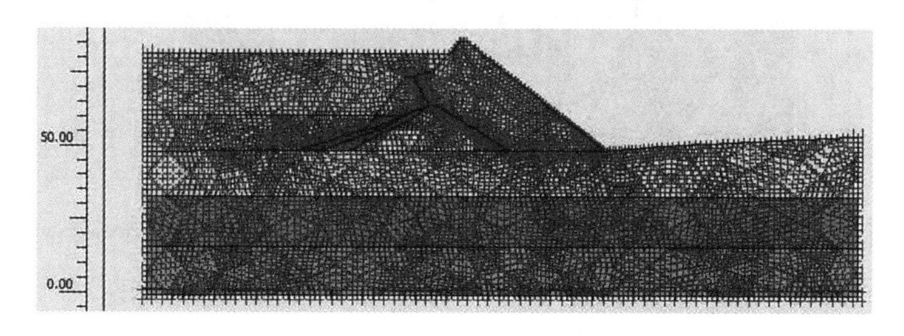

图3.23 实际施工尾矿库有限元数值模拟网格模型

⑦一期实际尾矿库稳定性分析。

由图 3.24 至图 3.39 可以看出火谷都尾矿库实际施工在一期建设完成后，其稳定性是满足要求的，在临时小坝坝坡以及坡脚处均产生较小的位移，坝前及坝后流网分布较密但不影响一期建设整体坝体的稳定。

• 最大主应变特征。最大主应变矢量分布见图 3.24，强度折减稳定性系数为 1.421。

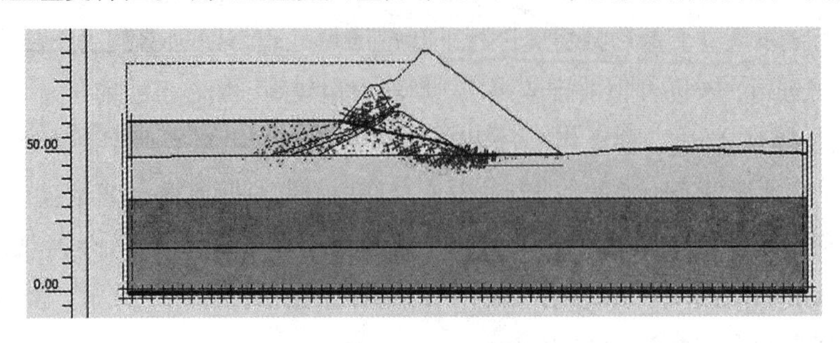

图 3.24　最大主应变矢量分布图

• 最大有效主应力特征。最大主应力矢量分布见图 3.25，最大主应力矢量值 -2800Pa。

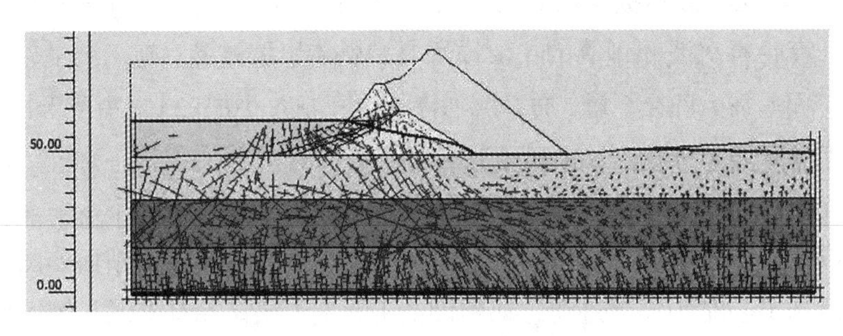

图 3.25　最大主应力矢量分布图

• 最大总位移分布特征。最大总位移分布见图 3.26。

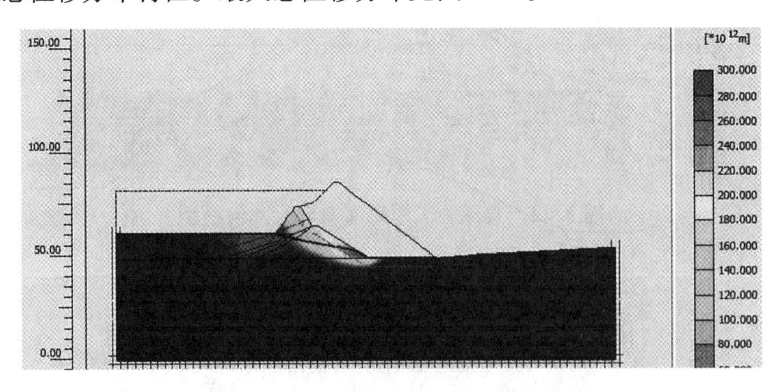

图 3.26　最大总位移云图分布

• 超固结特征。超固结特征见图 3.27，最大超固结系数为 355.42。

图 3.27　超固结特征分布

• 总孔压特征。总孔压特征见图 3.28，最大总孔压为-610.00kN/m^2。

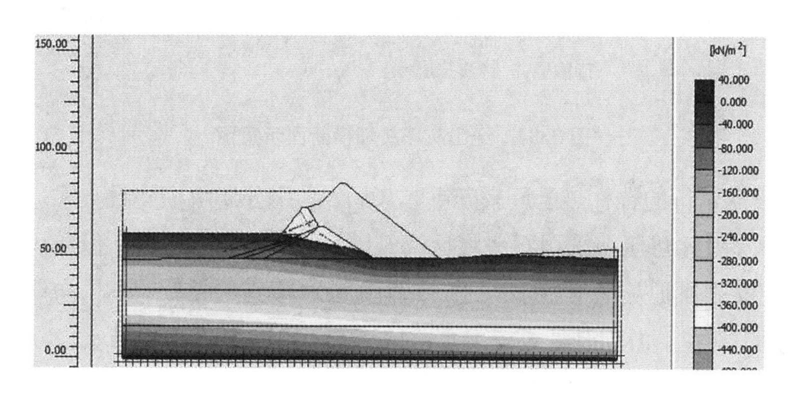

图 3.28　总孔压特征分布

• 地下水水头特征。地下水水头特征见 3.29，最大地下水水头为 74m。

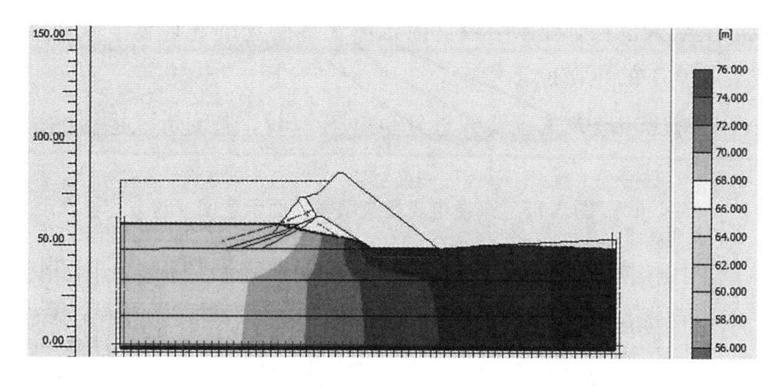

图 3.29　地下水水头特征分布

• 渗流场特征。渗流场特征见图 3.30，最大速度为 18.78×10^{-3}m/d。

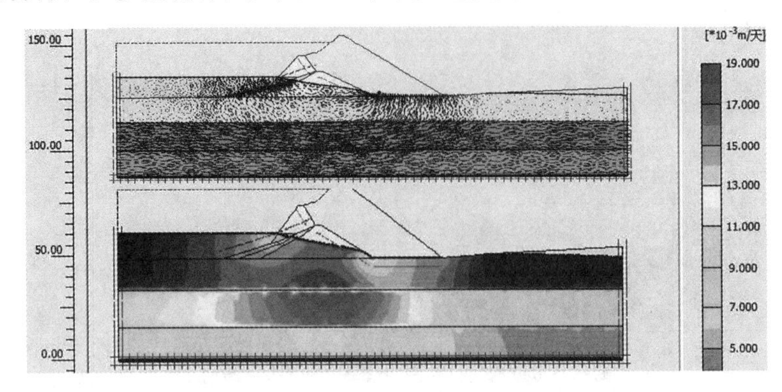

图 3.30　渗流场特征分布图

• 饱和度特征。饱和度特征见图 3.31，最大饱和度为 100.78%。

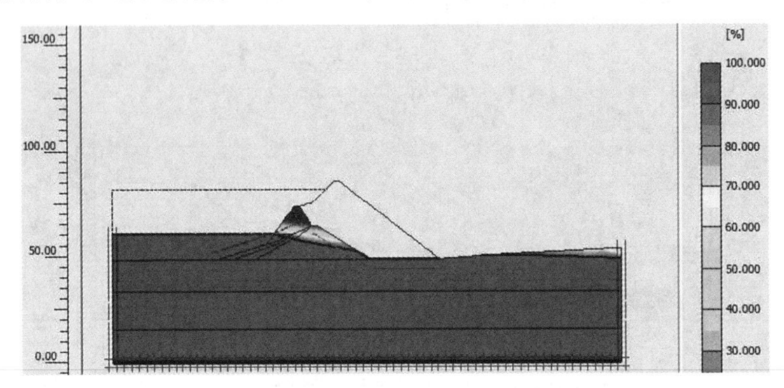

图 3.31　饱和度特征分布图

⑧二期实际均质土坝稳定性分析。

实际施工将原设计中的二期工程的土石混合坝坝型改为土坝，第二期工程坝体全部压在临时小坝上。由图 3.32 至图 3.39 可以看出，在二期建设完时，整个坝体已经溃坝，二期坝体坝坡产生较大位移，导致滑坡。而且由于二期坝的建设使一期坝坝前产生较大位移形变。故实际施工的尾矿库不稳定。

• 最大主应变特征。最大主应变矢量分布见图 3.32，强度折减稳定性系数为 0.821。

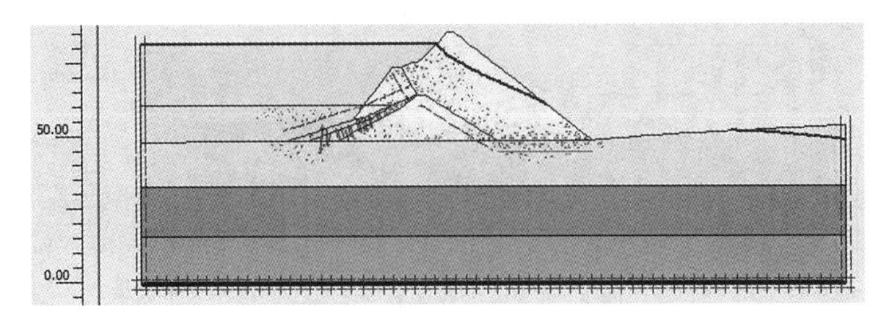

图 3.32　最大主应变矢量分布图

• 最大有效主应力特征。最大主应力矢量分布见图 3.33，最大主应力矢量值-144001Pa。

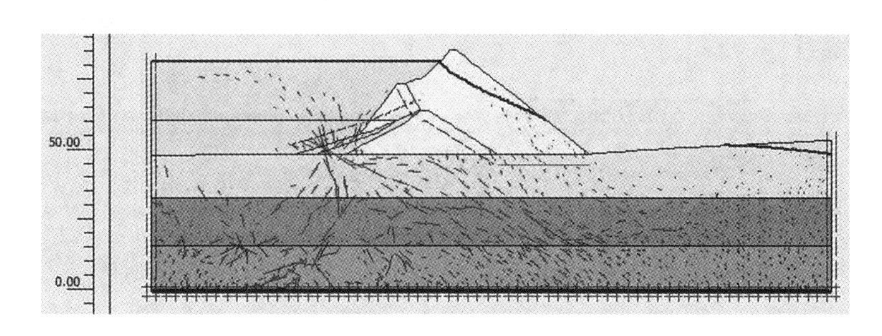

图 3.33　最大主应力矢量分布图

• 最大总位移分布特征。最大总位移分布见图 3.34。

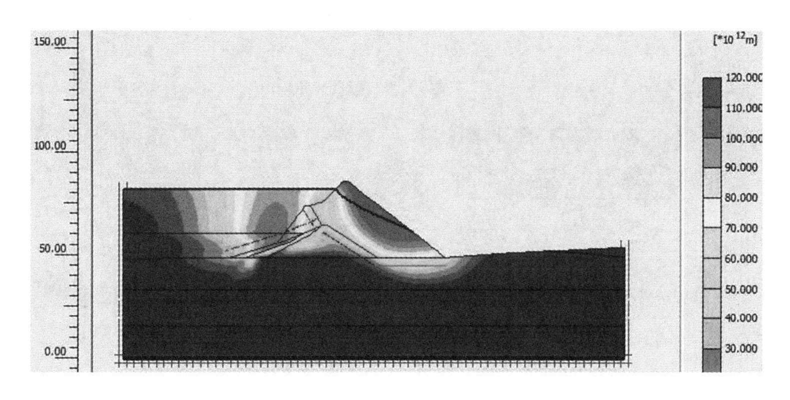

图 3.34　最大水平位移云图分布

• 超固结特征。超固结特征见图 3.35，最大超固结系数为 1000。

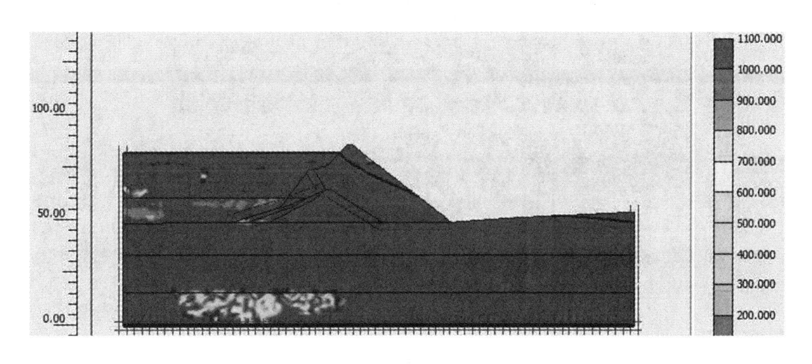

图 3.35　超固结特征分布

• 总孔压特征。总孔压特征见图 3.36，最大总孔压为-820.00kN/m^2。

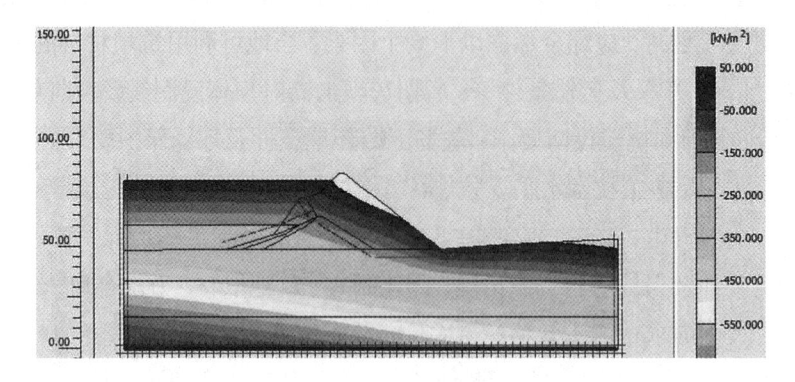

图 3.36 总孔压特征分布

• 地下水水头特征。地下水水头特征见 3. 37，最大地下水水头为 86m。

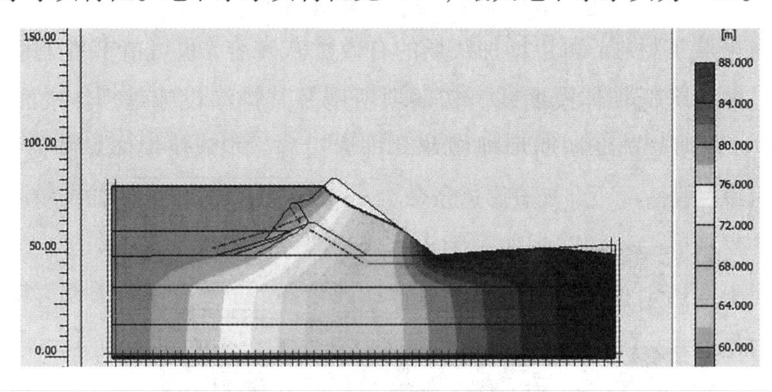

图 3.37 地下水水头特征分布

• 渗流场特征。渗流场特征见图 3. 38，最大速度为 45.35×10^{-3}m/d。

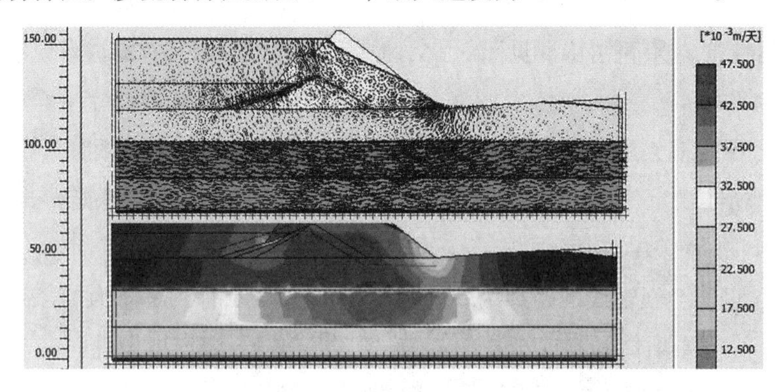

图 3.38 渗流场特征分布图

• 饱和度特征。饱和度特征见图 3. 39，最大饱和度为 100. 72%。

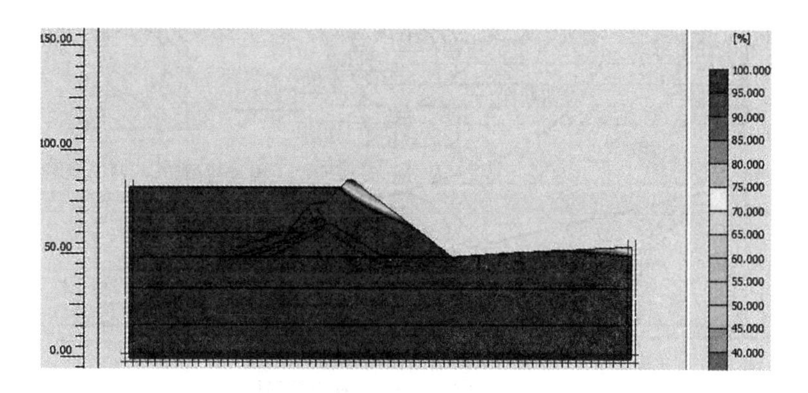

图 3.39　饱和度特征分布图

(2)鸿图选矿厂尾矿库

鸿图选矿厂位于广西壮族自治区南丹县大厂镇，是一家民营企业，设计生产规模120t/d。1999 年建成投产，实际处理能力为 200t/d。尾矿库为山谷型，未进行正规设计，初期坝是浆砌石不透水坝，坝顶宽 4m，坝长 25.5m，地上部分高 2.2m，埋入地下约 4m，后期坝采用集中放矿上游式筑坝，后期坝总高 9m，库容 $2.74\times10^4m^3$，尾矿库基本未设排洪设施。尾矿坝下有几户农房和铜坑矿基建队的 10 多间职工宿舍，1999 年下半年，陆续在此搭建工棚 30 多间。2000 年 10 月 18 日上午 9 时 50 分，尾矿库后期坝中部底层首先垮塌，随后整个后期堆积坝全面垮塌，尾砂和库内积水直冲坝下游对面山坡反弹后，再沿坝侧 20m 宽的山谷向下游冲出 700m，共冲出水和尾砂 $1.43\times10^4m^3$，其中水 $2700m^3$，尾砂 $1.16\times10^4m^3$。此次垮坝事故造成 28 人死亡，56 人受伤，直接经济损失 340 万元。事故的直接原因是初期坝不透水，尾矿库长期高水位运行(干滩长仅 4m)，坝体处于饱和状态，坝面沼泽化严重，造成坝体失稳。

(3)镇安黄金矿业尾矿坝

镇安黄金矿业位于陕西商洛市镇安县，选矿厂日处理量 450t。尾矿库为山谷型，原设计初期坝高 20m，后期坝采用上游法尾矿筑坝，尾矿较细，粒径小于 0.074mm 的占 90%以上。堆积坡比 1∶5，并设排渗设施。堆积高度 16m，总坝高 36m，总库容 $28\times10^4m^3$。1993 年投入运行，在生产中改为土石料堆筑，后期坝至标高 735m 时，已接近设计最终堆积标高 736m，下游坡比为 1∶1.5。此后，未经论证、设计，擅自进行加高扩容，采用土石料按 1∶1.5 坡比向上游推进实施了三次加高增容工程，总坝高 50m，总库容约 $105\times10^4m^3$。2006 年 4 月又开始进行第四次(六期坝)加高扩容，采用土石料向库内推进 10m 加筑 4m 高子坝一道，至 4 月 30 日 18 时 24 分子坝施工至最大坝高处突发坝体失稳溃决，流失尾矿浆约 $15\times10^4m^3$，造成 17 人失踪，伤 5 人，摧毁民房 76 间，同时流失的尾矿浆还含有超标氰化物，污染了环境，经采取应急措施得到控制(见图 3.40)。

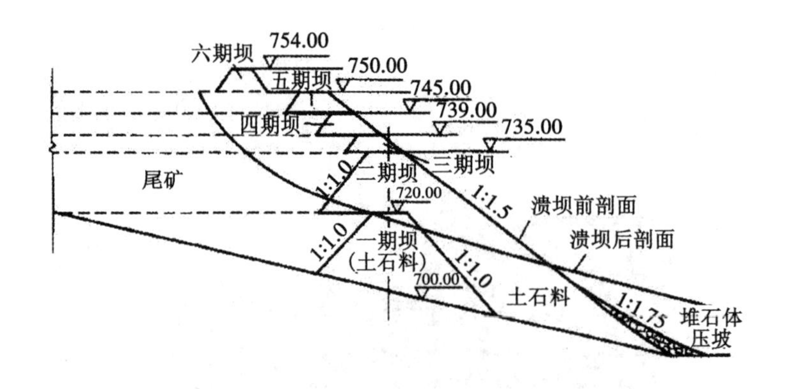

图 3.40　尾矿坝溃坝前后断面图

①事故经过。

2006 年 4 月 30 日下午，镇安黄金矿业组织 1 台推土机和一台自卸汽车及 4 名作业人员在尾矿库进行坝体加高施工作业。18 时 24 分左右，在第四期坝体外坡，坝面出现蠕动变形，并向坝外移动，随后产生剪切破坏，沿剪切口有泥浆喷出，瞬间发生溃坝，形成泥石流，冲向坝下游的左山坡，然后转向右侧，约 12 万 m^3尾矿渣下泄到距坝脚约 200 余米处，其中绝大部分尾矿渣滞留在坝脚下方的 200m×70m 范围内，少部分尾矿渣及污水流入米粮河。正在施工的 1 台推土机和 1 台自卸汽车及 4 名作业人员随溃坝尾矿渣滑下。下泄的尾矿渣造成 15 人死亡，2 人失踪，5 人受伤，76 间房屋毁坏淹没的特大尾矿库溃坝事故。尾矿库四次加高扩容情况：1992 年 12 月，镇安黄金矿业尾矿库由兰州有色冶金设计研究院提供初步设计，初期坝坝顶标高+720m，坝高 20m，坝顶长 56m；五年后坝顶标高+734m(二期坝)，坝高 34m，坝顶长 68m，总库容为 27. 11 万 m^3。当时工程发包给当地村民进行施工。1997 年 7 月、2000 年 5 月、2002 年 7 月，在初步设计坝顶标高+734m 基础上，镇安黄金矿业又分别三次组织对尾矿库坝体加高扩容(三期坝、四期坝和五期坝)，工程发包给当地村民进行施工。三次坝体加高扩容使尾矿库实际库容达到 105 万 m^3，坝高达到 50m，坝顶长 164m，坝顶标高+750m。2006 年 4 月，镇安黄金矿业又第四次组织对尾矿库坝体加高扩容(企业称为六期坝，下同)，子坝高 4m，施工由尾矿库坝体左岸向右岸至约 83m 处时发生溃坝。

②尾矿库安全评价情况。

2005 年 5 月 20 日，受镇安黄金矿业委托，陕西旭田安全技术服务有限公司对镇安黄金矿业尾矿库安全生产现状进行评价，并于 2005 年 7 月出具安全评价报告，评价结论为“该尾矿库是由具有资质的单位设计，通过对镇安金矿尾矿库现场查看及安全管理分析，初期坝是稳定的，子坝高度与外坡比、安全超高及坡比构成符合设计要求，后期坝坝面未发现塌陷、流土、管涌及冲刷现象，坝体总体稳定，本次评价认定该尾矿库的运行正常”。

③事故原因初步分析。

多次违规加高扩容，尾矿库坝体超高并形成高陡边坡。1997 年 7 月、2000 年 5 月和 2002 年 7 月，镇安黄金矿业在没有勘探资料、没有进行安全条件论证、没有正规设计的情况下擅自实施了三期坝、四期坝和五期坝加高扩容工程；使得尾矿库实际坝顶标高达到+750m，实际坝高达 50m，均超过原设计；下游坡比实为 1∶1.5，低于安全稳定的坡比，形成高陡边坡，造成尾矿库坝体处于临界危险状态。不按规程规定排放尾矿，尾矿库最小干滩长度和最小安全超高不符合安全规定。该矿山矿石属氧化矿，经选矿后，尾矿渣颗粒较细，在排放的尾矿渣粒度发生变化后，镇安黄金矿业没有采取相应的筑坝和放矿方式，并且超量排放尾矿渣，造成库内尾矿渣升高过快，尾矿渣固结时间缩短，坝体稳定性变差。擅自组织尾矿库坝体加高增容工程。由于尾矿库坝体稳定性处于临界危险状态，2006 年 4 月，镇安黄金矿业又在未报经安监部门审查批准的情况下进行六期坝加高扩容施工，将 1 台推土机和 1 台自卸汽车开上坝顶作业，使总坝顶标高达到+754m，实际坝高达 54m，加大了坝体承受的动静载荷，加大了高陡边坡的坝体滑动力，加速了坝体失稳。当坝体下滑力大于极限抗滑强度，导致圆弧型滑坡破坏。与溃坝事故现场目测的滑坡现状吻合。同时由于垂直高度达 50~54m，势能较大，滑坡体本身呈饱和状态，加上库内水体的迅速下泄补给，滑坡体迅速转变为黏性泥石流，形成冲击力，导致尾矿库溃坝。

④尾矿坝溃坝前后断面如图 3.40 所示，其有限元几何模型及有限元数值模拟网格模型如图 3.41 至图 3.42 所示。

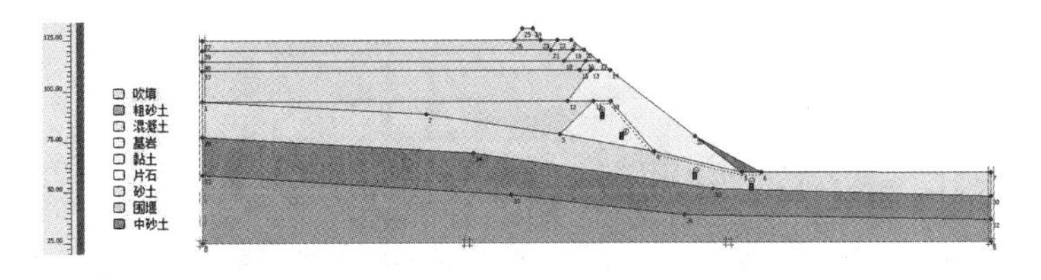

图 3.41　尾矿库有限元几何模型

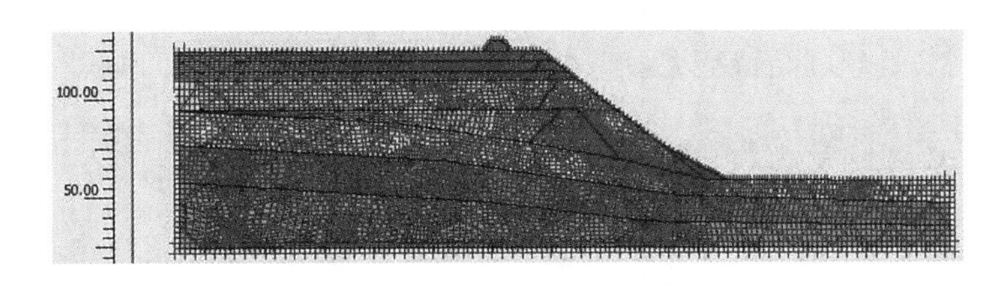

图 3.42　尾矿库有限元数值模拟网格模型

⑤一期尾矿库稳定性分析。

由图 3.43 至图 3.50 可以看出在一期坝建设完成后一期坝后坡产生了较小位移但整体稳定，坝体下方渗流状况良好。

- 最大主应变特征。最大主应变矢量分布见图 3.43，强度折减稳定性系数为 1.465。

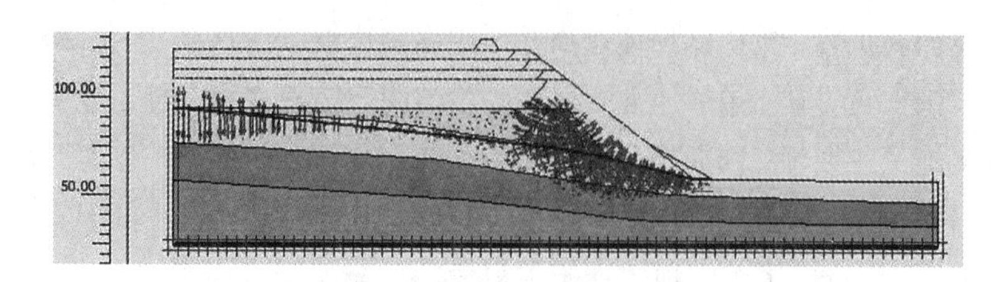

图 3.43　最大主应变矢量分布图

• 最大有效主应力特征。最大主应力矢量分布见图 3.44，最大主应力矢量值 -16520Pa。

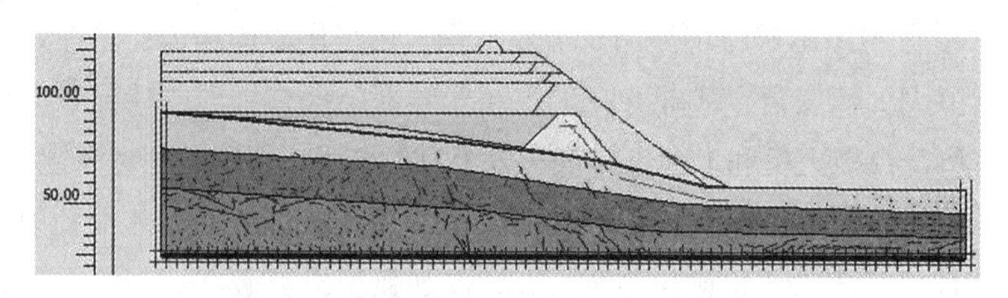

图 3.44　最大主应力矢量分布图

• 最大总位移分布特征。最大总位移分布见图 3.45。

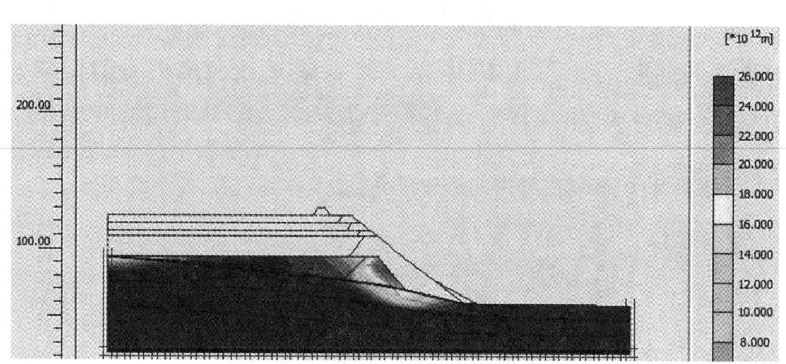

图 3.45　最大水平位移云图分布

• 超固结特征。超固结特征见图 3.46，最大超固结系数为 992.14。

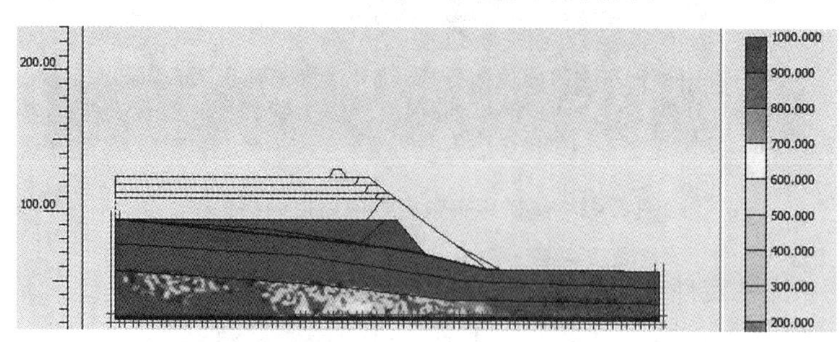

图 3.46　最大超固结系数云图分布

• 总孔压特征。总孔压特征见图 3.47，最大总孔压为-699.38.00kN/m^2。

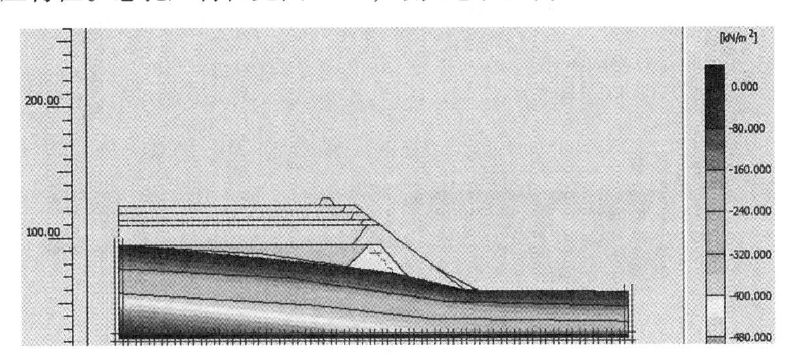

图 3.47　总孔压特征分布

• 地下水水头特征。地下水水头特征见 3.48，最大地下水水头为 95m。

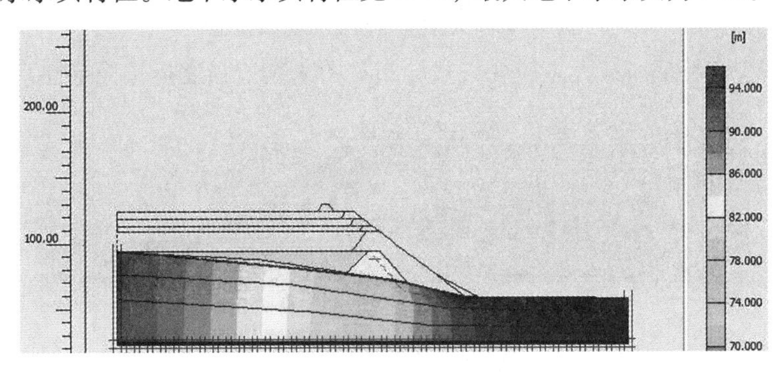

图 3.48　地下水水头特征分布

• 渗流场特征。渗流场特征见图 3.49，最大速度为 35.94×10^{-3}m/d。

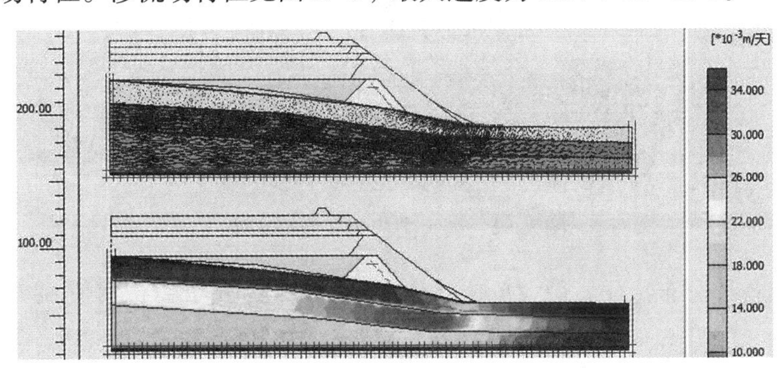

图 3.49　渗流场特征分布图

• 饱和度特征。饱和度特征见图 3.50，最大饱和度为 100.72%。

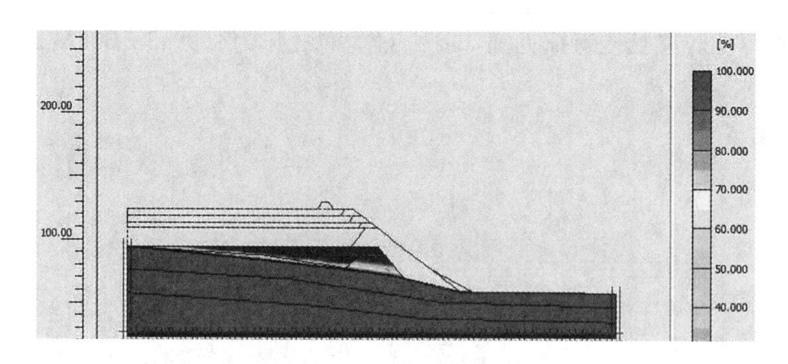

图 3.50　饱和度特征分布图

⑥二期设计均质土坝稳定性分析。

随着二期坝体建设，坝体依旧处于稳定状态，只是二期坝体边坡有小位移。坡脚处有水渗出。

• 最大主应变特征。最大主应变矢量分布见图 3.51，强度折减稳定性系数为 1.214。

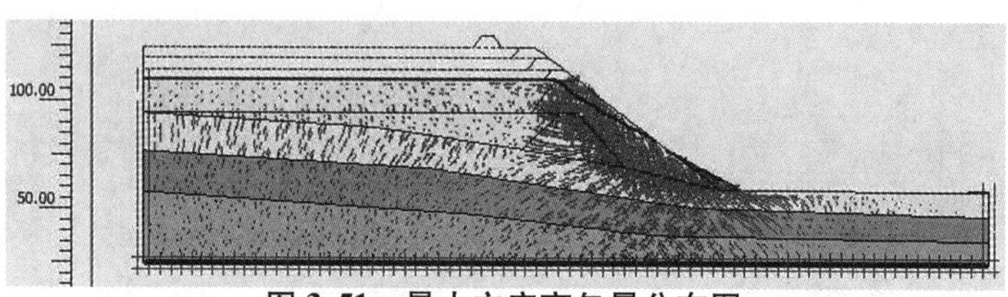

图 3.51　最大主应变矢量分布图

• 最大有效主应力特征。最大主应力矢量分布见图 3.52，最大主应力矢量值 -956.63Pa。

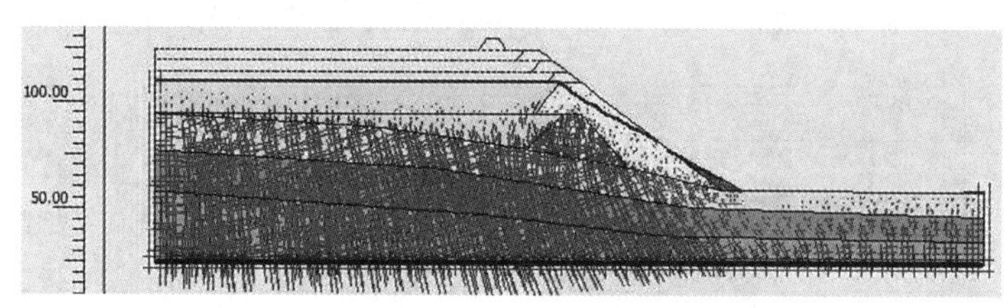

图 3.52　最大主应力矢量分布图

• 最大总位移分布特征。最大总位移分布见图 3.53，最大总位移值 687.81mm。

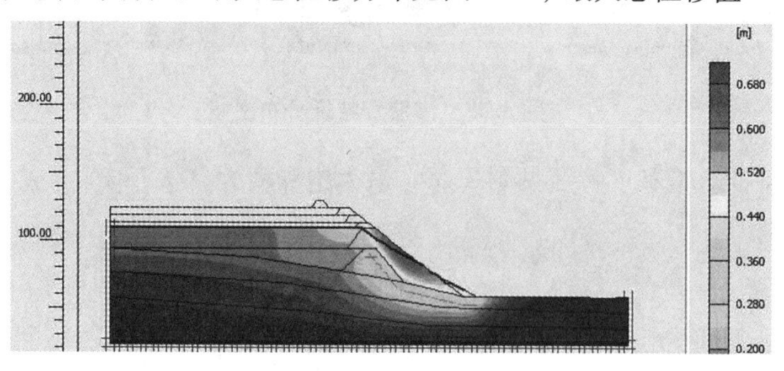

图 3.53　最大水平位移云图分布

• 超固结特征。超固结特征见图 3. 54，最大超固结系数为 1000。

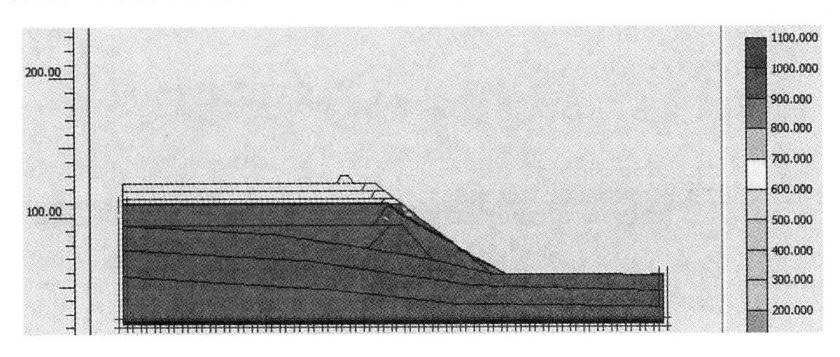

图 3. 54　超固结特征分布

• 总孔压特征。总孔压特征见图 3. 55，最大总孔压为-850. 00kN/m^2。

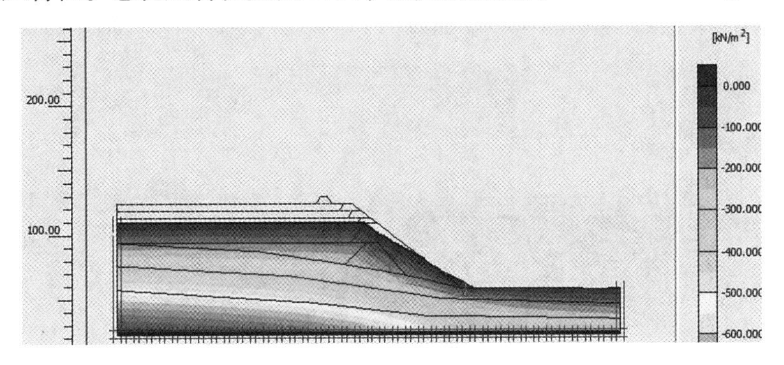

图 3. 55　总孔压特征分布

• 地下水水头特征。地下水水头特征见 3. 56，最大地下水水头为 110. 02m。

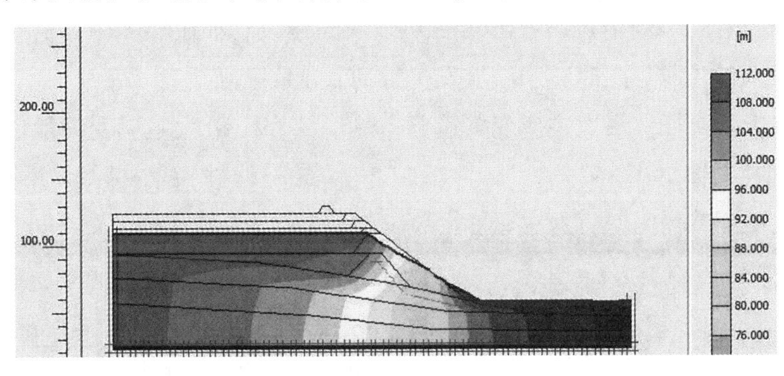

图 3. 56　地下水水头特征分布

• 渗流场特征。渗流场特征见图 3. 57，最大速度为 52. 92m/d。

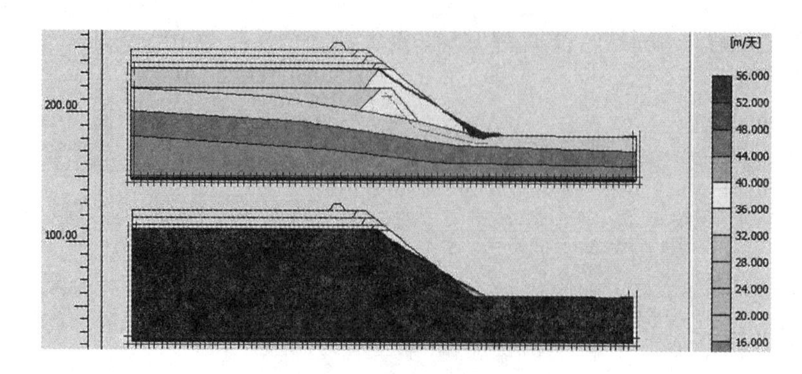

图 3.57　渗流场特征分布图

• 饱和度特征。饱和度特征见图 3.58，最大饱和度为 100.28%。

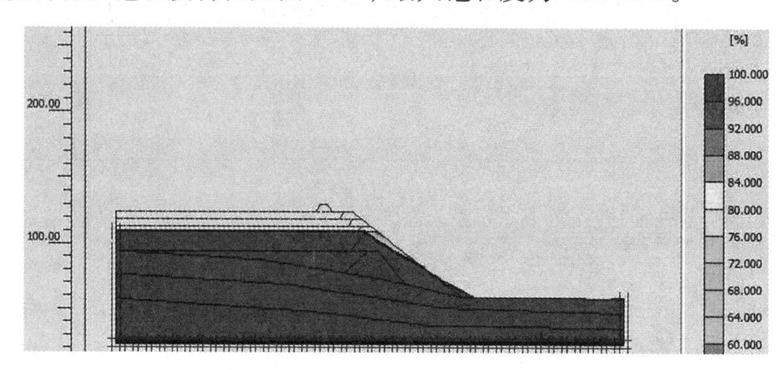

图 3.58　饱和度特征分布图

⑦后期子坝稳定性分析。

从图 3.59 至图 3.66 中可以看出当后期子坝的建设，水在坝体中渗流穿过，使二期坝坝后产生较大的位移，此时整个坝坡发生滑动，导致溃坝。

• 最大主应变特征。最大主应变矢量分布见图 3.59，最大主应变矢量值-125.74%，强度折减稳定性系数为 1.842。

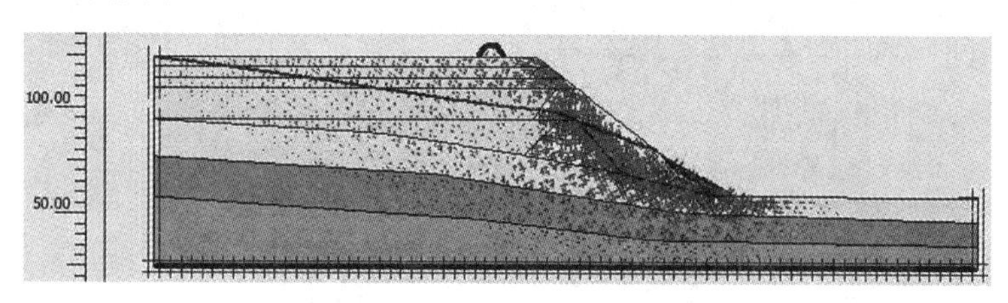

图 3.59　最大主应变矢量分布图

• 最大有效主应力特征。最大主应力矢量分布见图 3.60，最大主应力矢量值-3330Pa。

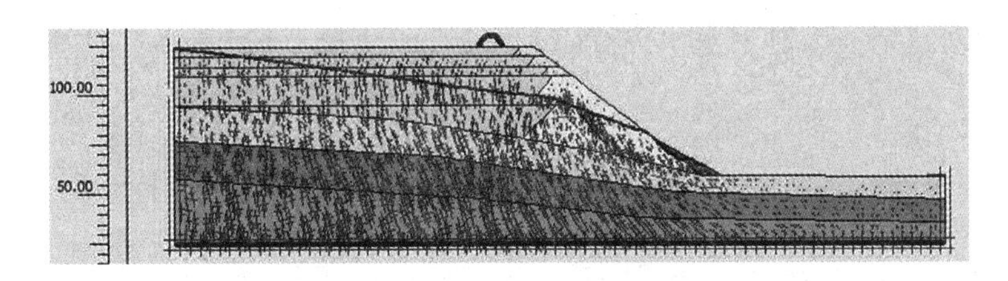

图 3.60　最大主应力矢量分布图

• 最大总位移分布特征。最大总位移分布见图 3.61，最大总位移值 22.95m。

图 3.61　最大总位移云图分布

• 超固结特征。超固结特征见图 3.62，最大超固结系数为 1000。

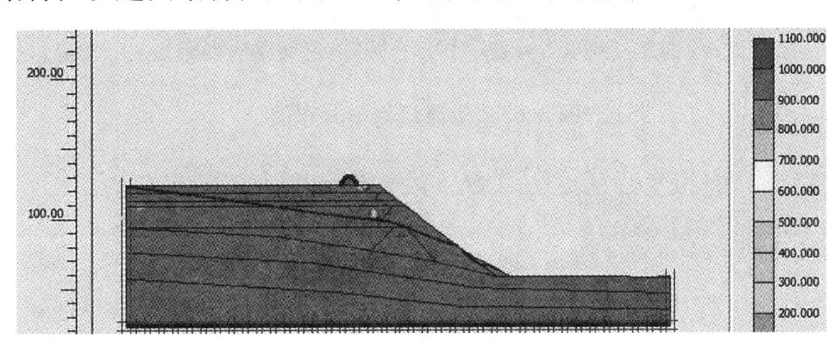

图 3.62　超固结特征分布

• 总孔压特征。总孔压特征见图 3.63，最大总孔压为-992.37kN/m^2。

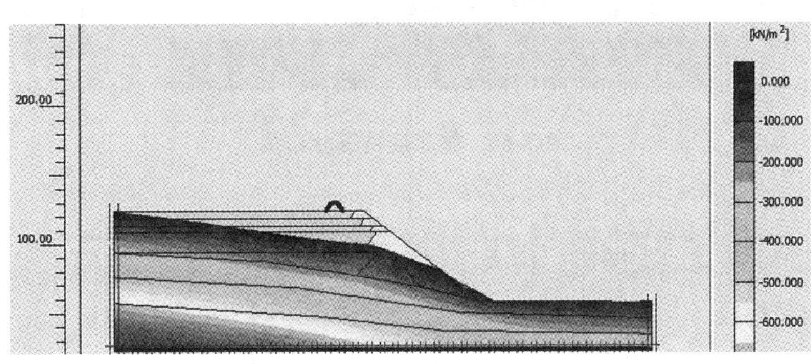

图 3.63　总孔压特征分布

• 地下水水头特征。地下水水头特征见 3. 64，最大地下水水头为 130. 50m。

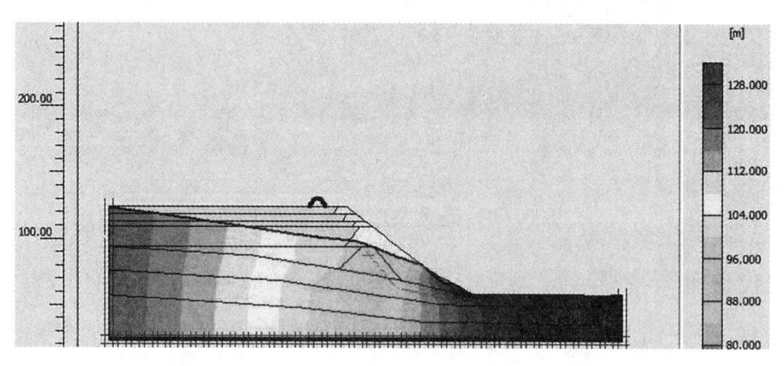

图 3. 64　地下水水头特征分布

• 渗流场特征。渗流场特征见图 3. 65，最大速度为 52. 39m/d。

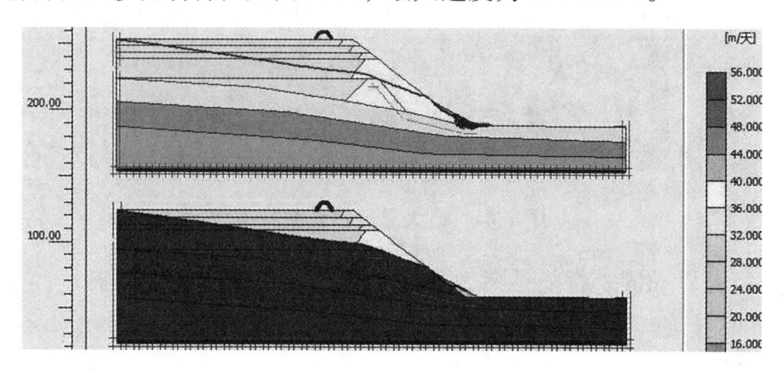

图 3. 65　渗流场特征分布图

• 饱和度特征。饱和度特征见图 3. 66，最大饱和度为 101. 62%。

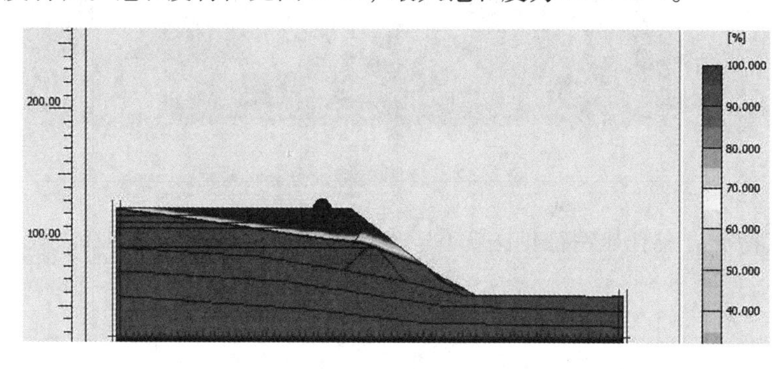

图 3. 66　饱和度特征分布图

⑧事故直接原因。

经分析认定，造成此次尾矿库特大溃坝伤亡事故的直接原因是：镇安黄金矿业在尾矿库坝体达到最终设计坝高后，未进行安全论证和正规设计，而擅自进行三次加高扩容，形成了实际坝高 50m、下游坡比为 1 ∶ 1. 5 的临界危险状态的坝体。更为严重的是在 2006 年 4 月，该公司未进行安全论证、环境影响评价和正规设计，又违规组织对尾矿库坝体加高扩容，致使坝体下滑力大于极限抗滑强度，导致坝体失稳，发生溃坝的事故。

⑨事故间接原因。

经分析认定，造成此次尾矿库特大溃坝伤亡事故的间接原因是：西安有色冶金设计研究院矿山分院工程师私自为镇安黄金矿业提供了不符合工程建设强制性标准和行业技术规范的增容加坝设计图，对该矿决定并组织实施增容加坝起到误导作用，是造成事故的主要原因。陕西旭田安全技术服务有限公司没有针对镇安黄金矿业尾矿库实际坝高已经超过设计坝高和企业擅自三次加高扩容而使该尾矿库已成危库的实际状况作出符合现状的、正确的安全评价。评价报告的内容与尾矿库实际现状不符，作出该尾矿库属运行正常库的结论错误，对继续使用危库和实施第四次坝体加高起到误导作用，是造成事故的主要原因。

3.1.3　因渗流/渗漏发生的事故

（1）黄梅山（金山）尾矿库

该库位于安徽省马鞍山市，隶属黄梅山铁矿，该库设计初期坝坝址位于金山坳公路，库区纵深338m，尾矿坝总高30m，库容$240\times10^4m^3$，库区汇水面积$0.25km^2$。施工中为减少占地，将初期坝址向库内推移188m，库区纵深仅为150m，汇水面积$0.2km^2$，当尾矿堆积坝顶标高50m时，相应库容$103\times10^4m^3$。初期坝坝高6m，为均质土坝，于1980年建成投入运行，采用上法筑坝，至发生事故时，总坝高21.7m（至子坝顶），库内贮存尾矿及水$84\times10^4m^3$。由于库深仅为150m，为确保澄清水质，尾矿库内经常处于高水位运行状态，一般干滩长度仅保持在20m左右，达不到规范要求。

1986年4月30日凌晨发生溃坝事故，溃坝前子坝顶部标高45.7m（此前设计单位经核算已明确提出尾矿坝顶标高不得超过45m）、子坝前滩面标高44.88m（子坝高0.82m、坝顶宽1.2m、为松散尾矿所堆筑）、库内水位已达44.96m（处于子坝拦水状态，并且根据此前观测记录，坝内浸润线已接近坝坡，坝体完全饱和）。由于松散尾矿堆筑的子坝的渗流破坏导致溃坝、坝顶溃决宽度245.5m、底部溃决宽度111m，致使库内$84\times10^4m^3$的尾矿及水大部分倾泻。下游2km范围内的农田及水塘均被淹没，坝下回水泵站不见踪影（仅有设备基础尚存）。

本次事故造成19人死亡、95人受伤，生命财产损失惨重。造成此次溃坝的主要原因是子坝挡水，是典型的渗流破坏导致溃坝的实例。坝体溃决前的断面如图3.67所示。

（2）苏联诺戈尔斯克选矿厂尾矿库

诺戈尔斯克选矿厂尾矿库初期坝为均质土坝，坝高10m，未设排渗设施，后期尾矿堆积坝高30m、总坝高40m、库内水位较高、坝前尾矿干滩面较短。

坝前形成不透水夹层和细矿泥沉积体，造成尾矿堆积坝体浸润线从初期坝（土坝）顶部溢出，尾矿堆积坝外坡下段较陡（坡度为1∶2），1965年造成尾矿堆积坝下发生局部严重管涌造成渗流破坏。

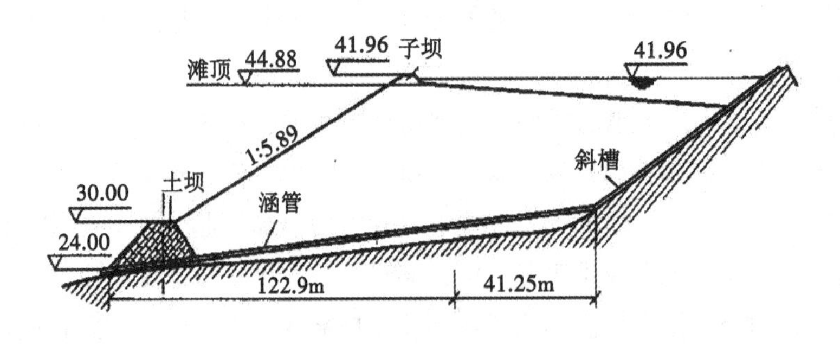

图 3.67　尾矿坝溃坝前断面图

(3)栗西沟尾矿库

栗西沟尾矿库位于陕西省华县，隶属于金堆城钼业公司。栗西沟属于黄河水系的南洛河的四级支流，栗西沟水流入麻坪河经石门河进入南洛河中。栗西沟尾矿库汇水面积 10km²，尾矿库洪水经排洪隧洞排入邻沟中再注入麻坪河。尾矿库初期坝为透水堆石坝，坝高 40.5m，上游式筑坝，尾矿堆积坝高 124m，总坝高 164.5m，总库容 $1.65\times10^8m^3$。尾矿库排洪系统设于库区左岸，原设计由排洪斜槽、两座排洪井、排洪涵管及排洪隧洞组成。后因排洪涵管基础存在不均匀沉陷等问题，将原设计排洪系统改为使用 3~5 年后，另外建新的排洪系统。新排洪系统是在距排洪隧洞进口的 49.5m 处新建一座内径 3.0m 的排洪竖井，井深 46.774m，上部建一框架式排洪塔，塔高 48m，新建系统简称为新 1 号井。排洪隧洞断面为宽 3.0m、高 3.72m 的城门洞形，底坡 1.25%，全长 848m，其中进口高 30m，为马蹄形明洞，隧洞中有 614m 长洞段拱顶未进行衬砌，尾矿库平面图如图 3.68 所示。

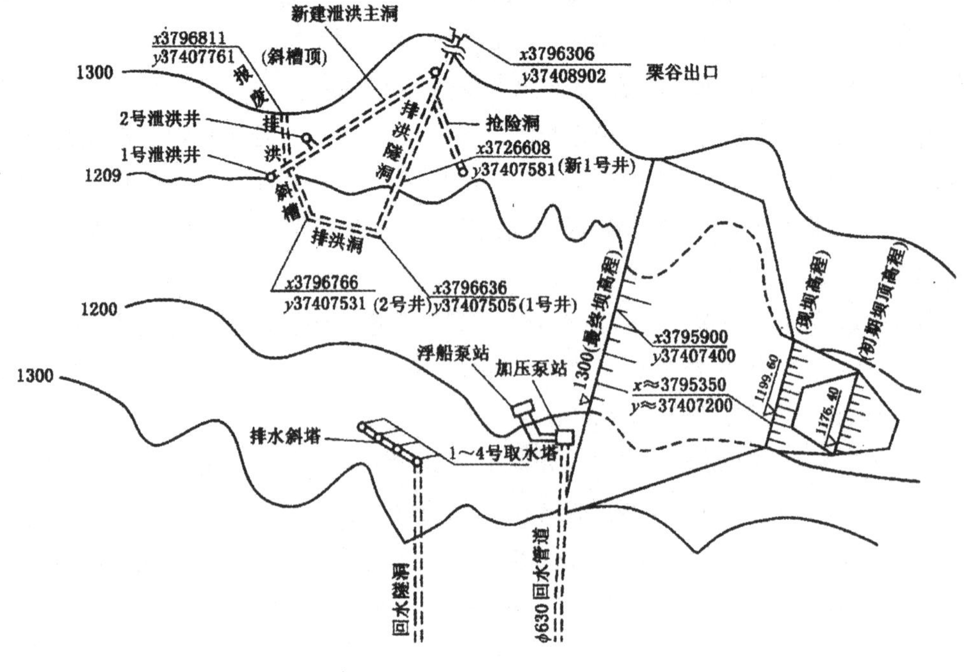

图 3.68　尾矿库平面图

该库于1983年10月投入运行、排洪隧洞于1984年7月起开始排洪。随着生产运行，库内尾矿堆积逐年增高，隧洞内漏水量亦相应增大，至1988年4月6日漏水量已达332.3m^3/h(库内水位1189m)。

1988年4月13日23时左右在距新1号井43~45m处，隧洞线上(距轴约1.5m)水面发生旋涡，水面开始下降。至4月14日凌晨3时30分左右，库内水位已下降1m多，库内存水已基本泄尽。此时，库面发现1号塌陷区，长约26.5m、宽度42m、深度约27m，塌陷体约为1.8×10^4m^3。至晚上9时左右又发生第二个塌陷区，长度约14 m、宽度27 m、深度达48m，塌陷体约为1.5×10^4m^3，两塌陷体总体积达3.3×10^4m^3。隧洞塌落事故共流失尾矿及水体136×10^4m^3，造成下游的粟裕沟、麻坪河、石门河、洛河及黄河沿线长达440km(跨两省一市)范围内河道受到严重污染。事故造成736亩耕地被淹没，危及树木235万株、水井118眼，冲毁桥梁132座(中小型)、涵洞14个，公路8.9km被毁，受损河堤长度18km，死亡牲畜及家禽6885头(只)，致沿河8800人饮水困难，经济损失近3000万元(见图3.69)。

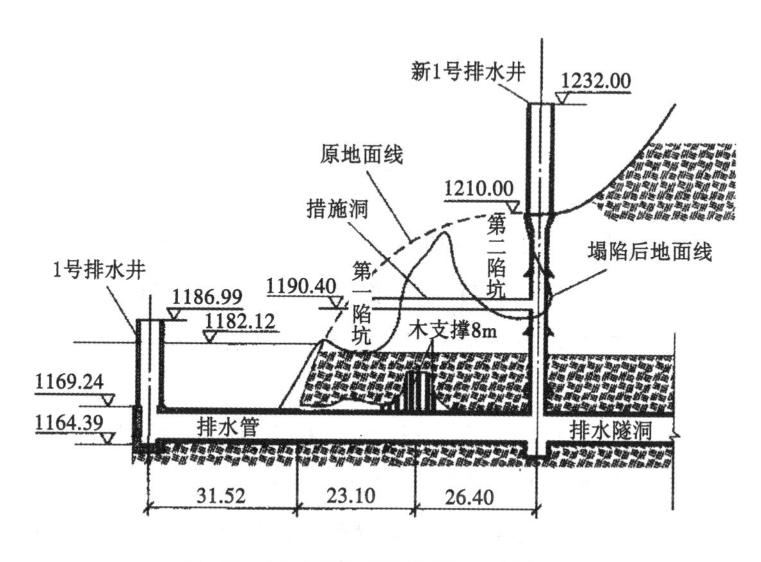

图3.69　尾矿坝排洪隧洞塌陷段纵断面图

产生这一事故的主要原因是在排洪隧洞施工中未及时处理塌落的临空区(高达19m多)，造成隐患。当库内堆存尾矿达到一定厚度时，临空区上部承载力失衡造成突然塌落，从而导致隧洞被破坏，造成我国尾矿库运行史上重大污染事故。

(4)木子沟尾矿库

该库位于陕西省华县金堆城镇，隶属于金堆城铜业公司。木子沟为文峪河支流，文峪河直接入南洛河。该库为峪型尾矿库，汇水面积为5km^2。初期坝为透水坝，筑坝材料为采矿废石，坝高61m，坝长160m，坝顶宽度40m，内坡比1∶1.66，外坡比1∶1.68。由于坝体不均匀沉陷，曾进行了加固处理，处理后坝顶宽度30m，外坡比调整为1∶(3~3.5)。尾矿后期坝采用上游法筑坝，最终堆积标高1240.5m，尾矿堆积坝高61.5m，总坝高 122.5m，总库容 $2200\times10^4m^3$。尾矿库平面图如图 3.70 所示。

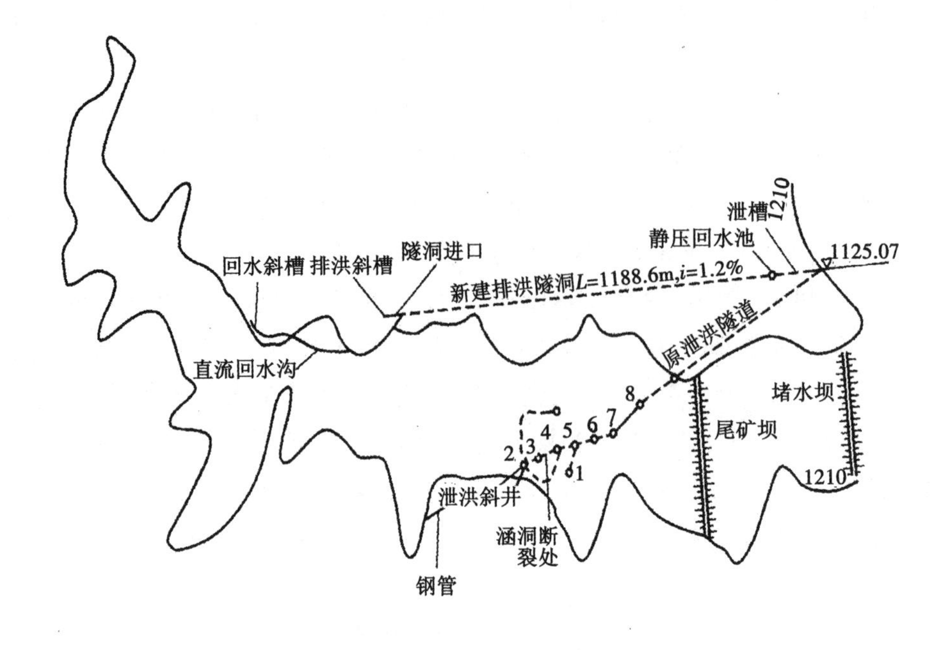

图 3.70　尾矿库平面图

尾矿库排洪系统由排水斜槽（双格 0.8m×0.8m、长度 50m）、涵洞（断面为 $2m^2$ 的蛋形钢筋混凝土结构，长 317.07m）及隧洞（断面为 $4m^2$，长 604.2m）所组成。该库于 1970 年投入运行，运行前 10 年情况基本正常。但在 1980 年底以后，先后多次发现尾矿库内沉积滩面发生塌陷，经检查发现在 3 号井与 4 号井之间涵洞产生横向断裂，裂缝呈左宽右窄、上宽下窄形状，为环向贯通裂缝，裂缝宽度最小 20 mm，最大 180mm，裂缝深度达 250mm 以上。分布钢筋全部断开，在裂缝两边各 3m 范围尚有 10 余处小裂缝，裂缝宽度 2~8mm 不等。在距大裂缝 6m 处原施工沉降缝有较大开裂（原设计缝宽 30mm，现在缝宽度已达 120mm）并在底部形成上高下低的台阶状。经洞内衬砌封堵处理后，仍不能正常运行，在洞顶水头（从底板起标）25.67m（库内水位标高 1208m）条件下，发生呈间歇式阵发型大量泄漏尾矿，裂缝处呈喷射状泄漏，射距达 4m。再次处理后，并采取了封闭灌浆，在断裂处经聚氨酯灌浆进行固砂封闭后，基本上未再发生新的泄漏事故。产生排洪涵洞断裂的原因是基础的不均匀沉降和侧向位移。该处工程地质资料表明断裂地段是淤泥质亚黏土与基岩的过渡地段，且涵洞基础又置淤泥质亚黏土地基之上。本次涵洞断裂事故造成了对木子沟及文峪河的严重污染，经济损失达 450 万元。

（5）山西省太原市娄烦县“8·15”尾矿库溃坝事故

2006 年 8 月 15 日 22 时左右，位于太原市娄烦县的银岩选矿厂和新阳光选矿厂相继发生尾矿库溃坝事故，造成 6 人死亡、1 人失踪、21 人受伤重大伤亡事故。

①事故单位概况。

娄烦县银岩选矿厂，位于娄烦县马家庄乡蔡家庄村随羊沟，建于2005年4月，为私营企业，营业执照、环保手续齐全。厂(矿)长安全资格证过期，尾矿库未设计，未领取安全生产许可证，已列入当地政府的关闭名单。尾矿库库容量约为24万m^3。事故发生前该企业一直在私自组织生产。

娄烦县新阳光选矿厂建于2004年3月8日，为私营企业，2004年11月领取了厂(矿)长安全资格证，营业执照、环保手续，安全管理员证及特殊工种作业证齐全。该厂距上游的银岩选矿厂尾矿坝350m，距下游的蔡家庄村600余m，尾矿库库容量约为70万m^3。事故前，该企业按山西环经环境资源管理咨询有限公司做的补充设计方案，对尾矿库存在的问题进行了整改，太原市安监局已对其设计进行了审查批复，省安监局政务大厅已受理了该企业的安全生产许可申请，没有颁发安全生产许可证。

②事故发生经过。

2006年8月15日晚21时30分左右，随羊沟内上游的娄烦县银岩选矿厂尾矿库溃坝，坝内储存的水、尾砂涌入下游的新阳光选矿厂尾矿库。大约22时，新阳光选矿厂尾矿库坝空隙水压力增大，造成该库坝体垮塌，大量的尾矿浆形成泥石流沿着河道直冲入下游，将10余亩土地及附近的一个临时加油站淹没，冲毁大量房屋、商铺。

③事故发生的原因。

直接原因：银岩选矿厂尾矿库坝体为黄土堆筑不透水坝，库内长期单侧集中放浆，而且未设置任何排渗排水设施，致使库内水位长期过高，加之8月13—15日降雨相对集中，引起坝体浸润线短期急剧升高，同时15日铲车上坝产生振动引起坝体局部液化，是造成银岩选矿厂尾矿库垮塌的主要原因。新阳光选矿厂尾矿库坝为利用旋流器产生的尾砂筑坝，库内设有Φ500mm的排洪管及排洪井，但库容小，容纳不了上游尾矿库坝的浆液，必然要产生漫顶，现场的痕迹也证实了这一点。同时，坝体外围没有石砌加固，坝体及周边山体土质的稳固性差，不能有效阻挡尾浆的冲击力，造成垮坝，引发泥石流。

间接原因：银岩选矿厂尾矿库严重违反尾矿库的基本建设程序，建设前没有进行正规设计，选址不当，违规建设、违规营运；新阳光选矿厂面对上游仅300 m处的尾矿库对自己形成的威胁，没有向上级有关部门反映，没有及时消除隐患；两库均缺少尾矿库安全管理的专业技术人员，没有严格的安全管理措施；县政府及其有关职能部门长期以来对尾矿库运营的监管不到位。

3.1.4 因地震液化而发生的事故

(1)智利白拉奥诺尾矿坝

1928年10月因附近发生持续1分40秒强地震，导致尾矿坝液化，流失尾矿达400多万m^3，伤亡54人。

(2)智利埃尔、得布雷等十二座尾矿坝

12座尾矿坝坝高5~35m、坡度1：(1.43~1.75)，其中有一座坝高15m、坡度1：3.37。这些坝的共同特点是坝坡过陡，尾砂过细(-200目占90%)，浸润线较高。1965年3月28日，圣地亚哥以北140km处，发生7.25级强地震，12座尾矿库尾矿坝瞬间液化溃坝，其中尾矿流失最多的达$190\times10^4m^3$。失事时尾矿浆冲出决口到对面山坡上，水头高达8m以上，短时间内泥浆流下泄12km，造成270人死亡。此次事故是世界尾矿史上最严重的一次灾难性事故。

(3)白灰埝渣库

天津碱厂白灰埝渣库因1976年7月28日唐山大地震(震级为7.8级强度)而发生坝体液化溃决。

(4)美国加费尔选厂尾矿坝

加费尔选厂尾矿坝，于1942年2月，因地震导致尾矿坝体液化、产生弧状大滑动而失事。

3.1.5 因坝基沉陷发生的事故

(1)西华山尾矿库

西华山尾矿库位于江西省赣州地区大余县境内，隶属于西华山钨矿，于20世纪60年代发生坝体下沉达1.8m，坝外坡局部滑动，下部隆起。所幸下游坡脚处有一天然台阻挡，而未溃坝失事。究其产生原因是该处坝基下部淤泥层厚较大，施工时未予全部清除。坝体筑在其上，因坝基承载不足导致坝体局部下沉，致使边坡滑动。

(2)郑州铝厂灰渣库

郑州铝厂灰渣库位于郑州铝厂西南2.5km，上下游均为铝厂赤泥库，用于堆存电厂排出的灰渣。随着库水位逐年升高，在该库西侧垭口处以赤泥采用池填法堆筑副坝，其坝基坐落于湿陷性黄土地基上。由于库内排水钢管结垢排水能力降低，水位上升很快，加之事故前连续降雨，1989年2月25日，致使副坝处黄土地基失稳塌陷发生溃决，近$30\times10^4m^3$塌陷黄土、灰渣及水直冲而下，冲毁下游专线铁路和道路，死亡2人。

3.2 洪水及排水系统引起事故的因素及对策

(1)防洪设防标准低于现行标准，造成尾矿库防洪能力不足，发生洪水漫顶溃坝

对策：①按现行防洪标准进行复核，当设计的防洪标准不足时，应重新进行洪水计算及调洪演算；②经计算确认尾矿库防洪能力不足时，应采取增大调洪库容或扩大排洪设施排洪能力的措施。

(2)洪水计算依据不充分，洪峰流量和洪水总量计算结果偏低

对策：①应用当地最新版本水文手册中的小流域或特小流域参数进行洪水计算及调洪演算；②采用多种方法计算，经对比分析论证，确定应采用值，一般应取高值。

(3)尾矿库调洪能力或排洪能力不足，安全超高和干滩长度不能满足要求，造成溃坝

对策：可采取增大调洪库容或扩大排洪设施排洪能力的措施，必要时，可增建排洪设施。

(4)排洪设施结构原因和阻塞造成尾矿库减少或丧失排洪能力

对策：①对因地基问题引起排洪设施倾斜、沉陷断裂和裂缝的，应及时进行加固处理，必要时，可新建排洪设施；对地基情况不明的，禁止盲目设计。②对因施工质量问题或运行中各种不利因素引起排洪设施损坏(如混凝土剥落、裂缝漏沙、沙石磨蚀、钢筋外露等)应及时进行修补、加固等处理。③对排洪设施堵塞的，应及时检查、疏通。④对停用的排水井，应按设计要求进行严格封堵。

(5)子坝挡水无效。

对策：①生产上应在汛前通过调洪演算，采取加大排水能力等措施达到防洪要求，严禁子坝挡水；②必要时，可增大尾矿子坝坝顶宽度，使其达到最高洪水位时能满足设计规定的最小安全滩长和安全超高要求。

3.3　坝体及坝基失稳事故的因素及对策

(1)基础情况不明或处理不当引起坝体沉陷、滑坡

对策：①查明坝基工程地质及水文地质条件，精心设计；②及时进行加固处理。

(2)坝体抗剪强度低，边坡过陡，抗滑稳定性不足

对策：①上部削坡，下部压坡，放缓坡比；②压坡加固；③碎石桩、振冲等加固处理，提高坝体密度和抗剪强度。

(3)坝体浸润线过高，抗滑稳定性不足

对策：①设计上采用透水型初期坝或具有排渗层的其他型式初期坝，尾矿堆积坝内预设排渗设施；②生产上可增设排渗降水设施，如垂直水平排渗井、辐射排水井等；③降低库内水位，增加干滩长度。

(4)坝面沼泽化、管涌、流土等渗流破坏

对策：①增设排渗降水设施；②采用反滤层并压坡处理。

(5)震动液化

对策：①设计上应进行专门试验研究，采取可行措施；②降低浸润线；③废石压坡，增加压重；④加密坝体，提高相对密度。

3.4 水力贮灰场尾矿库的选择与规划

3.4.1 贮灰场尾矿库类型

按地形地势不同，贮灰场可分为山谷型贮灰场、傍山型贮灰场、平地型贮灰场、滩涂型贮灰场等。

(1)山谷型贮灰场

在山谷或冲沟内修建的贮灰场，称为山谷型贮灰场。一般情况下，山谷贮灰场具有以下特点：初期坝坝轴线较短，初期工程量较小；灰坝高度较大，坝体施工难度亦较大。当灰坝高度很大时，设计难度较大，运行维护也比较困难；贮灰场的汇水面积较大，一般为几到十几平方公里；当贮灰场的汇水面积较小时，排洪系统的设计比较简单。山谷型贮灰场比较多，在国内占有相当大的比例(见图3.71)。

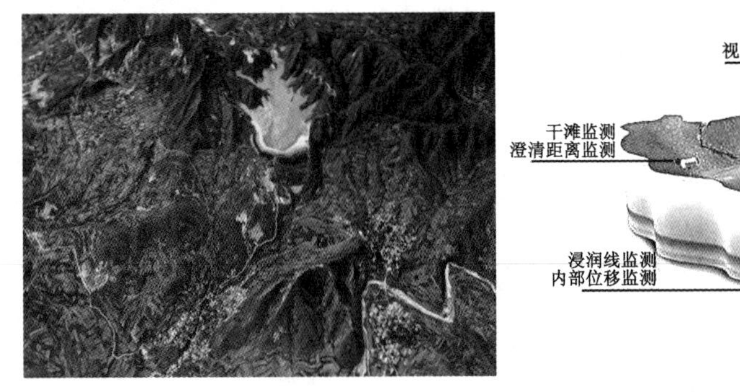

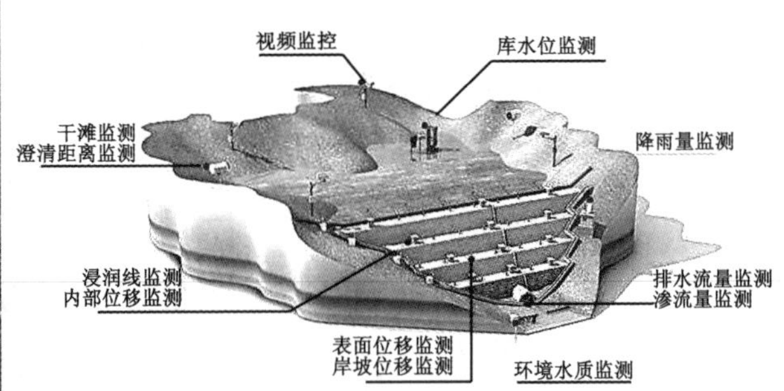

图3.71 山谷型贮灰场

(2)傍山型贮灰场

在山坡上，通过三面筑坝的方式修建的贮灰场，称为傍山型贮灰场。一般情况下，傍山型贮灰场具有以下特点：初期坝坝轴线相对较长，初期工程量相对较大；灰坝高度不大，坝体施工难度较小；贮灰场的汇水面积较小，排洪问题比较容易解决；由于贮灰场面积一般不大，因此灰水的澄清条件较差，澄清距离也难以保证。傍山型贮灰场相对较少，在国内占有的比例不大(见图3.72)。

(3)平地型贮灰场

在平地上，通过四面筑坝的方式修建的贮灰场，称为平地型贮灰场。一般情况下，平地型贮灰场具有以下特点：初期坝坝轴线相对较长，初期工程量相对较大；由于灰坝高度受地方规划、环境保护等因素的制约，因此灰坝高度不大，坝体施工难度较小；由于没有外部汇流，因此贮灰场的汇水面积较小，排洪问题比较容易解决；由于贮灰场的面积较小，因此灰水的澄清条件较差，澄清距离也难以保证；由于坝轴线较长，而放灰口数

图 3.72　傍山型贮灰场

量又相对较少，因此易造成部分区域坝前积水严重，这对坝体的安全不利。平地型贮灰场相对较多，尤其在平原地区，在国内占有相当大的比例(见图 3.73)。

图 3.73　平地型贮灰场

(4)滩涂型贮灰场

在海、河、湖边的滩涂上，通过四面筑坝的方式修建的贮灰场，称为滩涂型贮灰场，其特点与平地型贮灰场比较类似。滩涂型贮灰场相对较多，尤其在沿海地区，在国内占有相当大的比例(见图 3.74)。

图 3.74　滩涂型贮灰场

3.4.2 贮灰场尾矿库的选择及设计标准

(1)贮灰场的选择

贮灰场的选择应遵循因地制宜、节约用地、保护环境、安全适用、经济合理的原则。根据《大中型火力发电厂设计规范》(GB 50660—2011)第4.2.9条，厂外灰渣(含脱硫副产品)处理设施的规划应符合下列规定：贮灰场宜靠近火力发电厂，应按节约用地和保护自然生态环境的原则，充分利用附近的塌陷区、废矿坑、山谷、洼地、荒地及滩涂地等；贮灰场对周围环境的影响应符合现行国家有关环境保护的规定，并应满足当地环保要求；厂外除灰渣管线宜沿道路及河网边缘敷设，宜选择高差小、跨越及转弯少的地段，并应减少对农业耕作的影响；远离厂区的贮灰场管理站及其附属设施宜设置必要的通信、交通、生活和卫生设施；当采用汽车或船舶等输送灰渣时，应充分研究公路或河道及码头的通行能力和可能对环境产生的污染影响，并应采取相应的措施。

在可行性研究阶段，应通过多方案比选选择贮灰场。贮灰场的有效库容应能贮存按火力发电厂规划容量、设计煤种计算的20年左右的灰渣量(含脱硫副产品)。如一个贮灰场的有效库容不能满足要求，可配备多个贮灰场。在初步设计阶段，应对可行性研究阶段确定的贮灰场进行详细规划，明确贮灰场的使用顺序和建设方式。为了减少贮灰场前期购地和初期投资，贮灰场应分期、分块建设。当灰坝较高时，可考虑采用分期筑坝建设方式。贮灰场初期征地面积宜按其有效库容能够贮存火力发电厂本期设计容量、设计煤种计算的5~10年灰渣量(含脱硫副产品)进行确定。初期贮灰场建设规模宜按其有效库容能够贮存火力发电厂本期设计容量、设计煤种计算的1~3年灰渣量(含脱硫副产品)进行确定。

贮灰场的选择在很大程度上决定了灰场设施基建费用和运行费用的多少以及管理工作的繁简，因此，在选择贮灰场时应综合考虑以下因素：必须本着节约用地和保护自然生态环境的原则，不占、少占或缓占耕地、果园和树林，尽量避免居民搬迁。贮灰场征地应按国家有关规定和当地具体情况进行办理；宜选用山谷、洼地、荒地、河(海)滩地、塌陷区和废矿井等；宜设在大型工矿企业和城镇的下游，并宜设在工业区和居民集中区常年主导风向的下方；宜选择容积大、滞洪量少、坝体工程量小、便于布置排水建(构)筑物的地形；贮灰场内或附近应贮有足够的筑坝材料，并有贮满后覆盖灰面的土源；贮灰场的主要建(构)筑物地段宜具有良好的地质条件，库区宜具有良好的水文地质条件；贮灰场对周围环境的影响必须符合现行国家环境保护法规的有关规定，具有防止对大气环境、地表水、地下水造成污染的措施，并应满足当地环保要求；宜具有分期、分块贮灰及灰渣筑坝的条件；距离电厂较近；当配备多个贮灰场时，最好将这些贮灰场连成片，以便于检修道路和除灰管道的共用；汇流面积较小(汇流面积较大时，坝址附近或库岸处的地形应适宜开挖溢洪道)。《大中型火力发电厂设计规范》规定：火力发电厂采用干式贮灰场或湿式贮灰场(即水力贮灰场)，应根据节约用水和环境保护的要求、厂内除灰系统选型、当地气象条件、灰场条件和灰渣综合利用等因素，进行综合技术经济比较确定。

（2）贮灰场的设计标准

贮灰场设计应符合下列规定：厂外灰渣处理设施的规划要求应符合《大中型火力发电厂设计规范》第 4.2.9 条的规定；规划阶段贮灰场的总容积应满足贮存按火力发电厂规划容量、设计煤种计算的 20 年左右的灰渣量（含脱硫副产品）的要求；贮灰场应分期、分块建设，贮灰场初期征地面积宜按贮存火力发电厂本期设计容量、设计煤种计算的 10 年灰渣量（含脱硫副产品）确定；当灰渣综合利用条件较好时，宜按贮存火力发电厂本期设计容量、设计煤种计算的 5 年灰渣量（含脱硫副产品）确定；初期贮灰场宜按贮存火力发电厂本期设计容量、设计煤种计算的 3 年灰渣量（含脱硫副产品）建设。当灰渣（含脱硫副产品）确能全部利用时，可按贮存 1 年的灰渣量（含脱硫副产品）确定征地面积并建设事故备用贮灰场；建设贮灰场的适宜场地条件宜为容积大、洪水总量少、坝体工程量小、便于布置排水建（构）筑物，场内或附近有足够的筑坝材料；贮灰场的主要建（构）筑物地段宜具有良好的地质条件，灰场区域宜具有良好的水文地质条件，应避免对附近村庄的居民生活和下游带来危害；灰场灰坝（堤）的坝型应根据坝址处地形、地质条件确定。坝体结构宜采用当地建筑材料，并应通过技术经济比较，选择安全、经济、合理的坝型；应采取贮灰场环境本底观测措施；山谷贮灰场坝体应根据坝高、坝型、地形、地质等条件及工程运行要求，设置必要的观测项目与观测设施，平原和滩涂型贮灰场围堤可根据具体情况及需要设置观测设施；对贮满灰渣停用的贮灰场，应采取保证灰场封场后安全稳定封场措施。

湿式贮灰场设计应符合下列规定：湿式贮灰场的设计标准应根据灰场类型、容积、灰坝高度和灰坝失事后对附近和下游的危害程度等综合因素确定；山谷湿式贮灰场灰坝的设计标准应按表 3.1 的规定执行。

表 3.1　山谷湿式贮灰场灰坝设计标准

灰场级别	分级指标		洪水重现期/a		坝顶安全加高/m		抗滑稳定安全系数		
	总容积 V/($\times 10^8 m^3$)	最终坝高 H/m	设计	校核	设计	校核	外坡 正常运行条件	外坡 非常运行条件	内坡 正常运行条件
一	$V>1$	$H>70$	100	500	1.0	0.7	1.25	1.05	1.15
二	$0.1<V\leqslant 1$	$50<H\leqslant 70$	50	200	0.7	0.5	1.25	1.05	1.15
三	$0.01<V\leqslant 0.1$	$30<H\leqslant 50$	30	100	0.5	0.3	1.15	1.00	1.15

注：① 用灰渣筑坝时，灰场的坝顶安全加高及抗滑稳定安全系数应按《火力发电厂灰渣筑坝设计规范》（DL/T 5045—2006）的有关规定执行。② 当灰场下游有重要工矿企业和居民集中区时，应通过论证提高一级设计标准。③ 当坝高与总容积不相应时，应以高者为准；当级差大于一个级别时，应按高者降低一个级别确定。④ 坝顶应高于堆灰标高至少 1.0～1.5m。

滩涂湿式贮灰场围堤设计标准应与当地堤防工程相协调。围堤设计应按《堤防工程设计规范》(GB 50286—2013)的有关规定执行，并应符合表3.2的规定。

表3.2　滩涂湿式贮灰场围堤设计标准

灰场级别	总体积 V/($\times10^8 m^3$)	堤内汇水、堤外潮位重现期/a		堤外风浪重现期/a	堤顶(防浪墙顶)安全加高/m				抗滑稳定安全系数		
					堤外侧		堤内侧		外坡		内坡
		设计	校核	设计/校核	设计	校核	设计	校核	正常运行条件	非常运行条件	正常运行条件
一	$V>0.1$	50	200	50	0.4	0.0	0.7	0.5	1.20	1.05	1.15
二	$V\leq0.1$	30	100	50	0.4	0.0	0.5	0.3	1.15	1.00	1.15

注：1. 坝顶(或防浪墙顶)应至少高于堆灰标高1.0m。2. 滩涂湿式贮灰场包括江、河、湖、海的滩涂湿式贮灰场。

山谷湿式贮灰场灰坝的坝轴线应根据坝址区域的地形、地质条件，以及后期子坝加高、排水系统、施工条件和环境影响等因素，通过技术经济比较确定；滩涂及平原湿式贮灰场灰堤的堤轴线应根据贮灰年限、地形、地质、潮(洪)水位及风浪、占地范围、后期子坝加高、施工条件和环境影响等因素，进行圈围面积与堤高等技术经济比较确定；湿式贮灰场的排水和泄洪建筑物可采用分开或合并设置的方案。对于排洪流量特别大的山谷灰场，排洪设施可根据模型试验确定。

贮灰场库容包括有效库容和调洪库容两部分。有效库容用于存放粉煤灰和炉渣；调洪库容用于调蓄进入贮灰场内的洪水，不能存放粉煤灰和炉渣。贮灰场的使用年限仅与有效库容相关：贮灰场设计使用年限是以设计煤种为基准，且没有考虑灰渣(含脱硫副产品)的综合利用量，从而造成贮灰场设计使用年限与实际使用年限之间存在较大的差异。

3.4.3　贮灰场尾矿库的规划

(1)贮灰场建设方式

为了降低初期投资，减少前期购地，贮灰场大多采用分期、分块建设方式。山谷型贮灰场应根据地形和地质条件、贮灰库容、排洪系统规划及布置、施工条件、环境影响等因素进行合理规划，确定灰场分期使用顺序、初期灰场建设规模、初期坝位置及初期灰场范围、初期灰场排洪系统建设是否兼顾后期灰场等。当灰坝较高，一次建成工程量较大时，可以采用分期筑坝建设方式。如果灰坝采用分期建设方式，灰场规划应考虑后期灰坝加高的因素。滩涂及平原型贮灰场应根据地形和地质条件、贮灰库容、占地范围、潮水(洪水)位及风浪、排洪系统规划及布置、施工条件、环境影响等因素进行合理规划，确定灰场分期使用顺序、灰场围堤轴线、初期灰场建设规模及范围、初期灰场排洪系统建设是否兼顾后期灰场等。滩涂及平原型贮灰场围堤轴线在转折处应以曲线连接。对滩涂型贮灰场，曲线半径不宜小于 30m；对平原型贮灰场，曲线半径不宜小于 15m。

（2）防洪设施的规划

为了控制进入贮灰场的洪水，需要在贮灰场内修建与设计标准相对应的排洪系统。排洪系统的规划一般遵循以下原则：初期灰场排洪系统的布置尽量兼顾后期灰场；充分利用地形条件和地质条件，合理规划排洪系统的线路，以降低地基处理工程量，节省工程造价；尽量缩短排洪系统的长度；按泄洪流量和跌差对泄洪流速进行分区，当流速较高时，应满足高速水流对结构的要求；交通方便，有利于施工和管理；出口布置应满足环保要求，便于对排水进行处理，一般应位于工业民用水源的下游；应考虑下游沟道的行洪能力，和下游沟道的衔接应简单、可靠。

洪水控制措施的合理规划和设计对灰坝抗洪安全性十分重要。灰坝有可能承受得住边坡失稳破坏、渗透破坏，甚至坝基局部液化破坏，但很难幸免于因洪水漫坝而引起的破坏。洪水漫坝后，坝体将遭受强烈的下切侵蚀，洪水有可能在很短的时间内冲溃坝体。洪水对灰坝的破坏主要有以下三种情况：入库洪水量超过防洪库容，因洪水漫坝而引起坝体破坏；洪水滞留于灰场内的时间太长，使坝体浸润线升高，导致坝体边坡失稳；因排洪系统的泄洪能力不足或丧失，导致洪水漫坝，从而引起坝体破坏。

贮灰场的水力计算和设计原理与水利工程中的水库基本相同。贮灰场的防洪设计标准略低于水利工程中的水库。水库是利用汛前限制水位以上的库容调蓄洪水，而贮灰场是利用贮灰面以上的库容调蓄洪水，大部分时段，贮灰场的调洪库容都大于设计标准，仅当贮灰面达到贮灰限制高程时，贮灰场的调洪库容才与设计标准相对应。因此，一般情况下，贮灰场的防洪安全性都比较高。

贮灰场排洪构筑物的规划和计算应考虑强降雨引起的极端事件。设计洪水标准的选择应考虑贮灰场规模、灰坝高度、灰坝失事后对附近和下游的危害程度等因素。贮灰场涉及洪水的计算通常采用概率统计法，即根据贮灰场所在流域的径流观测记录、降水记录、水文特性等资料，用概率统计原理，计算出指定重现期的洪水参数。对指定重现期的洪水，年出现概率等于其重现期的倒数。例如，对百年一遇的洪水，年出现概率为 1%。在贮灰场使用年限内，出现设计或校核洪水的概率可用式(3.1)进行估算，即

$$P(f)_i = 1-(1-P_0)i \tag{3.1}$$

式中：$P(f)_i$——第 i 年内等于或超越指定重现期洪水的概率；

P_0——任意年内指定重现期洪水出现的概率，为洪水重现期的倒数。

洪水破坏灰坝的概率随着洪水重现期的增加而降低；在洪水重现期相同的条件下，贮灰场使用年限越长，洪水破坏灰坝的概率就越大。例如，贮灰场使用年限为 10 年，超过或等于 100 年一遇洪水出现的概率为 10%；贮灰场使用年限为 20 年，超过或等于 100 年一遇洪水出现的概率为 18%。

（3）调洪演算

调洪演算的目的是根据既定的排洪系统确定所需的调洪库容及泄洪流量。对一定的

来水过程线，排洪构筑物规模越小，所需的调洪库容就越大，灰坝也就越高。在设计中，应通过调洪演算对排洪系统进行优化，合理确定灰坝坝高及排洪构筑物的尺寸，从而降低工程造价。贮灰场调洪演算常用的方法有数解法和图解法。

①数解法。对洪水来水过程线，可将其简化为一条能与水平坐标轴组成一个三角形且极大值位于中部的折线；对洪水排水过程线，可近似为一条直线，则调洪库容和泄洪流量之间的关系可用式(3.2)表达，即

$$q=Q_{\mathrm{p}}\left(1-\frac{V_{\mathrm{t}}}{W_{\mathrm{p}}}\right) \tag{3.2}$$

式中：q——排洪构筑物的泄洪流量，$\mathrm{m^3/s}$；

Q_{p}——设计洪水的洪峰流量，$\mathrm{m^3/s}$；

V_{t}——贮灰场调洪库容，$\mathrm{m^3}$；

W_{p}——设计洪水总量，$\mathrm{m^3}$。

一般情况下，调洪演算可根据洪水来水过程线和排洪构筑物的泄水量与贮灰场的蓄水量之间的关系曲线，通过水量平衡原理计算出泄洪过程线，从而确定排洪构筑物的泄洪流量和贮灰场的调洪库容。任一时段(Δt)贮灰场的水量平衡方程可写为

$$\frac{Q_{\mathrm{s}}+Q_{\mathrm{z}}}{2\Delta t}-\frac{q_{\mathrm{s}}+q_{\mathrm{z}}}{2\Delta t}=V_{\mathrm{s}}-V_{\mathrm{z}} \tag{3.3}$$

式中：Q_{s}，Q_{z}——贮灰场的始、终来洪流量，$\mathrm{m^3/s}$；

q_{s}，q_{z}——贮灰场的始、终泄洪流量，$\mathrm{m^3/s}$；

V_{s}，V_{z}——贮灰场的始、终蓄洪量，$\mathrm{m^3}$。

假定 $Q=(Q_{\mathrm{s}}+Q_{\mathrm{z}})/2$，则可将式(3.3)改写为式(3.4)，即

$$V_{\mathrm{z}}+q_{\mathrm{z}}\frac{\Delta t}{2}=Q\Delta t+\left(V_{\mathrm{s}}-q_{\mathrm{s}}\frac{\Delta t}{2}\right) \tag{3.4}$$

根据泄洪流量(q)、库水位(H)、调洪库容(V_{t})之间的关系，通过列表的方式，对式(3.4)进行求解，并绘出 $q-(V+q\Delta t/2)$ 和 $q-(V-q\Delta t/2)$ 辅助曲线。

②图解法。对洪水来水过程线，可将其简化为一条能与水平坐标轴组成一个三角形且极大值位于中部的折线；对洪水排水过程线，可近似为一条直线。先将三角形洪水来水过程线绘于第一象限，贮灰场的调洪库容与泄洪流量的关系曲线绘于第二象限，如图3.75所示，然后按以下步骤进行调洪演算：

从原点 O 向左作线段 Oa：Oa 等于洪水总量；从三角形顶点 b 向左作水平线，与纵轴相交于 c 点，连接 ac 与 $V_{\mathrm{t}}-q$ 关系曲线相交于 d 点；从 d 点向右作水平线与排水过程线相交于 e 点，则 e 点的纵坐标即为所求的最大泄洪流量(q_{m})；从 d 点向下作垂线，与 x 轴相交于 h 点，则 Oh 即为所需的调洪库容。

一般情况下，可先根据泄洪流量与调洪库容之间的关系曲线($V_{\mathrm{t}}-q$)，求出 $q-\varphi$ 关系曲线，$\varphi=V_{\mathrm{t}}/\Delta t+q/2$；再将洪水来水过程线绘于第一象限，$q-\varphi$ 关系曲线绘于第二象限，

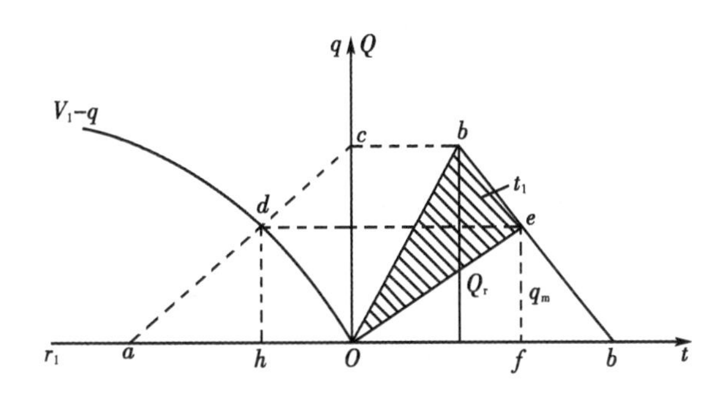

图 3.75　调洪演算图解法示意图(一)

如图 3.76 所示，然后按以下步骤进行调洪演算：

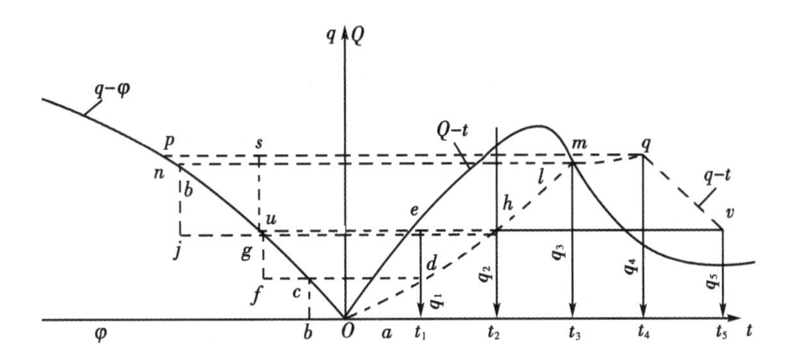

图 3.76　调洪演算图解法示意图(二)

从 O 点向左作线段 Ob，Ob 等于 Oa。a 为计算时段中点，再从 b 点向上作垂线与 $q-\varphi$ 关系曲线相交于 c 点。从 c 点向右作水平线与过第一时段终点 t_1 的垂线相交于 d 点，则 d 点的纵坐标即为第一时段终点的泄洪流量(q_1)。从 c 点向左作水平线，取 cf 等于 de，从 f 点向上作垂线与 $q-\varphi$ 关系曲线相交于 g 点，再从 g 点向右作水平线与过第二时段终点 t_2 的垂线相交于 h 点，则 h 点的纵坐标即为第二时段终点的泄洪流量(q_2)。重复上述步骤，即可求出各时段终点的泄洪流量(q_i)，直至 q_i 等于零为止。当过 p 点向右作水平线与过相应时段终点 t_4 的垂线相交点 q 位于洪水过程线之上时，需对 p 点进行修正，向右取 ps 等于 qr，并从 s 点向下作垂线与 $q-\varphi$ 关系曲线交于 u 点，再从 u 点向右作水平线与过 t_5 的垂线相交于 v 点。过 O、d、h、l、q 与 v 各点的曲线即为所求的泄洪过程线($q-t$)，$q-t$ 曲线与 $Q-t$ 曲线交点的纵坐标即为所求的最大泄洪流量(q_m)。根据最大泄洪流量(q_m)和库水位与泄洪流量之间的关系曲线，可以求得最高洪水位和所需的调洪库容。

3.4.4　灰坝尾矿坝选型

按填筑时间顺序，可将灰坝坝体分为初期坝和后期子坝两部分。初期坝一般采用土坝、土石混合坝、堆石坝、浆砌石坝等，其中以土坝、土石混合坝居多；后期子坝可采用粉煤灰、碎石土、砂土、粉土、黏性土等材料进行填筑。随着灰渣筑坝技术日益成熟，用粉煤灰填筑后期子坝的工程实例越来越多。对灰渣筑坝的设计，《火力发电厂灰渣筑坝设计规范》(DL/T 5045—2006)作出了详细的规定。

(1)初期坝坝型分类

按坝体渗透性的差异，可将初期坝坝型分为不透水坝、透水坝、设排渗体不透水坝等。

①不透水坝。不透水坝是参照水利工程中的挡水坝修建而成的。坝体采用黏性土进行填筑，坝后设堆石排水棱体，坝体透水性很差，浸润线较高，坝前沉积的灰渣一般处于饱和松软状态，填筑后期子坝时难度较大。该种类型的灰坝大多修建于20世纪70年代，可视为我国第一代初期坝坝型。

1973年设计的浑江电厂太平沟灰场，采用分期筑坝建设方式。初期坝为下游设堆石排水棱体的亚黏土不透水坝，坝体高度为19.9m。渗流试验结果表明，坝体浸润线位置很高，初期坝几乎处于饱和状态。该灰场于1979年投入运行，投运后不久，坝体就发生了渗透破坏。为了解决坝体渗流问题，在灰坝下游边坡上增设了贴坡排水体；填筑后期子坝时，在子坝前增设了排渗盲管。太平沟灰场灰坝横断面见图3.77。

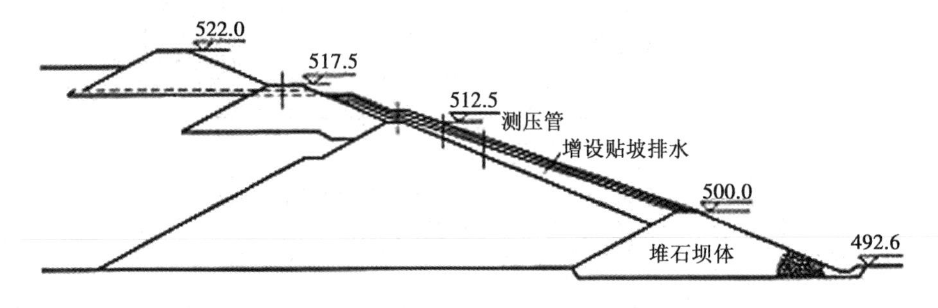

图3.77 太平沟灰场灰坝横断面示意图

1980年投入运行的谏壁发电厂松林山灰场，采用分期筑坝建设方式。初期坝为下游设堆石排水棱体的黏性土不透水坝，坝体高度为14.0m。后期子坝分三级，三级子坝总高度为11.0m。由于坝体浸润线较高，坝前沉积的灰渣极其松软，因此无法直接在坝前灰面上填筑子坝。为了填筑后期子坝，对贮灰场进行增容，在一、二级子坝间增设了减压排水沟和排水井，以降低坝体浸润线；用振冲碎石桩对三级子坝坝基下的灰渣进行了加固，以提高灰渣的抗剪强度，增强坝体的抗滑稳定性。松林山灰场灰坝横断面见图3.78。

由以上工程实例可见，不透水初期坝坝前沉积的灰渣一般处于饱和松软状态，无法直接在坝前灰面上填筑子坝。为了填筑后期子坝，对贮灰场进行增容，需要采取一定的工程措施。由于不透水初期坝的缺点对灰坝后期加高制约很大，使不透水初期坝的应用受到了限制，目前在新建工程中很少采用。

②透水坝。透水坝在我国应用很广，约70%以上的山谷型贮灰场的灰坝采用了该种坝型。由于初期坝的渗透性较好，坝体浸润线位置较低，使坝前沉积的灰渣得到了充分

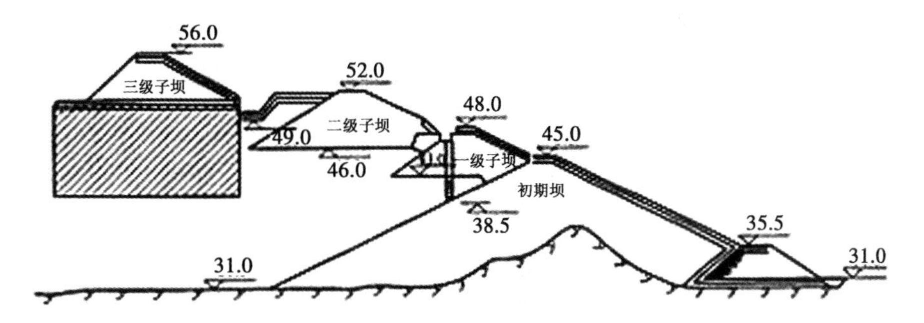

图3.78 松林山灰场灰坝横断面示意图

的排水固结，为后子坝加高创造了有利条件。该种坝型于20世纪70年代后期开始使用，80年代以后被广泛应用，可视为我国第二代初期坝坝型。如对透水坝类型进一步细化，可分为均质透水坝、分区透水坝等。

• 均质透水坝。均质透水坝是采用透水性很强的材料修建而成的，如堆石坝、砂砾石坝、干砌石坝等。1986年投入运行的焦作电厂王掌河灰场，采用分期筑坝建设方式。初期坝为透水堆石坝，坝基为奥陶系石灰岩，坝体上游面反滤层材料为无砂混凝土。初期坝坝顶高程为340.0m，最大坝高为82.0m，坝轴线长度为422.6m，设计贮灰库容为765万m^3。灰场设计洪水频率为100年一遇，洪峰流量为89.8m^3/s，洪水总量为20.4万m^3；校核洪水频率为500年一遇，洪峰流量为133.2m^3/s，洪水总量为32.4万m^3。该灰场排洪系统布置在灰场左岸，采用排水斜槽—排水隧洞—下游消力池模式，排洪系统兼有排灰水功能。进入灰场的洪水及灰水由排洪系统流入灰场附近的千梅掌沟。王掌河灰场灰坝横断面见图3.79。

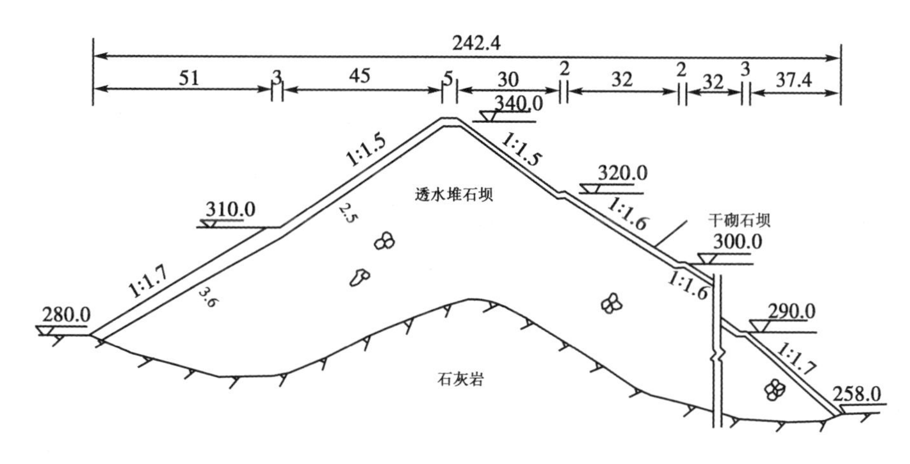

图3.79 王掌河灰场灰坝横断面示意图

1993年投入运行的信阳电厂乌凤洞灰场，采用分期筑坝建设方式。初期坝为透水堆石坝，坝体上游面反滤层材料为无砂混凝土。坝基土主要由第四系坡残积碎石土(层厚0.4~7.4m)、第四系冲洪积碎石土(层厚0~6.0m)、变质石英细砂岩构成。初期坝坝顶高程为 158.0m，贮灰限制高程为 156.0m，最大坝高为 36.0m，坝轴线长度为 121.6m，设计贮灰库容为 200 万 m^3。灰坝规划坝顶高程为 200.0m，贮灰限制高程为 198.0m，最大坝高为 78.0m，设计贮灰库容为 1720 万 m^3。灰场汇流面积为 1.23km^2，设计洪水频率为 100 年一遇，洪峰流量为 44.6m^3/s，洪水总量为 36.3 万 m^3；校核洪水频率为 500 年一遇，洪峰流量为 56.9m^3/s，洪水总量为 47.2 万 m^3。该灰场排洪系统采用排水斜槽—排水管—下游消力池模式，排洪系统兼有排灰水功能。进入灰场的洪水及灰水由排洪系统流入灰坝下游。2001 年，采用下游筑坝的方式对灰坝进行了加高，目前灰坝坝顶高程为 173.0m。乌凤洞灰场灰坝横断面见图 3.80。

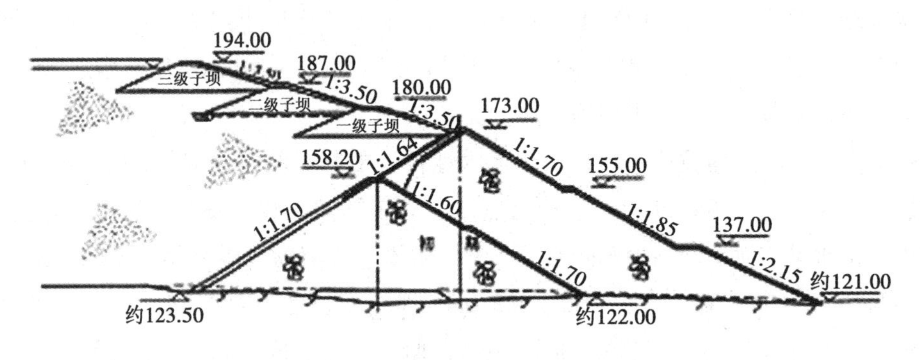

图 3.80　乌凤洞灰场灰坝横断面示意图

• 分区透水坝。根据灰坝渗流情况，将坝体分成若干个区，对渗流影响比较大的区域用渗透性较好的材料填筑，如砂石料，以利于灰坝排渗，从而降低灰坝浸润线；对渗流影响比较小的区域用渗透性较差的材料填筑，如黏性土、黄土，这种坝型就是分区透水坝。有些地区砂石料比较匮乏，修建透水性很强的均质透水坝造价太大。为了节约工程造价，便于就地取材，设计上常采用分区透水坝。

1998 年投入运行的安阳电厂凤凰岗灰场，采用分期筑坝建设方式。初期坝为分区透水坝，由堆石棱体区、堆石排水褥垫区和土坝体区组成，上游堆石棱体反滤层材料为开级配沥青混凝土。坝基土主要由黄土状粉土(层厚 3.5~4.6m)、黏土岩、砂岩、泥质灰岩构成。初期坝坝顶高程为 177.0m，贮灰限制高程为 175.0m，最大坝高为 41.0m，坝轴线长度为 832.4m，设计贮灰库容为 494 万 m^3。灰坝规划坝顶高程为 185.0m，贮灰限制高程为 183.0m，最大坝高为 49.0m，设计贮灰库容为 824 万 m^3。灰场汇流面积为 1.33km^2，设计洪水频率 20 年一遇，洪峰流量为 48.7m^3/s，洪水总量为 21.5 万 m^3；校核洪水频率为 100 年一遇，洪峰流量为 71.3m^3/s，洪水总量为 34.6 万 m^3。该灰场排洪系统采用排洪斜槽—排洪管—灰坝下游消力池模式，排灰水系统采用排水斜槽—排水管—灰坝下游消力池模式。凤凰岗灰场灰坝横断面见图 3.81。

1988 年投入运行的首阳山电厂省庄灰场，采用分期筑坝建设方式。初期坝采用分区透水坝，由堆石棱体区、堆石排水褥垫区和黄土坝体区组成，坝高 36.0m。省庄灰场灰坝横断面见图 3.82。

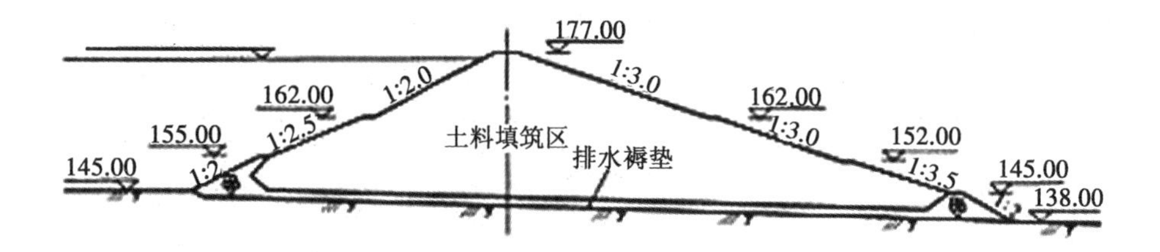

图 3.81　凤凰岗灰场灰坝横断面示意图

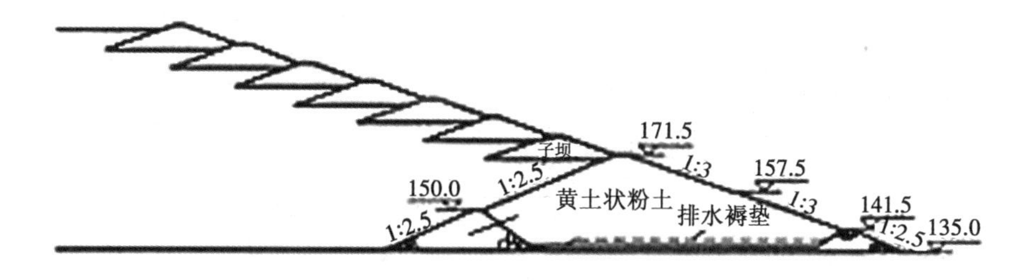

图 3.82　省庄灰场灰坝横断面示意图

1990 年投入运行的太原第一热电厂石庄头灰场，初期坝采用分区透水坝，由堆石坝体区和碾压土坝体区两部分组成，坝高 49.0m。石庄头灰场灰坝横断面见图 3.83。

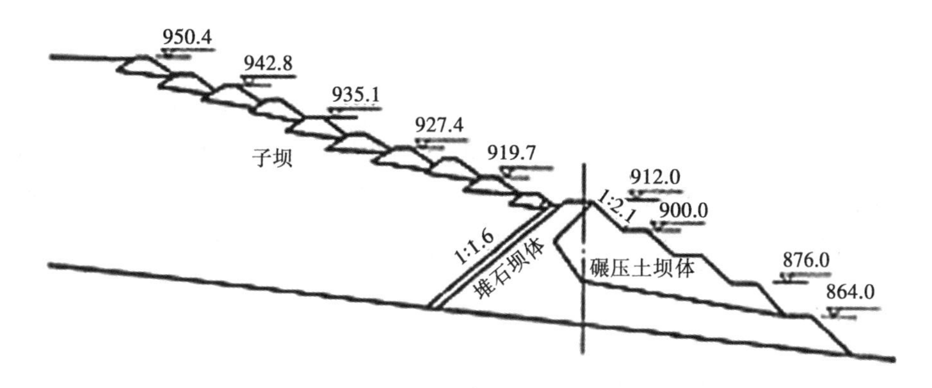

图 3.83　石庄头灰场灰坝横断面示意图

③设排渗体的不透水坝。

如果当地砂石料比较匮乏，修建透水性很强的均质透水坝造价太高，或者为了保护当地环境，需要限制灰坝渗流量时，初期坝坝型可以选用不透水坝。对采用分期筑坝建设方式的灰坝，为了便于后期灰坝加高，可预先在初期坝坝前设置水平排渗管、三维排渗管网等排渗设施。排渗设施收集的渗水通过坝下排水管排往灰坝下游或灰水回收系统。这样，不透水坝体将灰水挡于坝前，而坝前排渗设施不仅能够收集渗水，而且能够将收集的渗水引入指定的区域。这种坝型就是设排渗体的不透水坝，它兼有不透水坝和透水坝的优点，既可以对灰坝渗流进行控制，从而降低灰坝浸润线，为后期灰坝加高创造条件，又可以将灰坝渗水引入指定的区域，以降低对环境的影响。该种坝型于 20 世纪 90 年代初期开始使用，可视为我国第三代初期坝坝型。

谏壁发电厂经山灰场，采用分期筑坝建设方式。由于当地砂石料比较匮乏，初期坝采用了不透水均质土坝。为了便于后期用灰渣对灰坝进行加高，初期坝修建时，在坝前预先设置了三维排渗管网。三维排渗管网包括透水斜墙、底层排渗盲沟和排渗垫层、排渗竖井。排渗管网收集的渗水经坝下排水管排往灰坝下游。后期子坝修建时，在子坝坝基上设置了排渗垫层，并通过排渗竖井将子坝排渗垫层和初期坝排渗垫层连接起来。运行情况表明，这些排渗设施有效地降低了坝体浸润线，加速了坝前粉煤灰的固结，改善了坝前粉煤灰的力学性能，提高了灰坝的抗滑稳定性。经山灰场灰坝横断面见图 3. 84。

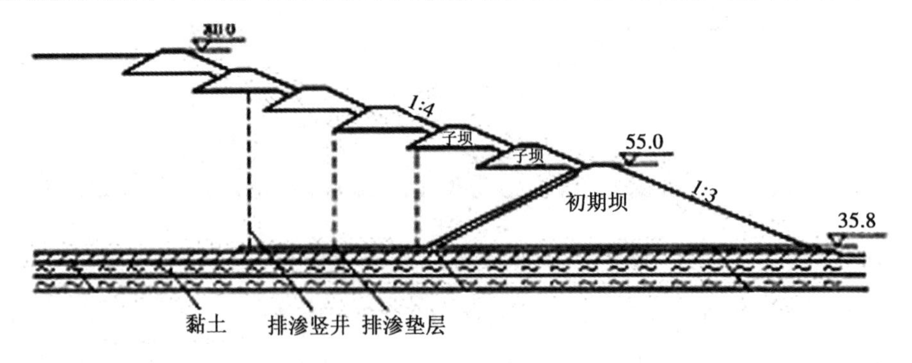

图 3. 84　经山灰场灰坝横断面示意图

1987 年投入运行的吉林热电厂来发屯贮灰场，采用分期筑坝建设方式。由于当地石渣料比较丰富，因此初期坝采用石渣坝比较经济，且排渗效果较好，但灰场下游有水源地，为了实现既能保护灰场下游水源地，又能充分利用当地筑坝材料，初期坝采用黏土防渗墙石渣坝，并在上游坝脚处设置了水平排渗管，排渗管收集的渗水经坝下排水管排往灰水回收系统。从运行效果看，来发屯灰场灰坝设计达到了预期目标。来发屯灰场灰坝横断面见图 3. 85。

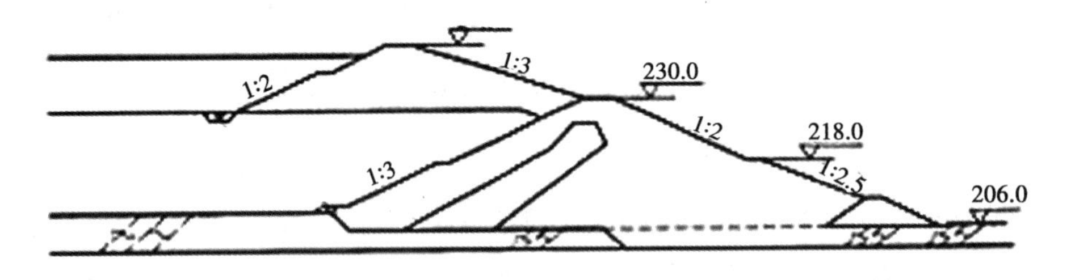

图 3. 85　来发屯灰场灰坝横断面示意图

综上所述，由于不透水初期坝的缺点对灰坝后期加高制约很大，因此采用分期筑坝建设方式的灰坝不宜选用不透水初期坝。为了降低灰坝浸润线，加速坝前粉煤灰的固结，便于后期灰坝加高，如环保部门允许，宜优先采用透水坝；如环保部门禁止或限制灰坝渗流外排，宜采用设排渗体的不透水坝。从国内贮灰场初期坝坝型的发展过程来看，20 世纪 70 年代多为不透水坝，80 年代多为透水坝，90 年代以来多为设排渗体的不透水坝。随着灰坝设计理论的发展，坝型选择渐趋合理。

(2)初期坝坝型选择

选择初期坝坝型时，应综合考虑以下 6 个因素：当地可利用筑坝材料的种类、性质、储量、分布、埋深、开采及运输条件等；后期灰坝加高对坝体浸润线及坝前灰渣固结的影响；地形、地质条件和抗震设防要求；灰场下游环境条件及环境保护要求；施工进度、施工场地、施工机具及施工技术水平等条件；工程量及工程造价、施工工期等因素。

在以上 6 个因素中，首先。应考虑下游环境条件，以满足环境保护要求。其次，应考虑坝基地质条件及当地材料资源情况，因地制宜、就地取材，力求合理、经济。筑坝材料勘测储量应大于需求量的 1.5 倍。再次，应考虑按就地取材原则选择的初期坝坝型是否有利于灰坝排渗，是否有利于坝前粉渣排水固结，能否为后期灰坝加高创造有利条件。最后，应考虑工程造价、施工条件、施工工期等。

对采用分期建设方式的灰坝，后期子坝填筑材料宜优先选择灰场内的灰渣。用灰场内的灰渣作为坝填筑材料，可以增加灰场的有效贮灰库容，也可能节省工程造价。灰渣筑坝的关键是如何降低坝体浸润线。初期坝坝型及其排渗设施是坝体浸润线的决定因素，因此，只有合理地选择初期坝坝型及其排渗设施，才能使坝体具有良好的渗透性。试验研究表明：一般情况下，灰渣渗透系数为 $1\times10^{-3}\sim1\times10^{-4}$cm/s，如果初期坝坝体渗透系数小于 1×10^{-5}cm/s，可以将坝体视为不透水；坝体渗透系数为 $1\times10^{-3}\sim1\times10^{-4}$ cm/s，可以将坝体视为弱透水；坝体渗透系数大于 1×10^{-2} cm/s，或大于灰渣渗透系数的 50 倍，可将坝体视为强透水。

(3)后期子坝

① 后期子坝设计原则。后期子坝设计应满足以下基本原则：子坝加高应按灰场总体规划的要求进行，子坝高度的确定应综合考虑灰场地形、贮灰年限、子坝材料、施工条件、灰渣固结程度、坝体稳定、电厂运行经验及工程费用等因素。试验研究结果表明：子坝距上一级坝的距离越远，坝体浸润线的位置就越低，坝体抗滑稳定安全系数就越大，但灰场有效库容的损失就相应增大。为了获得较大的有效库容，子坝宜紧靠前一级坝体的上游坡；当坝体稳定不能满足要求时，可将子坝向上游方向平移一定距离。如滦河电厂西沟灰场子坝坝轴线与初期坝坝轴线的距离为 100m，一五零电厂胡峪沟灰场二期子坝坝轴线与一期子坝坝轴线的距离为 50m。子坝加高设计前，应对坝体浸润线的观测资料进行分析，并对原坝体和坝前沉积的灰渣进行勘查。子坝加高设计时，应对灰坝坝体和坝基的安全性进行分析、论证，并采取相应的工程措施。子坝填筑一般采用碾压法进行施工。经过充分论证或有可靠的施工经验时，也可采用水力冲填法。子坝施工一般要求避开汛期或冰冻期，如无法避开汛期，应采取可靠的措施，确保灰场安全度汛；如无法避开冰冻期，应在来年春天子坝施工复工前，检测子坝坝体和坝基内是否存在冰层，若有冰层，应进行处理。坝前沉积的灰渣既是子坝的坝基，又是坝体的组成部分。在填筑子坝坝体前，应先对坝基灰渣进行碾压，以增加坝基灰渣的密实度。当后期灰坝高度超

过原规划高度时，应对已建排洪(水)构筑物的安全性进行复核，如不满足要求，应进行加固或改建。

② 后期子坝填筑材料。后期子坝填筑材料可采用当地土石料或沉积灰渣料，并应符合下列要求：当采用土石料时，宜选择弱透水性材料筑成均质子坝或斜墙分区子坝，其渗透系数应低于沉积灰渣的渗透系数，避免渗透水从子坝下游坡溢出。当采用透水性大于灰渣的土石料时，应在坝体上游面设置土工防渗材料。当采用灰渣填筑子坝时，在上游坝坡上应设置防渗层和保护层。

③ 后期子坝构造。后期子坝构造是保证子坝稳定及坝体整体稳定的基本条件。后期子坝构造应满足以下要求：子坝边坡设计时，应综合考虑坝高、子坝材料、坝基灰渣固结程度、浸润线位置、抗震设防烈度等因素，不但要保证个体子坝是稳定的，而且要保证灰坝整体是稳定的。个体子坝上游边坡不宜大于1∶1.5，下游边坡不宜大于1∶2.0，初期坝以上坝体的下游平均坡度不宜大于1∶3.5。子坝下游坡脚与前期坝坝坡接触面应紧密结合，结合厚度不宜小于2.0m。子坝坝顶宽度应满足灰管敷设、运行检修、施工机械通行的要求，一般不小于4.0m。子坝坝顶应设置保护层，可采用砂砾石、碎石、干砌块石、泥结石等，当兼作检修道路时，一般采用泥结石路面。子坝与岸坡的连接处应妥善处理。岸坡应彻底清基，岸坡开挖应大致平顺。子坝防渗体应坐落于相对不透水层上，或嵌入岸坡强风化岩层下部的齿槽内，或沿岸坡向上游适当延伸，以加大渗径。在子坝坝顶敷设灰管时，灰管线宜尽量靠近坝顶上游侧。子坝顶面应设坡向灰场一侧的排水坡，坡度宜采用2%~3%。子坝下游坡和岸坡连接处及子坝下游坡脚处应设排水沟，排水沟可用浆砌石砌筑。

3.4.5 排洪构筑物选型

贮灰场排洪系统的类型主要有：竖井—涵管(隧洞)—消能设施模式、斜槽—涵管(隧洞)—消能设施模式、开敞式溢流洪道模式、分洪截洪模式等。排洪系统通常由进水构筑物、输水构筑物和消能构筑物三部分组成。排洪构筑物形式和尺寸应根据贮灰场的排洪量、地形及地质条件、运行管理要求、施工条件等因素，通过技术经济比较确定。

(1)进水构筑物

进水构筑物的位置应能满足贮灰场的防洪要求和灰水澄清要求。进水构筑物到灰坝的距离应能满足设计对最小干滩长度的要求，与灰坝的高差应能满足设计对灰坝安全超高的要求。进水构筑物的形式主要有排水竖井、排水斜槽、溢洪道、截洪沟等。

排水竖井是常用的进水构筑物之一，按结构形式，可分为窗口式、框架式、井圈叠装式、砌块式等，见图3.86。窗口式排水竖井的断面一般为圆形，采用筒式钢筋混凝土结构，整体性较好，堵孔简单，但进水量较小，不能充分发挥井筒的排水作用。框架式排水竖井的断面一般为圆形，采用框架式钢筋混凝土结构，预留孔采用拱形钢筋混凝土预制板逐层封堵，进水量较大，运行管理比较简便，应用比较广泛。井圈叠装式排水竖井的断面为圆形，采用拱形钢筋混凝土预制板逐层加高，能充分发挥井筒的排水作用，但运行管理比较麻烦，整体性较差，应用不多。砌块式排水竖井的断面为圆形，采用拱形预制砌块逐层加高，能充分发挥井筒的进水作用，但运行管理比较麻烦，整体性较差，应用不多。

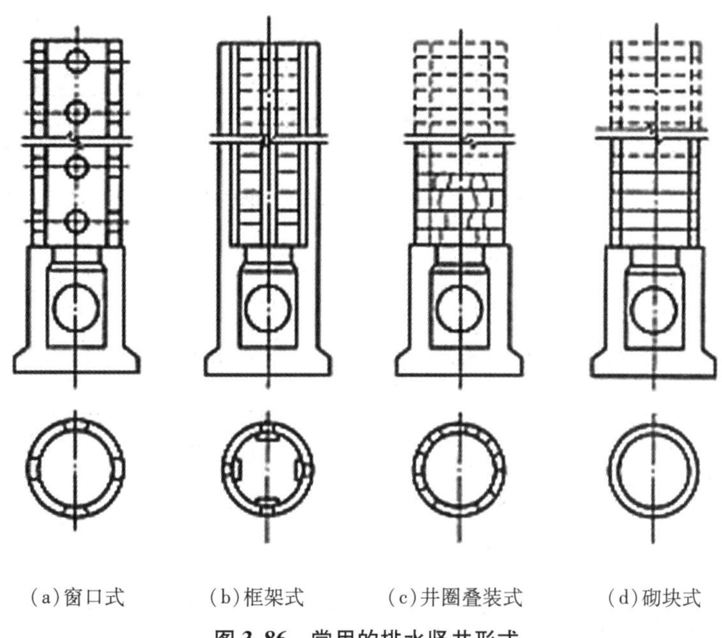

(a)窗口式　(b)框架式　(c)井圈叠装式　(d)砌块式

图3.86　常用的排水竖井形式

排水斜槽既是进水构筑物，又是输水构筑物，根据贮灰场的地形和设计干滩长度，布置于灰场上游两岸的边坡上。排水斜槽的断面为矩形，采用钢筋混凝土结构，进水面采用拱形钢筋混凝土预制板逐层封堵。在运行过程中，应根据贮灰场库水位的变化，对排水斜槽的进水口进行调整；随着贮灰场库水位不断抬升，进水口的位置也不断上移。排水斜槽结构简单可靠，进水量比排水竖井大，运行也比较方便，应用比较广泛。

溢洪道和截洪沟常用于一次性建成的贮灰场，工程实例不多，规划和设计可参考水利工程有关资料和规范。

(2)输水构筑物

输水构筑物的作用是将流入进水构筑物的洪水排至贮灰场下游，其形式主要有排水管、排水隧洞、排水斜槽等。

排水管是常用的输水构筑物之一，埋设于贮灰场底部，因承受的外荷载较大，一般采用钢筋混凝土管，见图3.87。

排水隧洞是常用的输水构筑物之一，布置于贮灰场上游两岸边坡的岩(土)体内。为了满足施工要求，需要设计较大的断面尺寸。排水隧洞的结构稳定性较好、排洪能力较

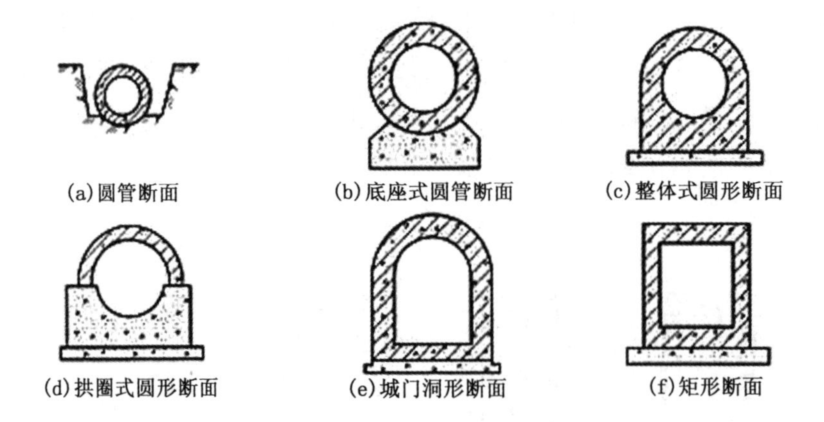

图 3.87　常用的排水管断面形式

强，当地质条件较好时，排水隧洞方案往往比较经济。

(3)消能构筑物

洪水通过输水构筑物排至贮灰场下游时，其流速和能量往往都比较大，容易对下游造成冲刷。为了消除洪水对贮灰场下游的冲刷，需要对输水构筑物出口的水流进行消能。消能方式主要有挑流式和底流式两种。消能构筑物的规划和设计可参考水利工程有关资料和规范。

3.5　太平沟灰场渗流破坏与加固排水数值模拟

浑江电厂太平沟灰场采用分期筑坝建设方式。初期坝为下游设堆石排水棱体的亚黏土不透水坝，坝体高度为 19.9m。渗流试验结果表明，坝体浸润线位置很高，初期坝几乎处于饱和状态。灰场于 1979 年投入运行，投运后不久，坝体就发生了渗透破坏。为了解决坝体渗流问题，在灰坝下游边坡上增设了贴坡排水体；填筑后期子坝时，在子坝前增设了排渗盲管。太平沟灰场灰坝加固排水前后稳定系数为 1.042 和 1.507，加固排水效果显著。

3.5.1　太平沟灰场灰坝渗流变形破坏分析

(1)太平沟灰场灰坝模型

建立模型如图 3.88 和图 3.89 所示。

(2)太平沟灰场灰坝渗流分析

由图 3.90 至图 3.94 可以看出该灰坝坝体中水位线较高。

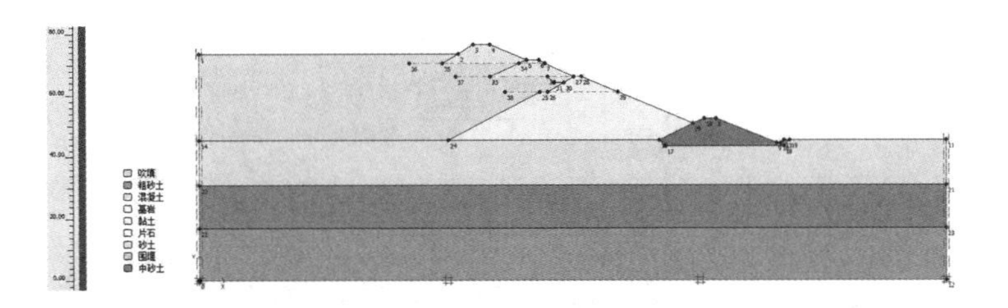

图 3.88　太平沟贮灰场几何模型图

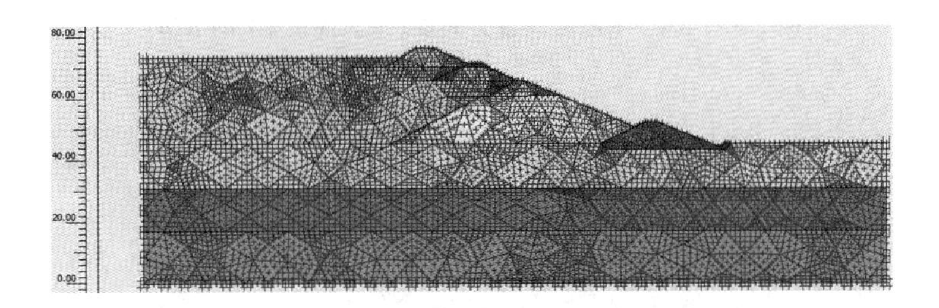

图 3.89　太平沟贮灰场有限元网格剖分模型图

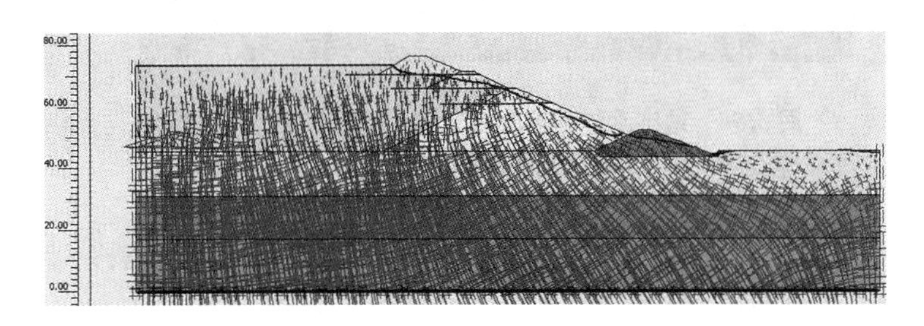

图 3.90　有效主应力矢量分布图(最大有效主应力 720.39Pa)

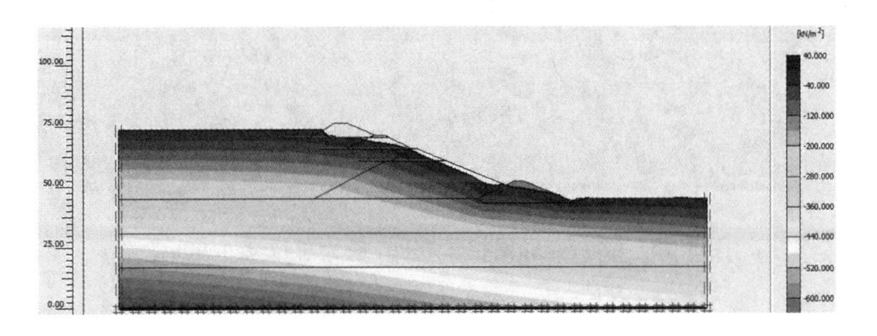

图 3.91　地下水等水位面分布云图(最大总孔压 735.00Pa)

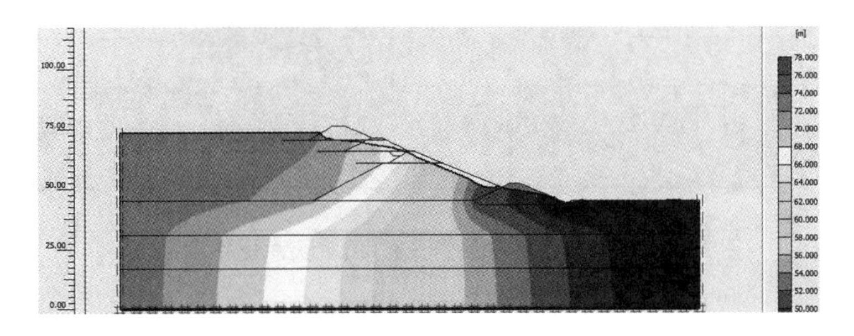

图 3.92　地下水等势面分布云图

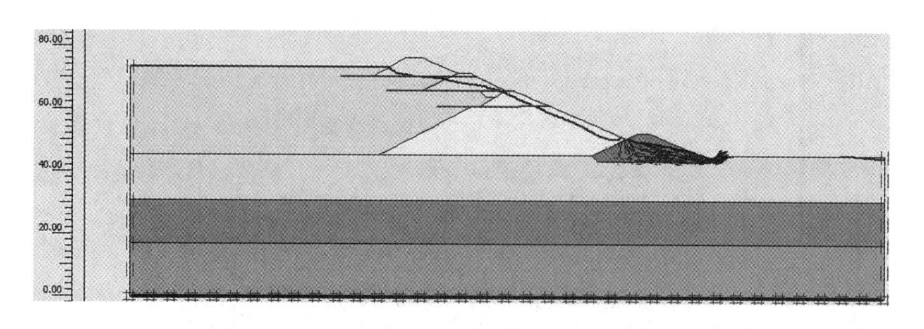

图 3.93　地下水渗流矢量分布图(最大速度 38.04m/d)

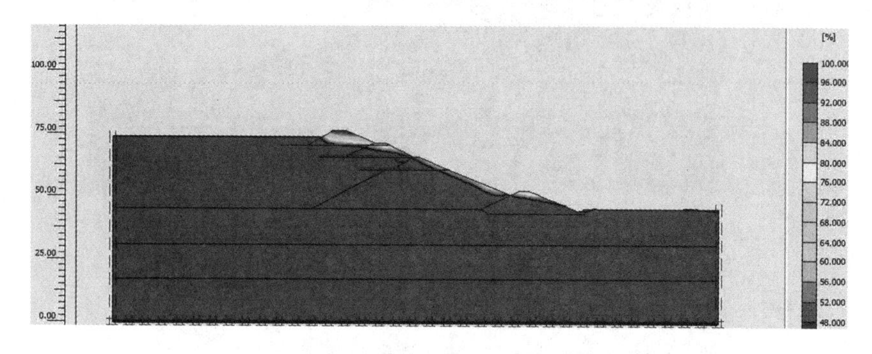

图 3.94　地下水饱和度分布云图(最大饱和度 100.53%)

(3)太平沟灰场灰坝渗流变形分析

由图 3.95 至图 3.98 可以看出坡脚处以及主坝坝前坡面均产生位移，且剪应力较大。

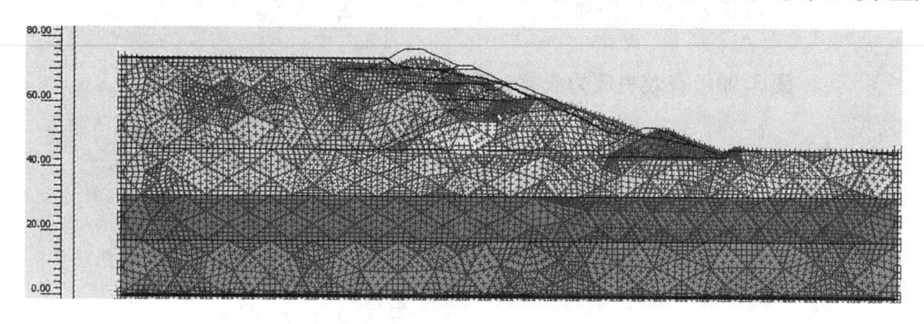

图 3.95　渗流变形网格分布图(最大总位移 4.00m)

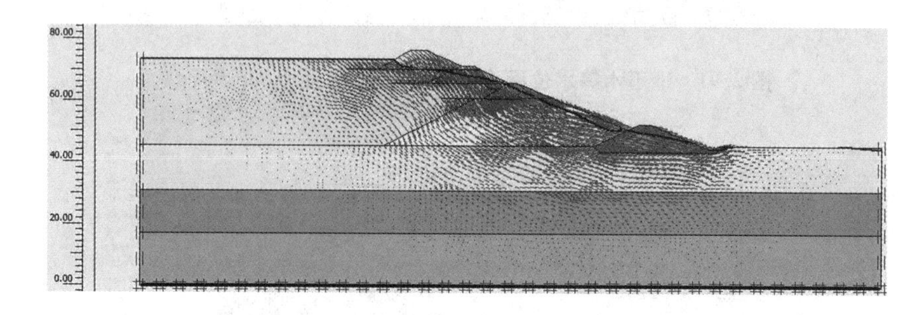

图 3.96　渗流变形位移矢量分布图(最大总位移 4.00m)

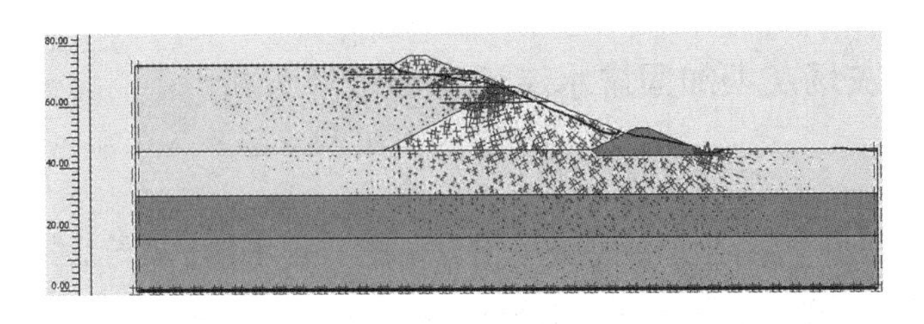

图 3.97　渗流变形总应变矢量分布图(最大主应变 44.15%)

图 3.98　渗流变形总剪应变等值线分布云图(最大主应变 44.15%)

(4)太平沟灰场灰坝渗流变形破坏(有限元强度折减)分析

如图 3.99 至图 3.101 所示，根据模拟分析此尾矿库最终将产生坝坡整体滑动，需进行加固处理。

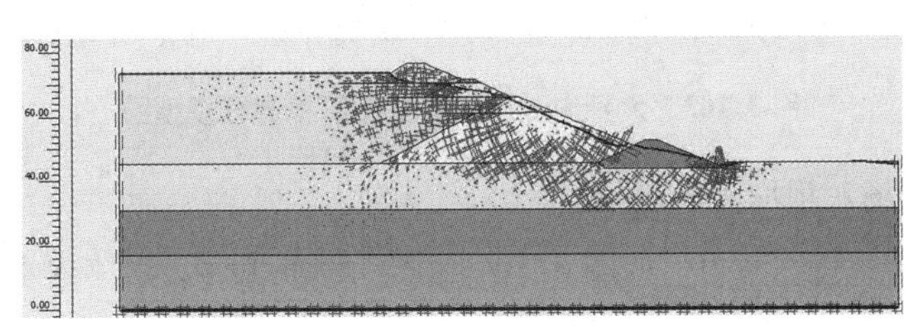

图 3.99　渗流变形总应变矢量分布图

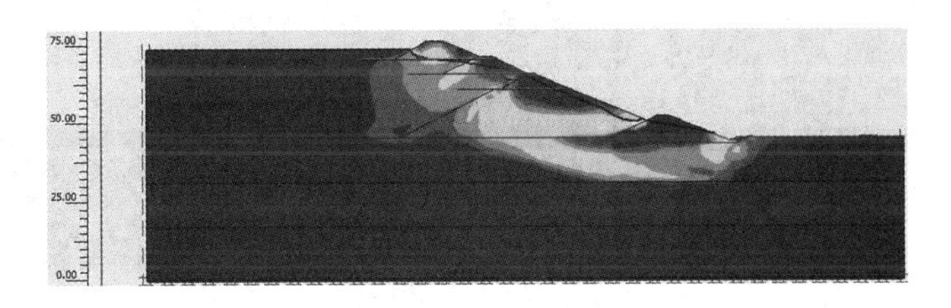

图 3.100　渗流变形总剪应变等值线分布云图

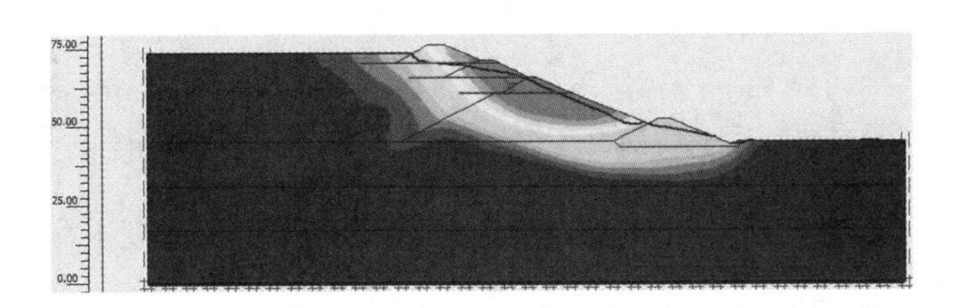

图 3.101　渗流变形破坏分布云图

3.5.2 太平沟灰场灰坝加固排水渗流变形破坏分析

(1)太平沟灰场灰坝加固模型

在原有的基础上，在灰坝下游边坡上增设了贴坡排水体；填筑后期子坝时，在子坝前增设了排渗盲管。模型如图 3.102 和图 3.103 所示。

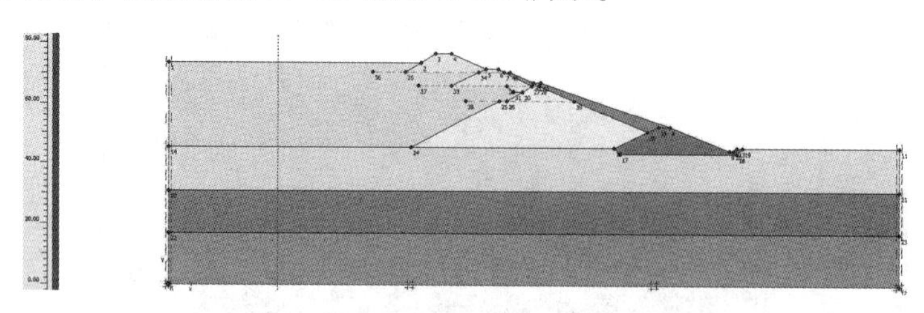

图 3.102 太平沟贮灰场几何模型图

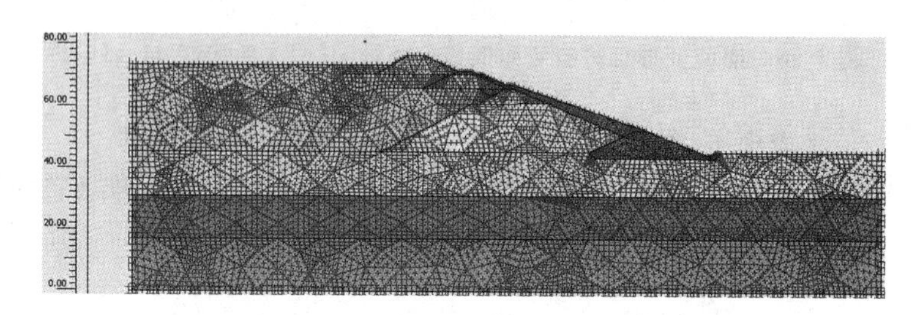

图 3.103 太平沟贮灰场有限元网格剖分模型图

(2)太平沟灰场灰坝加固渗流分析

在加固后该灰坝排水较好，如图 3.104 至图 3.108 所示，坝体内水位线相比下降许多，达到加固目的。

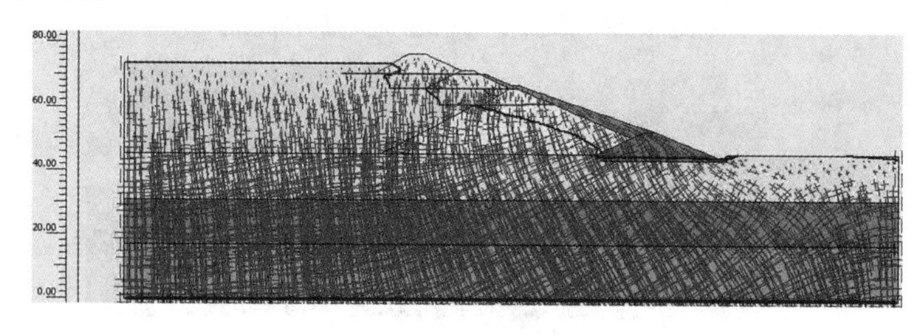

图 3.104 有效主应力矢量分布图(最大有效主应力 737.36Pa)

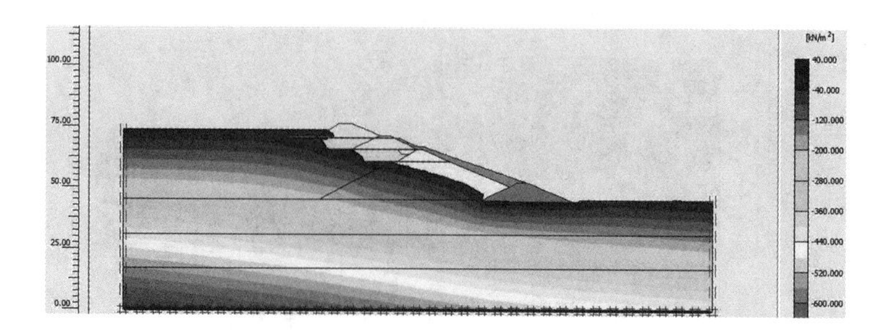

图 3.105 地下水等水位面分布云图(最大总孔压 735.00Pa)

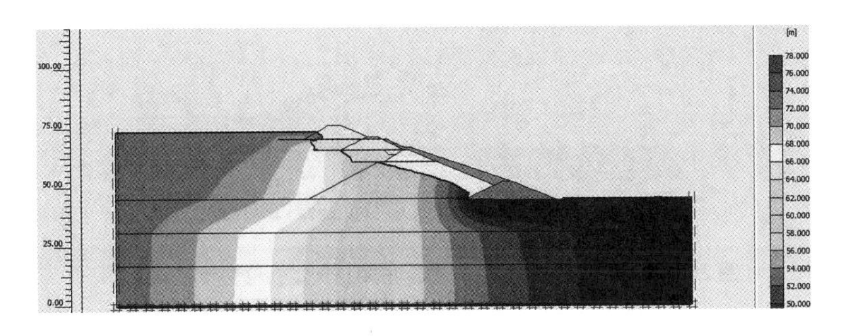

图 3.106　地下水等势面分布云图

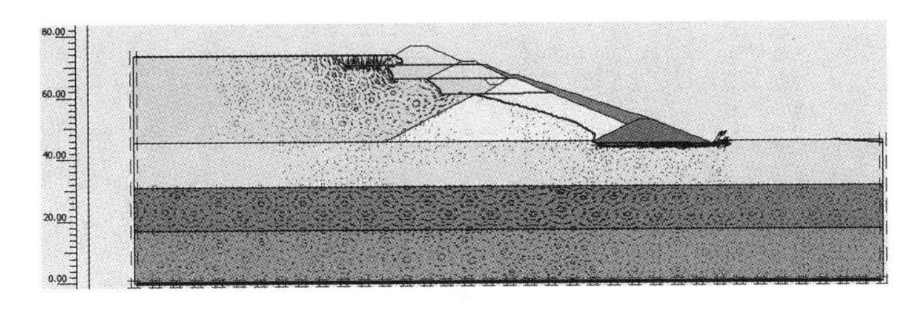

图 3.107　地下水渗流矢量分布图(最大速度 0.43m/d)

图 3.108　地下水饱和度分布云图(最大饱和度 101.54%)

(3)太平沟灰场灰坝加固渗流变形分析

该灰坝加固后，如图 3.109 至图 3.112 所示，变形位移较加固前有明显减少，坡脚处及主坝前剪应力也相对减小。

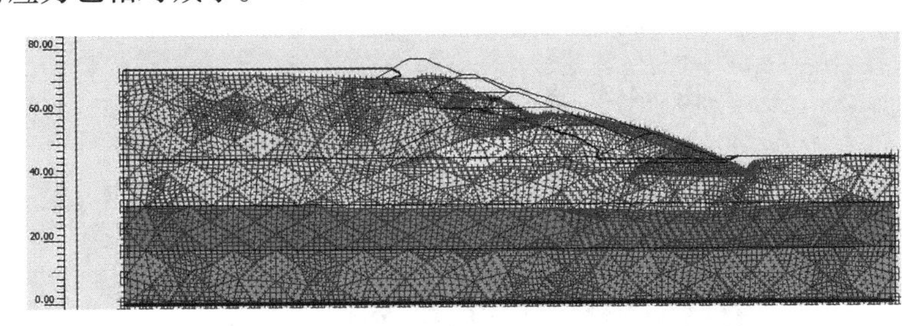

图 3.109　渗流变形网格分布图(最大总位移 4.00m)

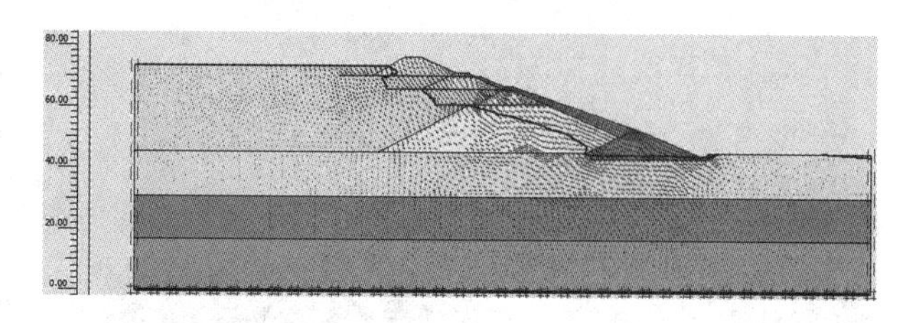

图 3.110　渗流变形位移矢量分布图(最大总位移 0.748m)

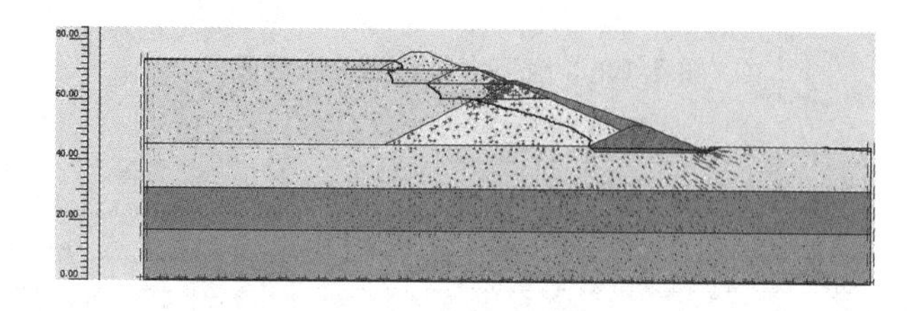

图 3.111　渗流变形总应变矢量分布图(最大主应变 6.00%)

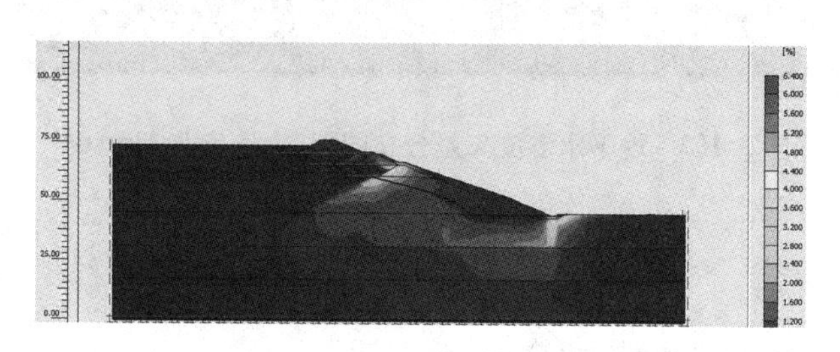

图 3.112　渗流变形总剪应变等值线分布云图(最大主应变 44.15%)

(4)太平沟灰场灰坝加固渗流变形破坏(有限元强度折减)分析

该灰坝在加固后基本稳定，如图 3.113 至图 3.115 所示，没有出现加固前产生坝坡整体滑移的现象，故增设贴坡排水体及排渗盲管具有良好的加固效果。

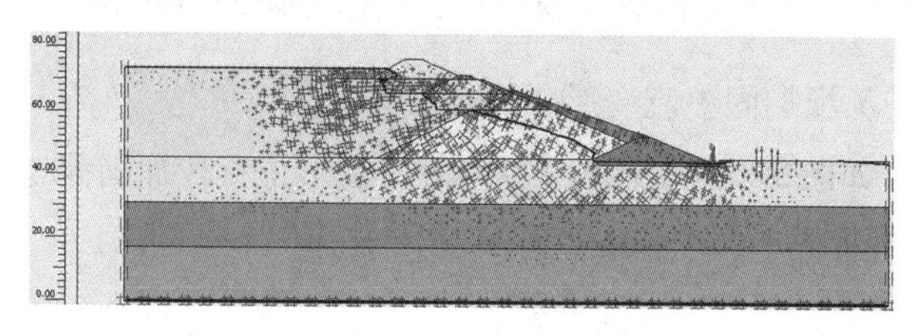

图 3.113　渗流变形总应变矢量分布图

图 3.114　渗流变形总剪应变等值线分布云图

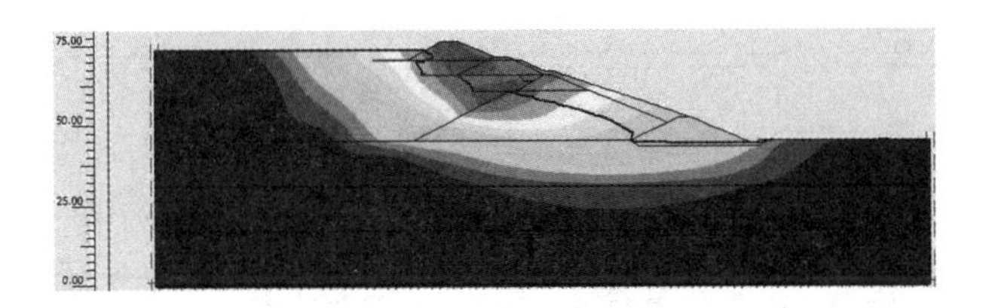

图 3.115　渗流变形破坏分布云图

3.5.3　太平沟灰场灰坝加固排水前后对比分析

由图 3.116 至图 3.121 可以看出，加固后坝体内水位线降低，产生的位移减小，渗流速度减慢，使坝体更趋于稳定。

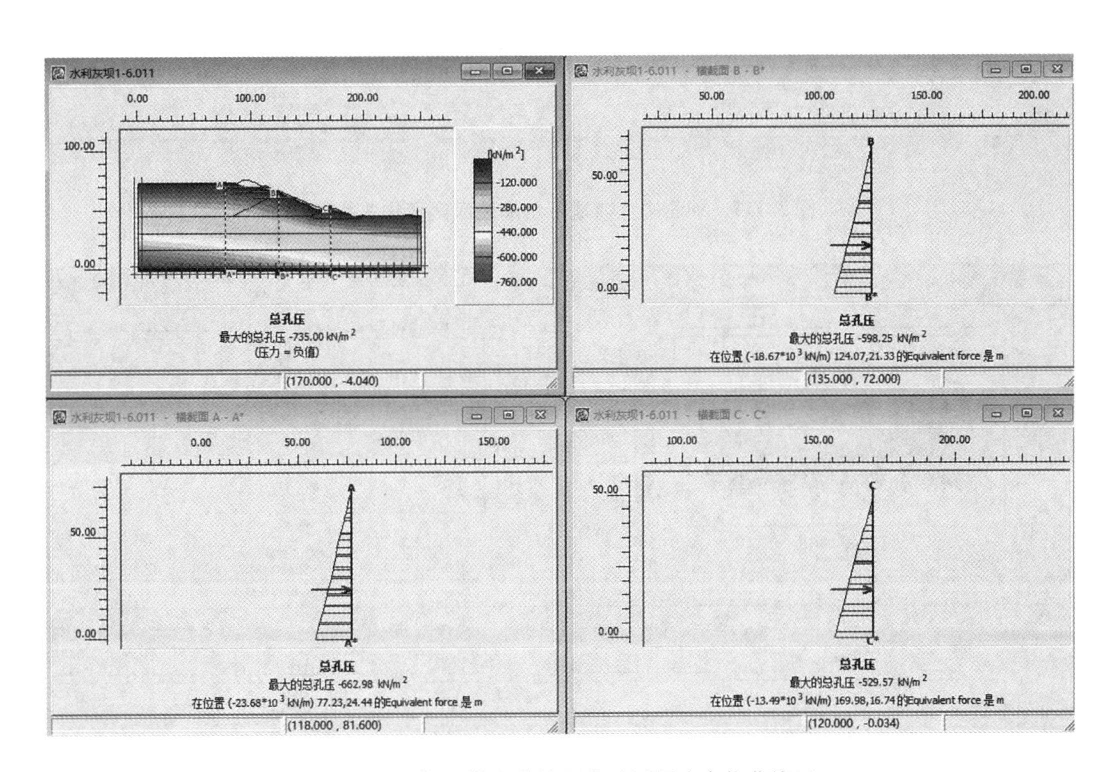

图 3.116　加固排水前地下水孔压深度变化曲线图

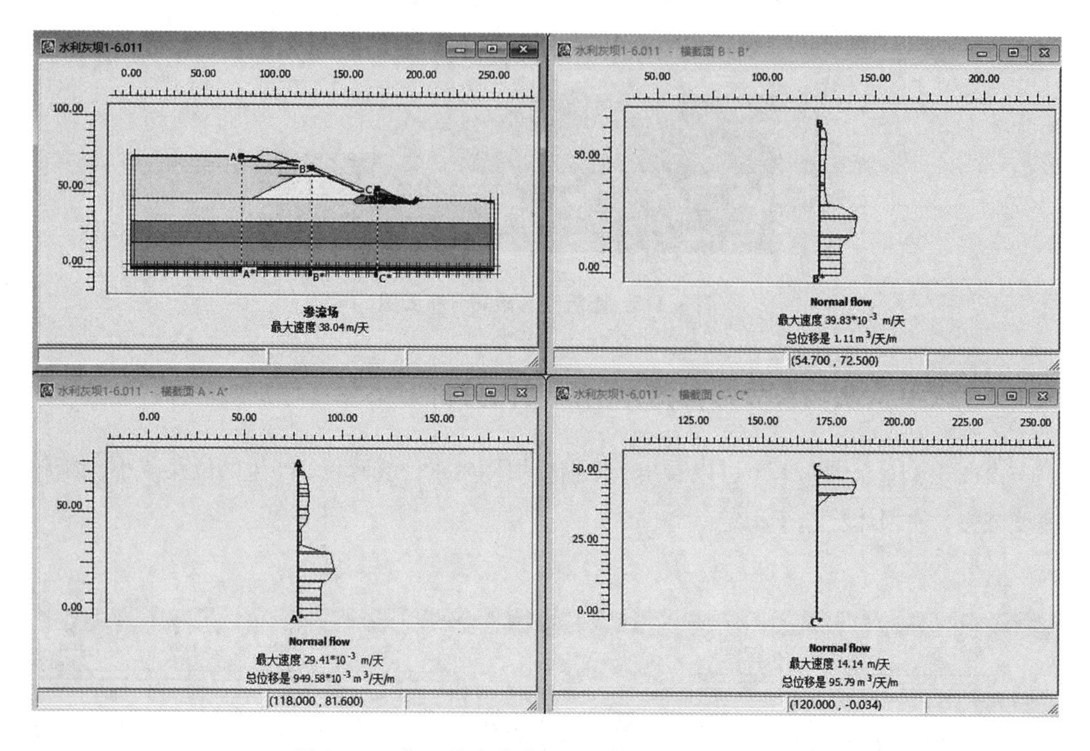

图 3.117　加固排水前地下水渗流深度变化曲线图

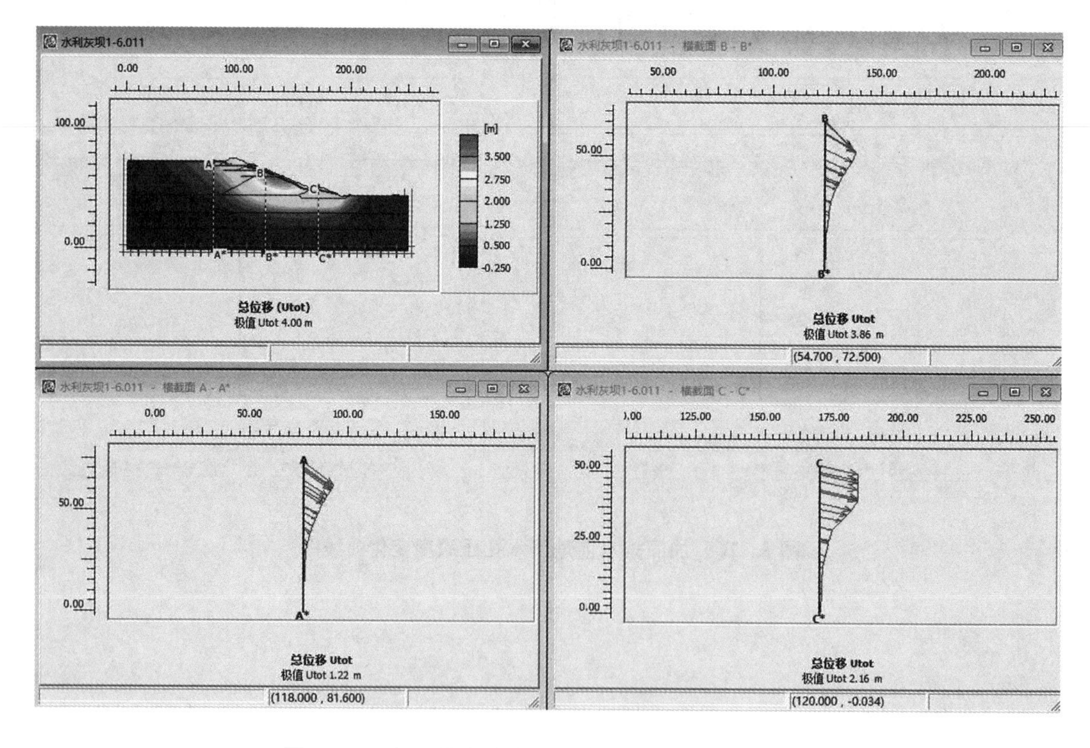

图 3.118　加固排水前渗流变形位移深度变化曲线图

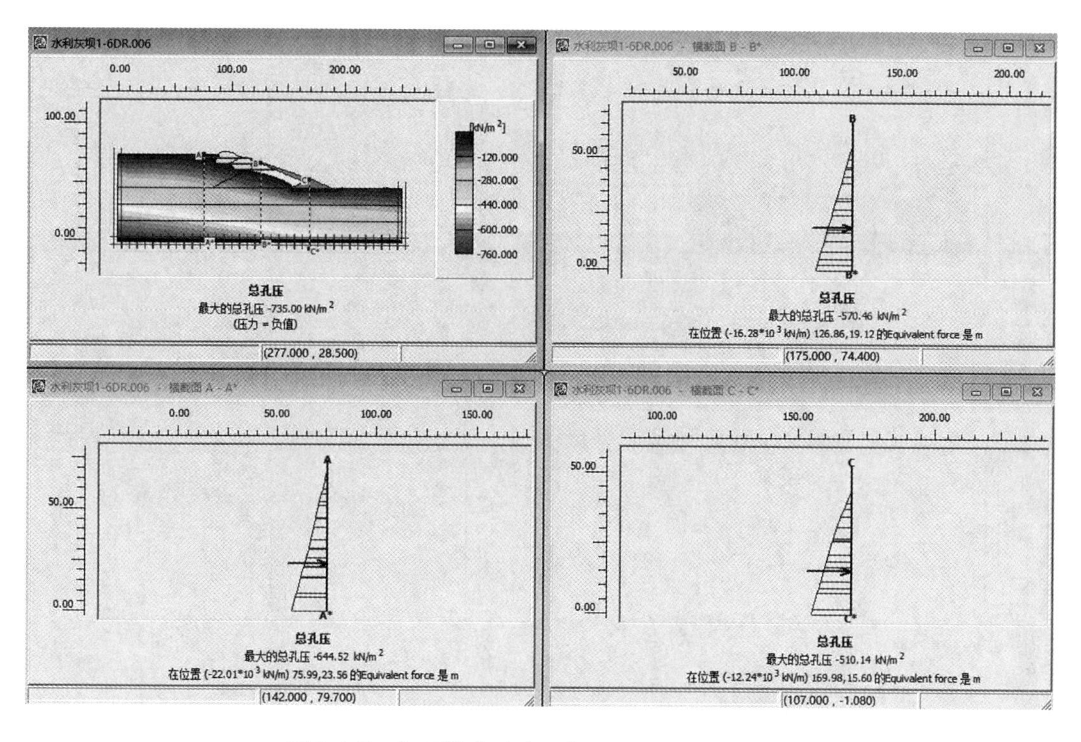

图 3.119 加固排水后地下水孔压深度变化曲线图

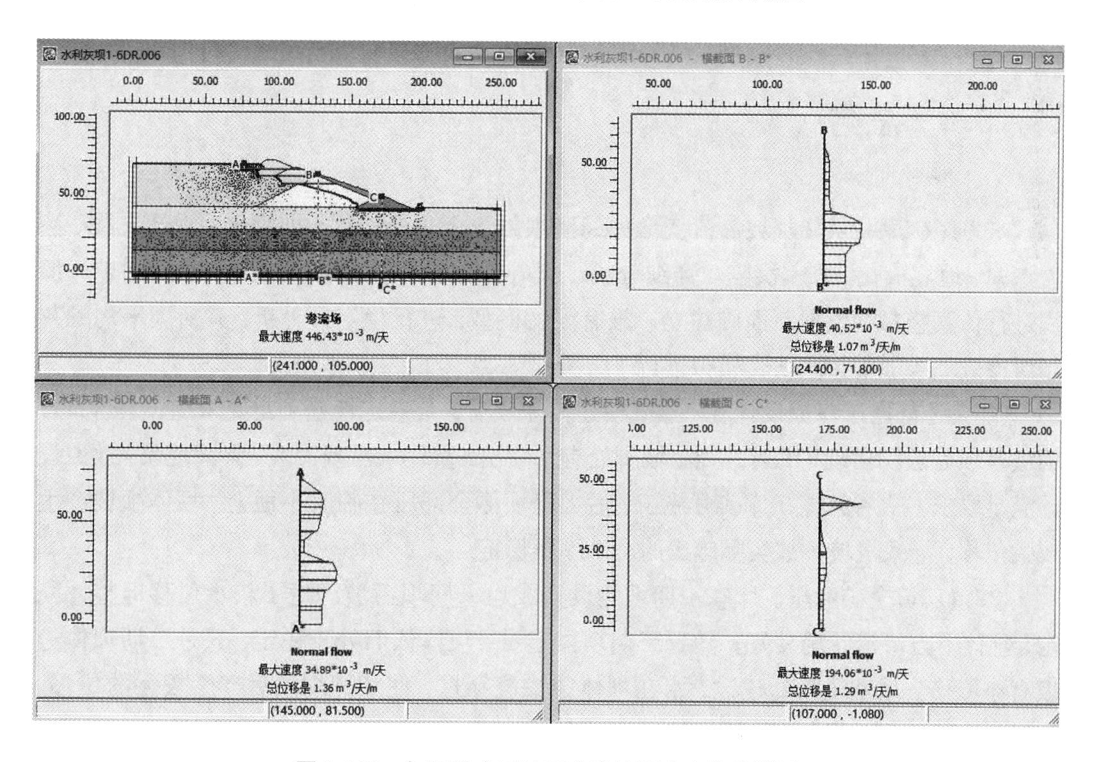

图 3.120 加固排水后地下水渗流深度变化曲线图

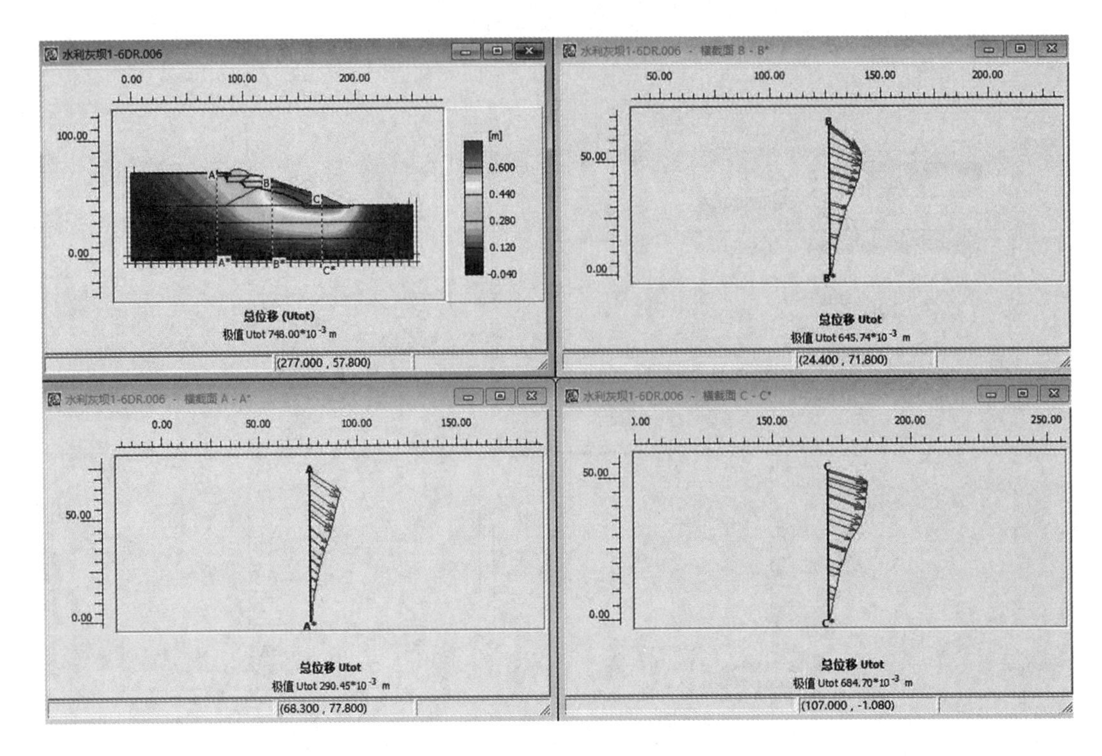

图 3.121　加固排水后渗流变形位移深度变化曲线图

3.6　总结

水力尾矿库贮灰场坝坡渗流变形失稳溃坝的 5 个主要原因，即洪水、坝体失稳、渗流渗漏、地震液化、坝基沉陷。详细分析了火谷都尾矿库溃坝、镇安黄金矿业尾矿库溃坝进行仿真模拟，根据断面圆建立二维有限元模型，进行稳定性分析，并对太平沟贮灰场渗流破坏与加固排水仿真模拟进行了分析：

① 火谷都尾矿库原设计在一、二期建设完成后，其稳定性是满足要求的，土当只有坝坡及坝后坡脚出现了极小位移，坡脚处有水渗出，整体未出现滑坡、渗漏现象，故原设计满足要求。火谷都尾矿库实际施工，后工程坝体全部压在临时小坝上，坝体坝坡产生较大位移，导致滑坡。故实际施工的尾矿库不稳定。

② 镇安黄金矿业尾矿库在一期坝建设完成后一期坝后坡产生了较小位移但整体稳定，坝体下方渗流状况良好。随着二期坝体建设，坝体依旧处于稳定，只是二期坝体边坡有小位移。后期子坝的建设，水在坝体中渗流穿过，使二期坝坝后产生较大的位移，此时整个坝坡发生滑动，导致溃坝。

③ 太平沟贮灰场坝体浸润线位置很高，初期坝几乎处于饱和状态。加固措施为在灰坝下游边坡上增设了贴坡排水体；填筑后期子坝时，在子坝前增设了排渗盲管。加固后坝体内水位线降低，产生的位移减小，渗流速度减慢，使坝体更趋于稳定。

第 4 章　水力尾矿库贮灰场坝渗流变形防治技术

水力尾矿库贮灰场坝渗流计算与分析是水力尾矿库贮灰场坝设计的重要内容之一。水力尾矿库贮灰场坝渗流计算与分析的主要内容包括：确定水力尾矿库贮灰场坝浸润线和下游渗流溢出点的位置；确定水力尾矿库贮灰场坝的渗流流速、渗透坡降等渗流要素；确定通过水力尾矿库贮灰场坝坝体和坝基的渗流量。水力尾矿库贮灰场坝渗流计算与分析的目的和意义为：对初步拟定的水力尾矿库贮灰场坝坝型及剖面尺寸进行复核，为计算水力尾矿库贮灰场坝边坡稳定提供依据；根据水力尾矿库贮灰场坝的渗流要素，分析水力尾矿库贮灰场坝的渗流稳定性，防止水力尾矿库贮灰场坝发生渗透破坏；计算水力尾矿库贮灰场坝坝体和坝基的渗流量，为水力尾矿库贮灰场坝下游排水系统设计提供数据；对采用分期筑坝方式建设的水力尾矿库贮灰场坝，可通过渗流计算与分析来预测后期水力尾矿库贮灰场坝的浸润线位置，为水力尾矿库贮灰场坝后期加高提供依据；在水力尾矿库贮灰场坝运行过程中，因淤堵等原因造成排渗系统的功能减弱或丧失时，可通过反演计算来模拟水力尾矿库贮灰场坝渗流的实际状况，为水力尾矿库贮灰场坝排渗系统改造提供依据。水力尾矿库贮灰场坝坝体的渗流为无压渗流，有自由浸润面存在。在正常运行期，坝体的渗流可看作稳定渗流；当水力尾矿库贮灰场坝上、下游水位发生骤升或骤降时，坝体中将产生不稳定渗流，应考虑随时间变化的浸润面对水力尾矿库贮灰场坝边坡稳定的影响。

4.1　渗流场基本理论

水或其他流体在土体孔隙或岩体裂隙、溶洞中进行流动的现象，称为渗流，水或其他流体的流动性质取决于土体性质和流体性质。发生渗流的区域称为渗流场。土体和孔隙岩层是由固体骨架和孔隙组成的多孔介质。在多孔介质中，孔隙通道是不连续的，孔隙的几何形态及连通情况也极其复杂，难以用精确的方法来描述。因此，无论是固体骨架还是孔隙，都无法用连续函数进行表达。水在土体中的流动也是极其复杂的，由于土中孔隙的分布杂乱无章，因此无法用理论分析或实验来确定单个孔隙中水的运动特征。对实际工程，单个孔隙中水的运动特征没有太大的意义，整个研究范围内水的渗透规律才具有实际价值。为了分析研究范围内水的渗透规律，以解决实际工程问题，人们假想一种渗流。在这种假想渗流中，不考虑渗流的路径，只考虑渗流的流向；不考虑土体颗粒所占的空间，认为土体的全部区域均被渗流填充。为了使假想渗流在水力特性方面和渗流的实际情况一致，假想渗流必须符合以下条件：对于同一过水断面，假想渗流的流量等于实际渗流的流量；作用于任一面积上的假想渗流压力等于实际渗流压力；假想渗流在任意体积内所受到的阻力等于同体积实际渗流所受到的阻力，即水头损失相等，可以把渗流视为连续介质的运动，渗流的运动要素可以用空间坐标的连续函数进行表达，从而分析土的渗流问题，求解流速、流量、浸润线位置等渗流要素。人们把这种假想渗流称为渗流模型。

4.1.1 渗流运动方程

当土中渗流为层流状态时，水渗透速度与水头损失之间的关系可以用达西定律表示为：

$$v=-K\frac{\mathrm{d}h}{\mathrm{d}l}=Ki \tag{4.1}$$

式中：v——过流断面平均渗透速度；

K——土的渗透系数，物理意义是：当水力坡降为 1 时，土的渗透速度；

h——总水头或测压管水头；

l——渗流途径长度；

i——水力坡降。

当土体渗透性为各向异性时，可将式(4.1)改写为：

$$v=-K_i\frac{\partial h}{\partial x_i}\quad (i=1,\ 2,\ 3) \tag{4.2}$$

由式(4.1)或式(4.2)求出的渗透速度是一种假想的平均流速，它假定水在土中的渗透是通过整个土体截面进行的。实际上，渗透水仅在土体的孔隙中流动，实际平均流速要比假想平均流速大很多。假想平均流速与实际平均流速可通过式(4.3)进行转换，转换关系式为：

$$v=v'n=v'\frac{e}{1+e} \tag{4.3}$$

式中：v——过流断面假想平均渗透速度；

v'——过流断面实际平均渗透速度；

n——土的孔隙率；

e——土的孔隙比。

在流体力学中，流体的运动方程(N-S 方程)考虑了流体黏滞性产生的剪应力。当忽略多孔介质变形时，不可压缩流体的 N-S 方程可用式(4.4)表达为：

$$\frac{1}{ng}\frac{\partial v}{\partial t}=-\left(\frac{\partial h}{\partial x}+\frac{\partial h}{\partial y}+\frac{\partial h}{\partial z}\right)-\frac{v}{K} \tag{4.4}$$

式中：n——土的孔隙率；

v——过流断面假想平均渗透速度；

h——总水头或测压管水头；

K——土的渗透系数。

当土中渗流为稳定流时，可将式(4.4)改写为式(4.5)。实际上，式(4.5)就是达西定律方程式，即

$$v=K\left(\frac{\partial h}{\partial x}+\frac{\partial h}{\partial y}+\frac{\partial h}{\partial z}\right) \tag{4.5}$$

4.1.2　渗流连续方程

对土中任一立方体 $dxdydz$，在渗流过程中，dt 时间内在 z 轴方向流进微元体的流量为$\gamma_w v_x dydzdt$，流出微元体的流量为$\gamma_w\left(v_x\frac{\partial v_x}{\partial x}\right)dydzdt$，在 x 轴方向两者的差值为$\gamma_w\frac{\partial v_x}{\partial x}dxdydzdt$，其中$v_x$为沿 x 轴方向的渗透速度，γ_w为流体的重度。同样，在 dt 时间内在 y 轴和 z 轴方向流进微元体和流出微元体流量的差值分别为$\gamma_w\frac{\partial v_y}{\partial y}dxdydzdt$ 和$\gamma_w\frac{\partial v_z}{\partial z}dxdydzdt$。在土体孔隙率保持不变、流体不可压缩的条件下，微元体在 x、y、z 三个方向上的总入流量与总出流量之和应为零，可用式(4.6)进行表示：

$$\gamma_w\frac{\partial v_x}{\partial x}dxdydzdt+\gamma_w\frac{\partial v_y}{\partial y}dxdydzdt+\gamma_w\frac{\partial v_z}{\partial z}dxdydzdt=0 \tag{4.6}$$

将式(4.6)简化后，可得出式(4.7)，式(4.7)即为渗流连续方程式：

$$\frac{\partial v_x}{\partial x}+\frac{\partial v_y}{\partial y}+\frac{\partial v_z}{\partial z}=0 \tag{4.7}$$

当土中的渗流满足达西定律，即满足式(4.8)时，可将式(4.7)改写为式(4.9)

$$\left.\begin{aligned} v_x&=-K_x i_x=-K_x\frac{\partial h}{\partial x}\\ v_y&=-K_y i_y=-K_y\frac{\partial h}{\partial y}\\ v_z&=-K_z i_z=-K_z\frac{\partial h}{\partial z}\end{aligned}\right\} \tag{4.8}$$

$$K_x\frac{\partial^2 h}{\partial x^2}+K_y\frac{\partial^2 h}{\partial y^2}+K_z\frac{\partial^2 h}{\partial z^2}=0 \tag{4.9}$$

式中：　　h——总水头或测压管水头；

K_x，K_y，K_z——土体 x，y，z 方向的渗透系数。

若 $K_x=K_y=K_z$，可将式(4.9)简化为式(4.10)，即

$$\frac{\partial^2 h}{\partial x^2}+\frac{\partial^2 h}{\partial y^2}+\frac{\partial^2 h}{\partial z^2}=0 \tag{4.10}$$

对于二维渗流问题，在 xy 平面上，可将式(4.10)简化为式(4.11)，即

$$\frac{\partial^2 h}{\partial x^2}+\frac{\partial^2 h}{\partial y^2}=0 \tag{4.11}$$

式(4.11)常称为拉普拉斯(Laplace)方程。

4.1.3 非稳定-稳定渗流微分方程

当考虑固体骨架和水的压缩性时，多孔介质非稳定-稳定渗流微分方程可用式(4.12)表达，即

$$\frac{\partial}{\partial x}\left(K_x\frac{\partial h}{\partial x}\right)+\frac{\partial}{\partial y}\left(K_y\frac{\partial h}{\partial y}\right)+\frac{\partial}{\partial z}\left(K_z\frac{\partial h}{\partial z}\right)=\rho g(\alpha+n\beta)\frac{\partial h}{\partial t}=S_s\frac{\partial h}{\partial t} \tag{4.12}$$

式(4.12)就是考虑了固体骨架和水压缩性的非稳定渗流微分方程式。它既适用于有压渗流，也适用于无压渗流，式中 $S_s=\rho g(\alpha+n\beta)$，称为单位贮水量，其含义为在单位水头作用下，单位饱和土体排出或吸入的水量。

一般情况下，固体骨架和水的压缩性远小于孔隙的压缩性，可以忽略不计。若不考虑固体骨架和水的压缩性，式(4.12)改写为式(4.13)，即

$$\frac{\partial}{\partial x}\left(K_x\frac{\partial h}{\partial x}\right)+\frac{\partial}{\partial y}\left(K_y\frac{\partial h}{\partial y}\right)+\frac{\partial}{\partial z}\left(K_z\frac{\partial h}{\partial z}\right)=0 \tag{4.13}$$

对有自由面的非稳定渗流，可根据自由面的边界条件按式(4.13)进行求解，但按自由面的边界条件求得的压力水头(h)是空间和时间的函数，需要逐时段求出瞬态稳定渗流场。稳定渗流是非稳定渗流的特例，可按式(4.13)对稳定渗流进行求解。

4.1.4 非稳定-稳定渗流微分方程的边界条件

对非稳定-稳定渗流微分方程，可以根据不同的初始条件和边界条件求得它的特解。对稳定渗流微分方程，只要列出边界条件即可求出其特解。对非稳定渗流微分方程，需要列出全部初始条件和边界条件，才能求出其特解。从描述渗流的数学模型看，边界条件有以下三类：

① 给定的位势函数或水头分布，或称为水头边界条件。由于非稳定渗流的水头边界与时间有关，因此必须对整个渗流过程的边界条件进行定义。水头边界条件可用函数表示为：$h=f(x, y, z, t)$。

② 渗流边界位势函数或水头的方向导数，亦称为流量边界条件。当考虑渗流边界的时间因素时，流量边界条件可用式(4.14)表示为

$$\frac{\partial h}{\partial n}=f(x, y, z, t) \tag{4.14}$$

当渗流为各向异性时，流量边界条件可用式(4.15)表示为

$$K_x\frac{\partial h}{x}l_x+K_y\frac{\partial h}{\partial y}l_y+K_z\frac{\partial h}{\partial z}l_z+q=0 \tag{4.15}$$

式中：　q——边界上单位面积渗流量；

∂x，∂y，∂z——外法线方向单位向量的分量。

对稳定渗流，单位面积渗流量为常数；对非稳定渗流，自由面边界上的单位面积渗流量除应符合水头边界条件外，还应满足流量边界条件，可用式(4.16)表示为

$$q=\mu\frac{\partial h'}{\partial t}\cos\theta-w \tag{4.16}$$

式中：μ——自由面变动范围内土的有效孔隙率；

h'——自由面水头；

θ——自由面法线与铅直线的夹角；

w——入渗量。

③ 混合边界条件。含水层边界上的内外水头差和交换流量之间保持一定的线性关系，可用式(4.17)表示为：

$$h+\alpha\frac{\partial h}{\partial n}=\beta \tag{4.17}$$

式中：α——土的压缩模量；

β—水的压缩模量。

对实际工程的渗流问题，不但要合理地拟定数学模型和渗流微分方程，还要准确给出渗流微分方程的边界条件，只有这样才能使分析计算结果接近实际情况。

4.1.5　数值分析法

水力尾矿库贮灰场坝渗流数值分析常用的方法有有限单元法、有限差分法、边界元法。

(1)有限单元法

在数值计算方法中，有限单元法的应用最为广泛。有限单元法以剖分离散和分块插值为指导思想，将连续的区域离散为一组有限个且按一定方式相互连接在一起的单元组合体，利用每个单元内假设的近似函数来分区表达整个求解区域内待定的未知渗流场函数。由于单元之间能按不同的连接方式进行组合，且单元形状又有很多种，因此有限单元法可以模拟几何形状比较复杂的渗流区域。单元内的近似函数通常用未知渗流场函数或其导数在单元各个节点上的数值和其插值函数来表达。这样一来，未知渗流场函数或其导数在各个节点上的数值就成为新的未知量，从而使一个连续的无限自由度问题变成

离散的有限自由度问题。求出这些未知量后，就可以利用插值函数计算出各个单元内渗流场函数的近似值，从而得出整个求解区域内渗流场函数的近似值。通过增加单元数和单元自由度、提高插值函数的精度等手段，使每个单元的计算结果都满足收敛要求，从而使渗流场函数的近似解收敛于精确解。有限单元法虽然类似于有限差分法，但其实施方法不同。有限差分法是直接从微分方程入手，以离散的形式逐步逼近微分方程中的导数。有限单元法则相反，它是按照变分原理求出泛函积分，从而得出函数值，即把微分方程及其边界条件转变成一个泛函求极值问题。有限单元法在模拟曲线边界和各向异性渗透介质方面有较大的灵活性。

(2)有限差分法

有限差分法是一种常用的数值计算方法，其基本思路为：用渗流区内有限个离散点的集合代替连续的渗流场，在这些离散点上用差商去近似地代替微分方程中的导数，将微方程及其定界条件简化成以渗流函数在离散点上的近似值为未知量的代数方程（即差分方程）。这样一来，基本微分方程和边界条件的求解可归结为解一个线性方程组，从而得到微分方程在这些离散点上的近似解。有限差分法的优点是：原理易懂，算式简单，有比较成熟的理论基础；缺点是：局限于规则的差分网格，对曲线边界和各向异性渗透介质的模拟比较困难。

(3)边界元法

边界元法是一种常用的数值计算方法，又称边界积分法，其基本思路为：在求解边界积分的基础上，采用与有限单元法类似的单元剖分和线性插值，对研究区域的边界进行离散。由此可见，建立研究问题的边界积分方程是边界元法的基础。与有限单元法相比，边界元法便于处理无限或半无限渗透介质、奇异渗流、有自由面的渗流等问题。由于边界元法只对研究区域的边界进行剖分，因此数据信息量显著减少。一般情况下，边界元法的计算精度也高于有限单元法。边界元法的缺点是：它的系数矩阵是满阵，而且是不对称的；对三维非均匀渗透介质，很难用该方法进行求解。

4.1.6 有限单元法分析步骤

有限单元法是用“分片逼近”的方法来求解偏微分方程。它先把渗流区域划分成许多较小的、相互联系的区域，常称为“单元”，这些单元的形状可以相同，也可以不同。一维单元为线段，二维单元为三角形、四边形，三维单元为多面体等。所研究的区域被分割后，用比较简单的函数来构造每个子区域中的水头表示式，最后集合起来形成线性代数方程组，从而得出原渗流区域的解。有限元分析渗流的步骤大致如下：

① 离散化：把待求解区域划分成有限个单元，单元的顶点称为节点。单元和单元之间通过节点相连，这个过程称为“离散化”或“区域剖分”

② 单元分析：有限单元内的待定近似函数（单元水头分布函数）可由已知的若干插值函数叠加而成。在多个单元共用的节点上，其水头函数应相等；在单元交界面上，其

水头函数也应相等。

③ 建立单元渗透矩阵：建立每个节点的单元系数矩阵，也称单元渗透矩阵。

④ 合成总体渗透矩阵：把每个单元渗透矩阵集合起来，形成一组描述整个渗流区域的代数方程组，建立总体渗透矩阵。

⑤ 把给定的边界条件归并到总矩阵中。

⑥ 求出线性代数方程组的解，求出各个节点的未知水头值。

⑦ 求出其他未知物理量，并对计算结果进行分析。

4.1.7　计算软件的应用

计算软件是一个以有限元分析为基础的大型通用商业软件，广泛应用于机械制造、石油化工、轻工、造船、航空航天、汽车工业、电子、土木工程、水利、交通、生物、医药等领域。计算软件主要包括前处理模块、分析计算模块和后处理模块三部分。前处理模块为用户提供了一个强大的建模及网格划分工具。模块内有 100 多种单元类型，用户可方便地构建有限元模型，用来模拟工程中的各种结构和材料。分析计算模块可进行结构分析(线性分析、非线性分析和高度非线性分析)、流体动力学分析、电磁场分析、声场分析、物理场耦合分析等，可模拟多种物理介质的相互作用，具有灵敏度分析及优化分析能力。后处理模块可将计算结果用彩色等值线、梯度、矢量、粒子流轨迹、立体切片、透明或半透明图形方式显示出来，也可以将计算结果以图表、曲线形式显示或输出。

水力尾矿库贮灰场坝渗流有自由水面存在，浸润面以下为饱和土，其渗透系数一般为常数，浸润线边界的法向渗流速度为零；在浸润面以上，渗透系数是含水量的函数，而含水量又是压力水头的函数，故在非饱和区一般需迭代求解材料的渗透系数。由于浸润线的位置一般未知，因此在计算中，仅简单地在上、下游设置水头解决不了具体浸润面的渗流问题。要计算水力尾矿库贮灰场坝的渗流问题，必须先计算浸润线。为了求得水力尾矿库贮灰场坝的渗流场，可先假定水力尾矿库贮灰场坝的浸润线位置和渗流溢出点，然后按假定边界条件采用迭代法对渗流进行计算，并根据压力水头的分布，调整材料的渗透系数。根据上一次计算结果调整假定浸润线的位置，再进行分析、计算。按以上步骤，反复调整假定浸润线的位置，直到相邻两次的计算结果小于设定的误差限值。具体步骤如下：

① 建立一个数据文件，用来储存渗透系数与压力水头的关系式和函数值。

② 假设浸润线位置和渗流溢出点，首次计算可假定浸润线溢出点与上游水面在同一高程上；定义下游面总水头值为各点的 y 坐标。

③ 比较各单元中心点的 y 坐标值与单元中心点总水头值，如果总水头值小于 y 坐标值，说明该点在浸润线以上，其压力水头为总水头值与节点 y 坐标的差值。根据压力水头，修正单元的渗透系数。

④ 重新分析水力尾矿库贮灰场坝渗流。

⑤ 反复进行步骤②和④，直到各点的水头变化小于设定的误差限值。

⑥ 进入后处理模块，显示总水头等值线云图；计算节点压力水头和渗流量，并先将压力水头复制到节点上，然后显示出压力水头云图。

4.2 渗流场基本分析方法

水力尾矿库贮灰场坝渗流计算与分析的主要内容包括：确定水力尾矿库贮灰场坝浸润线和下游渗流溢出点的位置；确定水力尾矿库贮灰场坝渗流流速、水力坡降等渗流要素；确定水力尾矿库贮灰场坝坝体和坝基的渗流量。

水力尾矿库贮灰场坝渗流分析的方法很多，常用的有水力学法、流网法、数值分析法、反演法、电拟法等。

(1)水力学法基本假定

水力学法是一种二维渗流分析方法，它可近似确定水力尾矿库贮灰场坝浸润线位置、渗流流量、平均流速和渗透坡降。水力学法的基本假定是：

①水力尾矿库贮灰场坝坝体及坝基为均质、各向同性材料。

②水力尾矿库贮灰场坝渗流为缓变流，即渗流场中等势线和流线均缓慢变化，任何铅直线上各点的流速和水头相等。对不透水地基，水力尾矿库贮灰场坝渗流可以用虚拟矩形土体的渗流场模拟，如图 4.1 所示，根据达西定律可以得出杜平公式，见式(4.18)。

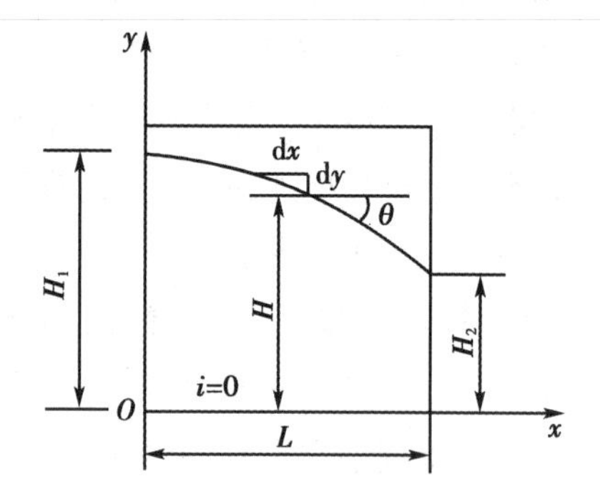

图 4.1 渗流计算简图

$$\left.\begin{aligned} v&=\frac{K(H_1-H_2)}{L} \\ q&=\frac{K(H_1^2-H_2^2)}{2L} \end{aligned}\right\} \tag{4.18}$$

式中：v——渗流速度；

K——土渗透系数；

H_1，H_2——灰坝上、下游水深，m；

q——渗流量。

由式(4.18)可知，浸润线是一条抛物线。当渗流量已知时，即可绘制出浸润线；当渗流边界条件已知时，即可计算出单位渗流量。

③用虚拟矩形土体代替水力尾矿库贮灰场坝坝体的前提是坝体上游面是铅直的，这一假定与实际不相符。根据渗流阻力相等原则，如坝体和坝基的渗透系数相同，当坝体上游边坡坡度不小于2时，虚拟矩形土体的宽度(ΔL)可取为$0.4H_1$；当坝体上游边坡坡度小于2时，虚拟矩形土体的宽度(ΔL)可取为$m_iH_1/(1+2m_i)$，其中H_1为水力尾矿库贮灰场坝上游水深，m_i为水力尾矿库贮灰场坝上游边坡坡度。

(2)不透水地基上均质坝的下游无排水设施渗流计算

一般情况下，当坝基渗透系数小于坝体渗透系数的1%时，可以认为坝基是不透水的。对不透水坝基上均质水力尾矿库贮灰场坝的渗流计算，最早使用“三段法”，后对其补充、完善，形成了更加实用的“二段法”。“二段法”是用虚拟矩形土体代替水力尾矿库贮灰场坝上游楔形体，并以渗流溢出点处的铅直线为分界线，将坝体分成上、下游两部分，如图4.2(a)所示，再根据渗流连续性原理求解渗流要素。

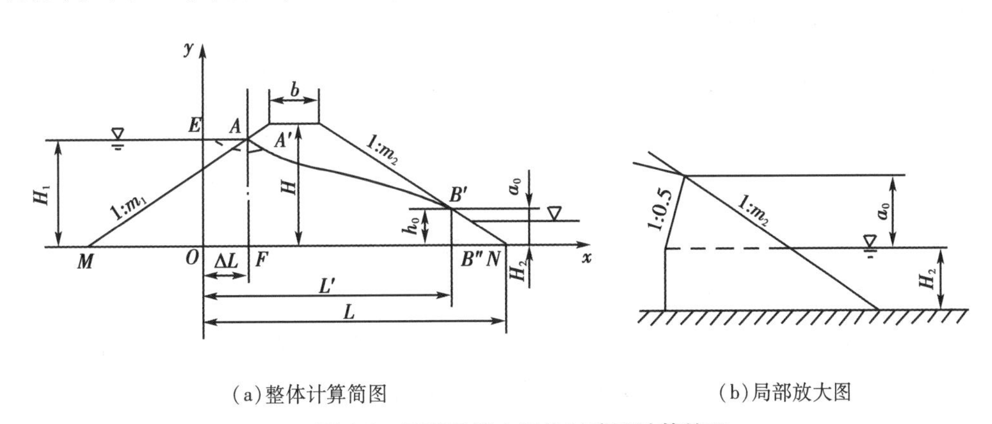

(a)整体计算简图　　(b)局部放大图

图4.2　下游无排水设施时渗流计算简图

对坝体上游段，上游楔形体的等效矩形宽度、单位渗流量、坝体浸润线方程可按式(4.19)计算，即

$$
\left.
\begin{aligned}
&\Delta L=\frac{\lambda}{\Delta H}\quad\left(\lambda=\frac{m_1}{2m_1+1}\right)\\
&q_2=K\frac{H_1^2-(H_2+a_0)^2}{2L'}\\
&y^2=H_2^2-\frac{2q_1x}{K}\text{（坝体浸润线方程）}
\end{aligned}
\right\}
\tag{4.19}
$$

式中：ΔL，L'——见图4.2，m；

ΔH——图4.2中点E与点B'之间的差值，m；

q_1，q_2——单位渗流量；

K——土的渗透系数；

a_0——浸润线溢出点在下游水面以上的高度，m；

H_1，H_2——灰坝上、下游水深，m；

m_1——灰坝上游边坡坡度平均值。

对坝体下游段，渗流量可分为下游水位以上部分和下游水位以下部分。试验研究表明：下游水位以上的坝身段与楔形体段以1∶0.5的等势线为分界面，如图4.2(b)所示，下游水位以下部分以铅直面作为分界面。坝体下游段水位以上部分的渗流量(q_{21})可按式(4.20)计算，即

$$q_{21} = \int_0^{a_0} K \frac{y}{(m_2 + 0.5)y} \mathrm{d}y = K \frac{a_0}{m_2 + 0.5} \tag{4.20}$$

坝体下游段水位以下部分的渗流量(q_{22})可按式(4.21)计算，即

$$q_{22} = K \frac{a_0 H_2}{(m_2 + 0.5)a_0 + \dfrac{m_2 H_2}{1 + 2m_2}} \tag{4.21}$$

则坝体下游段的总渗流量为：

$$q_2 = q_{21} + q_{22} = K \frac{a_0}{m_2 + 0.5}\left(1 + \frac{H_2}{a_0 + a_m H_2}\right) \tag{4.22}$$

其中

$$a_m = \frac{m_2}{2(m_2 + 0.5)^2}$$

式中：m_2——灰坝下游边坡坡度平均值。

根据渗流连续性原理可得知：$q = q_1 = q_2$，从而可求出水力尾矿库贮灰场坝单位渗流量(q)、浸润线溢出点位置(a_0)和浸润线方程。按浸润线方程作出的水力尾矿库贮灰场坝浸润线，需要在起点附近进行修正。当下游无水时，以上各式中的下游水深(H_2)为零。因为贴坡排水基本上不影响坝体浸润线位置，所以当坝体下游有贴坡排水时，计算方法与下游不设排水设施时相同(见图4.3至图4.6)。

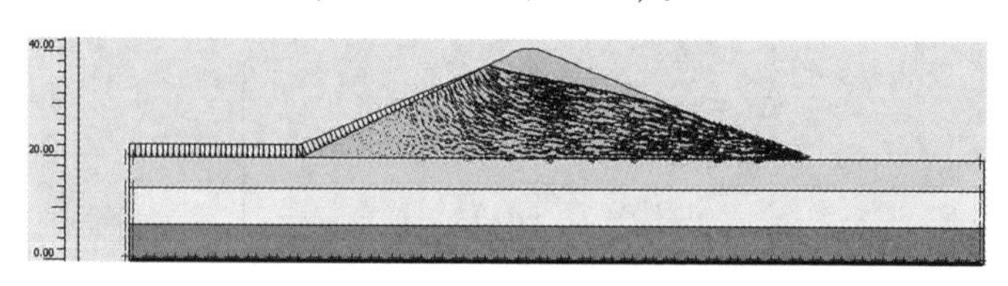

图4.3　下游无排水设施地下水渗流矢量分布图

(3)下游有褥垫式排水设施渗流计算

在水力尾矿库贮灰场坝下游设置褥垫式排水设施，是降低坝体浸润常用的工程措施之一，如图4.7所示。一般情况下，褥垫式排水设施的出口高程较低。只有在下游无水时，褥垫式排水设施才能起到排水作用；当下游水位超过褥垫式排水设施的出口高程时，

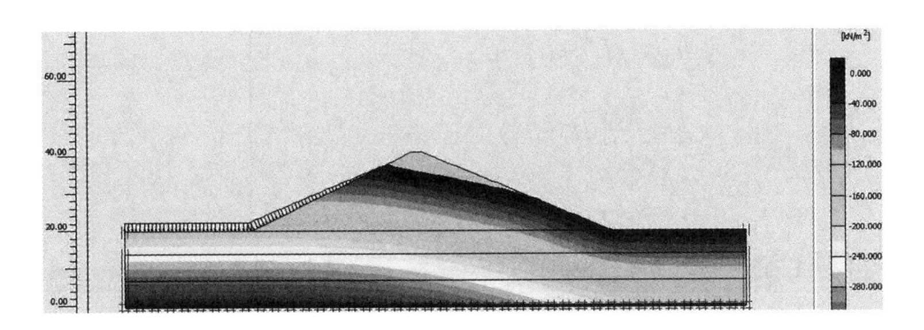

图 4.4　下游无排水设施地下水等水位面分布云图

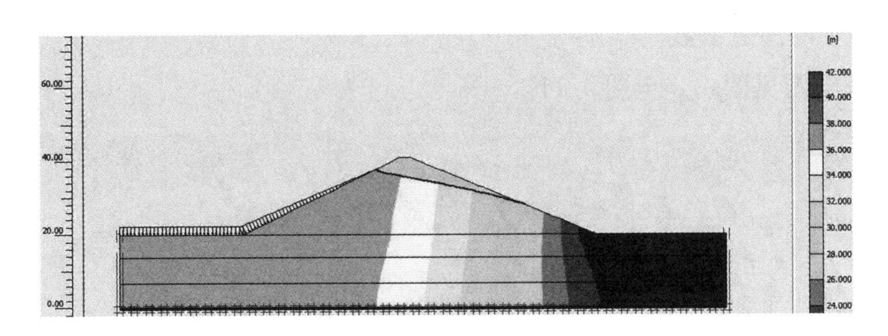

图 4.5　下游无排水设施地下水等势面分布云图

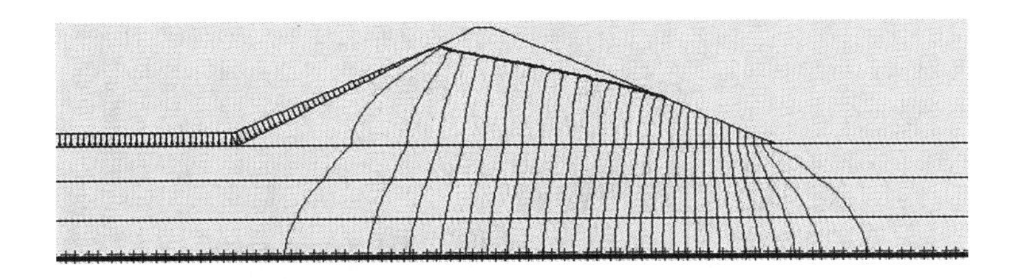

图 4.6　下游无排水设施地下水渗流流网分布图

褥垫式排水设施起不到排水作用，水力尾矿库贮灰场坝渗流按无排水设施情况计算。

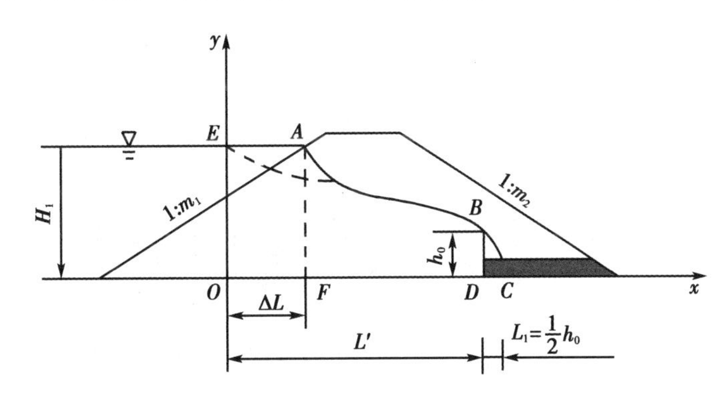

图 4.7　下游有褥垫式排水设施时渗流计算简图

对下游有垫式排水设施且下游无水的水力尾矿库贮灰场坝，一般假定坝体浸润线为一条抛物线，排水起点为抛物线的焦点，抛物线的原点在排水起点右侧$h_0/2$处，h_0为抛物线高度。由杜平公式可求出抛物线高度、单位渗流量、坝体浸润线方程，见式(4.23)。

$$\left.\begin{aligned}&h_0=\sqrt{L'^2+H_1^2}-L'\\&q=\frac{k}{2L'}(H_1^2-h_0^2)\\&y^2=h_0^2+2qx/K(\text{坝体浸润线方程})\end{aligned}\right\}\tag{4.23}$$

式中：H_1——灰坝上游水深，m；

L'——见图 4.3，m；

q——单位渗流量；

K——土的渗透系数。

分布图及云图见图 4.8 至图 4.11。

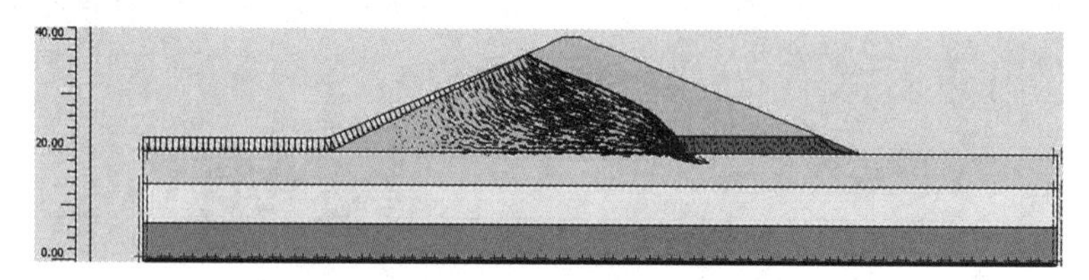

图 4.8　下游有褥垫式排水设施地下水渗流矢量分布图

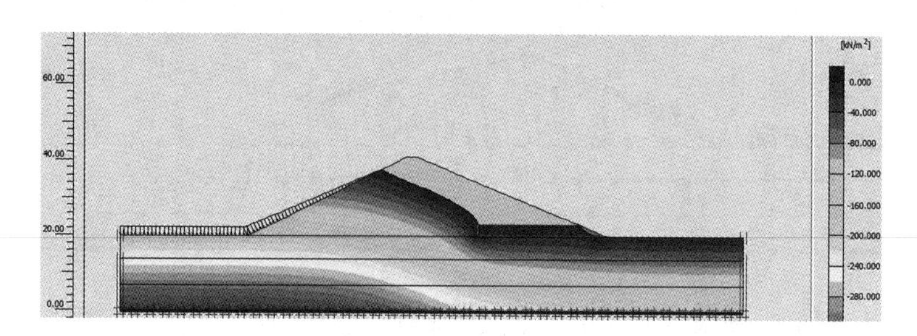

图 4.9　下游有褥垫式排水设施地下水等水位面分布云图

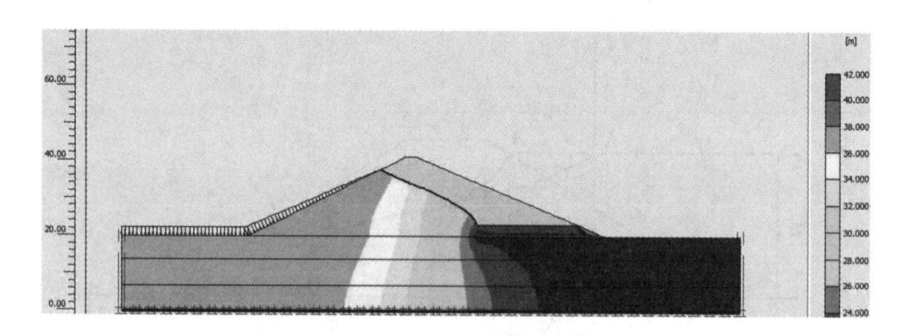

图 4.10　下游有褥垫式排水设施地下水等势面分布云图

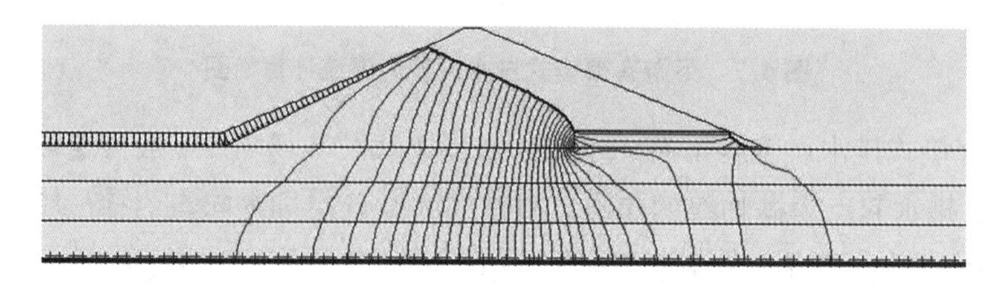

图 4.11　地下水渗流流网分布图

(4)下游有棱体式排水设施渗流计算

棱体式排水设施与褥垫式排水设施类似，是降低坝体浸润常用的工程措施之一，如图4.12所示。

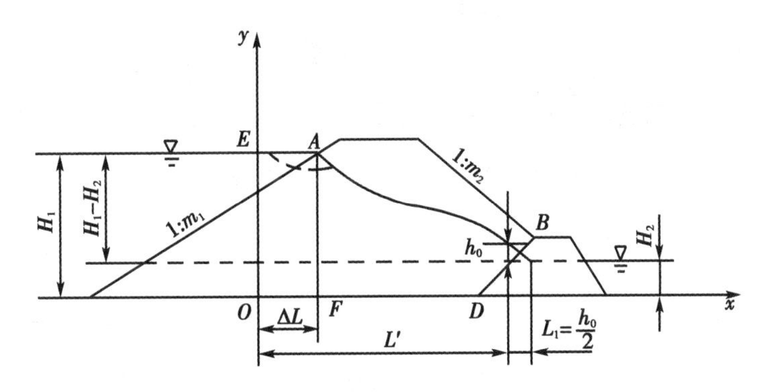

图4.12　下游有棱体式排水设施时渗流计算简图

当下游无水时，水力尾矿库贮灰场坝渗流与下游有褥垫式排水设施情况相同；当下游有水时，以排水棱体上游面与下游水位交点处的垂直断面为上游段的末端断面，将下游水面以上部分按下游有褥垫式排水设施情况处理，即将下游水面以上的坝体浸润线假定为一条抛物线，排水起点为抛物线焦点，抛物线原点在排水起点右侧$h_0/2$处，h_0为抛物线高度。由杜平公式可求出抛物线高度、单位渗流量、坝体浸润线方程，见式(4.24)。

$$\left.\begin{aligned}&h_0=\sqrt{L'^2+(H_1-H_2)^2}-L'\\&q=\frac{K}{2L}\left[H_1'-(H_2+h_0)^2\right]\\&y^2=(h_0+h_2)^2+2qx/K(\text{坝体浸润线方程})\end{aligned}\right\}\tag{4.24}$$

式中：H_1，H_2——灰坝上、下游水深，m；

L'——见图4.12，m；

q——单位渗流量；

K——土的渗透系数。

分布图及云图见图4.13至图4.16。

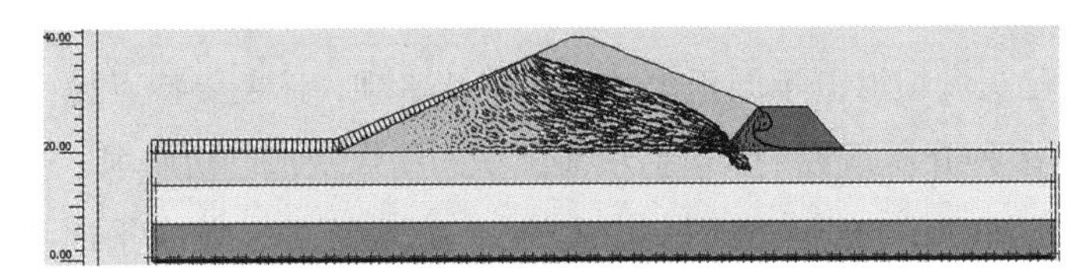

图4.13　下游有棱体式排水设施地下水渗流矢量分布图

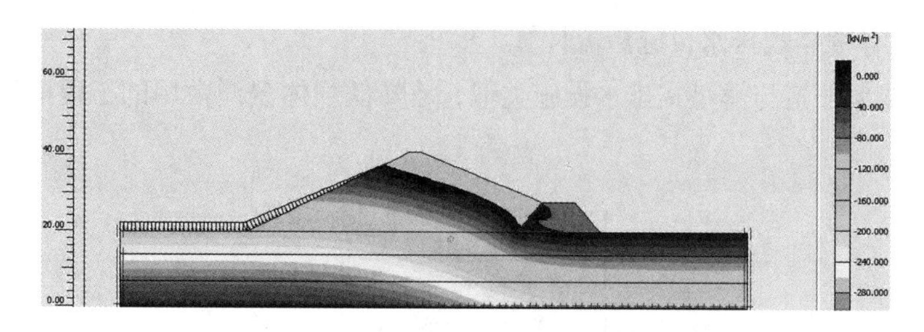

图 4.14　下游有棱体式排水设施地下水等水位面分布云图

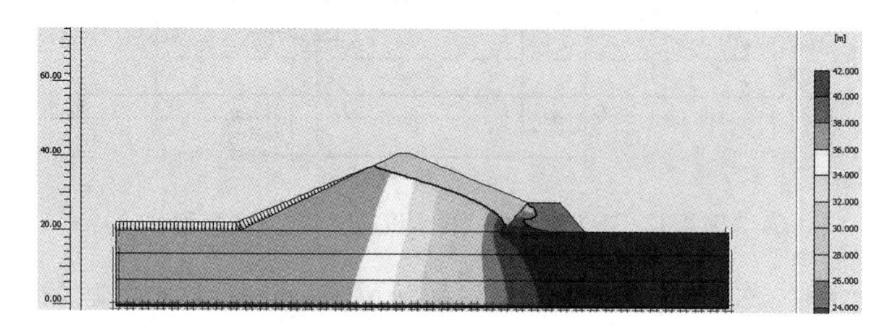

图 4.15　下游有棱体式排水设施地下水等势面分布云图

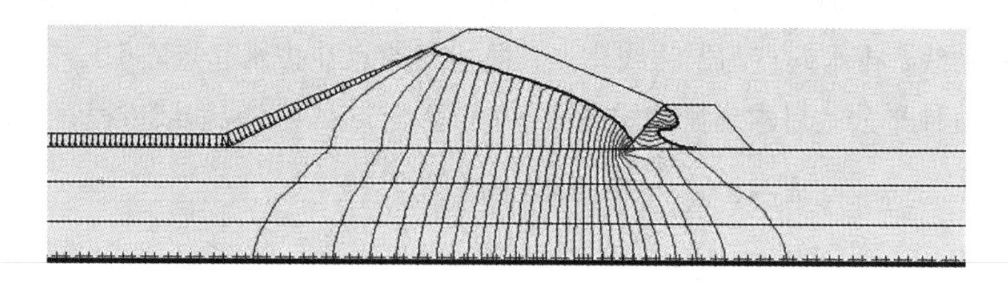

图 4.16　下游有棱体式排水设施地下水渗流流网分布图

4.3　水力尾矿库贮灰场渗流与防治分析

4.3.1　水力尾矿库贮灰场坝渗流特点

水力尾矿库贮灰场坝渗流不同于水力工程的挡水坝，其主要特点是：

① 坝体是由多种介质组成的，包括坝前沉积的粉煤灰渣、初期坝、子坝、排渗设施、防渗设施等。坝前沉积的粉煤灰渣不是均质的，一般情况下，其水平向渗透系数大于垂直向渗透系数。

② 一般情况下，坝基土不是单一土层。

③ 对山谷型水力尾矿库贮灰场坝，水力尾矿库贮灰场坝渗流大多为三维渗流，渗流方向有自上游流向下游的，也有自两岸山坡流向谷底的。

④ 正常运行情况下，水力尾矿库贮灰场水位上升缓慢，可以将水力尾矿库贮灰场坝

渗流视为稳定流；而在汛期，当洪水突然来临，库水位骤然上升时，水力尾矿库贮灰场坝渗流又转变为非稳定流。

在水力尾矿库贮灰场坝渗流分析时，应将初期坝、子坝、坝基及坝前粉煤灰渣视为一个整体，通过计算这个整体的渗流场，得出坝体浸润线及其出逸点的位置、渗流等势线的分布、渗流流速、水力坡降、渗流量等，为水力尾矿库贮灰场坝渗流稳定计算提供依据。对宽广山谷中高度较小的灰坝，一般采用二维渗流分析就可以满足精度要求，对狭窄山谷中高度较大的水力尾矿库贮灰场坝，需要进行三维渗流分析。由于三维渗流分析的工作量很大，有时也可以选择一些有代表性的剖面进行二维渗流分析，然后对计算结果进行修正。由于水力尾矿库贮灰场坝坝型的多样性、边界条件的复杂性、坝前沉积粉煤灰的不均匀性和各向异性、反滤层与排渗设施的淤堵等因素，因此用水力学法计算的渗流结果无法满足实际工程的需要。多年来，一些重点工程采用了模拟试验、电拟试验、电阻网试验来对水力尾矿库贮灰场坝的渗流进行分析，不少工程还采用了有限单元法来对水力尾矿库贮灰场坝的渗流进行计算。

4.3.2　渗流变形工程措施原则

防止水力尾矿库贮灰场坝发生流土破坏的关键在于控制渗流溢出处的水力坡降。为了保证渗流溢出处的溢出坡降不超过允许坡降，实际工程中常采取以下措施：

① 在水力尾矿库贮灰场坝上游做垂直防渗帷幕。防渗帷幕可以完全切断地基的透水层，彻底解决地基土的渗透变形问题，也可以不切断地基的透水层，做成悬挂式，起到延长渗流路径、降低下游溢出坡降的作用。

② 在水力尾矿库贮灰场坝下游做减压沟或打减压井，以降低作用于地基上部黏土层的渗透力。

③ 在水力尾矿库贮灰场坝下游做水平透水盖重，以防止地基土体颗粒被渗透力浮起。为了防止水力尾矿库贮灰场坝发生管涌破坏，实际工程中常从以下两个方面采取措施：

改变水力尾矿库贮灰场坝渗流的水力条件，降低土层内部和渗流溢出处的水力坡降，如在水力尾矿库贮灰场坝上游做防渗帷幕、水平防渗铺盖等。

改变水力尾矿库贮灰场坝渗流的几何条件。在渗流溢出部位铺设反滤层，是防止管涌破坏的有效措施。

4.3.3　渗流与变形工程防治措施

水力尾矿库贮灰场坝防渗的目的是：①控制渗漏量；②降低坝体浸润线，提高坝体稳定性；③减小渗透坡降，防止坝体发生渗透变形。

水力尾矿库贮灰场坝的防渗措施包括坝体防渗、坝基防渗、坝体与坝基接触防渗、坝体与岸坡接触防渗、坝体与其他构筑物接触防渗等。坝体防渗设施的选择是与坝型选择同步进行的。除均质土坝因其自身土料渗透性较弱可直接起防渗作用外，其他类型的土石坝应专门设置坝体防渗设施。水力尾矿库贮灰场坝防渗材料既可以是黏性土料，也可以是人工材料。

4.4 水力尾矿库贮灰场渗流变形防治措施

渗流引起的土体变形(稳定)问题一般可归结为两类：一类是土体局部稳定问题，它是由于渗透水流将土体中的细颗粒冲出、带走或局部土体产生移动，导致土体变形而引起的渗透变形；另一类是土体整体稳定问题，它是在渗流作用下，导致整个土体发生滑动或坍塌。

4.4.1 渗透力

水在土体中流动时，土体颗粒对水流产生阻力，水流对土体颗粒施加渗流作用力，从而引起水头损失。土体颗粒所受到的渗流作用力称为渗透力。单位体积土体颗粒所受到的渗透力(j)称为单位渗透力，可用式(4.33)表达为：

$$j=\gamma_w i \tag{4.33}$$

式中：γ_w——水的重度；

i——水力坡降。

渗透力是一种体积力，单位为 kN/m^3。渗透力的大小与水力坡降成正比，方向与渗流方向一致。当求出渗流场中各个网格的水力坡降后，可用式(4.33)确定单位渗透力，整个流场的总渗透力为各个网格渗透力的矢量和。

4.4.2 渗透变形的类型及判别

水力尾矿库贮灰场坝坝体和坝基由于水的渗流作用而出现的变形或破坏称为渗透变形或渗透破坏。土的渗透变形可分为流土、管涌、接触冲刷、接触流失四种类型，对单一土层来说，渗透变形主要为管涌和流土两种类型。

(1)流土

在渗流作用下，局部土体表面隆起、顶穿或粗细颗粒同时浮动而流失的现象称为流土。流土可以使土体完全丧失强度，从而危及建(构)筑物的安全。它主要发生在地基或土石坝下游渗流溢出处。基坑或渠道开挖时出现的流砂现象是一种常见的流土形式。一般情况下，任何类型的土，只要水力坡降增大到一定程度，都会发生流土破坏。

(2)管涌

土体中的细颗粒在渗流作用下从骨架孔隙通道流失的现象称为管涌。管涌的形成主要取决于土体本身的性质，对某些土，即使在很大的水力坡降下也不会出现管涌；而有些土，如缺乏中间粒径的砂砾料，在水力坡降不大的情况下，就可以发生管涌。管涌是一种渐进性破坏，按其发展过程可分为两种：一种是一旦发生管涌就不能承受较大的水力坡降，这种土称为危险性管涌土；另一种是即使发生管涌，仍能承受较大的水力坡降，随着时间的推移，土体渗透量不断增大，最后在土体表面出现许多泉眼，或发生流土，这种土称为非危险性管涌土。

(3)接触冲刷

渗流沿着两种渗透系数不同的土层的接触面流动时，沿层面将细颗粒带走的现象称为接触冲刷。在自然界中，水沿着两种介质的交界面流动而造成的冲刷，均属于此破坏类型，如建筑物与地基的交界面、土坝与涵管的接触面等。

(4)接触流失

渗流垂直于渗透系数相差较大的两相邻土层流动时，将渗透系数较小的土层中的细颗粒带入渗透系数较大的土层中的现象称为接触流失。接触流失包括接触管涌和接触流土两种类型。

(5)渗透变形的影响因素

①地层分布特征。地层分布特征对渗透变形的影响主要表现在坝基以下。当坝基为单一的砂砾石层时，以管涌型渗透变形为主。当坝基为双层及多层结构土体时，渗透变形取决于表层黏性土的性质、厚度和分布范围。若黏性土层较厚且分布范围较大，尽管其下卧砂砾石层的水力坡降较大，也不易发生渗透变形。

②地形地貌条件。沟谷的成因影响渗流的补给条件。对深切型沟谷，如果坝基上、下游表层土被沟谷切穿，则不但有利于渗流的补给，而且缩短了渗流路径，增大了水力坡降，导致土体发生渗透变形的可能性加大；若下游地下水溢出段的出口有临空条件，则更易发生渗透变形。距古河道或冲积平原较近的部位修筑水力尾矿库贮灰场坝时，土体发生渗透变形的可能性加大，应予以重视。

③工程因素。对渗透变形产生影响的工程因素主要包括水力尾矿库贮灰场坝渗流出口条件、库水位骤降、施工时破坏透水层、排水构筑物的布置等。我国发生的几起土石坝渗透变形及溃坝事件，与坝体渗流出口的设计与维护都有很大关系。深基坑开挖时，由于破坏了隔水层而造成基坑坑壁坍塌，也属于工程因素造成的渗透破坏。

4.4.3 黏土心墙防渗措施渗流变形分析

黏土心墙一般位于坝体中央稍偏上游侧，心墙土料的渗透系数一般为坝壳材料渗透系数的1/1000~1/100，心墙顶部应高于正常蓄水位0.3~0.6m，且不低于校核洪水位。在心墙顶部应设厚度不小于1.0m的砂性土保护层，防止心墙冻融、干裂。心墙顶部厚度应不小于3.0m；底部厚度由心墙土料的允许渗透坡降(i)来决定，并不宜小于水头的1/4，心墙两侧边坡坡度一般为1∶0.30~1∶0.15。心墙与上、下游坝壳之间应设置过渡层，以缓冲不同土料之间的沉降差，其中下游侧过渡层还起反滤作用，应按反滤层的要求进行设计。黏土心墙防渗措施及其分析如图 4.17 至图 4.21 所示。

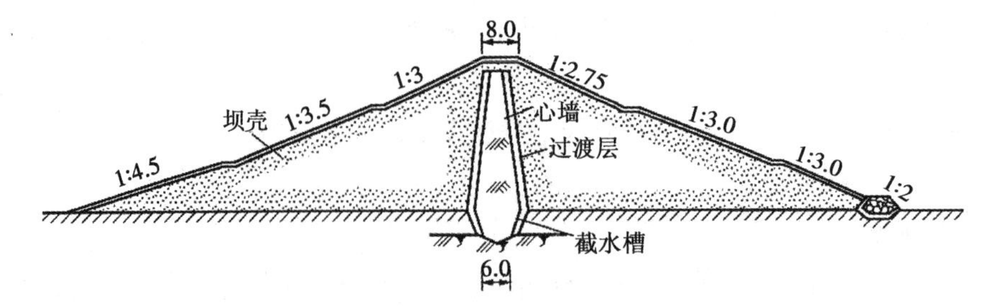

图 4.17　黏土心墙防渗措施(单位：m)

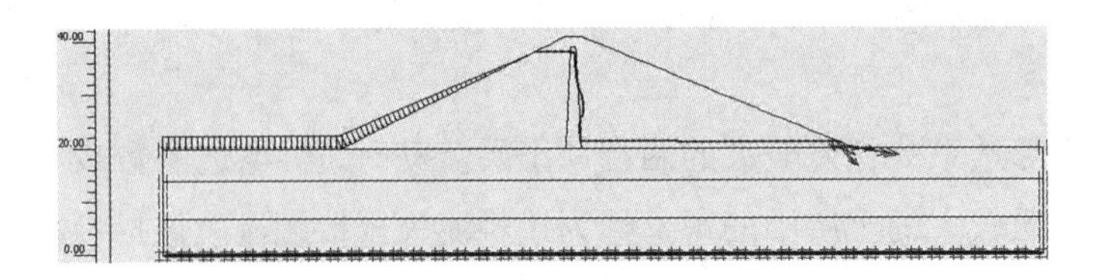

图 4.18　黏土心墙地下水渗流矢量分布图

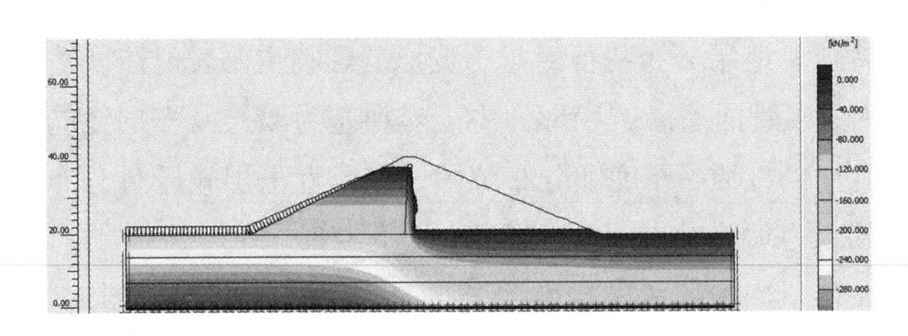

图 4.19　黏土心墙地下水等水位面分布云图

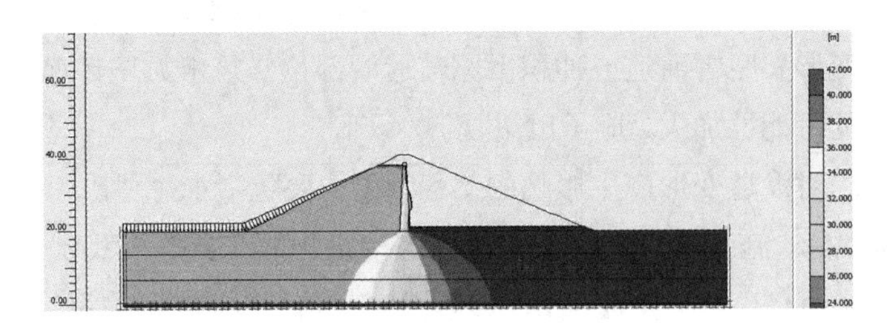

图 4.20　黏土心墙地下水等势面分布云图

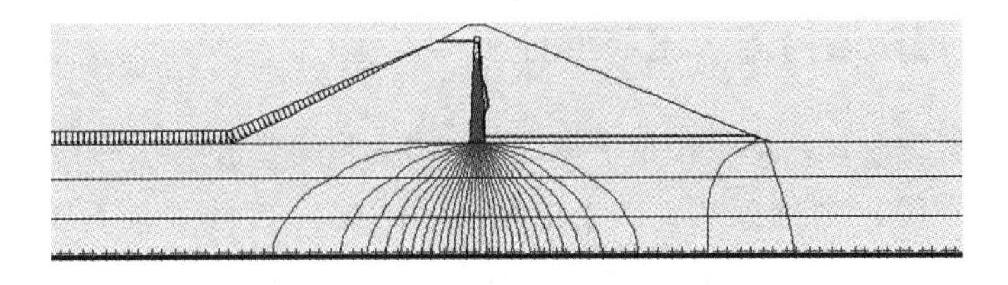

图 4.21　黏土心墙地下水渗流流网分布图

4.4.4　灌浆帷幕防渗措施渗流变形分析

当坝基砂卵石层很厚、用其他方法对坝基进行防渗处理比较困难或不经济时，可以采用灌浆帷幕防渗。灌浆帷幕的施工方法是：先用旋转式钻机造孔，并用泥浆护壁。钻孔完成后，在孔中注入填料，并插入压浆钢管，待填料凝固后，在压浆钢管中置入双塞灌浆器，在一定压力下，将水泥浆或水泥黏土浆压入透水层的孔隙中。压浆可自下而上分段进行，分段长度可根据透水层的性质确定，一般取 0.3~0.5m。待浆液凝固后，就形成了防渗帷幕。灌浆帷幕防渗措施及其分析如图 4.22 至 4.26 所示。

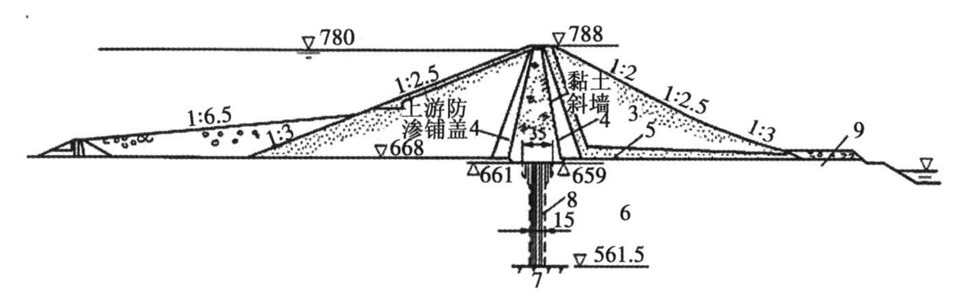

图 4.22　灌浆帷幕防渗措施（单位：m）

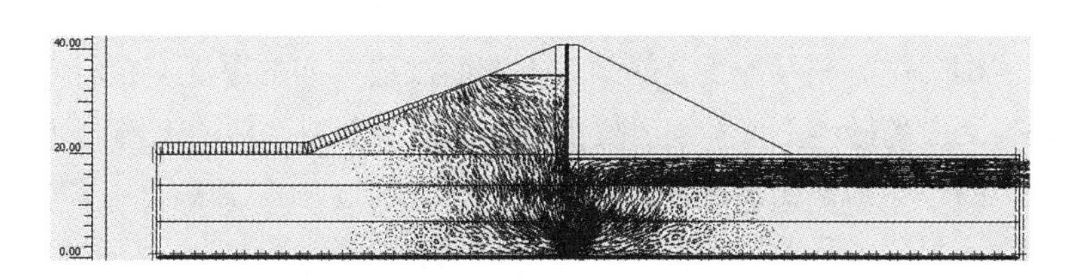

图 4.23　灌浆帷幕地下水渗流矢量分布图

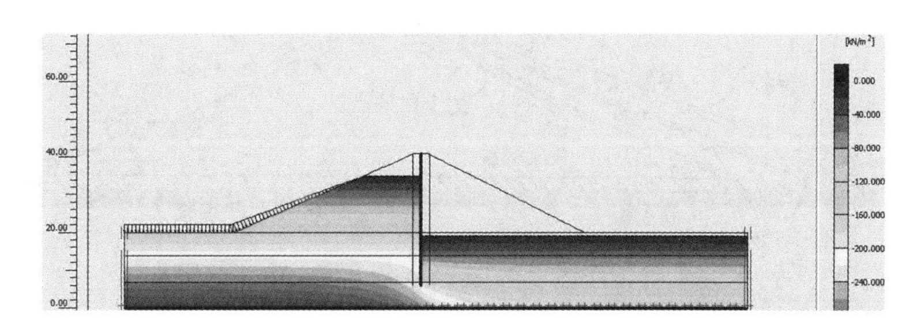

图 4.24　灌浆帷幕地下水等水位面分布云图

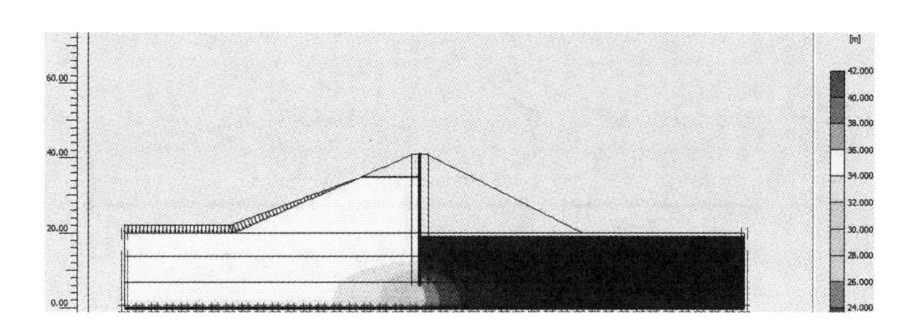

图 4.25　灌浆帷幕地下水等势面分布云图

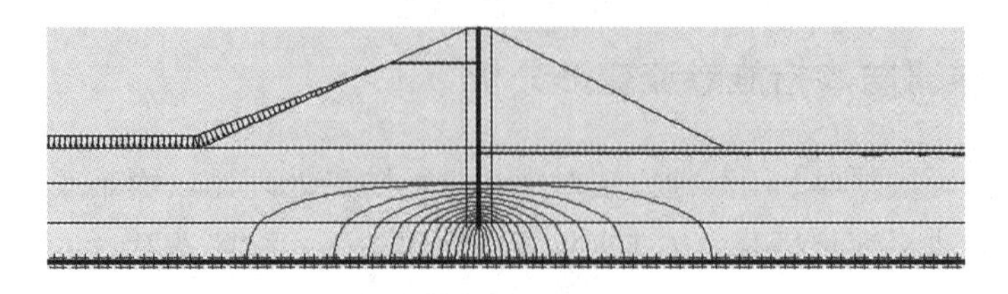

图 4.26　灌浆帷幕地下水渗流流网分布图

砂卵石地基的可灌性，可根据地基的渗透系数、可灌比(M)、粒径小于 0.1mm 的颗粒含量进行确定。$M=D_{15}/d_{85}$，其中 D_{15} 为被灌土层中小于该粒径的含量占总土重 15%的颗粒粒径，d_{85} 为灌浆材料中小于该粒径的含量占总材料重 85%的颗粒粒径。一般认为，当地基中小于 0.1mm 的颗粒含量不超过 5%，或渗透系数大于 10^{-2}cm/s，或可灌比大于 10 时，可灌水泥黏土浆；当渗透系数大于 10^{-1}cm/s，或可灌比大于 15 时，可灌水泥浆。

灌浆帷幕的优点是处理深度较大；缺点是对地基的适应性较差，对粉砂、细砂地基往往不易灌进，对渗透性较大的地基，耗浆量往往很大。

4.4.5　黏土斜墙防渗措施渗流变形分析

黏土斜墙顶部应高于正常蓄水位 0.6~0.8m，且不低于校核洪水位。斜墙土料和厚度要求与黏土心墙一样，斜墙厚度是指斜墙上游面法线方向的厚度。在斜墙上游侧和顶部应设不小于 1.0m 的砂性土保护层，防止斜墙冻融、干裂。斜墙上游侧边坡坡度一般为 1：2.5~1：2.0，下游侧边坡坡度一般为 1：2.0~1：1.50。斜墙上、下游侧的过渡层和反滤层设计与黏土心墙一样。黏土斜墙防渗措施及其分析如图 4.27 至图 4.31 所示。

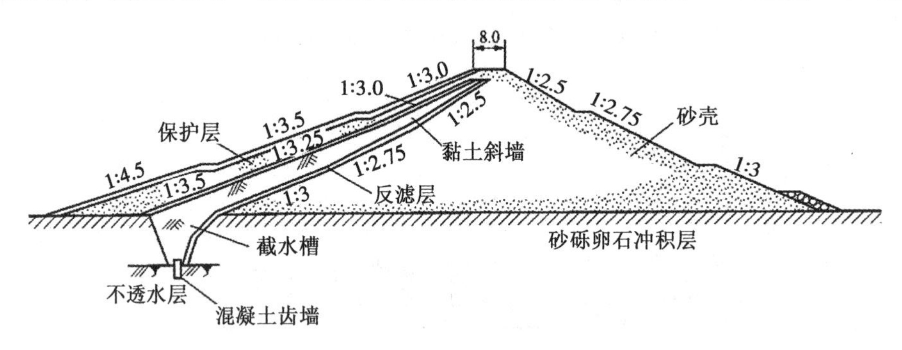

图 4.27　黏土斜墙防渗措施(单位：m)

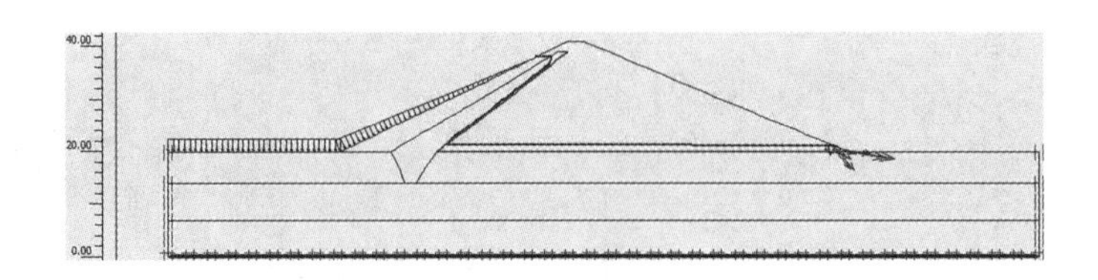

图 4.28　黏土斜墙地下水渗流矢量分布图

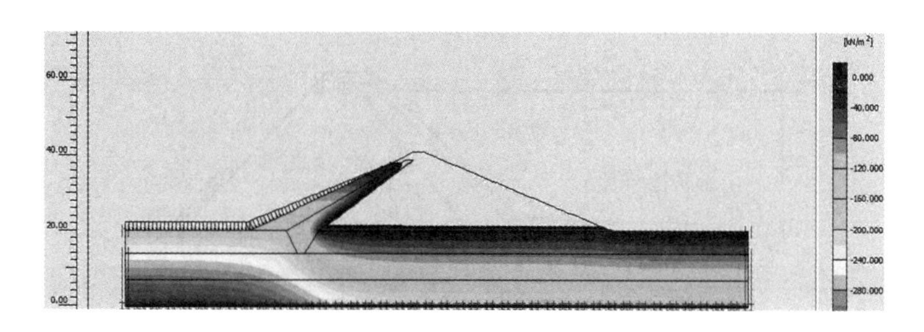

图 4.29　黏土斜墙地下水等水位面分布云图

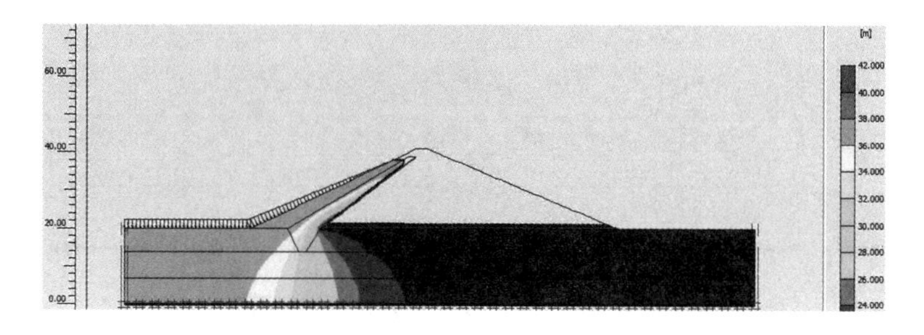

图 4.30　黏土斜墙地下水等势面分布云图

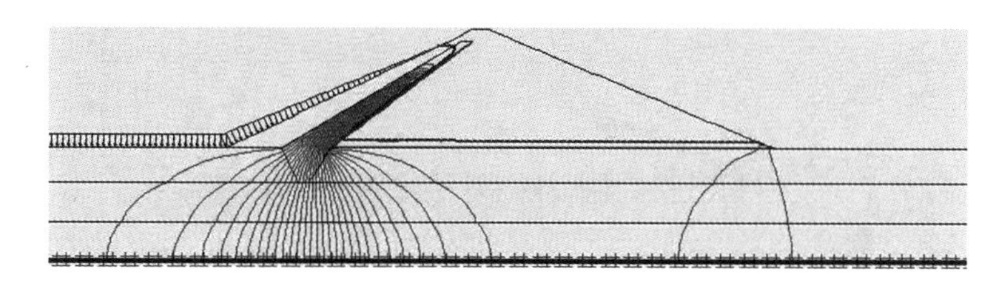

图 4.31　黏土斜墙地下水渗流流网分布图

4.4.6　防渗铺盖防渗措施渗流变形分析

防渗铺盖是用黏性土做成的水平防渗设施，与黏土斜墙、黏性土心墙或均质坝的坝体连接在一起。当用其他方法对坝体进行防渗处理比较困难或不经济时，可考虑采用铺盖防渗。防渗铺盖的优点是构造简单，一般情况下造价比较低廉；缺点是不能完全截断渗流，只是通过延长渗流路径的方法，降低水力坡降，减小渗透量。防渗铺盖防渗措施及其分析如图 4.32 至图 4.36 所示。

防渗铺盖的材料通常采用黏土或粉质黏土，渗透系数应小于砂砾石层渗透系数的 1/100。铺盖长度一般为最大作用水头的 4~6 倍，铺盖厚度(δ_x)主要取决于各点顶部和底部所受的水头差(ΔH_x)和土料的允许坡降(i)，但不得小于 0.5m。铺盖表面应设保护层，铺盖与砂砾石地基之间应根据需要设置反滤层或垫层。

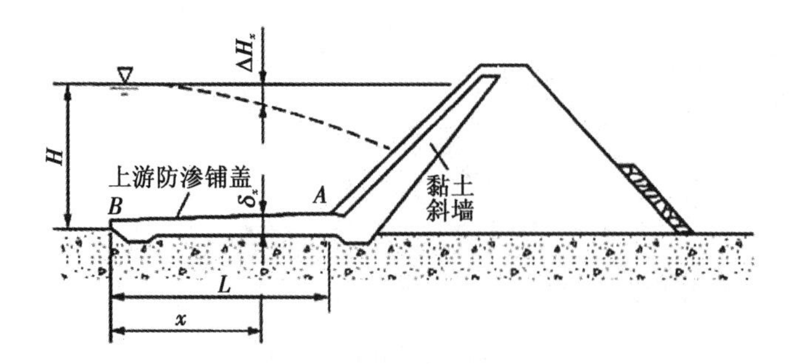

图 4.32 防渗铺盖防渗措施

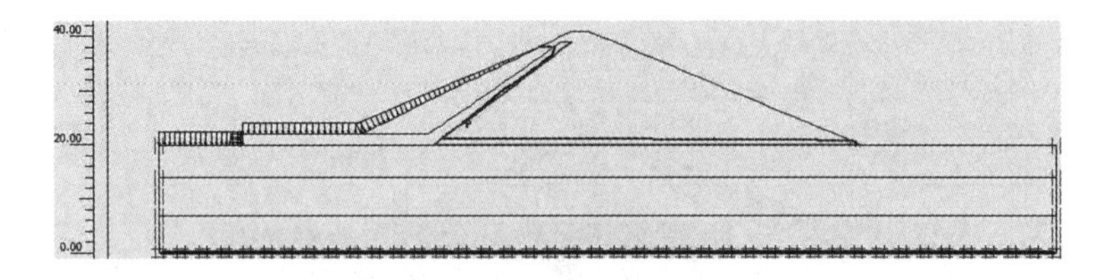

图 4.33 防渗铺盖地下水渗流矢量分布图

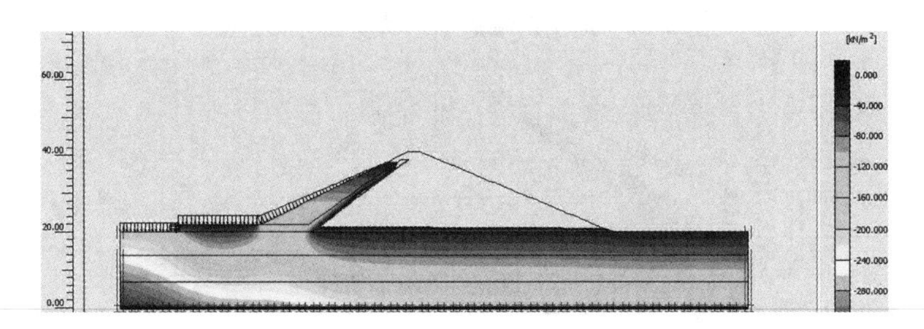

图 4.34 防渗铺盖地下水等水位面分布云图

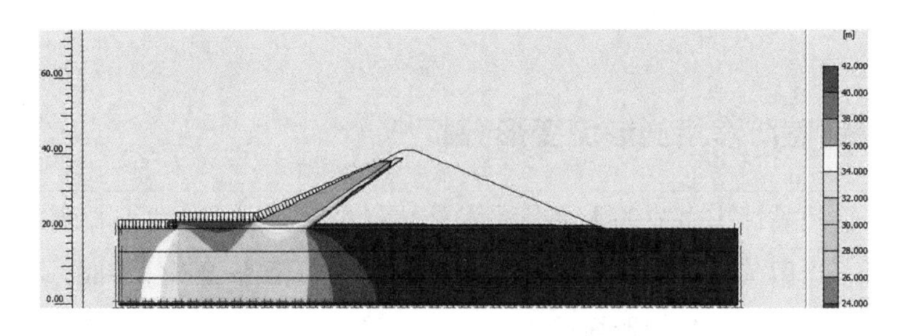

图 4.35 防渗铺盖地下水等势面分布云图

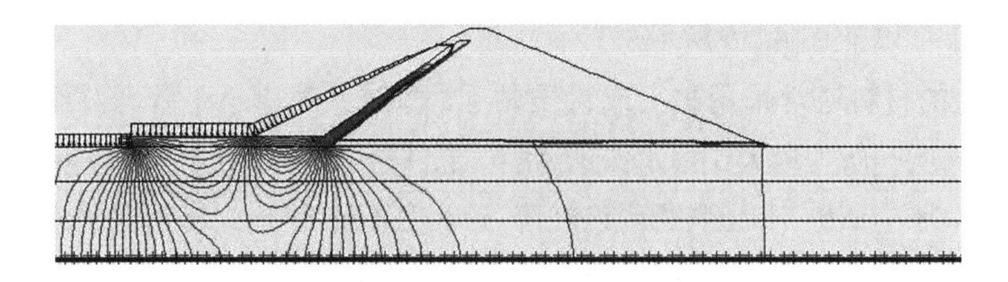

图 4.36 防渗铺盖地下水渗流流网分布图

4.4.7　总结

综上所述，水力尾矿库贮灰场渗流与防治技术归纳如表 4.1 所列。

表 4.1　水力尾矿库贮灰场渗流与防治技术归纳

序号	水力尾矿库贮灰场渗流变形防治工程措施	水力尾矿库贮灰场坝型图
1	基本型	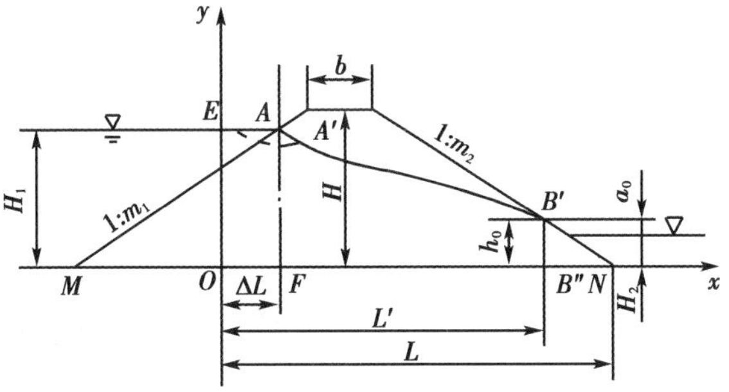
2	下游褥垫排渗措施	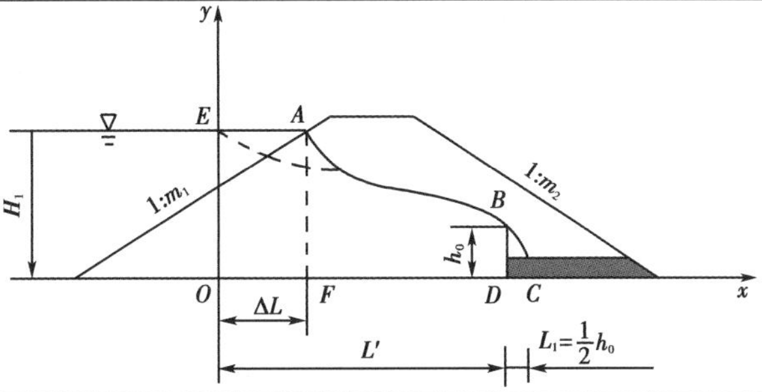
3	下游棱体排渗措施	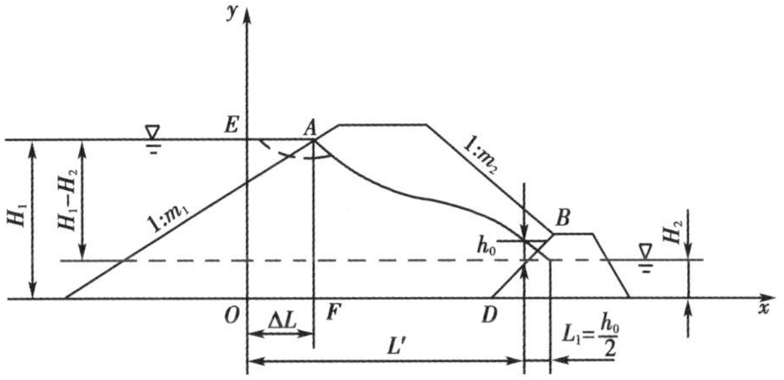
4	下游褥垫疏干排水+黏土心墙防渗措施	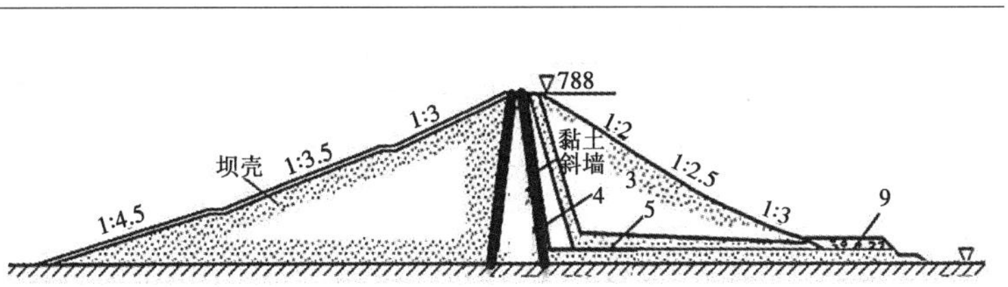

表 4.1(续)

序号	水力尾矿库贮灰场渗流变形防治工程措施	水力尾矿库贮灰场坝型图
5	黏土心墙防渗措施	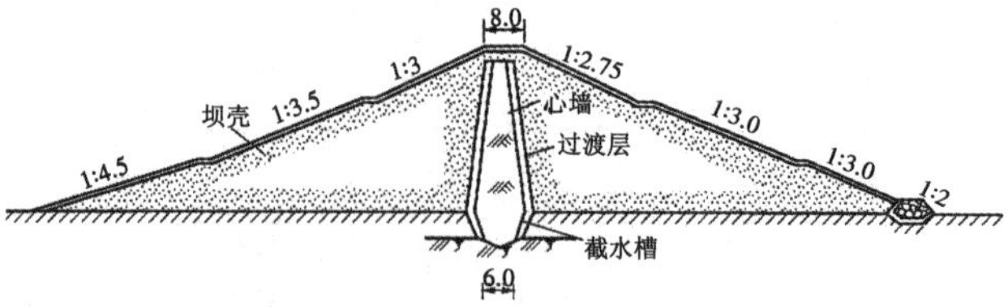 8.0 1:3 1:2.75 坝壳 1:3.5 心墙 1:3.0 过渡层 1:4.5 1:3.0 1:2 截水槽 6.0
6	灌浆帷幕防渗措施	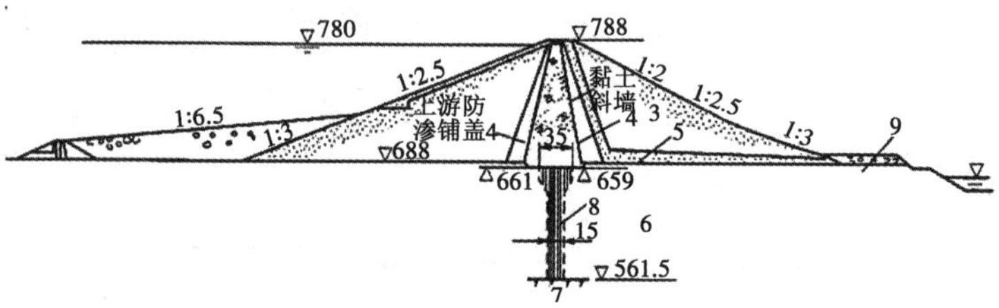 ▽780 ▽788 1:2.5 黏土斜墙 1:2 1:6.5 上游防渗铺盖 4 3 1:2.5 1:3 35 4 5 1:3 9 ▽688 △661 △659 8 15 6 ▽561.5 7
7	上游黏土斜墙防渗措施	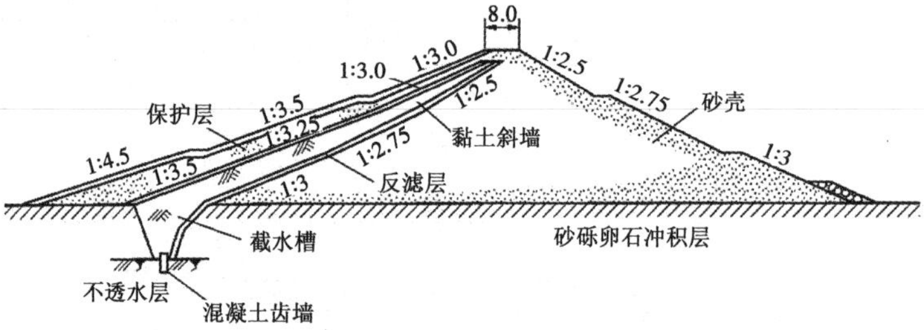 8.0 1:3.0 1:3.0 1:2.5 1:2.5 1:2.75 砂壳 保护层 1:3.5 1:3.25 黏土斜墙 1:4.5 1:3.5 1:2.75 1:3 1:3 反滤层 截水槽 砂砾卵石冲积层 不透水层 混凝土齿墙
8	上游防渗褥垫铺盖+黏土斜墙防渗措施	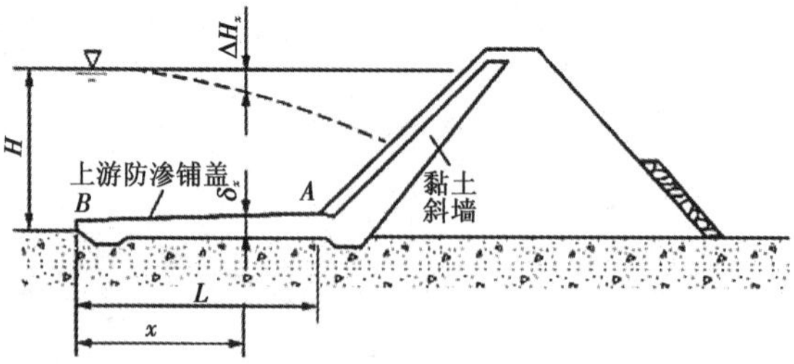 ▽ ΔH_x H 上游防渗铺盖 δ_x B A 黏土斜墙 L x

4.5　水力尾矿库贮灰场渗流变形排渗工程措施

为了控制和引导水力尾矿库贮灰场渗流，将渗入坝体内的水尽快排至坝外，以降低坝体浸润线及孔隙水压力，防止渗透变形，提高水力尾矿库贮灰场稳定性，防止冻胀破坏，可采取一定的排渗控制工程措施。

常用的水力尾矿库贮灰场排渗工程措施有排水措施、辐射井排渗措施、减压措施。

(1)排水措施

排水措施具有性能可靠、造价低廉、施工方便、便于就地取材等优点，因而在实际工程中被广泛采用。排水措施主要有以下几种：

①贴坡排水。贴坡排水设置在灰坝下游坝坡的表面，由1~3层堆石或砌石填筑而成，在石块与坝坡之间需设置反滤层，如图4.37所示。

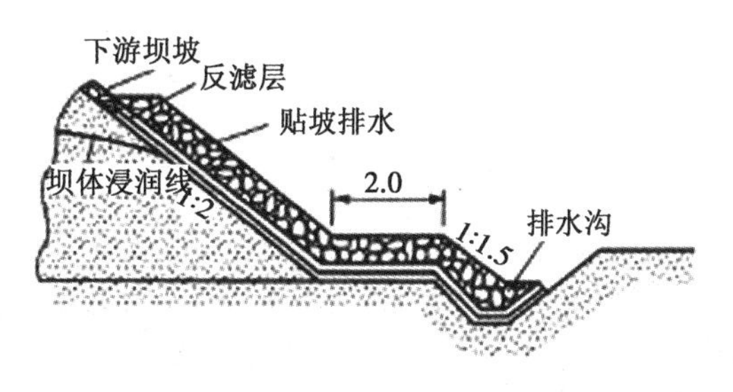

图4.37　贴坡排水措施(单位:m)

贴坡排水顶部应高于坝体浸润线溢出点，对Ⅰ、Ⅱ级坝，应不小于2.0m；对Ⅲ~Ⅴ级坝，应不小于1.5m，并使坝体浸润线至坝坡的距离大于冰冻深度。贴坡排水底部必须设排水沟，其结冰后的过水断面应满足排水要求。贴坡排水构造简单、造价低廉、便于就地取材、利于维修，但不能降低浸润线，多用于水力尾矿库贮灰场浸润线较低且下游无水的情况。

②棱体排水。棱体排水设置在水力尾矿库贮灰场下游坝脚处，用块石填筑而成，在棱体与坝体和坝基之间需设置反滤层，如图4.38所示。堆石棱体顶部高程应超出下游最高水位，超出高度应大于波浪沿坡面的爬高，对Ⅰ、Ⅱ级坝，应不小于1.0m；对Ⅲ~Ⅴ级坝，应不小于0.5m，并使坝体浸润线至坝坡的距离大于冰冻深度。堆石棱体内坡坡度一般为1∶5~1∶1.25，外坡坡度为1∶2.5~1∶1.5。顶部宽度应根据施工条件及运行需要确定，但不得小于1.0 m。棱体排水可降低坝体浸润线，防止坝体渗透变形，能保护下游坝脚不受淘刷，有增加坝体稳定的作用，但其石料用量较大、费用较高、检修比较困难，且干扰坝体施工。

③褥垫排水。褥垫排水设置在水力尾矿库贮灰场下游坝脚处，并伸入坝体内部，用块石堆筑而成，厚度一般为0.4~1.0m，在褥垫与坝体和坝基之间需设置反滤层，如图

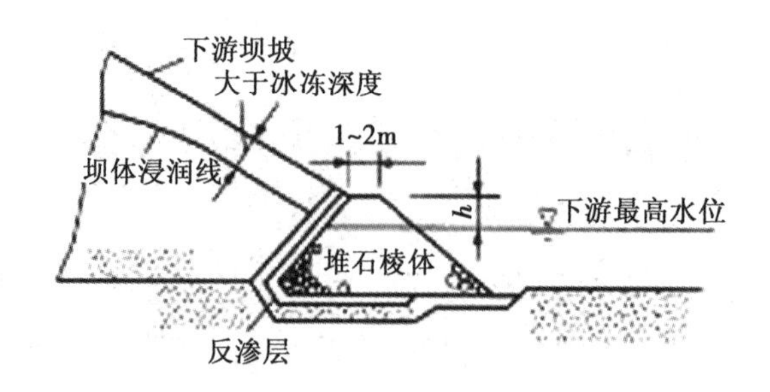

图 4.38　棱体排水措施

4.39 所示。褥垫伸入坝体内的长度应根据渗流计算确定，一般为 1/4~1/3 坝底宽度：对黏性土均质坝，不大于坝底宽度的 1/2；对砂性土均质坝，不大于坝底宽度的 1/3。为了防止淤堵，利于排渗，褥垫需设置向下游方向的坡度，一般为 1：100~1：200。当下游水位低于褥垫顶标高时，降低坝体浸润线的效果显著，且利于坝基排水固结。褥垫排水的主要缺点为：当坝基产生不均匀沉陷时，褥垫排水层将发生断裂，从而导致其排渗能力降低或丧失；检修困难；干扰坝体施工。

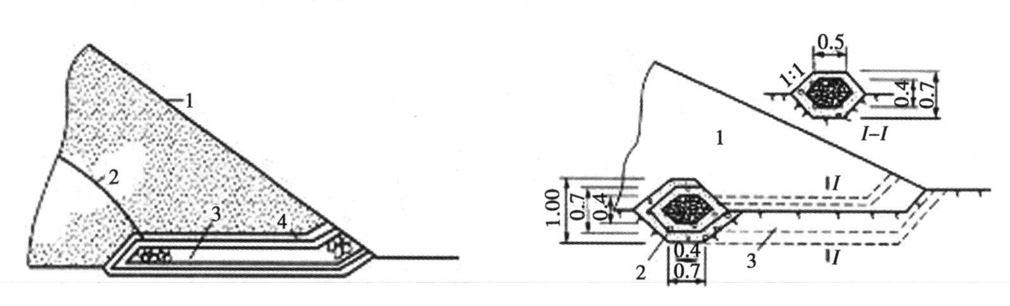

1—下游坝坡；2—坝体浸润线；3—堆石棱体；4—反滤层

图 4.39　褥垫排水措施

1—下游坝体；2—集水管；3—排水管

图 4.40　管式排水措施

④管式排水。管式排水由集水管和排水管组成。集水管可以收集坝体渗水，一般设置于坝底中部附近，且平行于坝轴线。集水管可以采用带孔的陶瓦管、混凝土管或钢筋混凝土管，也可以采用碎石堆筑而成。排水管可以将集水管收集的渗水排至灰坝下游，常垂直于坝轴线布置，间距为 15~20m，如图 4.40 所示。管式排水的优缺点与褥垫排水相似，排水效果不如褥垫排水，但用料较少。管式排水一般用于水力尾矿库贮灰场岸坡及台地处，因为这里坝体的下游经常无水，排水效果较好。

⑤综合式排水。为了发挥上述排水形式的优点，在实际工程中，常根据具体情况，将几种排水形式组合在一起，形成综合式排水。常用的综合式排水措施有贴坡与棱体排水组合、褥垫与棱体排水组合等，如图 4.41 所示。

(2)辐射井排渗措施

辐射井取、排水技术广泛应用于农田灌溉、城镇及工矿企业供水、基础工程降水、水力尾矿库贮灰场排渗等领域。用于水力尾矿库贮灰场排渗的辐射井由管井、辐射管、导水钢管组成，如图 4.42 所示。辐射井排渗措施施工顺序为：先施工一口大直径的钢筋混

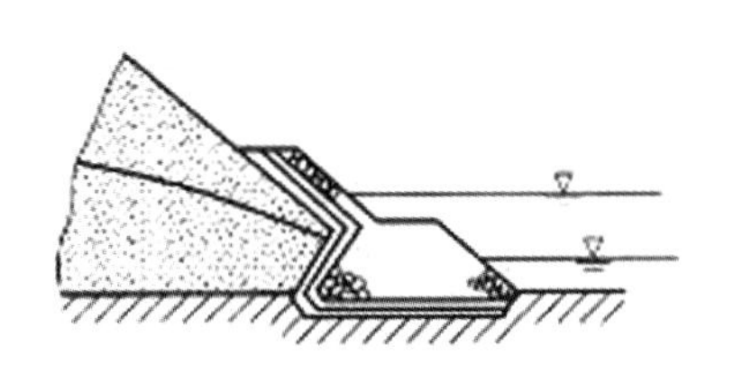
（a）贴坡与棱体排水组合

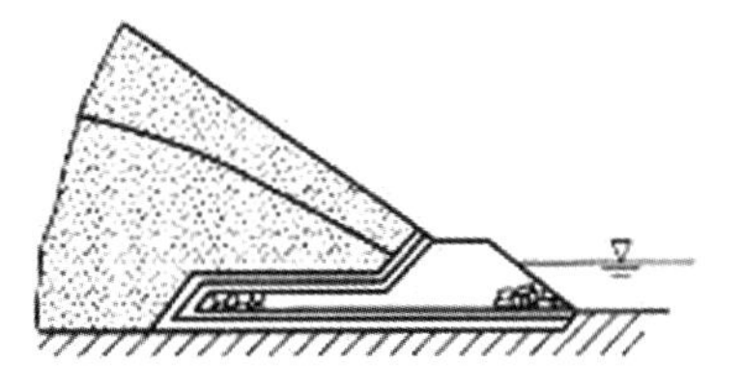
（b）褥垫与棱体排水组合

图4.41　综合式排水措施

凝土管井，再从管井向水力尾矿库贮灰场下游施工一根导水钢管，最后从管井向外施工数根至数十根水平辐射管。辐射井的布置比较灵活，纵向一般平行于坝轴线布置，间距为80~150m，甚至更大；横向可布置于水力尾矿库贮灰场的任意区段。辐射井越靠近水力尾矿库贮灰场上游，排渗效果越好，但其造价将会提高，施工难度将会增大。

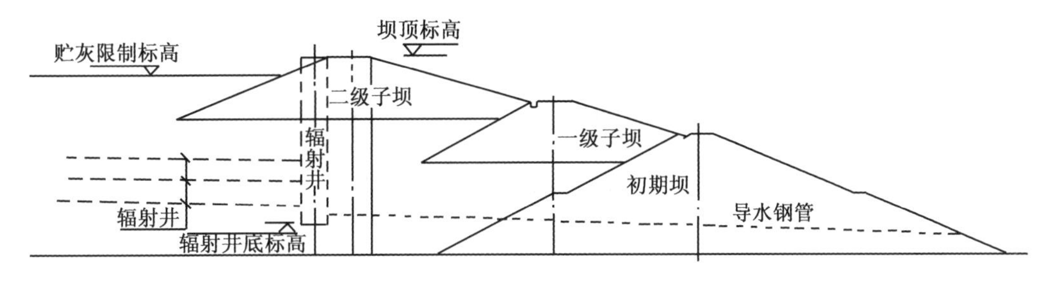

图4.42　辐射井排渗措施

管井的作用是汇集辐射管的渗水，为辐射管和导水钢管的布置及施工提供平台。管井的最小深度应通过渗流计算进行确定，设计深度应综合考虑渗流计算结果、施工方便、利于检修、节省造价、运行期间辐射管可能出现的淤堵等因素。管井断面以圆形居多，最小净尺寸不但应满足辐射管的布置要求，还应满足施工要求，圆形断面内直径一般不小于3.5m。对改造工程，为了减少施工对水力尾矿库贮灰场的影响，管井一般采用沉井法施工。

为了将管井汇集的渗水排至灰坝下游，需从管井向灰坝下游铺设一根导水钢管。导水钢管的过水断面应通过水力计算进行确定。为了防止淤堵，利于排渗，导水钢管需向下游方向设置一定的坡度，一般为1∶20~1∶50。对改造工程，为了减少施工对水力尾矿库贮灰场的影响，导水钢管一般采用顶管法施工。

与传统的排渗措施相比，辐射井排渗措施具有以下优点：①适用地层范围广。辐射井既可应用于粉煤灰、粉土、粉砂、细砂等细颗粒土层，又可应用于中粗砂、砂砾石、卵石等粗颗粒土层。②出水量大，降低水力尾矿库贮灰场浸润线的效果显著。由于辐射井可以打至较深的土层，有效地排除较深土层的渗水，从而可降低水力尾矿库贮灰场浸润线。③布置灵活。辐射井纵向一般平行于坝轴线布置，横向可布置于水力尾矿库贮灰场的任意区段。④投资较低。⑤对改造工程，辐射井施工对水力尾矿库贮灰场的影响较小。但是，辐射井排渗措施也具有以下缺点：①对改造工程，辐射井施工难度较大。②运行期间，辐射管可能出现淤堵，尤其是铺设于水力尾矿库贮灰场内的辐射管。

(3)减压措施

当铺盖防渗不能有效拦截渗水，引起坝基土层产生渗透变形或沼泽化时，可在水力尾矿库贮灰场下游坝脚及其附近配套设置减压措施。常用的减压排水措施有排水沟、减压井等，如图 4.43 所示。

①排水沟。当坝基为双层结构透水地层时，可将表层土挖除，做成排水暗沟或明沟。排水沟与坝基透水层接触部位应设置反滤层。

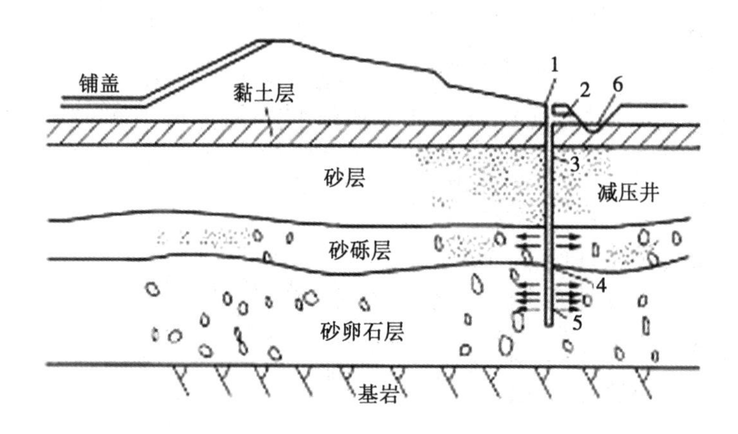

1—下游坝坡；2—出水管；3—导水管；4—进水花管；5—沉淀管；6—排水沟

图 4.43 减压措施

②减压井。当表层弱透水层太厚或透水层的成层性较显著时，宜采用减压井排水措施。减压井井管打入强透水层后，井管可将渗入坝基的水收集在一起，并由出水管排至水力尾矿库贮灰场下游。减压井通常布置在靠近下游坝脚处，且平行于坝轴线。减压井间距一般为 15~30m。井管径宜大于 150mm。出水管出口高程应尽量低，一般为高出排水沟沟底 0.3~0.5m。减压井井管由沉淀管、进水花管和导水管三部分组成，渗水由进水花管四周孔眼进入管内，经导水管顶面的出水口流入排水沟，进入管内的土粒则依靠自身重量沉淀于井管底部。一般情况下，进入强透水层的进水花管长度不得小于强透水层厚度的50%。进水花管可采用石棉水泥管、无砂混凝土管等，其孔眼可为条形或圆形，开孔率宜为 10%~20%。进水花管四周宜按反滤要求设置反滤层。

4.6 水力尾矿库贮灰场渗流变形反滤层和过渡层抗渗措施

设置反滤层和过渡层是提高水力尾矿库贮灰场抗渗能力、防止发生渗透变形的有效措施。设在排水体上游侧的反滤层主要是防止坝体、坝基土料流失造成渗透破坏或堵塞排水体导致排水失效；当下游有水时，还可防止波浪淘刷坝脚。设在黏土心墙和斜墙上、下游侧的反滤过渡层不但可以防止黏土发生接触流失，还可以作为两种材料之间的过渡层，防止黏土心墙和斜墙开裂。反滤层一般由 2~3 层不同粒径的无黏性土、砂和砂砾石组成，层次排列应尽量与渗流的方向垂直，各层次的粒径按渗流方向逐层增加，如图 4.44 所示。反滤层材料应具有较好的耐久性和较强的抗风化能力，一般采用砂石料。为了充分发挥反滤层的滤土排水功能，其布置和设计应满足以下原则：①反滤层的透水性应好于被保护土的透水性。②除极细颗粒外，被保护土的颗粒不得穿过反滤层。极细颗粒流失不会破坏被保护土的骨架，从而发生渗透变形。③反滤层不能发生渗透变形，其相邻两层间，较细层的土体颗粒不得穿过较粗层孔隙。④反滤层不能被堵塞，而且应具有足够的透水性，以保证排水畅通。⑤反滤层的滤土排水功能应耐久、稳定，不得随时间或环境的改变而改变。

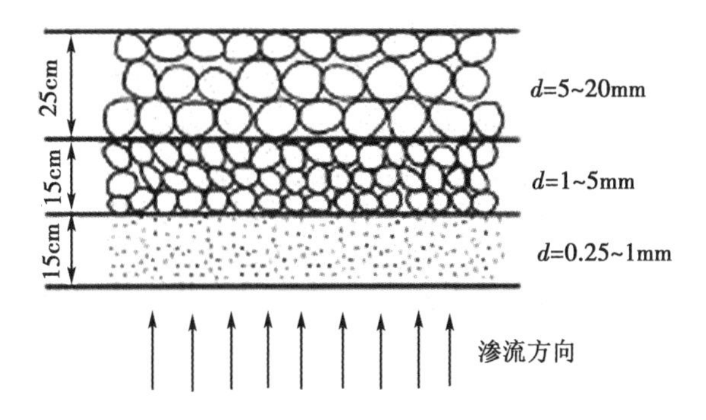

图 4.44　传统反滤层构造示意图

土工织物广泛应用于水力、电力、交通、冶金等领域。在水力尾矿库贮灰场建设工程中，常用土工织物代替传统的反滤层，从而降低水力尾矿库贮灰场防渗措施的施工难度，如图 4.45 所示。

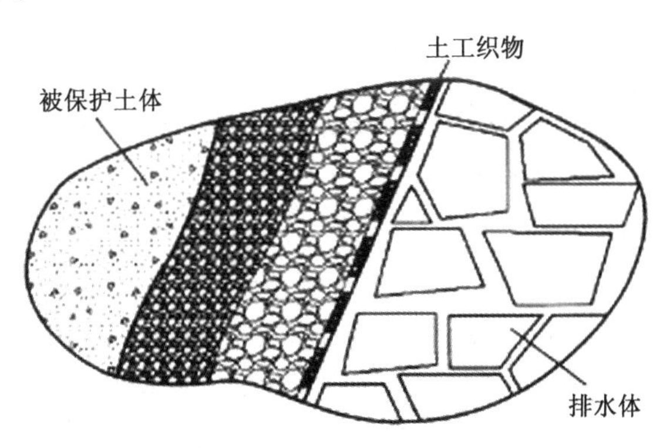

图 4.45　土工织物反滤层示意图

实际上，土工织物不是反滤层，而是作为一种介质促使被保护土自然形成一道由细到粗的反滤层。土工织物是由聚合纤维制成的。聚合纤维有很多种，其中聚酯、聚丙烯、聚乙烯和聚酰胺应用最为广泛，它们都具有较高的机械强度。按纺织工艺分，土工织物可分为以下三种类型。①有纺型：由相互正交的纤维组成。②编织型：用一根根单一的纤维按一定的方式编织而成。③无纺型：由无规则的纤维组成。

4.7 水力尾矿库贮灰场渗流变形处理措施

(1)水力尾矿库贮灰场渗漏处理

水力尾矿库贮灰场坝体及坝基的渗漏有正常渗流和异常渗漏之分。正常渗流有利于坝体及坝前水力尾矿贮灰的固结，从而提高水力尾矿库贮灰场的整体稳定性。异常渗漏对水力尾矿库贮灰场的安全是有害的，它可引起坝体产生流土、管涌等渗透破坏，甚至发生垮坝事故。因此，必须认真对待水力尾矿库贮灰场的渗漏问题，并根据实际情况妥善处理。渗漏的种类及其特性见表4.2。

表4.2 渗漏的种类及其特征

分类标准	渗漏类别	特征
渗漏部位	坝体渗漏	渗漏溢出点在背水面坝坡或坡脚处。其溢出现象有散漫(亦称坝坡湿润)和集中渗漏两种
	坝基渗漏	通过坝基透水层渗漏。从坝脚或坝脚外覆盖层的薄弱部位溢出，如坝后沼泽化、流土、管涌等
	接触渗漏	通过坝体与坝基或岸坡的接触面、坝体与刚性构筑物的接触面渗漏，从下游坝坡的相应部位溢出
	绕坝渗漏	通过岸坡未挖除的坡积层、岩石裂缝、溶洞、洞穴等部位渗漏，从下游岸坡溢出
渗漏现象	散浸	坝体渗漏部位呈湿润状态，随着时间的增加，土体逐渐饱和、软化，有可能在下游坝面形成细小而分布较小的水流
	集中渗漏	渗水从坝体、坝基或两岸山坡的孔隙中集中流出

渗漏处理的原则是内截、外排。“内截”就是在水力尾矿库贮灰场上游封堵渗漏入口，截断渗漏途径。“外排”就是在水力尾矿库贮灰场下游采取导渗和滤水措施，使渗水在不带走土体颗粒的前提下迅速地排出，以保持水力尾矿库贮灰场的渗流稳定。

水力尾矿库贮灰场一般采用坝前水力尾矿库贮灰场的方式，并在坝前保持一定的干滩长度，这种运行方式有利于水力尾矿库贮灰场防渗。常用的“内截”方法有防渗铺盖法、灌浆帷幕法等，常用的“外排”方法有反滤法、导渗法、压渗法等。

(2)水力尾矿库贮灰场管涌处理

当水力尾矿库贮灰场发生管涌破坏时，可通过减小上、下游水头差，以降低水力坡降的方式对管涌破坏进行处理，也可采用滤料导渗方式对管涌破坏进行处理。常用的处理方法有滤水围井、蓄水减渗、透水压渗等。

①滤水围井。在管涌破坏范围不大的情况下，可通过修筑滤水围井的方式对管涌破坏进行处理。具体做法为：先在管涌口的外围用土袋填筑一个围井，然后在围井内分层填筑滤料。一般情况下，滤料由三层不同粒径的砂砾石组成，自下而上依次为粗砂、砾石或碎石、块石，每层厚度一般为 0.3～0.5m。围井内的涌水应用导水管引出，如图 4.46 所示。如水的渗透力较大，第一层滤料无法填筑，可先在管涌口处抛填碎石或块石，然后再填筑滤料。

②蓄水减渗。当管涌破坏范围较大，附近又有土料时，可在管涌口周围修筑蓄水池，贮蓄水力尾矿库贮灰场的渗水，从而减小水力尾矿库贮灰场上、下游水位差，降低水力坡降，控制险情继续发展。

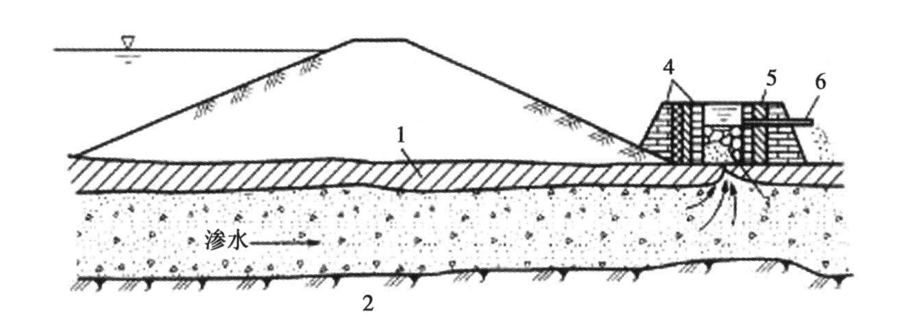

1—覆盖层；2—基础透水层；3—三层滤料；4—土袋；5—黏土；6—竹管

图 4.46　滤水围井示意图

③透水压渗。当管涌破坏范围较大，用其他方法处理又比较困难时，可用透水压渗的方式对管涌破坏进行处理。具体做法为：先在管涌口处铺设麦秸、柳条、竹竿等材料，以减小水的渗透力，控制险情继续发展；然后向管涌口处抛填一层粗砂或砾石，厚度根据实际情况而定，一般不小于 0.3m，最后在粗砂或砾石层上铺压卵石或块石，厚度根据实际情况确定，如图 4.47 所示。

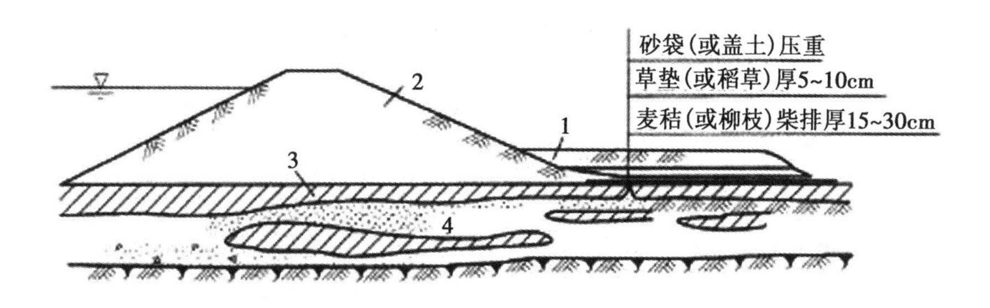

1—压渗台；2—坝体；3—覆盖层；4—透水层

图 4.47　透水压渗示意图

4.8 渗流防治工程实例

首阳山电厂省庄贮灰场采用分期筑坝建设方式，初期坝为透水土石混合坝，在后期子坝加高设计时，采用砂槽模型试验和有限单元法对灰坝的渗流进行了分析、计算，得出了灰坝在不同干滩长度下的渗流状态，如图4.48所示。

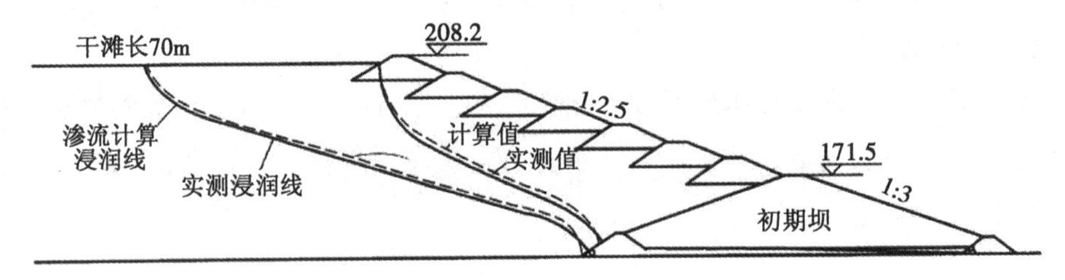

图4.48 省庄贮灰场灰坝计算浸润线与实测浸润线对比图

丹东化纤公司自备电厂西沟贮灰场采用分期筑坝建设方式，初期坝为透水石渣坝，在后期子坝加高设计时，采用电拟试验和有限单元法对灰坝的渗流进行了分析、计算，得出了灰坝在不同高度、不同干滩长度、不同子坝材料、有无水平排水管等情况下的渗流状态，如图4.49所示。

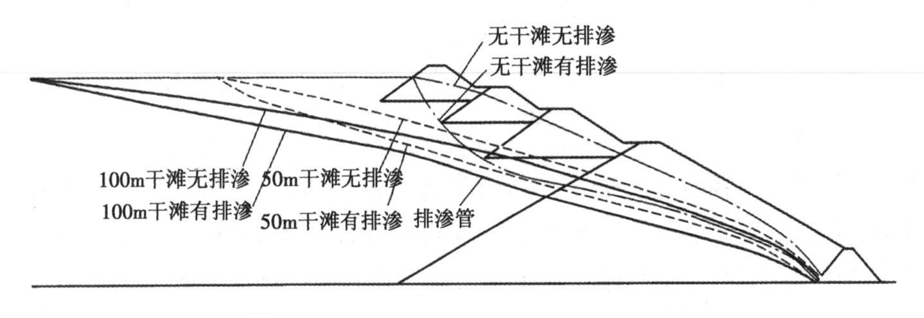

图4.49 西沟贮灰场灰坝渗流状态预测图

吉林热电厂来发屯贮灰场采用分期筑坝建设方式，初期坝为不透水坝，在后期子坝加高设计时，采用电拟试验和三维有限单元法对灰坝的渗流进行了分析、计算，结果如图4.50所示。

经山贮灰场为谏壁发电厂的永久贮灰场，灰坝排渗系统由坝前水平排渗设施与垂直排渗设施两部分组成。在灰坝设计时，采用三维有限单元法与电拟试验对灰坝的渗流进行了分析、计算。进行三维渗流数值分析时，考虑了粉煤灰的各向异性、排渗系统的透水能力、排渗系统布置对渗流场的影响等因素。分析结果表明：组合排渗系统对降低灰坝浸润线、提高灰坝安全度的效果是显著的，竖井的排数与间距和水平排渗褥垫（或盲沟）的宽度可按渗流分析结果进行设计。粉煤灰的各向异性与排渗系统的淤堵对渗流场

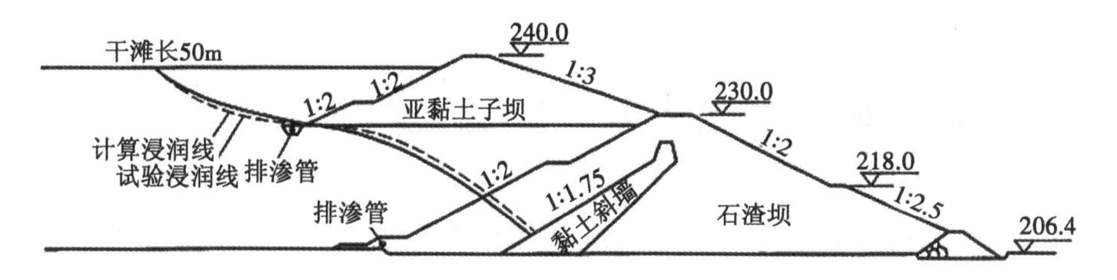

图 4.50　来发屯贮灰场灰坝三维渗流计算与电拟试验结果对比图

影响很大，在设计时应予以考虑。灰坝排渗设施和粉煤灰各向异性对渗流场的影响见图 4.51 和图 4.52。

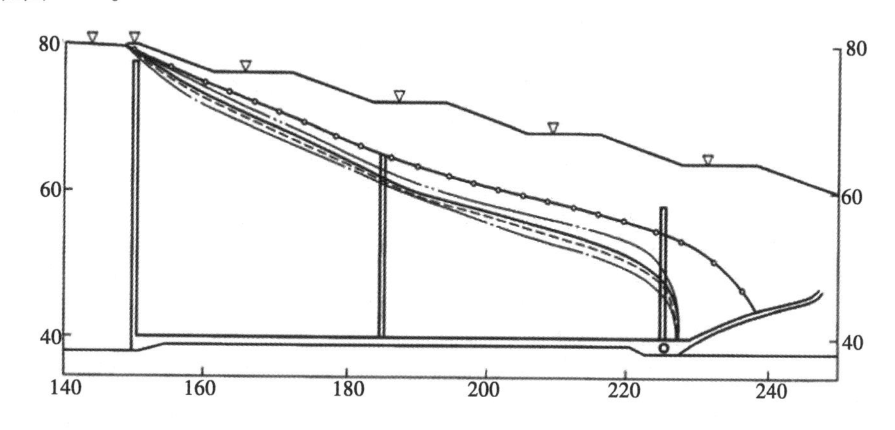

图 4.51　经山贮灰场排渗设施对渗流场的影响(单位：m)

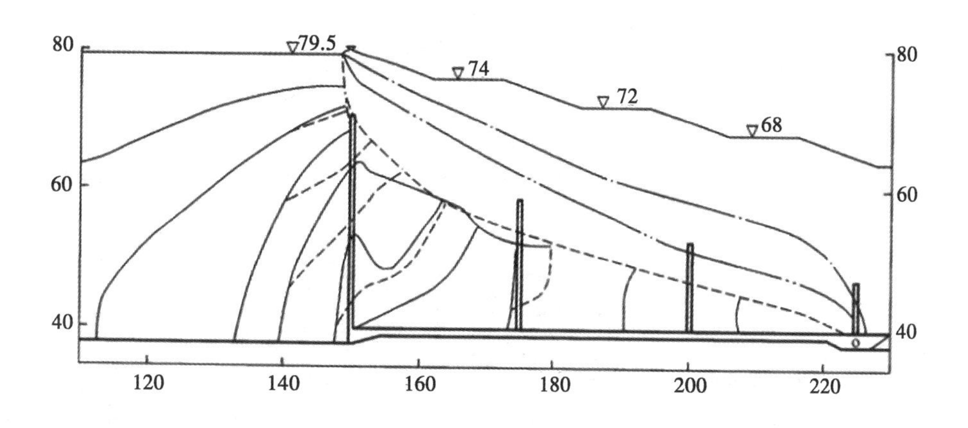

图 4.52　经山贮灰场粉煤灰各向异性对渗流场的影响(单位：m)

4.9 水力尾矿库贮灰场渗流变形控制典型工程

通过前述章节的归纳总结分析，水力尾矿库贮灰场渗流变形控制方案见表4.3，水力尾矿库贮灰场渗流变形控制坝型见表4.4。

表4.3 水力尾矿库贮灰场渗流变形控制方案

水力尾矿库贮灰场坝型	排渗工程措施		
	①排水措施 贴坡、棱体、褥垫、塑料排水板、渗管排水	②辐射井(排渗/导水钢管)排水措施	③减压排水措施 排水渗沟、减压井排水、防渗墙
A不透水库坝	A+①/②/③	A+②/①/③	A+③/①/②
B不透水/透水分区库坝	B+①/②/③	B+②/①/③	B+③/①/②
C透水库坝	C+①/②/③	C+②/①/③	C+③/①/②

表4.4 水力尾矿库贮灰场渗流变形控制坝型

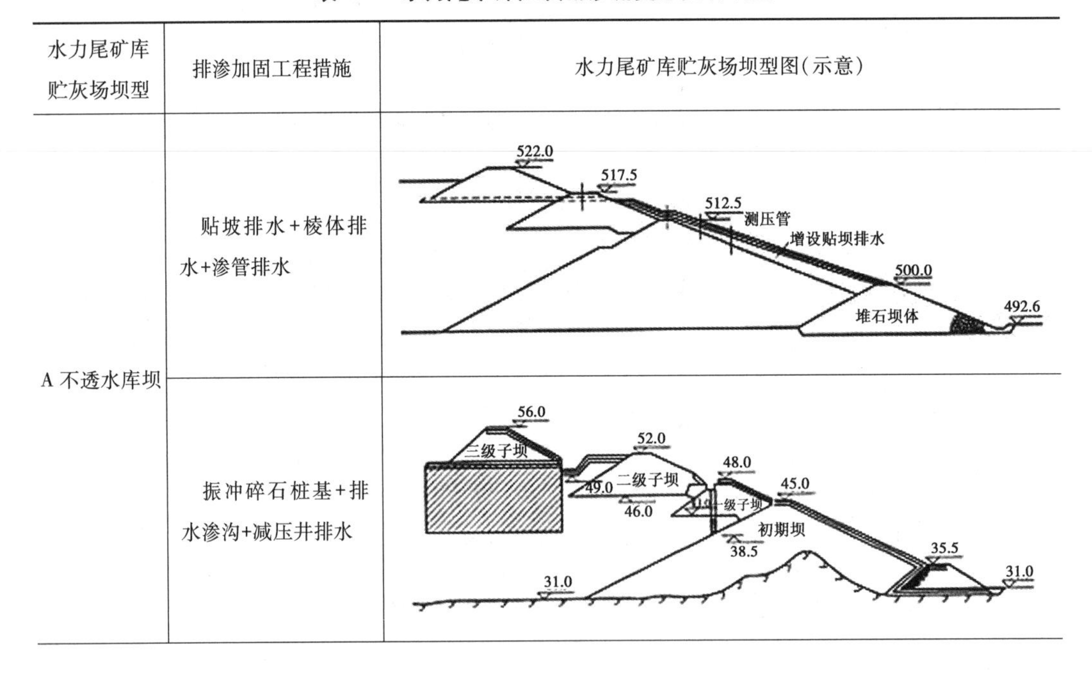

水力尾矿库贮灰场坝型	排渗加固工程措施	水力尾矿库贮灰场坝型图(示意)
A不透水库坝	贴坡排水+棱体排水+渗管排水	
	振冲碎石桩基+排水渗沟+减压井排水	

表4.4(续)

水力尾矿库贮灰场坝型	排渗加固工程措施	水力尾矿库贮灰场坝型图(示意)
A 不透水库坝	排渗钢管+导水钢管排水	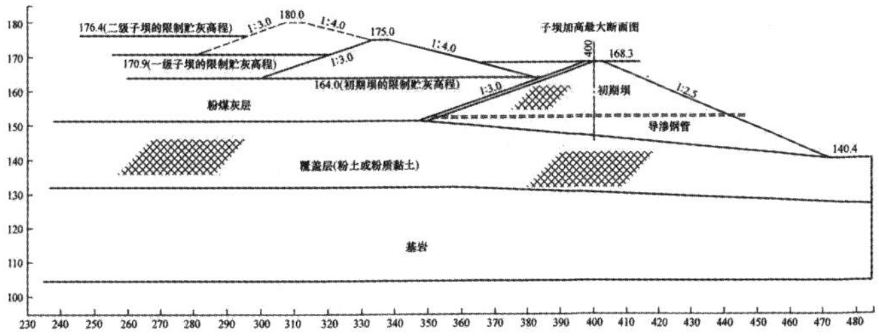 176.4(二级子坝的限制贮灰高程) 180.0 1:3.0 1:4.0 175.0 1:4.0 子坝加高最大断面图 170.9(一级子坝的限制贮灰高程) 1:3.0 164.0(初期坝的限制贮灰高程) 168.3 1:3.0 初期坝 1:2.5 粉煤灰层 导渗钢管 覆盖层(粉土或粉质黏土) 140.4 基岩 180 170 160 150 140 130 120 110 100 230 240 250 260 270 280 290 300 310 320 330 340 350 360 370 380 390 400 410 420 430 440 450 460 470 480
	棱体排水+褥垫排水	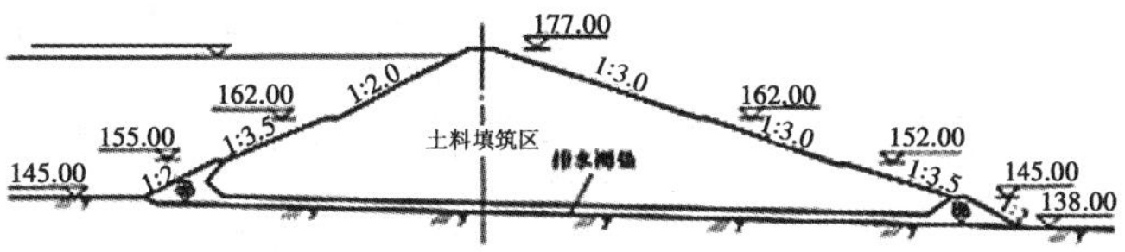 177.00 1:2.0 1:3.0 162.00 162.00 155.00 1:3.5 1:3.0 152.00 145.00 1:2 土料填筑区 排水褥垫 1:3.5 145.00 138.00
	棱体排水+褥垫排水+塑料排水板排水	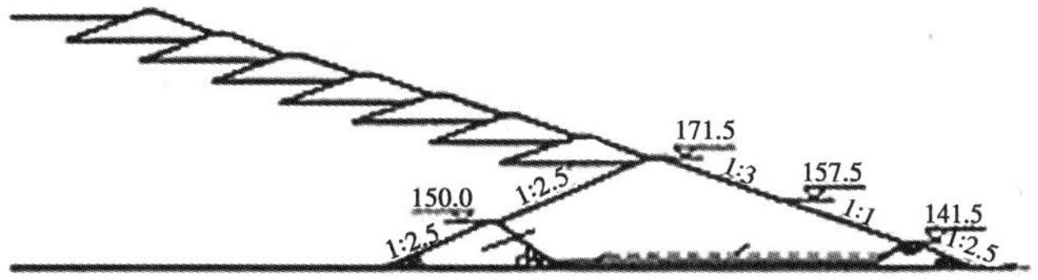 171.5 1:3 157.5 150.0 1:2.5 1:1 141.5 1:2.5 1:2.5
	褥垫排水+渗沟排水+减压井排水	1:4 55.0 1:3 35.8
	混凝土拱坝+土工筋带	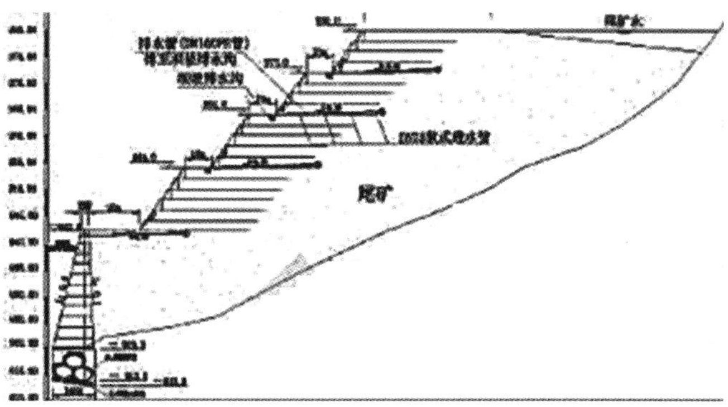 尾矿

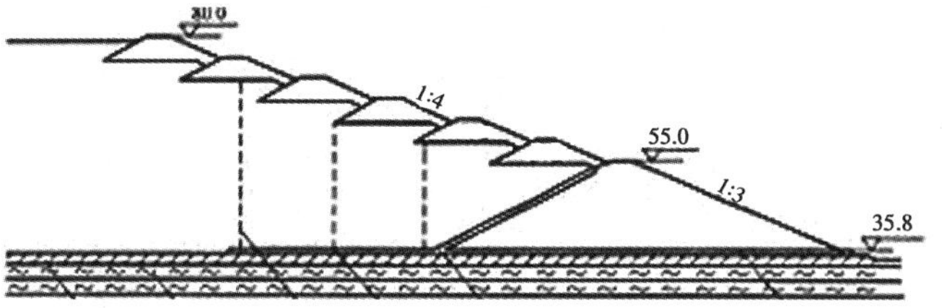

表4.4(续)

水力尾矿库贮灰场坝型	排渗加固工程措施	水力尾矿库贮灰场坝型图(示意)
A不透水库坝	混凝土面板土石坝+土工筋带+减压井隧洞排水	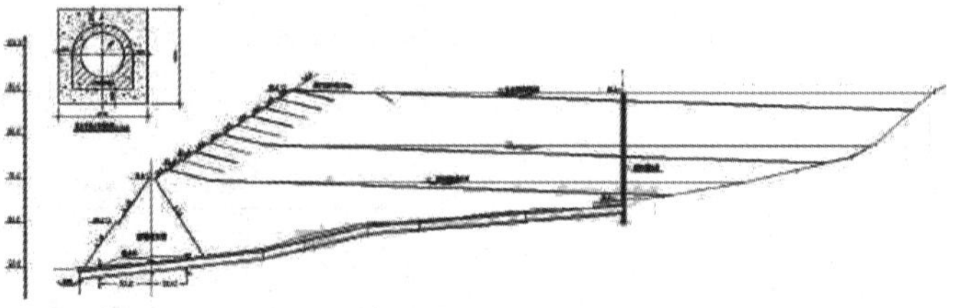
B不透水/透水分区库坝	渗管排水	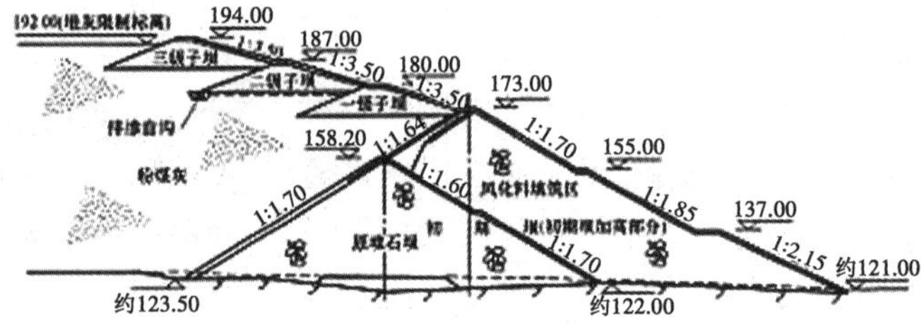
	不透水/透水分区库坝	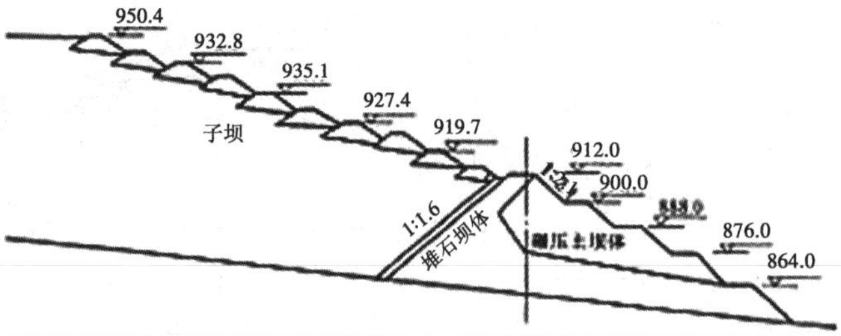
	不透水/透水分区库坝	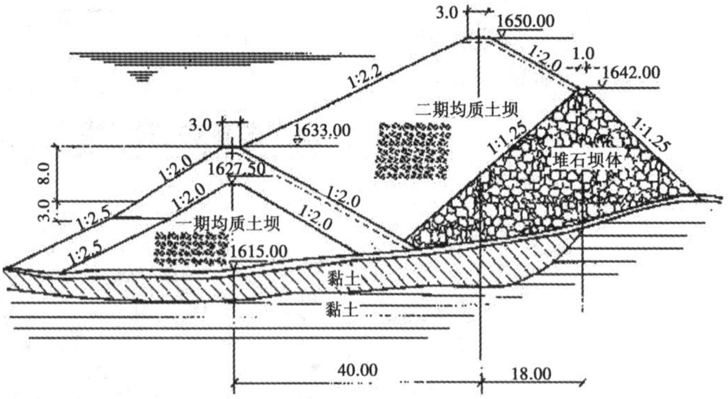
	下游透水护坡堆石+褥垫排水	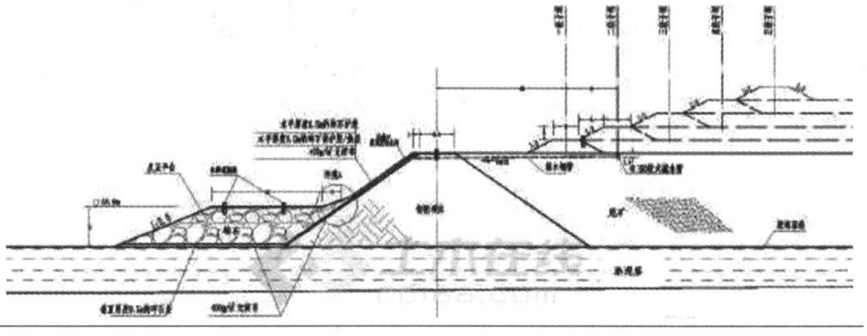

表 4.4(续)

水力尾矿库贮灰场坝型	排渗加固工程措施	水力尾矿库贮灰场坝型图(示意)
C 透水库坝	均匀透水坝	242.4 51 3 45 5 30 2 32 2 32 3 37.4 340.0 1:1.5 1:1.5 320.0 1:1.6 干砌石1m厚 310.0 碾压堆石坝 γ_d=20.6kN/m³ 300.0 1:1.6 1:1.7 280.0 290.0 1:1.7 258.0 石灰岩 无砂混凝土反滤层 干砌石垫层
	防渗斜墙+渗管排水	1:2 亚黏土子坝 1:3 230.0 1:2 218.0 排渗管 排渗管 1:3 黏土斜墙 石渣坝 1:2.5 206.0
	防渗竖墙+灌浆帷幕防渗墙	780 788 1:2.5 1:2 黏土斜墙 1:6.5 1:3 上游防渗铺盖 4 3 1:2.5 5 35 1:3 9 688 661 659 8 15 6 561.5 7
	防渗竖墙+褥垫疏水排水	788 1:3 1:2 坝壳 1:3.5 黏土斜墙 1:2.5 3 4 1:4.5 5 1:3 9
	防渗褥垫铺盖+防渗斜墙	ΔH_x H 上游防渗铺盖 δ_x B A 黏土斜墙 L x
	渗沟排水+排渗钢管+辐射井(排渗/导水钢管)排水+导水钢管排水	

表 4.4(续)

水力尾矿库贮灰场坝型	排渗加固工程措施	水力尾矿库贮灰场坝型图(示意)
C 透水库坝	棱体排水+褥垫排水	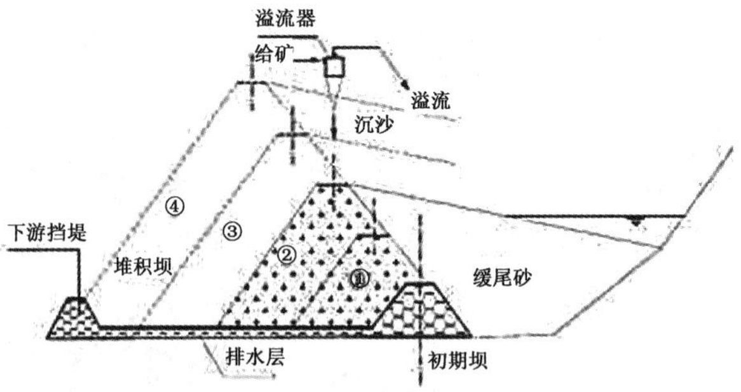

综上所述，主要围绕水力尾矿库贮灰坝渗流防治工程措施及防治工程进行了分析，得到如下主要成果：

① 水力尾矿库贮灰坝渗流防治工程措施共有八种情况，即基本型；下游褥垫排渗措施；下游棱体排渗措施；下游褥垫疏干排水+黏土心墙防渗措施；黏土心墙防渗措施；灌浆帷幕防渗措施；上游黏土斜墙防渗墙措施；上游防渗褥垫铺盖+黏土斜墙防渗墙措施。

② 对于水力尾矿库贮灰坝渗流变形排渗工程措施以及渗流变形事故处理措施，归纳总结分析得出水力尾矿库贮灰坝渗流变形控制方案及坝型。

③ 水力尾矿库贮灰坝渗流变形事故处理：在水力尾矿库贮灰坝上游封堵渗漏入口，在水力尾矿库贮灰坝下游采取导渗和滤水措施，使渗水在不带走土体颗粒的前提下迅速地排出。

第5章 不透水尾矿库贮灰场坝渗流变形特性

依据水力尾矿库贮灰场渗流变形控制典型工程中不透水库坝典型工程，选择代表性的不透水振冲碎石桩基+渗沟+减压井排水库坝、不透水棱体+褥垫排水库坝、不透水混凝土面板土石坝+土工筋带库坝、不透水混凝土面板土石坝+土工筋带+减压井排水库坝、不透水棱体褥垫+塑料排水板井排水库坝和不透水褥垫渗沟+减压井排水库坝进行不透水水力尾矿库贮灰场渗流变形特性研究。

5.1 不透水振冲碎石桩基+渗沟+减压井排水库坝

1980年投入运行的谏壁发电厂松林山灰场，初期坝为下游设堆石排水棱体的黏性土不透水坝，坝体高度为14.0m。后期子坝分三级，三级子坝总高度为11.0m。坝体浸润线较高，坝前沉积的灰渣极其松软，为了填筑后期子坝，对贮灰场进行增容，在一、二级子坝间增设了减压排水沟和排水井，以降低坝体浸润线；用振冲碎石桩对三级子坝坝基下的灰渣进行了加固，以提高灰渣的抗剪强度，增强坝体的抗滑稳定性，相关渗流变形特性分析如下。

(1)几何与有限元模型

几何与有限元模型如图5.1和图5.2所示。

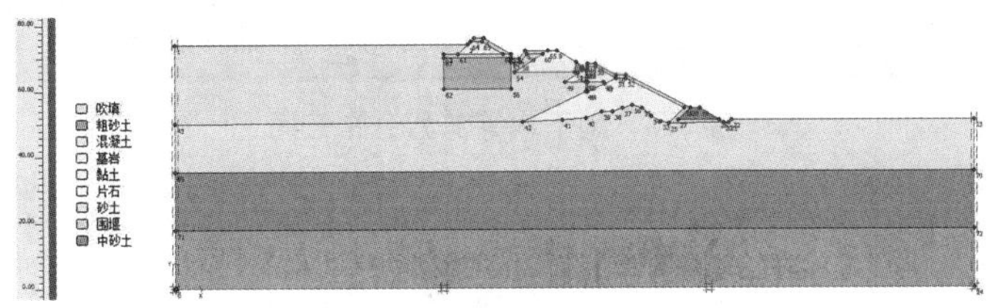

图5.1 几何模型图

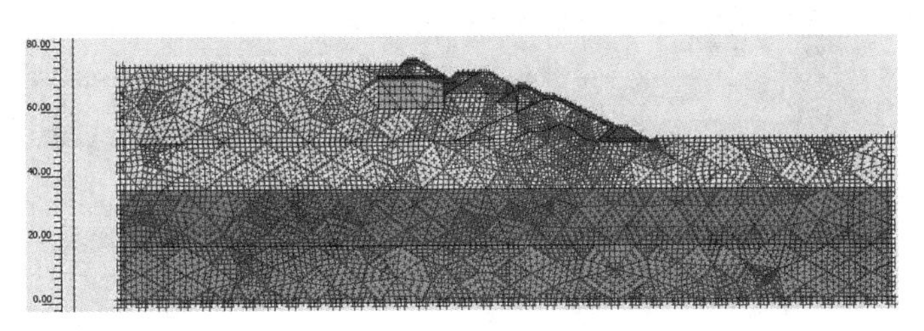

图5.2 有限元网格剖分模型图

(2)渗流分析

从图 5.3 有效主应力矢量分布图可以看出，该模型有限应力矢量没有发生较为明显的偏转且分布不集中，最大有效主应力 715.40Pa；从图 5.4 至图 5.7 可以看出，坝体中浸润线相对较低，地下水渗流从下游设堆石排水棱体排出。

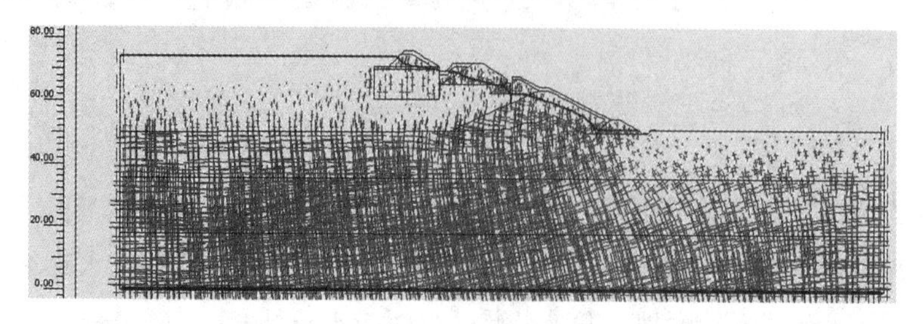

图 5.3　有效主应力矢量分布图(最大有效主应力 715.40Pa)

图 5.4　地下水等水位面分布云图(最大总孔压 735.91Pa)

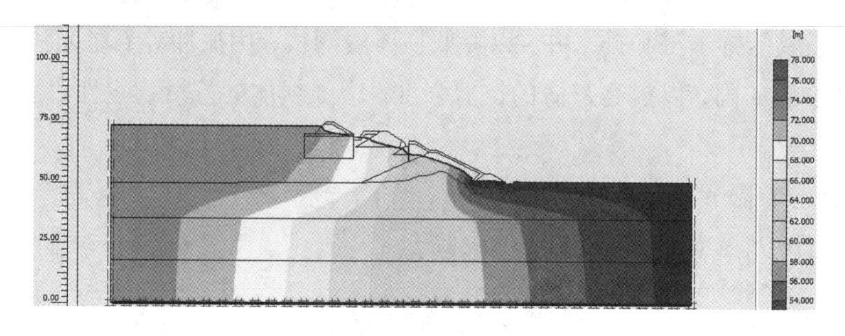

图 5.5　地下水等势面分布云图

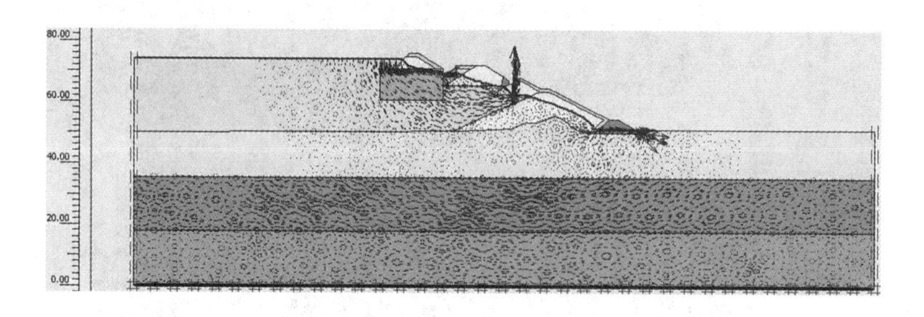

图 5.6　地下水渗流矢量分布图(最大速度 0.403m/d)

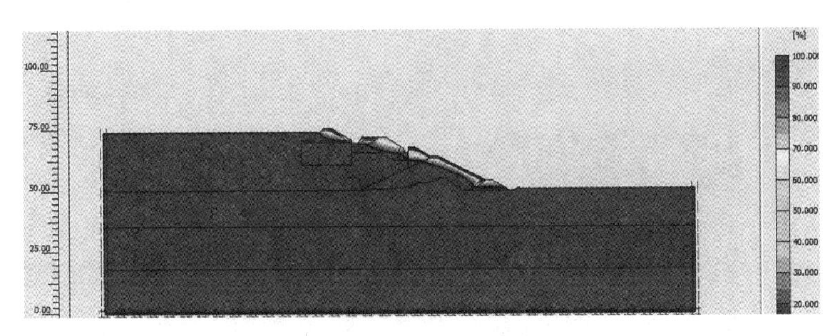

图 5.7　地下水饱和度分布云图(最大饱和度 101.54%)

(3)渗流变形分析

如图 5.8 至图 5.11 所示，渗流变形产生的最大总位移为 0.105m；只在坝坡坡脚处以及一级子坝下产生较小的剪应变，整体没有较大变形。

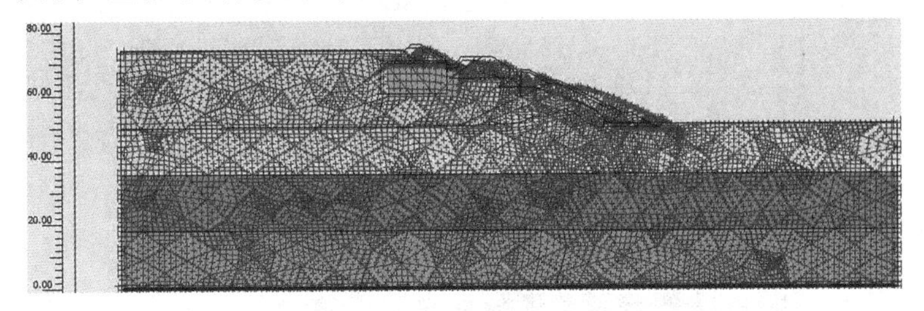

图 5.8　渗流变形网格分布图(最大总位移 0.105m)

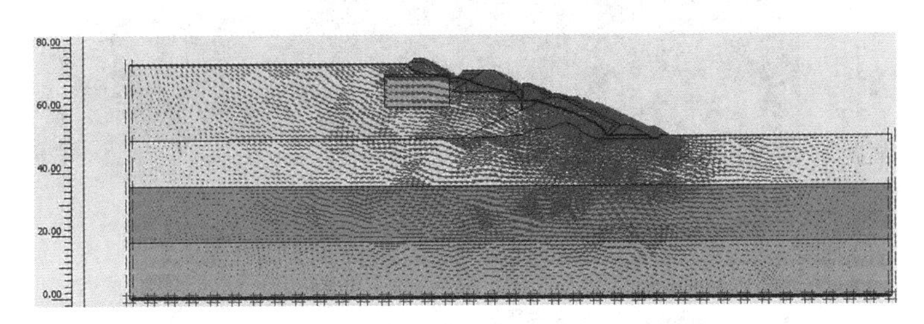

图 5.9　渗流变形位移矢量分布图(最大总位移 0.105m)

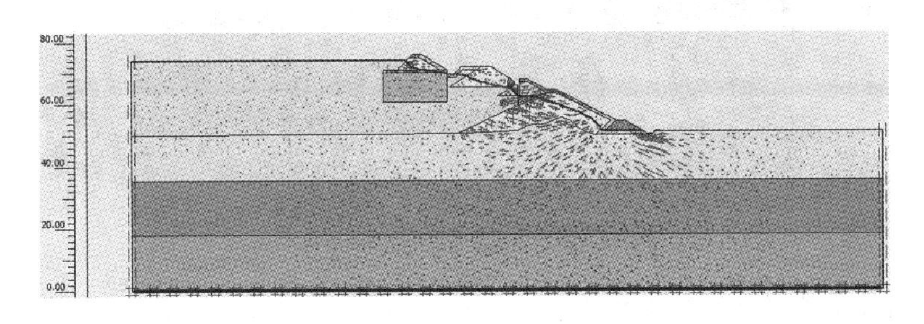

图 5.10　渗流变形总应变矢量分布图(最大主应变 2.20%)

(4)渗流变形破坏(有限元强度折减)分析

通过有限元强度折减法进行分析，如图 5.12 至图 5.14 所示，坝体整体稳定，没有发生破坏，只在坡脚产生较小剪应变，对整体不产生影响。减压排水沟和排水井以及振冲碎石桩的加固措施对整个坝体的抗滑稳定性产生较为良好的效果。

图 5.11　渗流变形总剪应变等值线分布云图(最大主应变 1.59%)

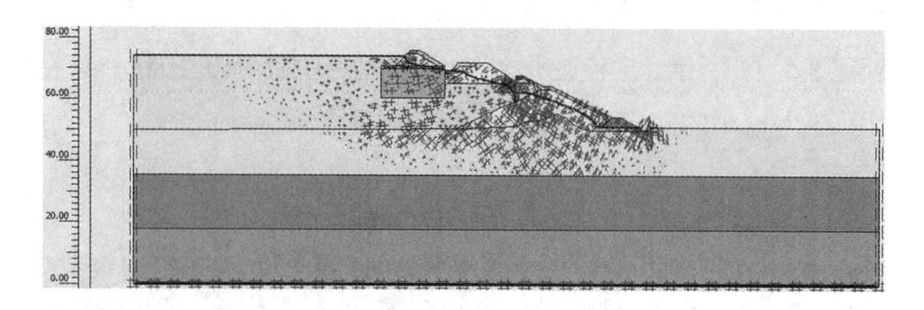

图 5.12　渗流变形总应变矢量分布图

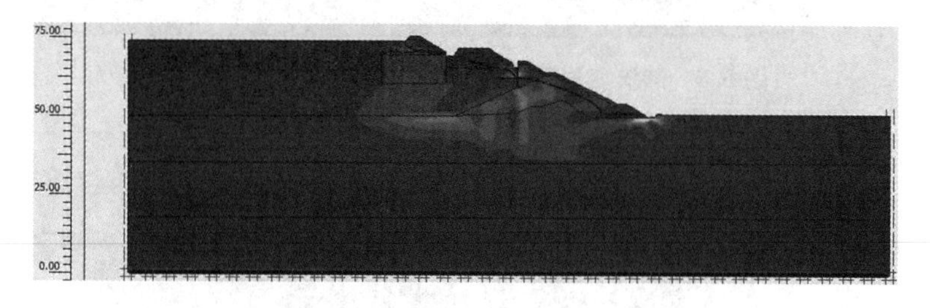

图 5.13　渗流变形总剪应变等值线分布云图

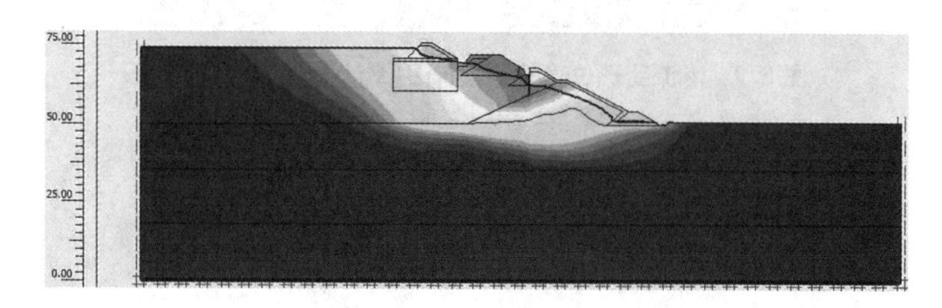

图 5.14　渗流变形破坏分布云图

(5)渗流变形典型曲线特性分析

通过图 5.15 至图 5.17 可以清楚地看到 A、B、C 三个面位置地下水孔压深度变化、地下水渗流深度变化、渗流变形位移深度变化。

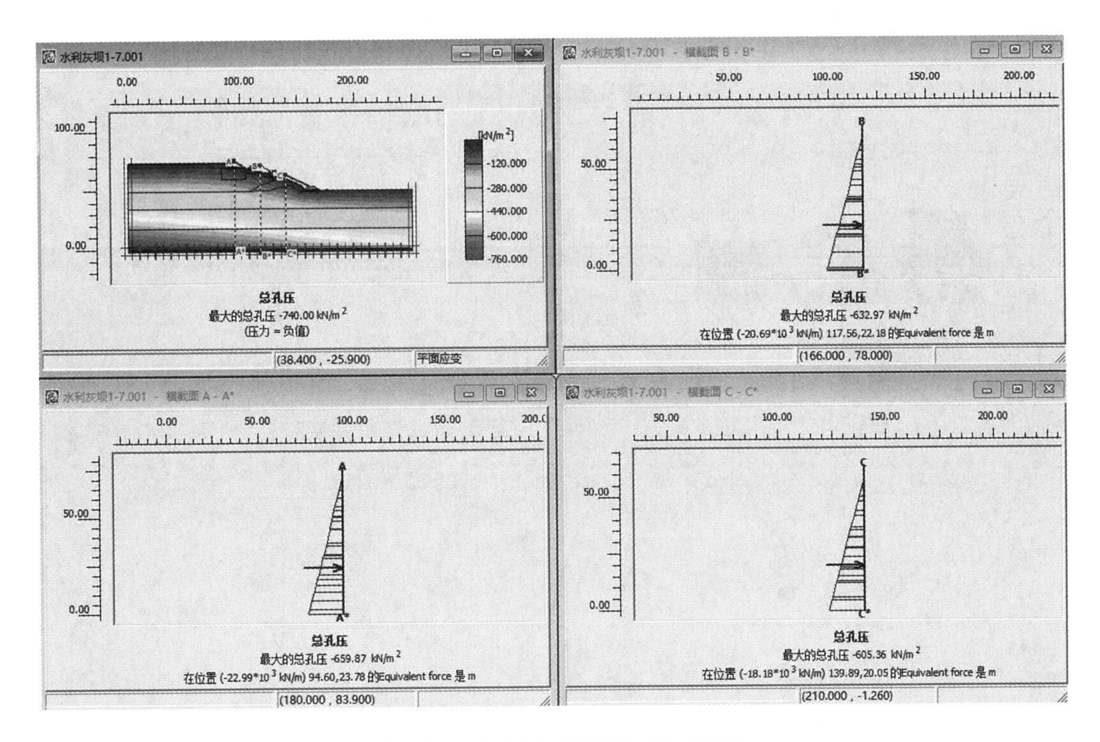

图 5.15　地下水孔压深度变化曲线图

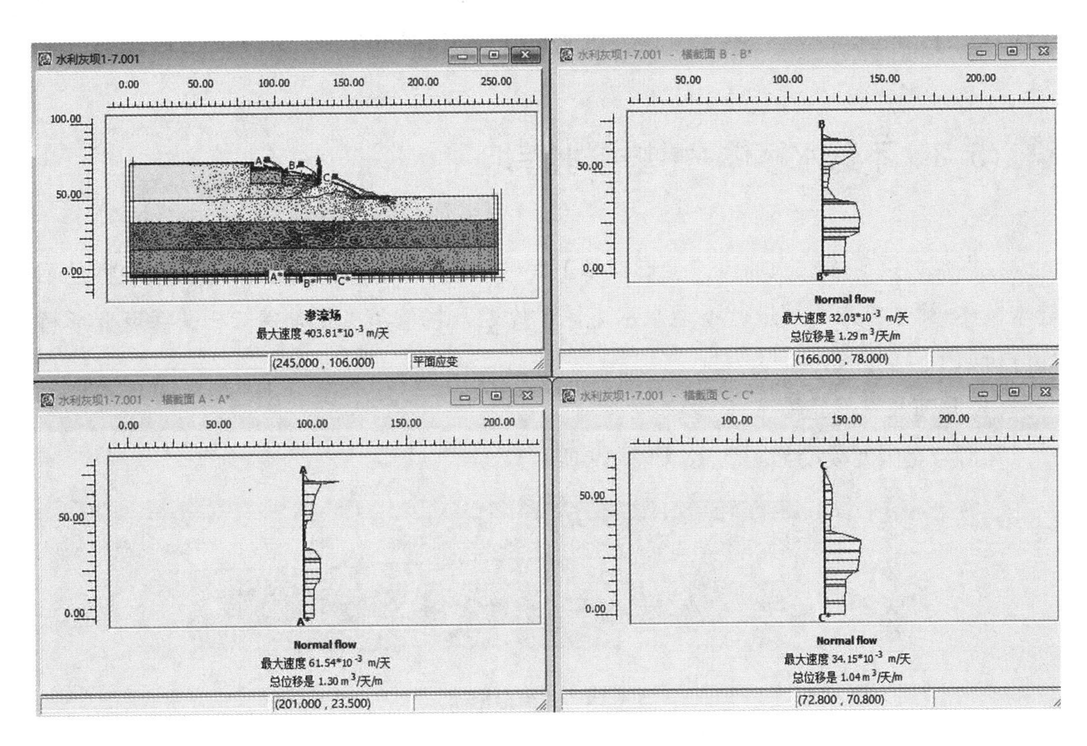

图 5.16　地下水渗流深度变化曲线图

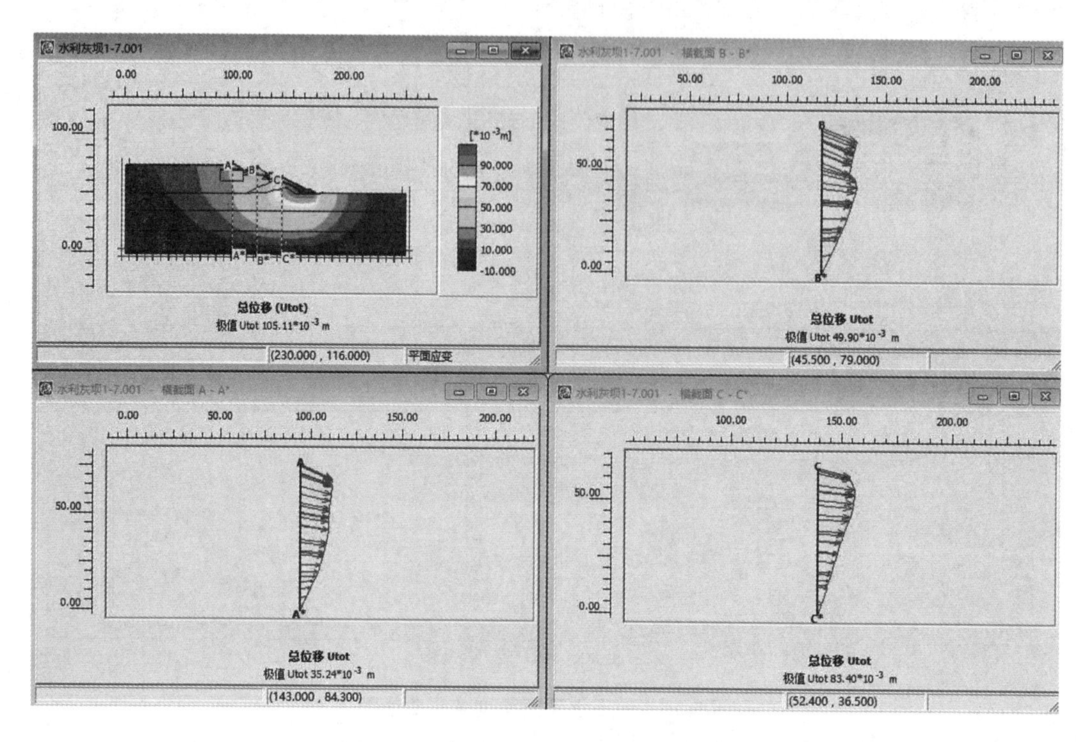

图 5.17　渗流变形位移深度变化曲线图

5.2　不透水棱体+褥垫排水库坝

根据水力尾矿库贮灰场渗流变形典型工程中不透水库坝典型工程，选择代表性的不透水棱体+褥垫排水库坝进行不透水水力尾矿库贮灰场渗流变形研究，相关渗流变形特性分析如下。

(1)几何与有限元模型

几何与有限元模型如图 5.18 和 5.19 所示。

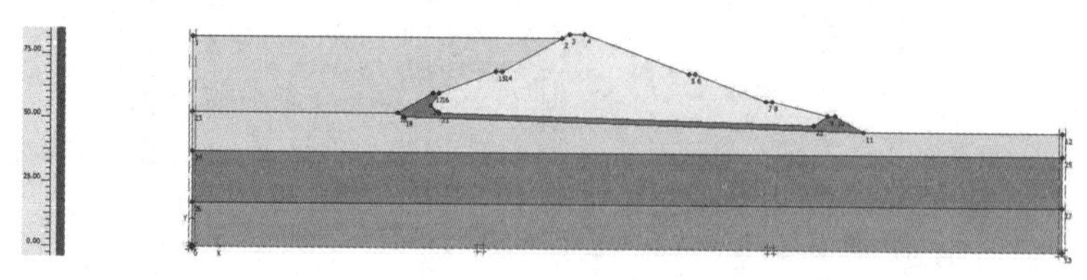

图 5.18　几何模型图

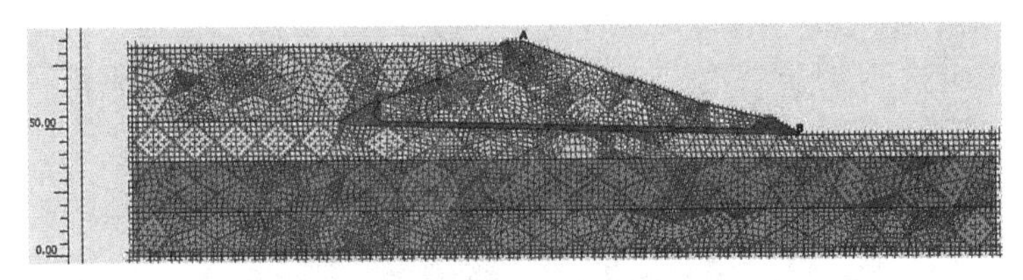

图 5.19　有限元网格剖分模型图

(2)渗流分析

通过图 5.20 有效主应力矢量分布图可以看出，该模型有限应力矢量没有发生较为明显的偏转且分布不集中，最大有效主应力 1040Pa；从图 5.21 至图 5.24 可以看出，坝体中浸润线相对较低，坝坡后大部分坝体中无水，坝前的水经堆石排水褥垫区从堆石棱体区排出。整个坝体排水效果较好。

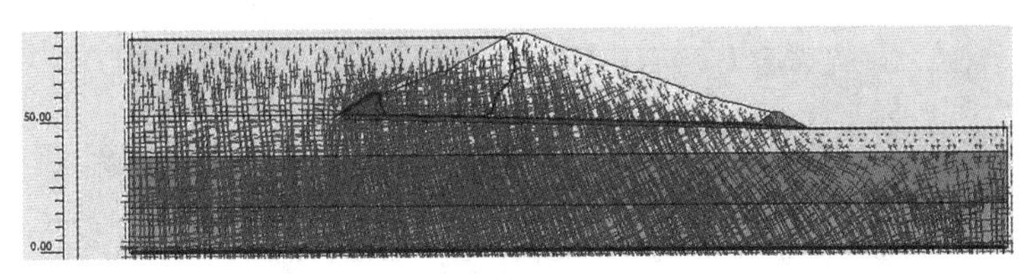

图 5.20　有效主应力矢量分布图(最大有效主应力 1040Pa)

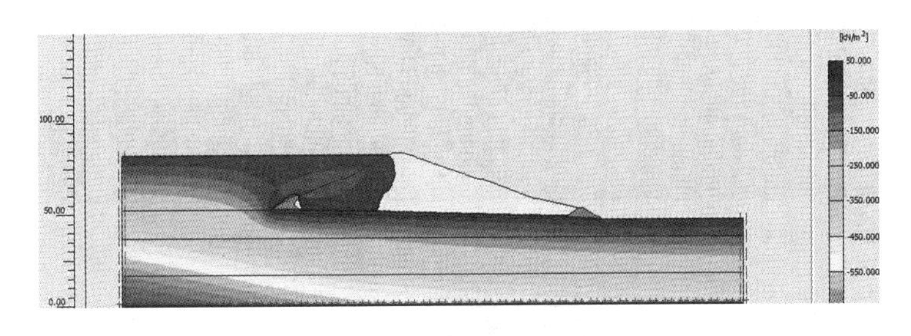

图 5.21　地下水等水位面分布云图(最大总孔压 813.65Pa)

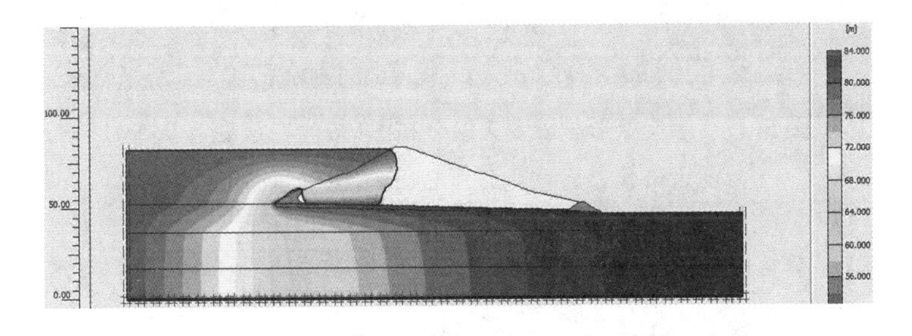

图 5.22　地下水等势面分布云图

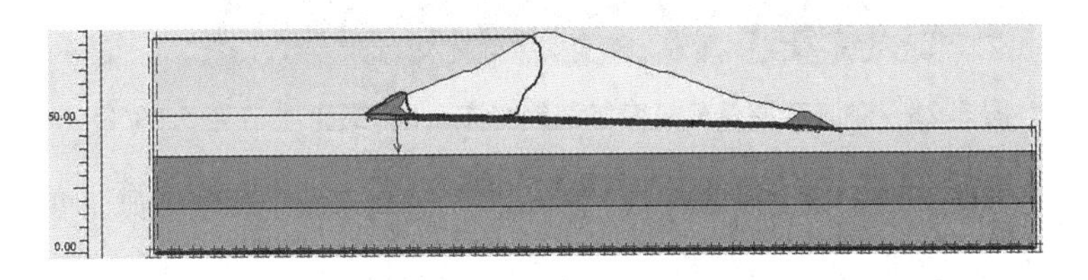

图 5.23　地下水渗流矢量分布图(最大速度 68.87m/d)

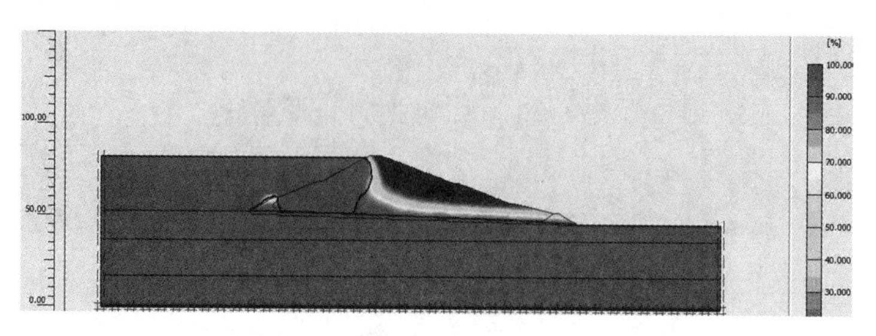

图 5.24　地下水饱和度分布云图(最大饱和度 100.84%)

(3)渗流变形分析

如图 5.25 至图 5.28 所示，渗流变形产生的最大总位移 0.865m；只在坝坡坡脚处以及坝前坡面与水表面接触部分产生较小的剪应变，坡脚处产生较小位移，整体没有较大变形。

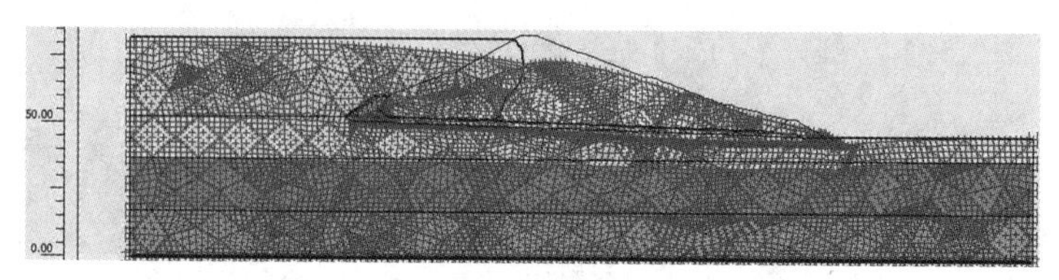

图 5.25　渗流变形网格分布图(最大总位移 0.865m)

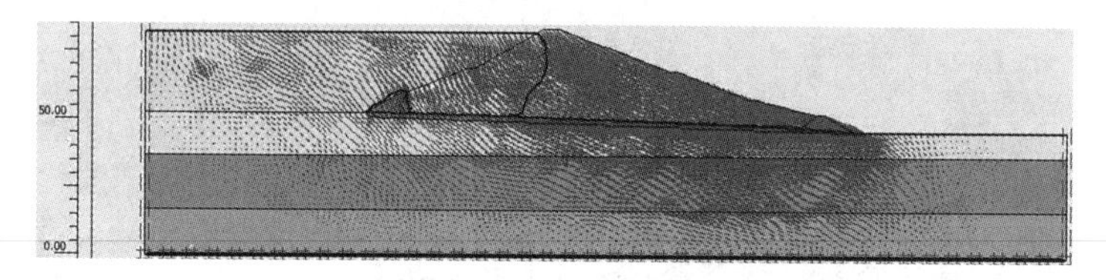

图 5.26　渗流变形位移矢量分布图(最大总位移 0.865m)

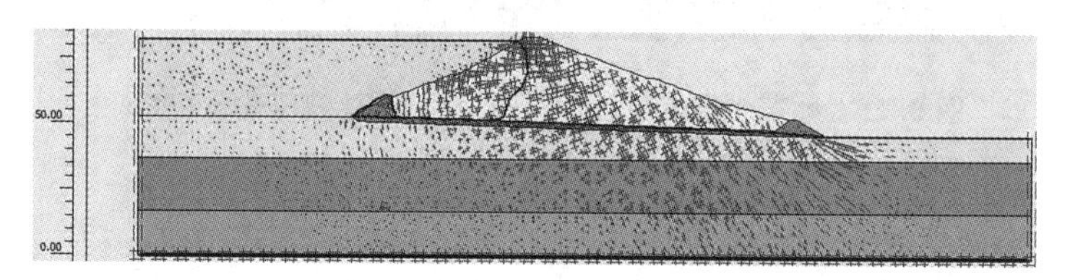

图 5.27　渗流变形总应变矢量分布图(最大主应变 8.03%)

图 5.28　渗流变形总剪应变等值线分布云图(最大主应变 5.19%)

(4)渗流变形破坏(有限元强度折减)分析

通过有限元强度折减法进行分析，如图 5.29 至图 5.31 所示，坝体坝后坝坡有整体滑动的趋势，只在坡脚产生较小剪应变，没有发生破坏，对整体稳定性影响不大。坝体稳定性及排水效果较好。

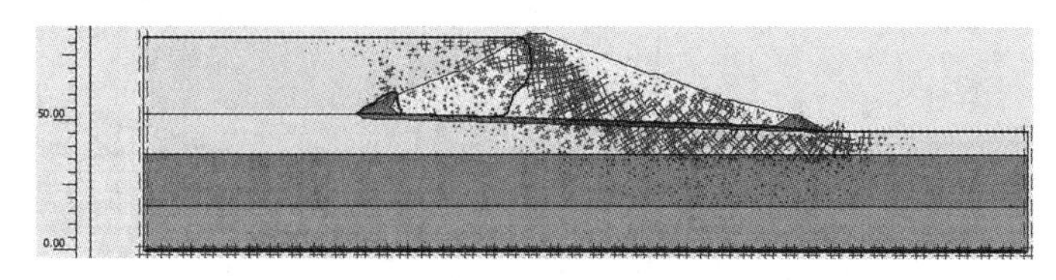

图 5.29　渗流变形总应变矢量分布图

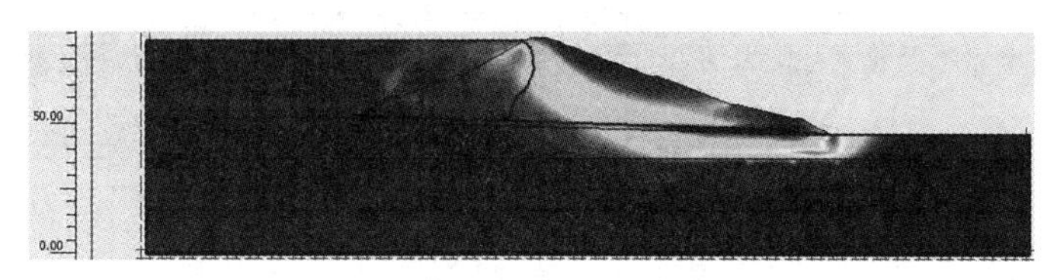

图 5.30　渗流变形总剪应变等值线分布云图

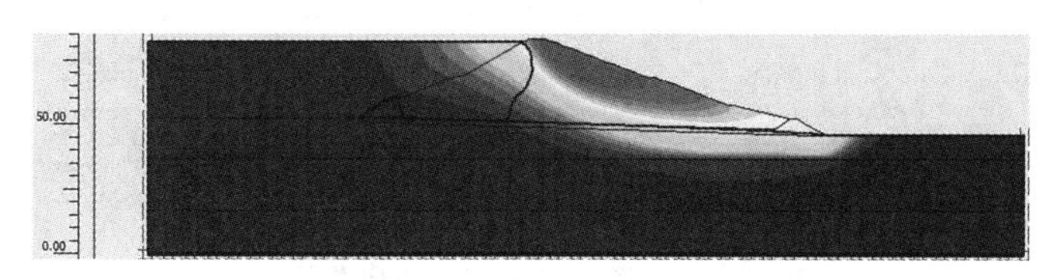

图 5.31　渗流变形破坏分布云图

(5)渗流变形典型曲线特性分析

通过图 5.32 至图 5.34 可以清楚地看到 A、B、C 三个面位置地下水孔压、地下水渗流、渗流变形位移随着深度变化情况。

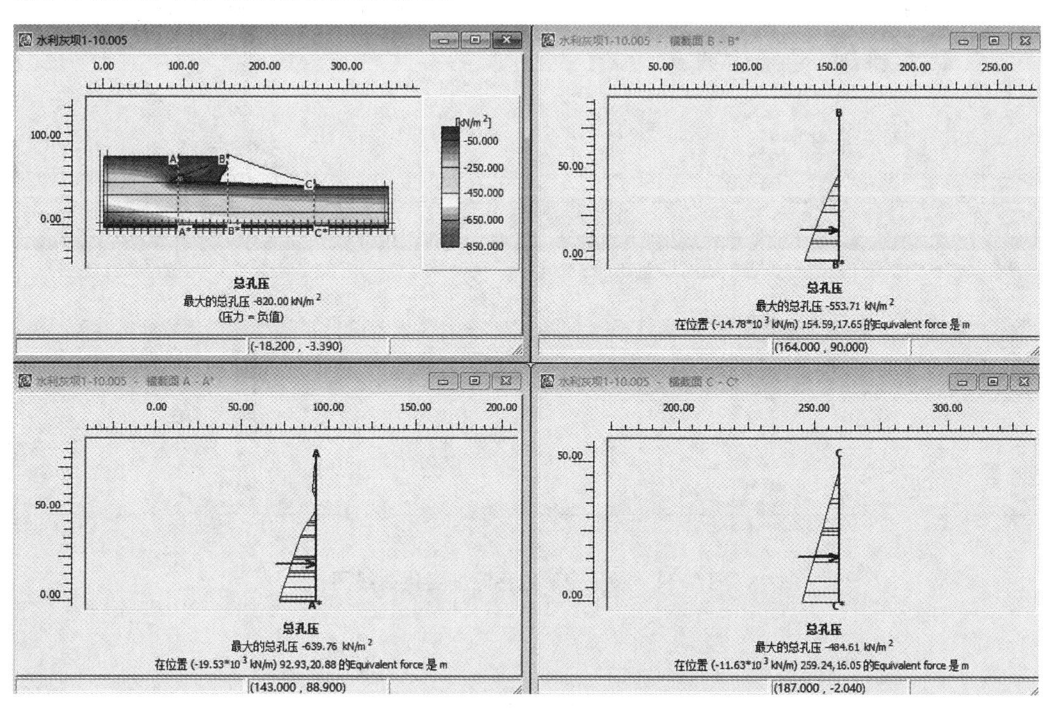

图 5.32　地下水孔压深度变化曲线图

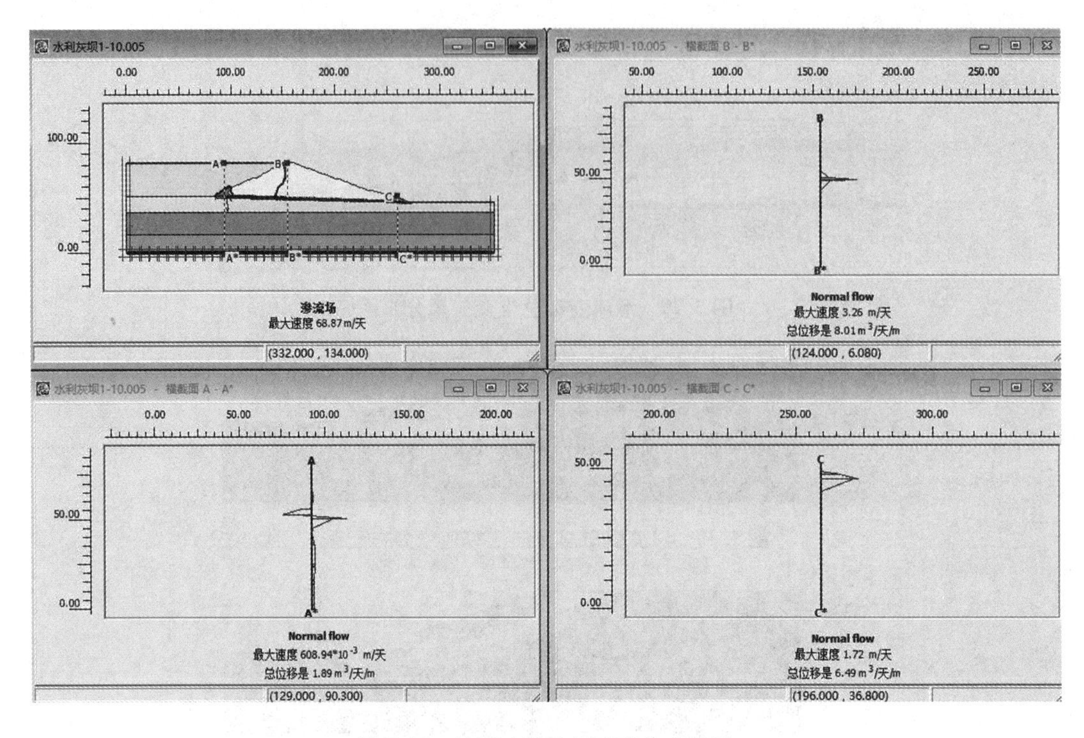

图 5.33 地下水渗流深度变化曲线图

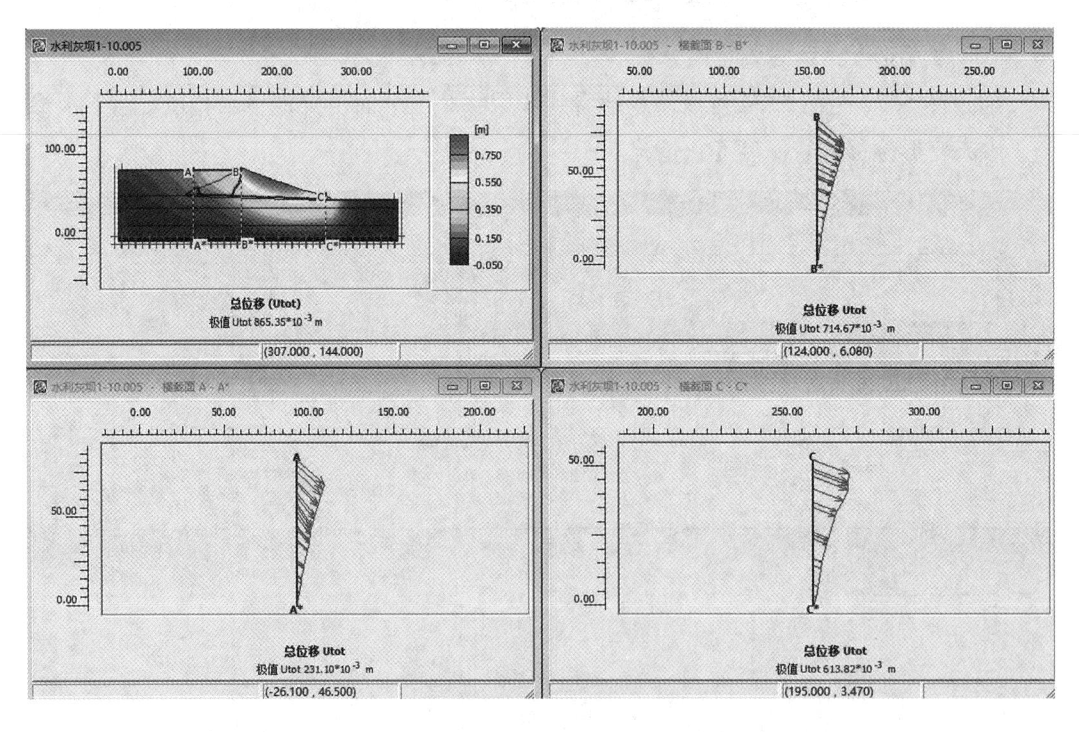

图 5.34 渗流变形位移深度变化曲线图

5.3　不透水混凝土面板土石坝+土工筋带库坝

依据水力尾矿库贮灰场渗流变形控制典型工程中不透水库坝典型工程，选择代表性的不透水混凝土面板土石坝+土工筋带库坝进行不透水水力尾矿库贮灰场渗流变形特性研究，相关渗流变形特性分析如下。

(1)几何与有限元模型

几何与有限元模型如图5.35和图5.36所示。

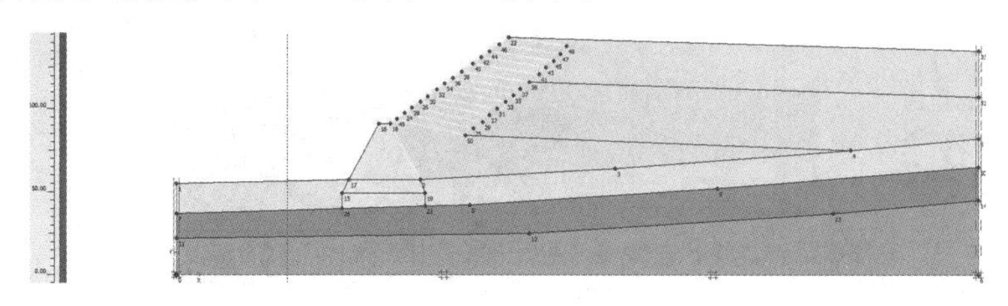

图5.35　几何模型图

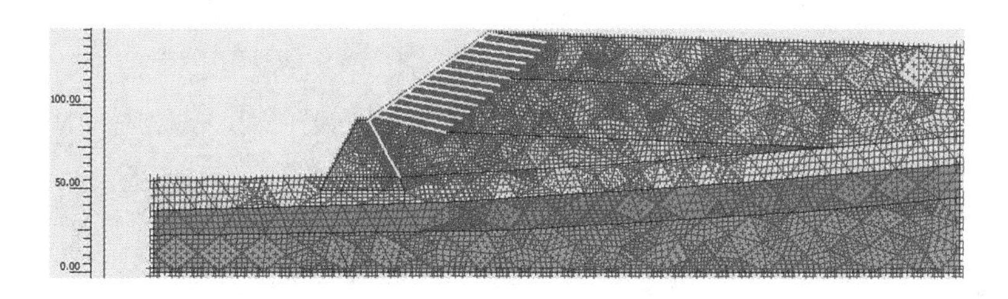

图5.36　有限元网格剖分模型图

(2)渗流分析

通过图5.37有效主应力矢量分布图可以看出，该模型大部分有限应力矢量没有发生较为明显的偏转，但坝后坡脚处产生了偏转，最大有效主应力1590Pa；从图5.38至图5.41可以看出，坝体中浸润线一直很高，水从不透水坝顶流出以及坝后坡脚处渗流出，坝体前几乎饱和。

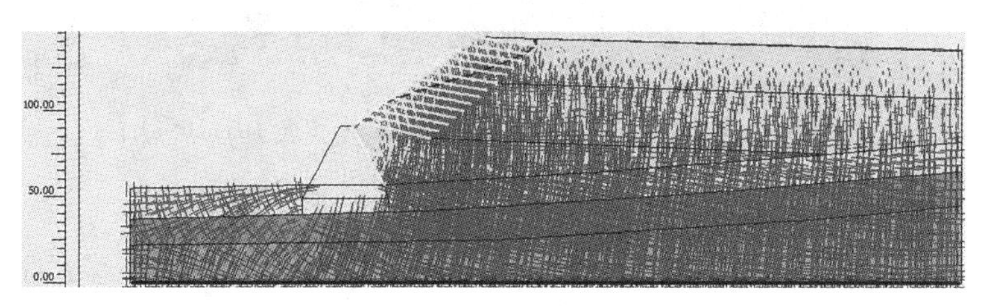

图5.37　有效主应力矢量分布图(最大有效主应力1590Pa)

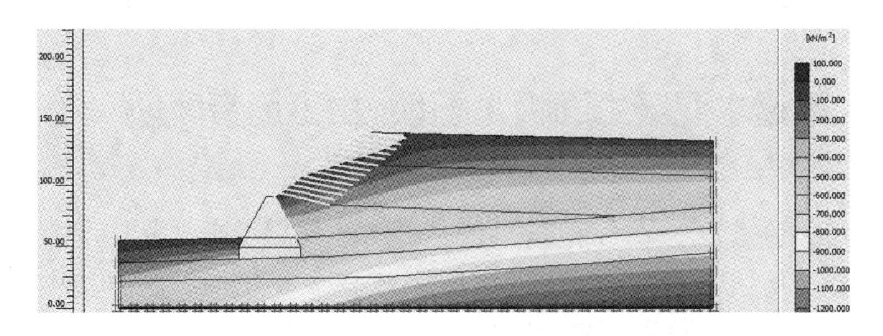

图 5.38　地下水等水位面分布云图(最大总孔压 1410Pa)

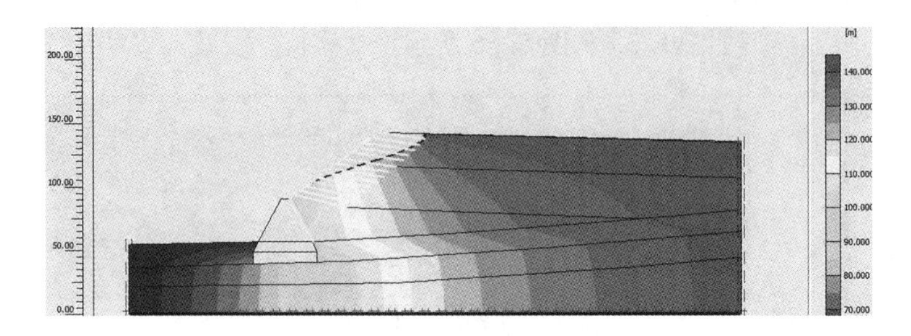

图 5.39　地下水等势面分布云图

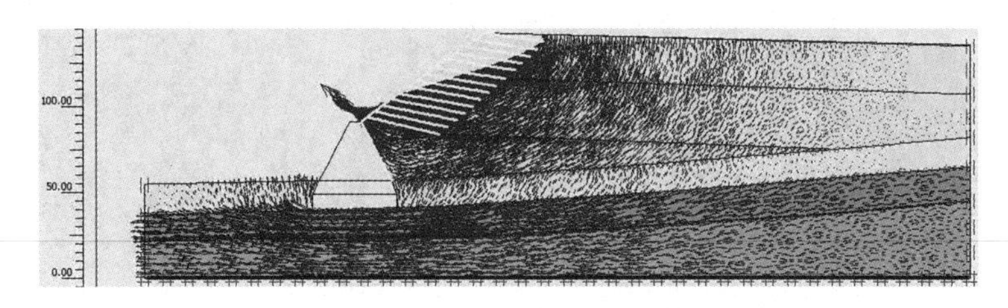

图 5.40　地下水渗流矢量分布图(最大速度 0.168m/d)

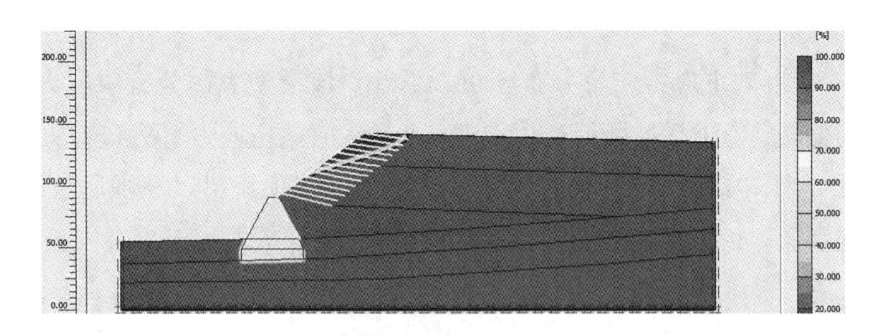

图 5.41　地下水饱和度分布云图(最大饱和度 101.10%)

(3)渗流变形分析

由图 5.42 至图 5.45 可知，不透水混凝土面板土石坝产生整体位移，且坝体产生较小的剪应变。

(4)渗流变形破坏(有限元强度折减)分析

通过图 5.46 至图 5.48 可以看出可能会导致坝后距离坡脚一小段距离位置有涌起，而坝体及坝前均稳定无滑动趋势。

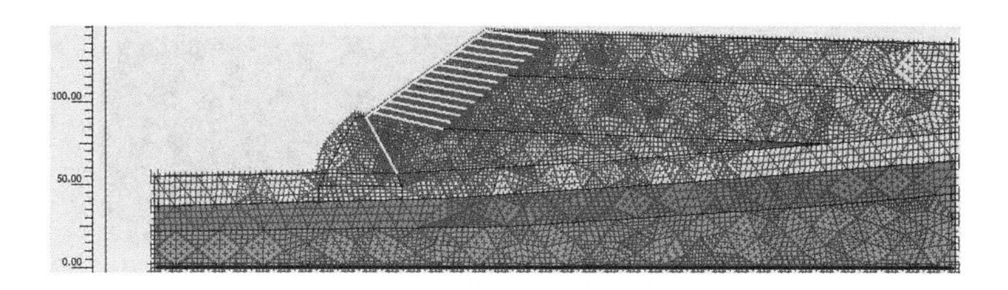

图 5.42　渗流变形网格分布图(最大总位移 3.39m)

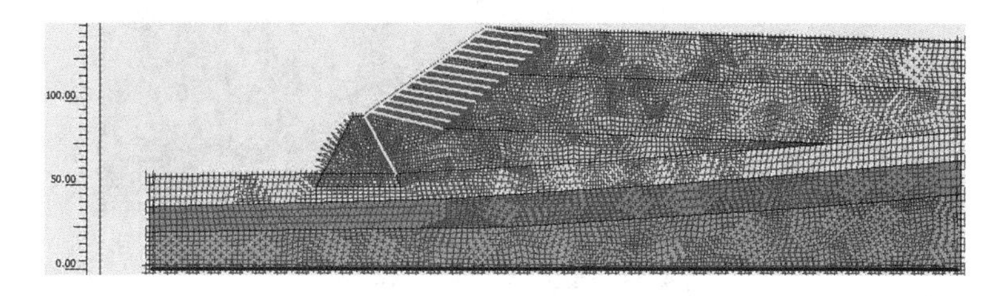

图 5.43　渗流变形位移矢量分布图(最大总位移 3.39m)

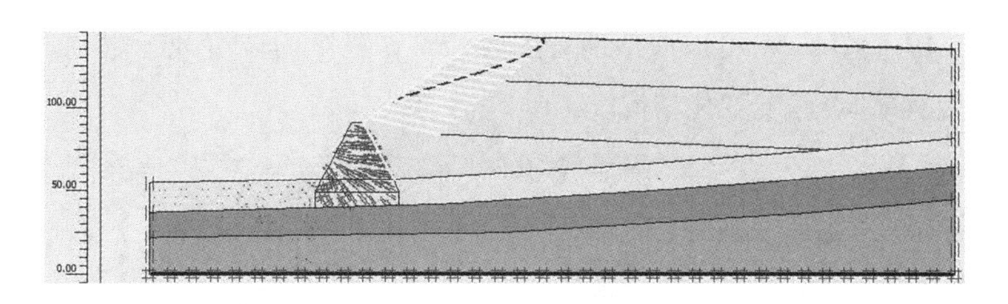

图 5.44　渗流变形总应变矢量分布图(最大主应变 30.57%)

图 5.45　渗流变形总剪应变等值线分布云图(最大主应变 19.39%)

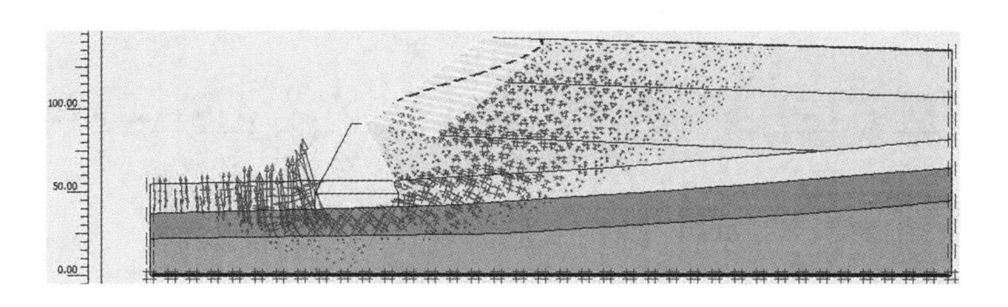

图 5.46　渗流变形总应变矢量分布图

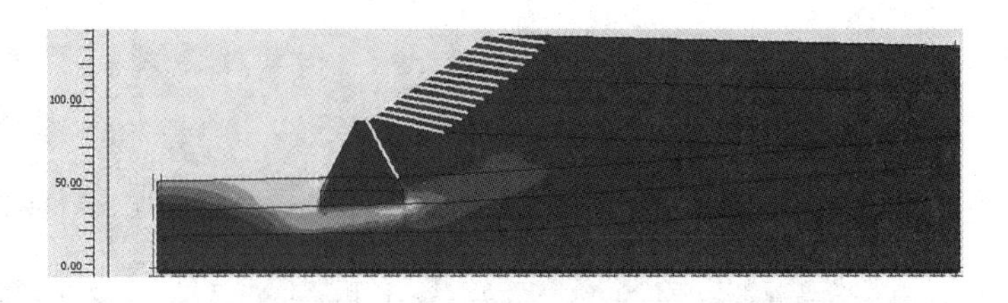

图 5.47　渗流变形总剪应变等值线分布云图

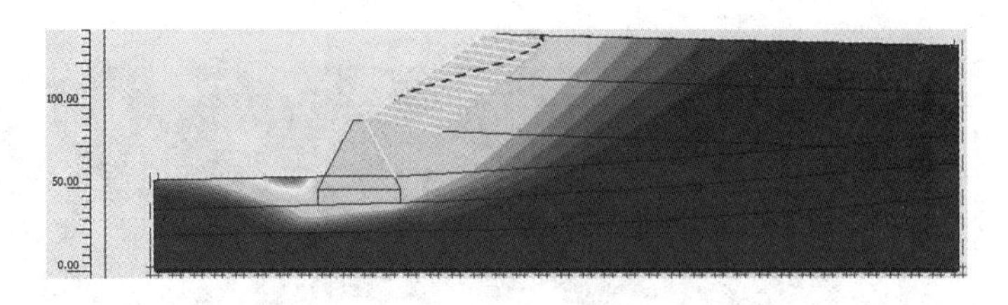

图 5.48　渗流变形破坏分布云图

(5)渗流变形典型曲线特性分析

通过图 5.49 至图 5.51 可以清楚地看到 A、B、C 三个面位置地下水孔压、地下水渗流、渗流变形位移随着深度变化情况。

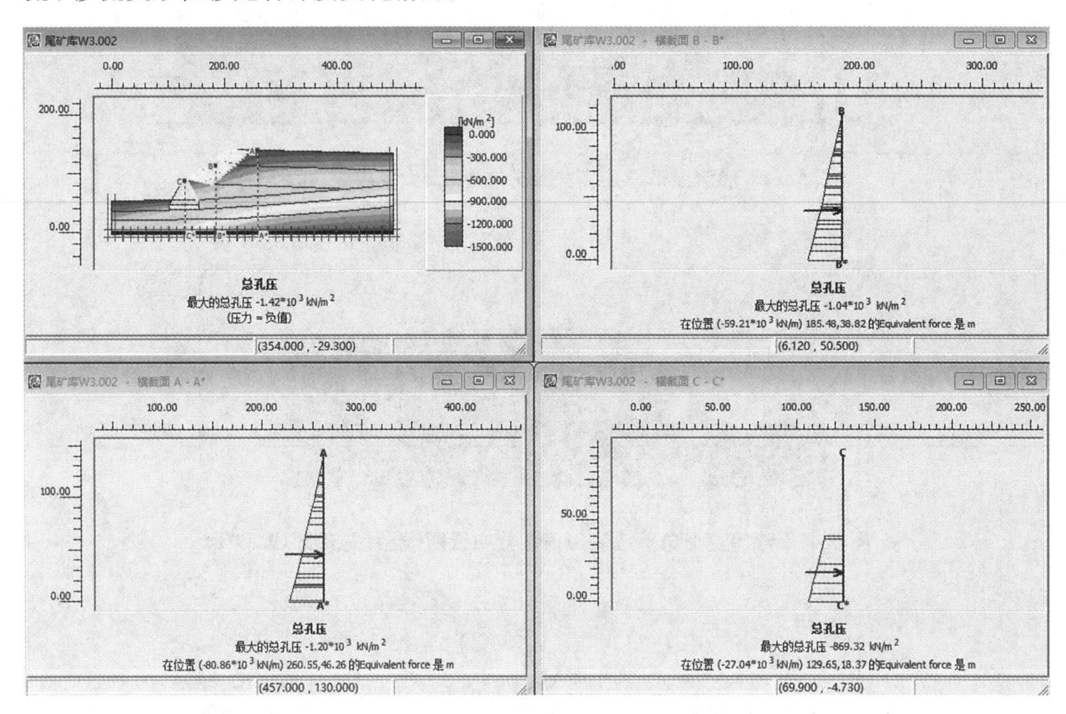

图 5.49　地下水孔压深度变化曲线图

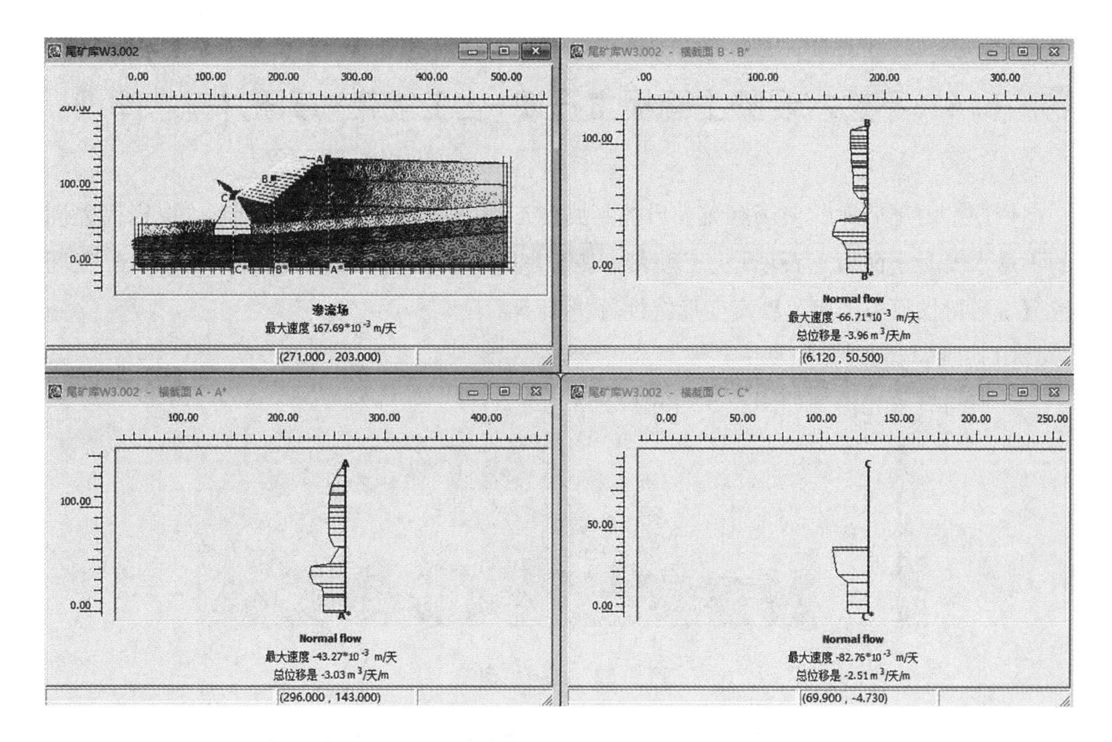

图 5.50　地下水渗流深度变化曲线图

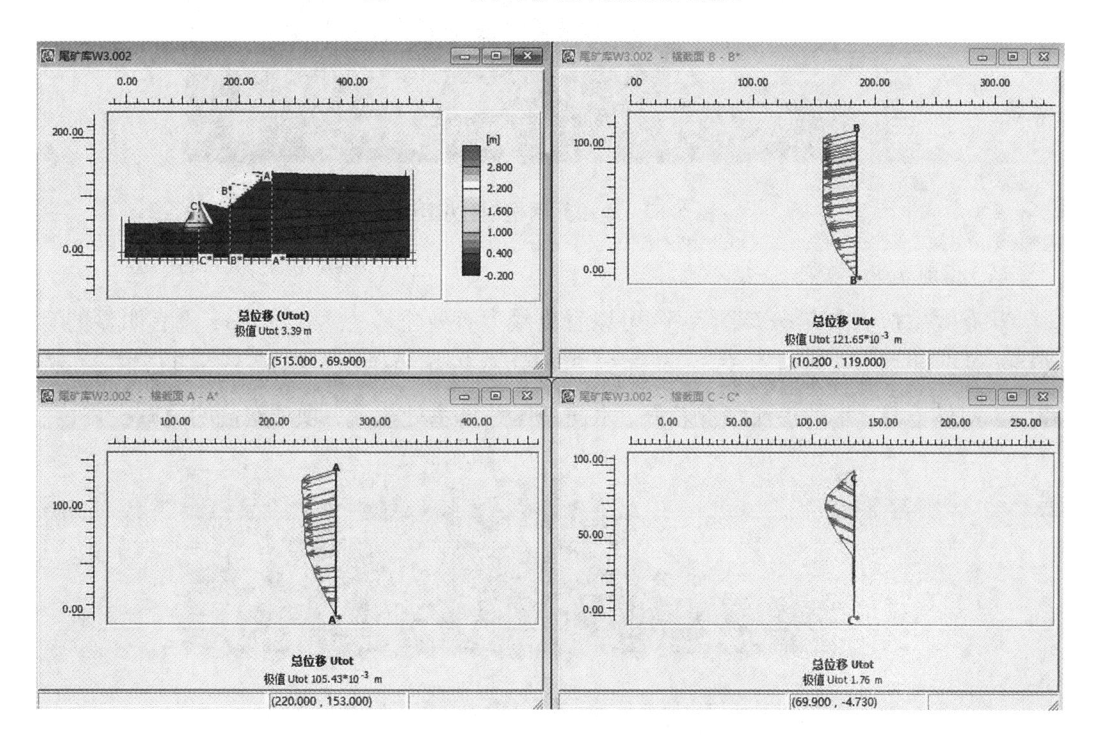

图 5.51　渗流变形位移深度变化曲线图

5.4 不透水混凝土面板土石坝+土工筋带+减压井排水库坝

依据水力尾矿库贮灰场渗流变形控制典型工程中不透水库坝典型工程，选择代表性的不透水混凝土面板土石坝+土工筋带+减压井排水库坝进行不透水水力尾矿库贮灰场渗流变形特性研究，相关渗流变形特性分析如下。

(1)几何与有限元模型

几何与有限元模型如图 5.52 和图 5.53 所示。

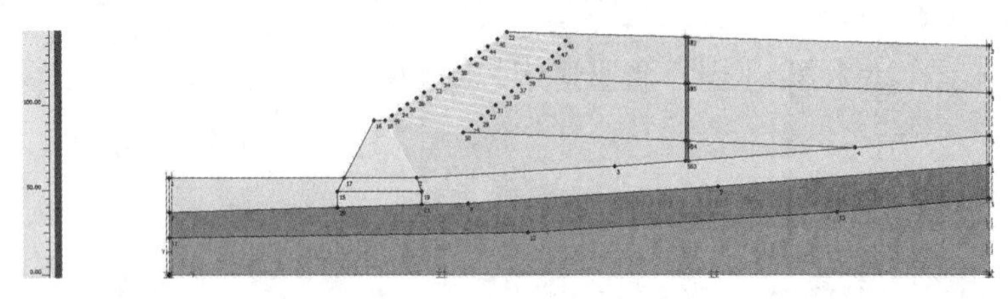

图 5.52　几何模型图

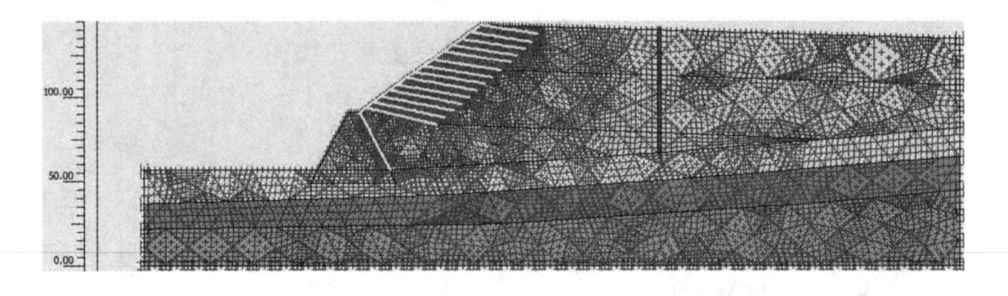

图 5.53　有限元网格剖分模型图

(2)渗流分析

从有效主应力矢量分布图 5.54 可以看出最大有效主应力为 1770Pa，没有明显的有效应力偏转的现象，从图 5.55 至图 5.58 得到在减压井的作用下坝前水位明显下降，饱和度也明显下降，水的渗流情况较好，水向减压井排水处渗流，坝顶水流明显减少。

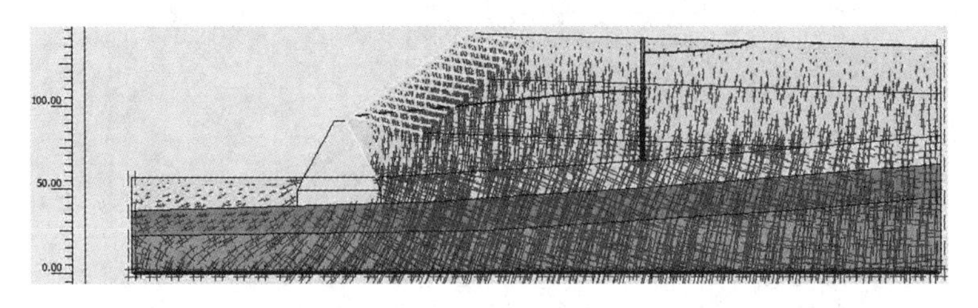

图 5.54　有效主应力矢量分布图(最大有效主应力 1770Pa)

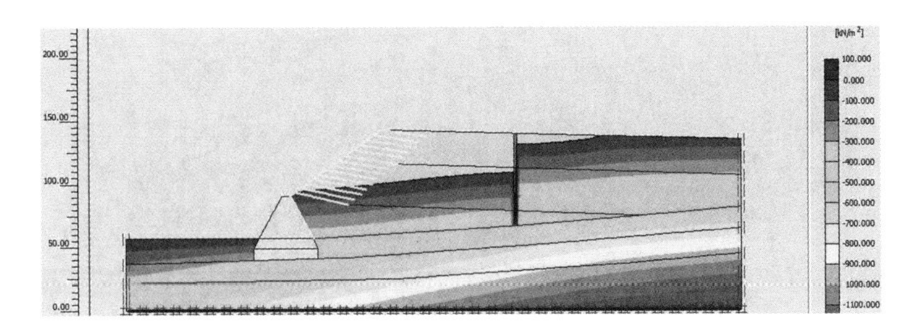

图 5.55　地下水等水位面分布云图(最大总孔压 1390Pa)

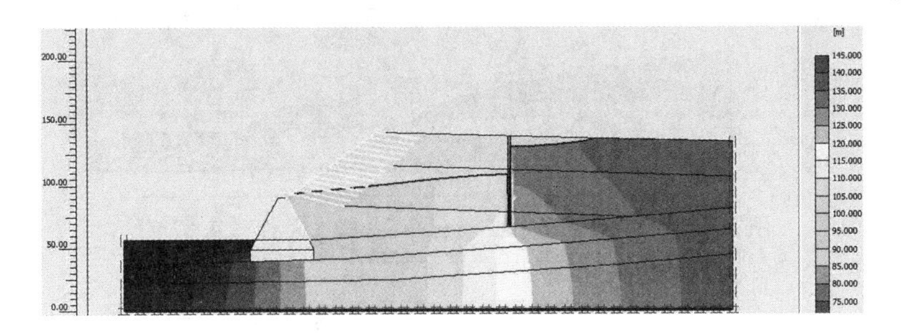

图 5.56　地下水等势面分布云图

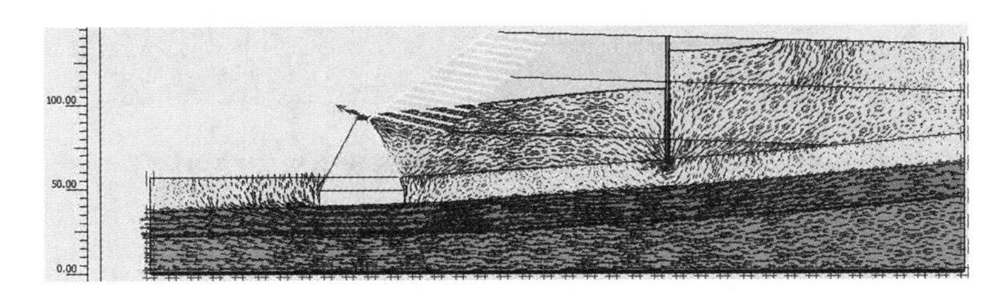

图 5.57　地下水渗流矢量分布图(最大速度 0.108m/d)

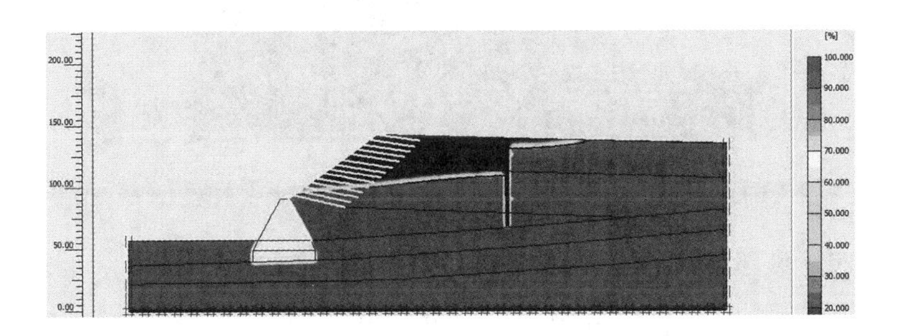

图 5.58　地下水饱和度分布云图(最大饱和度 103.07%)

(3)渗流变形分析

由渗流变形位移矢量分布图 5.60 得知渗流产生力变形，与没有减压井排水比较位移明显减少，从图 5.59 至图 5.62 得到坝后坡脚处依旧产生剪应变，但值减小较为明显，坝体整体没有滑动趋势。

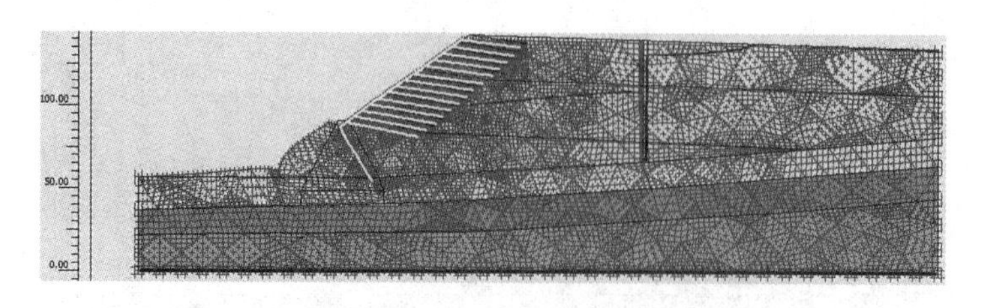

图 5.59　渗流变形网格分布图(最大总位移 4.07m)

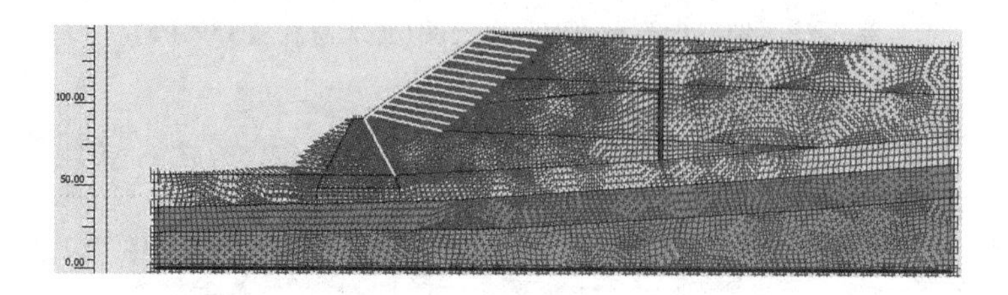

图 5.60　渗流变形位移矢量分布图(最大总位移 4.07m)

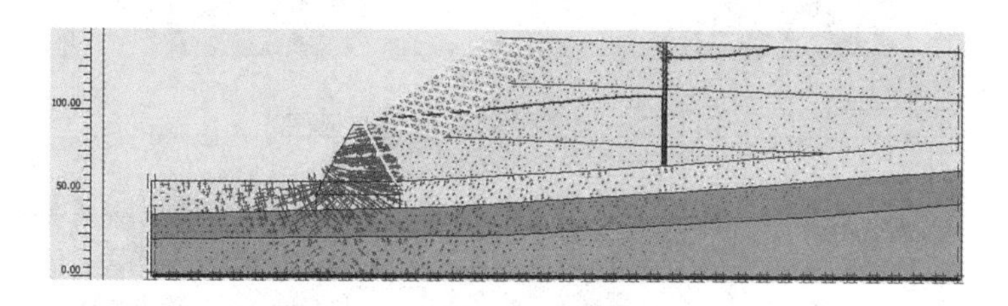

图 5.61　渗流变形总应变矢量分布图(最大主应变 17.91%)

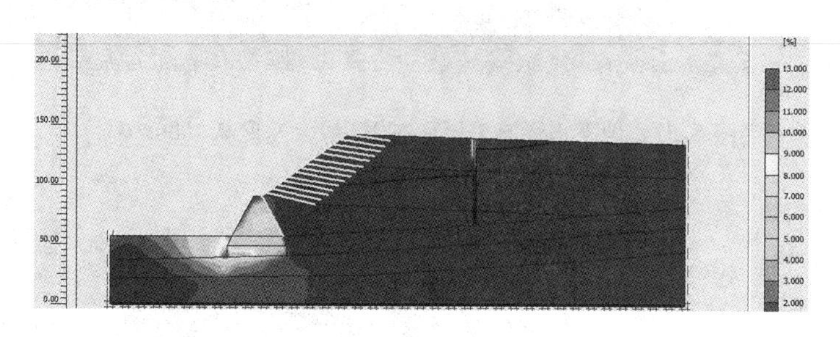

图 5.62　渗流变形总剪应变等值线分布云图(最大主应变 12.68%)

(4)渗流变形破坏(有限元强度折减)分析

通过有限元强度折减分析，如图 5.63 至图 5.65 所示，坝前库区整体稳定，坝后坡脚产生剪应变，可能会导致坝后距离坡脚一小段距离位置有涌起，但整体稳定。

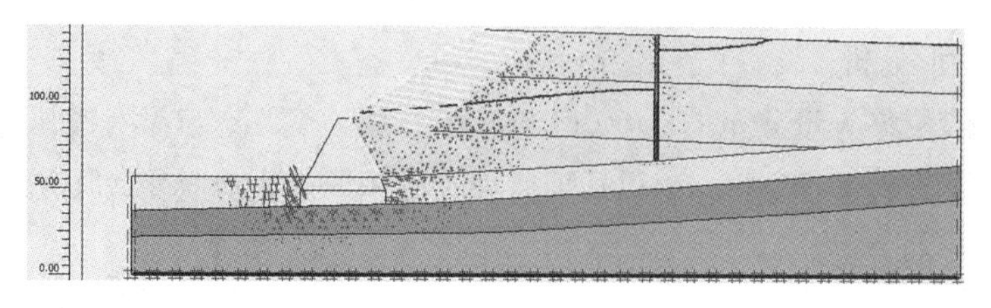

图 5.63　渗流变形总应变矢量分布图

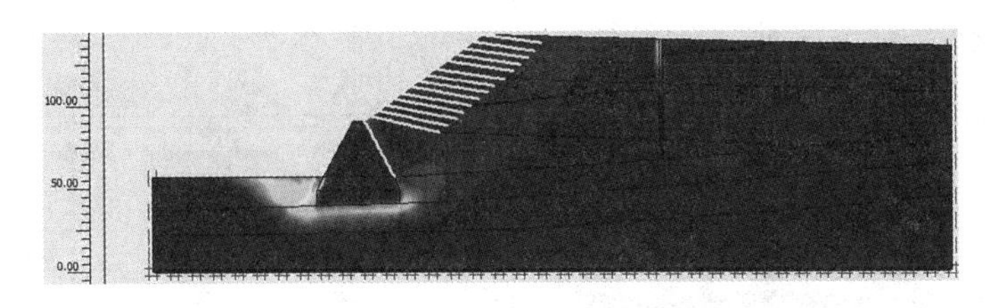

图 5.64　渗流变形总剪应变等值线分布云图

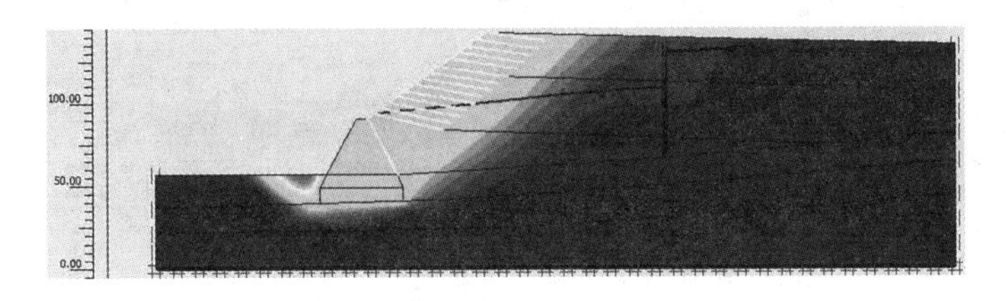

图 5.65　渗流变形破坏分布云图

(5)渗流变形典型曲线特性分析

通过图 5.66 至图 5.68 可以清楚地看到 A、B、C 三个面位置地下水孔压、地下水渗流、渗流变形位移随着深度变化情况，与没有减压井排水处理对比效果较为明显。

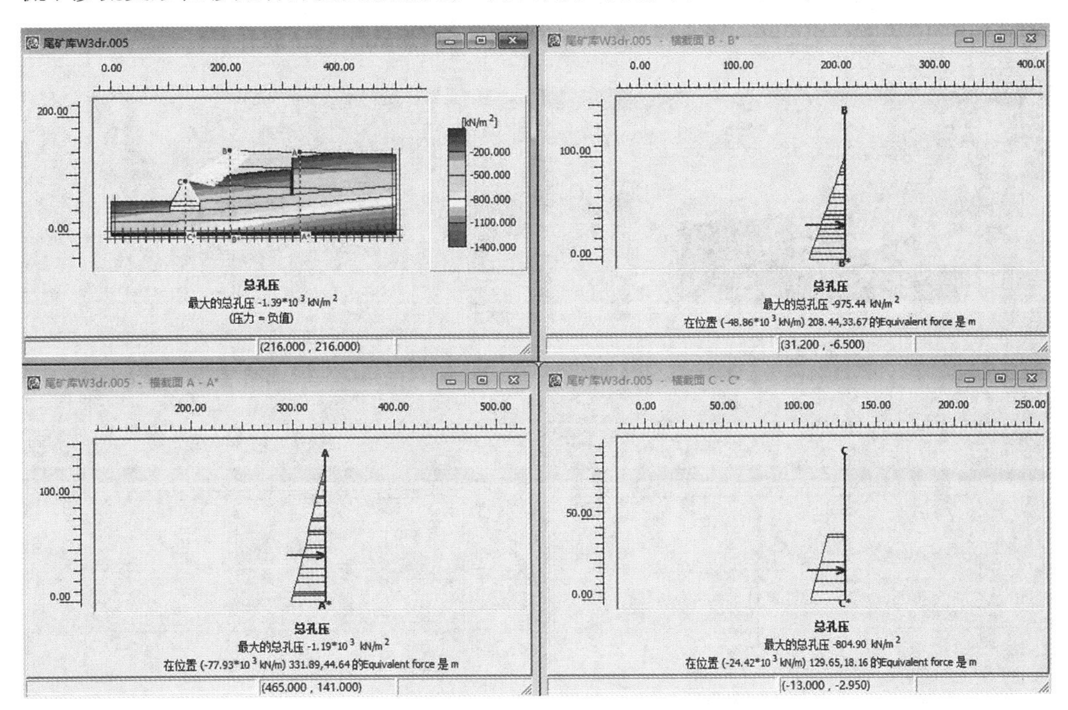

图 5.66　地下水孔压深度变化曲线图

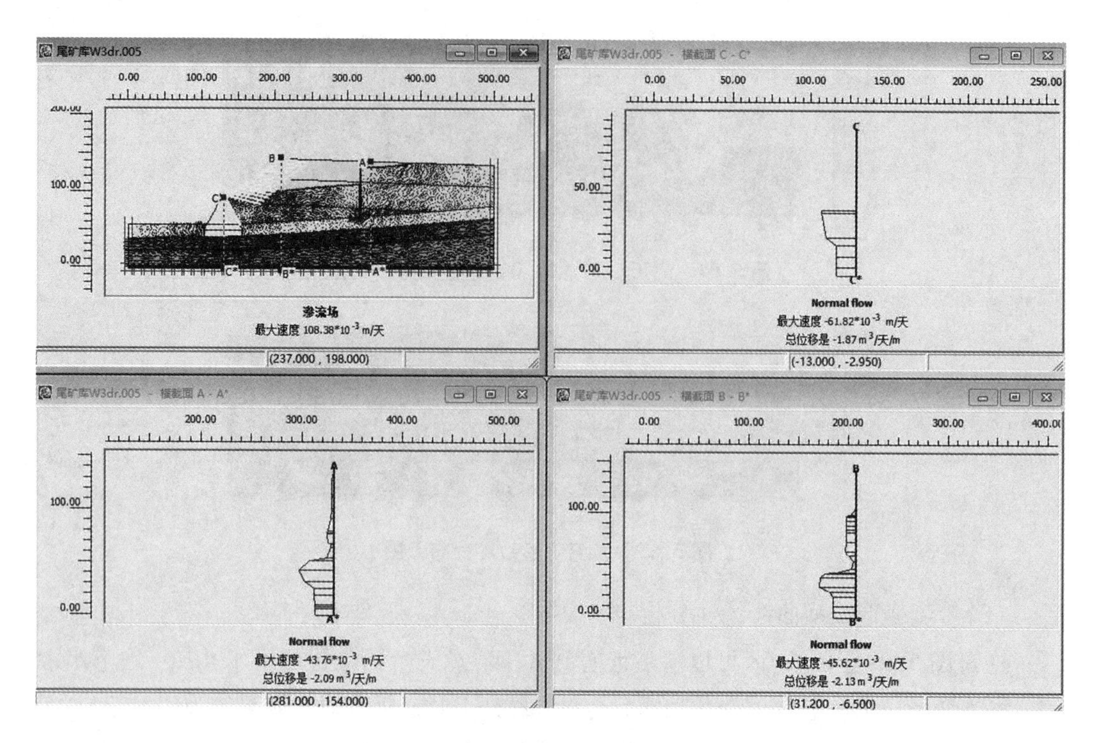

图 5.67　地下水渗流深度变化曲线图

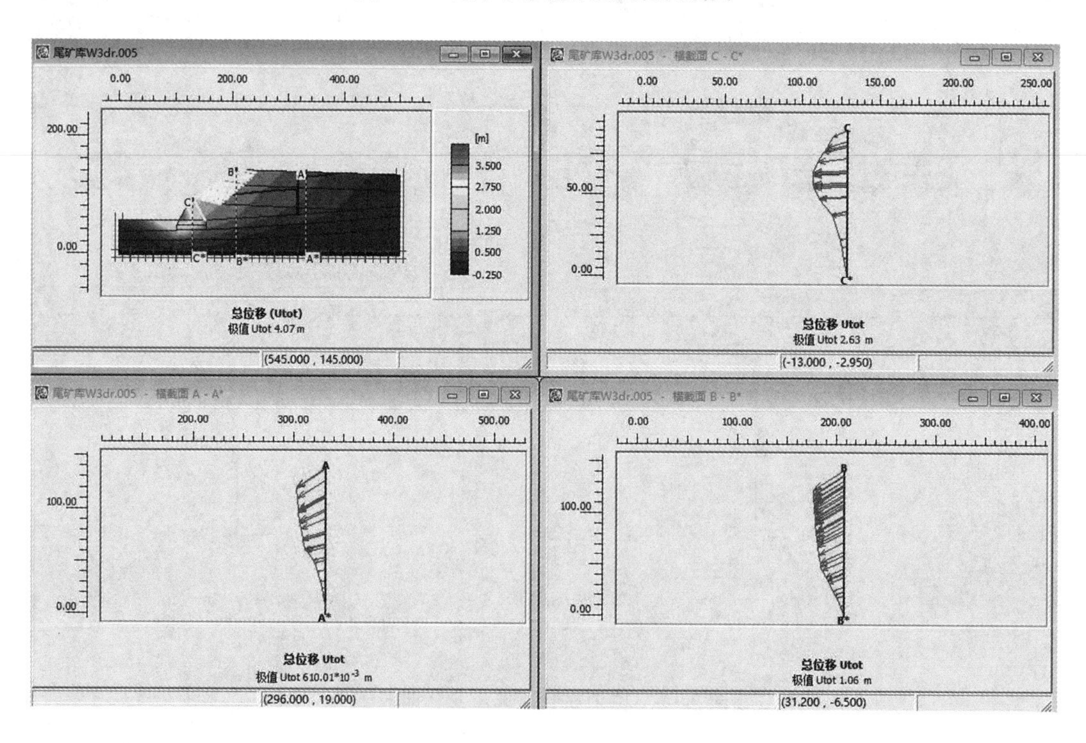

图 5.68　渗流变形位移深度变化曲线图

5.5　不透水棱体褥垫+塑料排水板井排水库坝

依据水力尾矿库贮灰场渗流变形控制工程中不透水库坝典型工程，选择代表性的不透水棱体褥垫+塑料排水板井排水库坝进行不透水水力尾矿库贮灰场渗流变形特性研究，相关渗流变形特性分析如下。

(1)几何与有限元模型

几何与有限元模型如图 5.69 和图 5.70 所示。

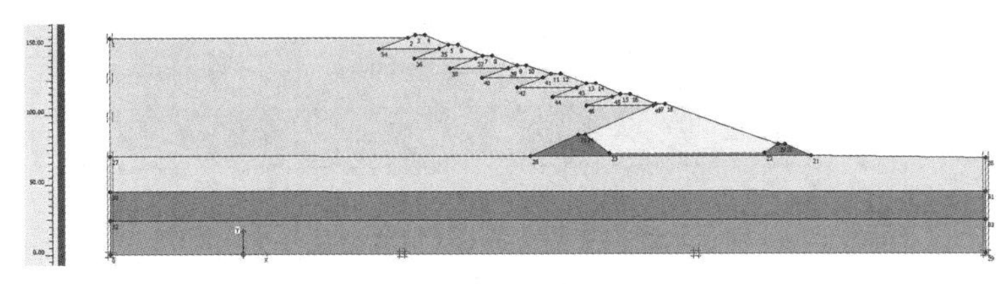

图 5.69　几何模型图

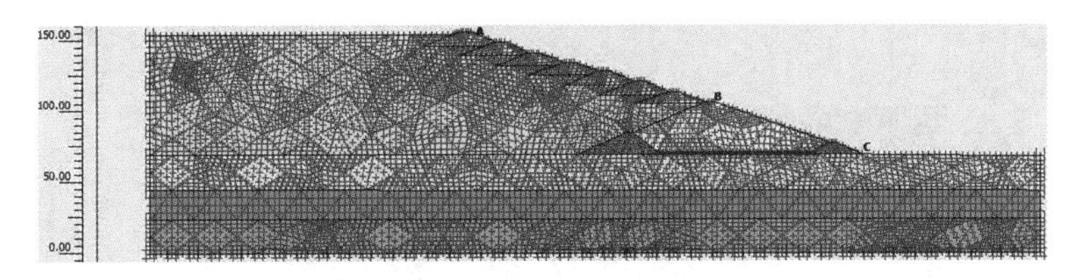

图 5.70　有限元网格剖分模型图

(2)渗流分析

通过图 5.71 有效主应力矢量分布图可以看出，有效应力没有发现明显的应力偏转，最大有效主应力 1840Pa，由图 5.72 至图 5.75 得知地下水等水位较低，坝体内几乎没水，只在最后一期子坝中含水，水沿着堆石排水褥垫区排出。

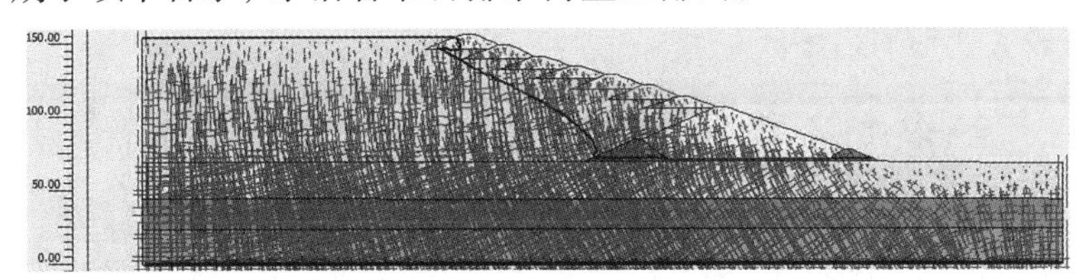

图 5.71　有效主应力矢量分布图(最大有效主应力 1840Pa)

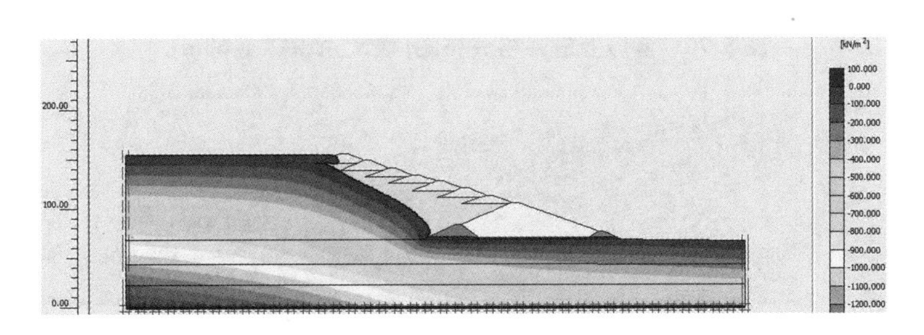

图 5.72　地下水等水位面分布云图(最大总孔压 1550Pa)

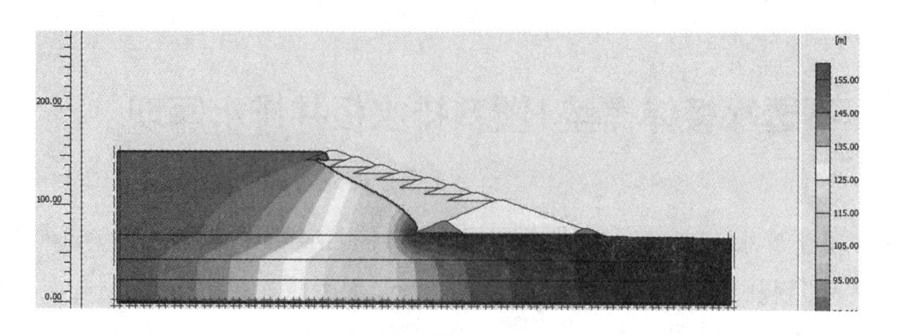

图 5.73　地下水等势面分布云图

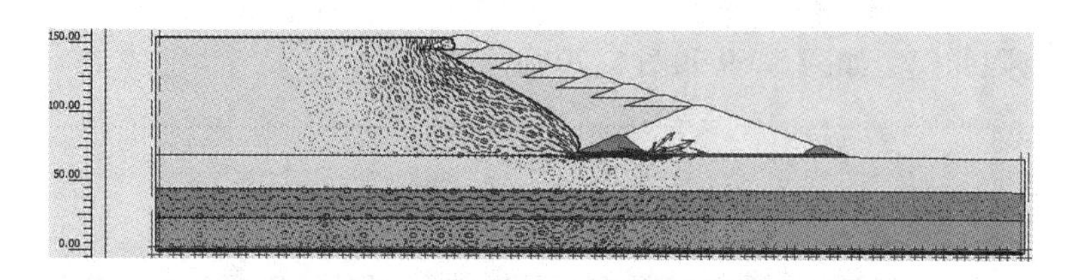

图 5.74　地下水渗流矢量分布图(最大速度 0.943m/d)

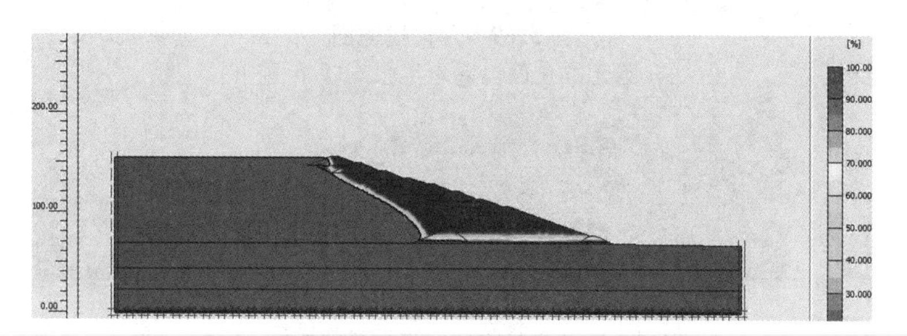

图 5.75　地下水饱和度分布云图(最大饱和度 102.51%)

(3)渗流变形分析

通过图 5.76 和图 5.77 渗流变形网格分布图、渗流变形位移矢量分布图得到最大总位移 1.60m，从图 5.78 至图 5.79 得到坝后坡脚以及一级坝与初级坝接触部分产生了剪应变，并没有较大变形的趋势。

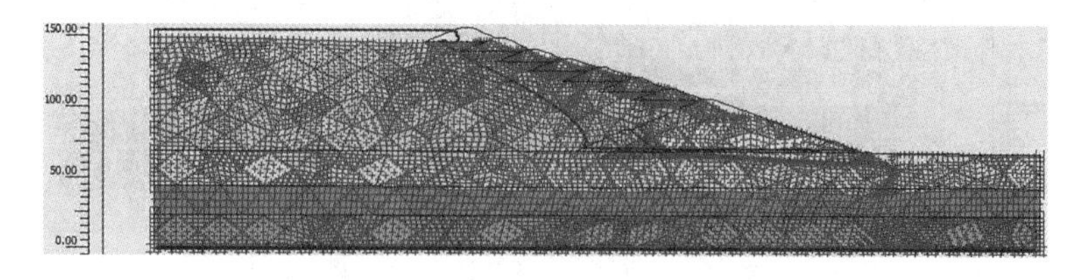

图 5.76　渗流变形网格分布图(最大总位移 1.60m)

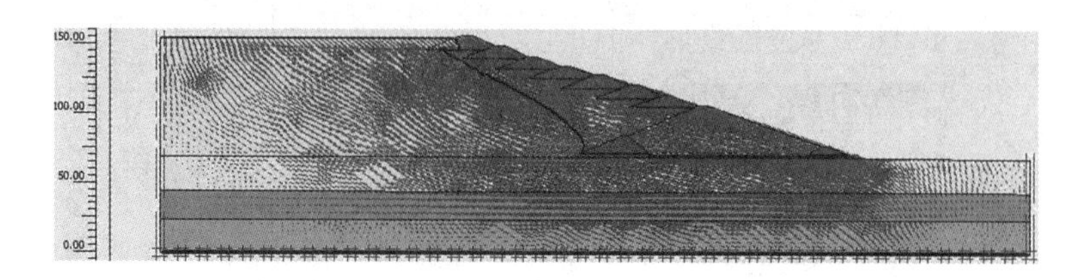

图 5.77　渗流变形位移矢量分布图(最大总位移 1.60m)

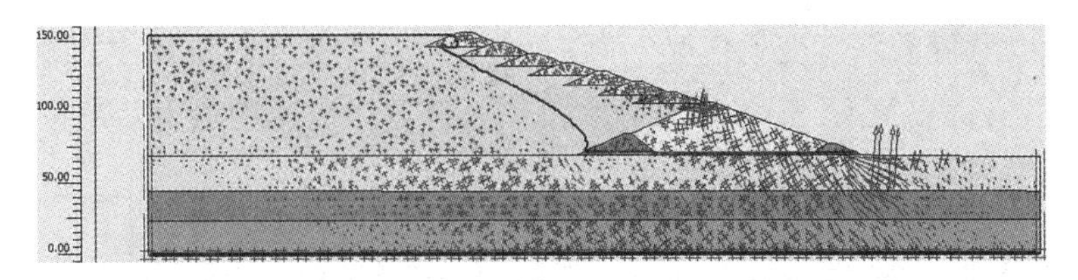

图 5.78　渗流变形总应变矢量分布图(最大主应变 13.68%)

图 5.79　渗流变形总剪应变等值线分布云图(最大主应变 12.91%)

(4)渗流变形破坏(有限元强度折减)分析

如图 5.80 至图 5.82 所示，有限元强度折减分析得到，坝后坡脚产生了剪应变，是水流经过堆石排水褥垫区排出后造成的。坝体整体没有大的滑动趋势，故该库坝是稳定的。

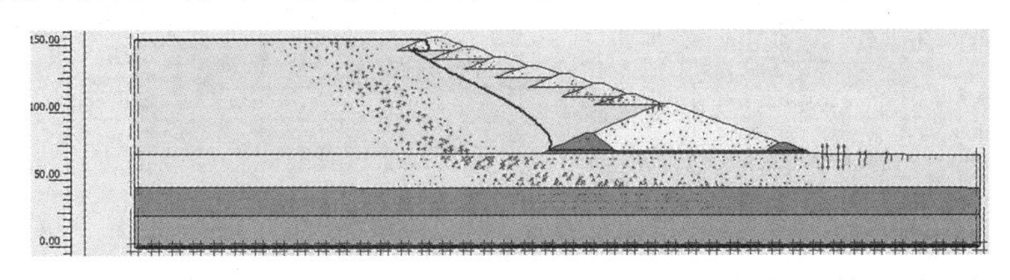

图 5.80　渗流变形总应变矢量分布图

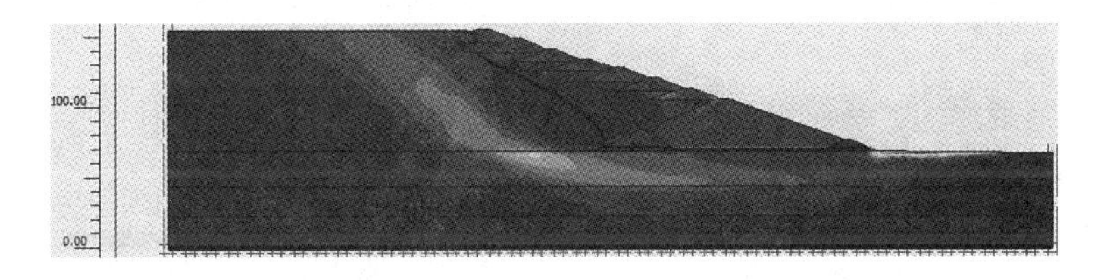

图 5.81　渗流变形总剪应变等值线分布云图

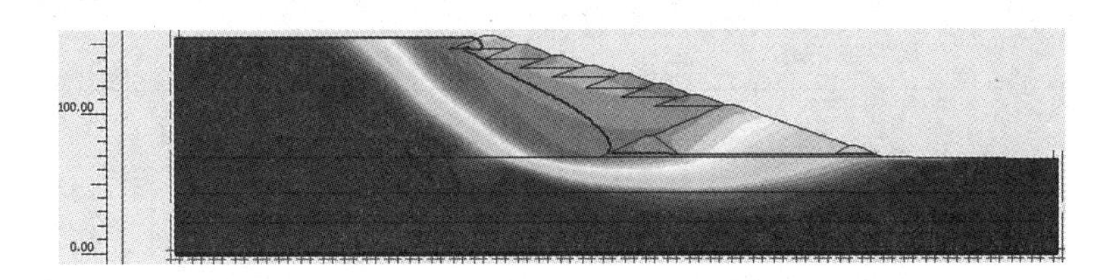

图 5.82　渗流变形破坏分布云图

(5)渗流变形典型曲线特性分析

通过图 5.83 至图 5.85 可以清楚地看到 *A*、*B*、*C* 三个面位置地下水孔压、地下水渗流、渗流变形位移随着深度变化情况，随深度变化孔压的变化逐渐减小，渗流情况与 A、B、C 三点位置有直接关系，经过堆石排水褥垫区位置渗流速度最大。总位移则是 C 处最大，与模型分析一致。

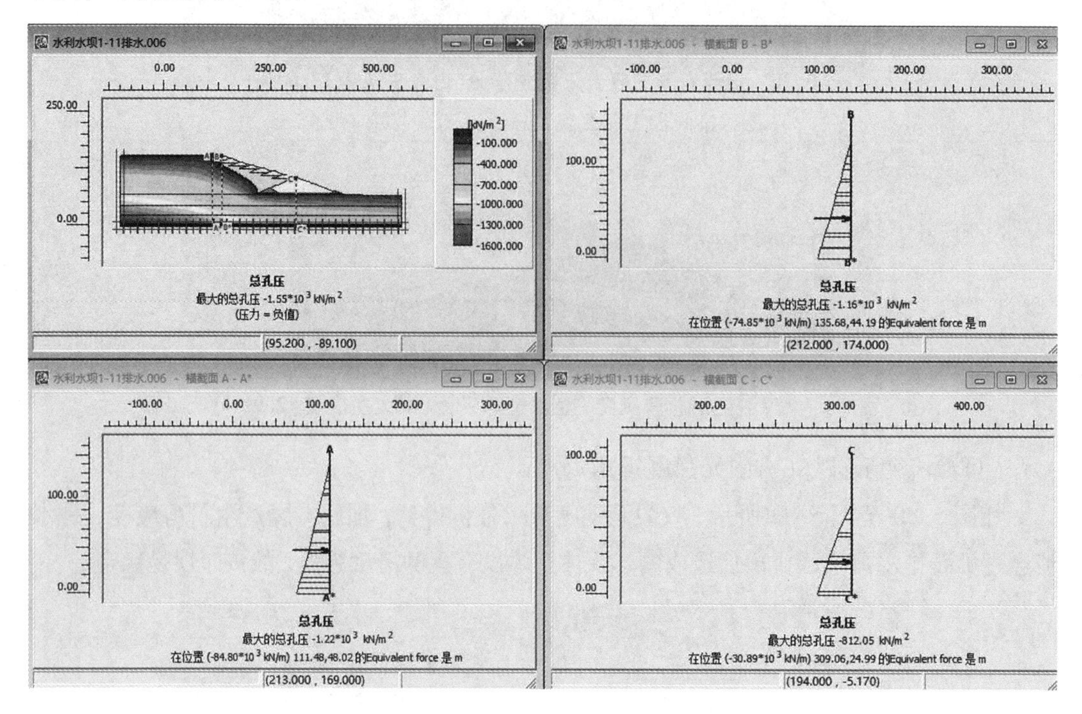

图 5.83　地下水孔压深度变化曲线图

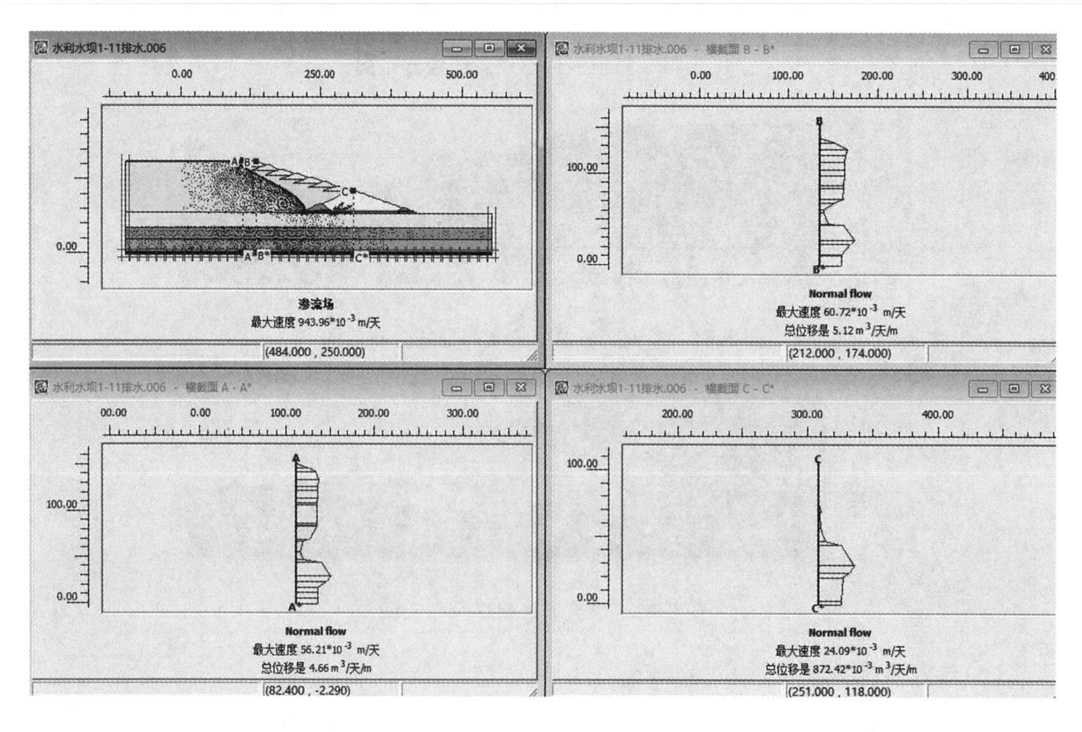

图 5.84　地下水渗流深度变化曲线图

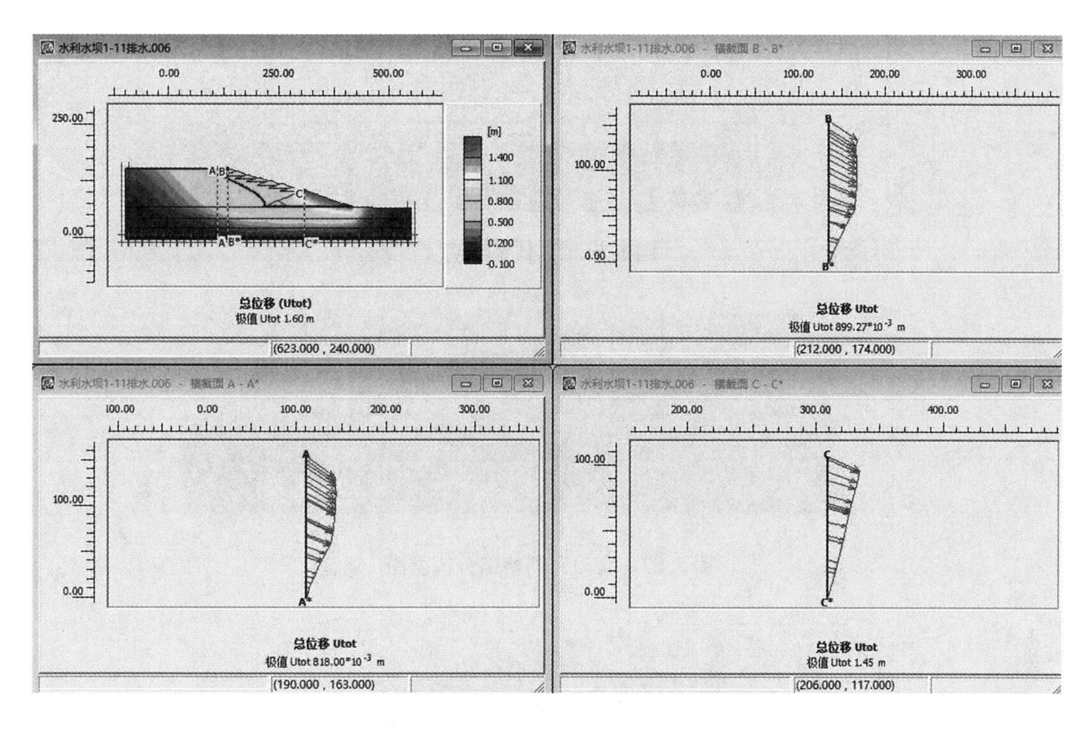

图 5.85　渗流变形位移深度变化曲线图

5.6　不透水褥垫渗沟+减压井排水库坝

经山灰场采用分期筑坝建设方式。由于当地砂石料比较匮乏，初期坝采用了不透水均质土坝。为了便于后期用灰渣对灰坝进行加高，初期坝修建时，在坝前预先设置了三维排渗管网。三维排渗管网包括透水斜墙、底层排渗盲沟和排渗垫层、排渗竖井。排渗管网收集的渗水经坝下排水管排往灰坝下游。后期子坝修建时，在子坝坝基上设置了排渗垫层，并通过排渗竖井将子坝排渗垫层和初期坝排渗垫层连接起来。运行情况表明，这些排渗设施有效地降低了坝体浸润线，加速了坝前粉煤灰的固结，改善了坝前粉煤灰的力学性能，提高了灰坝的抗滑稳定性，进行不透水水力尾矿库贮灰场渗流变形特性研究，相关渗流变形特性分析如下。

(1)几何与有限元模型

几何与有限元模型如图 5.86 和图 5.87 所示。

(2)渗流分析

从图 5.88 有效主应力矢量分布图可以看出，有效应力没有发生明显的偏转，最大有效主应力 1040Pa。图 5.89 至图 5.92 中，坝体中几乎没水，只在第七期子坝中含水，整个坝体的排水效果非常好，透水斜墙、底层排渗盲沟和排渗垫层、排渗竖井起到非常大的作用，坝体的浸润线下降明显。

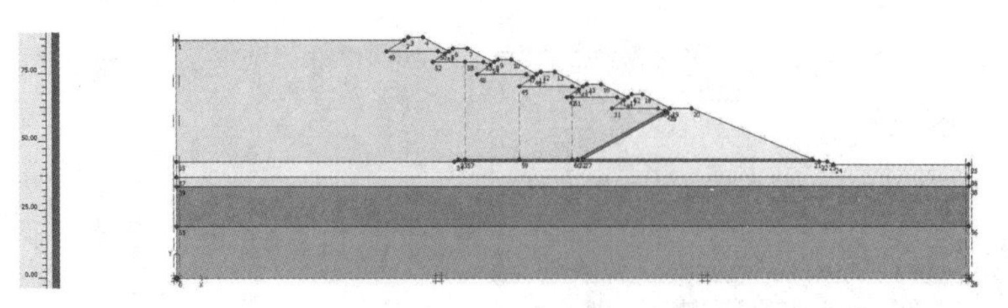

图 5.86　几何模型图

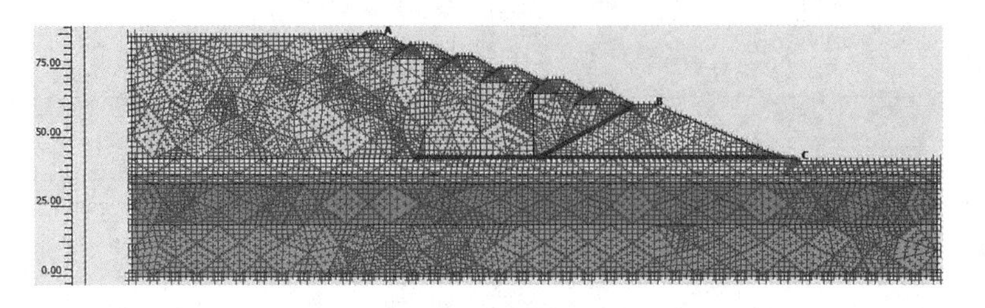

图 5.87　有限元网格剖分模型图

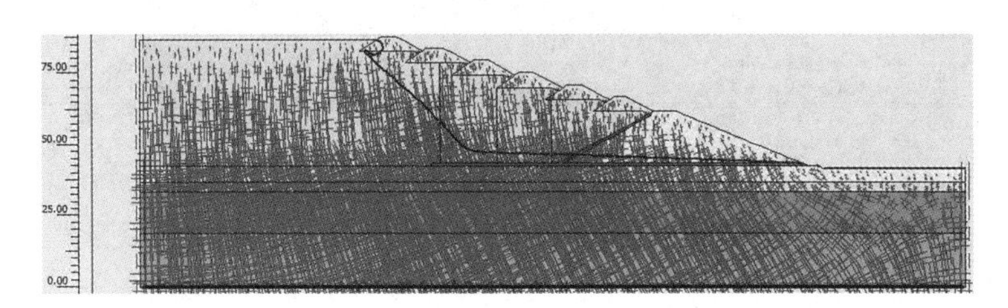

图 5.88　有效主应力矢量分布图(最大有效主应力 1040Pa)

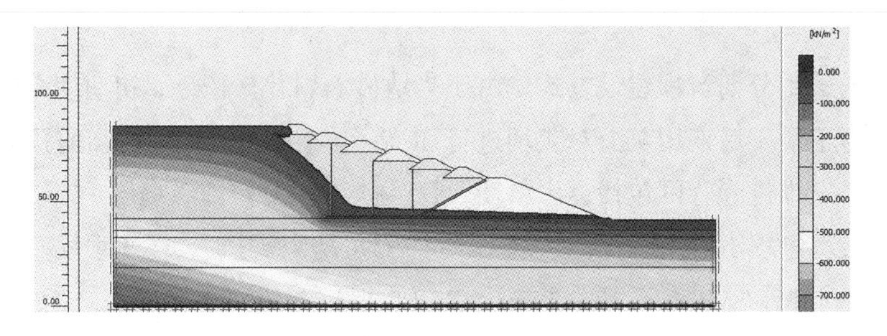

图 5.89　地下水等水位面分布云图(最大总孔压 866.74Pa)

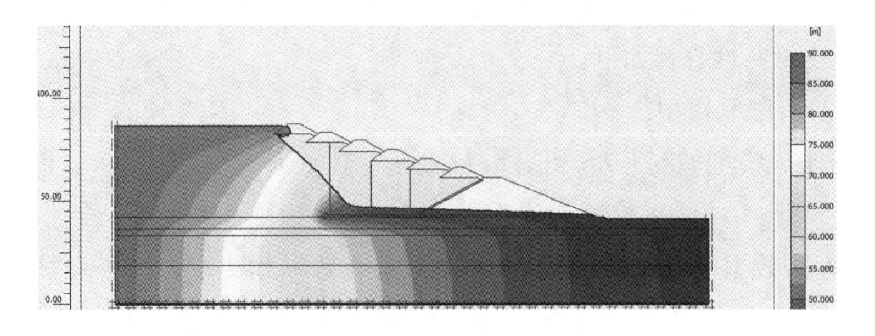

图 5.90　地下水等势面分布云图

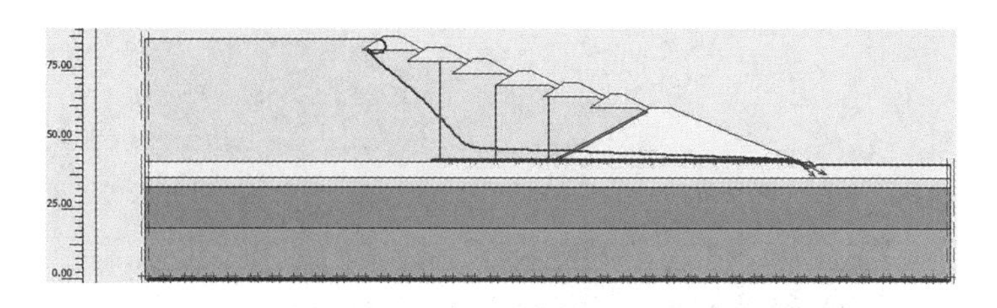

图 5.91　地下水渗流矢量分布图(最大速度 23.30m/d)

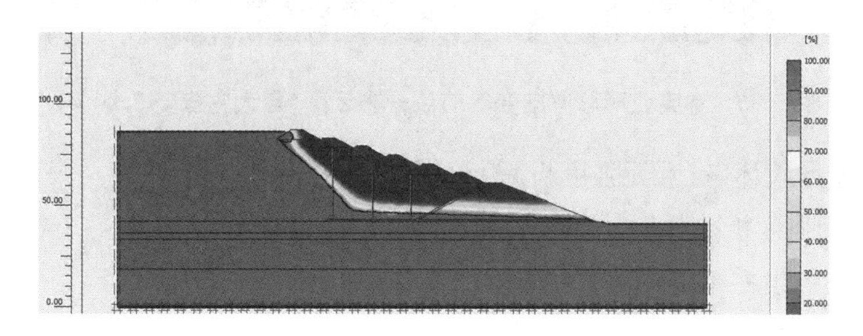

图 5.92　地下水饱和度分布云图(最大饱和度 101.24%)

(3)渗流变形分析

从图 5.93 至图 5.96 可以看出坝体以及库区整体有向右下移动，但总位移不大，只有 0.898m，渗流变形导致坝后坡脚下方以及一级子坝与初级坝接触部分产生较小的剪应变，最大主应变 7.06%，坝体整体是稳定的。

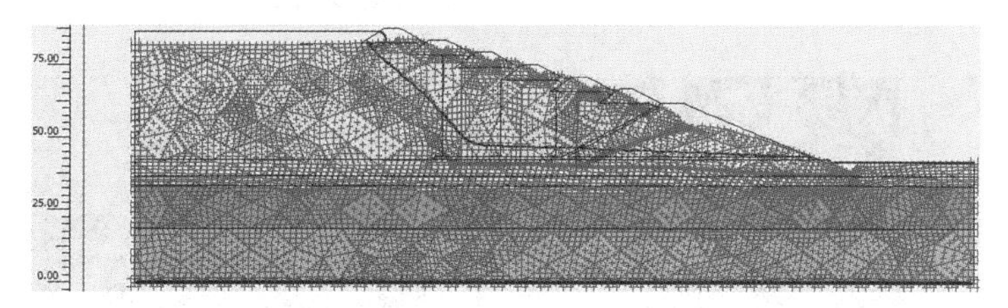

图 5.93　渗流变形网格分布图(最大总位移 0.898m)

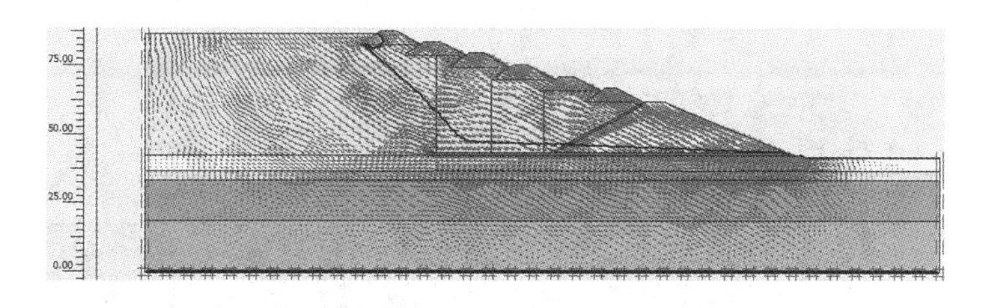

图 5.94　渗流变形位移矢量分布图(最大总位移 0.898m)

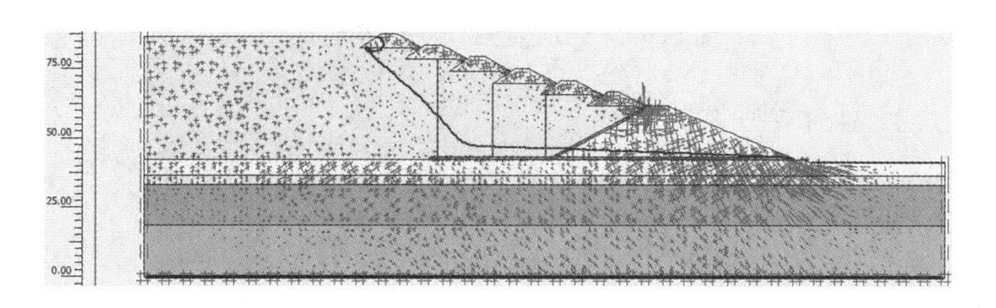

图 5.95　渗流变形总应变矢量分布图(最大主应变 8.28%)

图 5.96　渗流变形总剪应变等值线分布云图(最大主应变 7.06%)

(4)渗流变形破坏(有限元强度折减)分析

通过有限元强度折减分析，如图 5.97 至图 5.99 渗流变形图中，初级坝下中后方产生较大应变，坝后坡产生滑移趋势，但整体是稳定的。

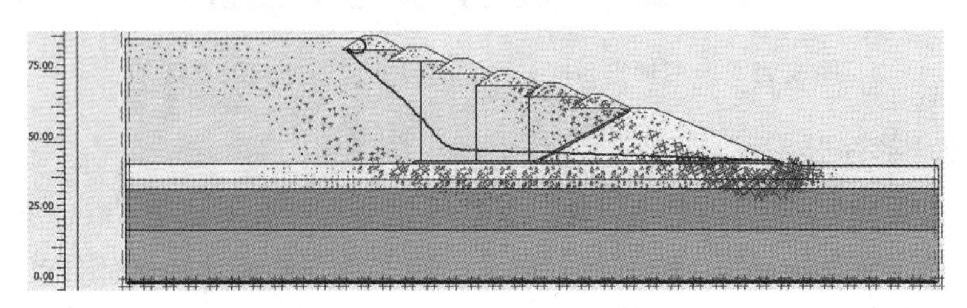

图 5.97　渗流变形总应变矢量分布图

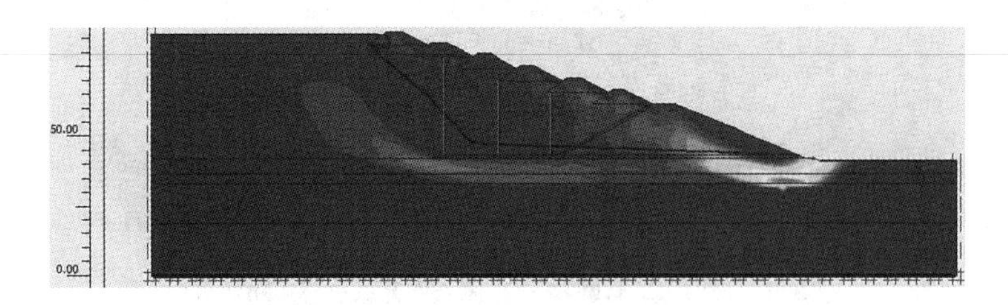

图 5.98　渗流变形总剪应变等值线分布云图

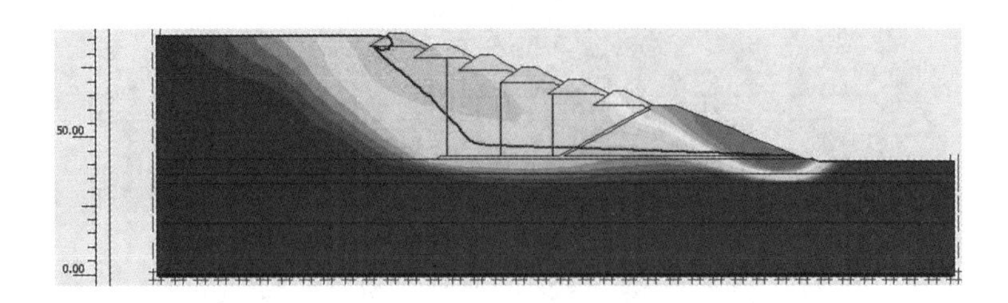

图 5.99　渗流变形破坏分布云图

(5)渗流变形典型曲线特性分析

通过图 5.100 至 5.102 可以清楚地看到 A、B、C 三个面位置地下水孔压、地下水渗流、渗流变形位移随着深度变化情况。

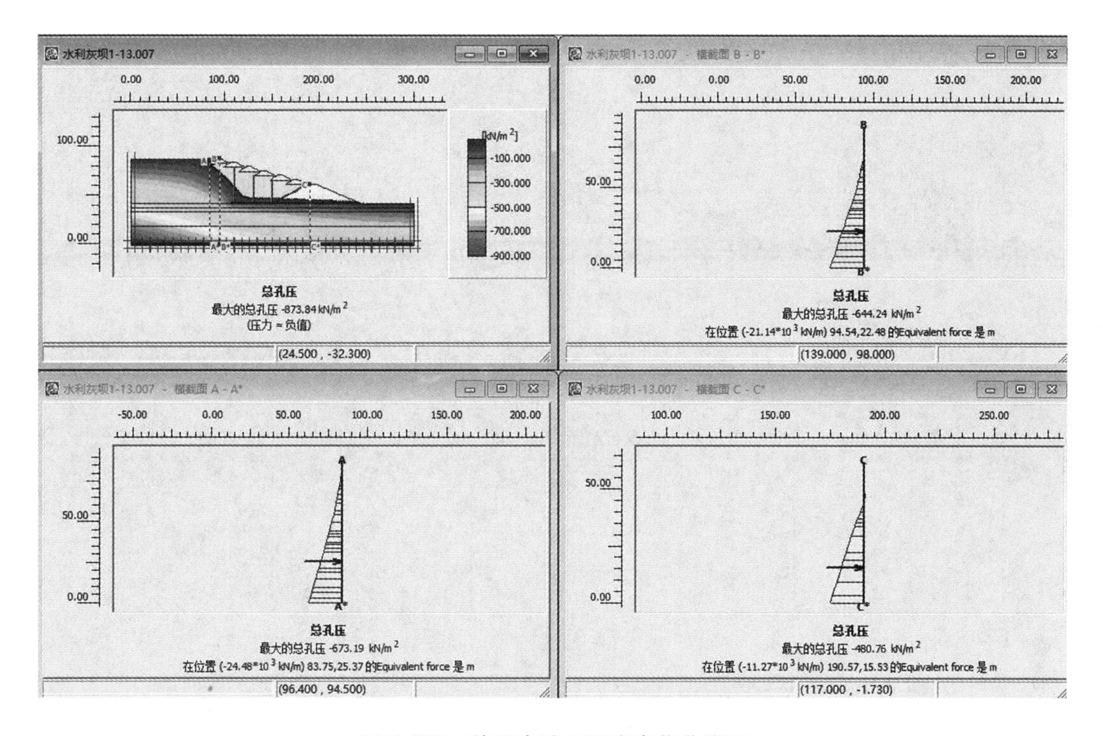

图 5.100　地下水孔压深度变化曲线图

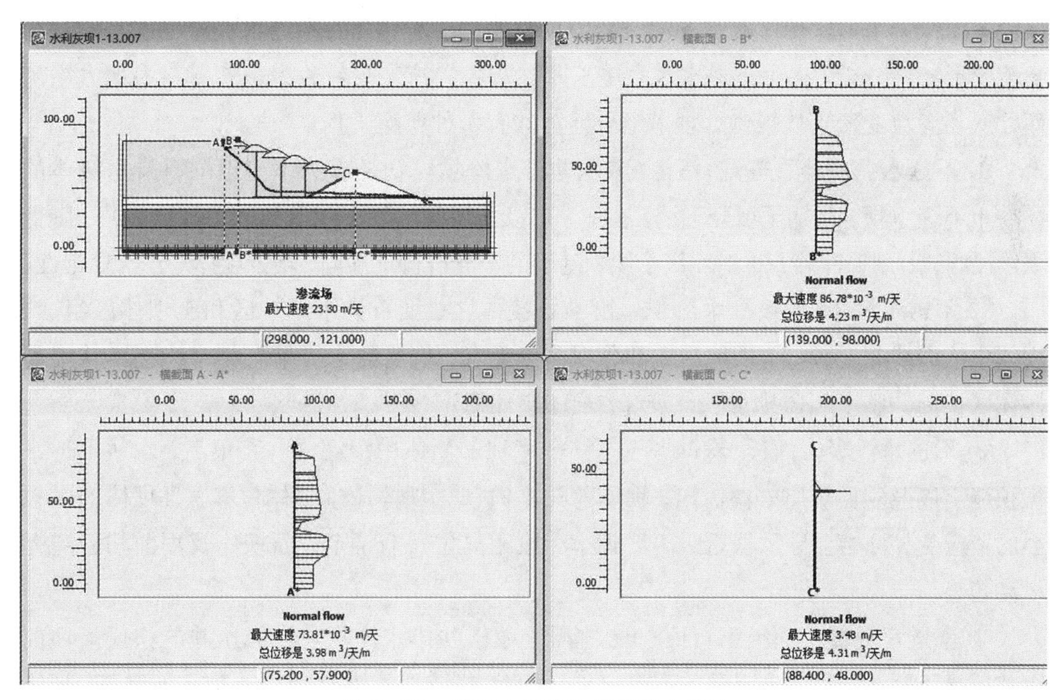

图 5.101　地下水渗流深度变化曲线图

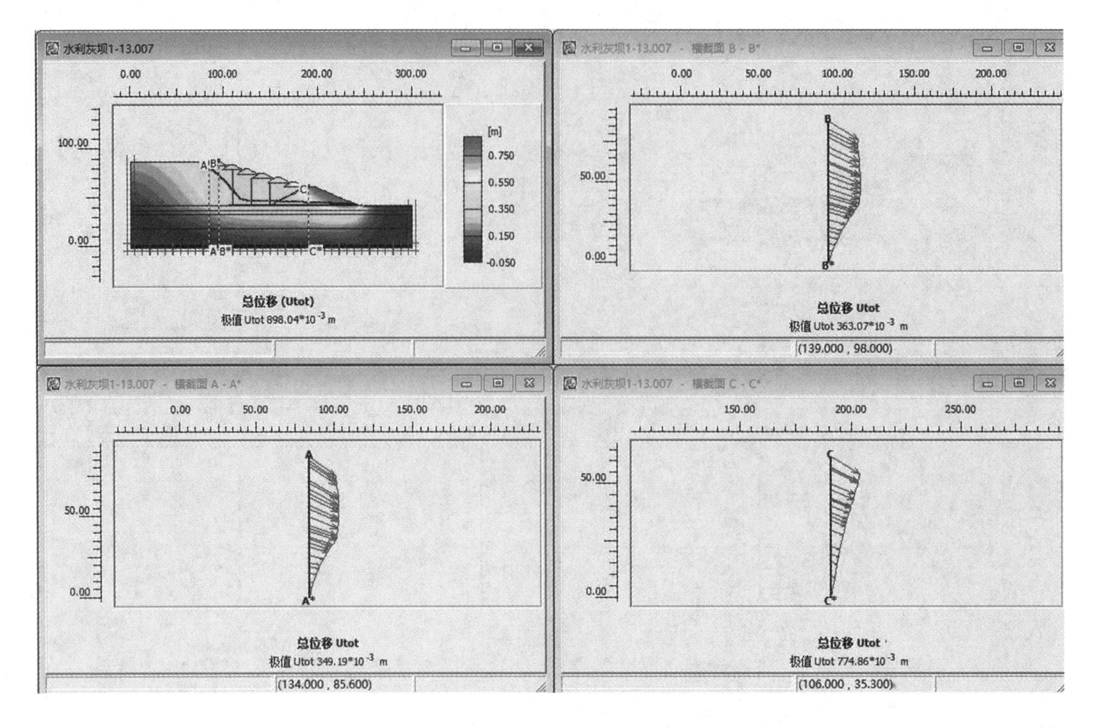

图 5.102　渗流变形位移深度变化曲线图

主要依据水力尾矿库贮灰场渗流变形控制典型工程，开展不透水水力尾矿库贮灰场渗流变形特性分析，揭示不透水水力尾矿库贮灰场渗流变形特性及其规律，为水力尾矿库贮灰场渗流变形事故提供处理措施思路。共有六种典型工程：

① 不透水振冲碎石桩基+渗沟+减压井排水库坝。初期坝为下游设堆石排水棱体的黏性土不透水坝，后期子坝分三级，在一、二级子坝间增设了减压排水沟和排水井，降低坝体浸润线；用振冲碎石桩对三级子坝坝基下的灰渣进行了加固，增强坝体的抗滑稳定性。

② 不透水棱体+褥垫排水库坝。由堆石棱体区、堆石排水褥垫区和土坝体区组成，坝体中浸润线相对较低，坝坡后大部分坝体中无水，坝前的水经堆石排水褥垫区从堆石棱体区排出。整个坝体排水效果较好，坝体整体稳定。

③ 不透水混凝土面板土石坝+土工筋带库坝。坝体中浸润线一直很高，水从不透水坝顶流出以及坝后坡脚处渗流出，坝体前几乎饱和。坝体产生整体位移，且坝体产生较小的剪应变，可能会导致坝后距离坡脚一小段距离位置有涌起，而坝体及坝前均稳定无滑动趋势。

④ 不透水混凝土面板土石坝+土工筋带+减压井排水库坝。在减压井的作用下坝前水位明显下降，饱和度也明显的下降，水的渗流情况较好，水向减压井排水处渗流，坝体整体没有滑动趋势。

⑤ 不透水棱体褥垫+塑料排水板井排水库坝。初期坝由堆石棱体区、堆石排水褥垫区和黄土坝体区组成。坝体中地下水水位较低，坝体内几乎没水，只在最后一期子坝中含水，水沿着堆石排水褥垫区排出，排水效果较好，整体稳定。

⑥ 不透水褥垫渗沟+减压井排水库坝。初期坝采用了不透水均质土坝。在坝前预先设置了三维排渗管网。三维排渗管网包括透水斜墙、底层排渗盲沟和排渗垫层、排渗竖井。整个坝体的排水效果非常好，降低了浸润线，整体稳定。

第 6 章　不透水/透水分区尾矿库贮灰场坝渗流变形特性

依据水力尾矿库贮灰场渗流变形控制典型工程/透水分区，选择代表性的下游透水护坡堆石+褥垫排水+上游不透水库坝和分区库坝进行不透水/透水水力尾矿库贮灰场渗流变形特性研究。

6.1　下游透水护坡堆石+褥垫排水+上游不透水库坝

(1)几何与有限元模型

几何与有限元模型如图 6.1 和图 6.2 所示。

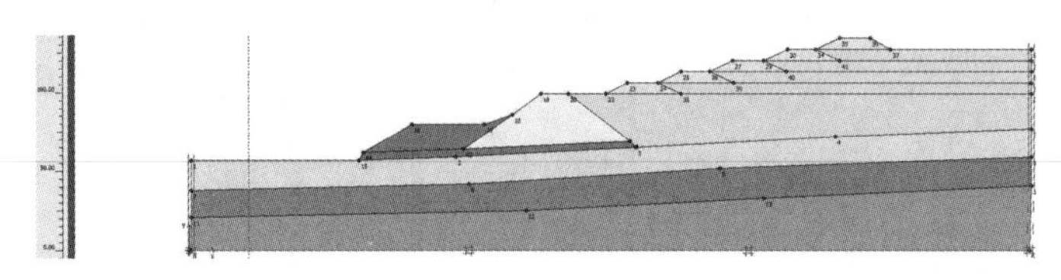

图 6.1　几何模型图

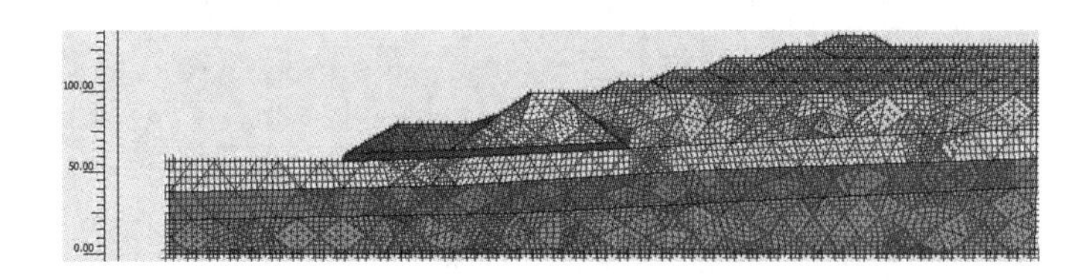

图 6.2　有限元网格剖分模型图

(2)渗流分析

通过图 6.3 有效主应力矢量分布图中可以看出，该模型有限应力矢量没有发生较为明显的偏转且分布不集中，最大有效主应力 1360Pa；从图 6.4 至图 6.7 可以看出，坝体中浸润线相对较低，初级坝以及各级子坝中均无水，水经排水褥垫区排出，整个坝体排水效果较好。

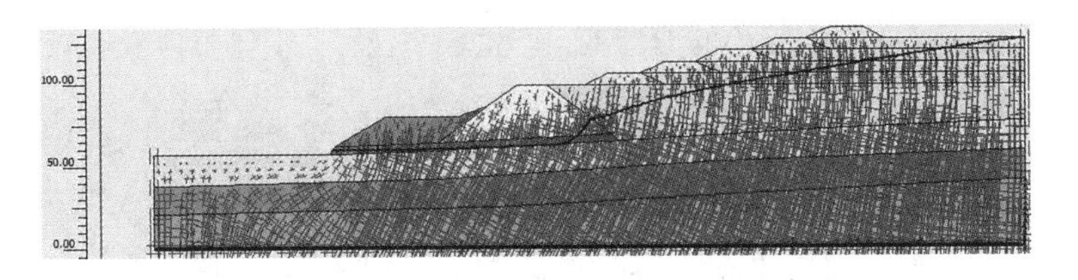

图 6.3 有效主应力矢量分布图(最大有效主应力 1360Pa)

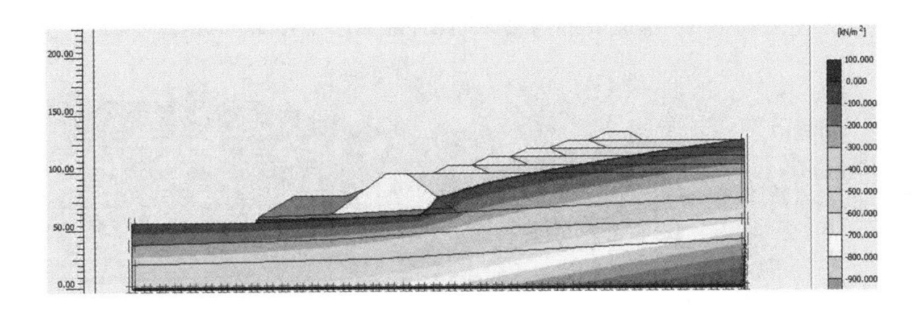

图 6.4 地下水等水位面分布云图(最大总孔压 1260Pa)

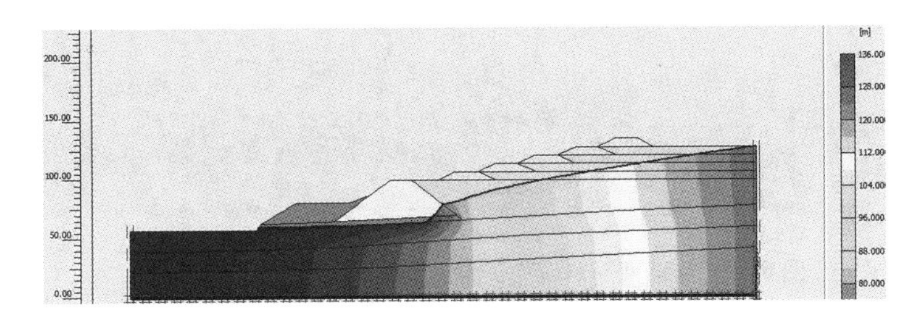

图 6.5 地下水等势面分布云图

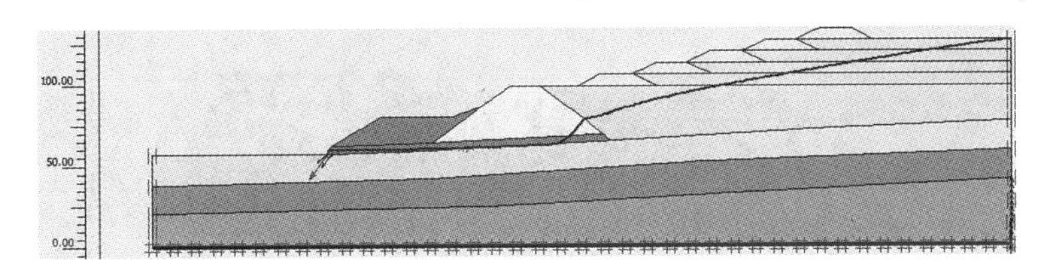

图 6.6 地下水渗流矢量分布图(最大速度 41.38m/d)

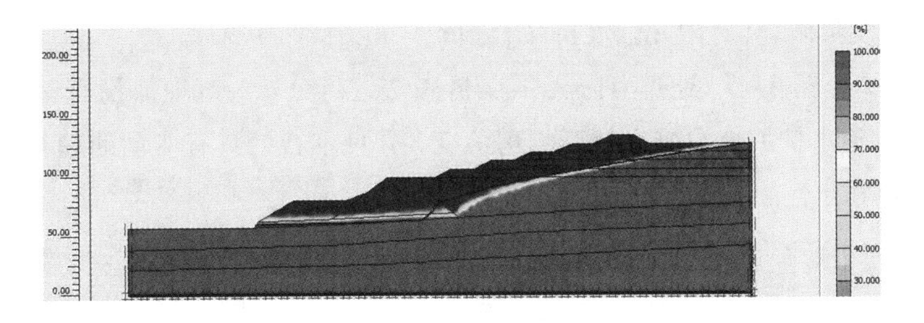

图 6.7 地下水饱和度分布云图(最大饱和度 101.54%)

(3)渗流变形分析

如图 6.8 至图 6.11 所示，渗流变形产生的最大总位移为 0.931m；只在下游透水护坡堆石排水处由于排水产生较小的剪应变，产生较小位移，坝体整体没有较大变形。

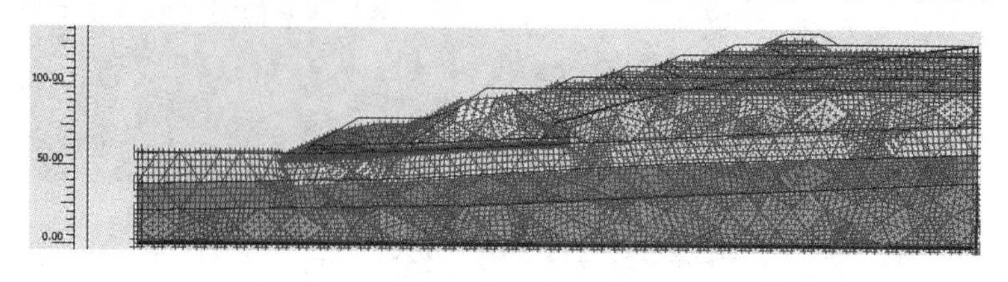

图 6.8　渗流变形网格分布图(最大总位移 0.931m)

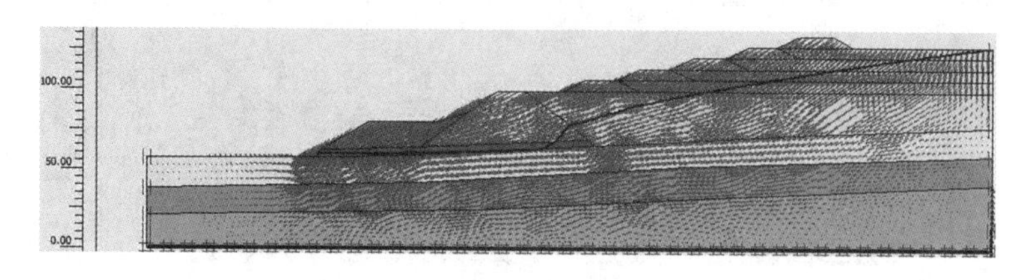

图 6.9　渗流变形位移矢量分布图(最大总位移 0.931m)

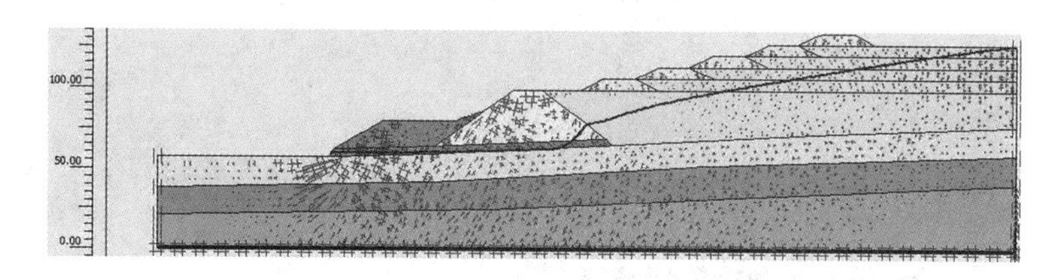

图 6.10　渗流变形总应变矢量分布图(最大主应变 8.30%)

图 6.11　渗流变形总剪应变等值线分布云图(最大主应变 5.15%)

(4)渗流变形破坏(有限元强度折减)分析

如图 6.12 至图 6.15，通过有限元强度折减法进行分析，该坝体没有整体滑动的趋势，只在下游透水护坡堆石排水处产生剪应变，并且堆石处具有滑动的趋势，需要加固措施，对整体稳定性影响不大。

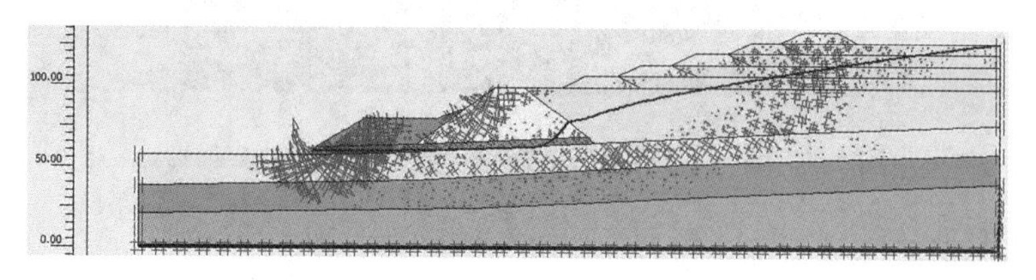

图 6.12　渗流变形总应变矢量分布图

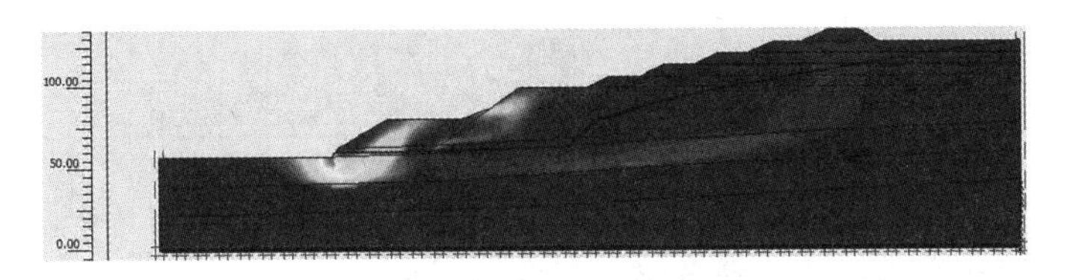

图 6.13　渗流变形总剪应变等值线分布云图

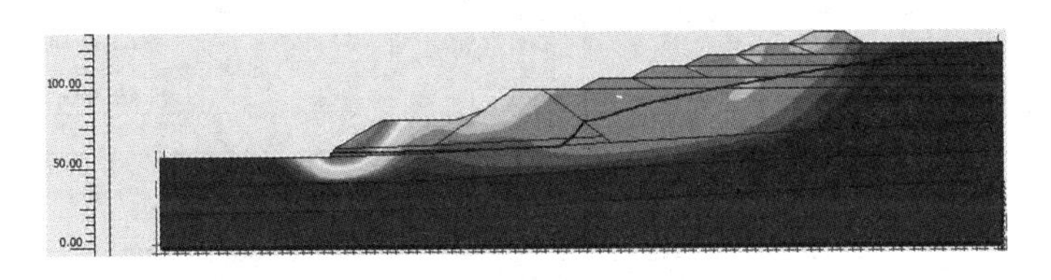

图 6.14　渗流变形破坏分布云图

(5)渗流变形典型曲线特性分析

通过图 6.15 至图 6.17 可以清楚地看到 A、B、C 三个面位置地下水孔压、地下水渗流、渗流变形位移随着深度变化情况。

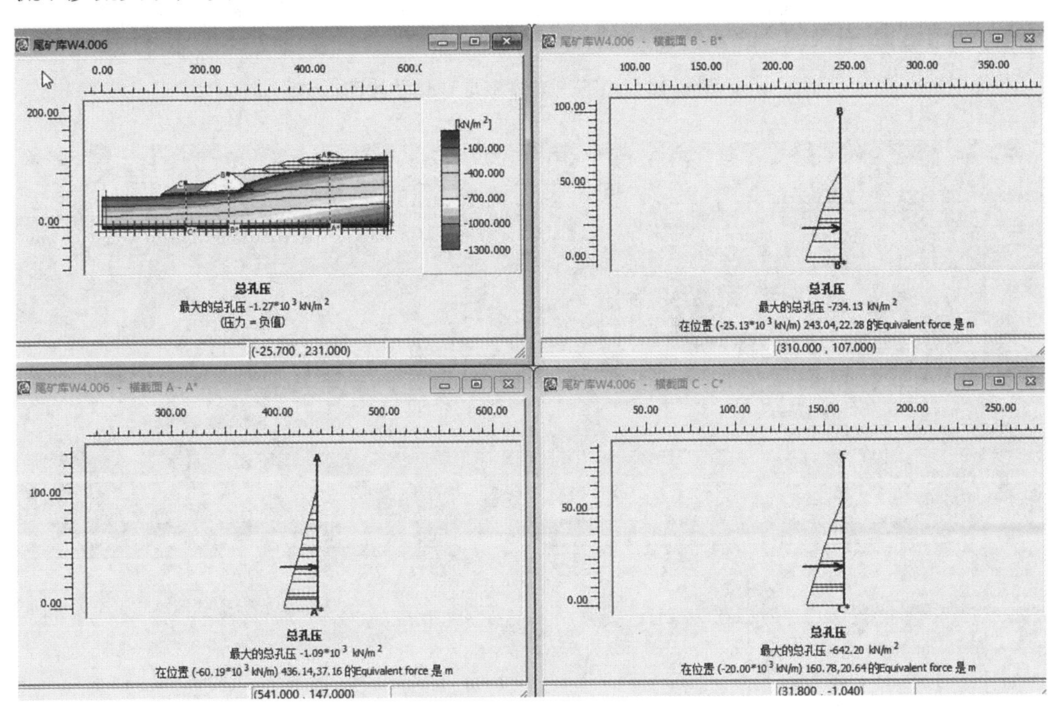

图 6.15　地下水孔压深度变化曲线图

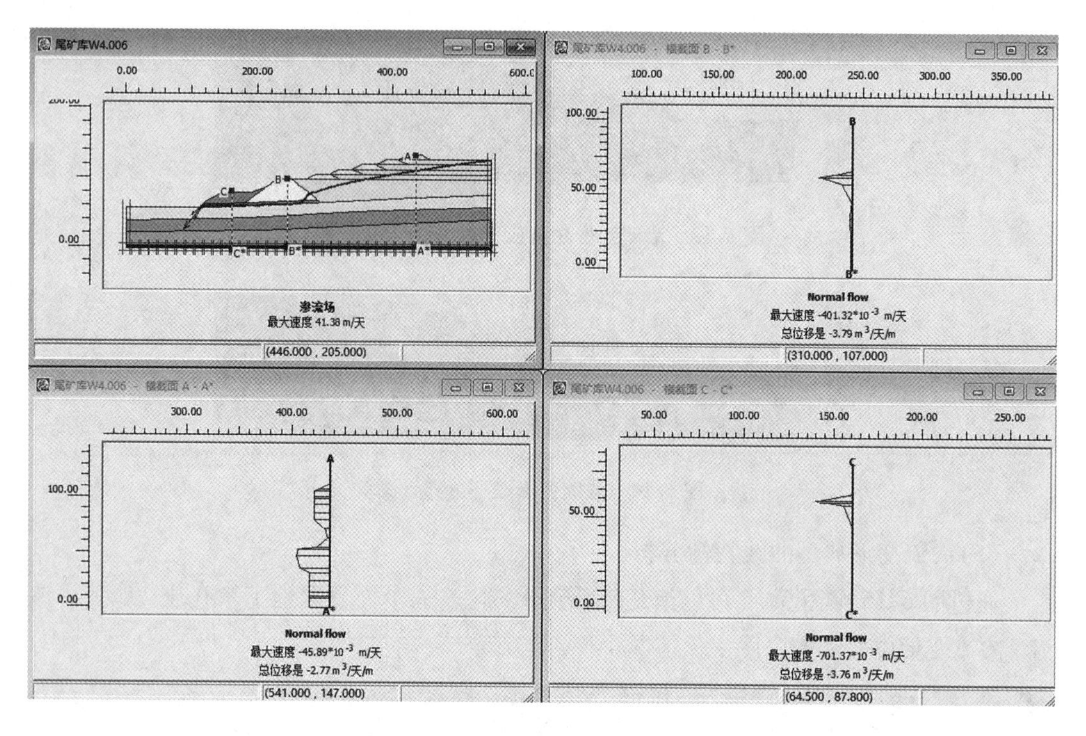

图 6.16　地下水渗流深度变化曲线图

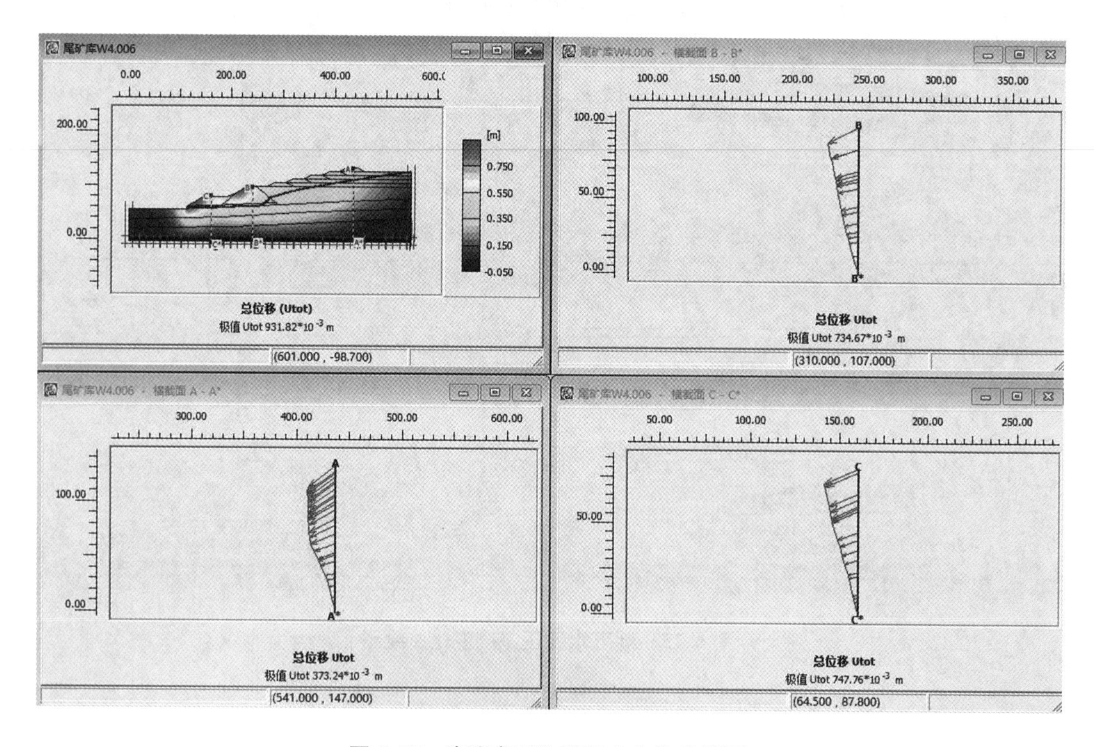

图 6.17　渗流变形位移深度变化曲线图

6.2　分区库坝

1990年投入运行的太原第一热电厂石庄头灰场，初期坝采用分区透水坝，由堆石坝体区和碾压土坝体区两部分组成，坝高49.0m。

(1)几何与有限元模型

几何与有限元模型如图6.18和图6.19所示。

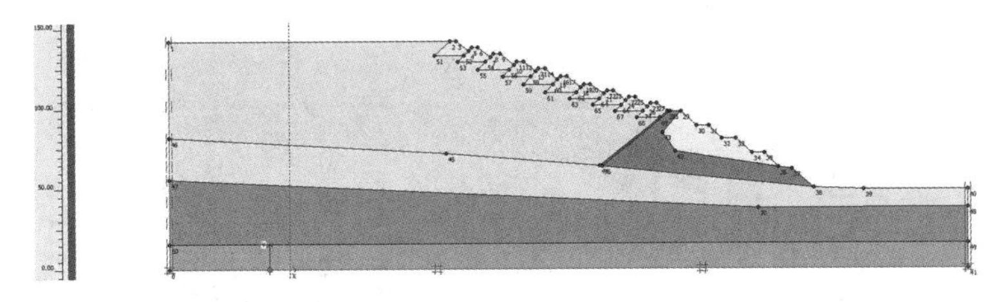

图6.18　几何模型图

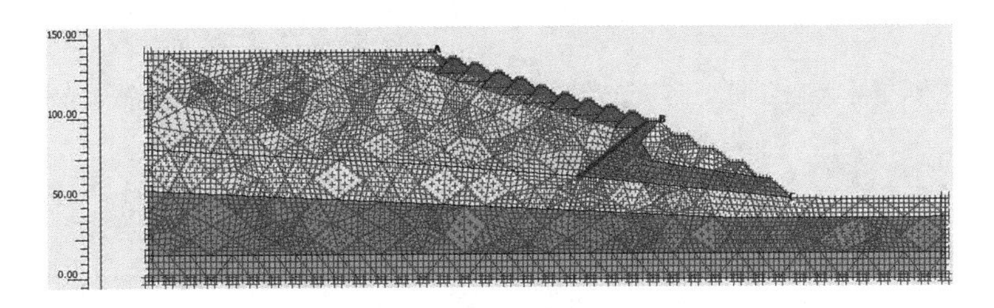

图6.19　有限元网格剖分模型图

(2)渗流分析

从图6.20有效主应力矢量分布图中可以看出，该模型有限应力矢量没有发生较为明显的偏转且分布不集中，最大有效主应力1490Pa；从图6.21至图6.24可以看出，浸润线在后期子坝中较高但是在初级坝和前期子坝中较低，一级子坝中无水，碾压土坝体区有少量的水，水由堆石坝体区排出，整个坝体排水效果较好。

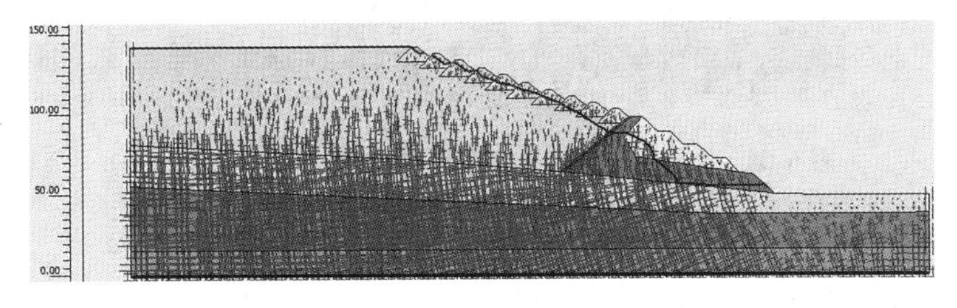

图6.20　有效主应力矢量分布图(最大有效主应力1490Pa)

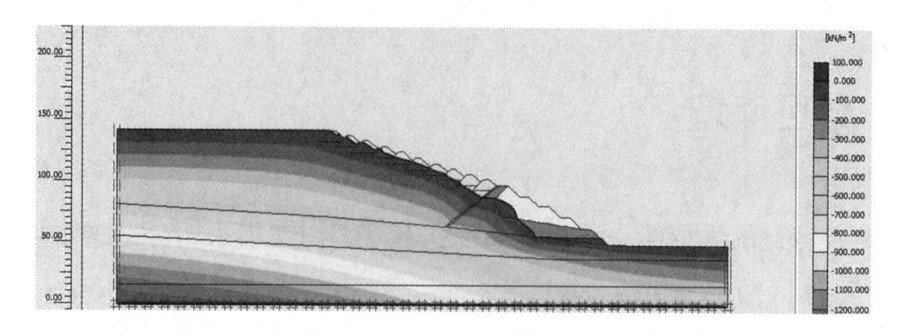

图 6.21　地下水等水位面分布云图(最大总孔压 1410Pa)

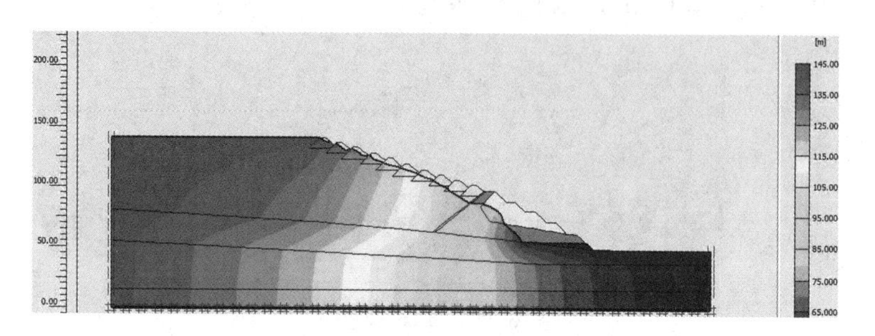

图 6.22　地下水等势面分布云图

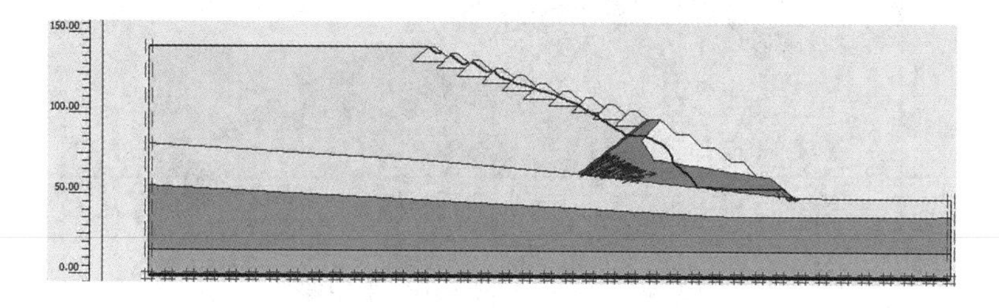

图 6.23　地下水渗流矢量分布图(最大速度 94.61m/d)

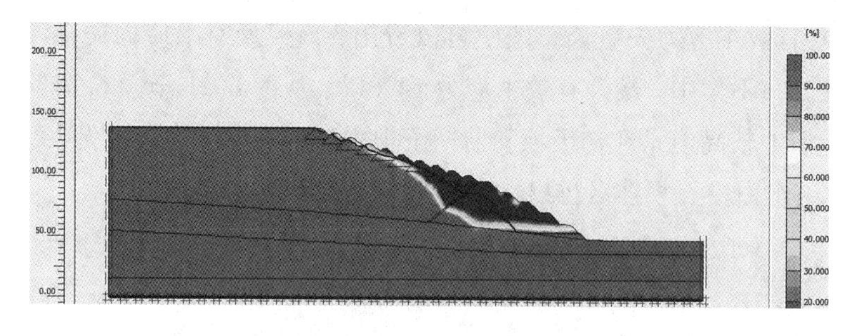

图 6.24　地下水饱和度分布云图(最大饱和度 102.40%)

(3)渗流变形分析

如图 6.25 至图 6.28 所示，渗流变形产生的最大总位移为 0.312m；只在堆石坝体区与一级子坝相接的位置以及坝后坡脚处产生较小的剪应变，整体没有较大变形。

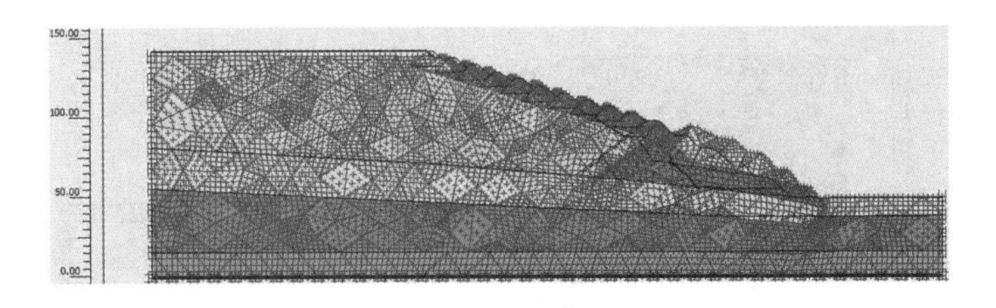

图6.25　渗流变形网格分布图(最大总位移0.312m)

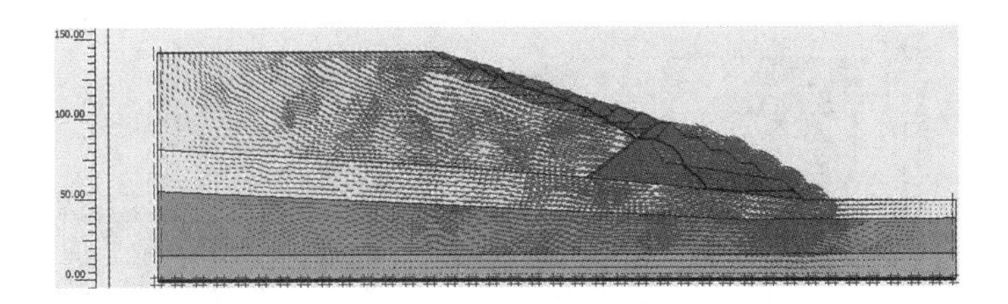

图6.26　渗流变形位移矢量分布图(最大总位移0.312m)

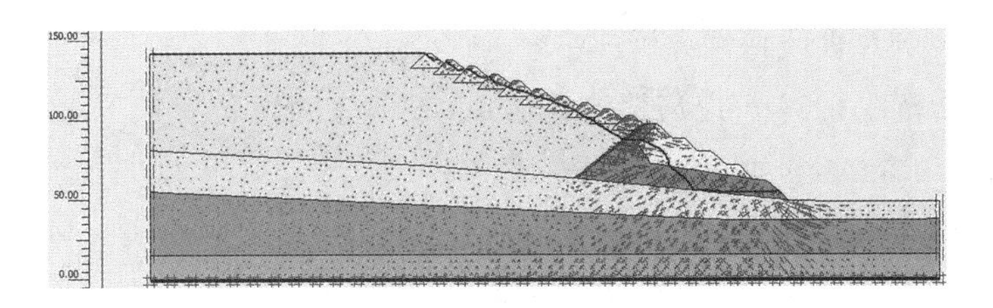

图6.27　渗流变形总应变矢量分布图(最大主应变1.93%)

图6.28　渗流变形总剪应变等值线分布云图(最大主应变1.22%)

(4)渗流变形破坏(有限元强度折减)分析

如图6.29至图6.31所示，通过有限元强度折减法进行分析，该坝体坝下有滑动的趋势，坝坡也出现滑动的趋势，对整体稳定性影响不大。

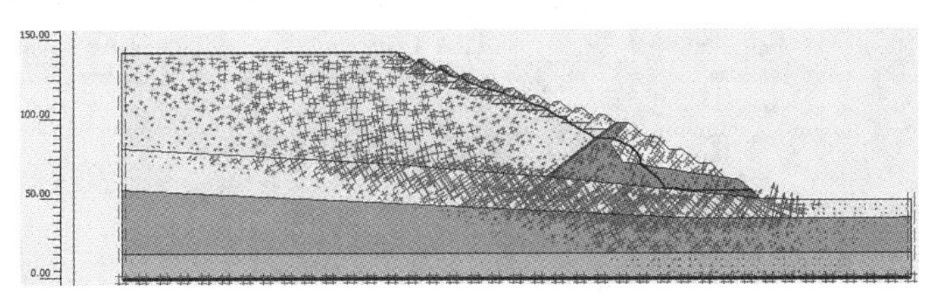

图6.29　渗流变形总应变矢量分布图

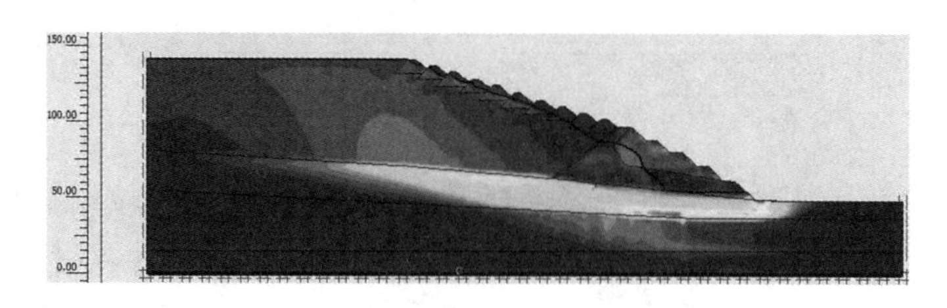

图 6.30　渗流变形总剪应变等值线分布云图

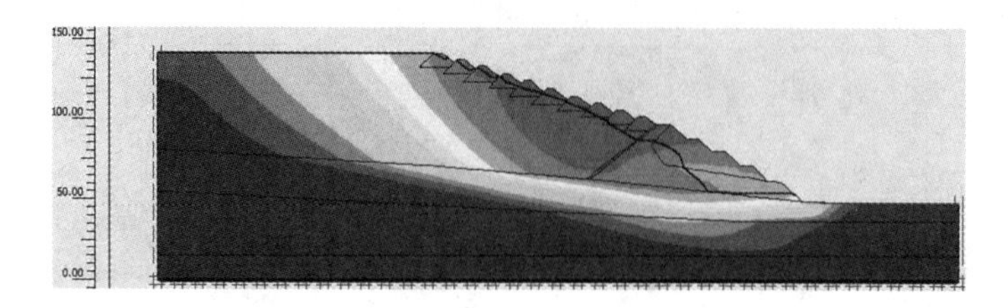

图 6.31　渗流变形破坏分布云图

(5)渗流变形典型曲线特性分析

通过图 6.32 至图 6.34 可以清楚地看到 A、B、C 三个面位置地下水孔压、地下水渗流、渗流变形位移随着深度变化情况。

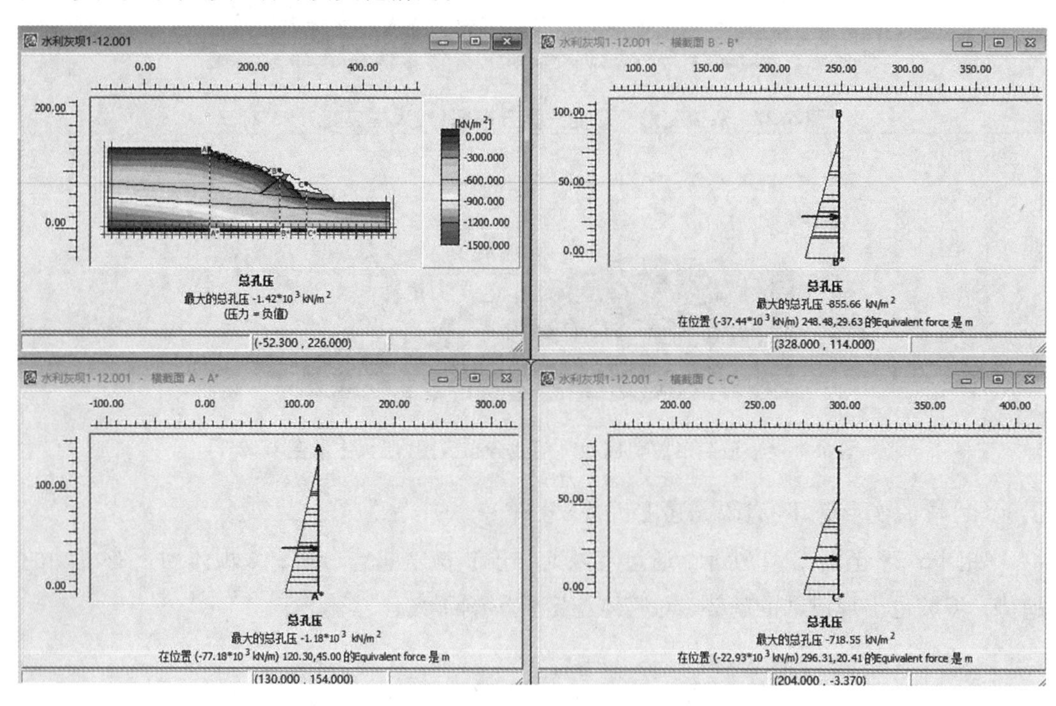

图 6.32　地下水孔压深度变化曲线图

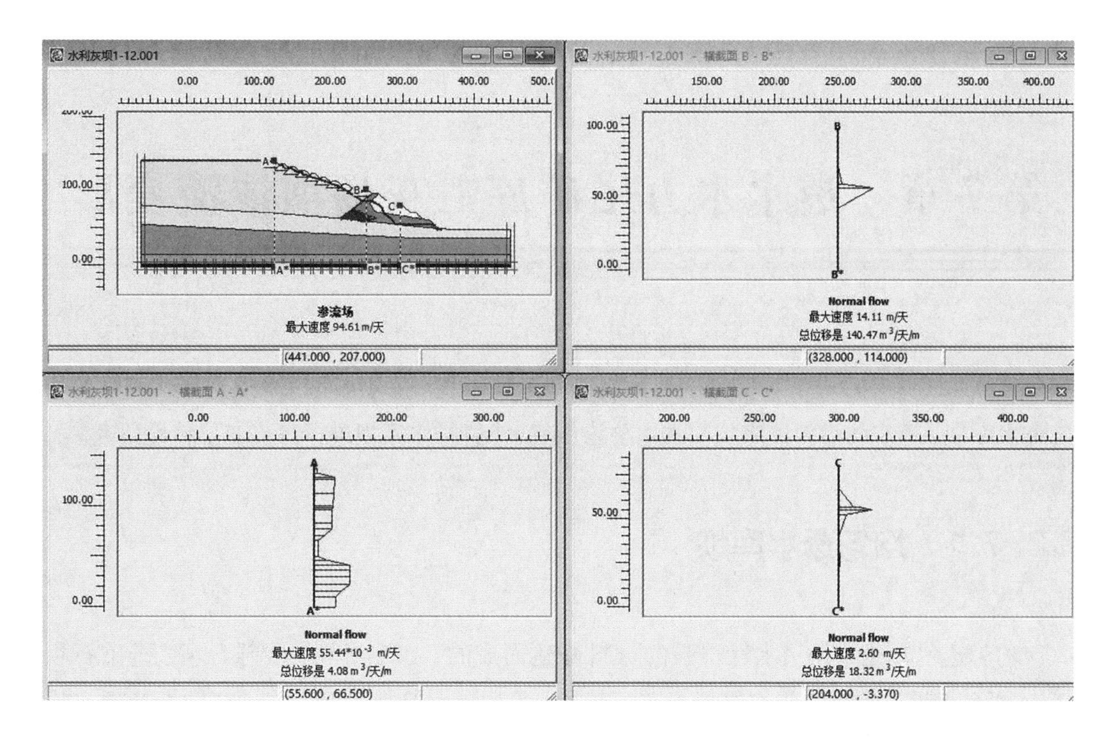

图 6.33 地下水渗流深度变化曲线图

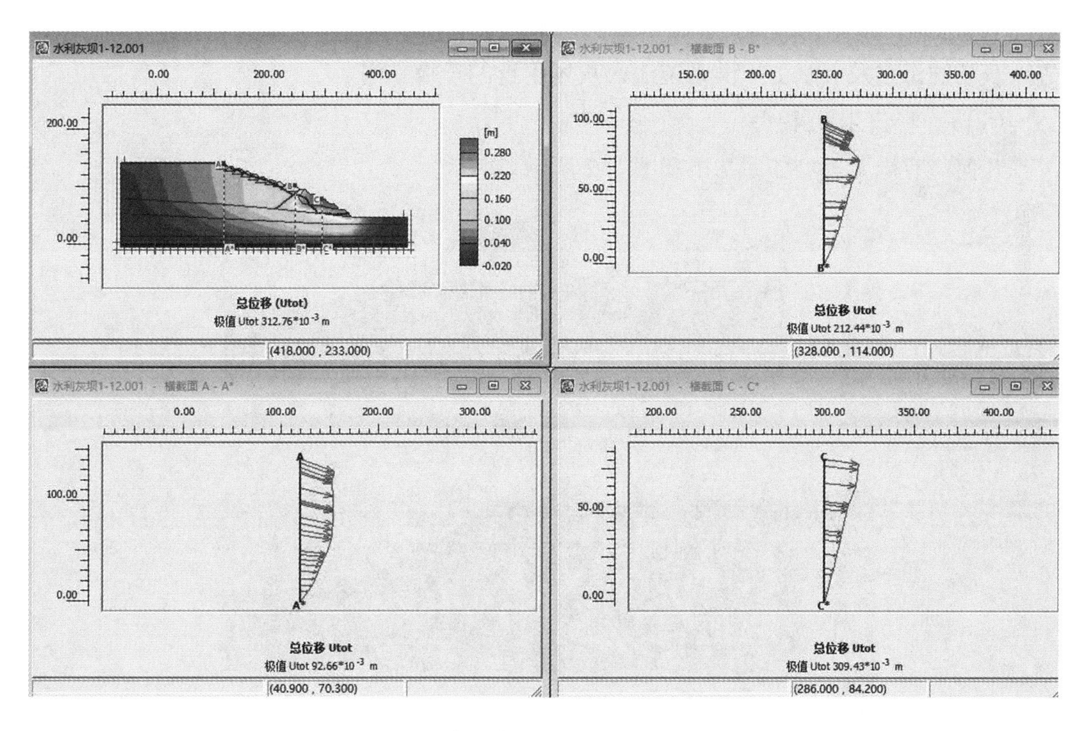

图 6.34 渗流变形位移深度变化曲线图

第7章　透水水力尾矿库贮灰场坝渗流变形

依据水力尾矿库贮灰场渗流变形控制典型工程中透水库坝典型工程，选择代表性的均匀透水库坝、透水防渗斜墙库坝和透水防渗斜墙+渗管排水库坝进行渗流变形特性研究。

7.1　均匀透水库坝

均匀透水坝是采用透水性很强的材料修建而成的，如堆石坝、砂砾石坝、干砌石坝等。1986年投入运行的焦作电厂王掌河灰场，采用分期筑坝建设方式。初期坝为透水堆石坝，坝基为奥陶系石灰岩，坝体上游面反滤层材料为无砂混凝土。该灰场排洪系统布置在灰场左岸，采用排水斜槽—排水隧洞—下游消力池模式，排洪系统兼有排灰水功能。进入灰场的洪水及灰水由排洪系统流入灰场附近的千梅掌沟。

(1)几何与有限元模型

几何与有限元模型如图7.1和图7.2所示。

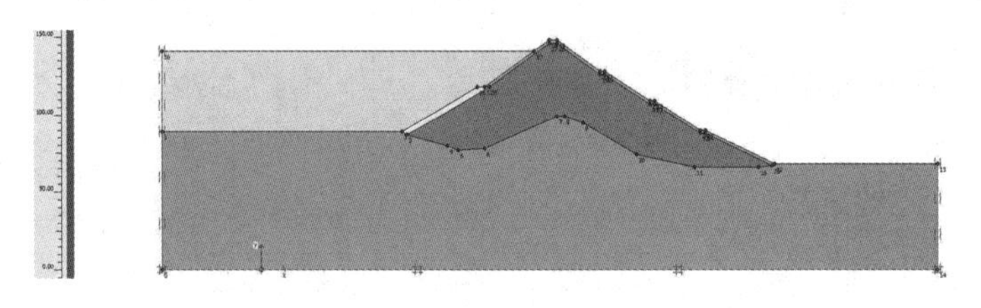

图7.1　几何模型图

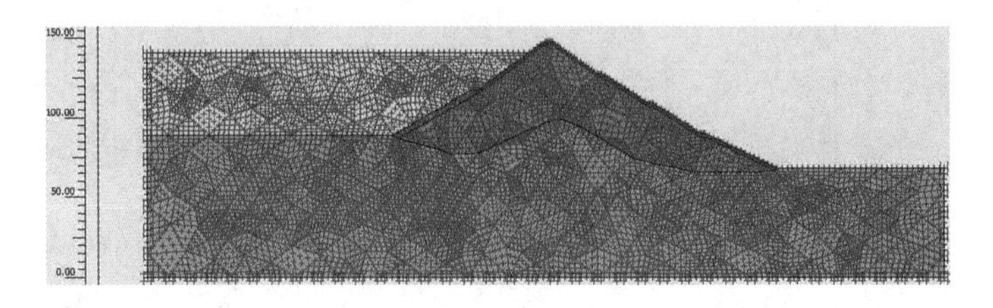

图7.2　有限元网格剖分模型图

(2)渗流分析

从图7.3有效主应力矢量分布图中可以看出，该模型有限应力矢量没有发生较为明显的偏转且分布不集中，最大有效主应力1710Pa；从图7.4至图7.7可以看出，坝体中浸润线相对较低，坝体上半部处于干疏状态，整个坝体排水效果较好。

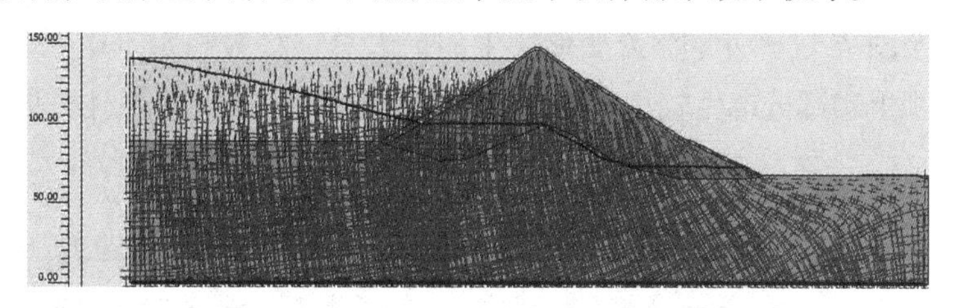

图 7.3　有效主应力矢量分布图(最大有效主应力 1710Pa)

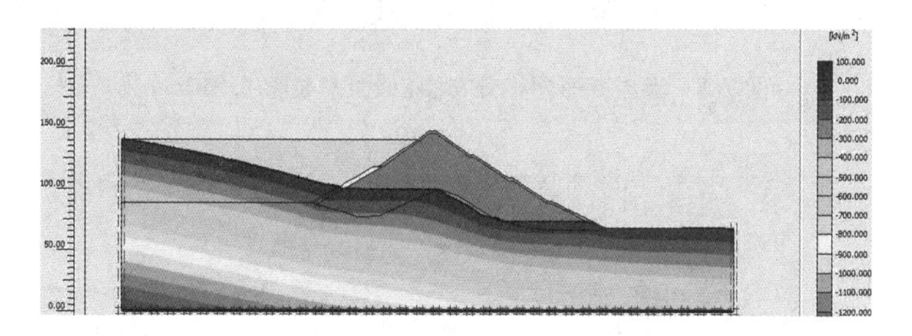

图 7.4　地下水等水位面分布云图(最大总孔压 1400Pa)

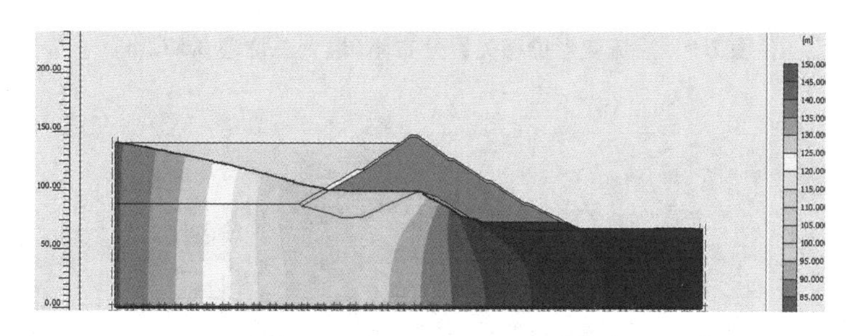

图 7.5　地下水等势面分布云图

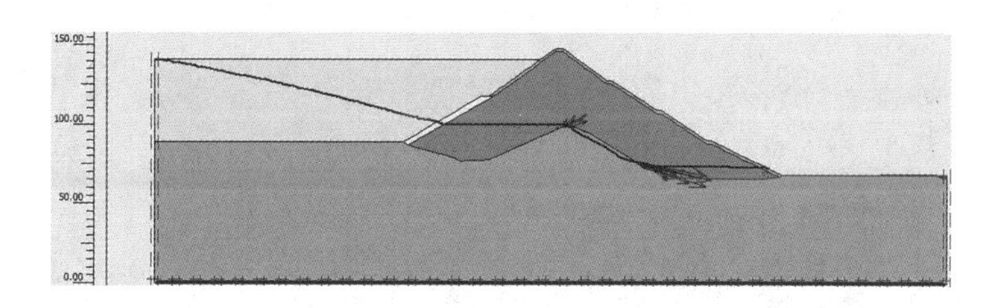

图 7.6　地下水渗流矢量分布图(最大速度 44.63m/d)

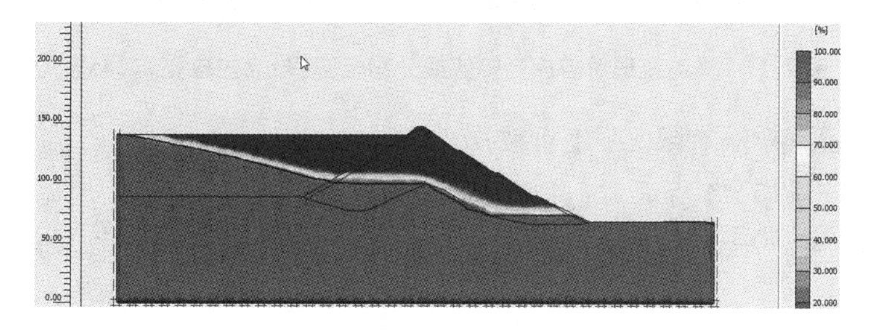

图 7.7　地下水饱和度分布云图(最大饱和度 101.88%)

(3)渗流变形分析

如图 7.8 至图 7.11 所示，渗流变形产生的最大总位移为 0.812m；只在坝坡坡脚处以及透水堆石坝上半部分产生较小的剪应变，整体没有较大变形，坝体整体稳定性较好。

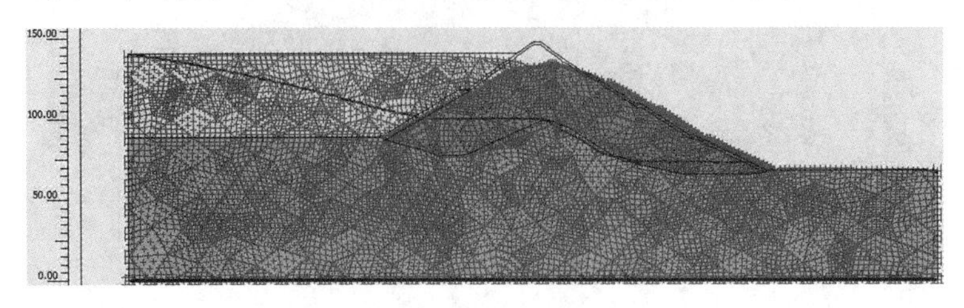

图 7.8　渗流变形网格分布图(最大总位移 0.812m)

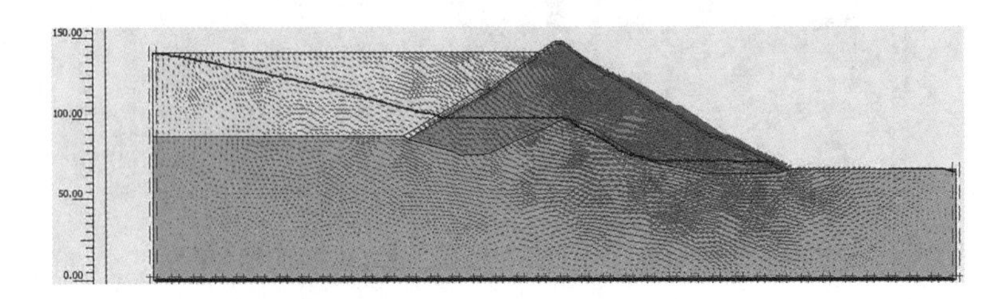

图 7.9　渗流变形位移矢量分布图(最大总位移 0.812m)

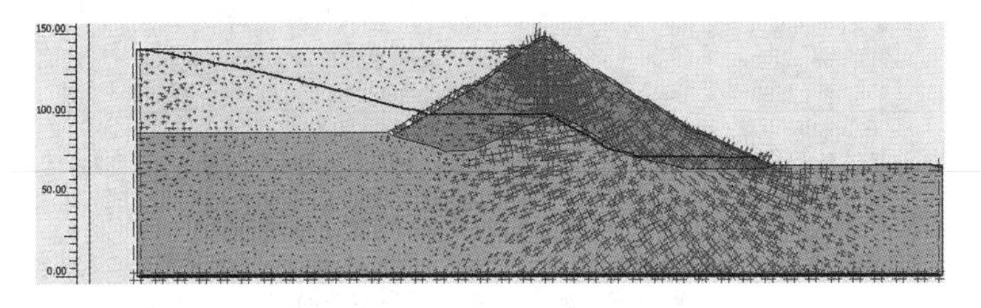

图 7.10　渗流变形总应变矢量分布图(最大主应变 2.32%)

图 7.11　渗流变形总剪应变等值线分布云图(最大主应变 2.345%)

(4)渗流变形破坏(有限元强度折减)分析

如图 7.12 至图 7.14 所示，通过有限元强度折减法进行分析，该坝体没有整体滑动的趋势，只在坡脚产生较小剪应变，没有发生破坏，对整体稳定性影响不大，坝体稳定性较好。

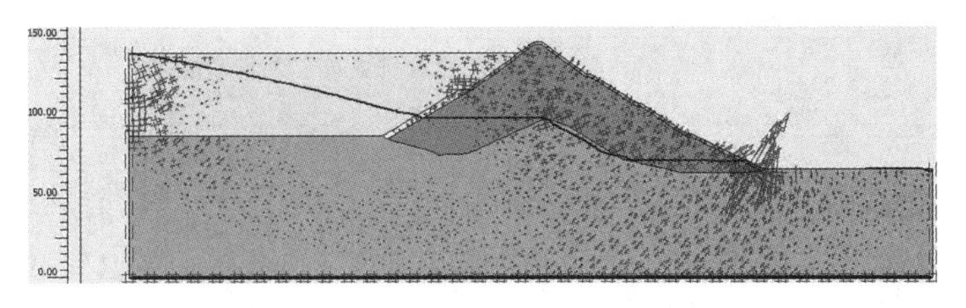

图 7.12　渗流变形总应变矢量分布图

图 7.13　渗流变形总剪应变等值线分布云图

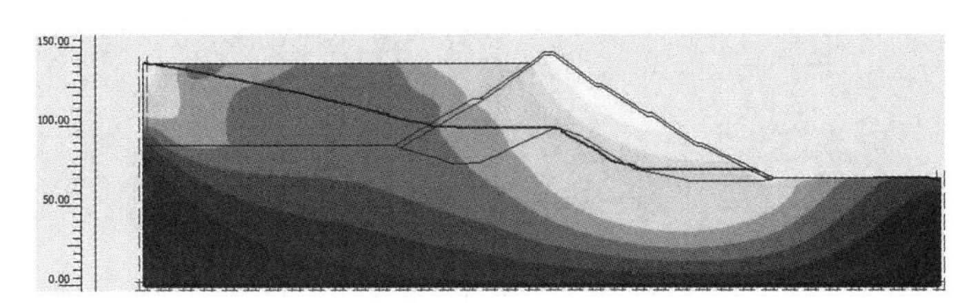

图 7.14　渗流变形破坏分布云图

(5)渗流变形典型曲线特性分析

通过图 7.15 至图 7.17 可以清楚地看到 A、B、C 三个面位置地下水孔压、地下水渗流、渗流变形位移随着深度变化情况。

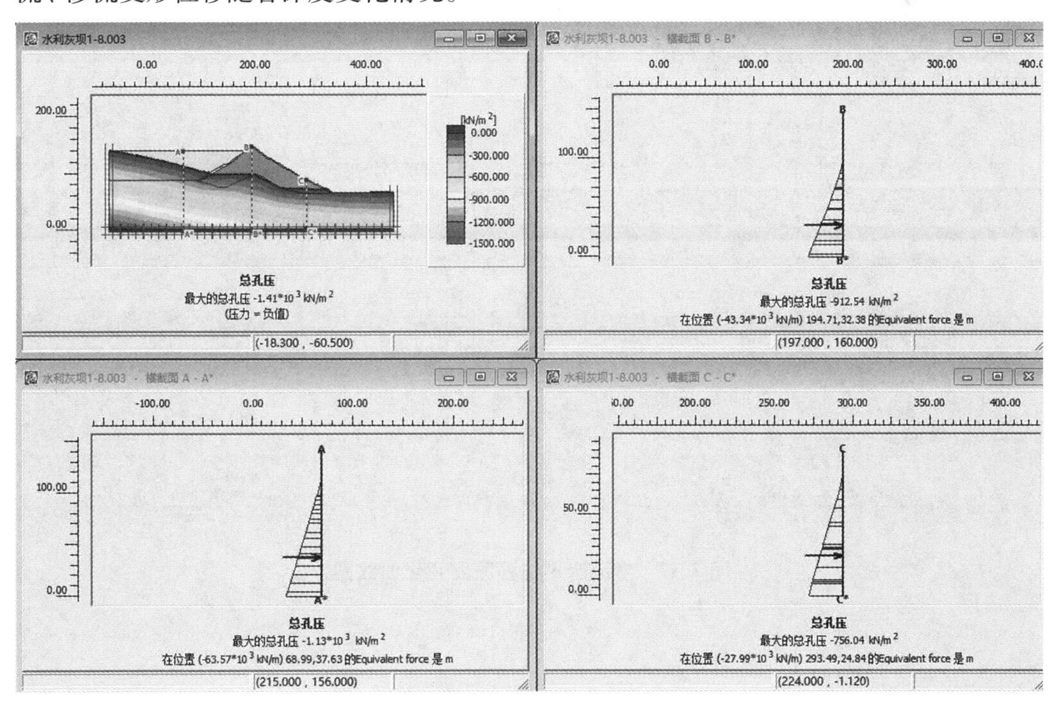

图 7.15　地下水孔压深度变化曲线图

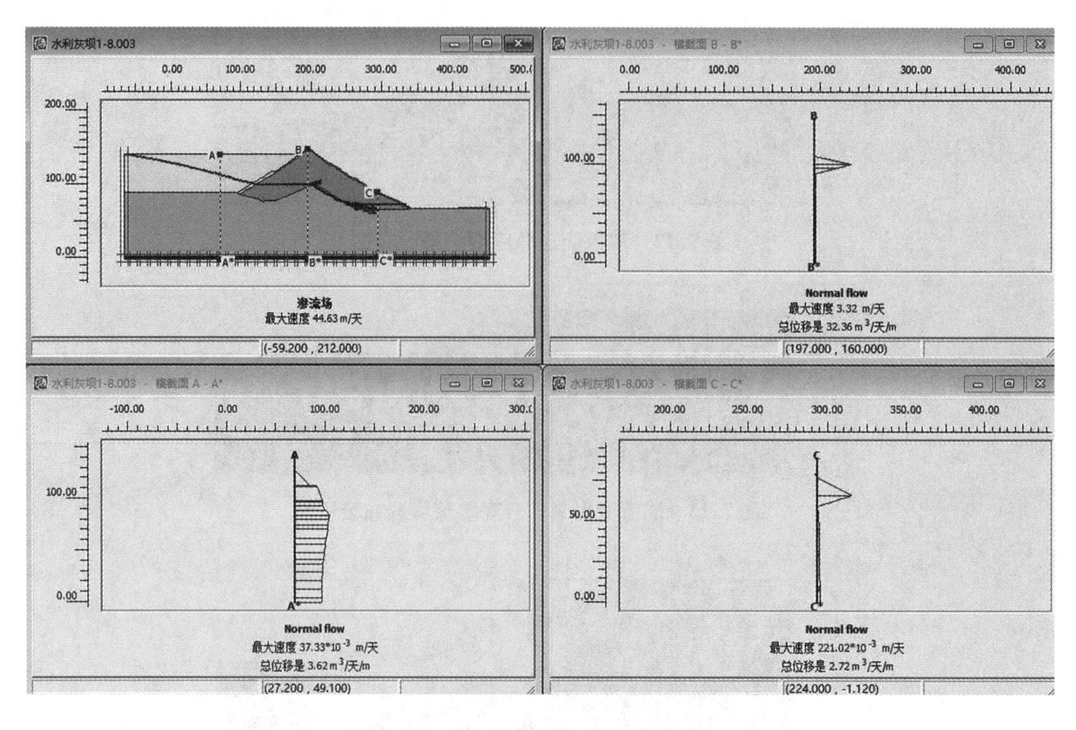

图 7.16 地下水渗流深度变化曲线图

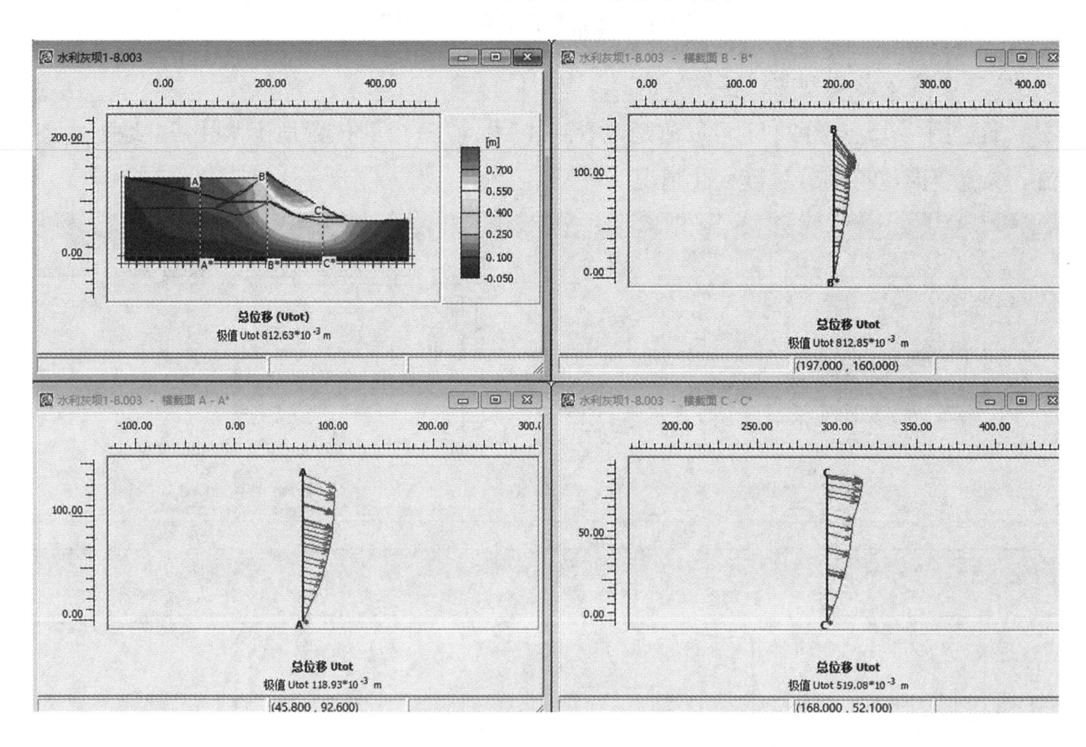

图 7.17 渗流变形位移深度变化曲线图

7.2 透水防渗斜墙库坝

(1)几何与有限元模型

几何与有限元模型如图7.18和图7.19所示。

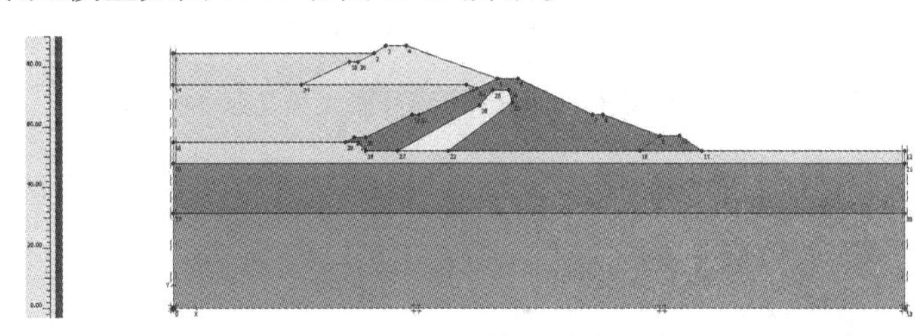

图7.18　几何模型图

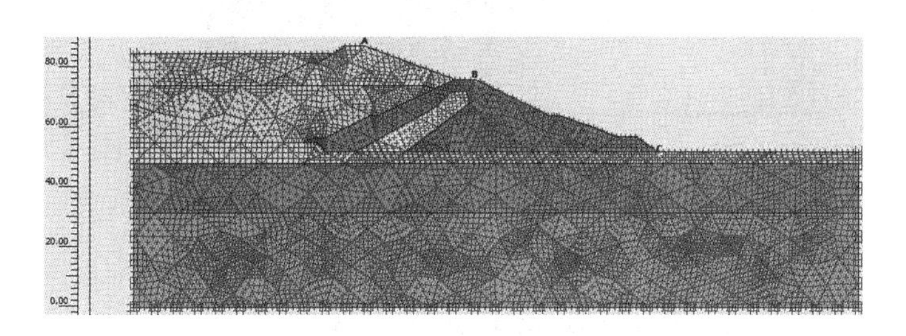

图7.19　有限元网格剖分模型图

(2)渗流分析

从图7.20有效主应力矢量分布图中可以看出，该模型有限应力矢量没有发生较为明显的偏转且分布不集中，最大有效主应力882.85Pa；从图7.21至图7.24可以看出，坝体中浸润线相对较低，一级子坝坝体中几乎无水，坝前水经过防渗斜墙后沿初级坝底部排出。整个坝体排水效果较好。

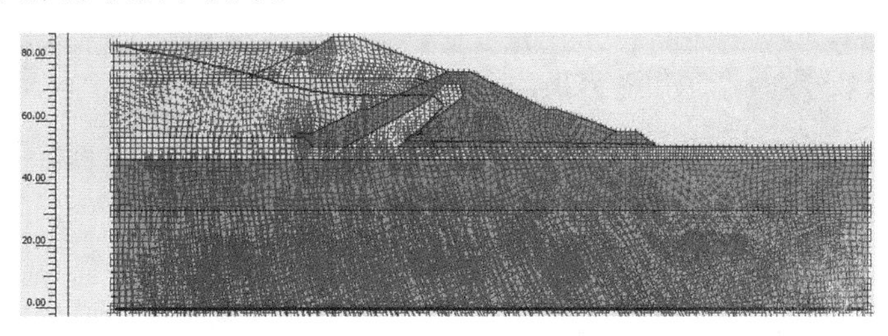

图7.20　有效主应力矢量分布图(最大有效主应力882.85Pa)

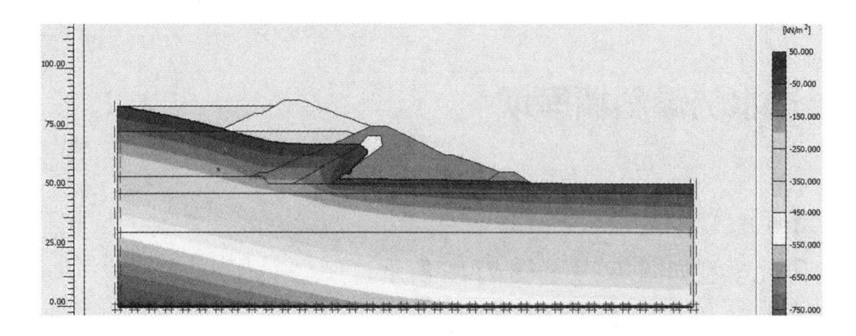

图 7.21　地下水等水位面分布云图(最大总孔压 845.00Pa)

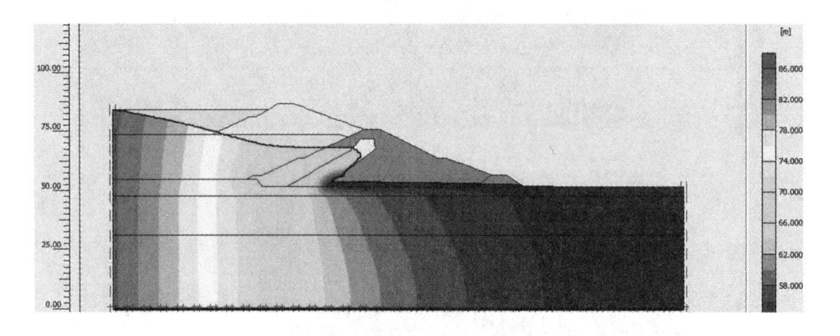

图 7.22　地下水等势面分布云图

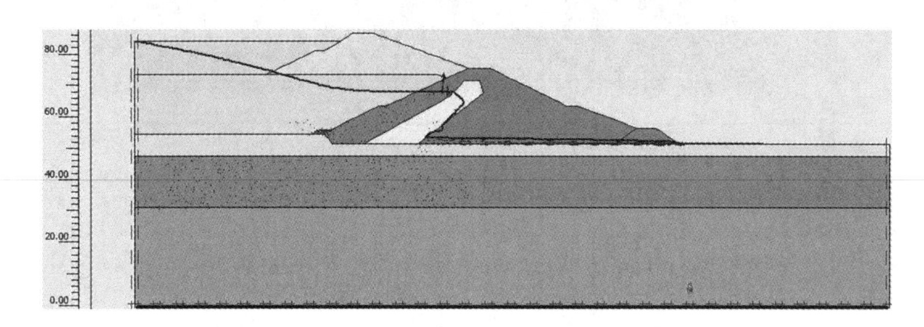

图 7.23　地下水渗流矢量分布图(最大速度 3.84m/d)

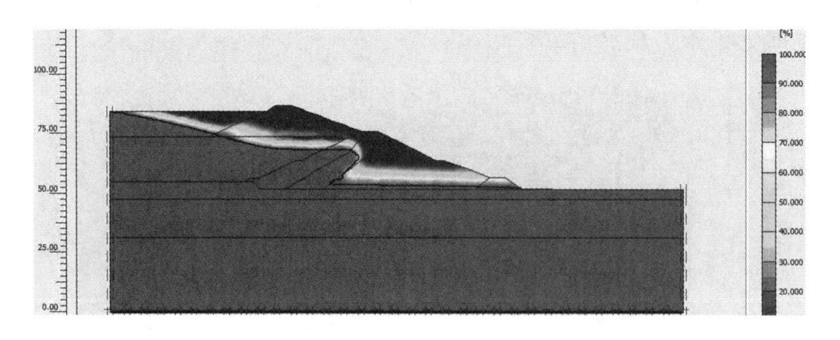

图 7.24　地下水饱和度分布云图(最大饱和度 101.34%)

(3)渗流变形分析

如图 7.25 至图 7.28 所示，渗流变形产生的最大总位移为 0.348m；一级子坝和初级坝产生沉降，坝后坡脚也产生较小的位移。防渗斜墙周围一级坡脚处产生剪应变，整体没有较大变形。

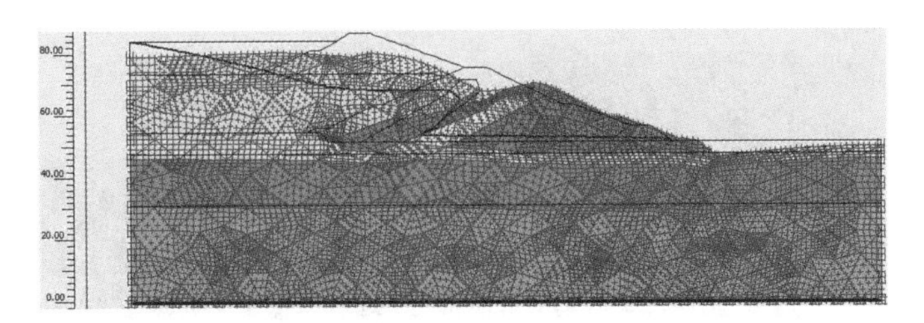

图7.25　渗流变形网格分布图(最大总位移0.348m)

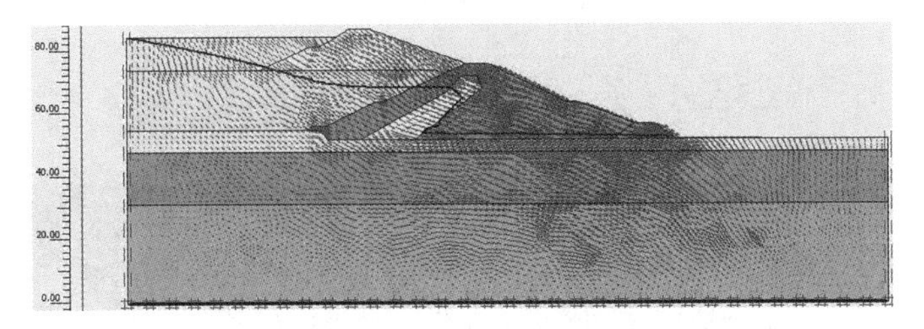

图7.26　渗流变形位移矢量分布图(最大总位移0.348m)

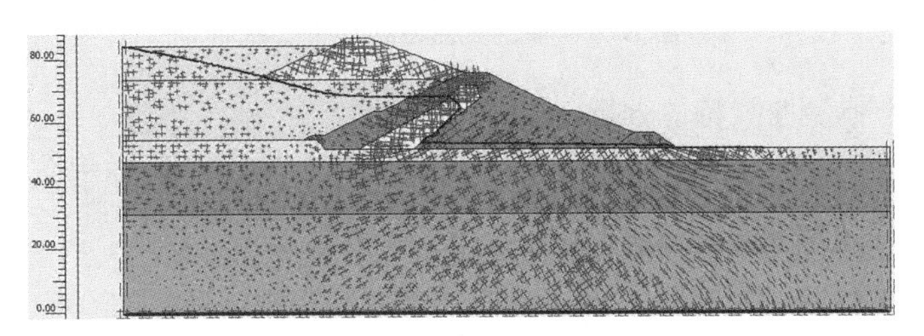

图7.27　渗流变形总应变矢量分布图(最大主应变3.44%)

图7.28　渗流变形总剪应变等值线分布云图(最大主应变2.45%)

(4)渗流变形破坏(有限元强度折减)分析

如图7.29至图7.31所示，有限元强度折减法进行分析，该坝体没有整体滑动的趋势，只在防渗斜墙和一级子坝前坡面产生较小剪应变，没有发生破坏，对整体稳定性影响不大。坝体稳定性及排水效果较好。

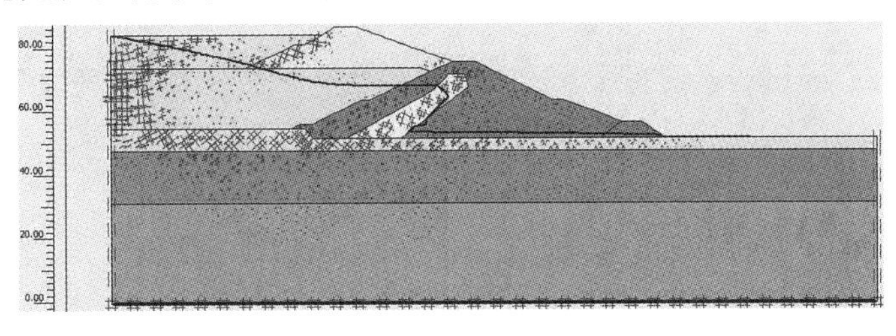

图7.29　渗流变形总应变矢量分布图

图 7.30　渗流变形总剪应变等值线分布云图

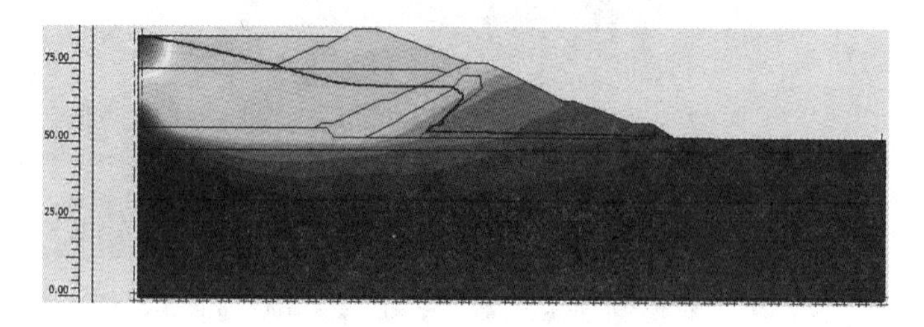

图 7.31　渗流变形破坏分布云图

(5)渗流变形典型曲线特性分析

通过图 7.32 至图 7.34 可以清楚地看到 A、B、C 三个面位置地下水孔压、地下水渗流、渗流变形位移随着深度变化情况。

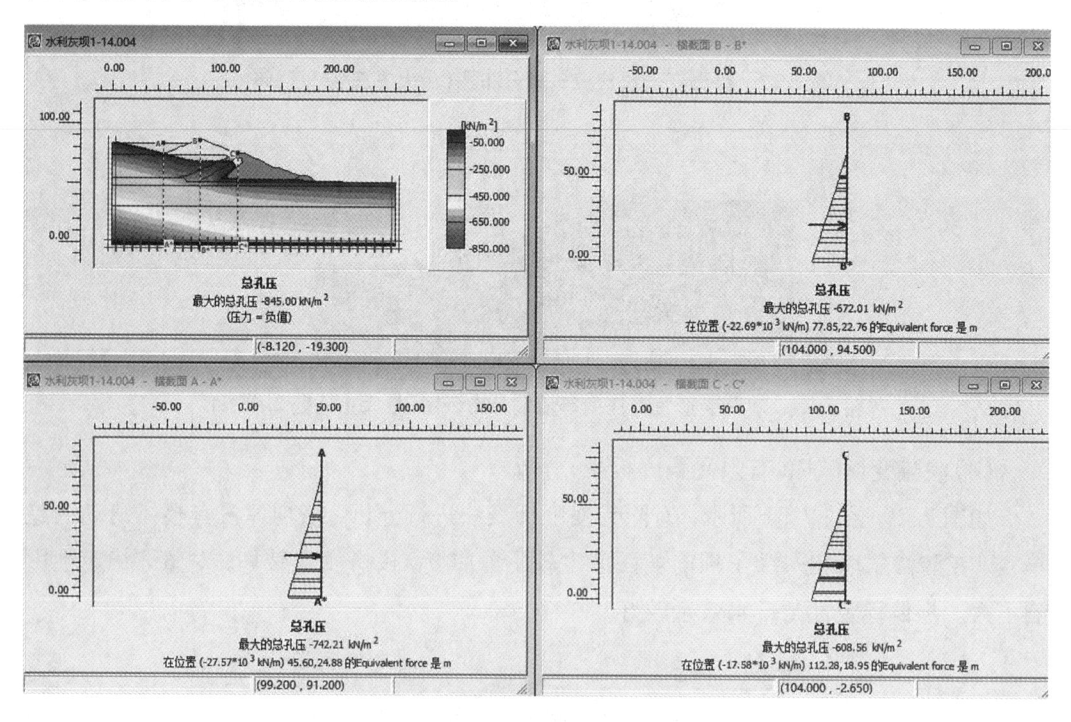

图 7.32　地下水孔压深度变化曲线图

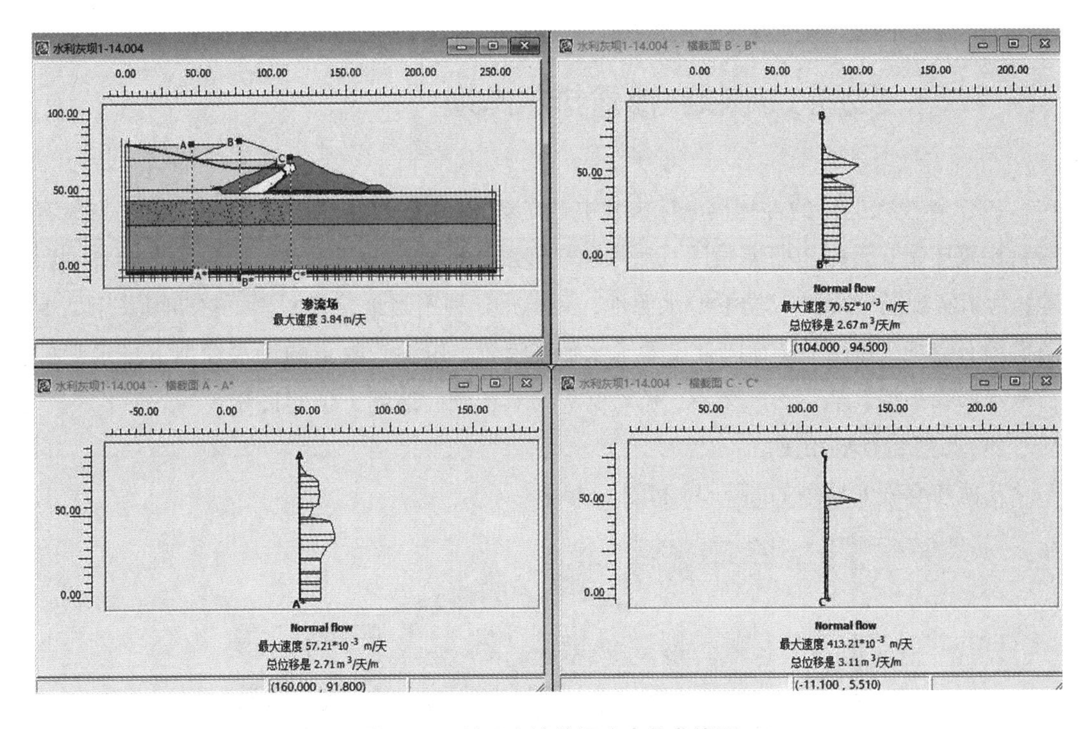

图 7.33　地下水渗流深度变化曲线图

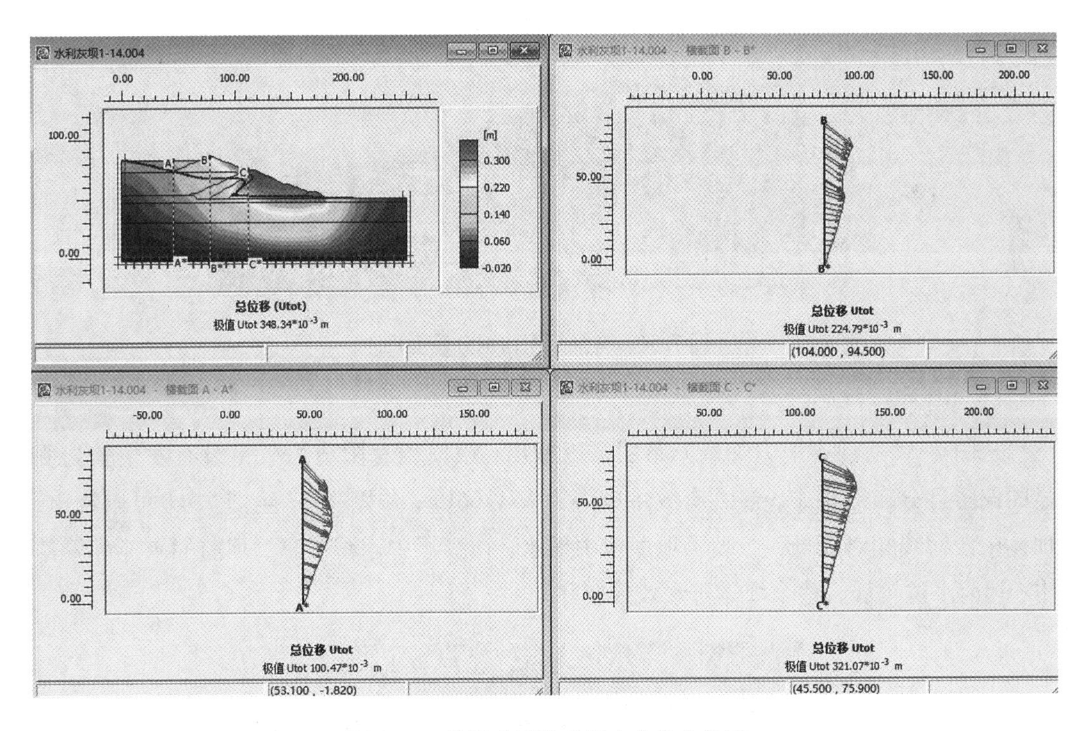

图 7.34　渗流变形位移深度变化曲线图

7.3 透水防渗斜墙+渗管排水库坝

1987 年投入运行的吉林热电厂来发屯贮灰场，采用分期筑坝建设方式。由于当地石渣料比较丰富，因此初期坝采用石渣坝比较经济，且排渗效果较好，但灰场下游有水源地，为了实现既能保护灰场下游水源地，又能充分利用当地筑坝材料，初期坝采用黏土防渗墙石渣坝，并在上游坝脚处设置了水平排渗管，排渗管收集的渗水经坝下排水管排往灰水回收系统。从运行效果看，来发屯灰场灰坝设计达到了预期目标。

(1)几何与有限元模型

几何与有限元模型如图 7.35 和图 7.36 所示。

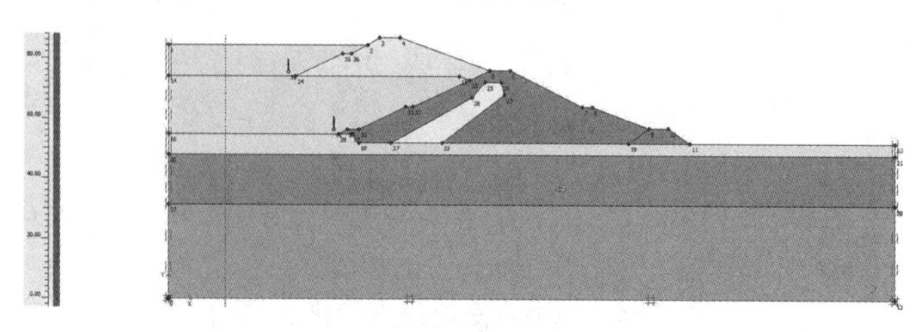

图 7.35 几何模型图

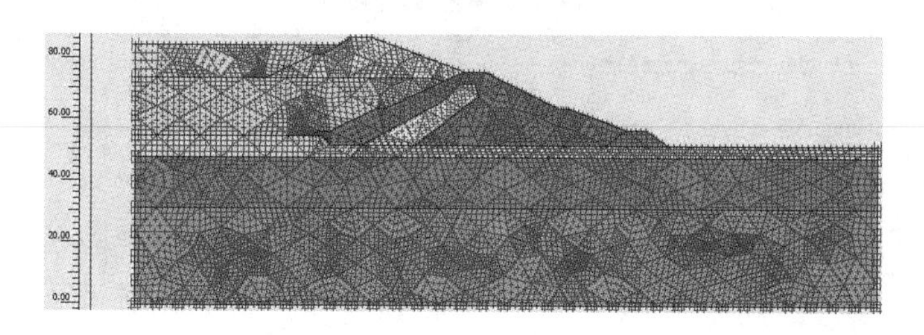

图 7.36 有限元网格剖分模型图

(2)渗流分析

从图 7.37 有效主应力矢量分布图可以看出，该模型有限应力矢量没有发生较为明显的偏转且分布不集中，最大有效主应力为 871.66Pa；从图 7.37 至图 7.41 可以看出，坝体中浸润线相对较低，一级子坝坝体中无水，初级坝中水位较低，坝前的水经导管排出，坝前水位较低。整个坝体排水效果较好。

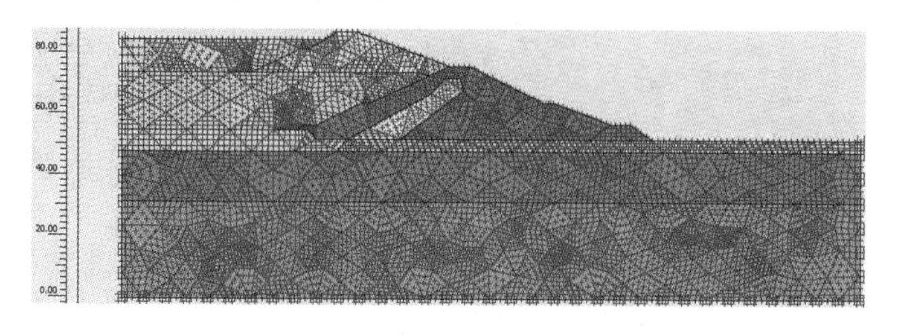

图 7.37 有效主应力矢量分布图(最大有效主应力 871.66Pa)

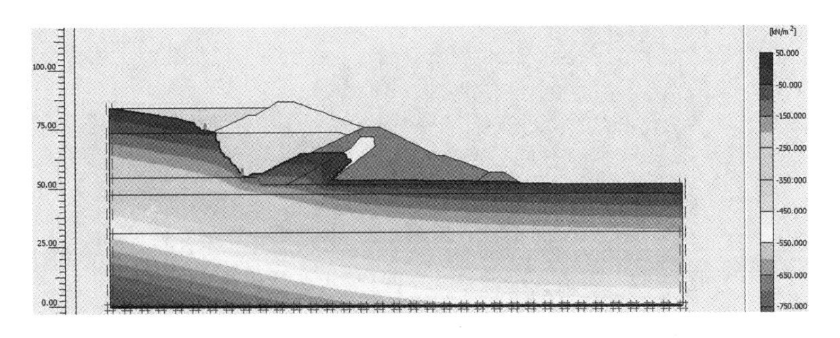

图 7.38　地下水等水位面分布云图(最大总孔压 845.00Pa)

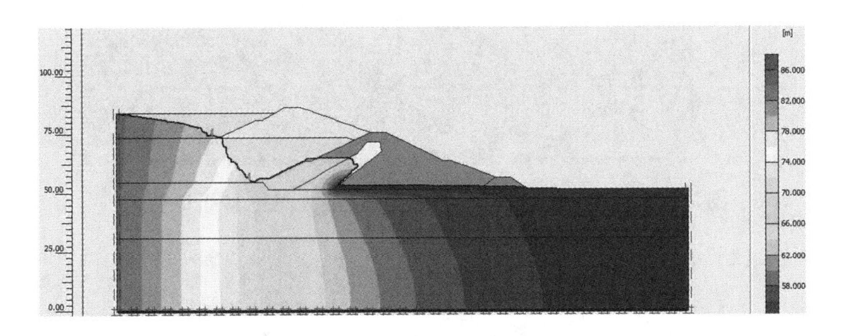

图 7.39　地下水等势面分布云图

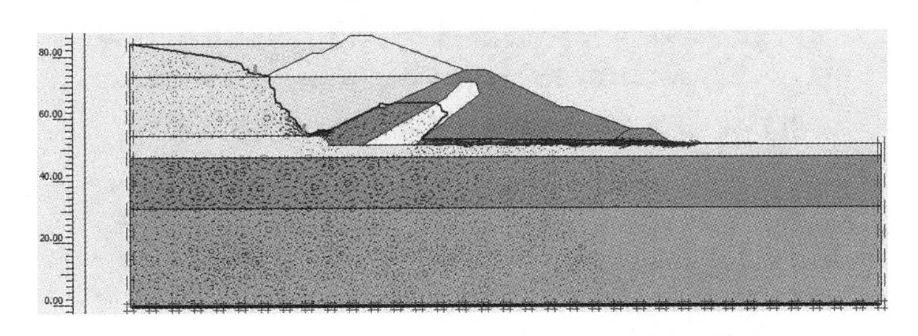

图 7.40　地下水渗流矢量分布图(最大速度 1.03m/d)

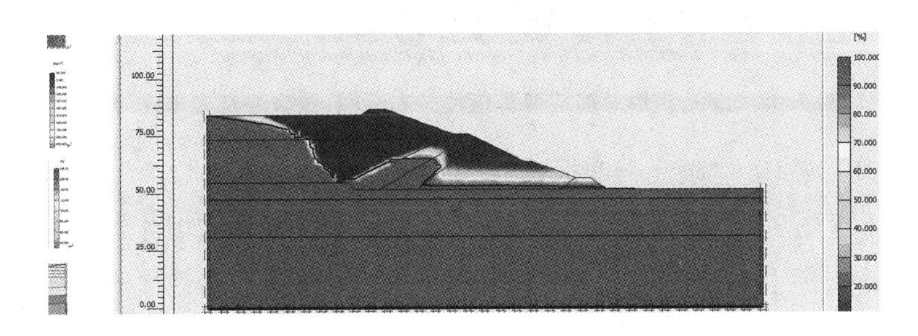

图 7.41　地下水饱和度分布云图(最大饱和度 103.40%)

(3)渗流变形分析

如图 7.42 至图 7.45 所示，渗流变形产生的最大总位移为 0.087m；只在一级子坝和初级坝接触部分和初级坝坡脚处产生较小的剪应变，整体没有较大变形。

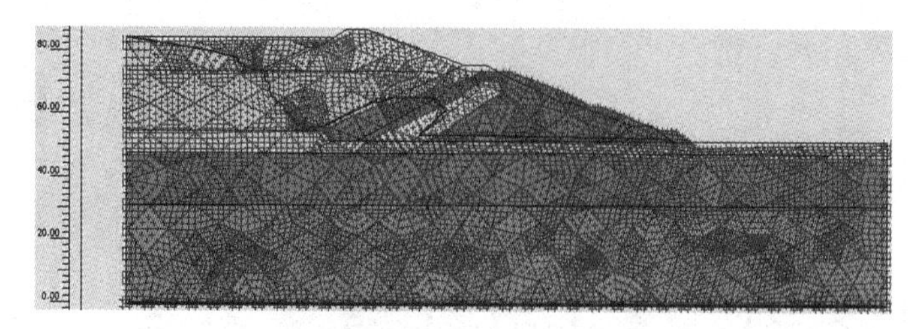

图 7.42　渗流变形网格分布图(最大总位移 0.087m)

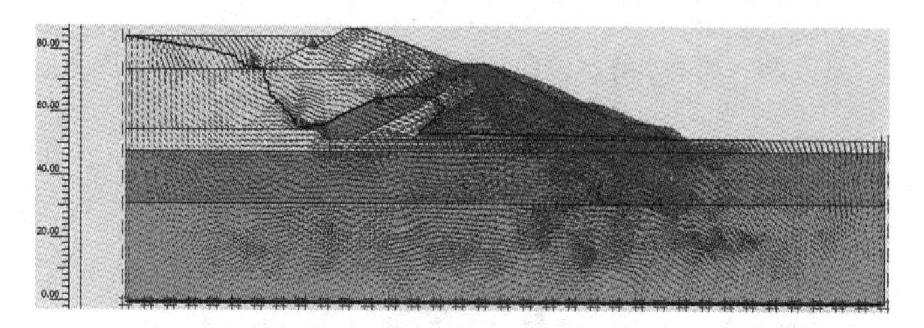

图 7.43　渗流变形位移矢量分布图(最大总位移 0.087m)

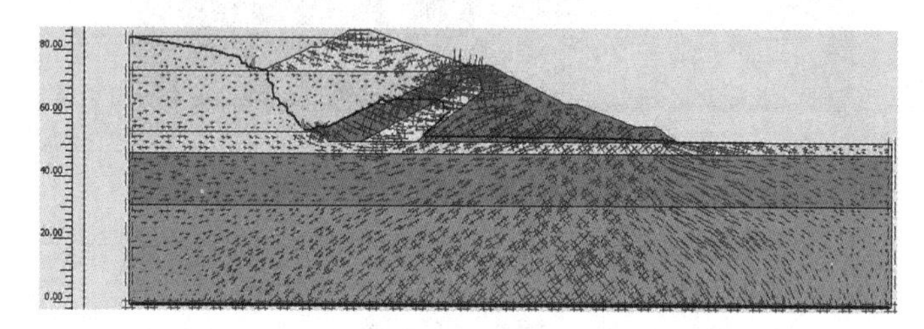

图 7.44　渗流变形总应变矢量分布图(最大主应变 0.83%)

图 7.45　渗流变形总剪应变等值线分布云图(最大主应变 0.75%)

(4)渗流变形破坏(有限元强度折减)分析

如图 7.46 至图 7.48 所示，有限元强度折减法进行分析，该坝体没有整体滑动的趋势，只在斜墙周围产生较小剪应变，没有发生破坏，对整体稳定性影响不大。坝体稳定性及排水效果较好。

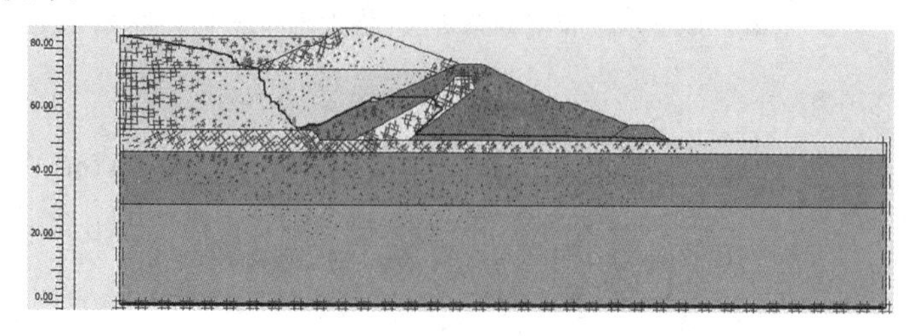

图 7.46　渗流变形总应变矢量分布图

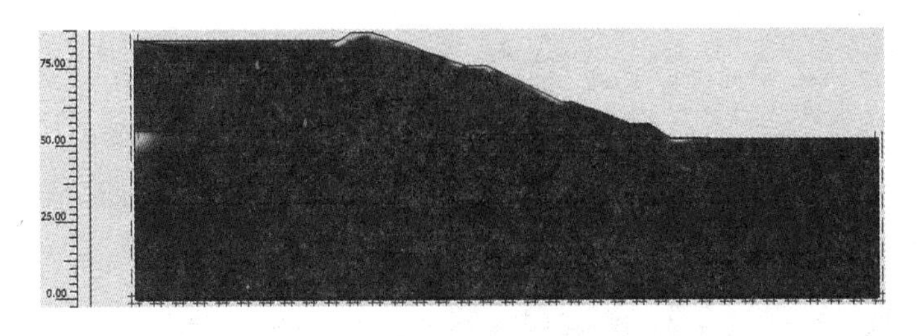

图7.47　渗流变形总剪应变等值线分布云图

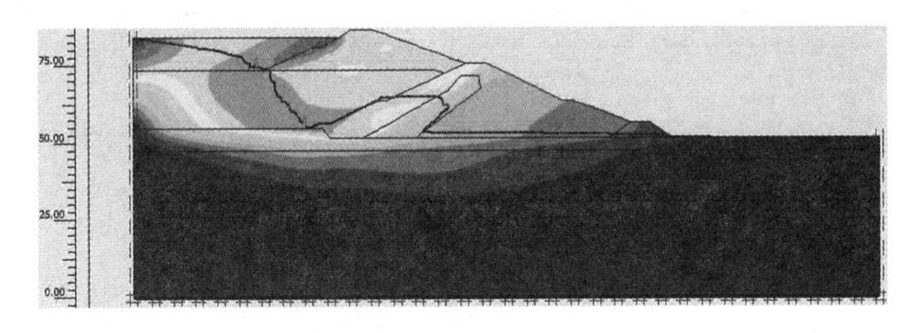

图7.48　渗流变形破坏分布云图

(5)渗流变形典型曲线特性分析

通过图7.49至图7.51可以清楚地看到A、B、C三个面位置地下水孔压、地下水渗流、渗流变形位移随着深度变化情况。

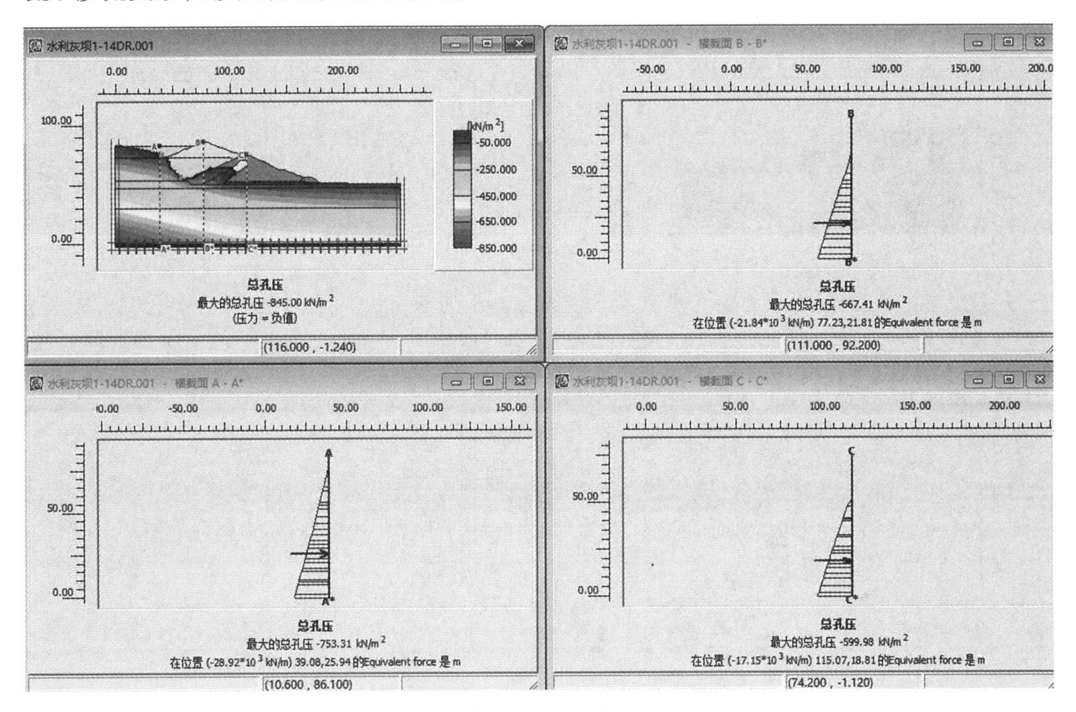

图7.49　地下水孔压深度变化曲线图

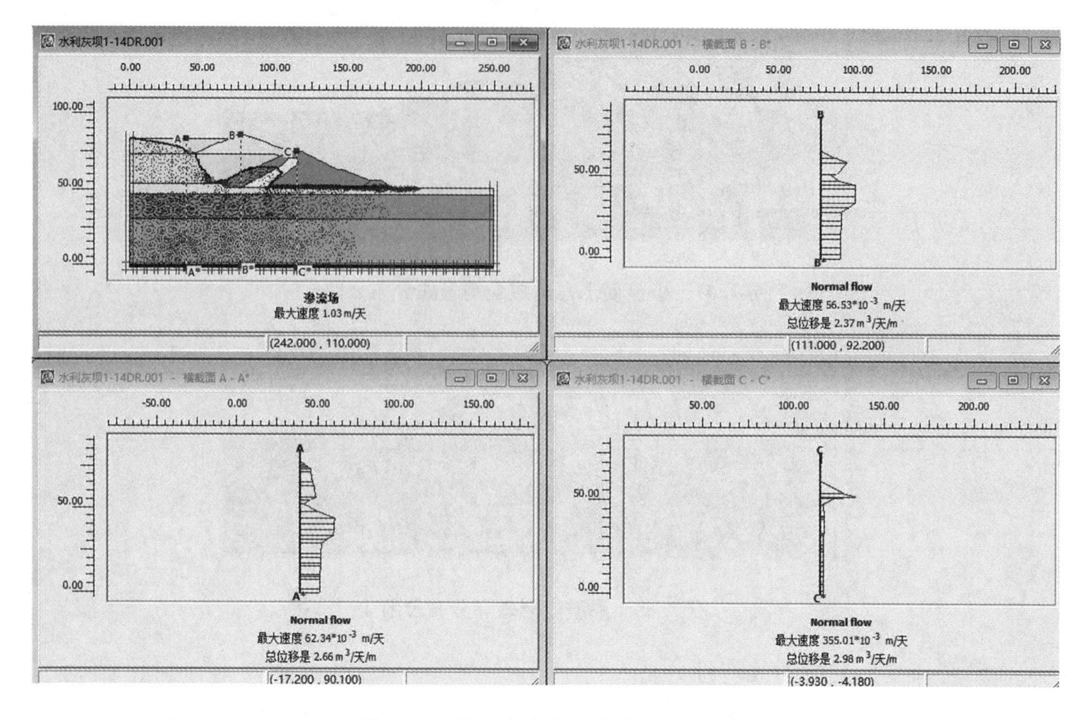

图 7.50　地下水渗流深度变化曲线图

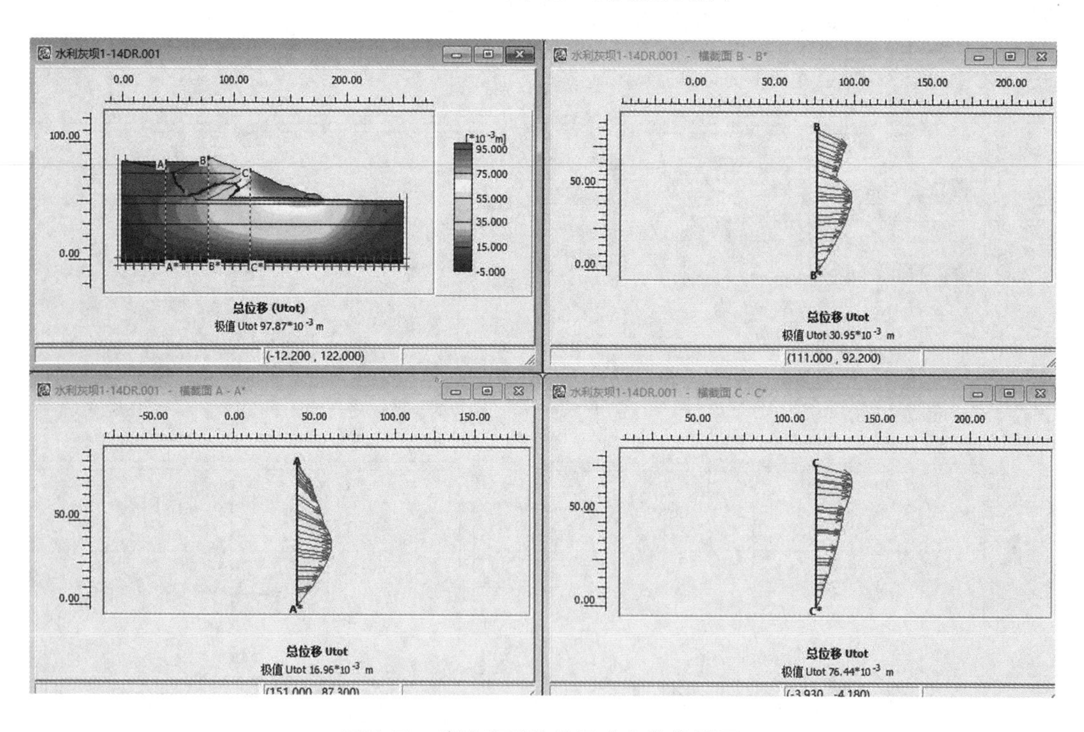

图 7.51　渗流变形位移深度变化曲线图

第 8 章　不透水尾矿库贮灰场坝地震动力特性

在建立地震响应分析原理与方法、有限元数值模拟模型及其相关参数的基础上，选取不透水排渗+导水钢管尾矿库贮灰场坝以及不透水土工筋带尾矿库贮灰场混凝土拱坝这两种典型的工程进行流固耦合及动力特性分析。

8.1　有限元数值模拟地震动力响应分析方法

(1)地震波谱

地震波谱选用 UPLAND 记录的真实地震加速度数据分析如图 8.1 所示。

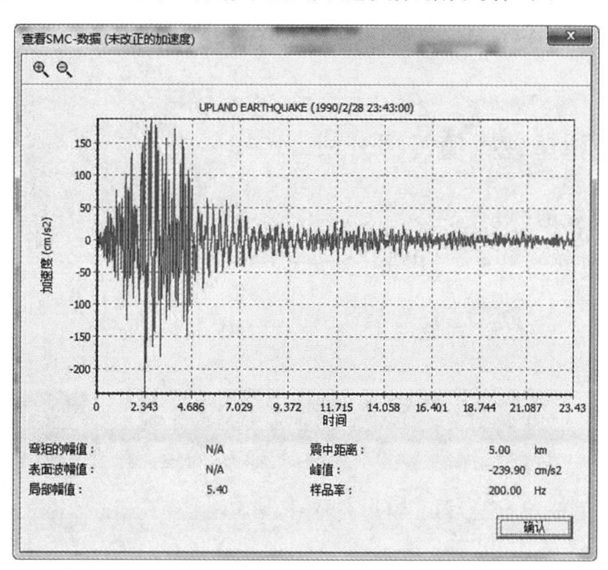

图 8.1　地震波谱加速度-时间曲线

(2)边界条件与阻尼

有限元数值模拟分析地震动力计算过程中，为了防止应力波的反射，并且不允许模型中的某些能量发散，边界条件应抵消反射，即地震分析中的吸收边界。吸收边界用于吸收动力荷载在边界上引起的应力增量，否则动力荷载将在土体内部发生反射。吸收边界中的阻尼器替代某个方向的固定约束，阻尼器要确保边界上的应力增加被吸收不反弹，之后边界移动。在 x 方向上被阻尼器吸收的垂直和剪切应力分量为：

$$\left.\begin{aligned}\sigma_n=-C_1\rho V_{\mathrm{p}}\dot{u}_x\\ \tau=-C_2\rho V_{\mathrm{s}}\dot{u}_y\end{aligned}\right\}\tag{8.1}$$

式中：ρ——材料密度；

V_{p}——压缩波速；

V_{s}——剪切波速；

C_1，C_2——促进吸收效果松弛系数。

取 $C_1=1$、$C_2=0.25$ 可使波在边界上得到合理的吸收。材料阻尼是由摩擦角不可逆变形如塑性变形或黏性变形引起的，故土体材料越具黏性或者塑性，地震震动能量越易消散。有限元数值计算中，C 是质量和刚度矩阵的函数：

$$C=\alpha_{\mathrm{R}}M+\beta_{\mathrm{R}}K\tag{8.2}$$

(3)材料的本构模型与物理力学参数

由于土体在加载过程中变形复杂，很难用数学模型模拟出真实的土体动态变形特性，多数有限元土体本构模型的建立都在工程实验和模型简化基础上进行。但是，由于土体变形过程中弹性阶段不能和塑性阶段分开，采用设定高级模型参数添加阻尼系数。

8.2 不透水排渗+导水钢管尾矿库贮灰场坝动力特性

8.2.1 流固耦合弹塑性数值模拟分析

(1)几何与有限元模型

几何与有限元模型如图 8.2 和图 8.3 所示。

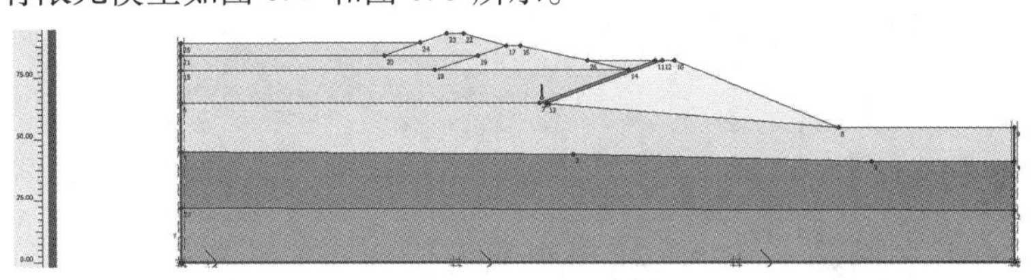

图 8.2 几何模型图

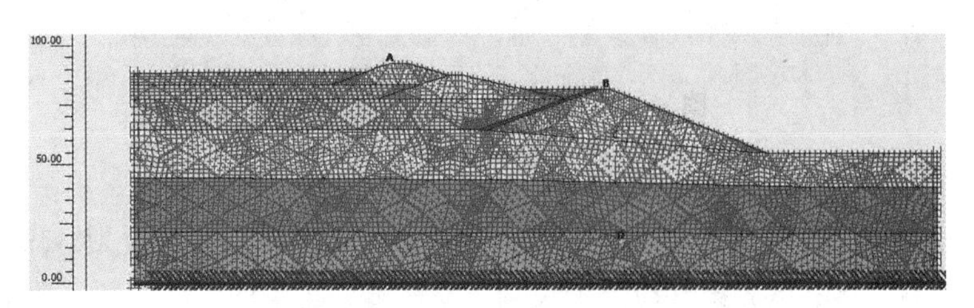

图 8.3 有限元网格剖分模型图

(2)渗流分析

从图 8.4 有效主应力矢量分布图可以看出，有效应力没有明显的偏转，最大的有效主应力为 887. 11 Pa。在图 8. 5 至图 8. 8 中，坝体中水位较低两期子坝中几乎没水，坝体的排水效果较好，排渗钢管+导水钢管作用明显，从图 8. 7 可以看出具体效果，水沿着排渗钢管、导水钢管流动，使整个坝体的浸润线降低。

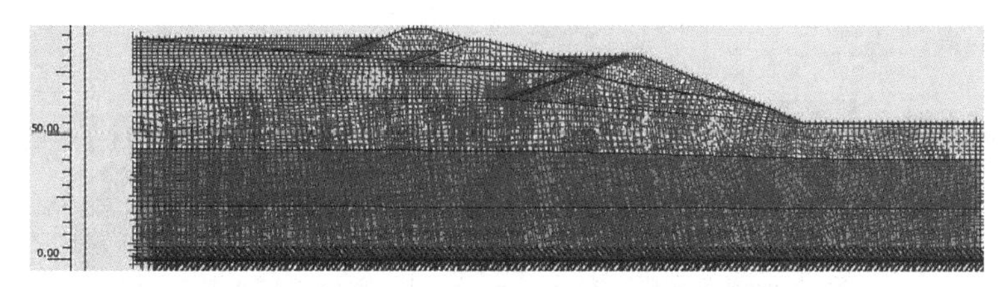

图 8. 4　有效主应力矢量分布图(最大有效主应力 887. 11Pa)

图 8. 5　地下水等水位面分布云图(最大总孔压 890. 00Pa)

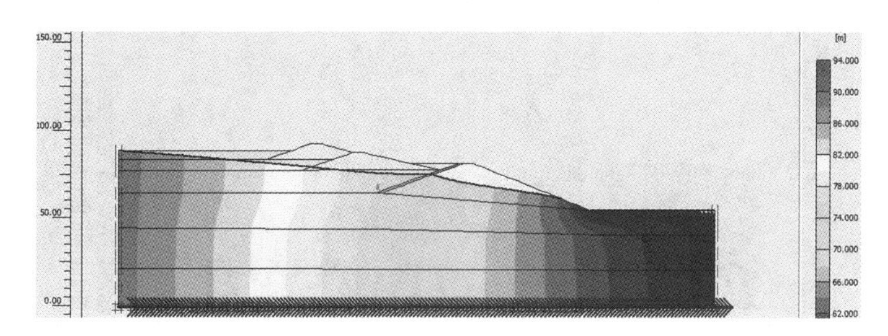

图 8. 6　地下水等势面分布云图

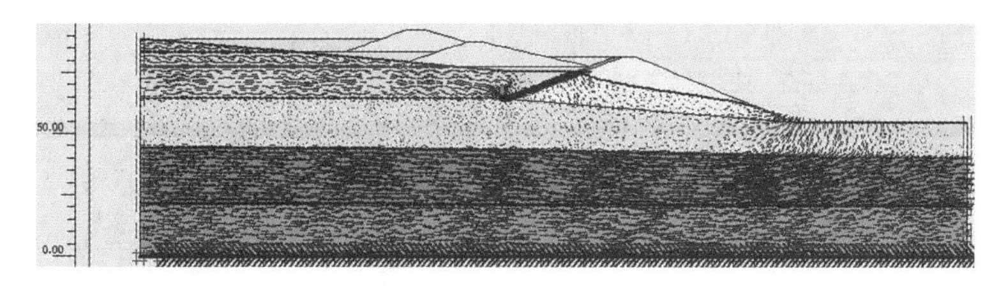

图 8. 7　地下水渗流矢量分布图(最大速度 0. 07756m/d)

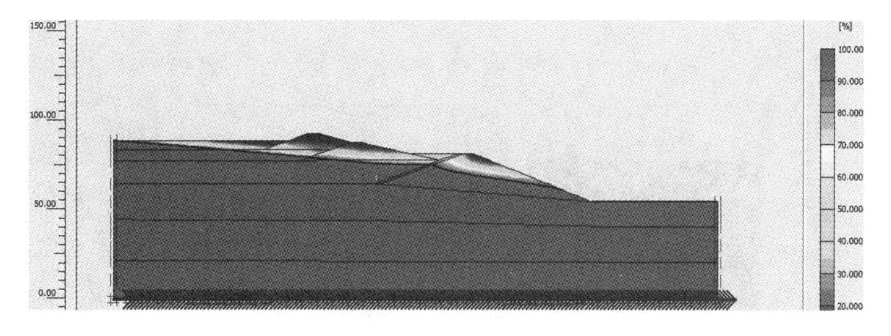

图 8. 8　地下水饱和度分布云图(最大饱和度 101. 57%)

(3)渗流变形分析

通过图 8.9 至图 8.13 可以看出由于渗流产生的变形最大总位移为 0.147m，坝后坡向右下方向，在强度折减分析后，坝后坡脚以及初级坝和一级子坝接触位置产生剪应变，且坝后坡产生滑动趋势。

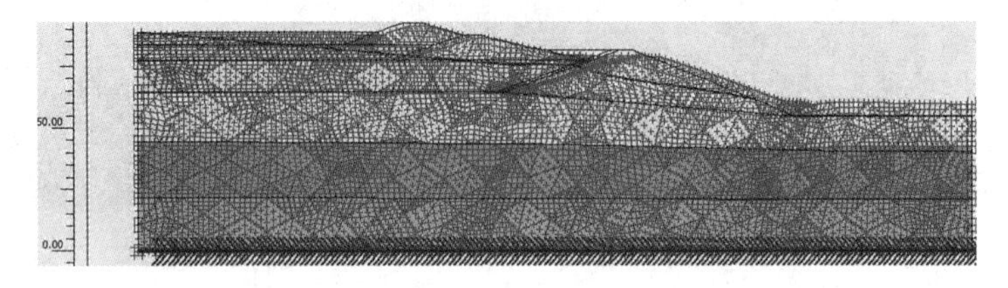

图 8.9　渗流变形网格分布图(最大总位移 0.147m)

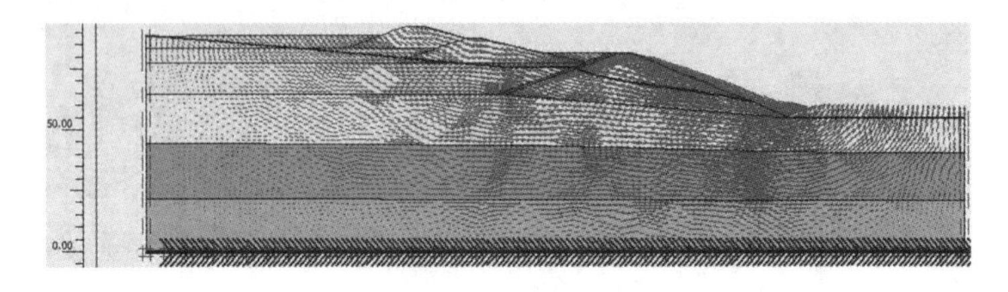

图 8.10　渗流变形位移矢量分布图(最大总位移 0.147m)

图 8.11　渗流变形破坏分布云图

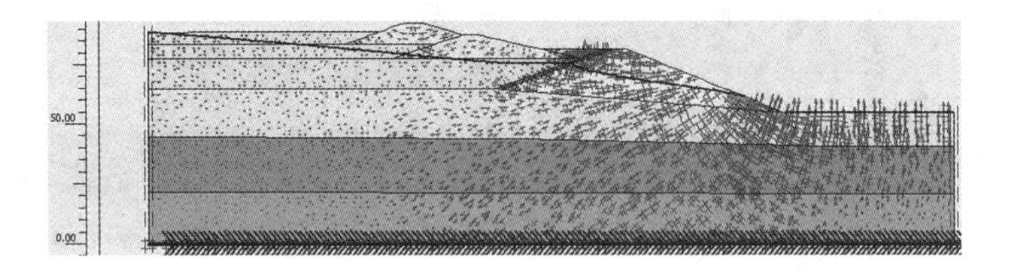

图 8.12　渗流变形总应变矢量分布图(最大主应变 0.82%)

图 8.13　渗流变形总剪应变等值线分布云图(最大主应变 0.72%)

(4)渗流变形典型曲线特性分析

图 8. 14 至图 8. 16 中，选取 A、B、C 三个剖面，进行地下水孔压深度变化、地下水渗流深度变化、渗流变形位移深度变化分析。

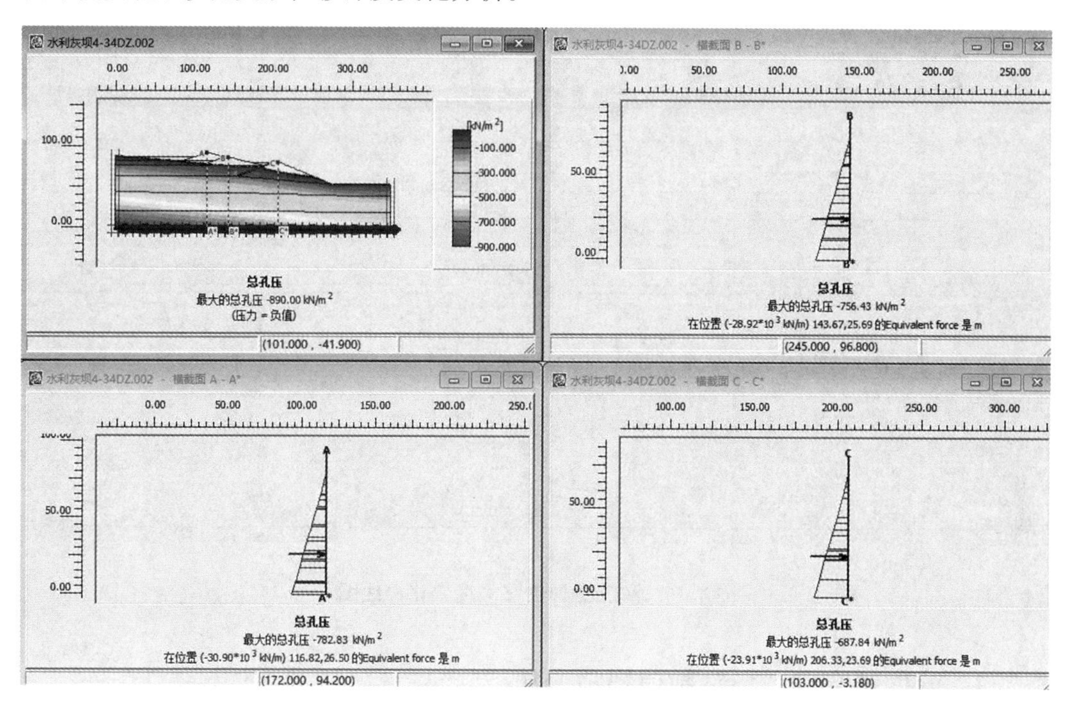

图 8. 14　地下水孔压深度变化曲线图

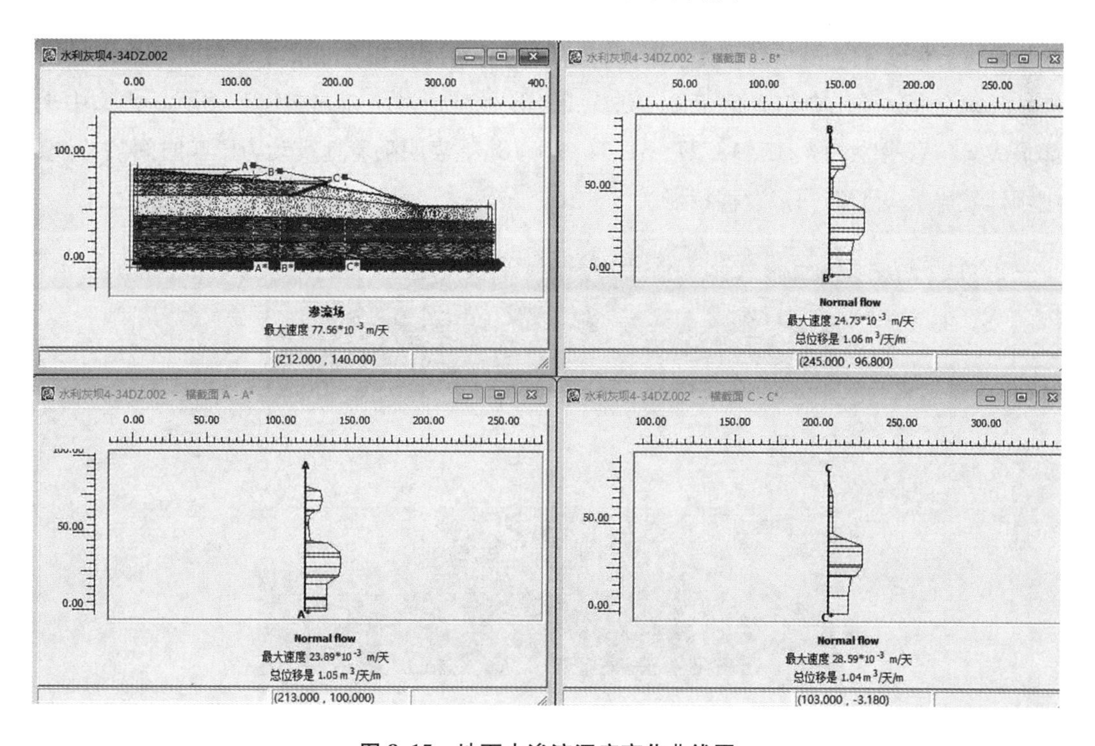

图 8. 15　地下水渗流深度变化曲线图

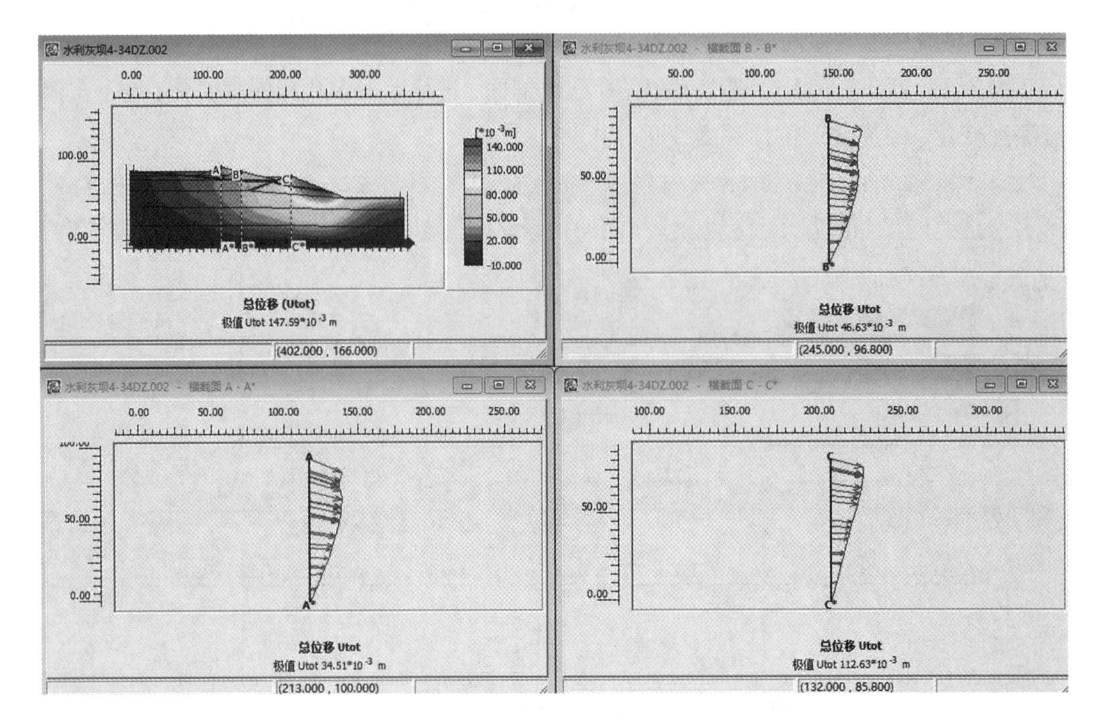

图 8.16 渗流变形位移深度变化曲线图

8.2.2 流固耦合动力特性数值模拟分析

(1)变形网格

坝体有限元静力分析后，其模型进行地震动力响应模拟分析，在模型底部给定地震波的计算分析，得出典型 2.5、5.0、10.0、20.0s 的变形网格图如图 8.17 所示，模型中坝体最大总位移分别为 4.35、13.27、31.34、43.18m，表明随着地震动力影响时间的持续，主坝体发生大变形的网格滑移特征。

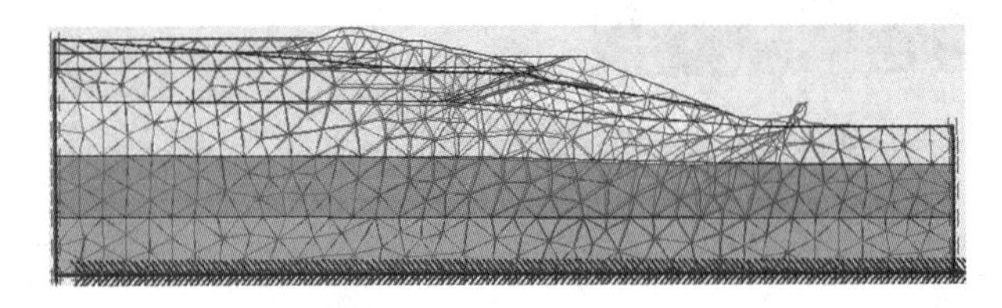

(a)2.5s 地震

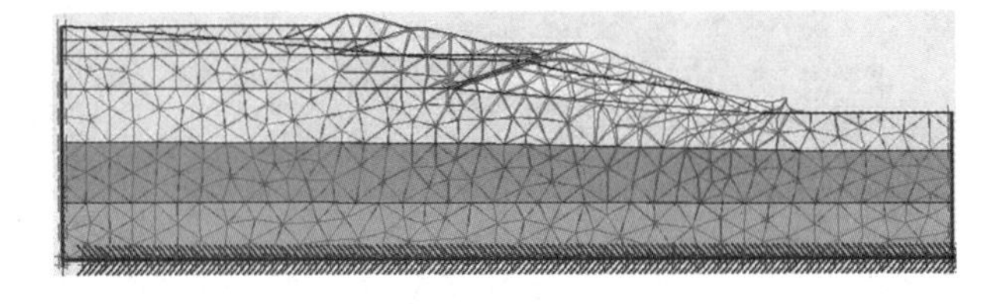

(b)5.0s 地震

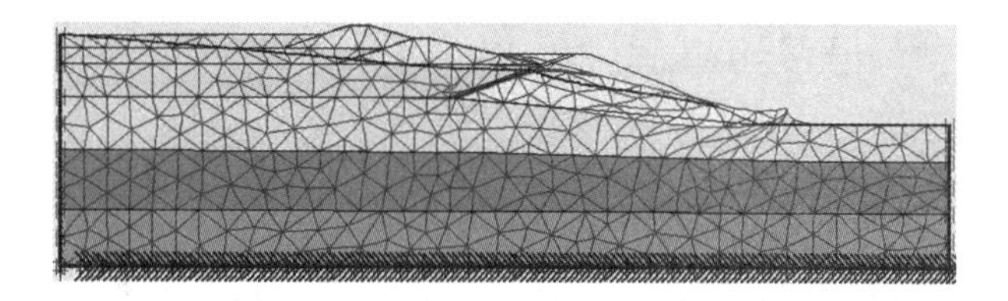

(c)10. 0s 地震

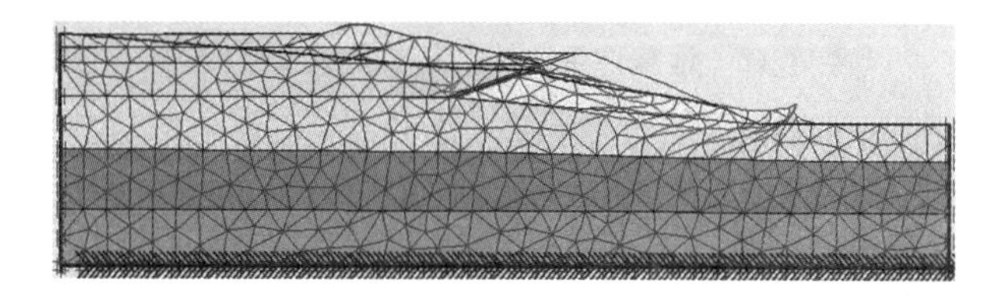

(d)20. 0s 地震

图 8. 17　地震作用后坝体结构变形的网格图

(2)总应变矢量

坝体有限元静力分析后，其模型进行地震动力响应模拟分析，在模型底部给定地震波的计算分析，得出典型 2. 5、5. 0、10. 0、20. 0s 的总应变矢量图 8. 18 所示，模型中坝体最大总应变矢量值分别为 40. 63%、113. 27%、202. 34%、255. 34%，表明随着地震动力影响时间的持续，主坝体发生大变形的滑移特征。

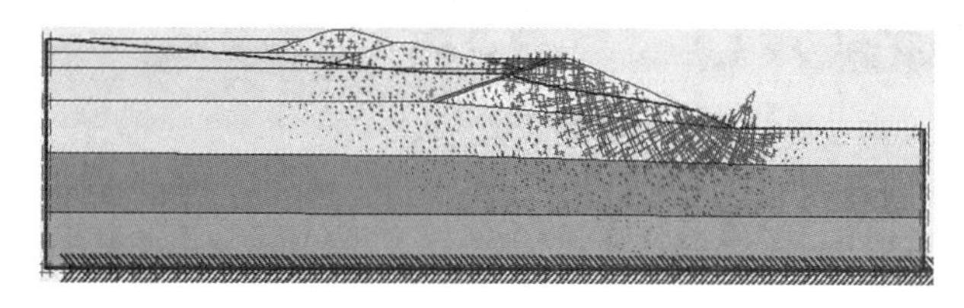

(a)2. 5s 地震

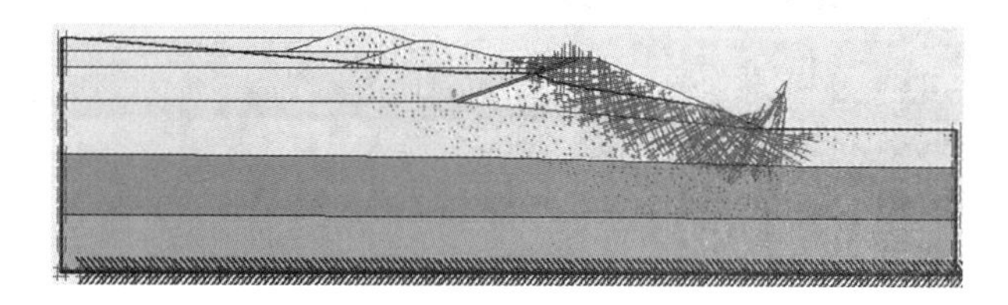

(b)5. 0s 地震

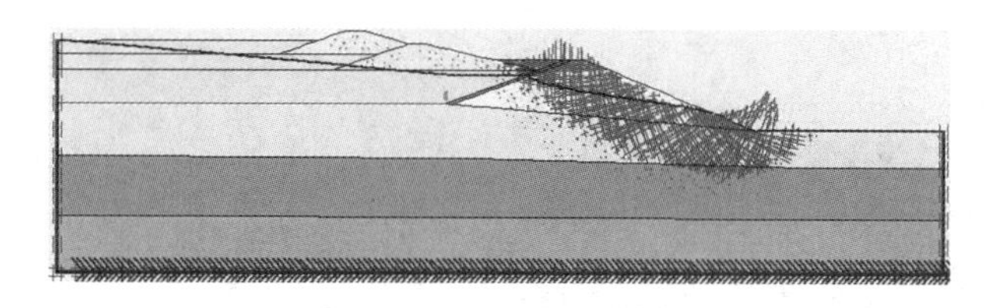

(c)10. 0s 地震

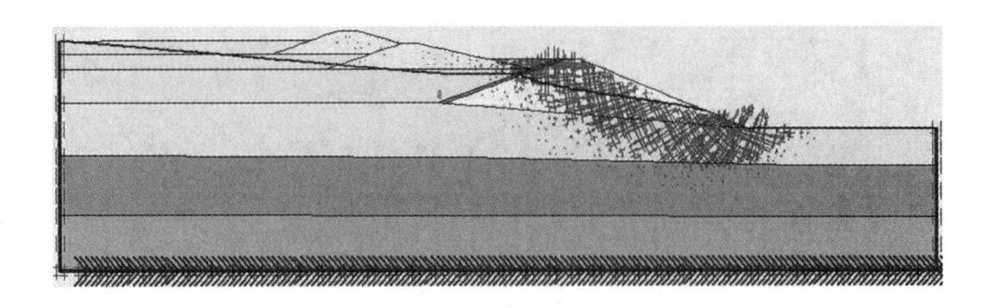

(d)20. 0s 地震

图 8. 18　地震作用后坝体总应变矢量分布图

(3)总剪应变

坝体有限元静力分析后，其模型进行地震动力响应模拟分析，在模型底部给定地震波的计算分析，得出典型 2. 5、5. 0、10. 0、20. 0s 的总剪应变云图如图 8. 19 所示，模型中坝体最大总剪应变值分别为 47. 06%、128. 33%、223. 61%、283. 75%，表明随着地震动力影响时间的持续，主坝体发生大变形的滑移特征。

(a)2. 5s 地震

(b)5. 0s 地震

(c)10. 0s 地震

(d)20. 0s 地震

图 8. 19　地震作用后坝体总剪应变分布云图

(4)总速度矢量

坝体有限元静力分析后，其模型进行地震动力响应模拟分析，在模型底部给定地震波的计算分析，得出典型 2. 5、5. 0、10. 0、20. 0s 的总速度矢量图如图 8. 20 所示，模型中坝体最大总速度矢量值分别为 2. 97、4. 04、3. 47、0. 66m/d，表明随着地震动力影响时间的持续，主坝体发生大变形的滑移特征。

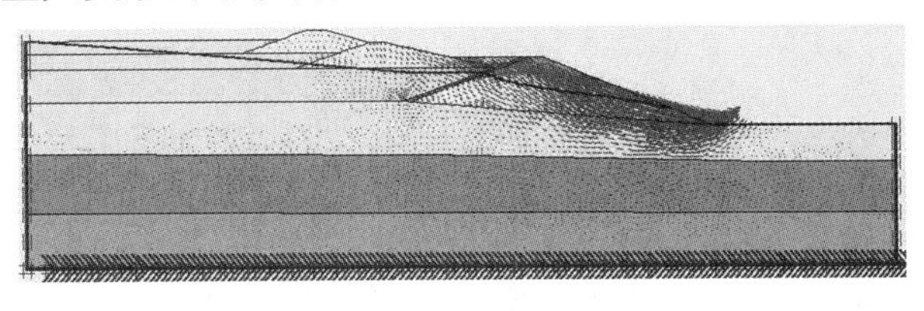

(a)2. 5s 地震

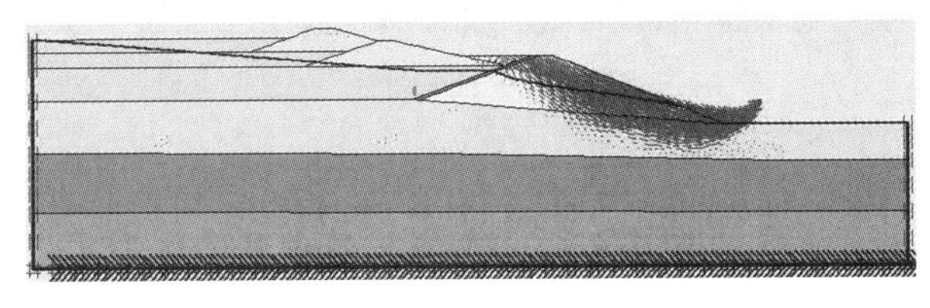

(b)5. 0s 地震

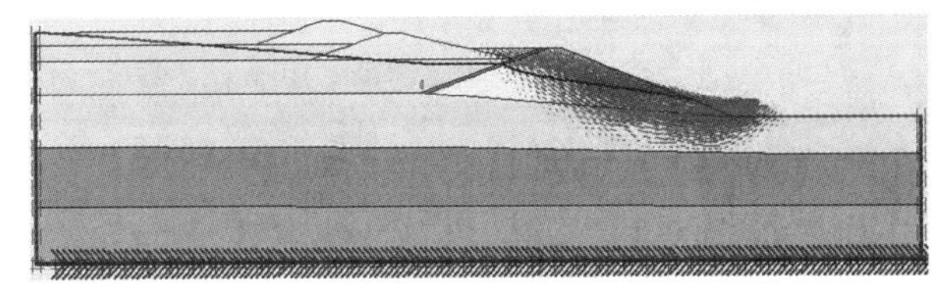

(c)10. 0s 地震

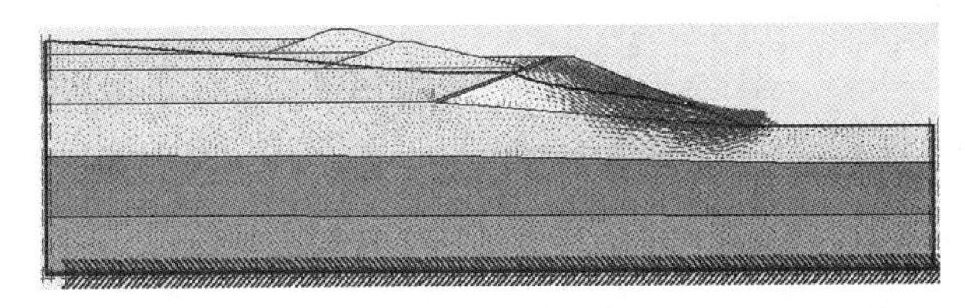

(d)20. 0s 地震

图 8. 20　地震作用后坝体总速度矢量分布图

(5)总加速度

坝体有限元静力分析后，其模型进行地震动力响应模拟分析，在模型底部给定地震波的计算分析，得出典型2.5、5.0、10.0、20.0s的总加速度云图如图8.21所示，模型中坝体最大总加速度值分别为1.85、2.64、1.54、0.40m/d^2，表明随着地震动力影响时间的持续，主坝体发生大变形的滑移特征。

(a)2.5s 地震

(b)5.0s 地震

(c)10.0s 地震

(d)20.0s 地震

图8.21 地震作用后坝体总加速度分布云图

(6)相对剪切应力比

坝体有限元静力分析后，其模型进行地震动力响应模拟分析，在模型底部给定地震波的计算分析，得出典型 2.5、5.0、10.0、20.0s 的相对剪切应力比云图如图 8.22 所示，表明随着地震动力影响时间的持续，主坝体发生大变形滑移特征。

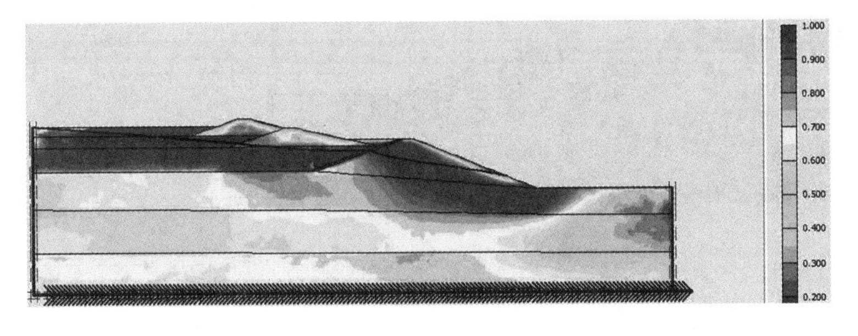

(a)2.5s 地震

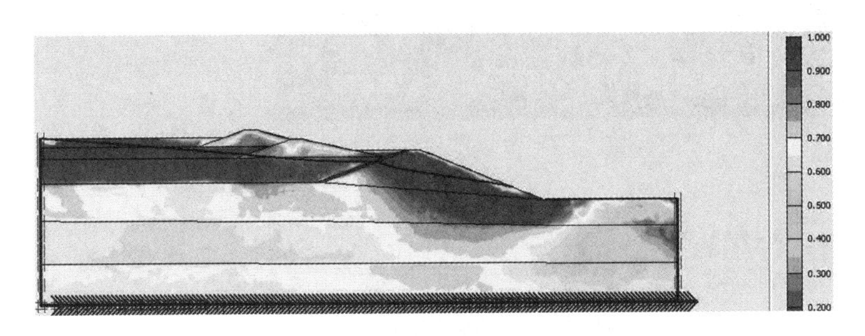

(b)5.0s 地震

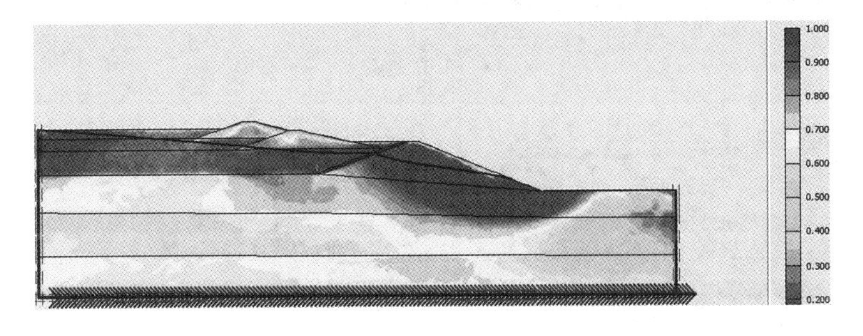

(c)10.0s 地震

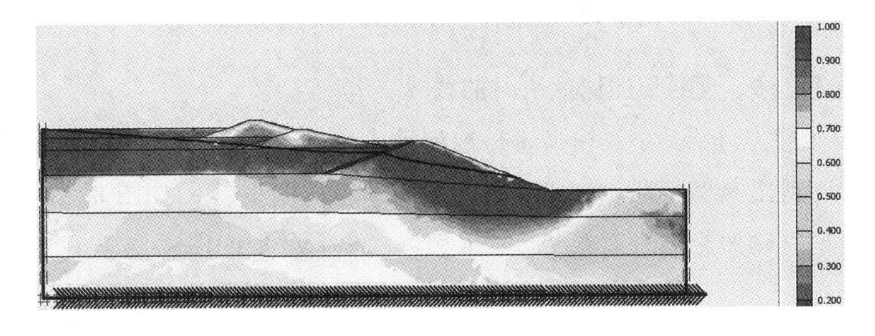

(d)20.0s 地震

图 8.22　地震作用后坝体相对剪切应力比分布云图

(7)破坏区分布

坝体有限元静力分析后，其模型进行地震动力响应模拟分析，在模型底部给定地震波的计算分析，得出典型 2.5、5.0、10.0、20.0s 的破坏区分布图如图 8.23 所示，表明随着地震动力影响时间的持续，主坝体发生大变形的滑移特征。

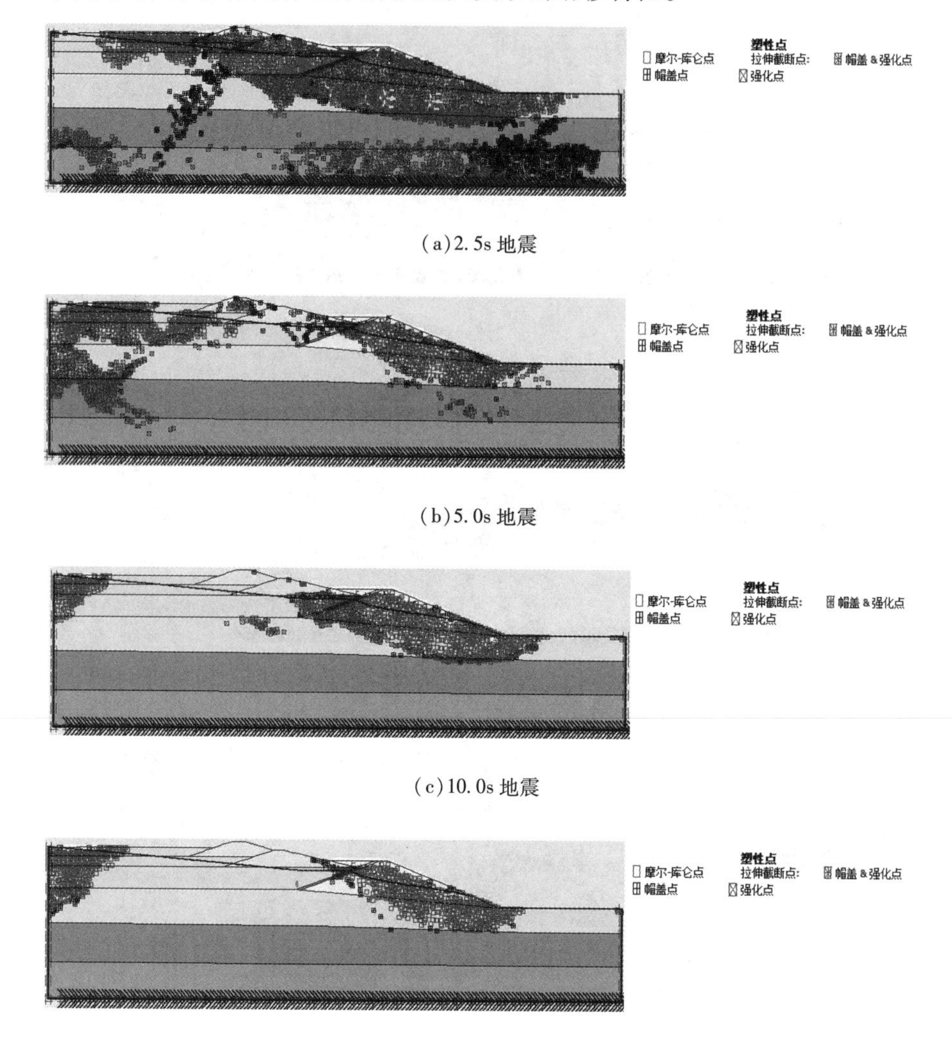

(a)2.5s 地震

(b)5.0s 地震

(c)10.0s 地震

(d)20.0s 地震

图 8.23　地震作用后坝体破坏区分布图

(8)特征点位移、速度和加速度历时曲线

坝体有限元静力分析后，其模型进行地震动力响应模拟分析，在模型底部给定地震波的计算分析，得出典型特征点位移、速度和加速度历时曲线图如图 8.24 至图 8.27 所示，表明随着地震动力影响时间的持续，主坝体发生大变形的滑移特征。

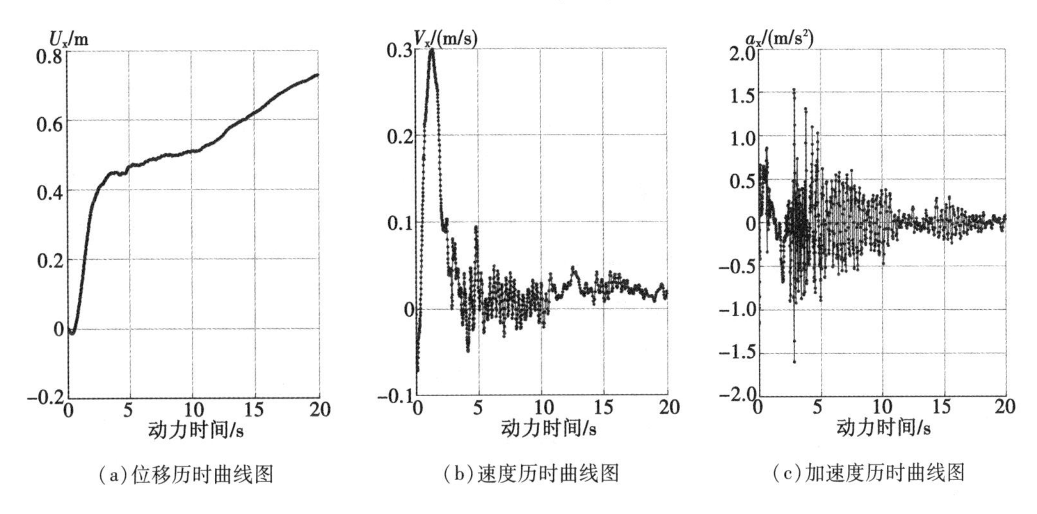

(a)位移历时曲线图　　(b)速度历时曲线图　　(c)加速度历时曲线图

图 8.24　地震作用后坝体 *A* 特征点位移、速度和加速度历时曲线图

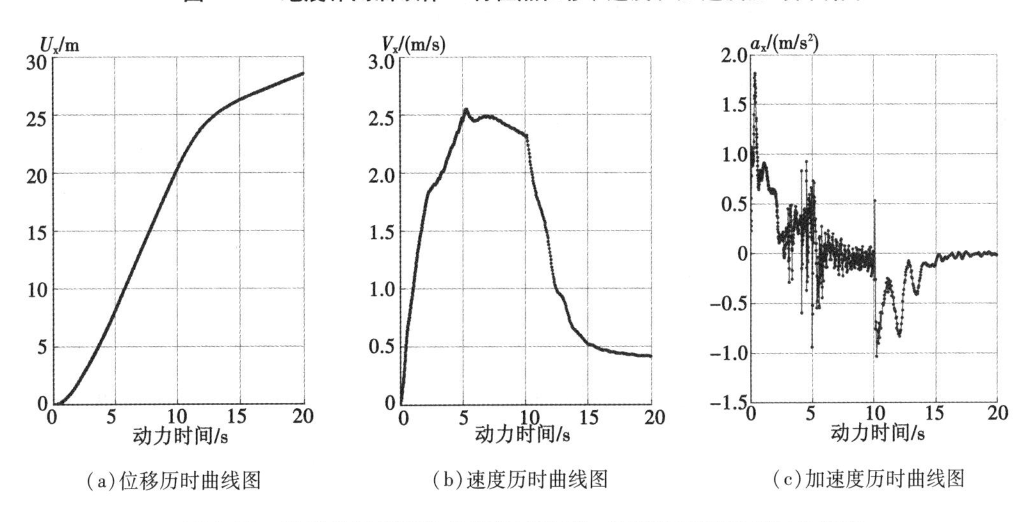

(a)位移历时曲线图　　(b)速度历时曲线图　　(c)加速度历时曲线图

图 8.25　地震作用后坝体 *B* 特征点位移、速度和加速度历时曲线图

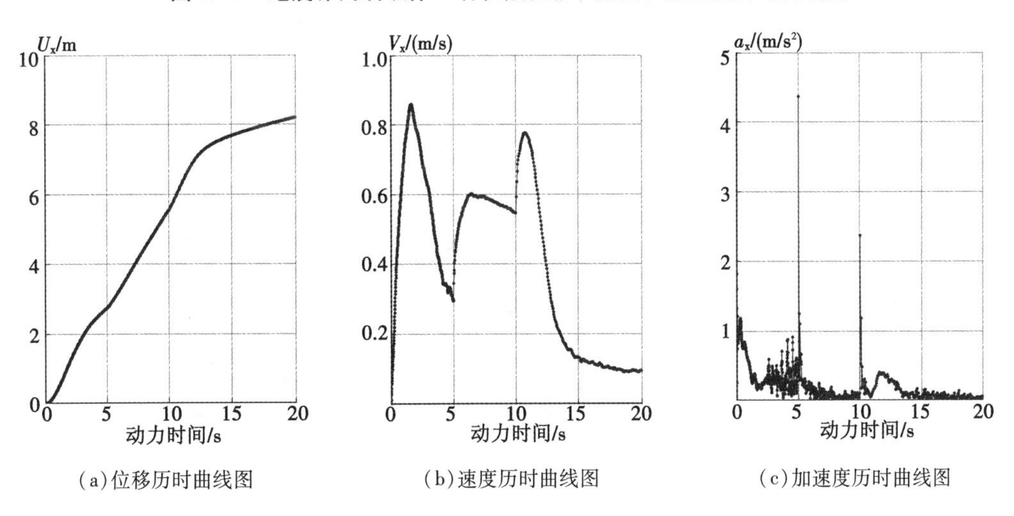

(a)位移历时曲线图　　(b)速度历时曲线图　　(c)加速度历时曲线图

图 8.26　地震作用后坝体 *C* 特征点位移、速度和加速度历时曲线图

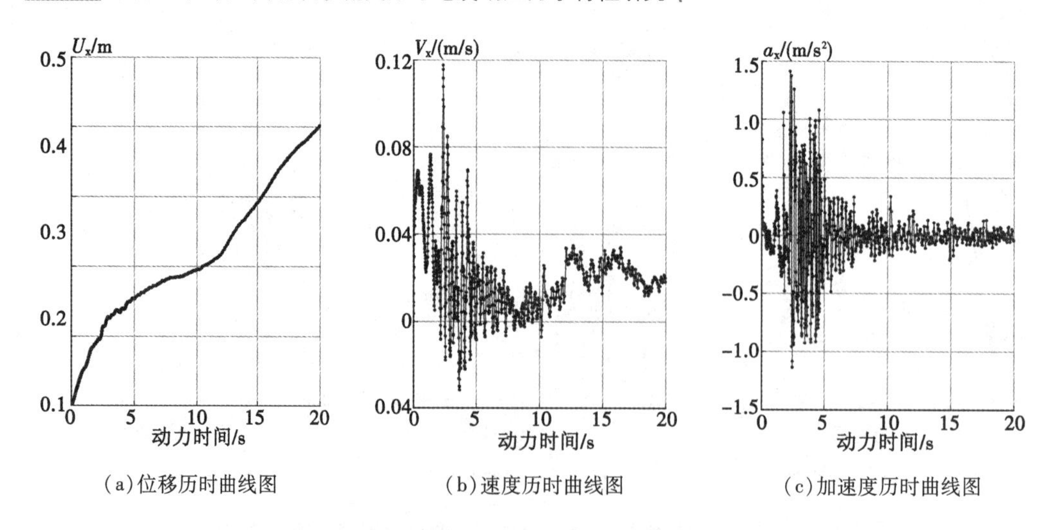

(a)位移历时曲线图　　(b)速度历时曲线图　　(c)加速度历时曲线图

图 8.27　地震作用后坝体 D 特征点位移、速度和加速度历时曲线图

8.3　不透水土工筋带尾矿库贮灰场混凝土拱坝动力特性

8.3.1　流固耦合弹塑性数值模拟分析

(1)几何与有限元模型

几何与有限元模型如图 8.28 和图 8.29 所示。

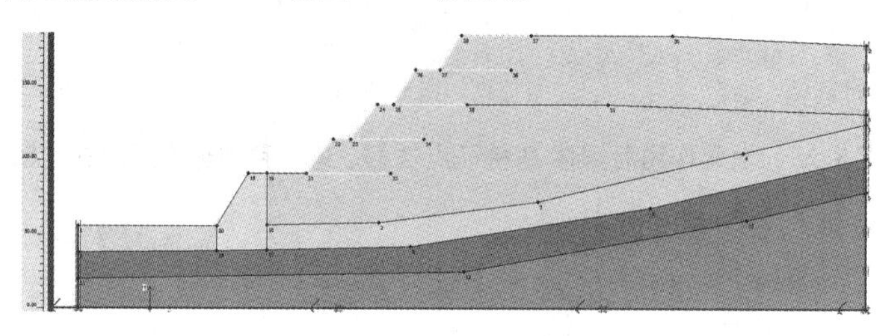

图 8.28　几何模型图

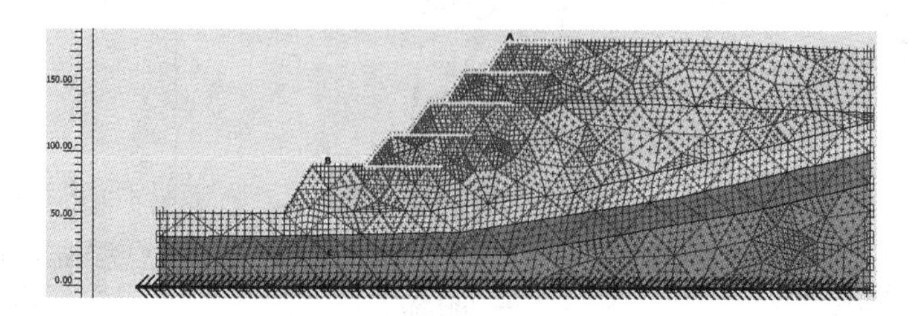

图 8.29　有限元网格剖分模型图

(2)渗流分析

通过图 8.30 至图 8.34 可以看出，有效应力没有明显的偏转，整个库区水位较高，水主要从混凝土坝顶以及坝下流出，库区饱和度较大。

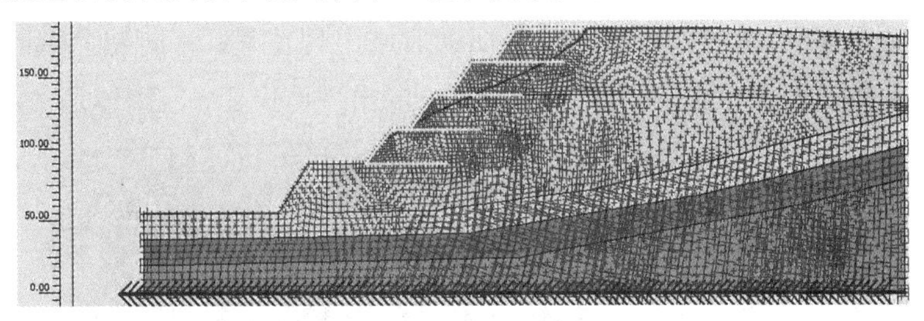

图 8.30　有效主应力矢量分布图（最大有效主应力 2101.00Pa）

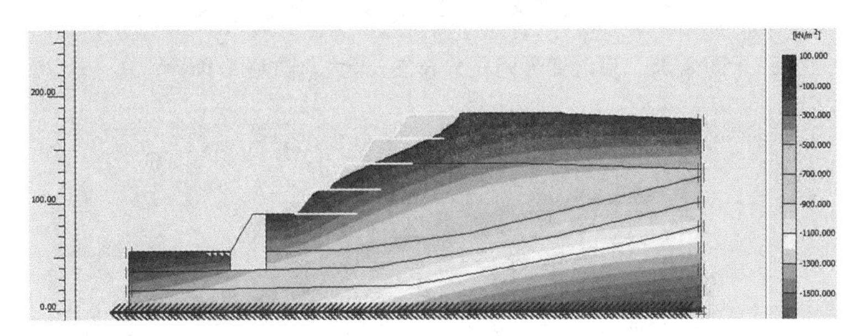

图 8.31　地下水等水位面分布云图（最大总孔压 1840.00Pa）

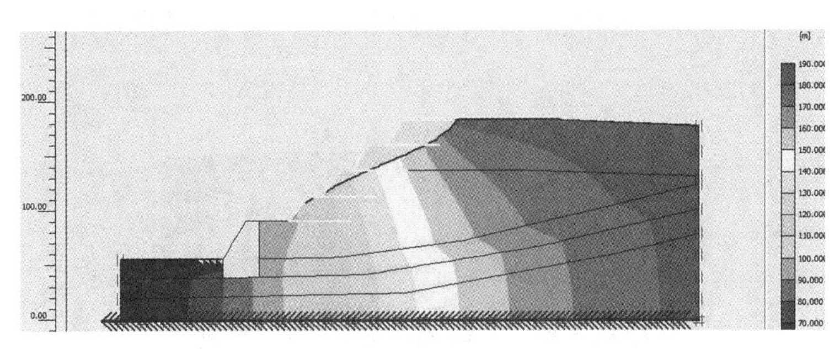

图 8.32　地下水等势面分布云图

图 8.33　地下水渗流矢量分布图（最大速度 0.135m/d）

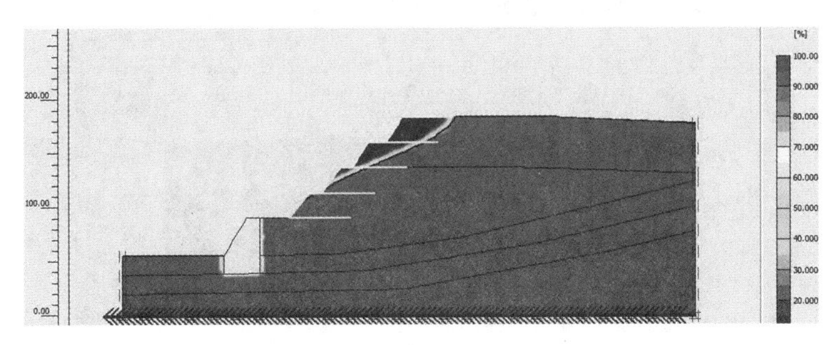

图 8.34　地下水饱和度分布云图（最大饱和度 101.50%）

(3)渗流变形分析

从图 8.35 至图 8.37 可以看出混凝土坝坝后坡出现位移，有向左上拱起的趋势，同样，从图 8.38 和图 8.39 可以看出，只在混凝土坝出现剪应变，但整体是稳定的。

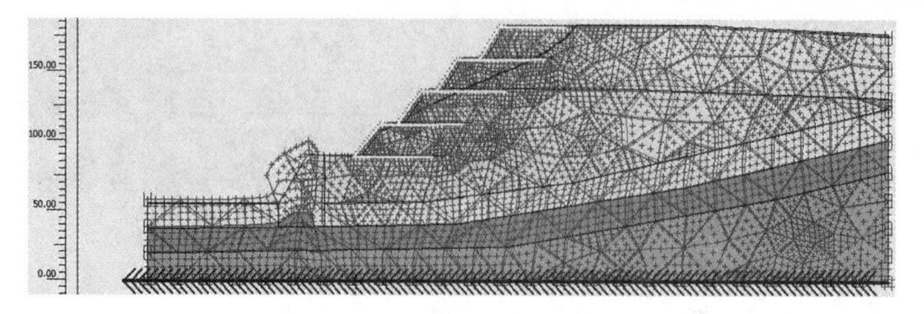

图 8.35　渗流变形网格分布图(最大总位移 1.080m)

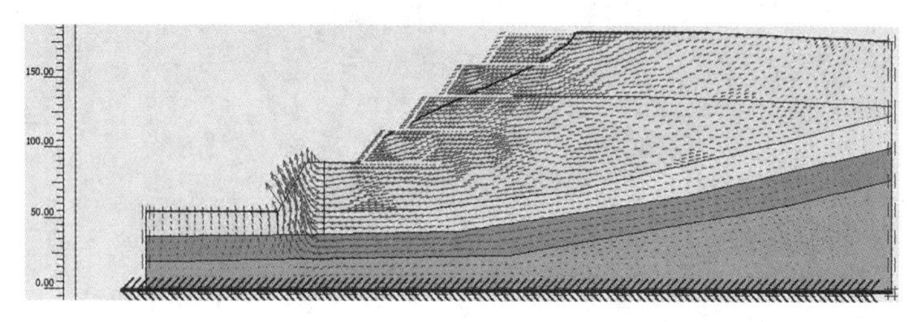

图 8.36　渗流变形位移矢量分布图(最大总位移 1.080m)

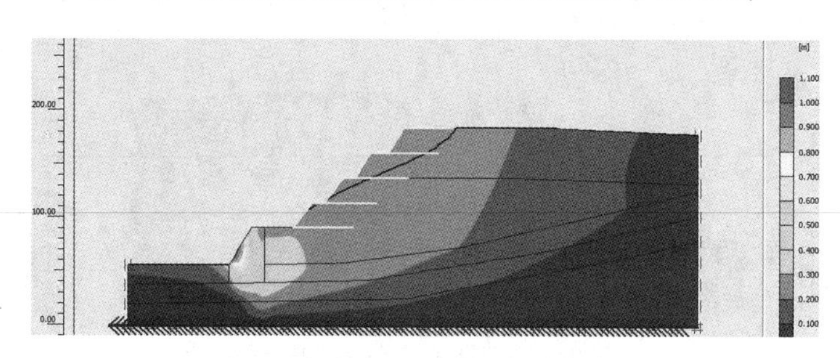

图 8.37　渗流变形破坏分布云图(最大总位移 1.080m)

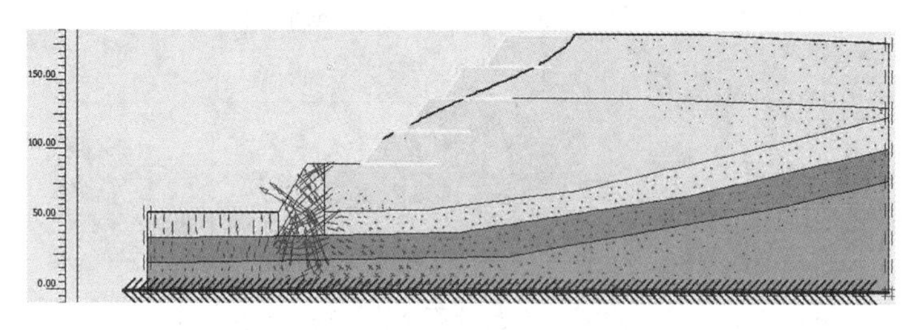

图 8.38　渗流变形总应变矢量分布图(最大主应变 7.10%)

图 8.39　渗流变形总剪应变等值线分布云图(最大主应变 4.62%)

(4)渗流变形典型曲线特性分析

如图 8.40 至图 8.42 所示，选取 A、B、C 三个剖面进行地下水孔压深度变化、地下水渗流、渗流变形总位移深度变化分析。

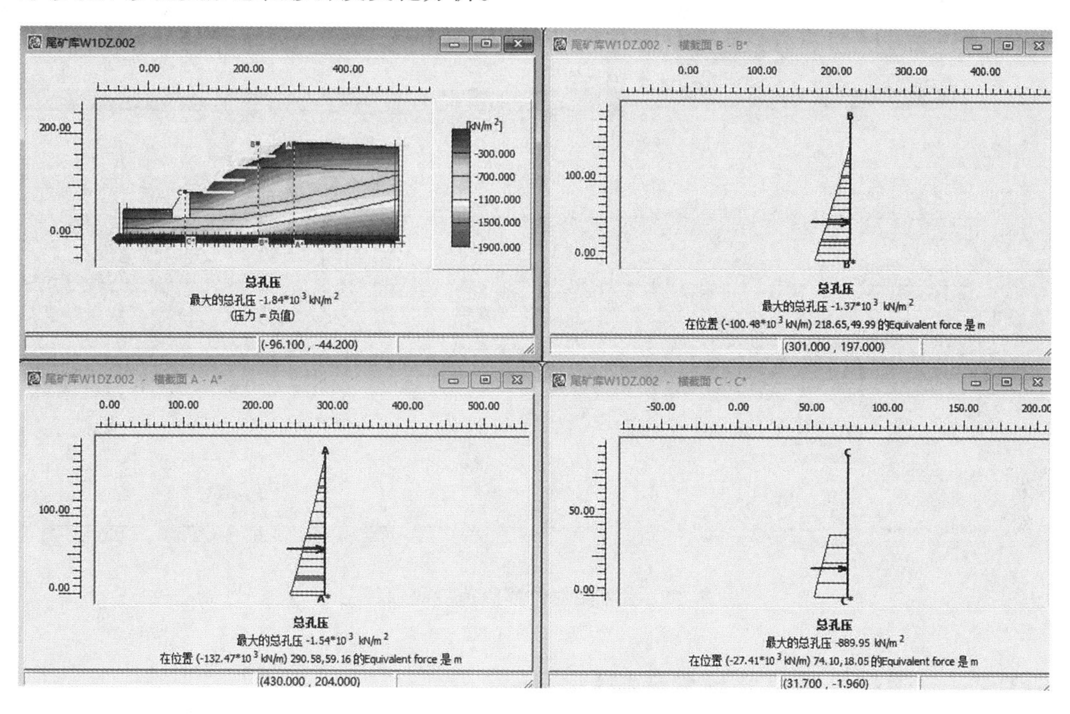

图 8.40　地下水孔压深度变化曲线图

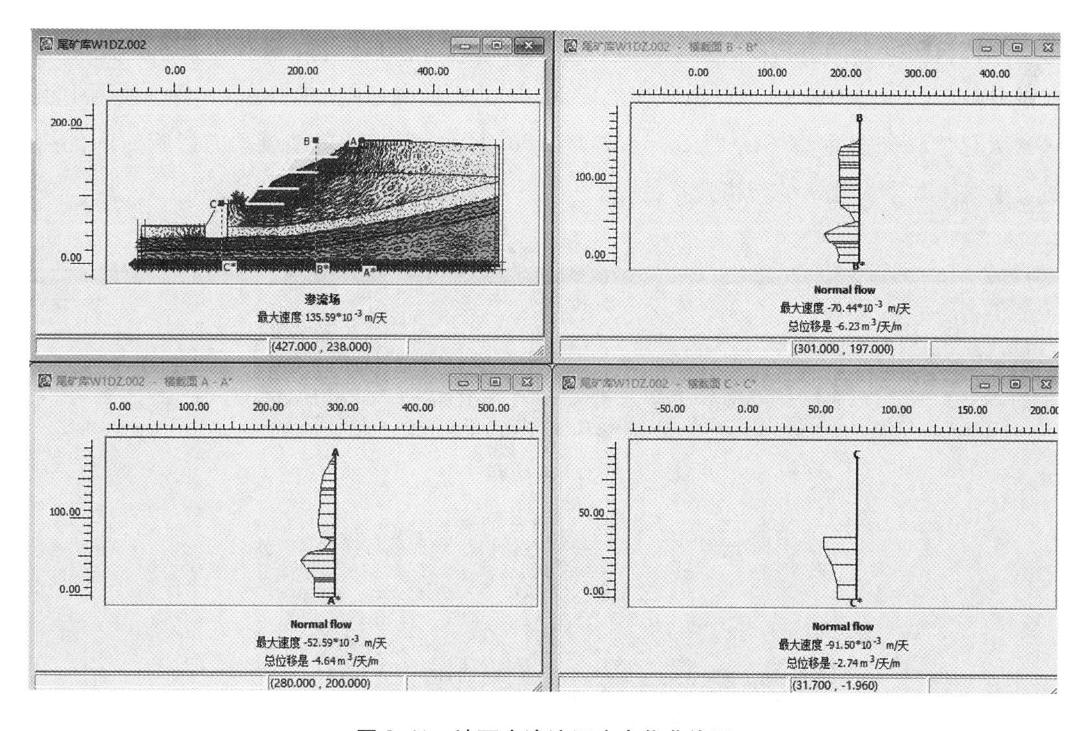

图 8.41　地下水渗流深度变化曲线图

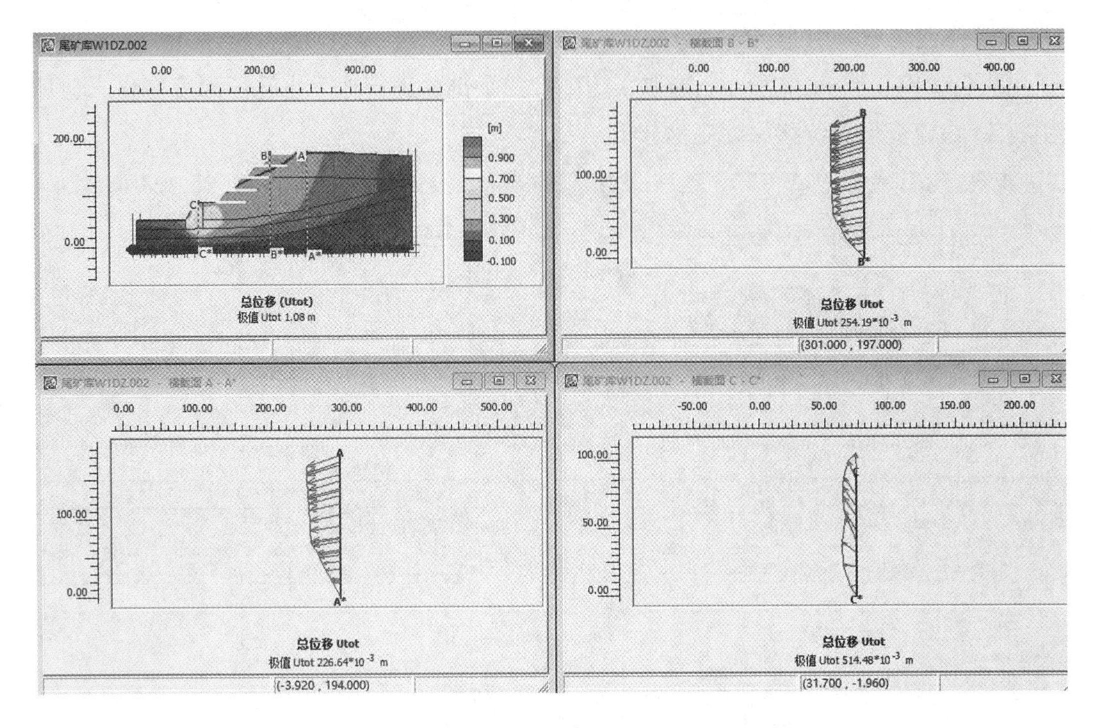

图 8.42 渗流变形位移深度变化曲线图

8.3.2 流固耦合动力特性数值模拟分析

(1)变形网格

坝体有限元静力分析后，其模型进行地震动力响应模拟分析，在模型底部给定地震波的计算分析，得出典型 2.5、5.0、10.0、20.0s 的变形网格图如图 8.43 所示，模型中坝体最大总位移分别为 18.81、42.33、85.86、160.94m，表明随着地震动力影响时间的持续，主坝体发生大变形的网格滑移特征。

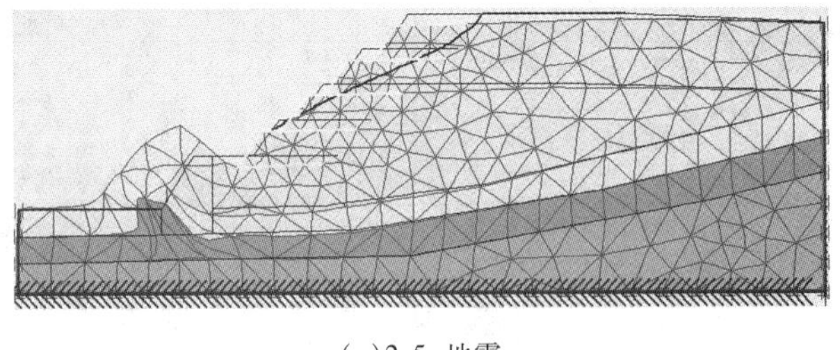

(a)2.5s 地震

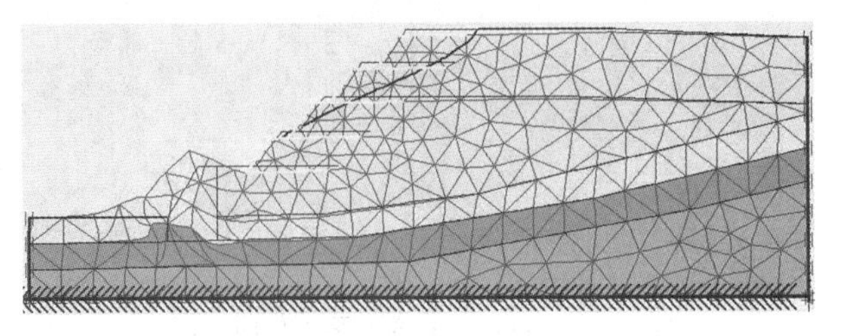

(b)5.0s 地震

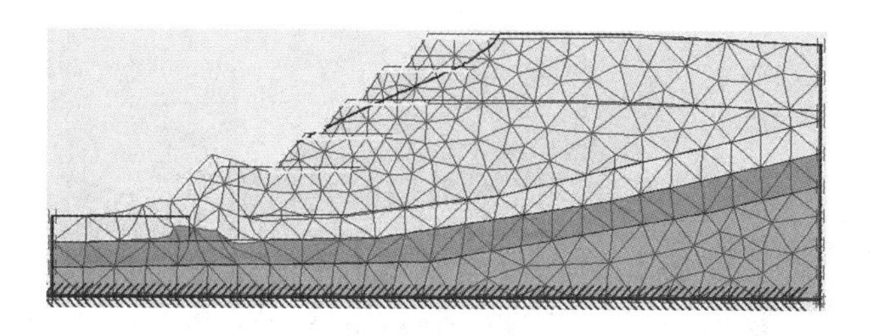

(c)10.0s 地震

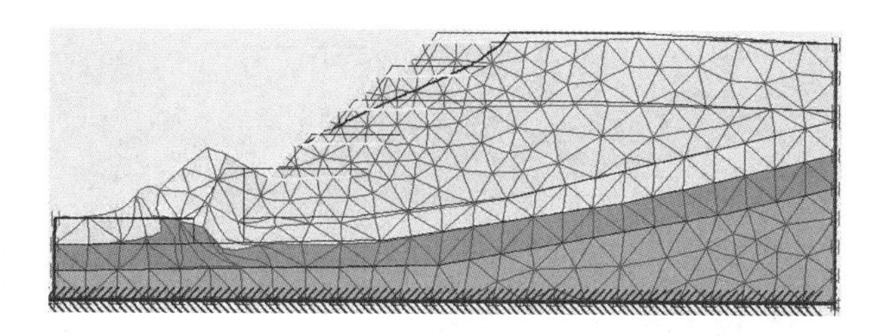

(d)20.0s 地震

图8.43　地震作用后坝体结构变形的网格图

(2)总应变矢量

坝体有限元静力分析后，其模型进行地震动力响应模拟分析，在模型底部给定地震波的计算分析，得出典型2.5、5.0、10.0、20.0s的总应变矢量图如图8.44所示，模型中坝体最大总应变矢量值分别为188.91%、363.05%、670.47%、1300%，表明随着地震动力影响时间的持续，主坝体发生大变形的滑移特征。

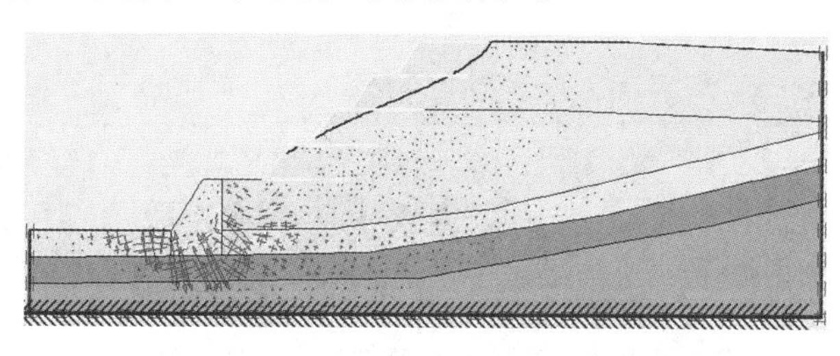

(a)2.5s 地震

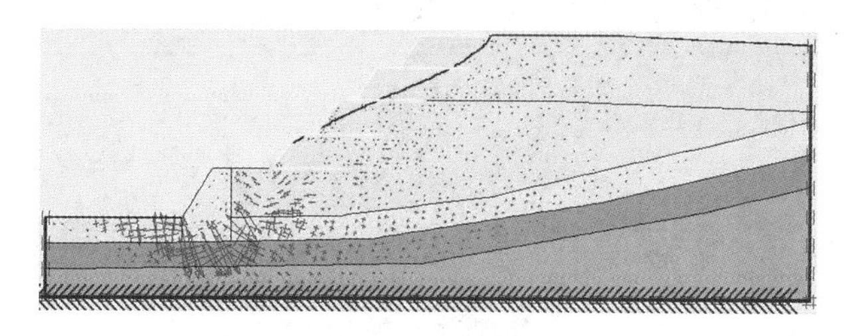

(b)5.0s 地震

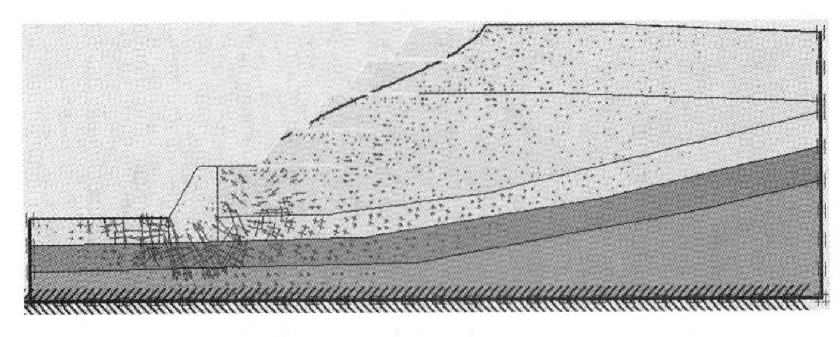

(c)10.0s 地震

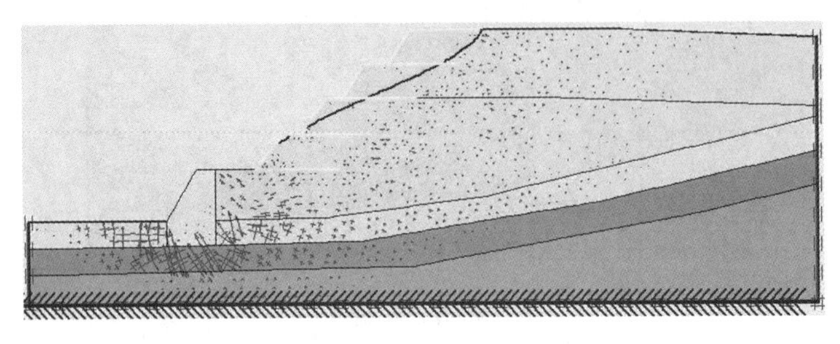

(d)20.0s 地震

图 8.44　地震作用后坝体总应变矢量分布图

(3)总剪应变

坝体有限元静力分析后，其模型进行地震动力响应模拟分析，在模型底部给定地震波的计算分析，得出典型 2.5、5.0、10.0、20.0s 的总剪应变云图如图 8.45 所示，模型中坝体最大总剪应变值分别为 116.84%、227.83%、427.24%、773.77%，表明随着地震动力影响时间的持续，主坝体发生大变形的滑移特征。

(a)2.5s 地震

(b)5.0s 地震

(c) 10.0s 地震

(d) 20.0s 地震

图 8.45　地震作用后坝体总剪应变分布云图

(4) 总速度矢量

坝体有限元静力分析后，其模型进行地震动力响应模拟分析，在模型底部给定地震波的计算分析，得出典型 2.5、5.0、10.0、20.0s 的总速度矢量图如图 8.46 所示，模型中坝体最大总速度矢量分别为 9.41、9.68、8.150、7.52m/d，表明随着地震动力影响时间的持续，主坝体发生大变形的滑移特征。

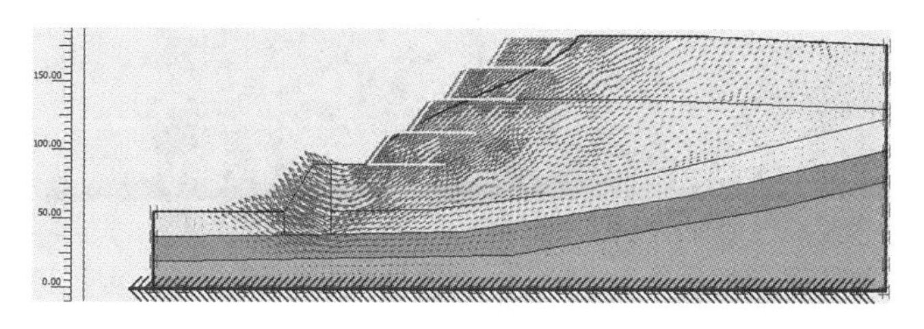

(a) 2.5s 地震

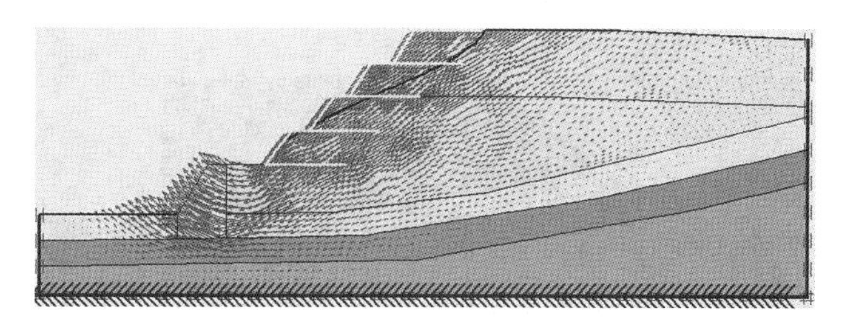

(b) 5.0s 地震

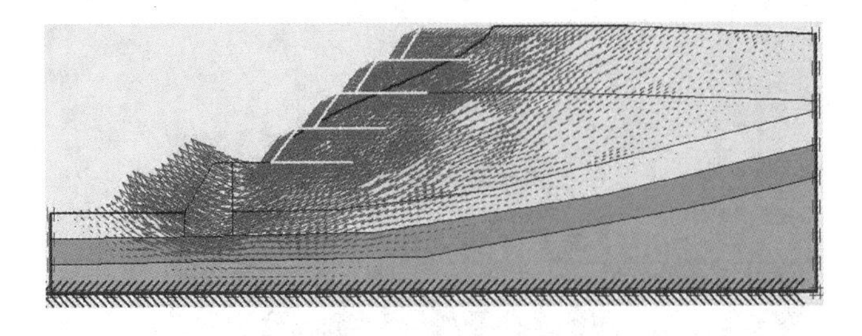

(c)10.0s 地震

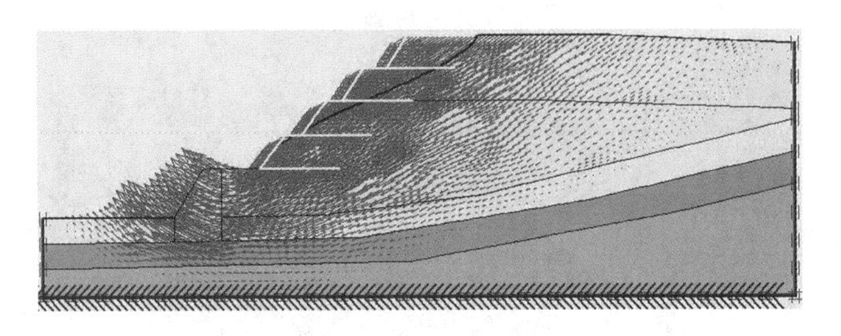

(d)20.0s 地震

图 8.46　地震作用后坝体总速度矢量分布图

(5)总加速度

坝体有限元静力分析后，其模型进行地震动力响应模拟分析，在模型底部给定地震波的计算分析，得出典型 2.5、5.0、10.0、20.0s 的总加速度云图如图 8.47 所示，模型中坝体最大总加速度值分别为 5.99、2.31、2.09、1.91m/d^2，表明随着地震动力影响时间的持续，主坝体发生大变形的滑移特征。

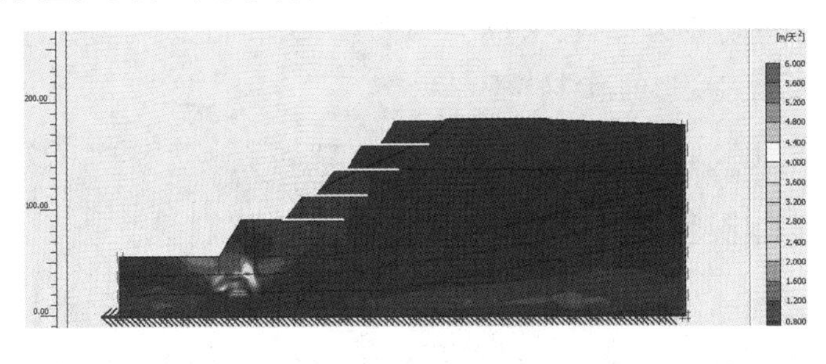

(a)2.5s 地震

(b)5.0s 地震

(c)10. 0s 地震

(d)20. 0s 地震

图 8. 47　地震作用后坝体总加速度分布云图

(6)相对剪切应力比

坝体有限元静力分析后，其模型进行地震动力响应模拟分析，在模型底部给定地震波的计算分析，得出典型 2. 5、5. 0、10. 0、20. 0s 的相对剪切应力比云图如图 8. 48 所示，表明随着地震动力影响时间的持续，主坝体发生大变形滑移特征。

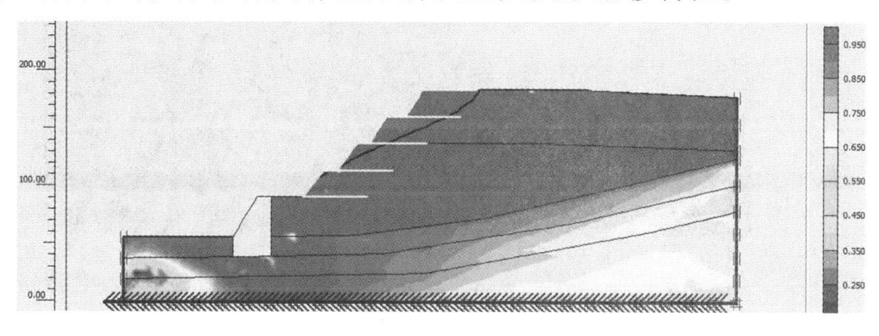

(a)2. 5s 地震

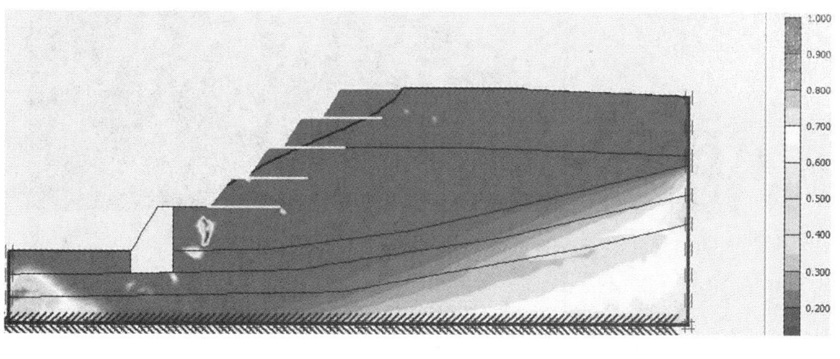

(b)5. 0s 地震

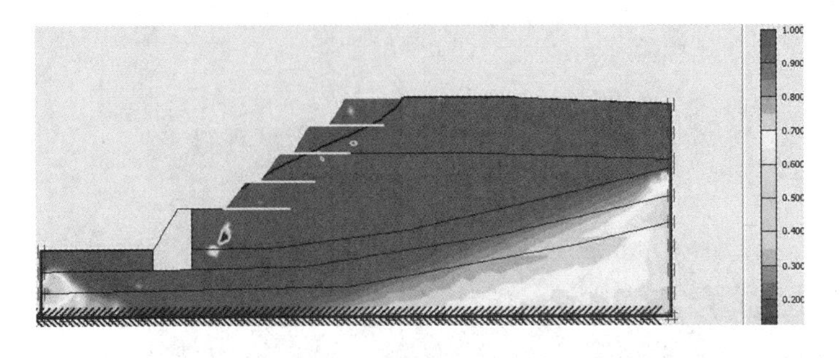

(c)10.0s 地震

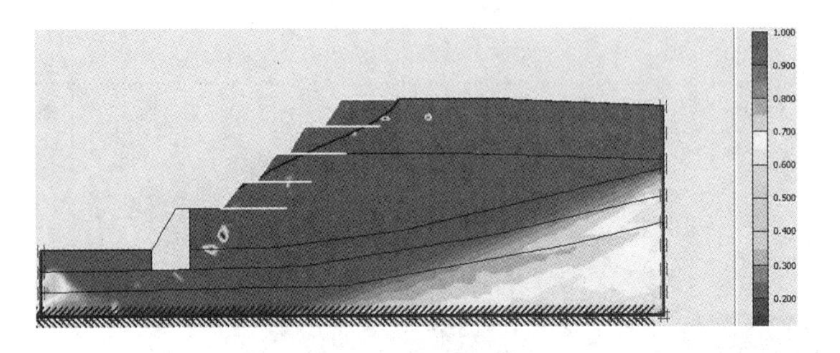

(d)20.0s 地震

图 8.48　地震作用后坝体相对剪切应力比分布云图

(7)破坏区分布

坝体有限元静力分析后，其模型进行地震动力响应模拟分析，在模型底部给定地震波的计算分析，得出典型 2.5、5.0、10.0、20.0s 的破坏区分布图如图 8.49 所示，表明随着地震动力影响时间的持续，主坝体发生大变形的滑移特征。

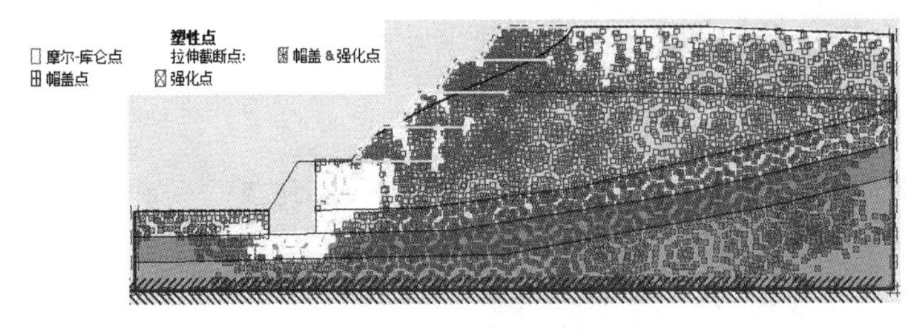

(a)2.5s 地震

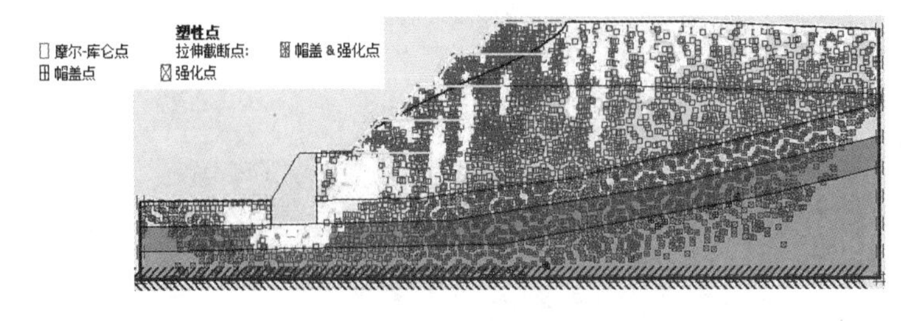

(b)5.0s 地震

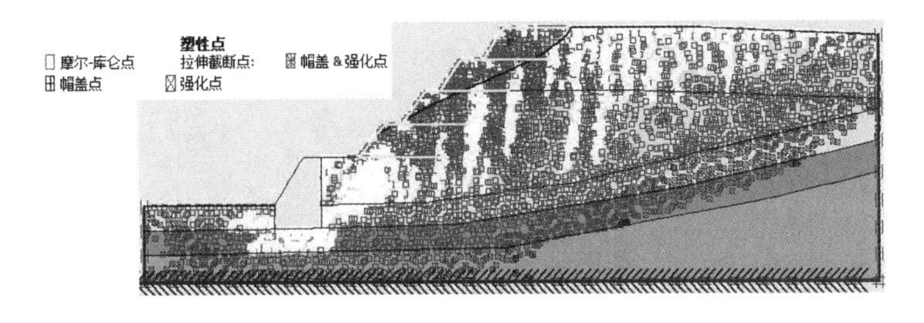

(c)10.0s 地震

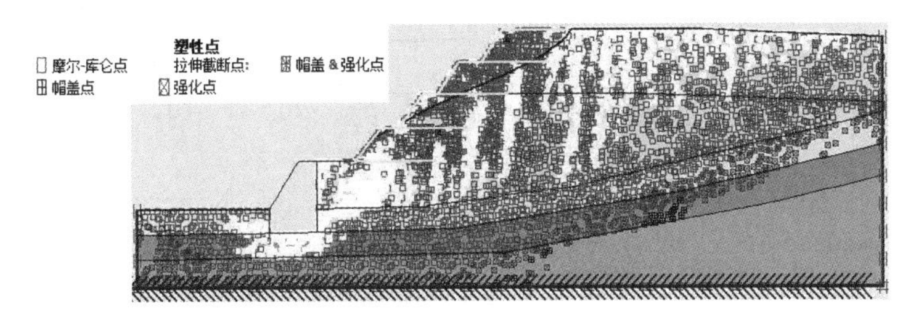

(d)20.0s 地震

图 8.49　地震作用后坝体破坏区分布图

(8)特征点位移、速度和加速度历时曲线

坝体有限元静力分析后，其模型进行地震动力响应模拟分析，在模型底部给定地震波的计算分析，得出典型特征点位移、速度和加速度历时曲线图如图 8.50 至图 8.52 所示，表明随着地震动力影响时间的持续，主坝体发生大变形的滑移特征。

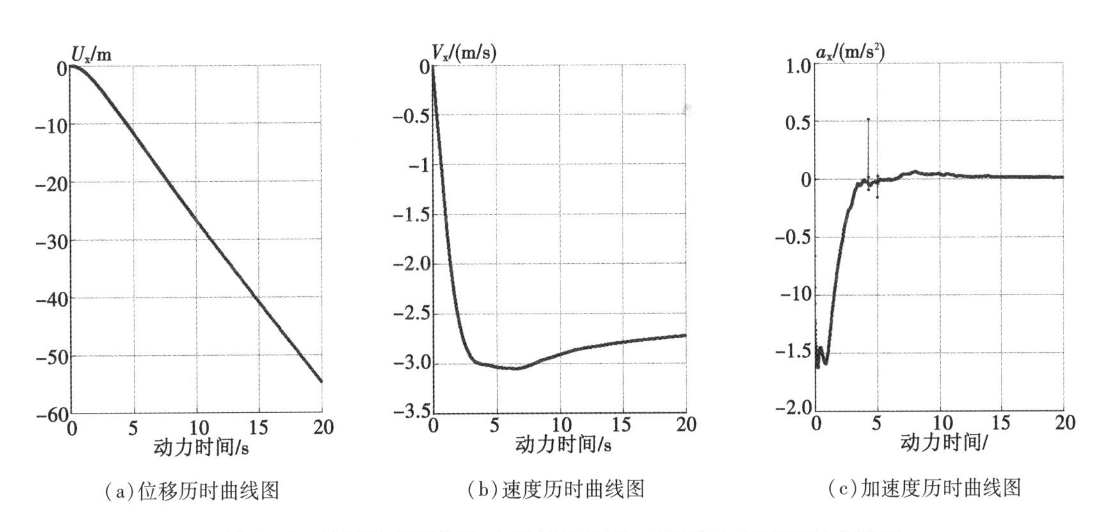

(a)位移历时曲线图　(b)速度历时曲线图　(c)加速度历时曲线图

图 8.50　地震作用后坝体 *A* 特征点位移、速度和加速度历时曲线图

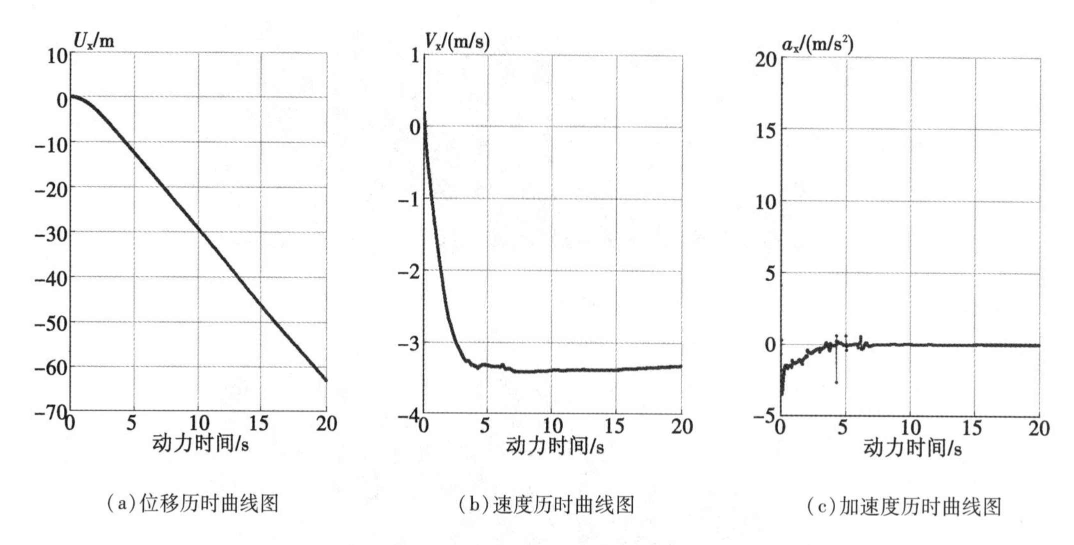

(a)位移历时曲线图　(b)速度历时曲线图　(c)加速度历时曲线图

图 8.51　地震作用后坝体 *B* 特征点位移、速度和加速度历时曲线图

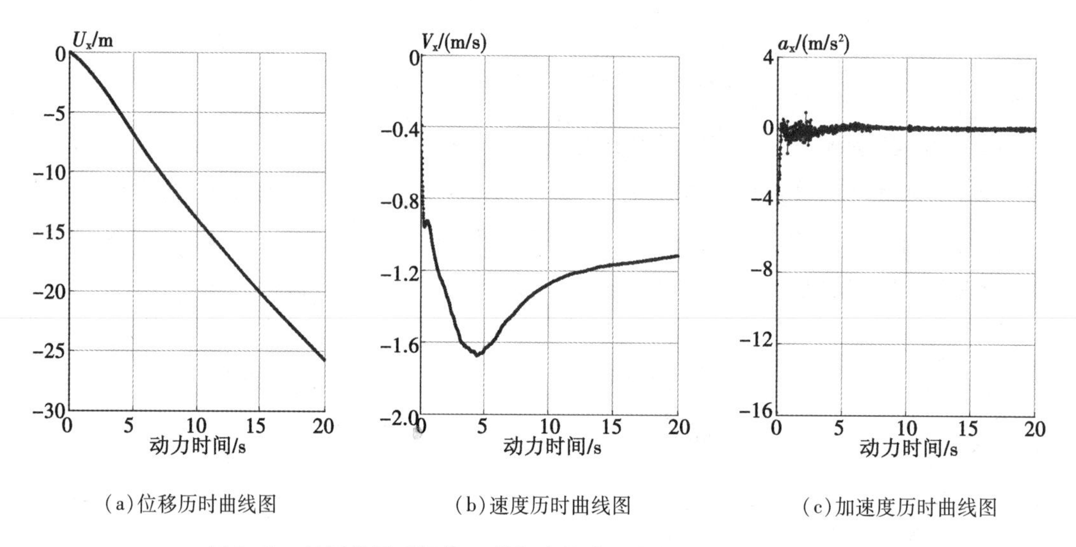

(a)位移历时曲线图　(b)速度历时曲线图　(c)加速度历时曲线图

图 8.52　地震作用后坝体 *C* 特征点位移、速度和加速度历时曲线图

8.4　总结

在建立地震响应分析原理与方法、有限元数值模拟模型及其相关参数的基础上，主要围绕不透水水力尾矿库贮灰场进行了流固耦合动力特性分析，选取两种典型的工程得到如下主要结论：

(1)不透水排渗+导水钢管尾矿库贮灰场坝流固耦合动力特性

①渗流/渗流变形分析：有效应力没有明显的偏转，最大的有效主应力为 887.11 Pa。坝体中水位较低，两期子坝中几乎没水，坝体的排水效果较好，排渗钢管+导水钢管作用

明显，水沿着排渗钢管、导水钢管流动，使整个坝体的浸润线降低。②在强度折减分析后，坝后坡脚以及初级坝和一级子坝接触位置产生剪应变，且坝后坡产生滑动趋势。③动力特性分析：坝体有限元静力分析后，其模型进行地震动力响应模拟分析，在模型底部给定地震波的计算分析，得出典型 2.5、5.0、10.0、20.0s 的变形网格图、总应变矢量、总剪应变、总速度矢量、总加速度、相对剪切应力比、破坏区分布，以及特征点位移、速度和加速度历时曲线，表明随着地震动力影响时间的持续，主坝体发生大变形的网格滑移特征。

(2)不透水土工筋带尾矿库贮灰场混凝土拱坝流固耦合动力特性

①渗流/渗流变形分析：有效应力没有明显的偏转，整个库区水位较高，水主要从混凝土坝顶以及坝下流出，库区饱和度较大。②混凝土坝坝后坡出现位移，有向左上拱起的趋势。③ 动力特性分析：随着地震动力影响时间的持续，主坝体发生大变形的网格滑移特征。

第 9 章　不透水/透水分区尾矿库贮灰场坝地震动力特性

在建立地震响应分析原理与方法、有限元数值模拟模型及其相关参数的基础上，选取不透水/透水渗管排水尾矿库贮灰场坝和不透水/透水分区尾矿库贮灰场这两种典型的工程进行流固耦合及动力特性分析。

地震波谱选用 UPLAND 记录的真实地震加速度数据分析，边界条件与阻尼、材料的本构模型与物理力学参数同第 8 章。

9.1　不透水/透水渗管排水尾矿库贮灰场坝动力特性

9.1.1　流固耦合弹塑性数值模拟分析

(1)几何与有限元模型

几何与有限元模型如图 9.1 和图 9.2 所示。

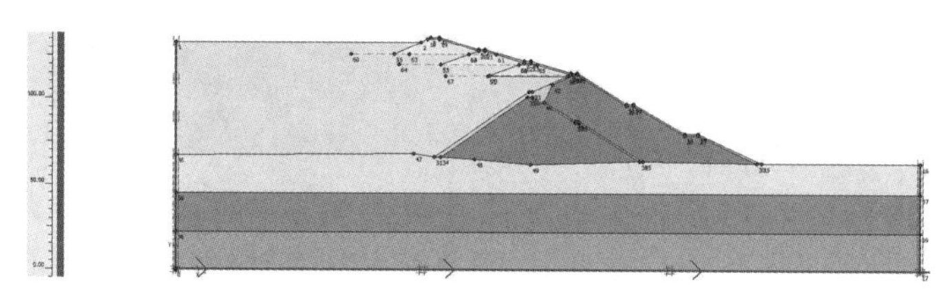

图 9.1　几何模型图

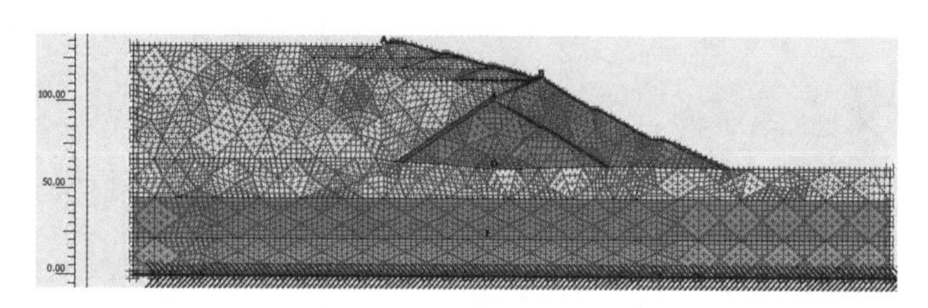

图 9.2　有限元网格剖分模型图

(2)渗流分析

从图 9.3 有效主应力矢量分布图可以看出有效应力没有明显的偏转，最大的有效主应力为1660 Pa。在图9.4至图9.7中，坝体中水位较低,一级、二级子坝中没水，水沿着初级坝坝体下部流出，整体的排水效果较好。排渗钢管作用明显，从图9.5可以看出具体效果，水沿着排渗钢管流动，整个坝体的水位线较低。

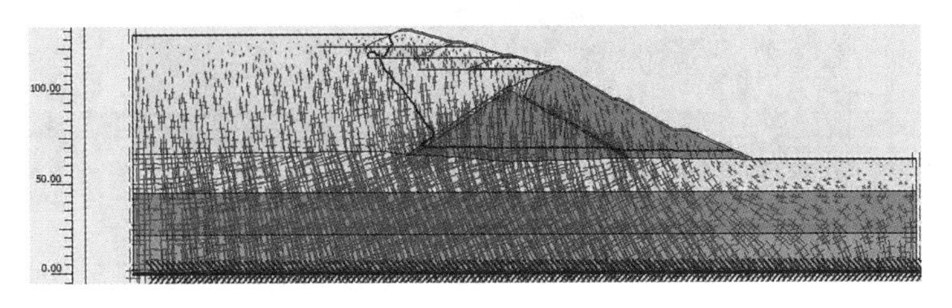

图9.3　有效主应力矢量分布图(最大有效主应力1660Pa)

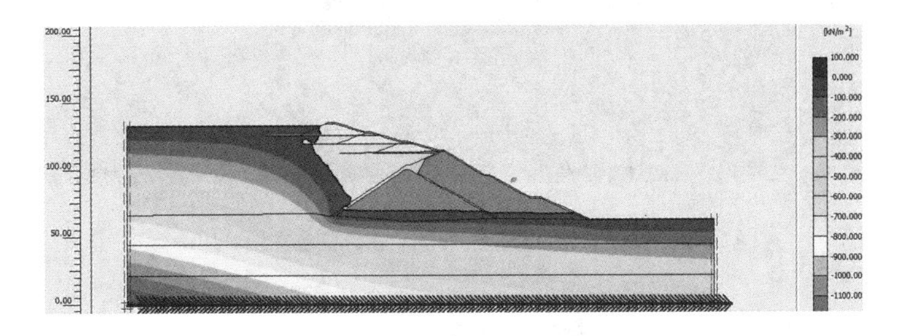

图9.4　地下水等水位面分布云图(最大总孔压1320Pa)

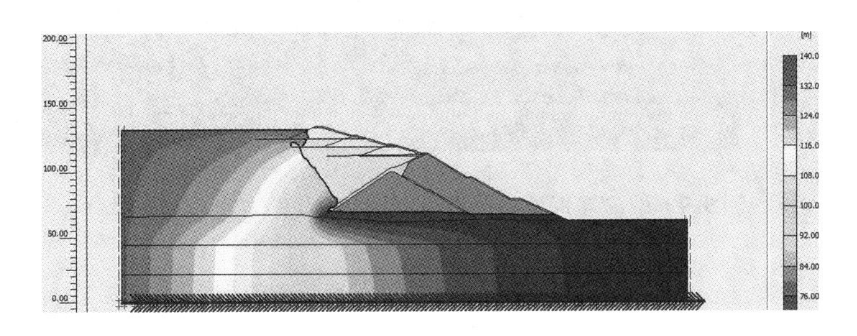

图9.5　地下水等势面分布云图

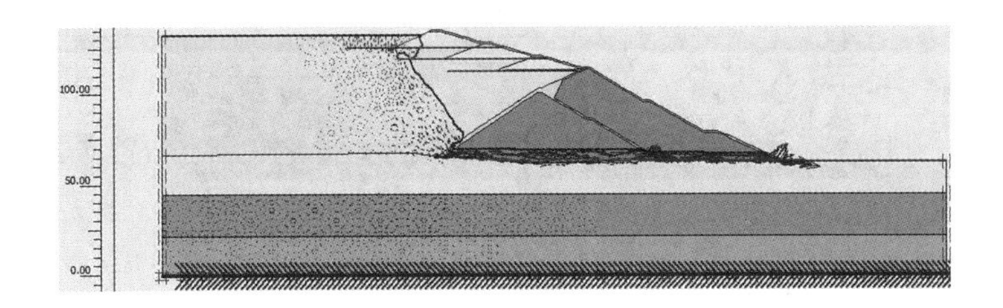

图9.6　地下水渗流矢量分布图(最大速度2.90m/d)

(3)渗流变形分析

通过图9.8至图9.12可以看出由于渗流产生的变形最大总位移为1.2m，坝后坡向右下方向移动，在强度折减分析后，坝后坡脚以及初级坝和一级子坝接触位置周围产生剪应变，且坝后坡产生滑动趋势。

图 9.7　地下水饱和度分布云图(最大饱和度 101.30%)

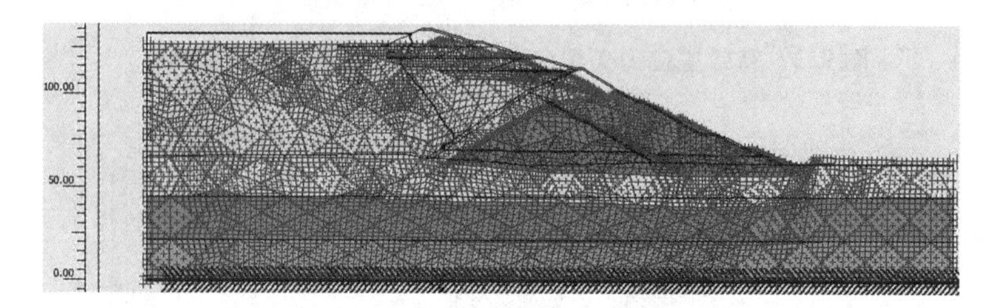

图 9.8　渗流变形网格分布图(最大总位移 1.20m)

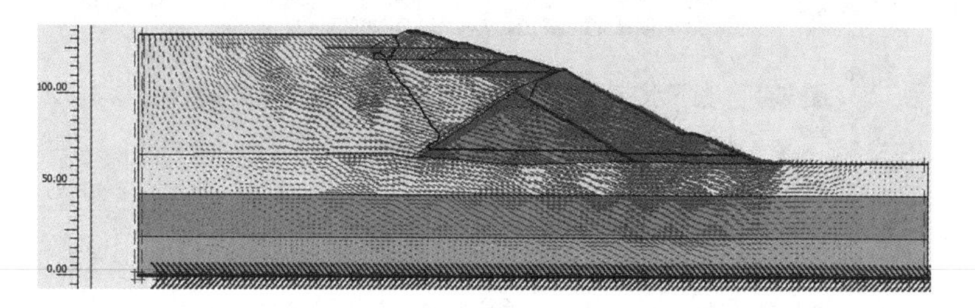

图 9.9　渗流变形位移矢量分布图(最大总位移 1.20m)

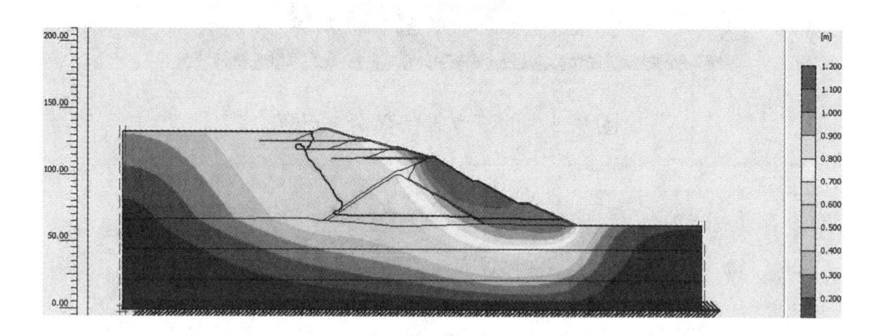

图 9.10　渗流变形破坏分布云图

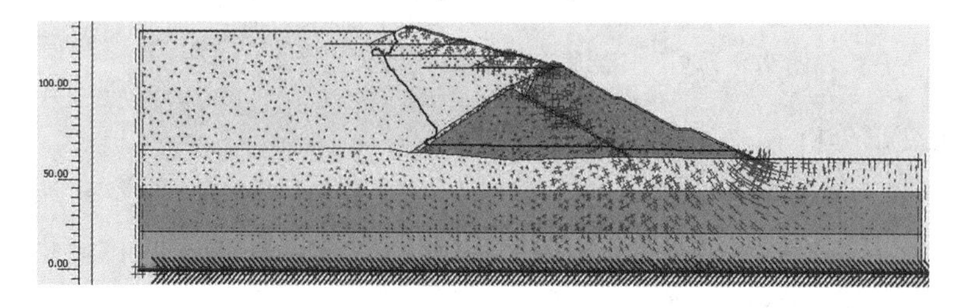

图 9.11　渗流变形总应变矢量分布图(最大主应变 9.60%)

图 9.12　渗流变形总剪应变等值线分布云图(最大主应变 0.72%)

(4)渗流变形典型曲线特性分析

从图 9.13 至 9.15 中，选取 A、B、C 三个剖面，可以清楚地看到 A、B、C 三个面位置地下水孔压、地下水渗流、渗流变形位移随着深度变化情况，如随深度增加孔压的变化逐渐减小，渗流情况与 A、B、C 三点位置有直接关系，C 断面位置初级坝底部渗流速度最大。总位移则是 C 处最大，与模型分析一致。

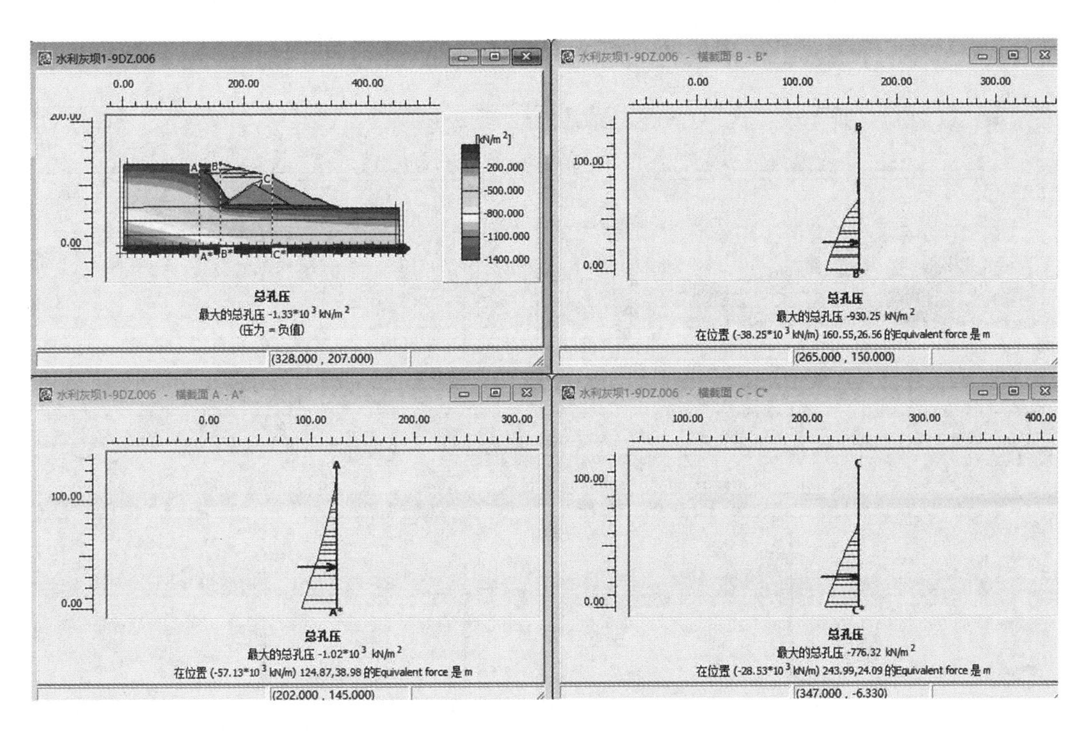

图 9.13　地下水孔压深度变化曲线图

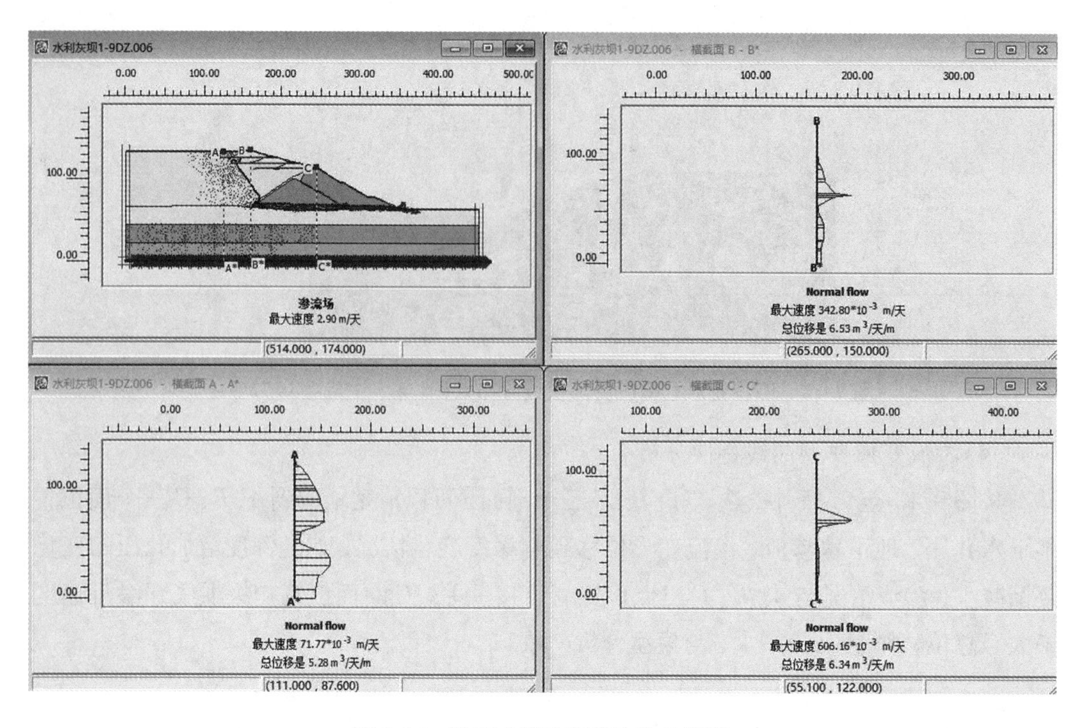

图 9.14　地下水渗流深度变化曲线图

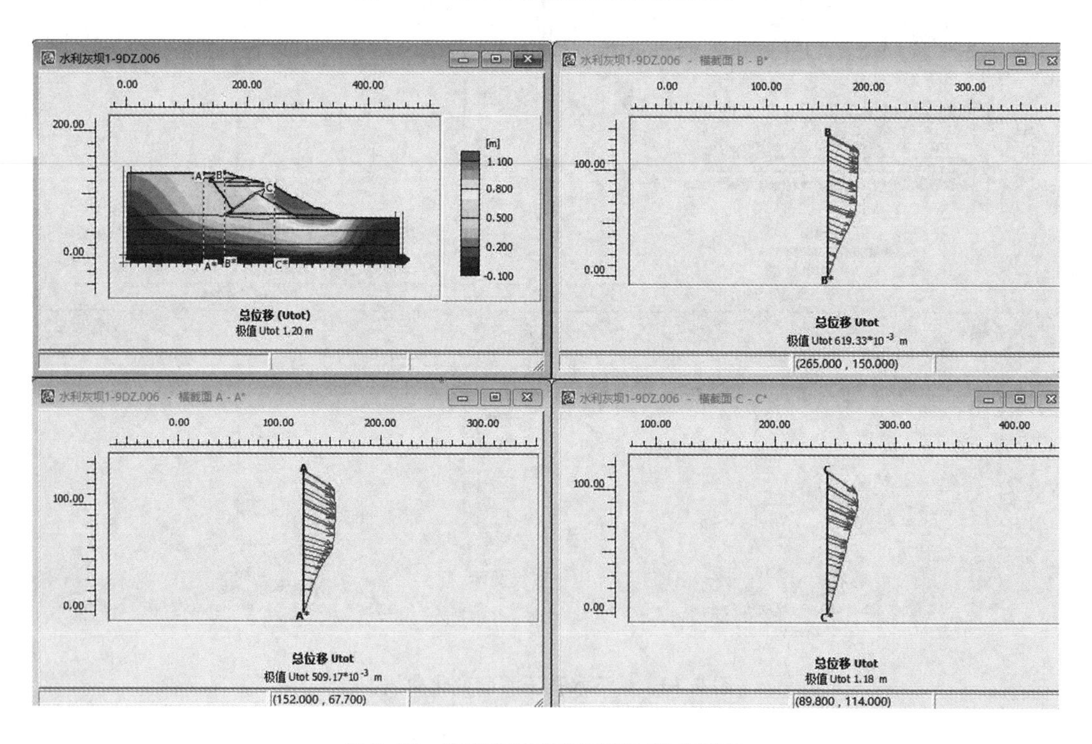

图 9.15　渗流变形位移深度变化曲线图

9.2.2 流固耦合动力特性数值模拟分析

(1)变形网格

坝体有限元静力分析后，其模型进行地震动力响应模拟分析，在模型底部给定地震波的计算分析，得出典型2.5、5.0、10.0、20.0s的变形网格图9.16所示，模型中坝体最大总位移分别为0.816、1.45、2.04、2.88m，表明随着地震动力影响时间的持续，主坝体发生大变形的网格滑移特征。

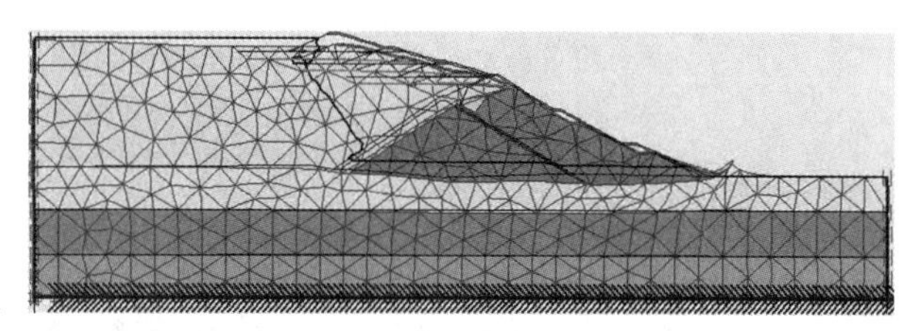

(a)2.5s地震

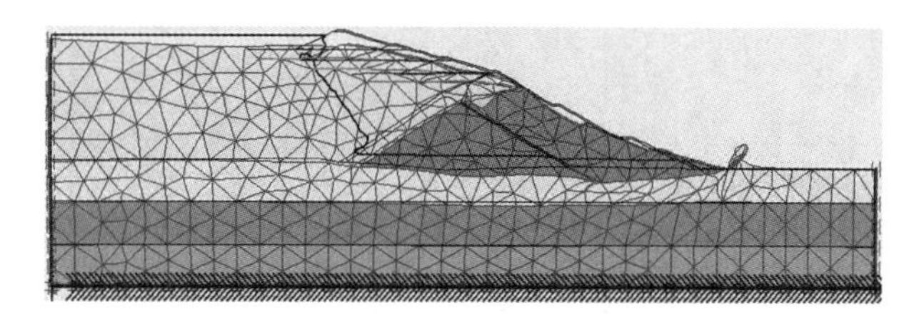

(b)5.0s地震

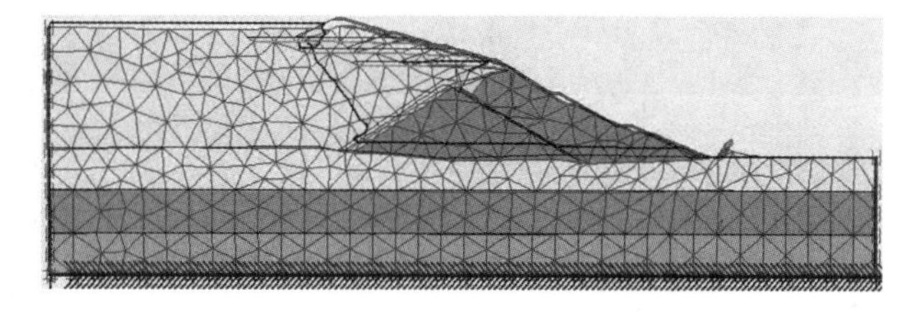

(c)10.0s地震

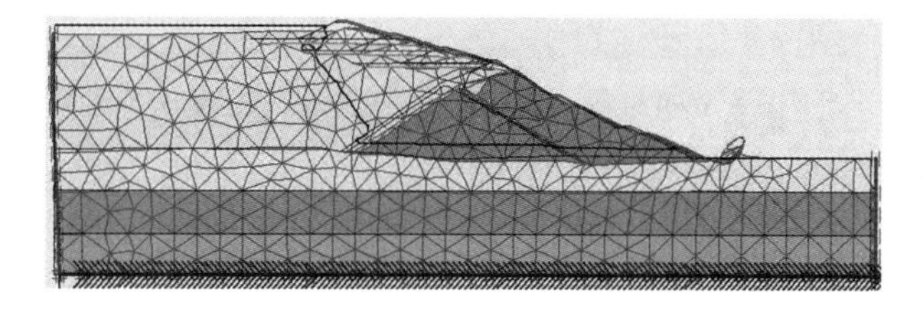

(d)20.0s地震

图9.16 地震作用后坝体结构变形的网格图

(2)总应变矢量

坝体有限元静力分析后，其模型进行地震动力响应模拟分析，在模型底部给定地震波的计算分析，得出典型2.5、5.0、10.0、20.0s的总应变矢量图如图9.17所示，模型中坝体最大总应变矢量值分别为13.00%、26.06%、46.48%、72.29%，表明随着地震动力影响时间的持续，主坝体发生大变形的滑移特征。

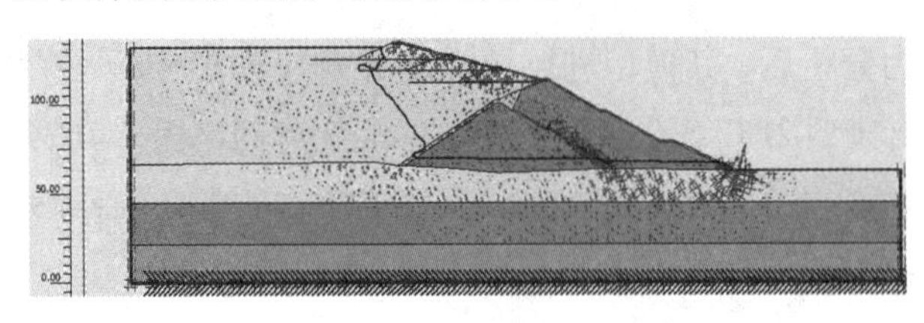

(a)2.5s地震

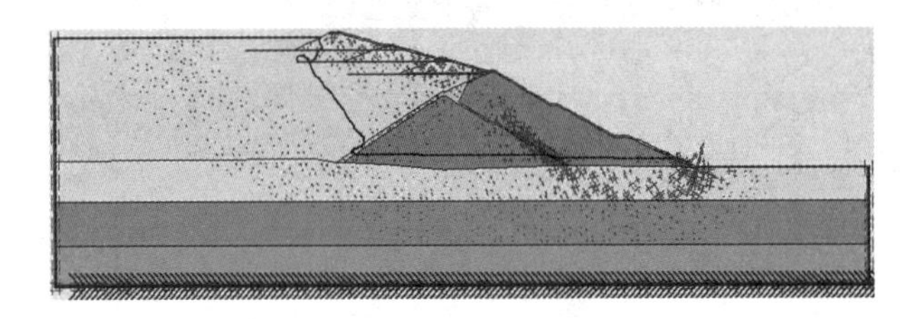

(b)5.0s地震

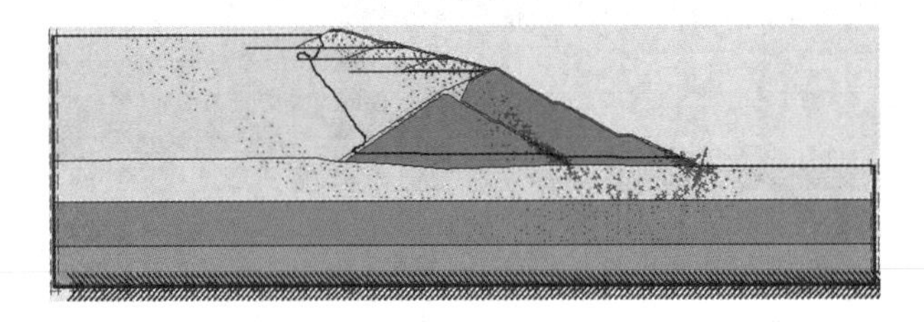

(c)10.0s地震

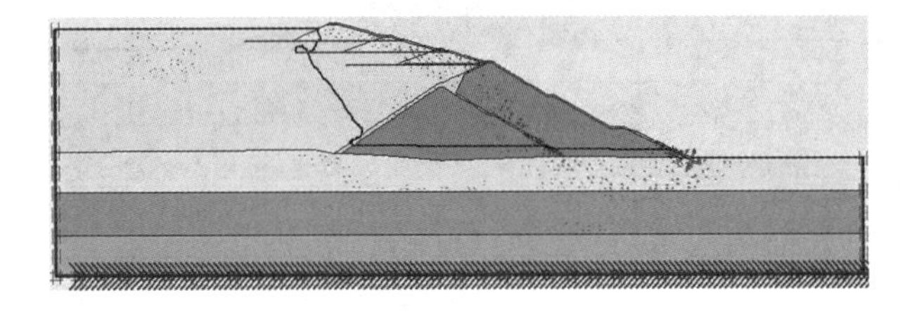

(d)20.0s地震

图9.17　地震作用后坝体总应变矢量分布图

(3)总剪应变

坝体有限元静力分析后，其模型进行地震动力响应模拟分析，在模型底部给定地震波的计算分析，得出典型2.5、5.0、10.0、20.0s的总剪应变云图如图9.18所示，模型中坝体最大总剪应变值分别为9.44%、19.31%、34.65%、54.05%，表明随着地震动力影响时间的持续，最大总剪应逐渐增加，主要发生在坡脚，初级坝可以看到滑移特征。

(a)2.5s 地震

(b)5.0s 地震

(c)10.0s 地震

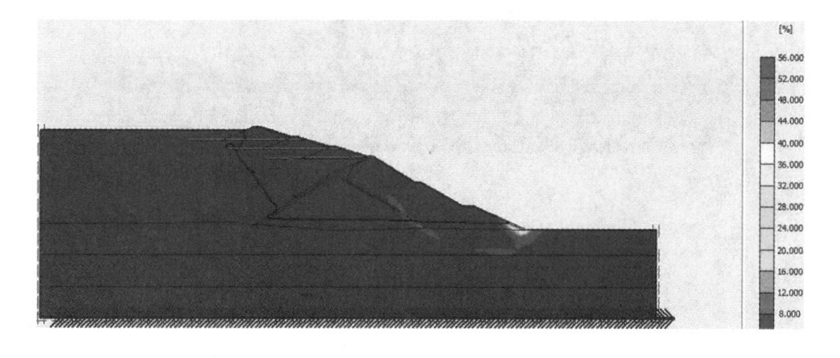

(d)20.0s 地震

图 9.18　地震作用后坝体总剪应变分布云图

(4)总速度矢量

坝体有限元静力分析后，其模型进行地震动力响应模拟分析，在模型底部给定地震波的计算分析，得出典型2.5、5.0、10.0、20.0s的总速度矢量图如图9.19所示，模型中坝体总速度矢量值分别为0.359、0.186、0.111、0.080m/d，表明随着地震动力影响时间的持续，总速度矢量逐渐减小。

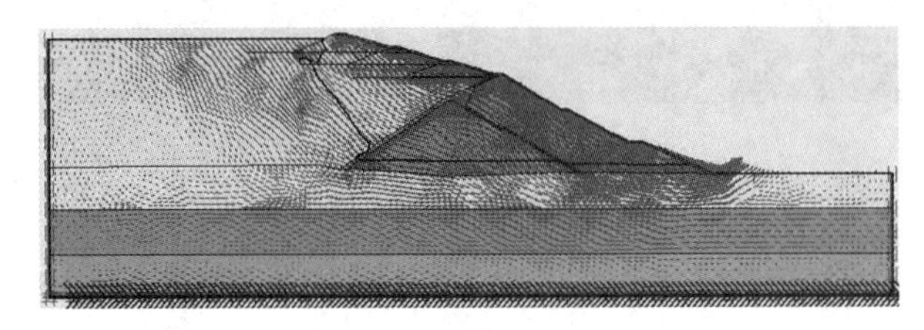

(a)2.5s地震

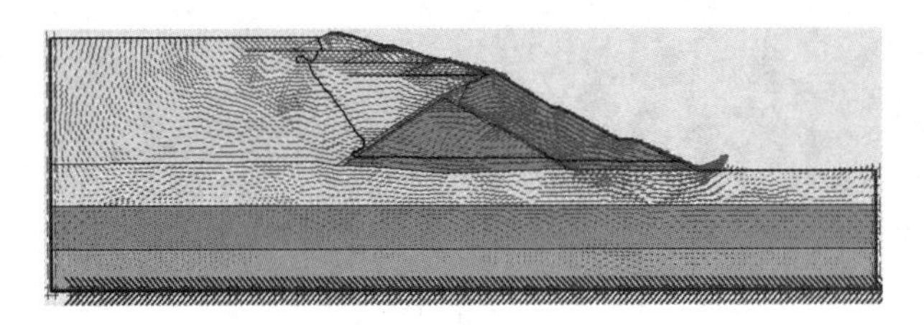

(b)5.0s地震

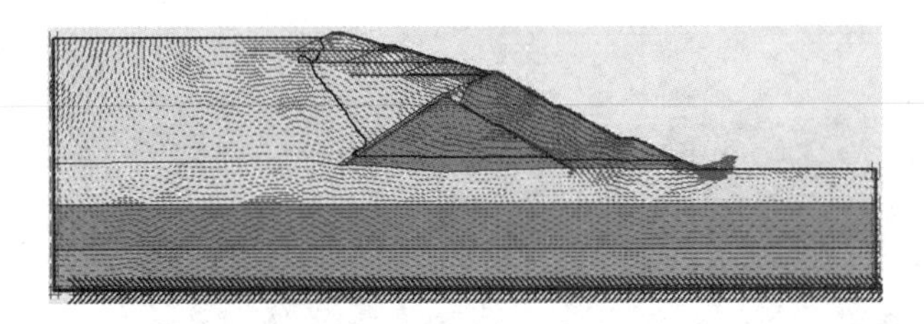

(c)10.0s地震

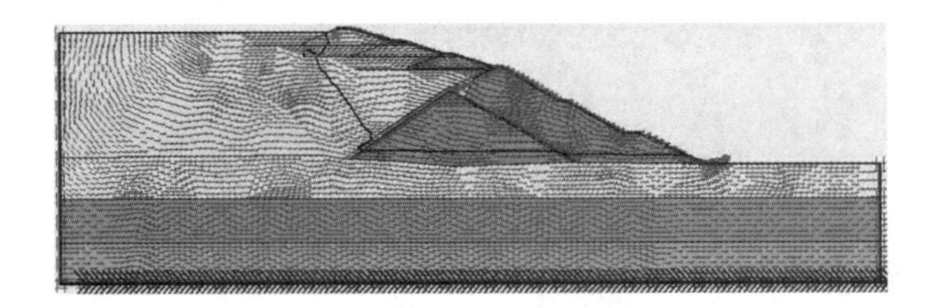

(d)20.0s地震

图9.19　地震作用后坝体总速度矢量分布图

(5)总加速度

坝体有限元静力分析后，其模型进行地震动力响应模拟分析，在模型底部给定地震波的计算分析，得出典型2.5、5.0、10.0、20.0s的总加速度云图如图9.20所示，模型中坝体总加速度分别为0.871、0.408、0.203、0.073m/d^2，表明随着地震动力影响时间的持续，总加速度逐渐减小。

(a)2.5s 地震

(b)5.0s 地震

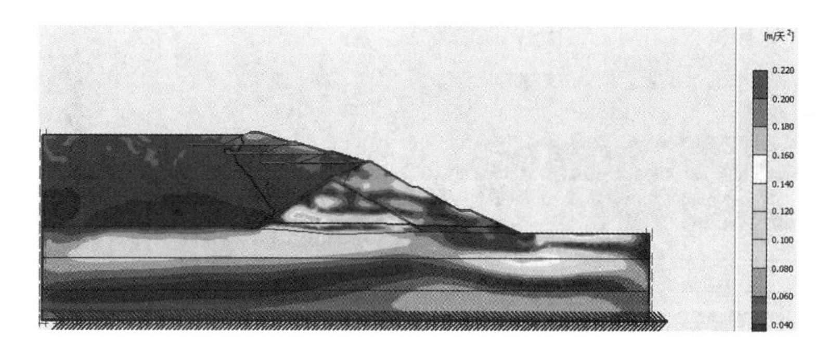

(c)10.0s 地震

(d)20.0s 地震

图 9.20　地震作用后坝体总加速度分布云图

（6）相对剪切应力比

坝体有限元静力分析后，其模型进行地震动力响应模拟分析，在模型底部给定地震波的计算分析，得出典型 2.5、5.0、10.0、20.0s 的相对剪切应力比云图如图 9.21 所示。

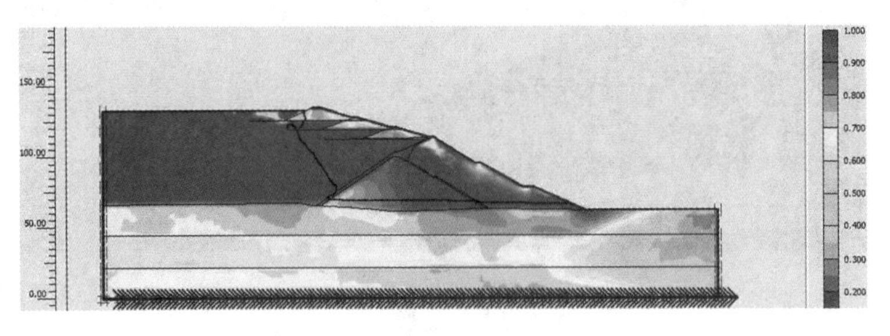

（a）2.5s 地震

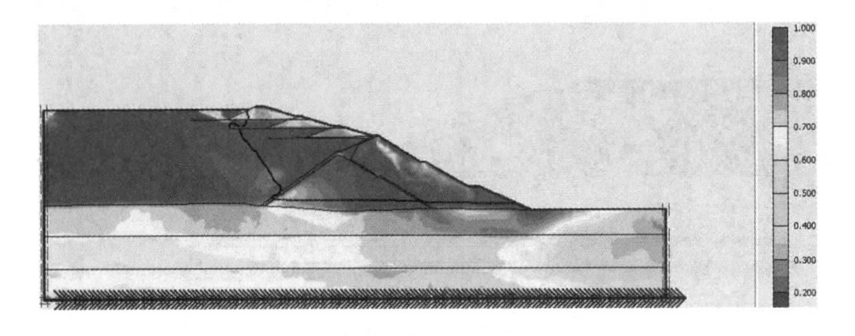

（b）5.0s 地震

（c）10.0s 地震

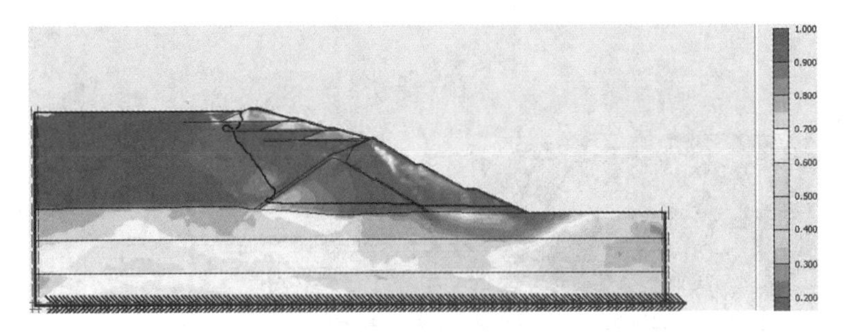

（d）20.0s 地震

图 9.21　地震作用后坝体相对剪切应力比分布云图

(7)破坏区分布

坝体有限元静力分析后，其模型进行地震动力响应模拟分析，在模型底部给定地震波的计算分析，得出典型2.5、5.0、10.0、20.0s的破坏区分布图如图9.22所示，表明随着地震动力影响时间的持续，模型塑性点的分布由密到疏。

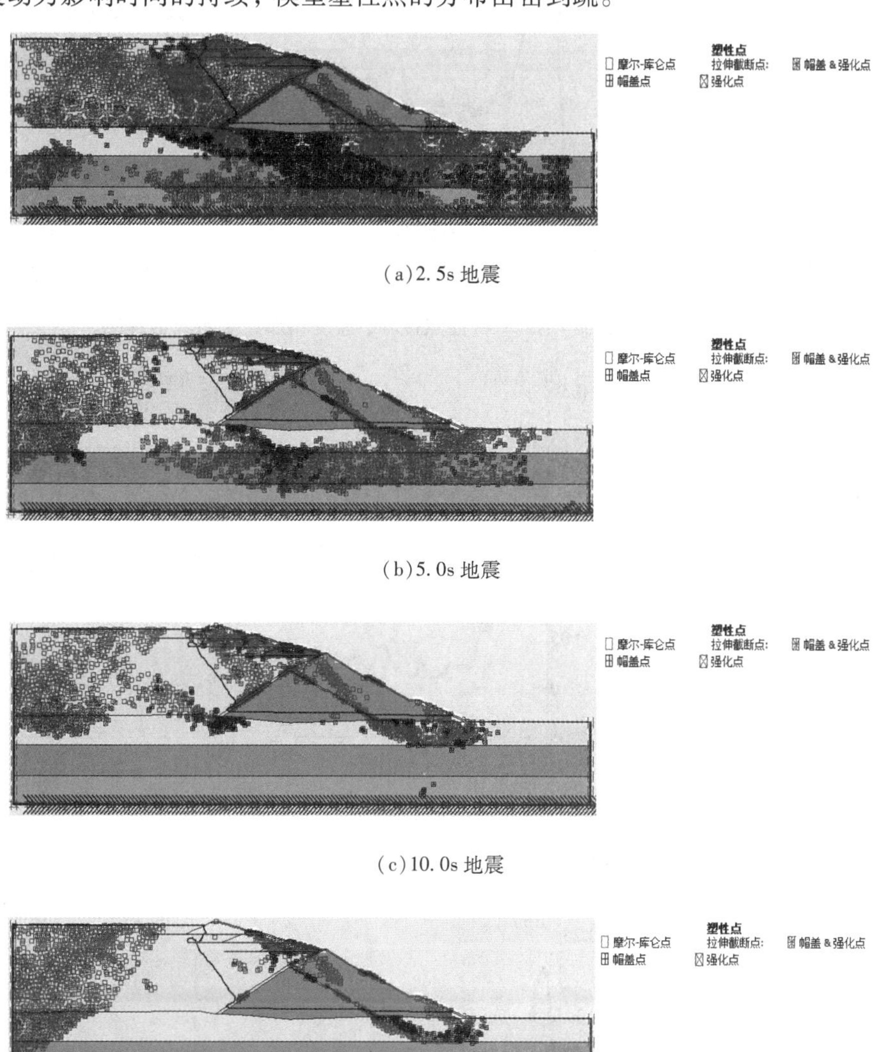

(a)2.5s地震

(b)5.0s地震

(c)10.0s地震

(d)20.0s地震

图9.22　地震作用后坝体破坏区分布图

(8)特征点位移、速度和加速度历时曲线

坝体有限元静力分析后，其模型进行地震动力响应模拟分析，在模型底部给定地震波的计算分析，得出典型特征点位移、速度和加速度历时曲线图如图9.23至图9.27所示。

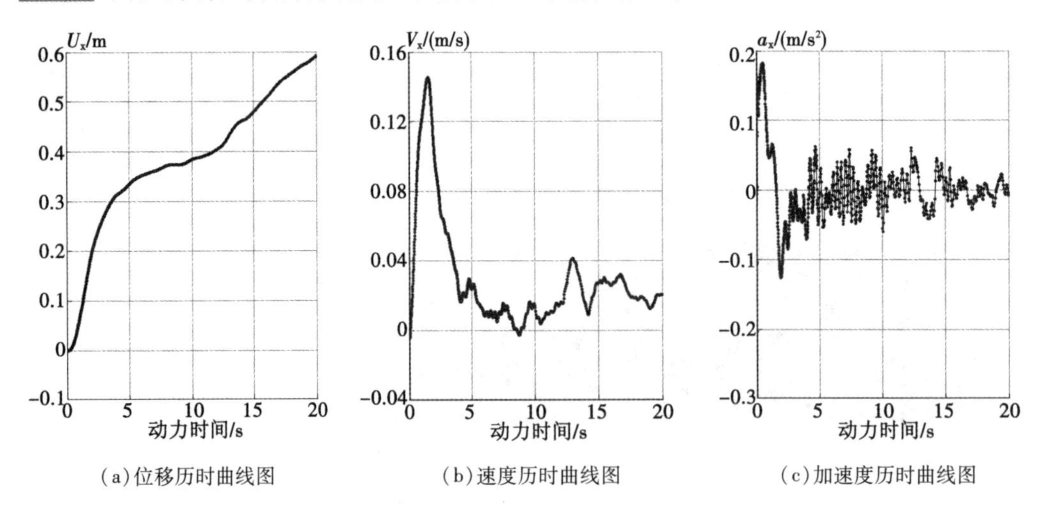

(a)位移历时曲线图　(b)速度历时曲线图　(c)加速度历时曲线图

图 9.23　地震作用后坝体 *A* 特征点位移、速度和加速度历时曲线图

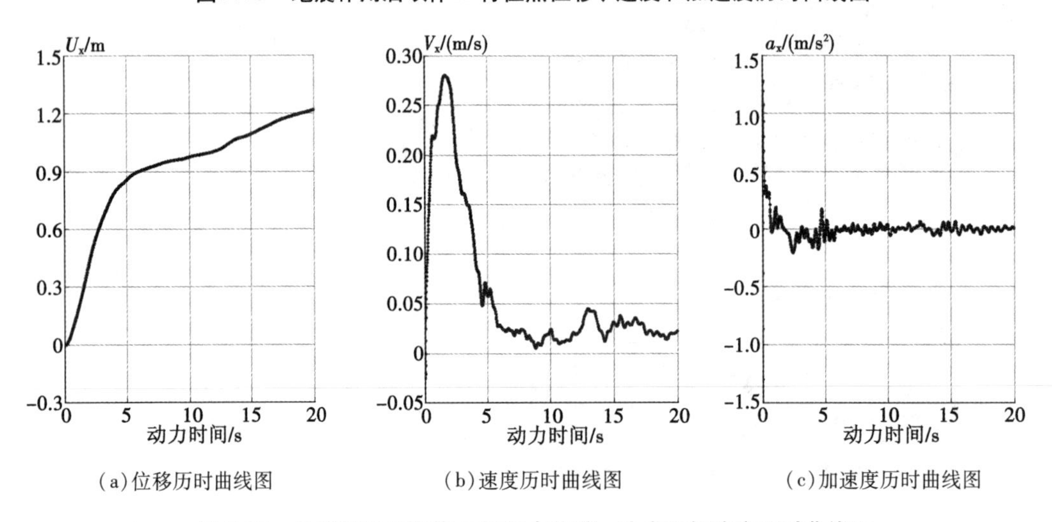

(a)位移历时曲线图　(b)速度历时曲线图　(c)加速度历时曲线图

图 9.24　地震作用后坝体 *B* 特征点位移、速度和加速度历时曲线图

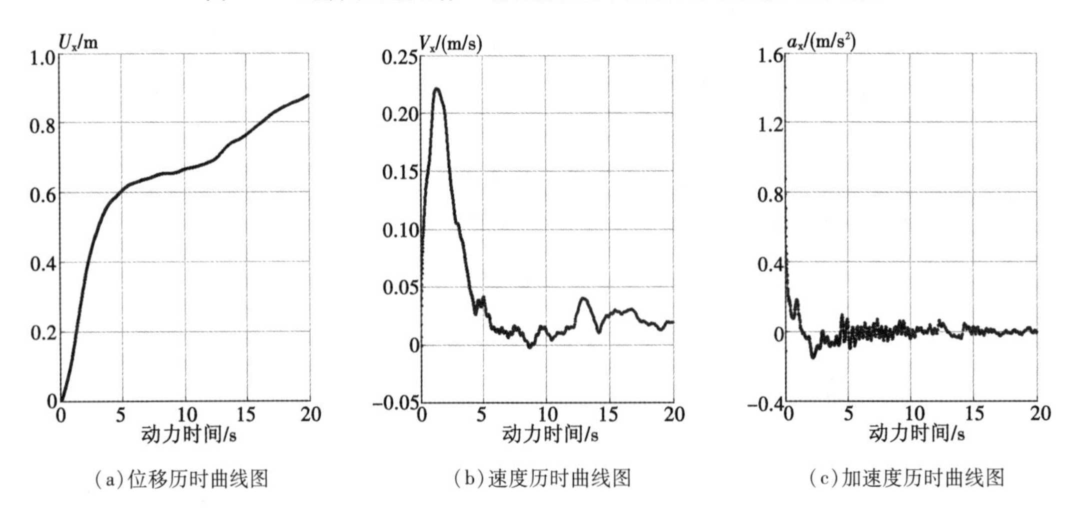

(a)位移历时曲线图　(b)速度历时曲线图　(c)加速度历时曲线图

图 9.25　地震作用后坝体 *C* 特征点位移、速度和加速度历时曲线图

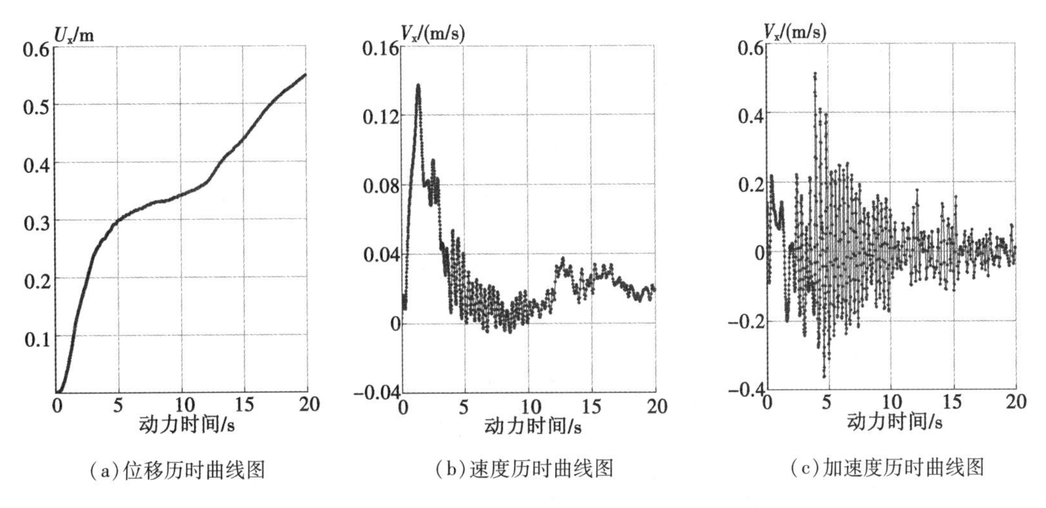

(a)位移历时曲线图　(b)速度历时曲线图　(c)加速度历时曲线图

图 9.26　地震作用后坝体 *D* 特征点位移、速度和加速度历时曲线图

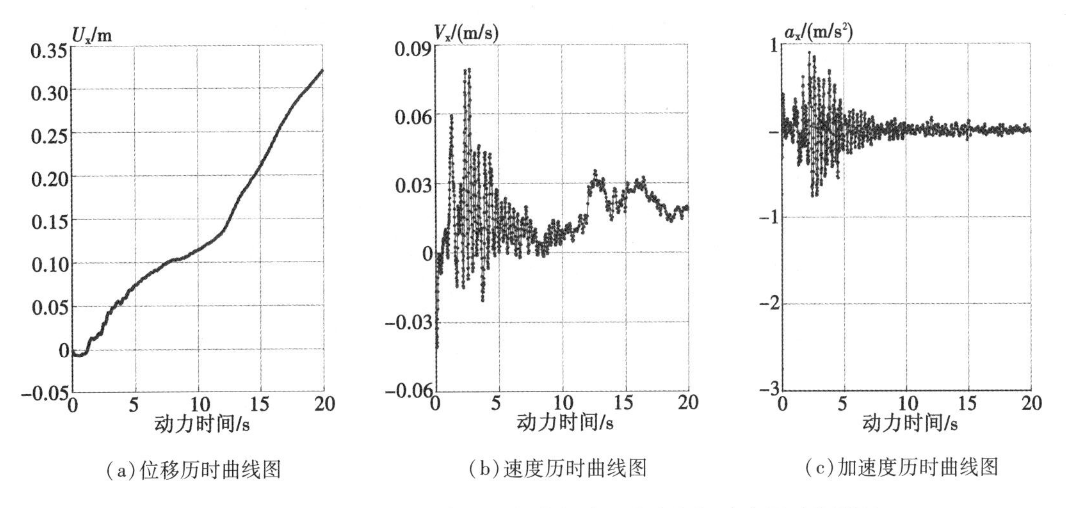

(a)位移历时曲线图　(b)速度历时曲线图　(c)加速度历时曲线图

图 9.27　地震作用后坝体 *E* 特征点位移、速度和加速度历时曲线图

9.2　不透水/透水分区尾矿库贮灰场坝动力特性

9.2.1　流固耦合弹塑性数值模拟分析

(1)几何与有限元模型

几何与有限元模型如图 9.28 和图 9.29 所示。

(2)渗流分析

从图 9.30 有效主应力矢量分布图可以看出有效应力没有明显的偏转，最大的有效主应力为 819.57 Pa。在图 9.31 至图 9.34 中，坝体中浸润线较高，可以看出水的具体流动方向。

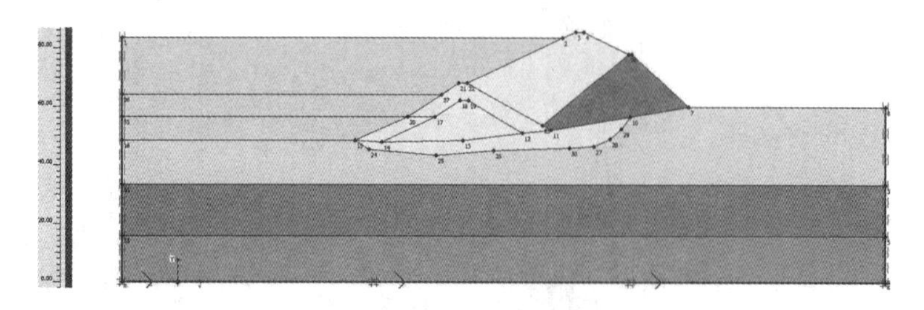

图 9.28　几何模型图

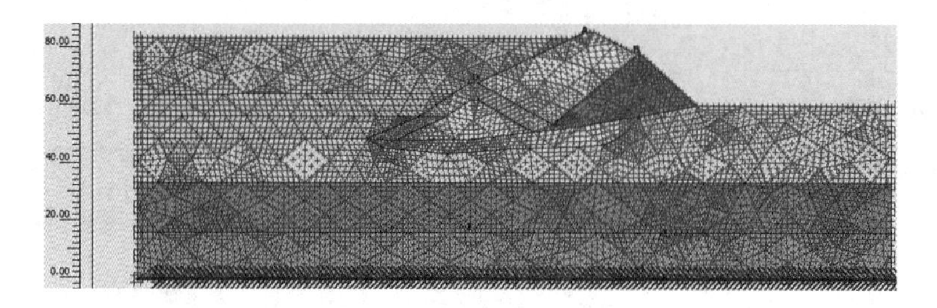

图 9.29　有限元网格剖分模型图

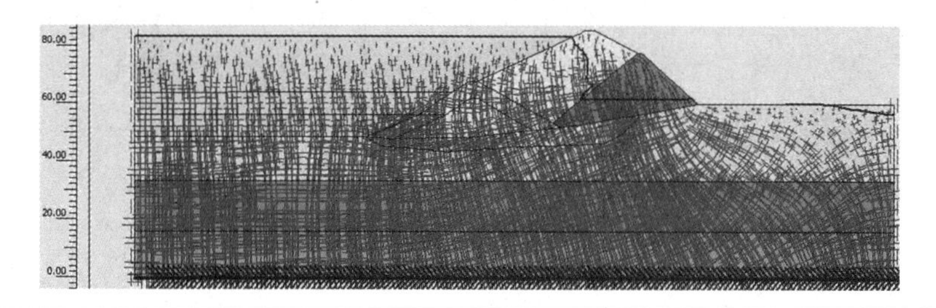

图 9.30　有效主应力矢量分布图(最大有效主应力 819.57Pa)

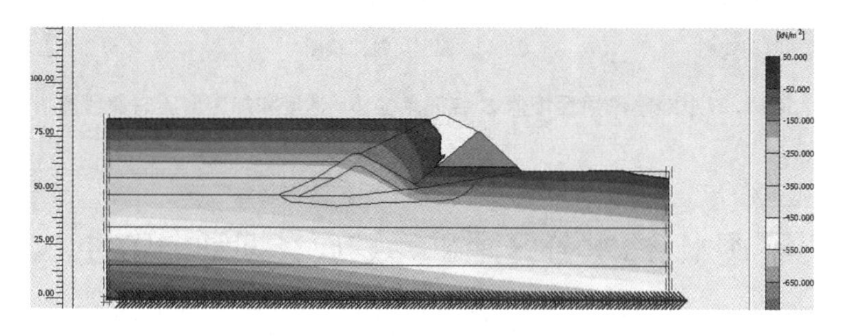

图 9.31　地下水等水位面分布云图(最大总孔压 835.00Pa)

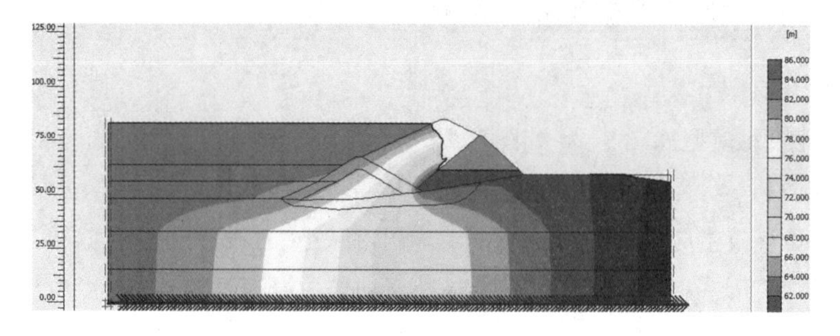

图 9.32　地下水等势面分布云图

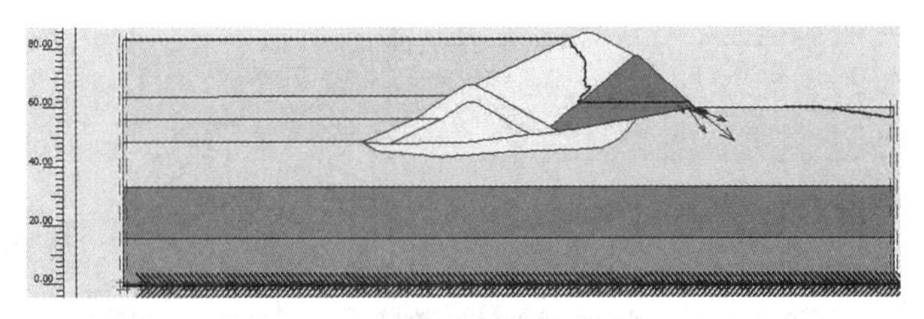

图 9.33　地下水渗流矢量分布图(最大速度 39.43m/d)

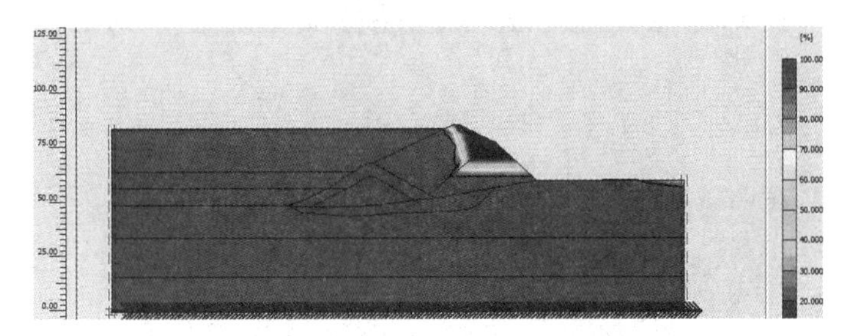

图 9.34　地下水饱和度分布云图(最大饱和度 100.35%)

(3)渗流变形分析

通过图 9.35 至图 9.39 可以看出由于渗流产生的变形最大总位移为 2m，坝体向右下方向下沉，在强度折减分析后，坝后坡脚和二期坝与坝前接触坡面位置产生剪应变，且坝后坡产生滑动趋势。

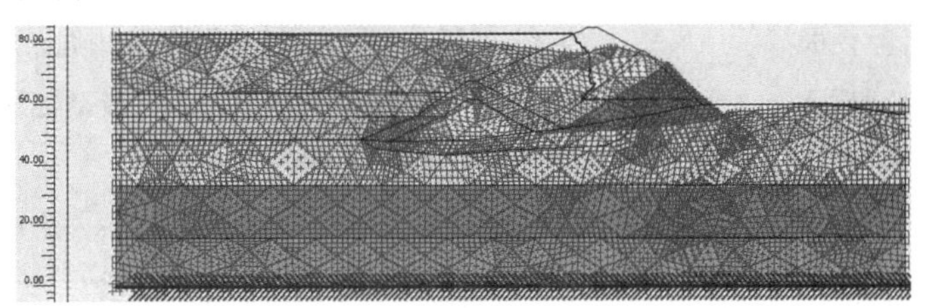

图 9.35　渗流变形网格分布图(最大总位移 2.00m)

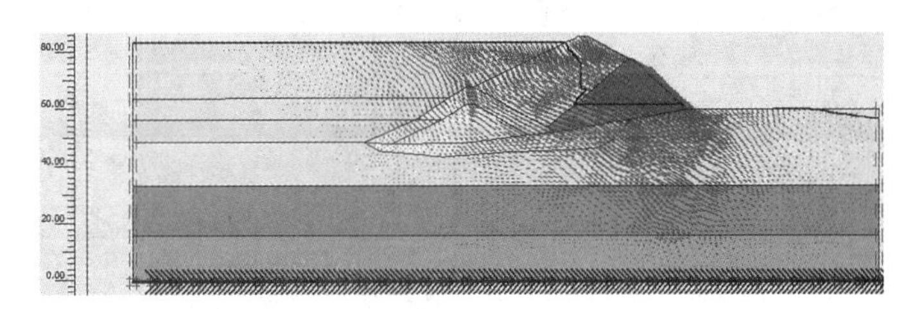

图 9.36　渗流变形位移矢量分布图(最大总位移 2.00m)

图 9.37　渗流变形破坏分布云图

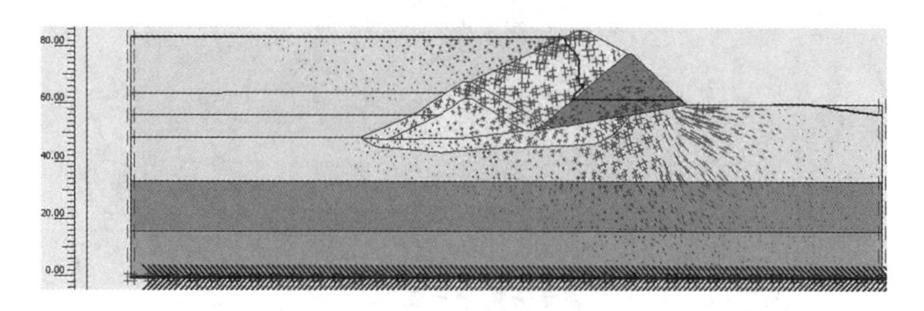

图 9.38　渗流变形总应变矢量分布图(最大主应变 19.24%)

图 9.39　渗流变形总剪应变等值线分布云图(最大主应变 13.02%)

(4)渗流变形典型曲线特性分析

图 9.40 至图 9.42 中，选取 A、B、C 三个剖面，可以清楚地看到 A、B、C 三个面位置地下水孔压、地下水渗流、渗流变形位移随着深度变化情况，如随深度增加孔压的变化逐渐减小，渗流情况与 A、B、C 三点位置有直接关系。总位移则是 C 处最大，与模型分析一致。

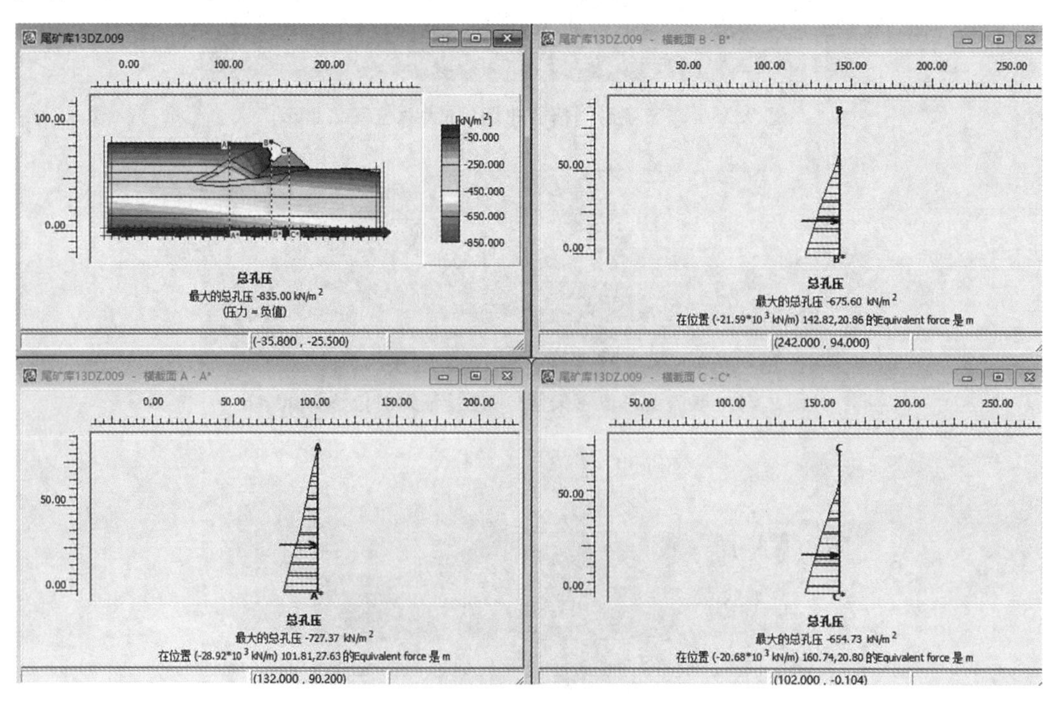

图 9.40　地下水孔压深度变化曲线图

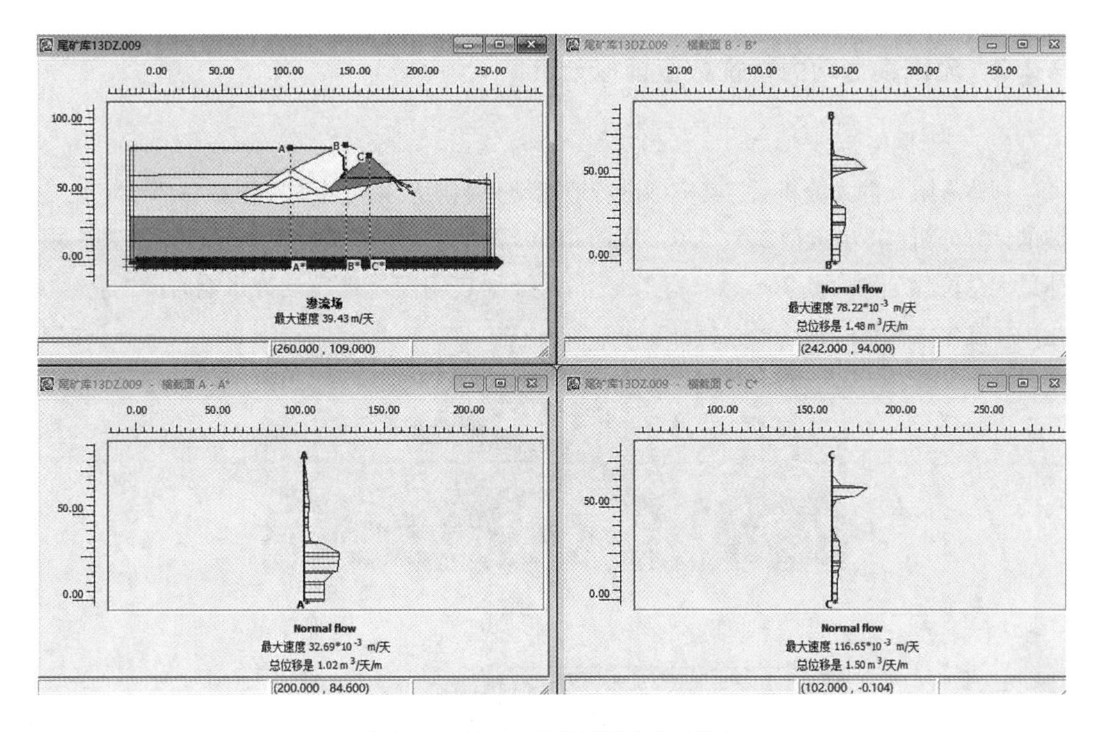

图 9.41　地下水渗流深度变化曲线图

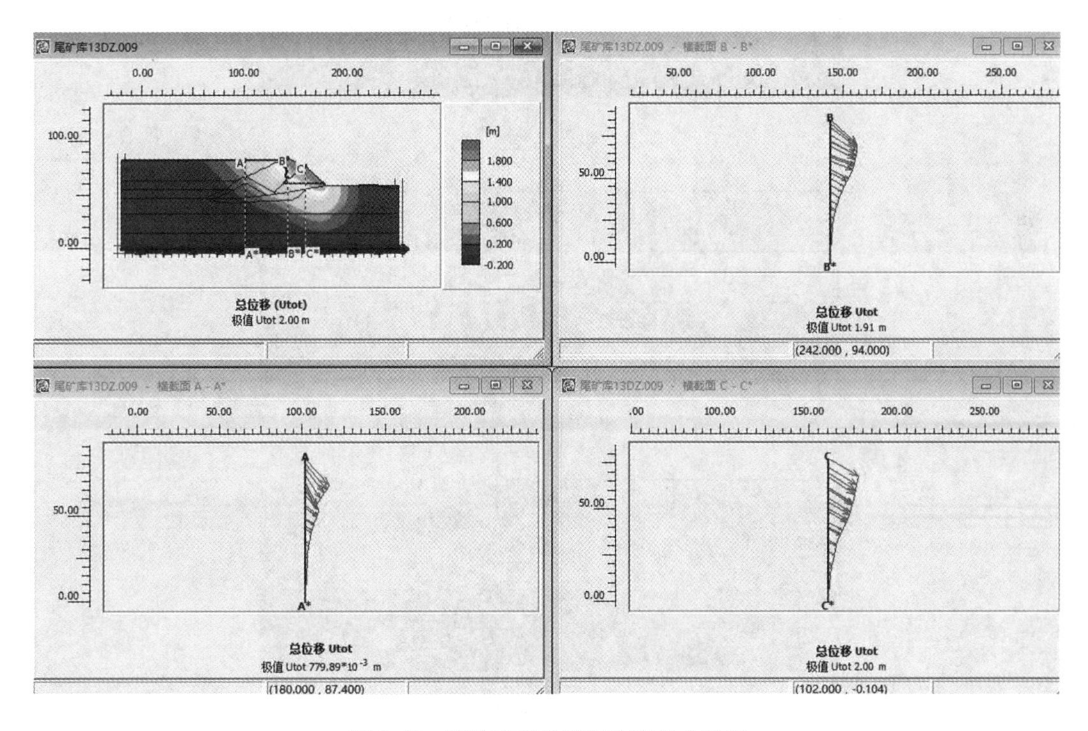

图 9.42　渗流变形位移深度变化曲线图

9.2.2 流固耦合动力特性数值模拟分析

(1)变形网格

坝体有限元静力分析后，其模型进行地震动力响应模拟分析，在模型底部给定地震波的计算分析，得出典型2.5、5.0、10.0、20.0s的变形网格图如图9.43所示，模型中坝体最大总位移分别为0.766、1.29、1.83、2.60m，表明随着地震动力影响时间的持续，主坝体发生大变形的网格滑移特征。

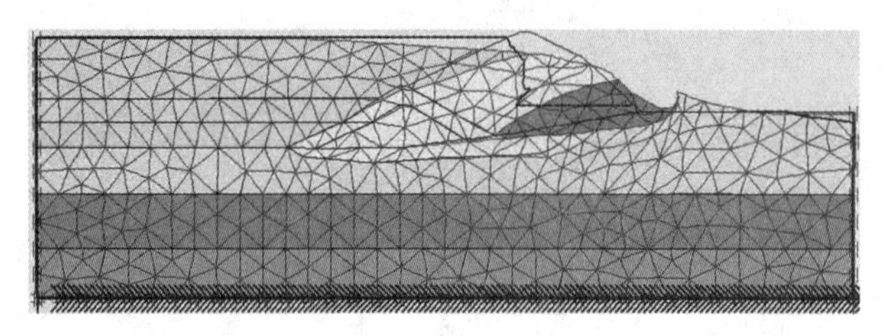

(a)2.5s地震

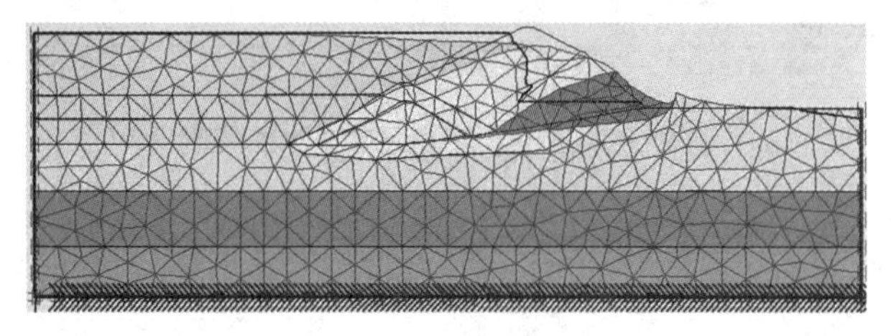

(b)5.0s地震

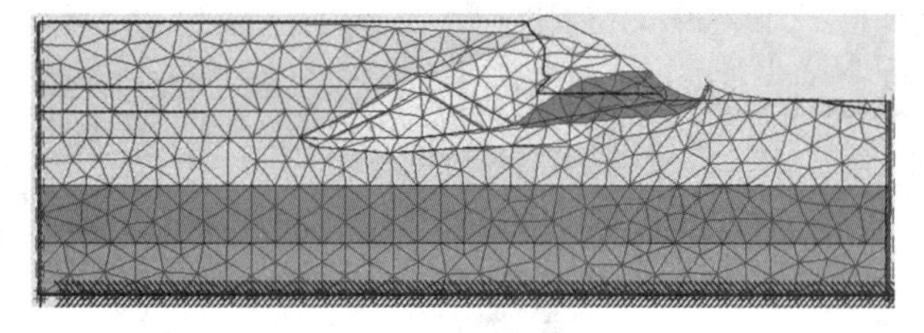

(c)10.0s地震

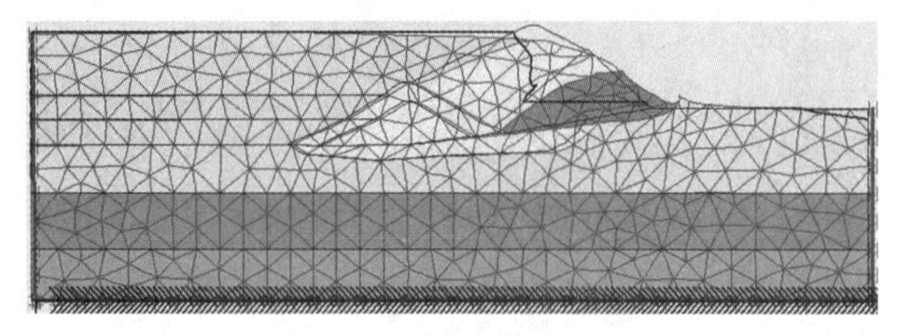

(d)20.0s地震

图9.43 地震作用后坝体结构变形的网格图

(2)总应变矢量

坝体有限元静力分析后，其模型进行地震动力响应模拟分析，在模型底部给定地震波的计算分析，得出典型2.5、5.0、10.0、20.0s的总应变矢量图如图9.44所示，模型中坝体最大总应变矢量值分别为10.16%、14.15%、19.40%、26.35%。

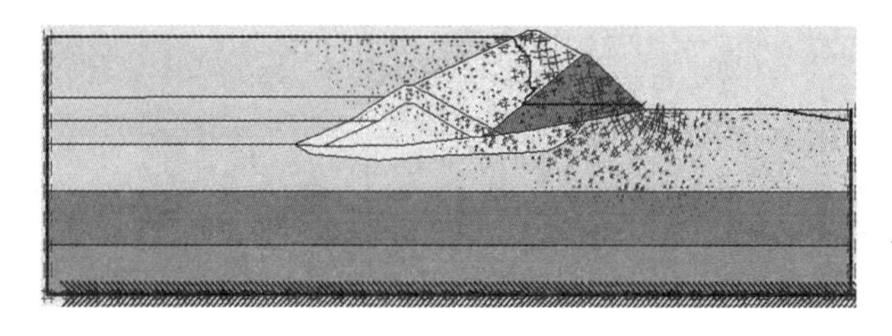

(a)2.5s地震

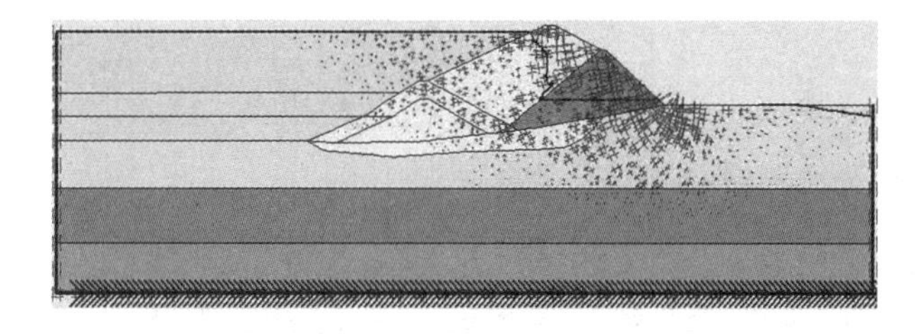

(b)5.0s地震

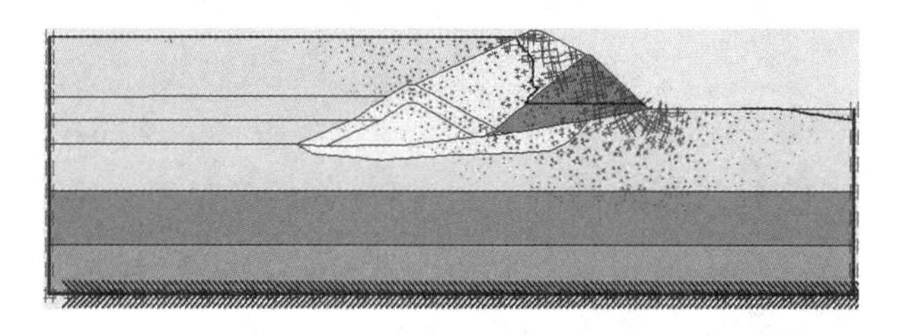

(c)10.0s地震

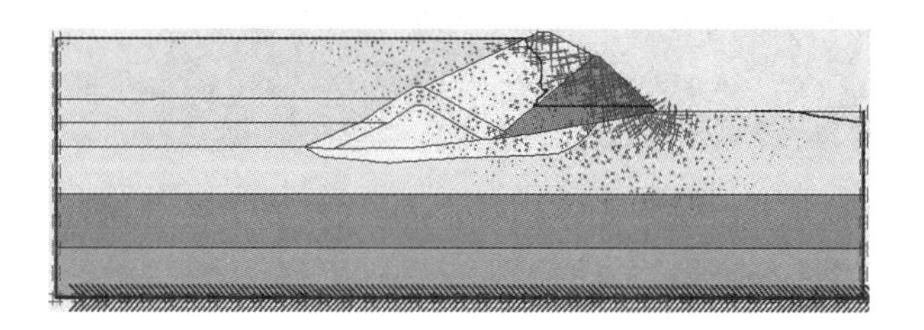

(d)20.0s地震

图9.44 地震作用后坝体总应变矢量分布图

(3)总剪应变

坝体有限元静力分析后，其模型进行地震动力响应模拟分析，在模型底部给定地震波的计算分析，得出典型2.5、5.0、10.0、20.0s的总剪应变云图如图9.45所示，模型中坝体最大总剪应变值分别为9.56%、15.03%、22.19%、31.28%，表明随着地震动力影响时间的持续，坝体坡脚发生总剪应变增加。

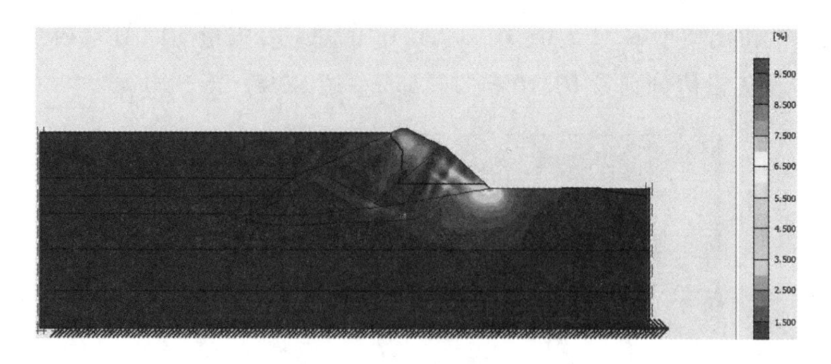

(a)2.5s 地震

(b)5.0s 地震

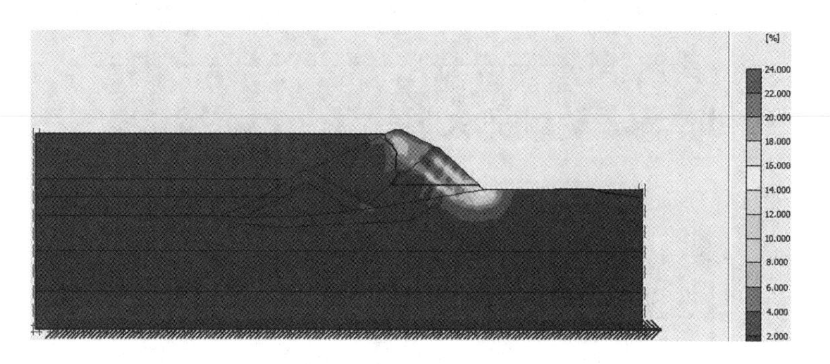

(c)10.0s 地震

(d)20.0s 地震

图 9.45　地震作用后坝体总剪应变分布云图

(4)总速度矢量

坝体有限元静力分析后，其模型进行地震动力响应模拟分析，在模型底部给定地震波的计算分析，得出典型2.5、5.0、10.0、20.0s的总速度矢量图如图9.46所示，模型中坝体总速度矢量值分别为0.298、0.171、0.094、0.066m/d，表明随着地震动力影响时间的持续，主坝体总速度矢量逐渐减小。

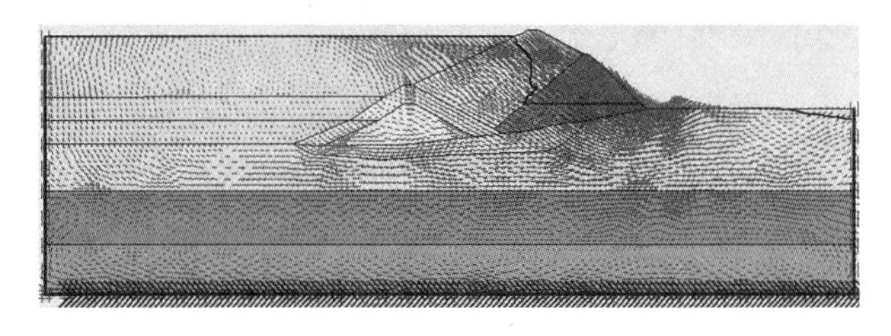

(a)2.5s 地震

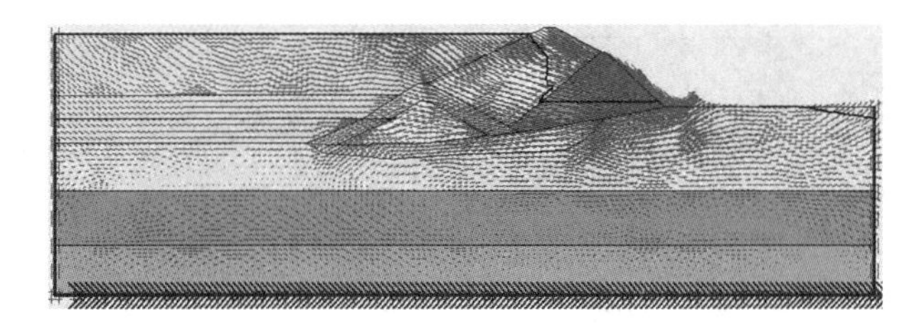

(b)5.0s 地震

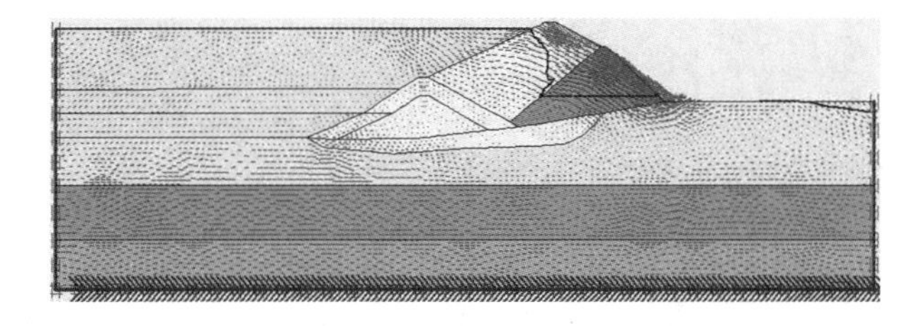

(c)10.0s 地震

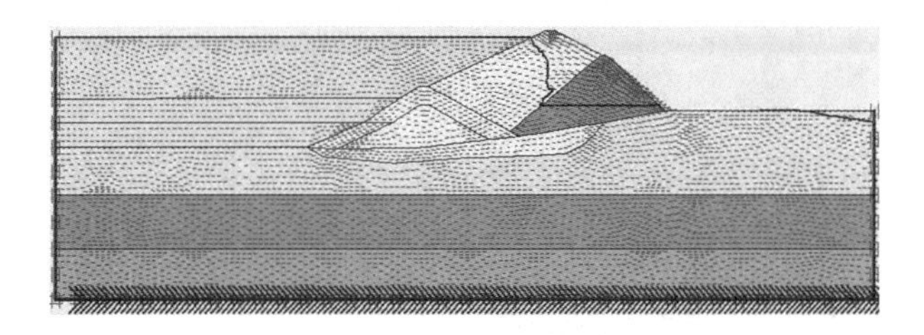

(d)20.0s 地震

图9.46　地震作用后坝体总速度矢量分布图

(5)总加速度

坝体有限元静力分析后，其模型进行地震动力响应模拟分析，在模型底部给定地震波的计算分析，得出典型2.5、5.0、10.0、20.0s的总加速度云图如图9.47所示，模型中坝体总加速度分别为 0.764、0.379、0.187、0.070m/d^2。

(a)2.5s 地震

(b)5.0s 地震

(c)10.0s 地震

(d)20.0s 地震

图 9.47　地震作用后坝体总加速度分布云图

(6)相对剪切应力比

坝体有限元静力分析后，其模型进行地震动力响应模拟分析，在模型底部给定地震波的计算分析，得出典型 2.5、5.0、10.0、20.0s 的相对剪切应力比云图如图 9.48 所示。

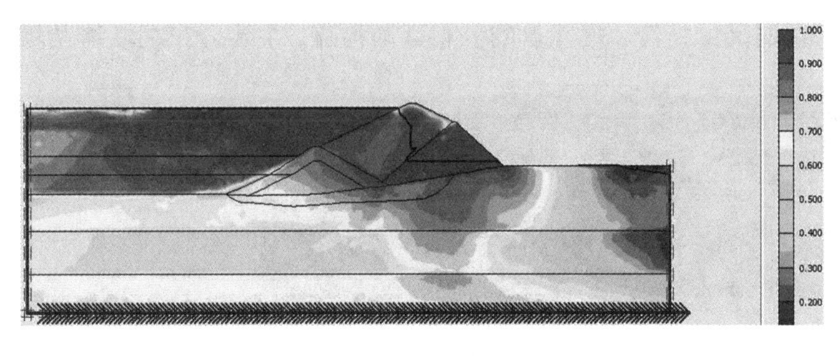

(a)2.5s 地震

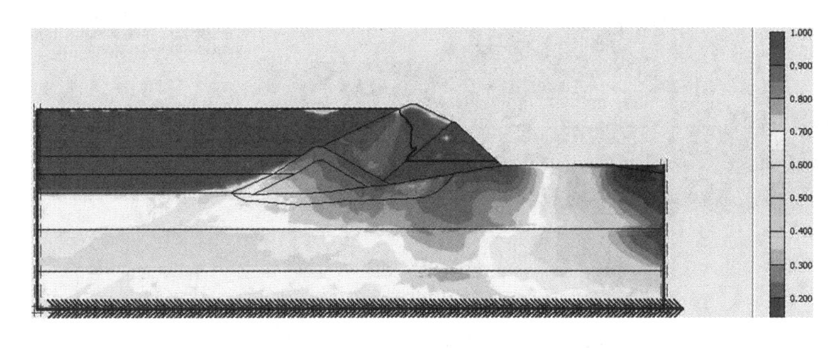

(b)5.0s 地震

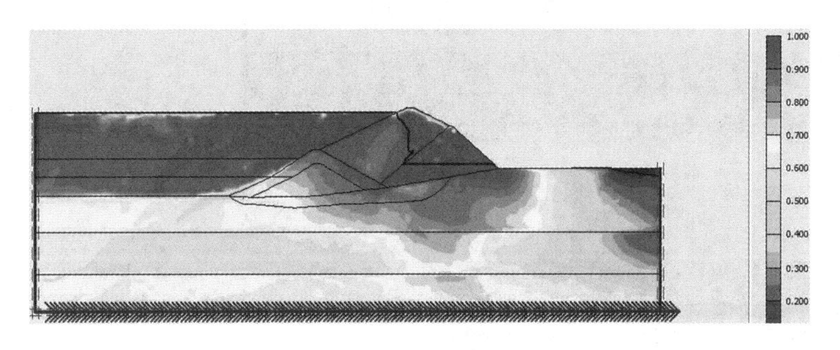

(c)10.0s 地震

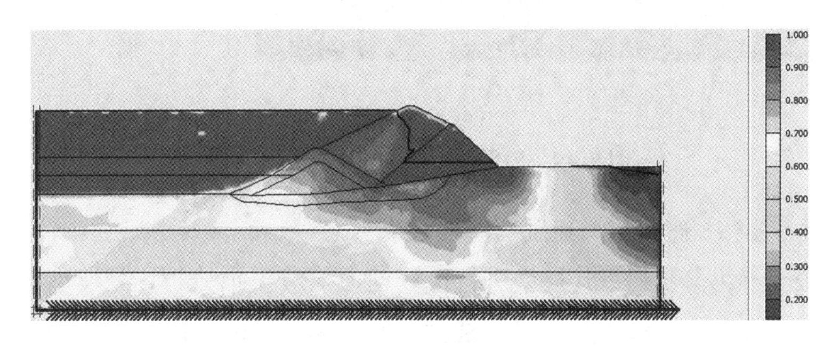

(d)20.0s 地震

图 9.48　地震作用后坝体相对剪切应力比分布云图

(7)破坏区分布

坝体有限元静力分析后，其模型进行地震动力响应模拟分析，在模型底部给定地震波的计算分析，得出典型2.5、5.0、10.0、20.0s的破坏区分布图如图9.49所示，表明随着地震动力影响时间的持续，塑性点的分布逐渐稀疏，主要分布在坝体及坝体周围。

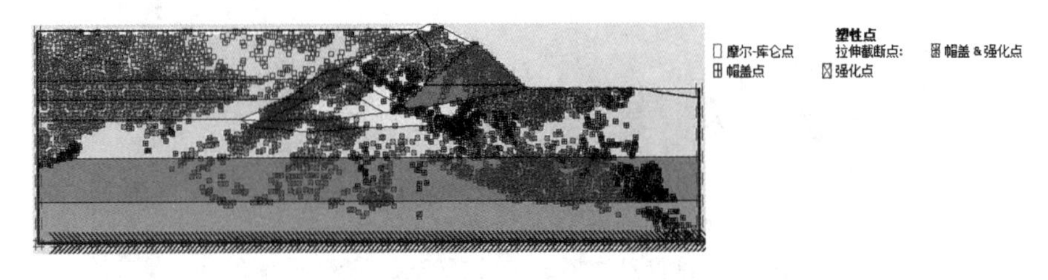

(a)2.5s 地震

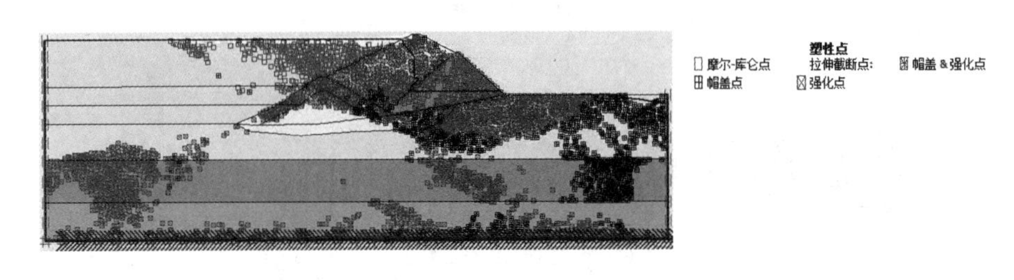

(b)5.0s 地震

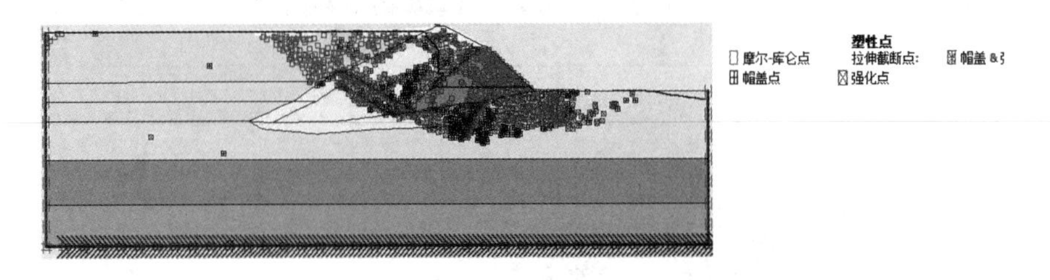

(c)10.0s 地震

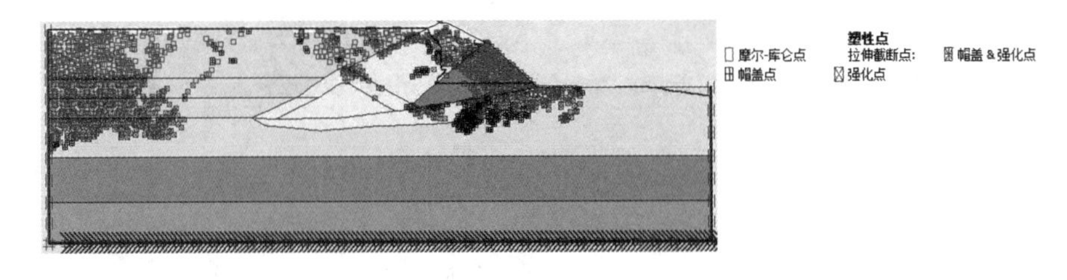

(d)20.0s 地震

图9.49　地震作用后坝体破坏区分布图

(8)特征点位移、速度和加速度历时曲线

坝体有限元静力分析后，其模型进行地震动力响应模拟分析，在模型底部给定地震波的计算分析，得出典型特征点位移、速度和加速度历时曲线图如图9.50至图9.54所示。

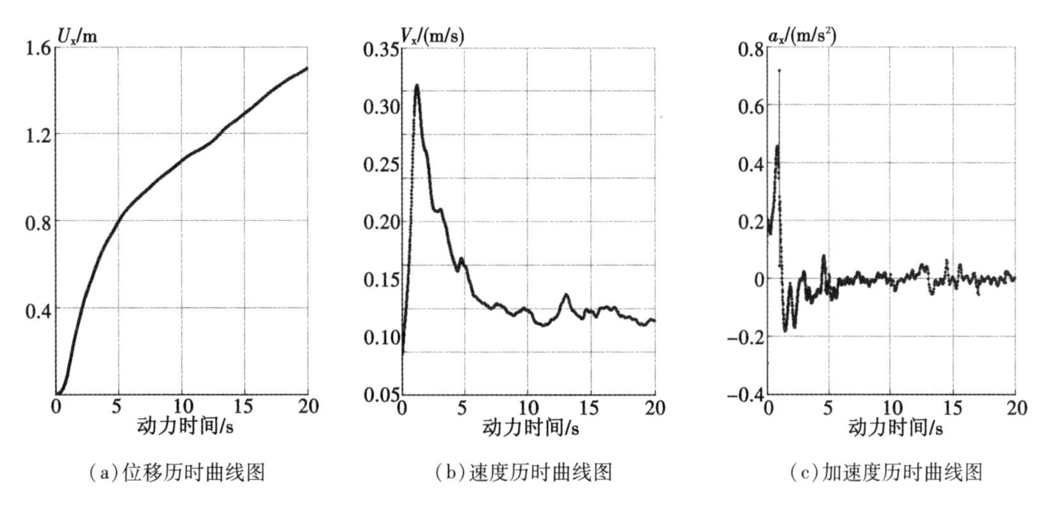

(a)位移历时曲线图　(b)速度历时曲线图　(c)加速度历时曲线图

图 9.50　地震作用后坝体 *A* 特征点位移、速度和加速度历时曲线图

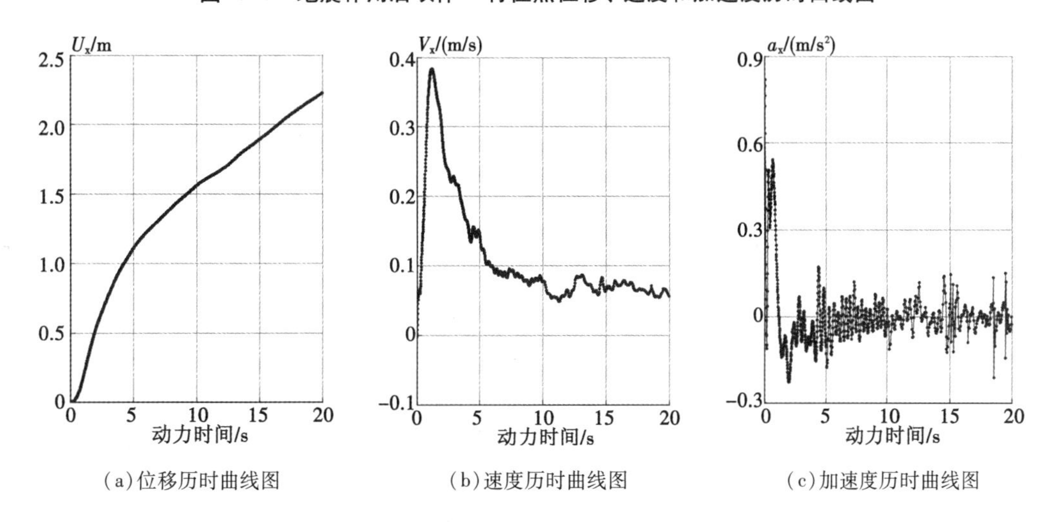

(a)位移历时曲线图　(b)速度历时曲线图　(c)加速度历时曲线图

图 9.51　地震作用后坝体 *B* 特征点位移、速度和加速度历时曲线图

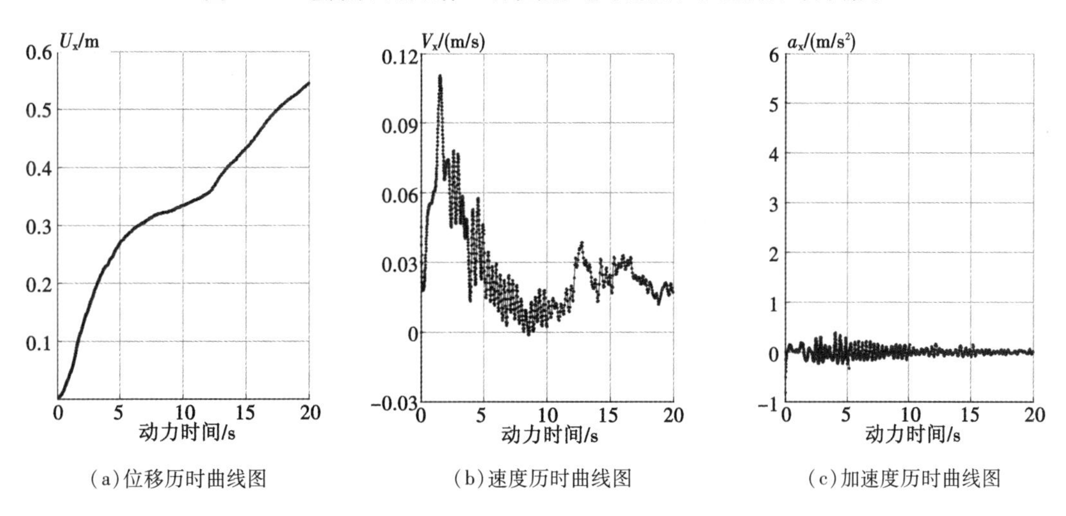

(a)位移历时曲线图　(b)速度历时曲线图　(c)加速度历时曲线图

图 9.52　地震作用后坝体 *C* 特征点位移、速度和加速度历时曲线图

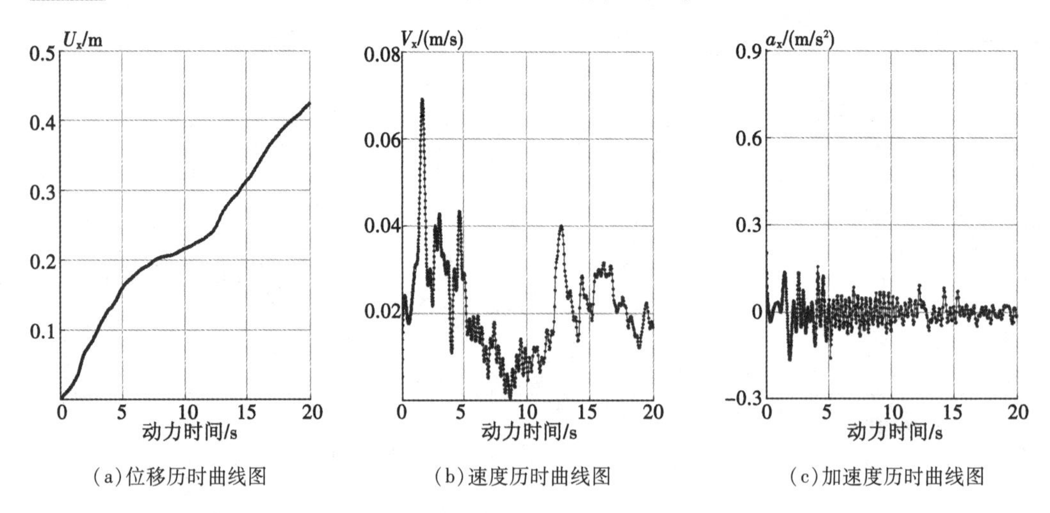

(a)位移历时曲线图　(b)速度历时曲线图　(c)加速度历时曲线图

图 9.53　地震作用后坝体 *D* 特征点位移、速度和加速度历时曲线图

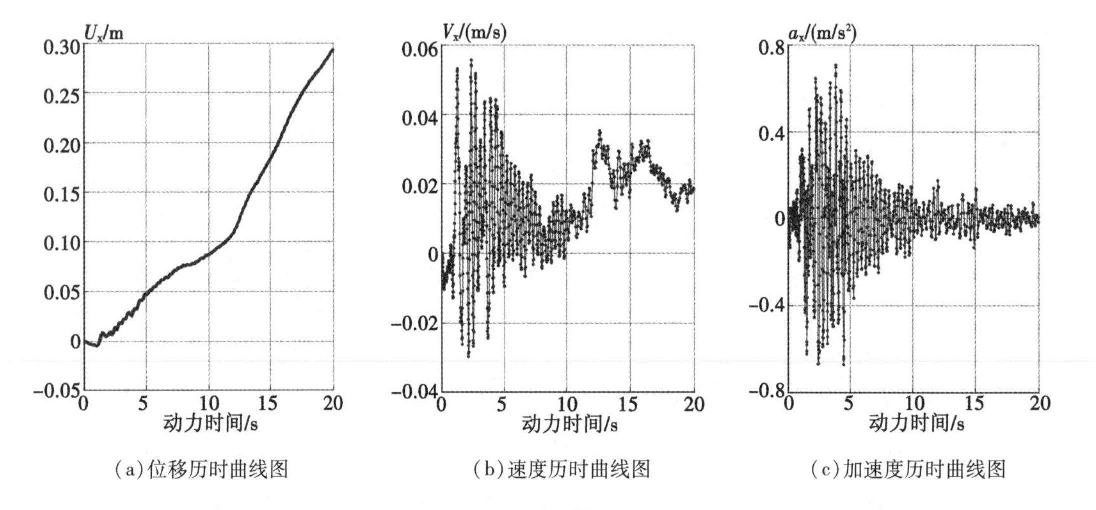

(a)位移历时曲线图　(b)速度历时曲线图　(c)加速度历时曲线图

图 9.54　地震作用后坝体 *E* 特征点位移、速度和加速度历时曲线图

第 10 章　不透水尾矿库贮灰场坝地震动力特性

在建立地震响应分析原理与方法、有限元数值模拟模型及其相关参数的基础上，选取不透水辐射井排水尾矿库贮灰场坝、不透水辐射井+渗沟排水尾矿库贮灰场坝、不透水棱体+褥垫排水尾矿库贮灰场坝和不透水棱体+褥垫+渗井排水尾矿库贮灰场坝这四种典型的工程进行流固耦合及动力特性分析。

地震波谱选用 UPLAND 记录的真实地震加速度数据分析，边界条件与阻尼、材料的本构模型与物理力学参数同第 8 章。

10.1　不透水辐射井排水尾矿库贮灰场坝动力特性

10.1.1　流固耦合弹塑性数值模拟分析

(1)几何与有限元模型

几何与有限元模型如图 10.1 和 10.2 所示。

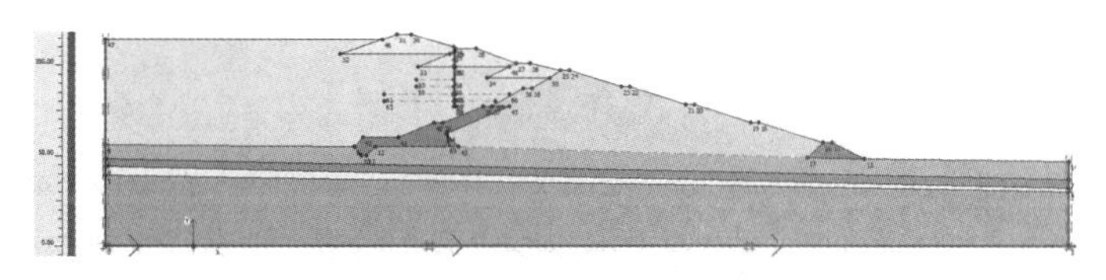

图 10.1　几何模型图

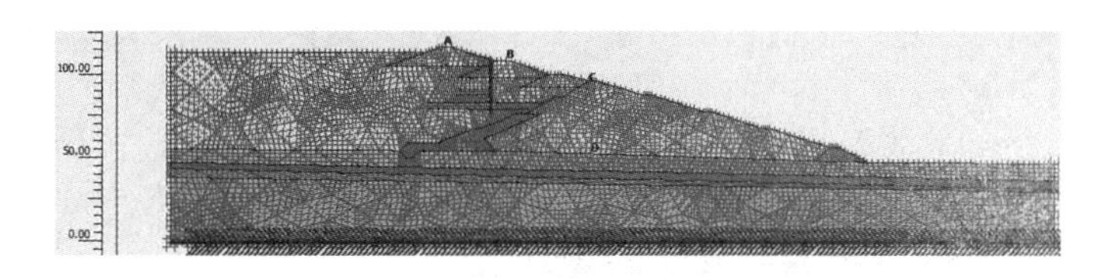

图 10.2　有限元网格剖分模型图

(2)渗流分析

从图 10.3 有效主应力矢量分布图可以看出有效应力没有明显的偏转，最大的有效主应力为 1540 Pa。在图 10.4 至图 10.7 中，坝体中水位较低，前两期子坝中没水，第三期子坝中含有少量的水，坝体的排水效果较好，辐射井排水作用明显，从图 10.6 可以看出具体效果，由于辐射井的作用，整个坝体的浸润线降低。

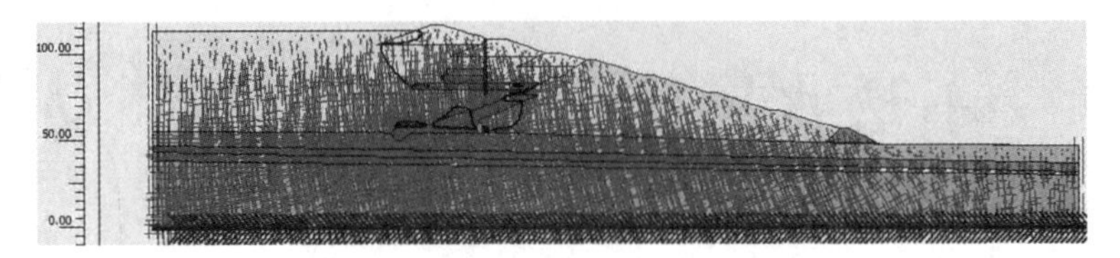

图 10.3　有效主应力矢量分布图(最大有效主应力 1540Pa)

图 10.4　地下水等水位面分布云图(最大总孔压 1150Pa)

图 10.5　地下水等势面分布云图

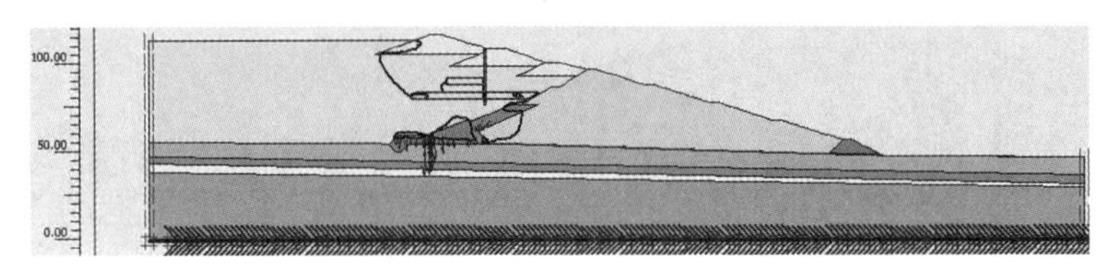

图 10.6　地下水渗流矢量分布图(最大速度 226.75m/d)

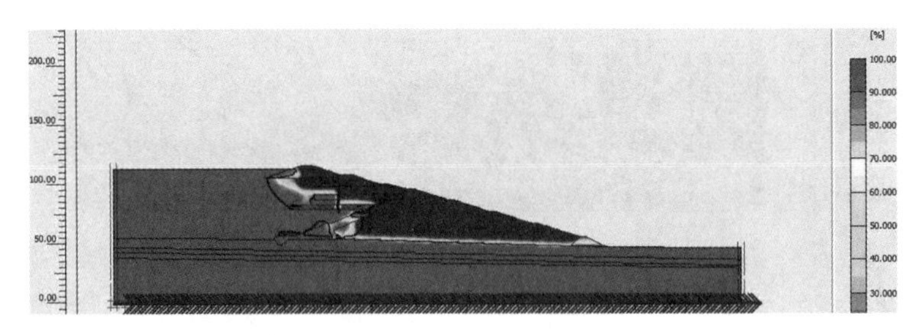

图 10.7　地下水饱和度分布云图(最大饱和度 103.26%)

(3)渗流变形分析

通过图 10.8 至图 10.12 可以看出，由于渗流产生的变形最大总位移为 0.216m，坝前有沉降位移，坝体向下位移，在强度折减分析后，三级子坝以及辐射井周围位置产生剪应变，且坝后坡产生滑动趋势。

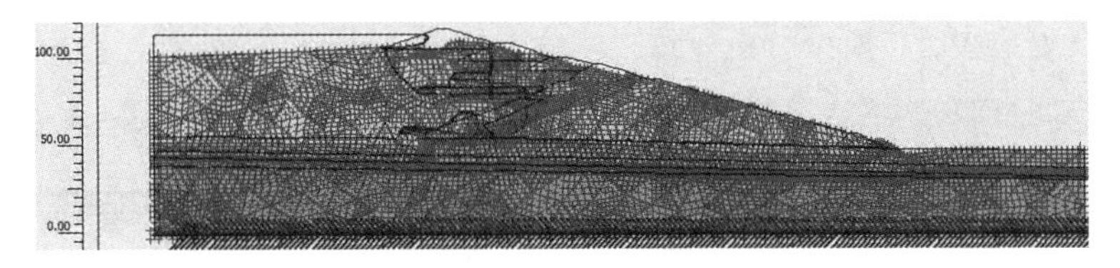

图 10.8　渗流变形网格分布图(最大总位移 0.216m)

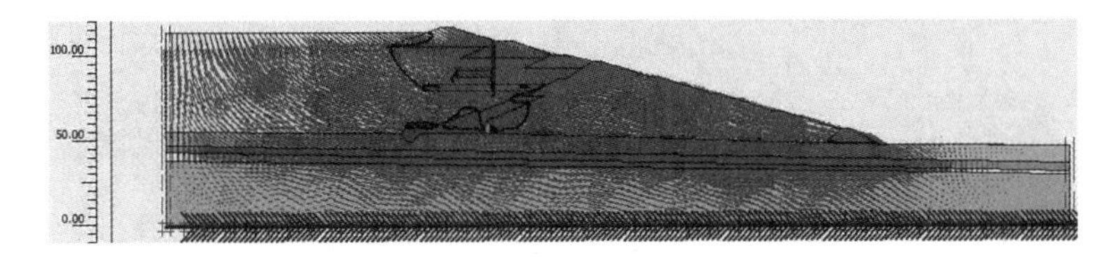

图 10.9　渗流变形位移矢量分布图(最大总位移 0.216m)

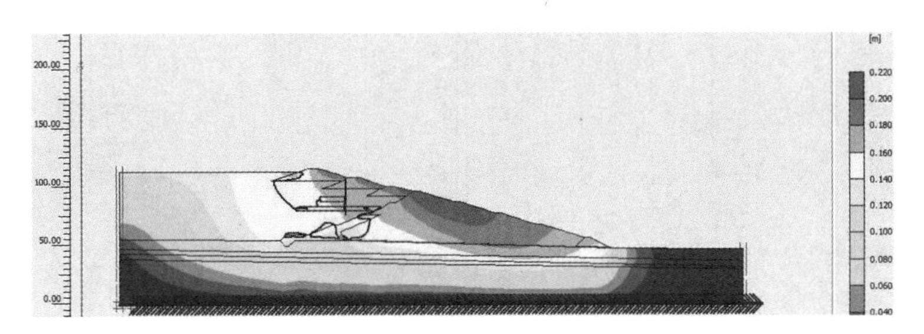

图 10.10　渗流变形破坏分布云图

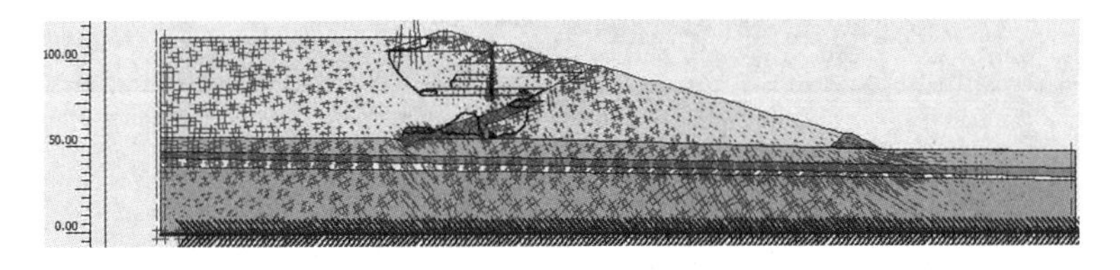

图 10.11　渗流变形总应变矢量分布图(最大主应变 1.02%)

图 10.12　渗流变形总剪应变等值线分布云图(最大主应变 0.64%)

(4)渗流变形典型曲线特性分析

如图 10.13 至图 10.15 所示，选取 A、B、C 三个剖面，可以清楚地看到 A、B、C 三个面位置地下水孔压、地下水渗流、渗流变形位移随着深度变化情况，如随深度增加孔压的变化逐渐减小，渗流情况与 A、B、C 三点位置有直接关系，初级坝下部渗流速度最快。总位移则是 C 处最大，与模型分析一致。

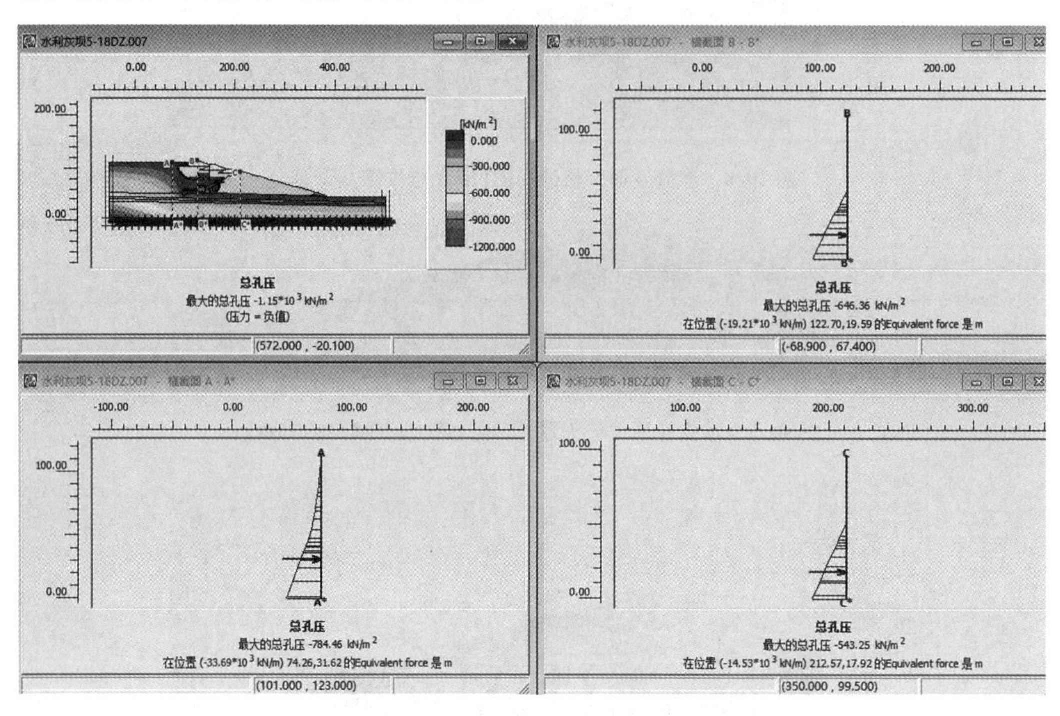

图 10.13　地下水孔压深度变化曲线图

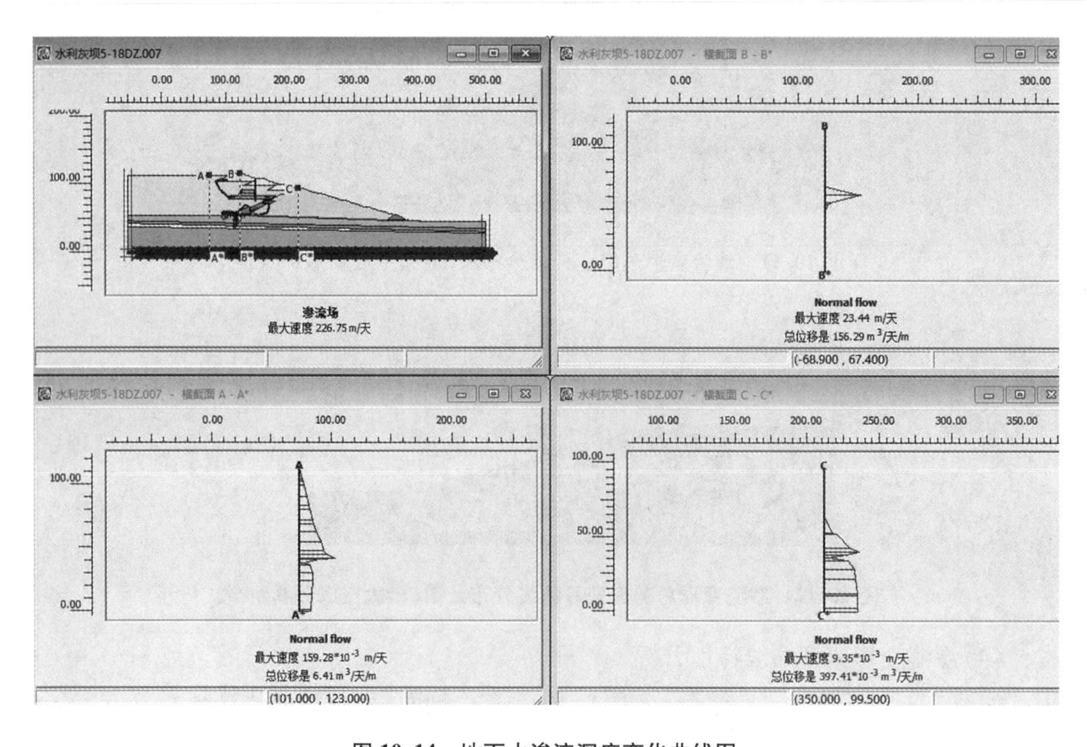

图 10.14　地下水渗流深度变化曲线图

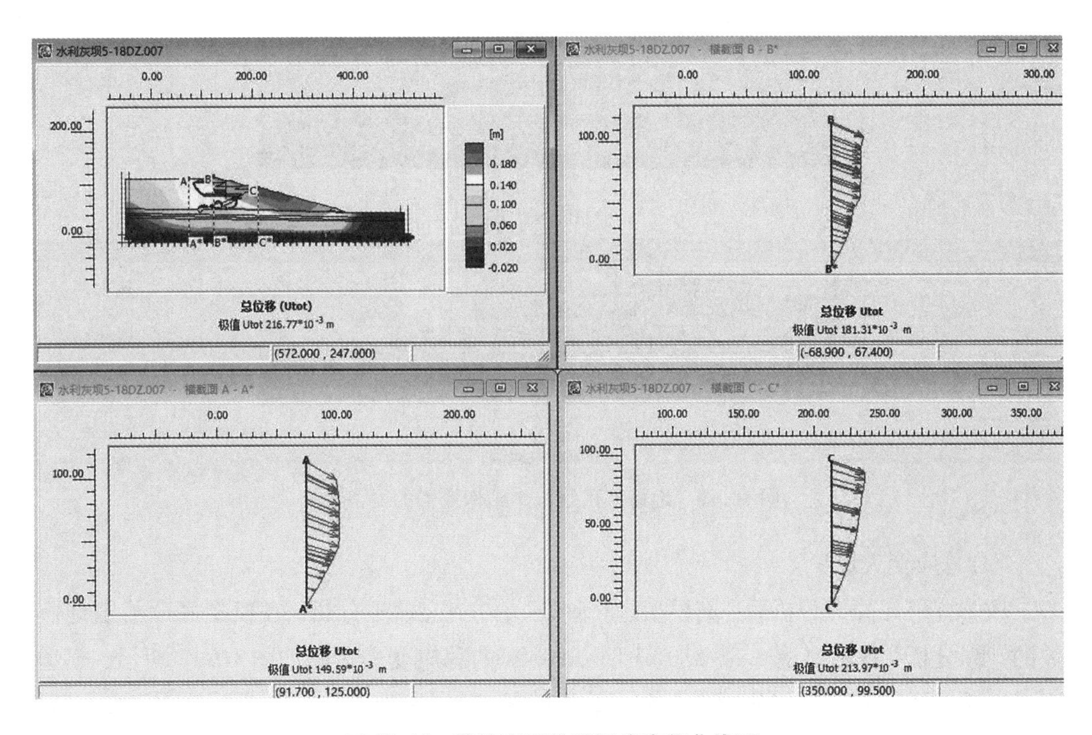

图 10.15　渗流变形位移深度变化曲线图

10.1.2　流固耦合动力特性数值模拟分析

(1)变形网格

坝体有限元静力分析后，其模型进行地震动力响应模拟分析，在模型底部给定地震波的计算分析，得出典型 2.5、5.0、10.0、20.0s 的变形网格图如图 10.16 所示，模型中坝体最大总位移分别为 0.158、0.246、0.305、0.501m，表明随着地震动力影响时间的持续，主坝体发生大变形的网格滑移特征。

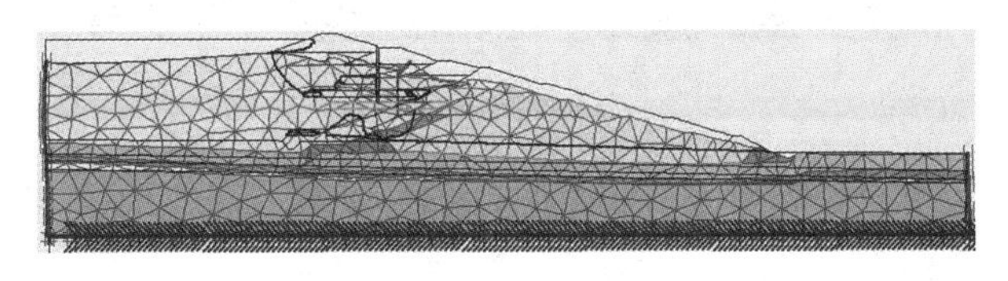

(a)2.5s 地震

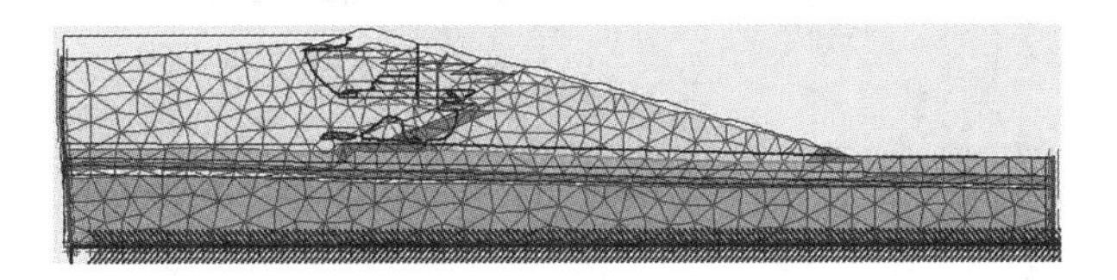

(b)5.0s 地震

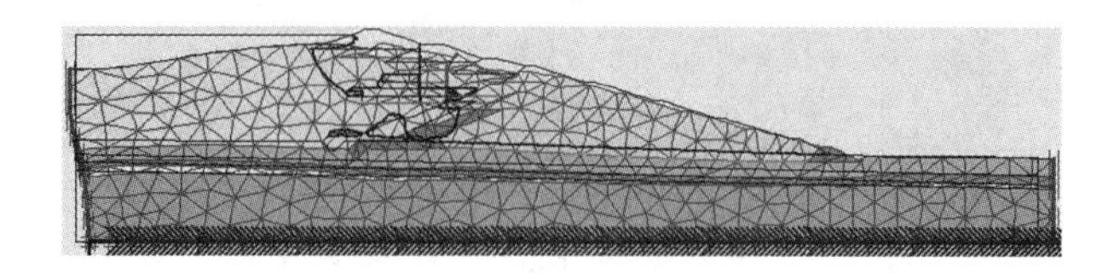

(c)10.0s 地震

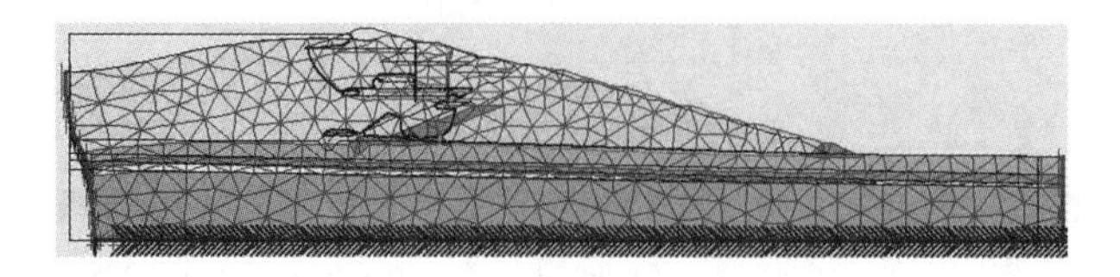

(d)20.0s 地震

图 10.16 地震作用后坝体结构变形的网格图

(2)总应变矢量

坝体有限元静力分析后，其模型进行地震动力响应模拟分析，在模型底部给定地震波的计算分析，得出典型 2.5、5.0、10.0、20.0s 的总应变矢量图如图 10.17 所示，模型中坝体最大总应变矢量值分别为 2.12%、2.73%、3.07%、3.11%，表明随着地震动力影响时间的持续，最大总应变逐渐增加，主要在三级子坝周围。

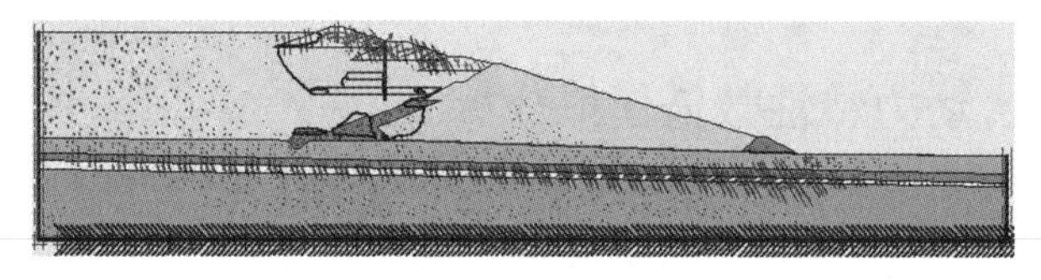

(a)2.5s 地震

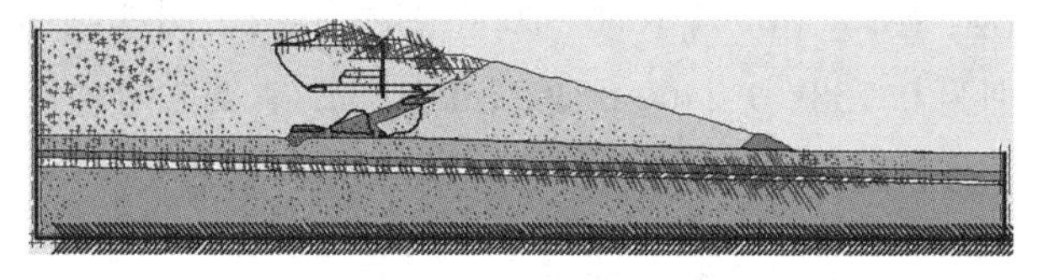

(b)5.0s 地震

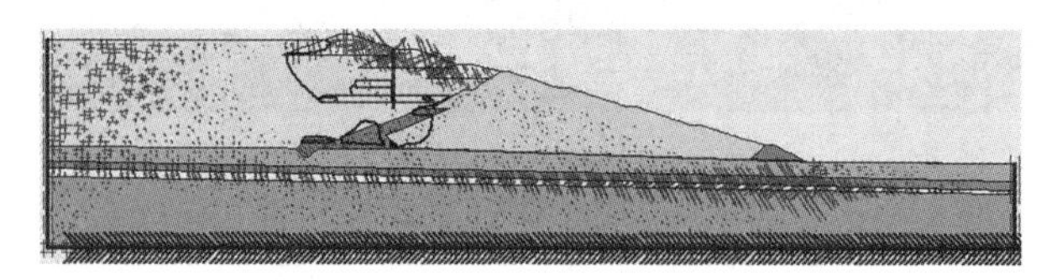

(c)10.0s 地震

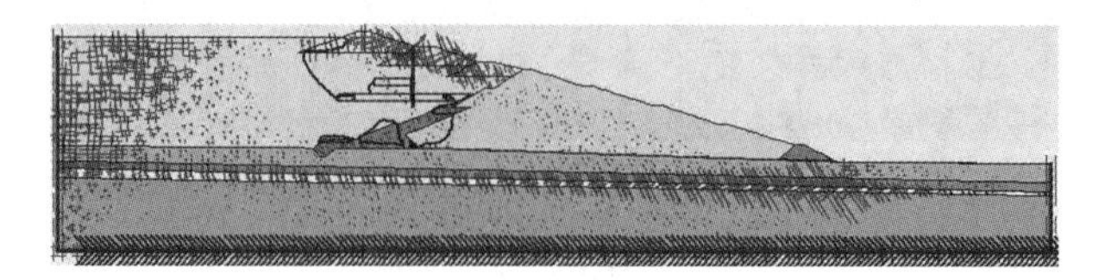

(d)20.0s 地震

图 10.17 地震作用后坝体总应变矢量分布图

(3)总剪应变

坝体有限元静力分析后，其模型进行地震动力响应模拟分析，在模型底部给定地震波的计算分析，得出典型 2.5、5.0、10.0、20.0s 的总剪应变云图 10.18 所示，模型中坝体总剪应变分别为 1.56%、2.26%、2.59%、2.59%，表明随着地震动力影响时间的持续，模型中坝体总剪应变变化不是很明显。

(a)2.5s 地震

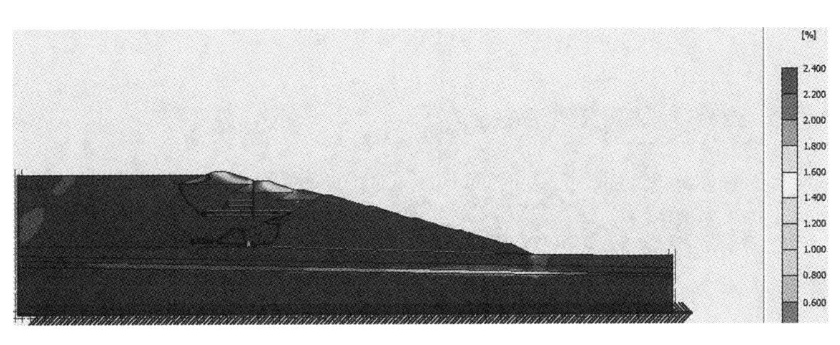

(b)5.0s 地震

(c)10.0s 地震

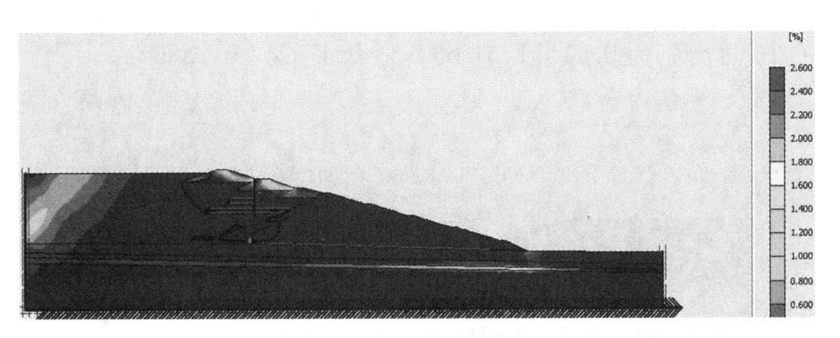

(d)20.0s 地震

图 10.18　地震作用后坝体总剪应变分布云图

(4)总速度矢量

坝体有限元静力分析后，其模型进行地震动力响应模拟分析，在模型底部给定地震波的计算分析，得出典型 2.5、5.0、10.0、20.0s 的总速度矢量图如图 10.19 所示，模型中坝体最大总速度矢量分别为 0.07582、0.05738、0.01844、0.02259m/d。

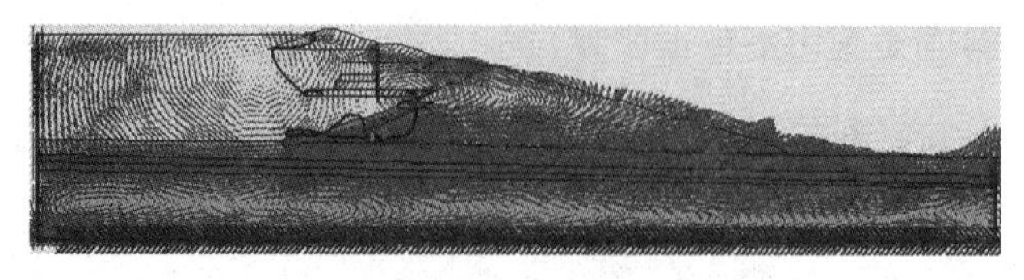

(a)2.5s 地震

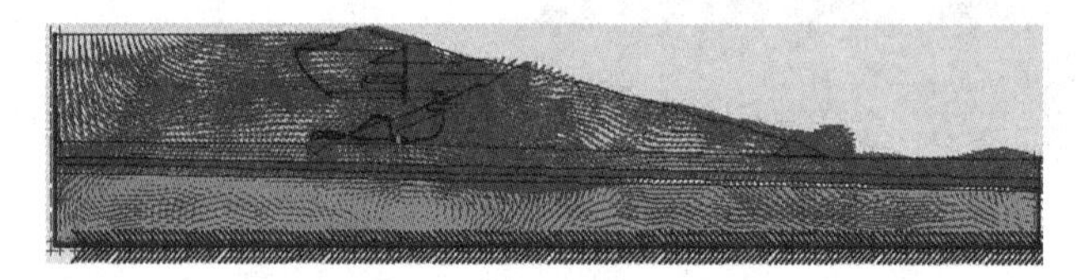

(b)5.0s 地震

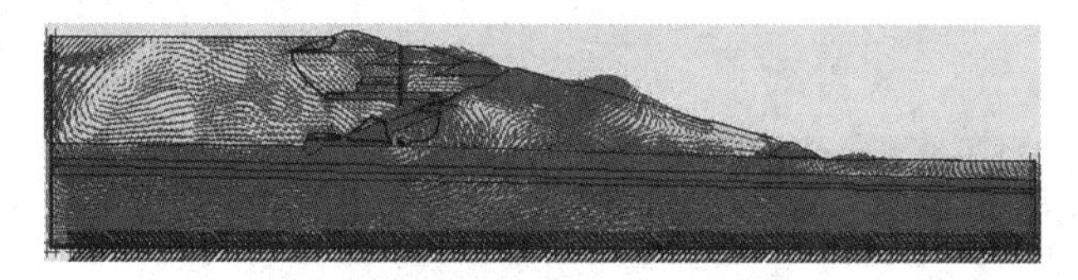

(c)10.0s 地震

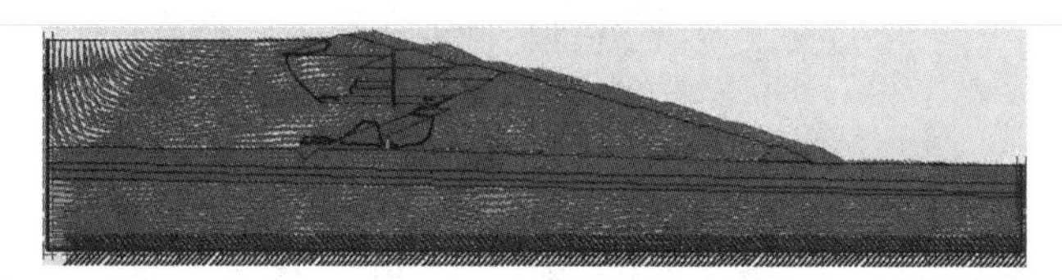

(d)20.0s 地震

图 10.19　地震作用后坝体总速度矢量分布图

(5)总加速度

坝体有限元静力分析后，其模型进行地震动力响应模拟分析，在模型底部给定地震波的计算分析，得出典型 2.5、5.0、10.0、20.0s 的总加速度云图如图 10.20 所示，模型中坝体最大总加速度分别为 0.91571、0.65033、0.47824、0.08804m/d^2。

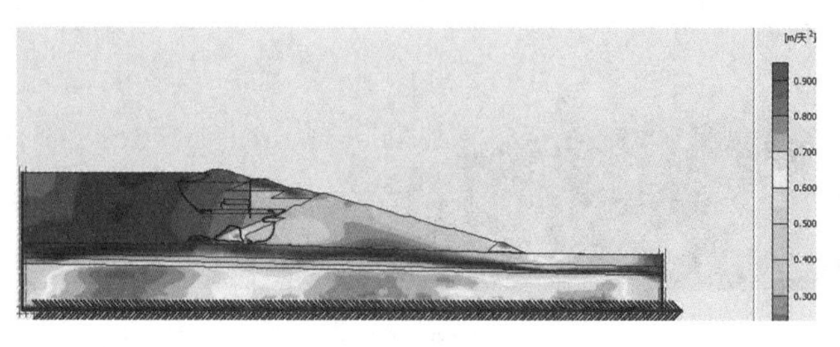

(a)2.5s 地震

(b)5.0s 地震

(c)10.0s 地震

(d)20.0s 地震

图 10.20　地震作用后坝体总加速度分布云图

(6)相对剪切应力比

坝体有限元静力分析后，其模型进行地震动力响应模拟分析，在模型底部给定地震波的计算分析，得出典型 2.5、5.0、10.0、20.0s 的相对剪切应力比云图 10.21 所示。

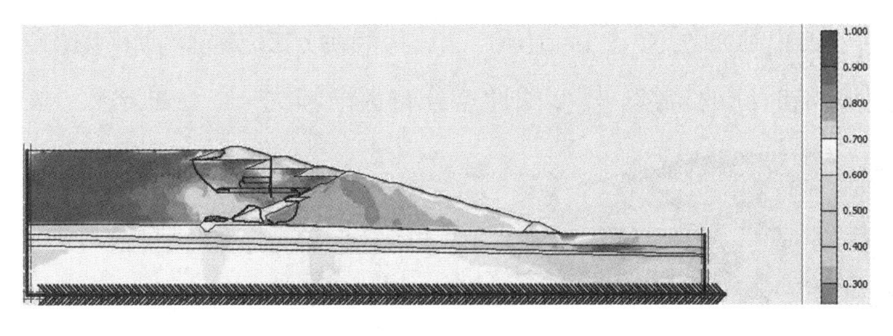

(a)2.5s 地震

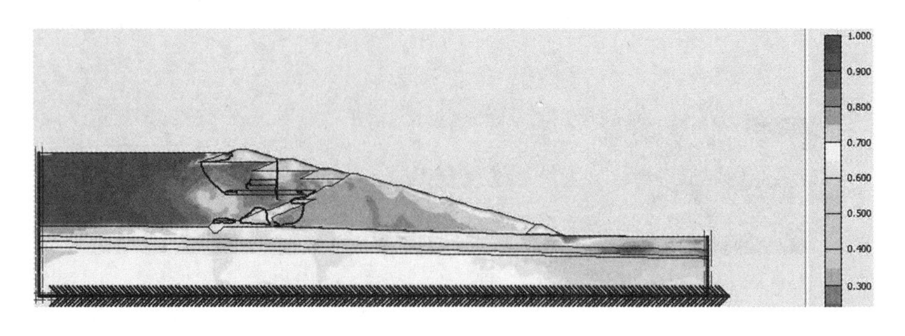

(b)5.0s 地震

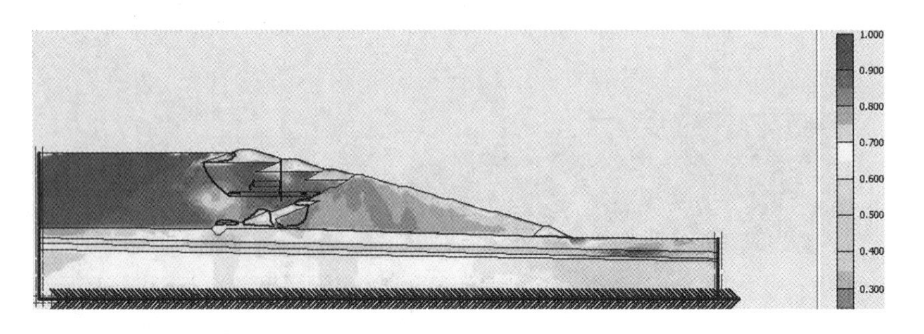

(c)10.0s 地震

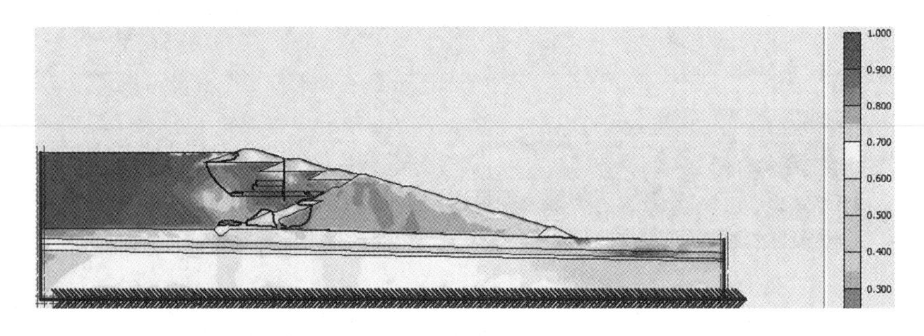

(d)20.0s 地震

图 10.21 地震作用后坝体相对剪切应力比分布云图

(7)破坏区分布

坝体有限元静力分析后，其模型进行地震动力响应模拟分析，在模型底部给定地震波的计算分析，得出典型 2.5、5.0、10.0、20.0s 的破坏区分布图如图 10.22 所示，表明随着地震动力影响时间的持续，模型塑性点分布逐渐消失。

(a)2.5s 地震

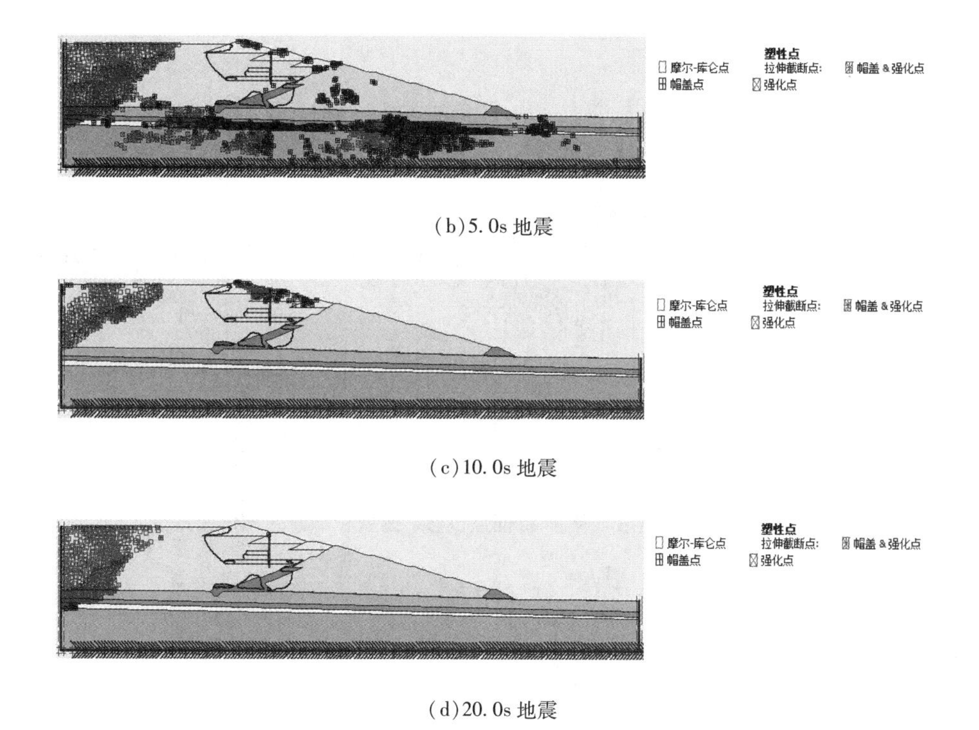

(b)5. 0s 地震

(c)10. 0s 地震

(d)20. 0s 地震

图 10. 22　地震作用后坝体破坏区分布图

(8)特征点位移、速度和加速度历时曲线

坝体有限元静力分析后，其模型进行地震动力响应模拟分析，在模型底部给定地震波的计算分析，得出典型特征点位移、速度和加速度历时曲线图如图 10. 23 至图 10. 26 所示，表明随着地震动力影响时间的持续，主坝体发生大变形的滑移特征。

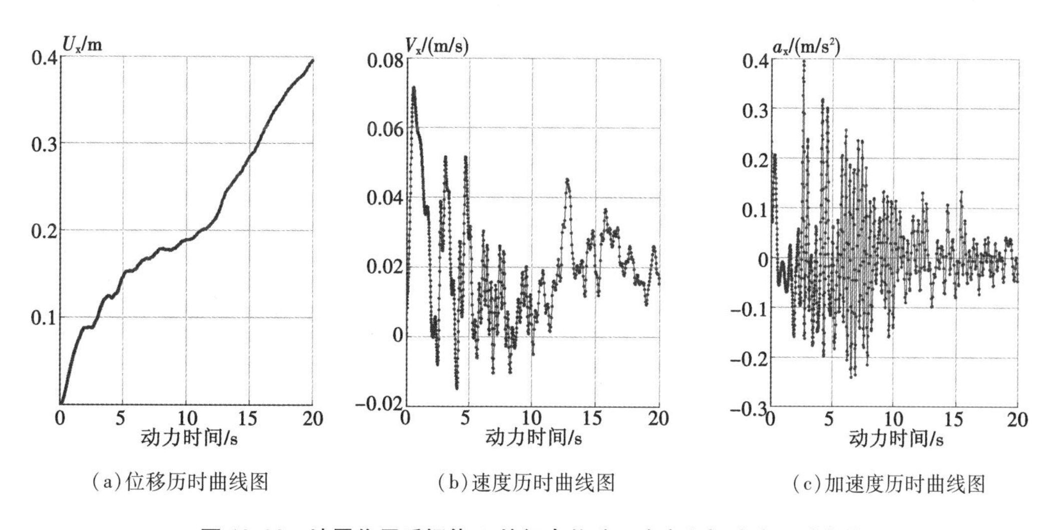

(a)位移历时曲线图　(b)速度历时曲线图　(c)加速度历时曲线图

图 10. 23　地震作用后坝体 *A* 特征点位移、速度和加速度历时曲线图

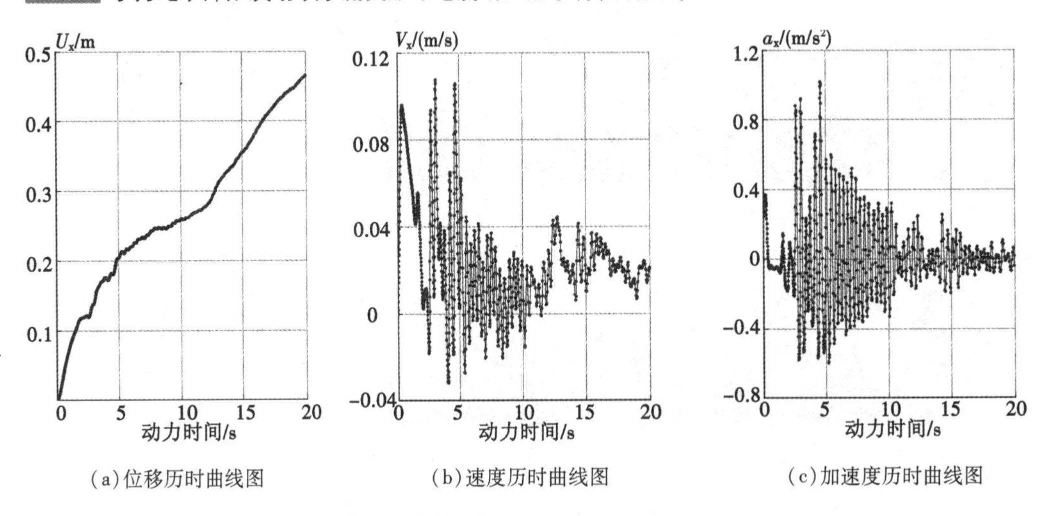

(a)位移历时曲线图　(b)速度历时曲线图　(c)加速度历时曲线图

图 10.24　地震作用后坝体 *B* 特征点位移、速度和加速度历时曲线图

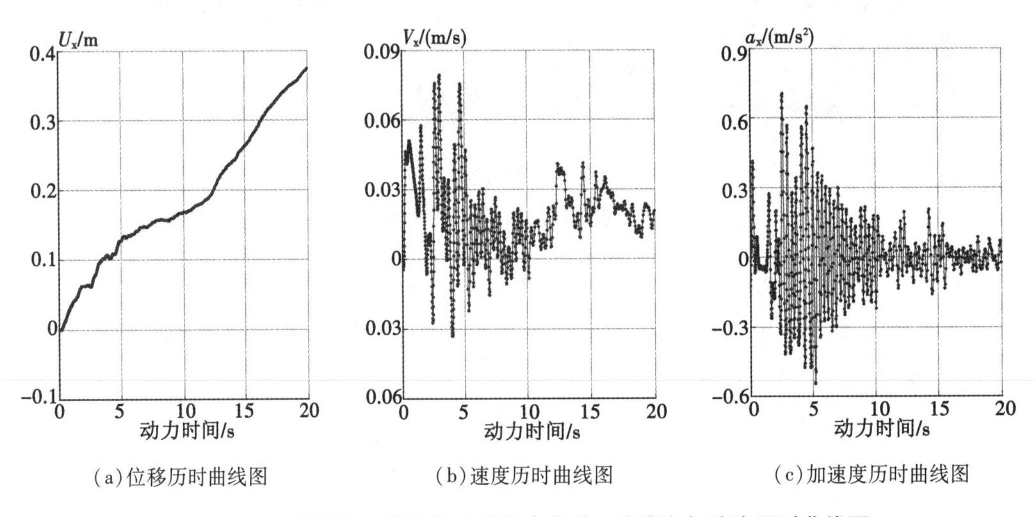

(a)位移历时曲线图　(b)速度历时曲线图　(c)加速度历时曲线图

图 10.25　地震作用后坝体 *C* 特征点位移、速度和加速度历时曲线图

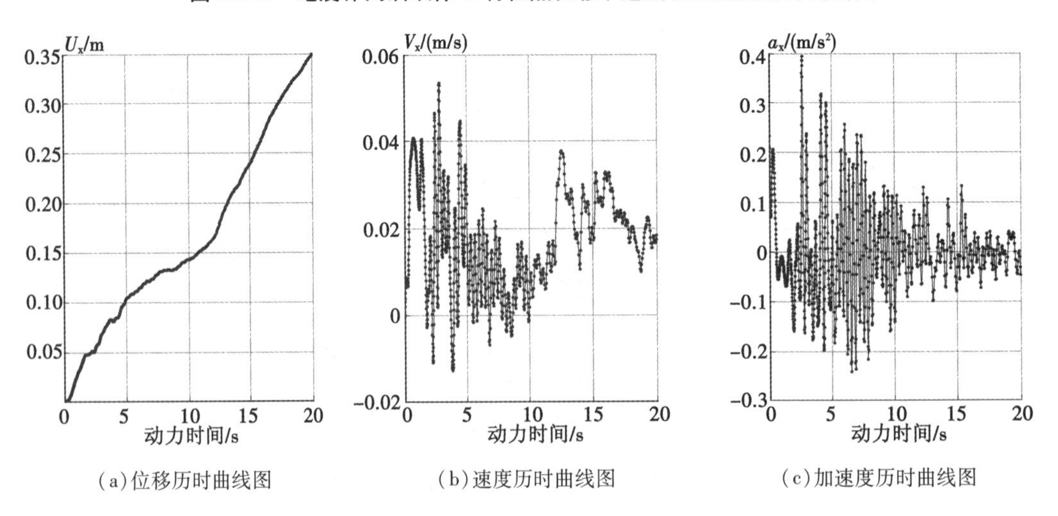

(a)位移历时曲线图　(b)速度历时曲线图　(c)加速度历时曲线图

图 10.26　地震作用后坝体 *D* 特征点位移、速度和加速度历时曲线图

10.2　不透水辐射井+渗沟排水尾矿库贮灰场坝动力特性

10.2.1　流固耦合弹塑性数值模拟分析

(1)几何与有限元模型

几何与有限元模型如图 10.27 和图 10.28 所示。

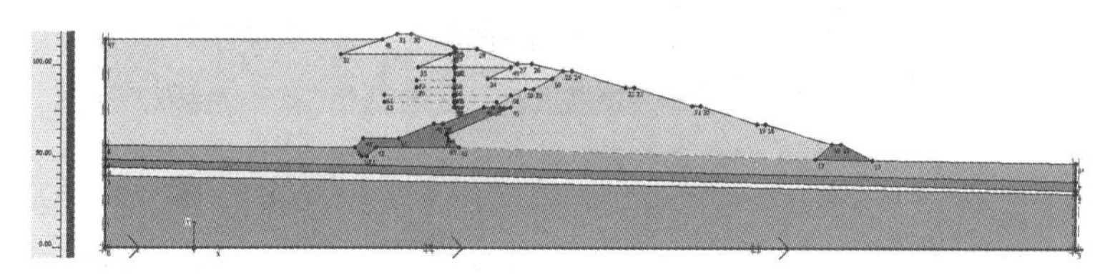

图 10.27　几何模型图

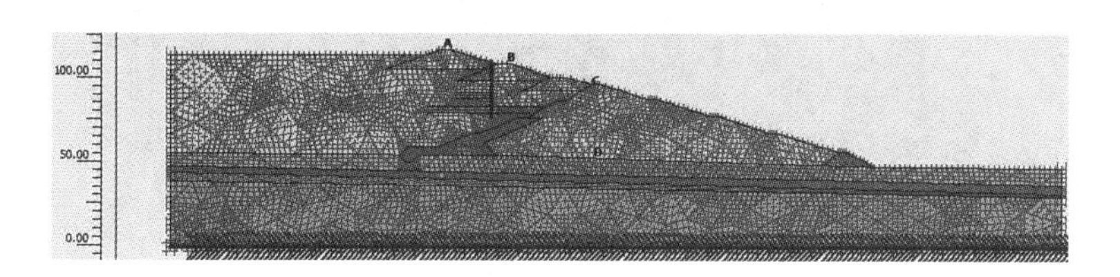

图 10.28　有限元网格剖分模型图

(2)渗流分析

从图 10.29 有效主应力矢量分布图可以看出有效应力没有明显的偏转，最大的有效主应力为 1460Pa。在图 10.30 至图 10.33 中，初级坝几乎没水，一级和二级子坝无水，只有三级子坝坝体中含有少量的水，整体的排水效果较好，不透水辐射井+渗沟排水作用明显，看出具体效果，水在渗沟排水处流动较快，使整个坝体处于干梳状态。

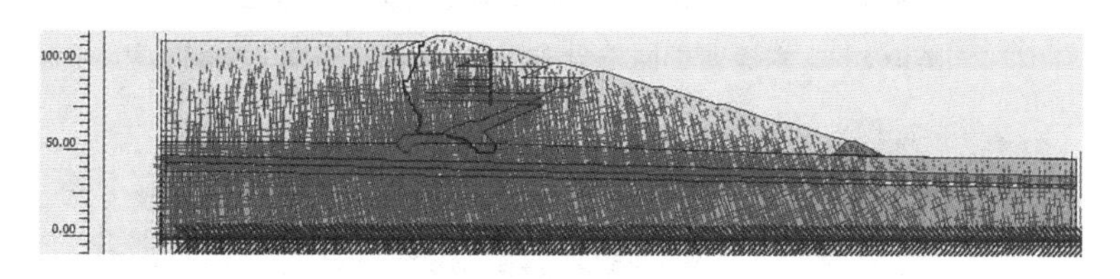

图 10.29　有效主应力矢量分布图(最大有效主应力 1460Pa)

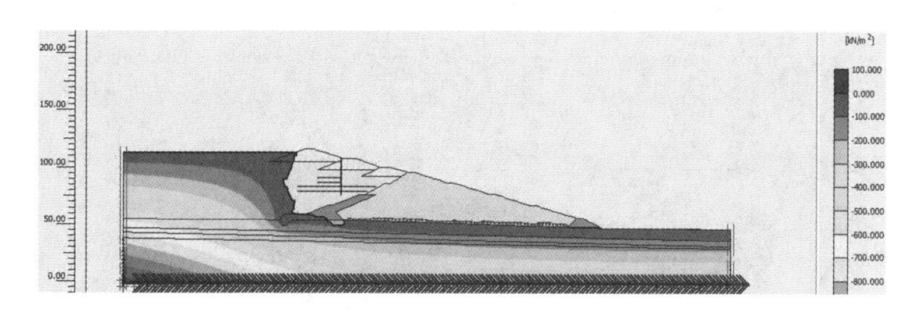

图 10.30　地下水等水位面分布云图(最大总孔压 1160Pa)

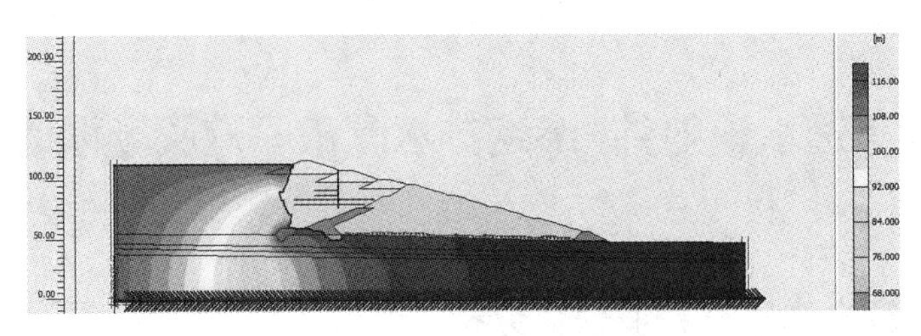

图 10.31　地下水等势面分布云图

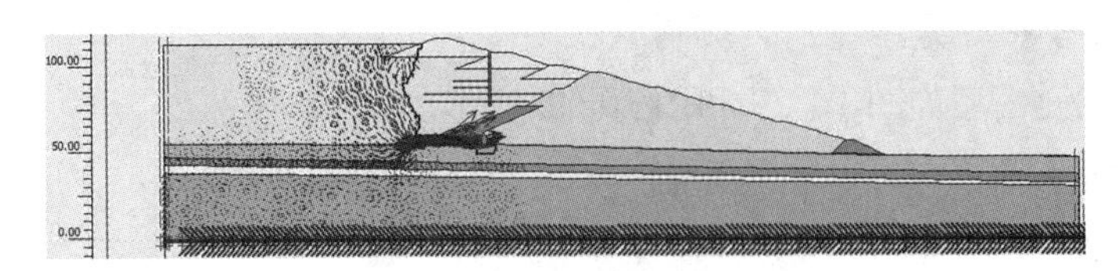

图 10.32　地下水渗流矢量分布图(最大速度 1.73m/d)

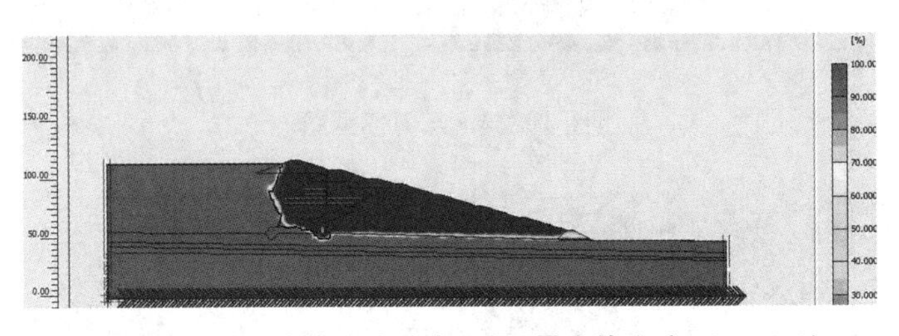

图 10.33　地下水饱和度分布云图(最大饱和度 102.11%)

(3)渗流变形分析

通过 10.34 至图 10.38 可以看出，由于渗流产生的变形最大总位移为 0.204m，方向为坝后坡向右下方向，在强度折减分析后，坝后坡脚以及各级子坝和辐射井及排水盲沟周围位置产生剪应变，且坝后坡产生滑动趋势。

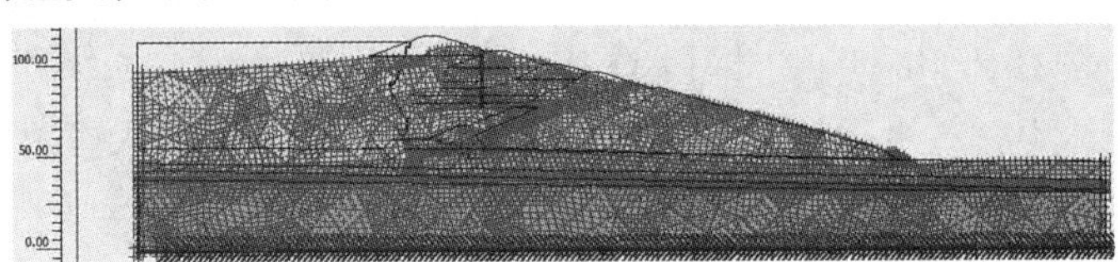

图 10.34　渗流变形网格分布图(最大总位移 0.204m)

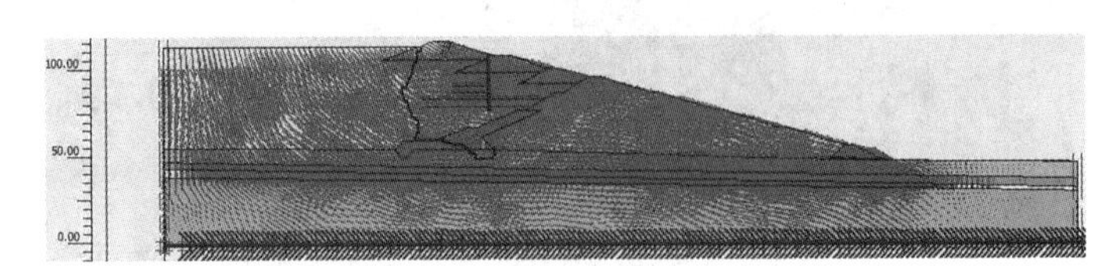

图 10.35　渗流变形位移矢量分布图(最大总位移 0.204m)

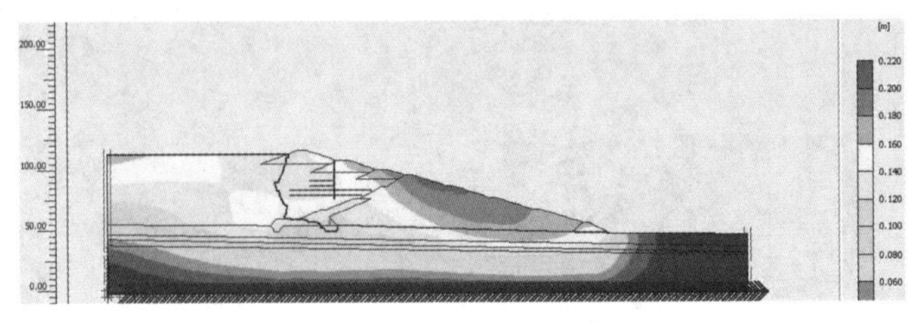

图 10.36　渗流变形破坏分布云图

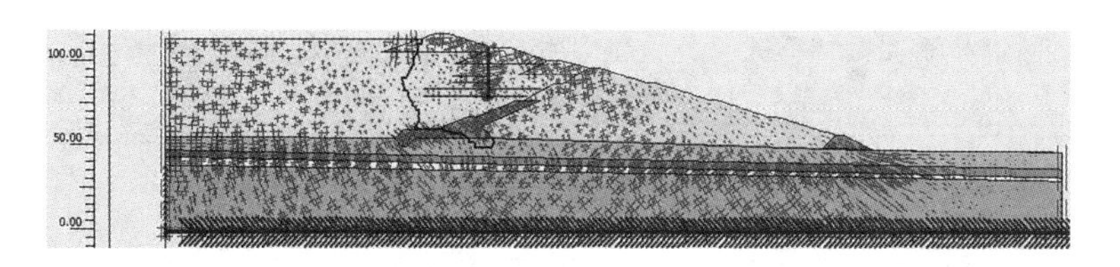

图 10.37　渗流变形总应变矢量分布图(最大主应变 0.92%)

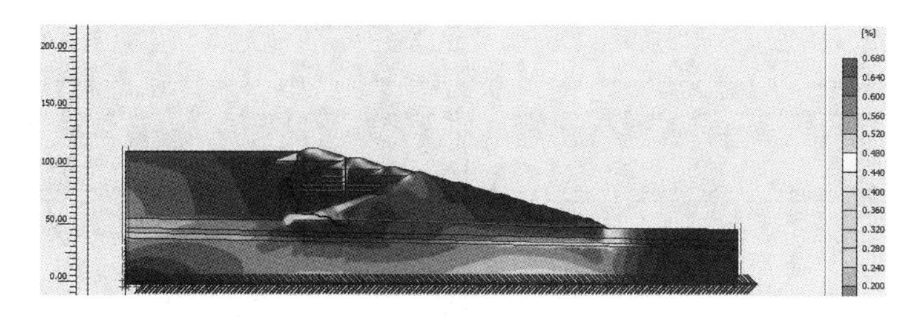

图 10.38　渗流变形总剪应变等值线分布云图(最大主应变 0.65%)

(4)渗流变形典型曲线特性分析

如图 10.39 至图 10.41 所示，选取 A、B、C 三个剖面，可以清楚云消雾散看到 A、B、C 三个面位置地下水孔压、地下水渗流、渗流变形位移随着深度变化情况，如随着深度增加孔压的变化逐渐减小，渗流情况与 A、B、C 三点位置有直接关系，B 处的流速最大。总位移则是 C 处最大，与模型分析一致。

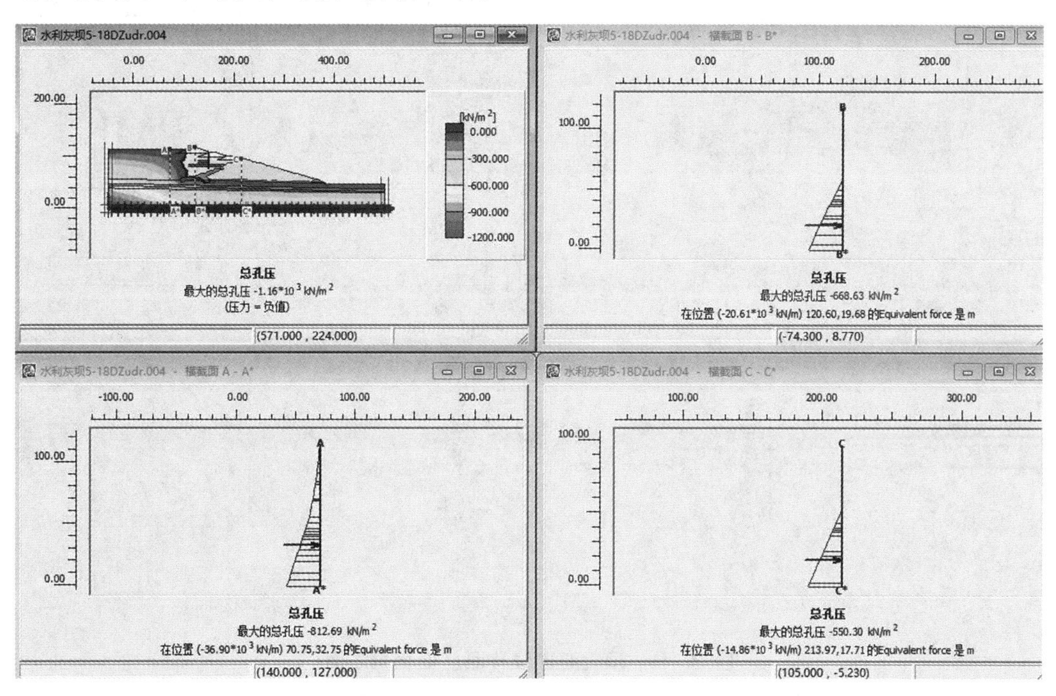

图 10.39　地下水孔压深度变化曲线图

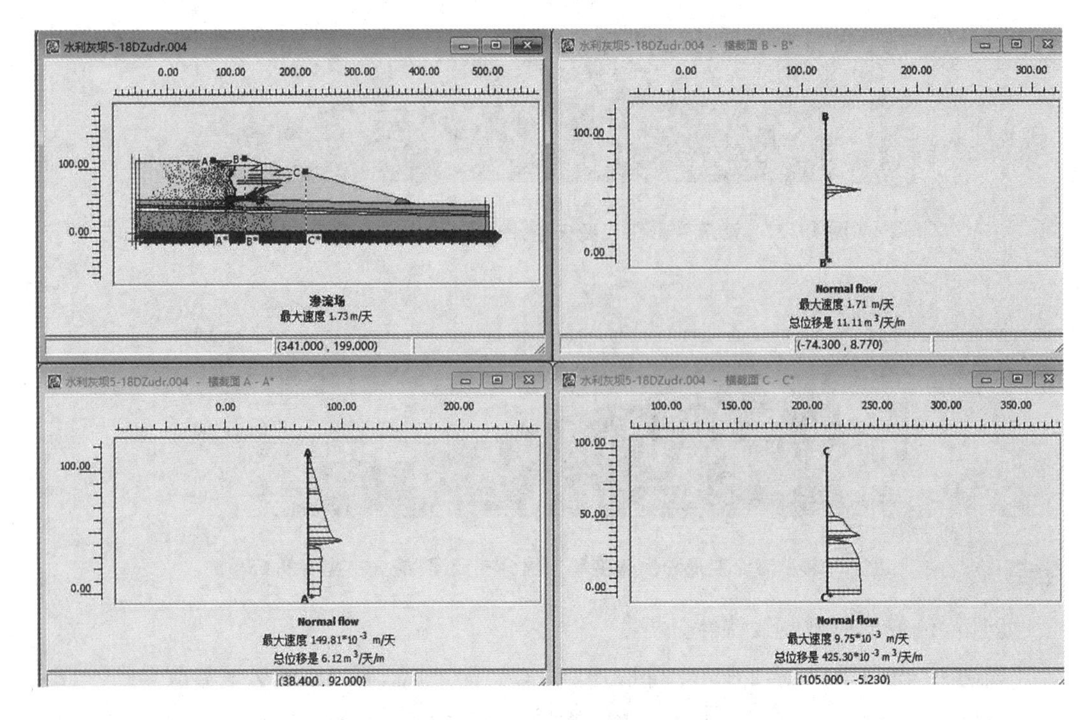

图 10.40　地下水渗流深度变化曲线图

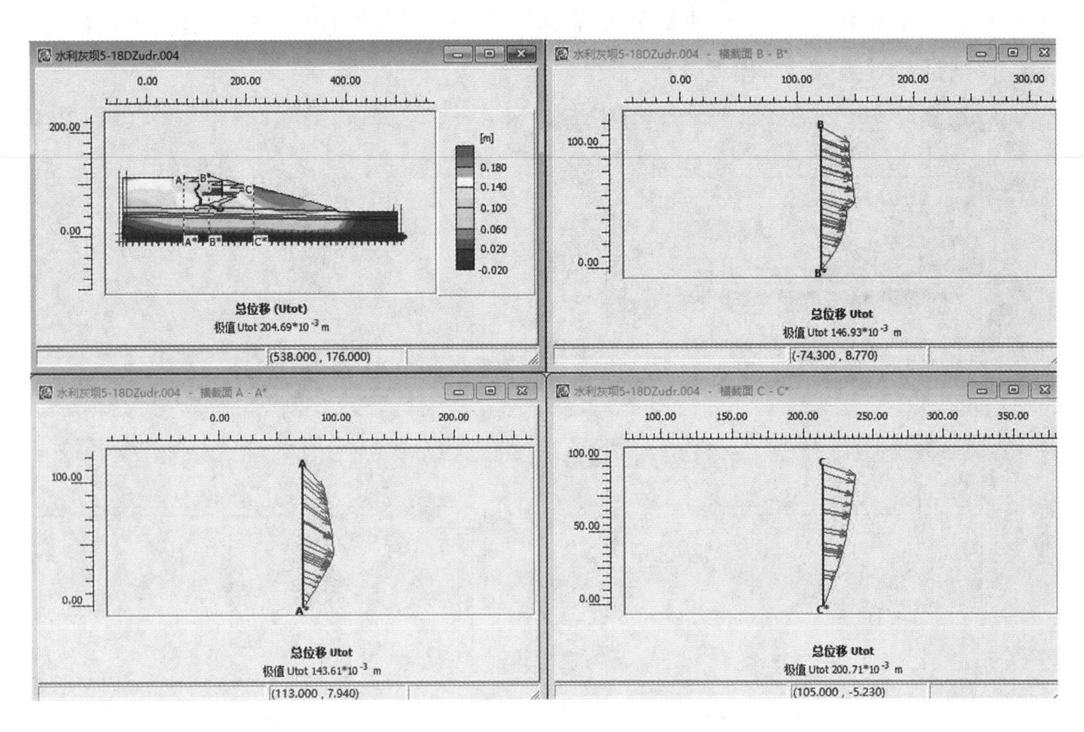

图 10.41　渗流变形位移深度变化曲线图

10.2.2　流固耦合动力特性数值模拟分析

（1）变形网格

坝体有限元静力分析后，其模型进行地震动力响应模拟分析，在模型底部给定地震波的计算分析，得出典型 2.5、5.0、10.0、20.0s 的变形网格图如图 10.42 所示，模型中坝体最大总位移分别为 0.194、0.283、0.340、0.536m，表明随着地震动力影响时间的持续，主坝体发生大变形的网格特征。

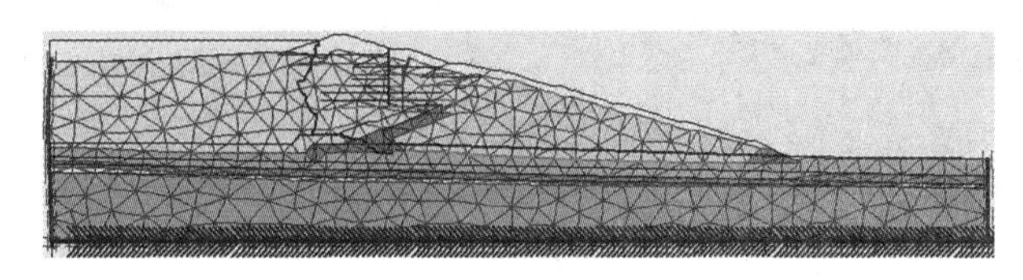

（a）2.5s 地震

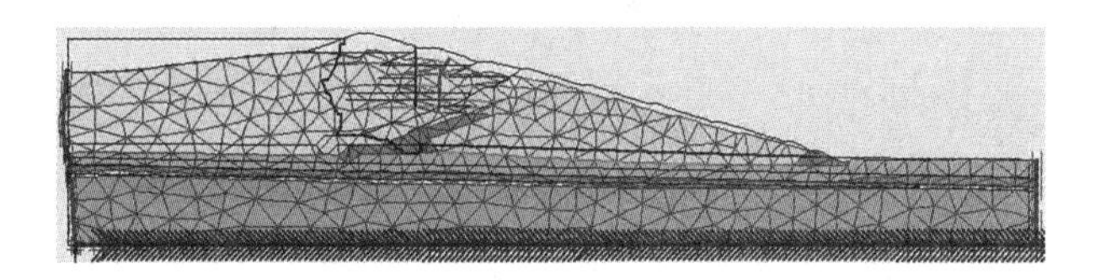

（b）5.0s 地震

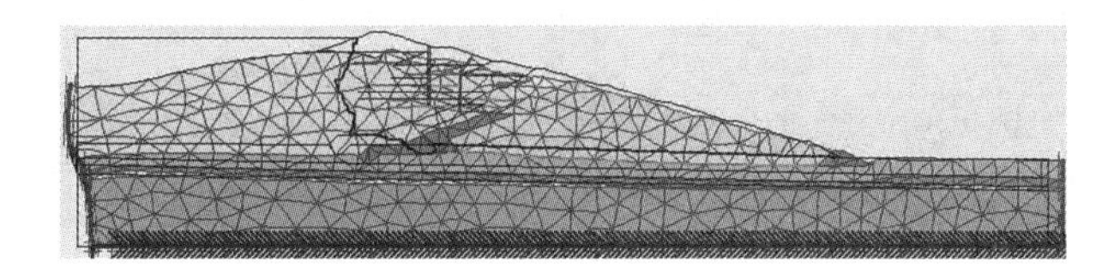

（c）10.0s 地震

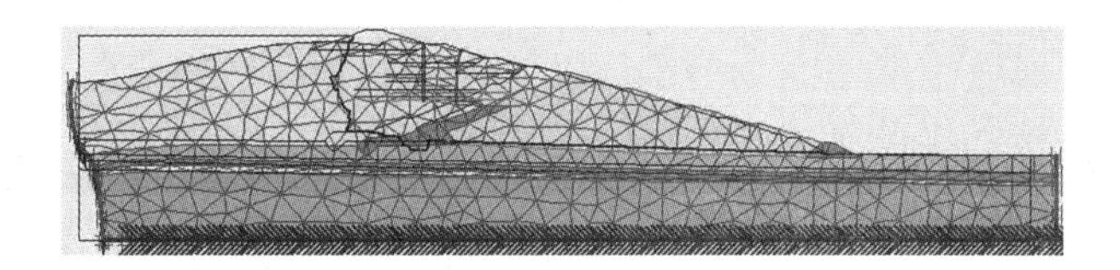

（d）20.0s 地震

图 10.42　地震作用后坝体结构变形的网格图

（2）总应变矢量

坝体有限元静力分析后，其模型进行地震动力响应模拟分析，在模型底部给定地震波的计算分析，得出典型 2.5、5.0、10.0、20.0s 的总应变矢量图如图 10.43 所示，模型中坝体最大总应变矢量值分别为 2.71%、3.51%、3.87%、3.90%，表明随着地震动力影响时间的持续，坝体最大总应变矢量值变化不是很明显。

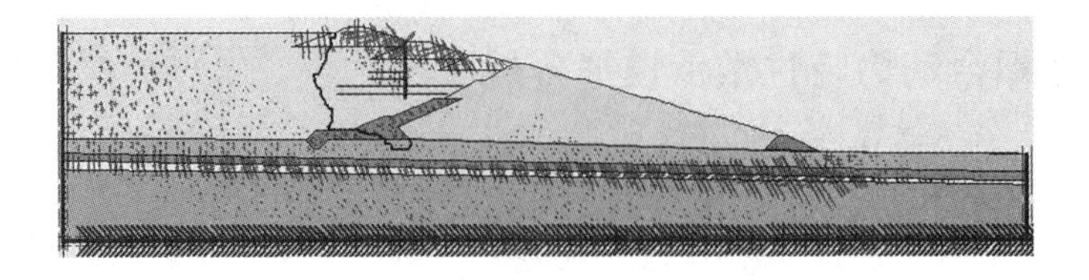

(a)2.5s 地震

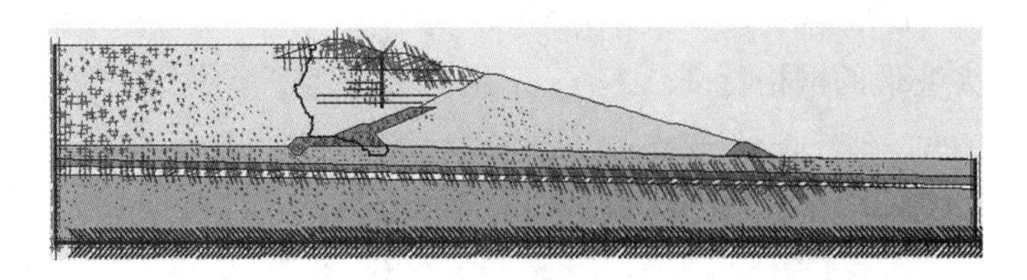

(b)5.0s 地震

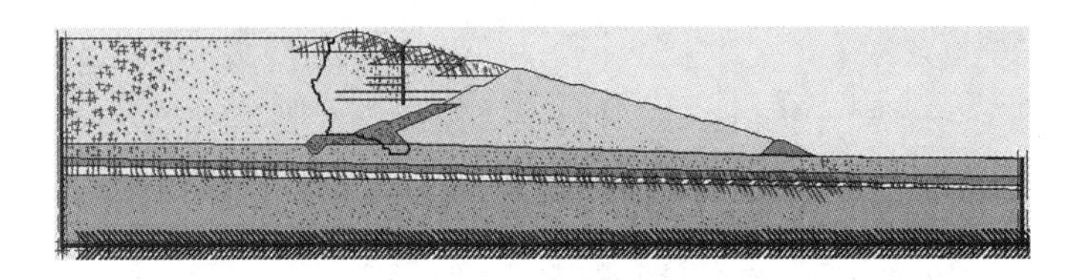

(c)10.0s 地震

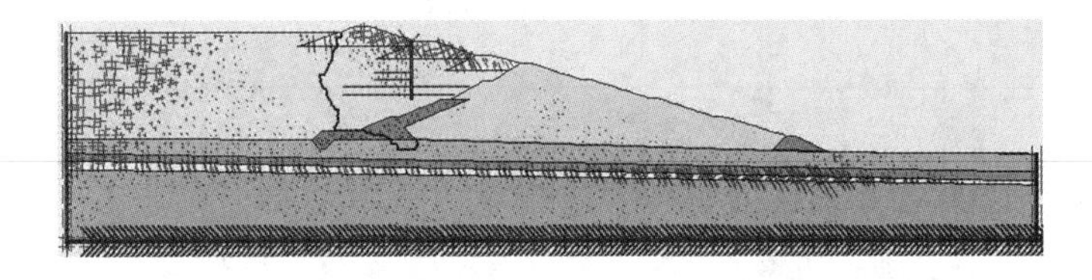

(d)20.0s 地震

图 10.43 地震作用后坝体总应变矢量分布图

(3)总剪应变

坝体有限元静力分析后，其模型进行地震动力响应模拟分析，在模型底部给定地震波的计算分析，得出典型 2.5、5.0、10.0、20.0s 的总剪应变云图如图 10.44 所示，模型中坝体最大总剪应变分别为 2.36%、3.18%、3.40%、3.40%，表明随着地震动力影响时间的持续，主坝体最大总剪应变值变化不是很明显。

(a)2.5s 地震

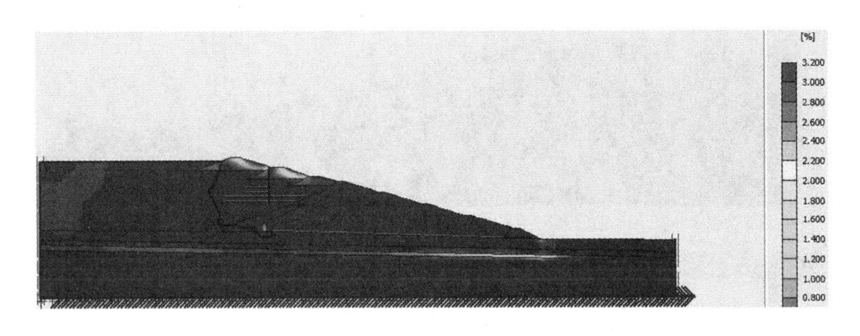

(b)5.0s 地震

(c)10.0s 地震

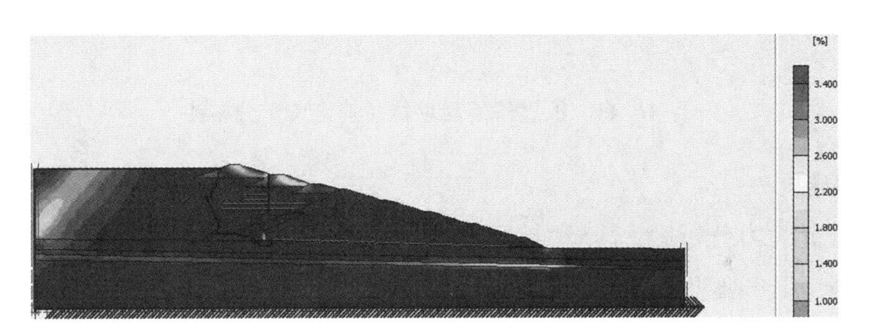

(d)20.0s 地震

图 10.44　地震作用后坝体总剪应变分布云图

(4)总速度矢量

坝体有限元静力分析后，其模型进行地震动力响应模拟分析，在模型底部给定地震波的计算分析，得出典型 2.5、5.0、10.0、20.0s 的总速度矢量图如图 10.45 所示，模型中坝体总速度矢量值分别为 0.07582、0.05813、0.02117、0.02306m/d，表明随着地震动力影响时间的持续，主总速度矢量值逐渐减小，方向变化如图。

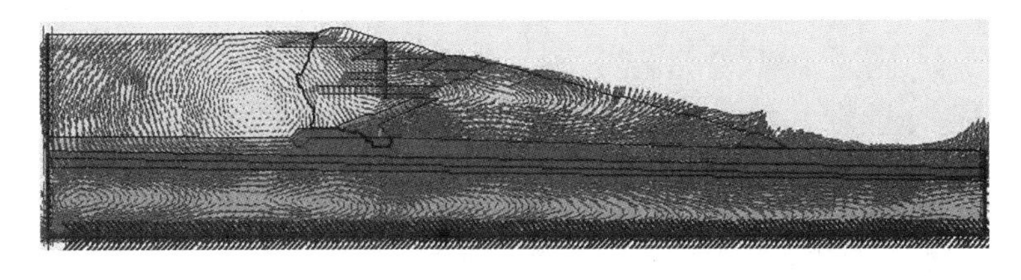

(a)2.5s 地震

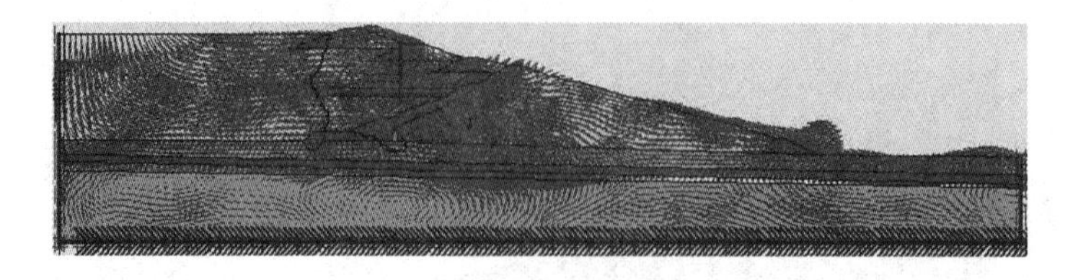

(b)5.0s 地震

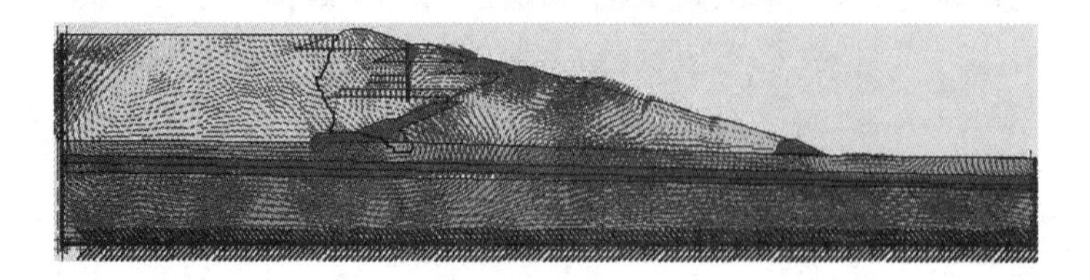

(c)10.0s 地震

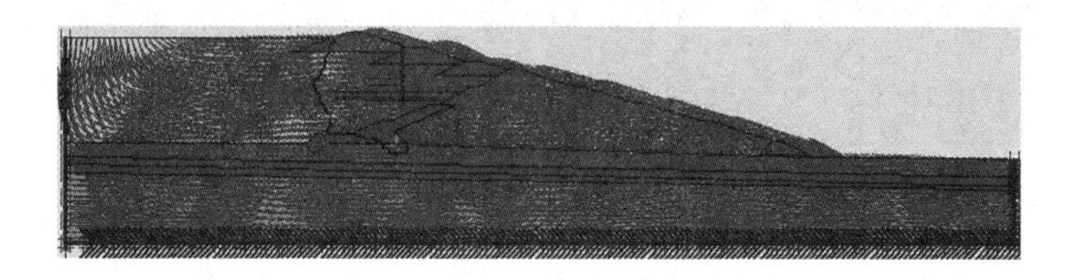

(d)20.0s 地震

图 10.45　地震作用后坝体总速度矢量分布图

(5)总加速度

坝体有限元静力分析后，其模型进行地震动力响应模拟分析，在模型底部给定地震波的计算分析，得出典型 2.5、5.0、10.0、20.0s 的总加速度云图如图 10.46 所示，模型中坝体最大总加速度分别为 0.87481、0.62702、0.49690、0.08735m/d^2。

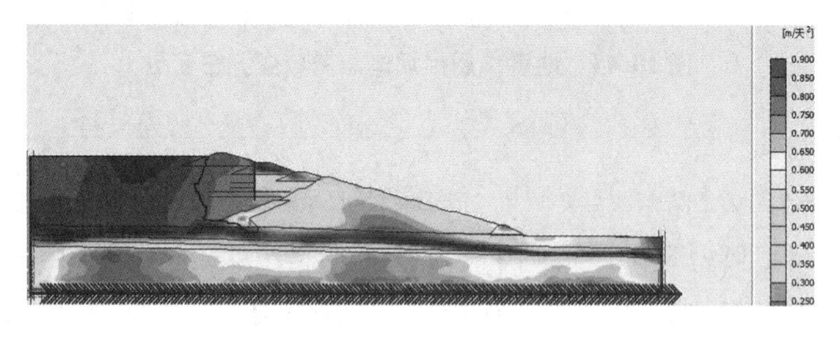

(a)2.5s 地震

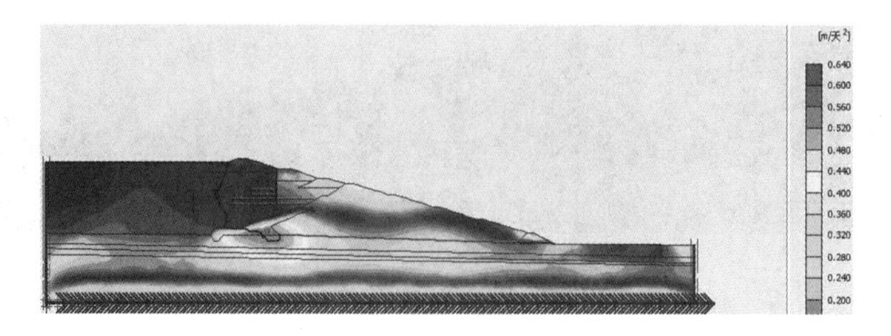

(b)5.0s 地震

(c)10.0s 地震

(d)20.0s 地震

图 10.46　地震作用后坝体总加速度分布云图

(6)相对剪切应力比

坝体有限元静力分析后，其模型进行地震动力响应模拟分析，在模型底部给定地震波的计算分析，得出典型 2.5、5.0、10.0、20.0s 的相对剪切应力比云图如图 10.47 所示。

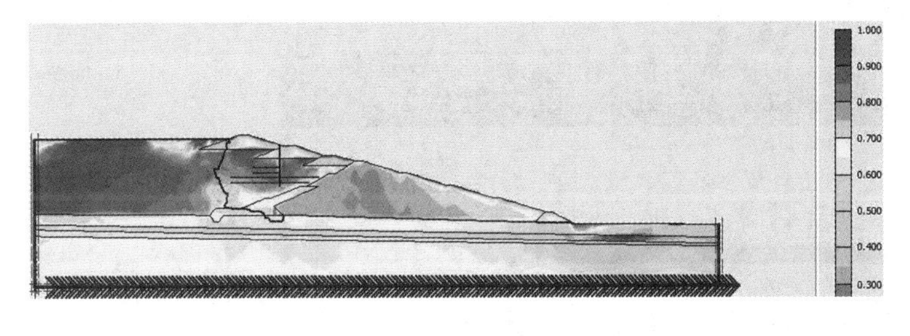

(a)2.5s 地震

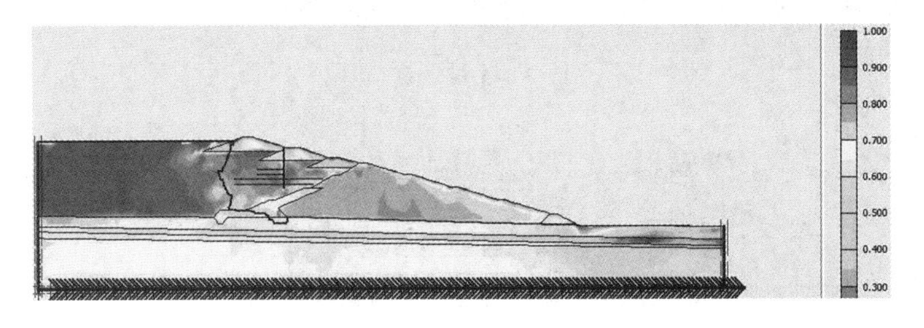

(b)5.0s 地震

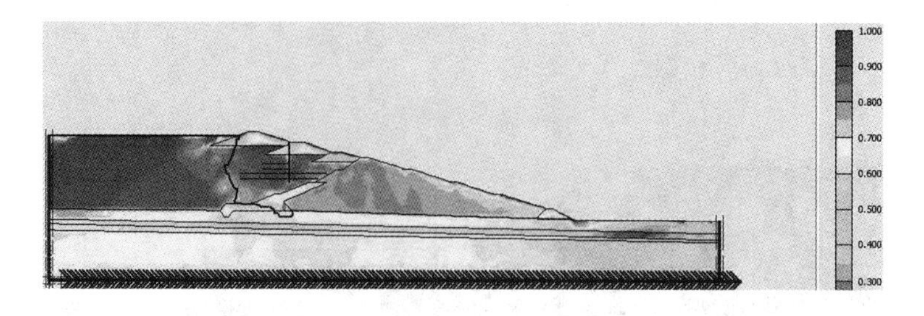

(c)10.0s 地震

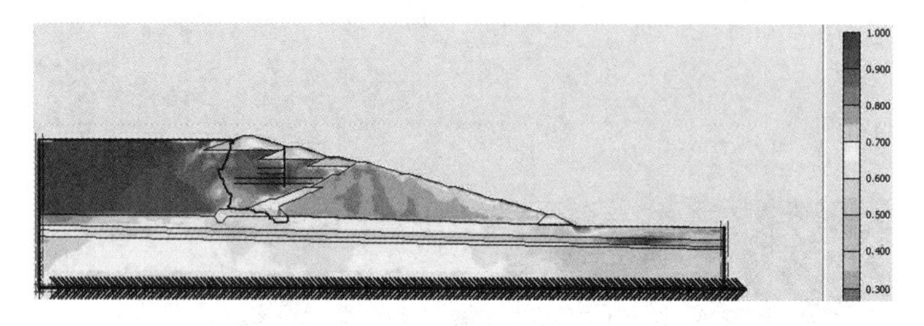

(d)20.0s 地震

图 10.47　地震作用后坝体相对剪切应力比分布云图

(7)破坏区分布

坝体有限元静力分析后，其模型进行地震动力响应模拟分析，在模型底部给定地震波的计算分析，得出典型 2.5、5.0、10.0、20.0s 的破坏区分布图如图 10.48 所示，表明随着地震动力影响时间的持续，模型的塑性的分布逐渐消失。

(a)2.5s 地震

(b)5.0s 地震

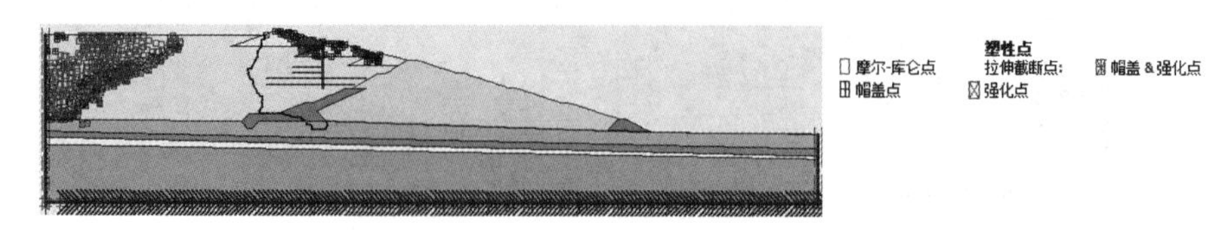

(c)10.0s 地震

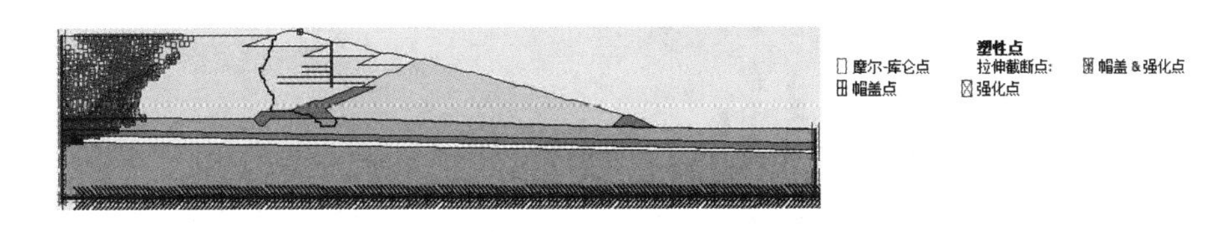

(d)20.0s 地震

图 10.48　地震作用后坝体破坏区分布图

(8)特征点位移、速度和加速度历时曲线

坝体有限元静力分析后，其模型进行地震动力响应模拟分析，在模型底部给定地震波的计算分析，得出典型特征点位移、速度和加速度历时曲线图如图 10.49 至图 10.52 所示。

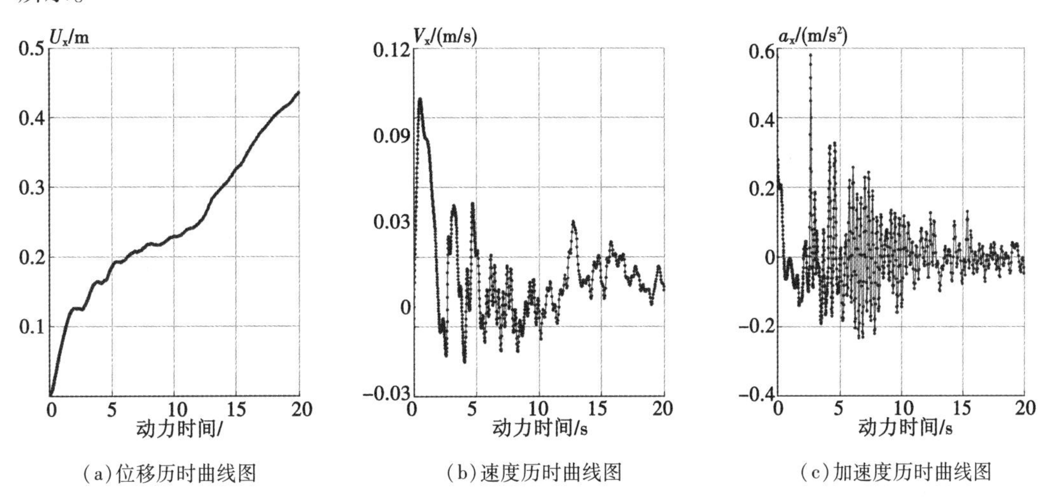

(a)位移历时曲线图　(b)速度历时曲线图　(c)加速度历时曲线图

图 10.49　地震作用后坝体 *A* 特征点位移、速度和加速度历时曲线图

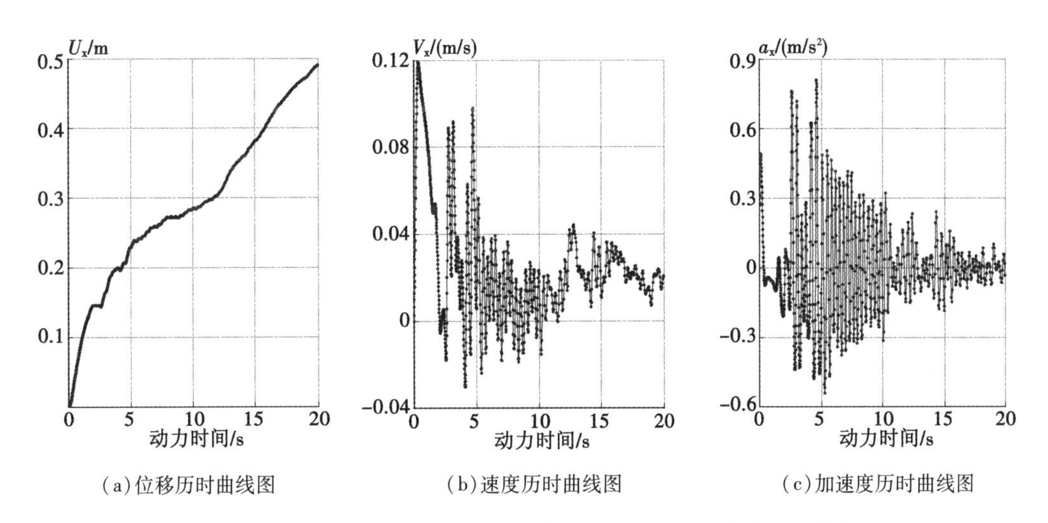

(a)位移历时曲线图　(b)速度历时曲线图　(c)加速度历时曲线图

图 10.50　地震作用后坝体 *B* 特征点位移、速度和加速度历时曲线图

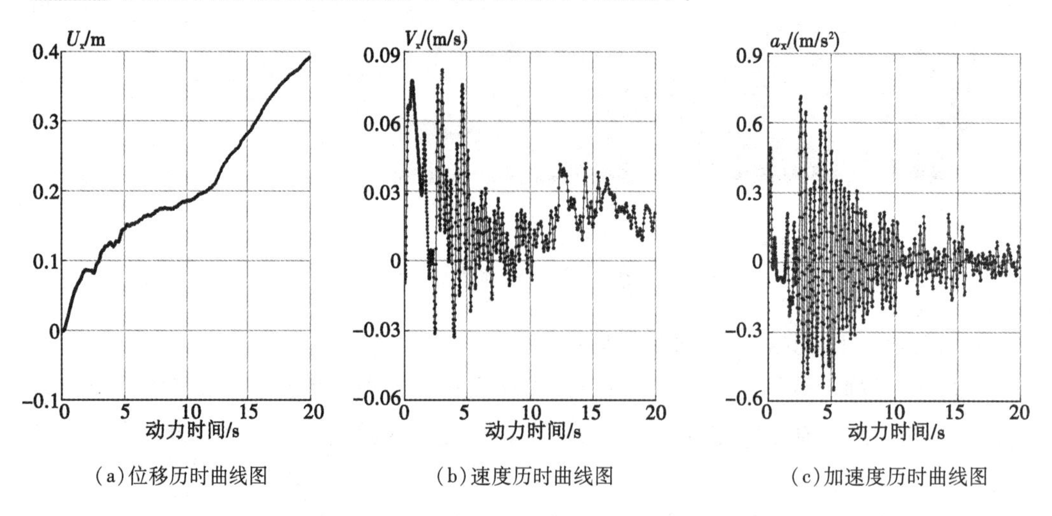

(a)位移历时曲线图　　(b)速度历时曲线图　　(c)加速度历时曲线图

图 10.51　地震作用后坝体 *C* 特征点位移、速度和加速度历时曲线图

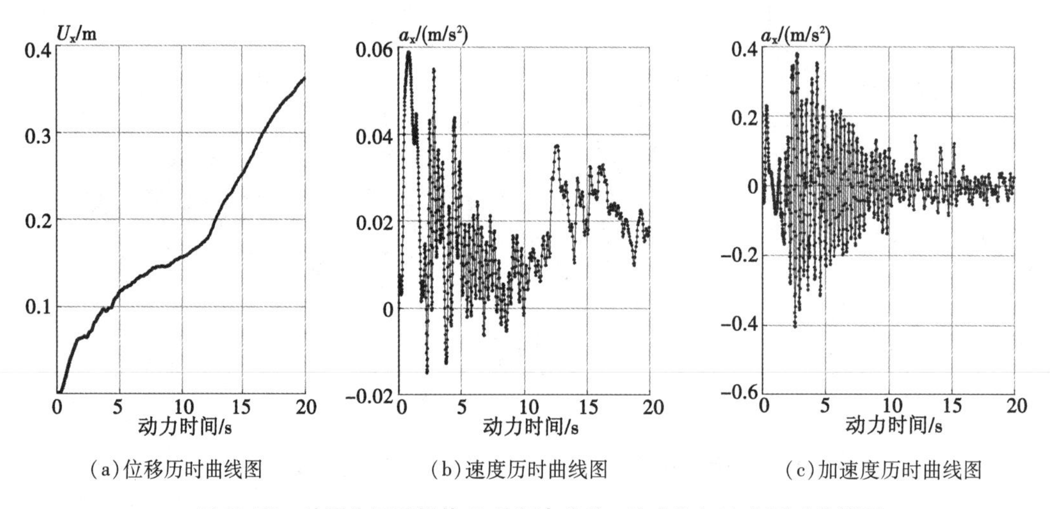

(a)位移历时曲线图　　(b)速度历时曲线图　　(c)加速度历时曲线图

图 10.52　地震作用后坝体 *D* 特征点位移、速度和加速度历时曲线图

10.3　不透水棱体+褥垫排水尾矿库贮灰场坝动力特性

10.3.1　流固耦合弹塑性数值模拟分析

(1)几何与有限元模型

几何与有限元模型如图 10.53 和 10.54 所示。

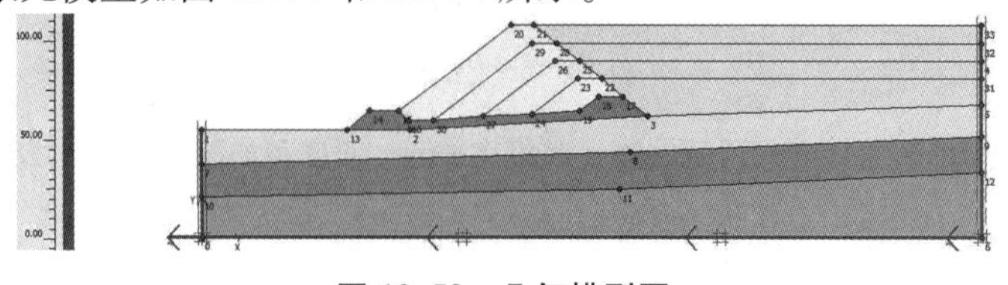

图 10.53　几何模型图

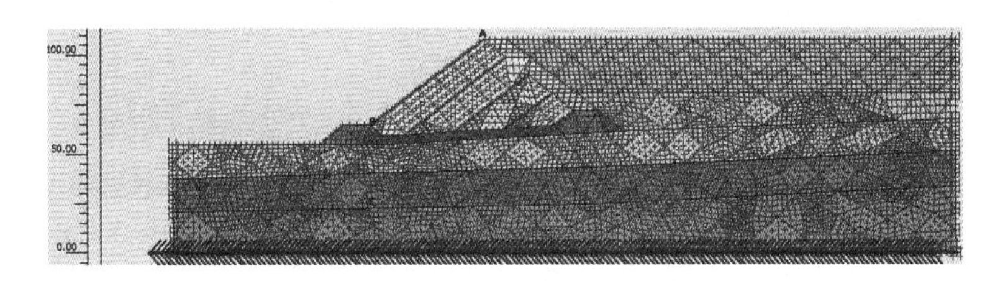

图 10.54　有限元网格剖分模型图

(2)渗流分析

从图 10.55 有效主应力矢量分布图可以看出有效应力没有明显的偏转，最大的有效主应力为 962.42 Pa。在图 10.56 至图 10.59 中，最上不透水棱体中无水，坝体中浸润线较高，坝体的排水效果较好，可以看出具体效果，水在褥垫排水中流动。

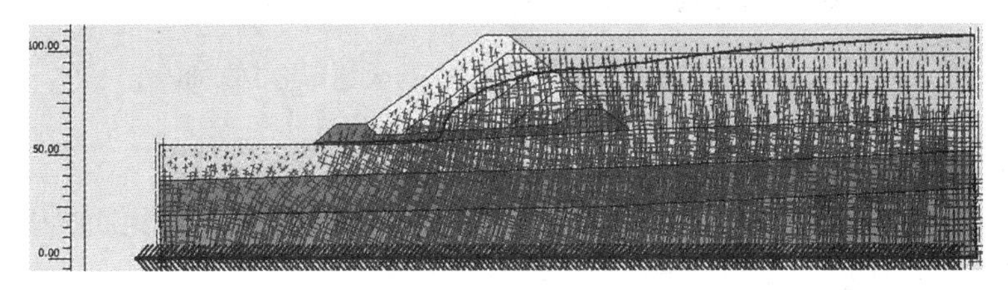

图 10.55　有效主应力矢量分布图(最大有效主应力 962.42Pa)

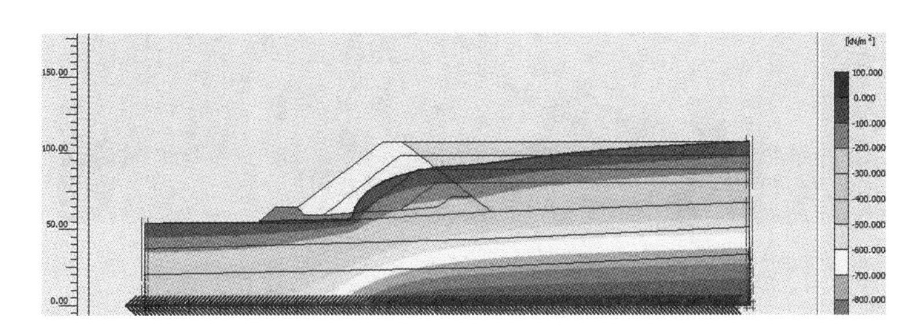

图 10.56　地下水等水位面分布云图(最大总孔压 1070Pa)

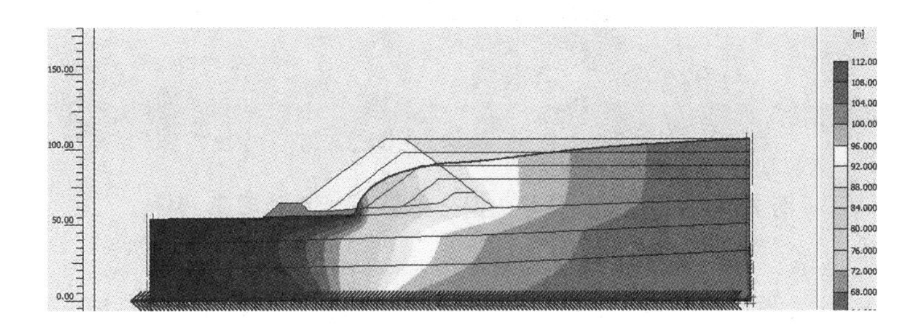

图 10.57　地下水等势面分布云图

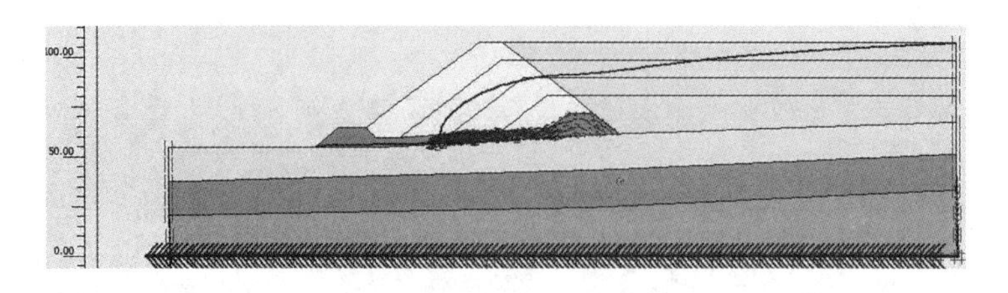

图 10.58　地下水渗流矢量分布图(最大速度 132.51m/d)

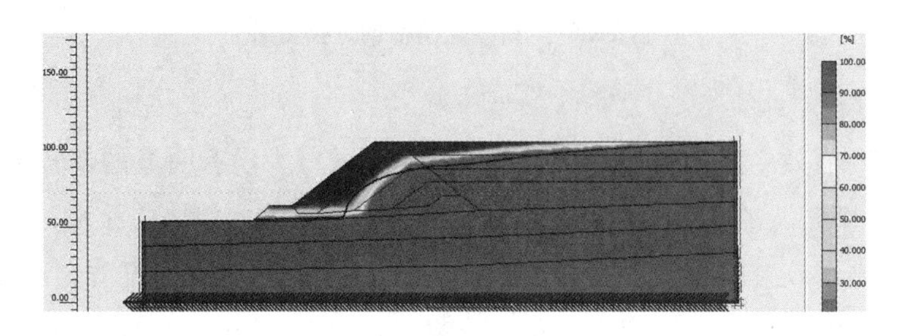

图 10.59　地下水饱和度分布云图(最大饱和度 102.48%)

(3)渗流变形分析

通过图 10.60 至图 10.64 可以看出，由于渗流产生的变形最大总位移为 0.291m，主要集中在不透水棱体处及坝的下部区域，在强度折减分析后，总应变矢量分布没有太集中，但不透水棱体处产生滑动趋势。

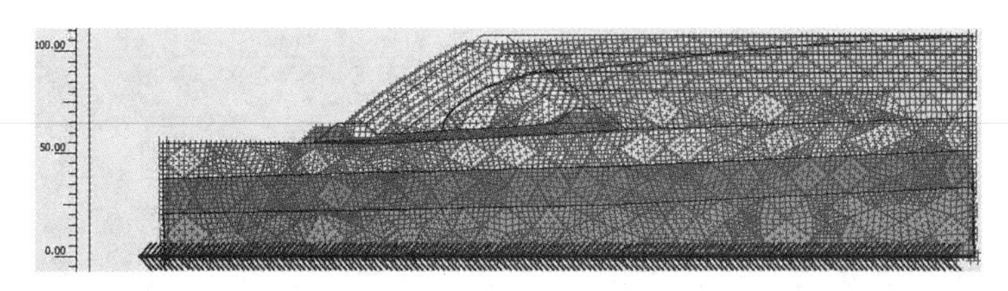

图 10.60　渗流变形网格分布图(最大总位移 0.291m)

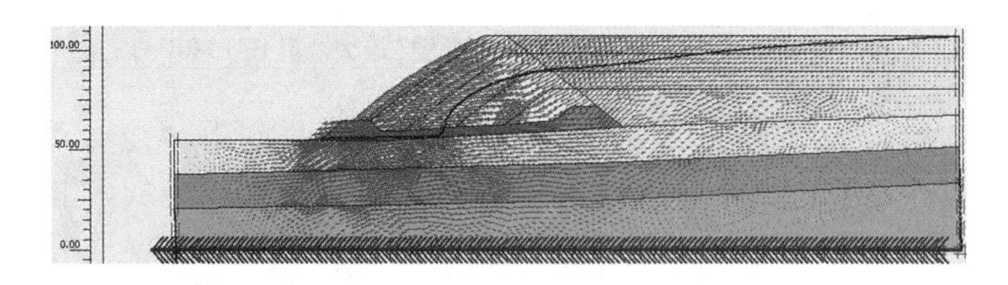

图 10.61　渗流变形位移矢量分布图(最大总位移 0.291m)

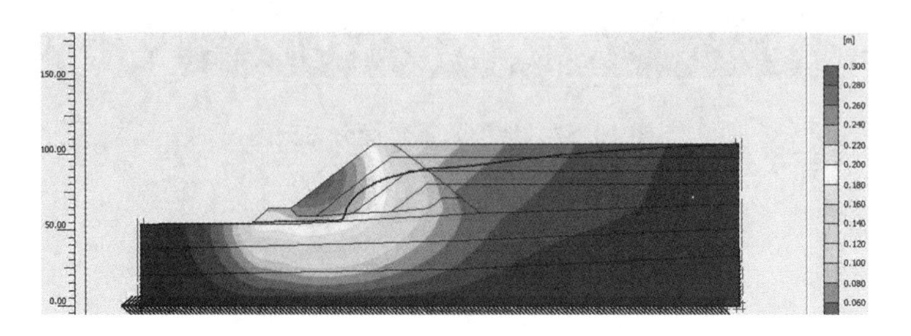

图 10.62　渗流变形破坏分布云图

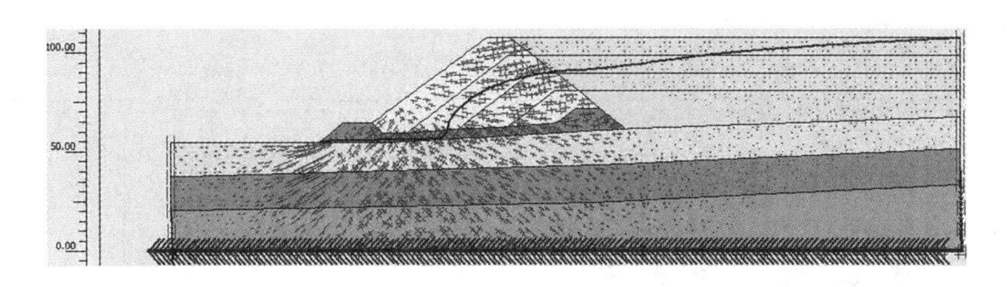

图 10.63　渗流变形总应变矢量分布图(最大主应变 2.05%)

图 10.64　渗流变形总剪应变等值线分布云图(最大主应变 1.15%)

(4)渗流变形典型曲线特性分析

如图 10.65 至图 10.67 所示，选取 A、B、C 三个剖面，可以清楚地看到 A、B、C 三个面位置地下水孔压、地下水渗流、渗流变形位移随着深度变化情况，如随深度增加孔压的变化逐渐减小，渗流情况与 A、B、C 三点位置有直接关系，A、B 处褥垫排水处流速最大。总位移则是 C 处最大，与模型分析一致。

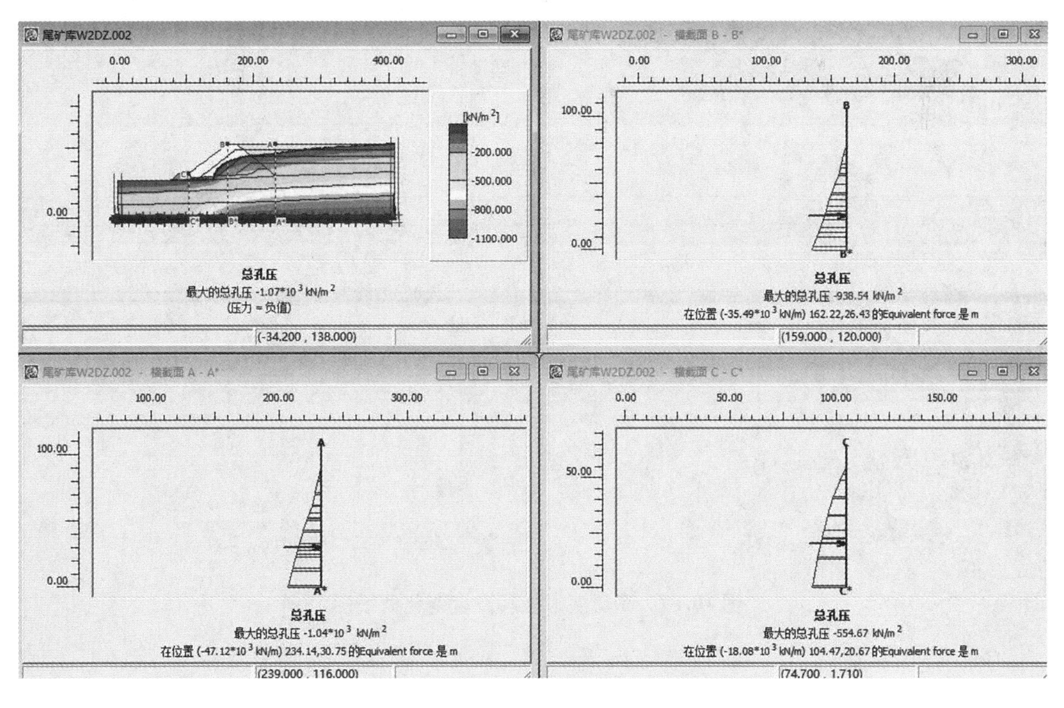

图 10.65　地下水孔压深度变化曲线图

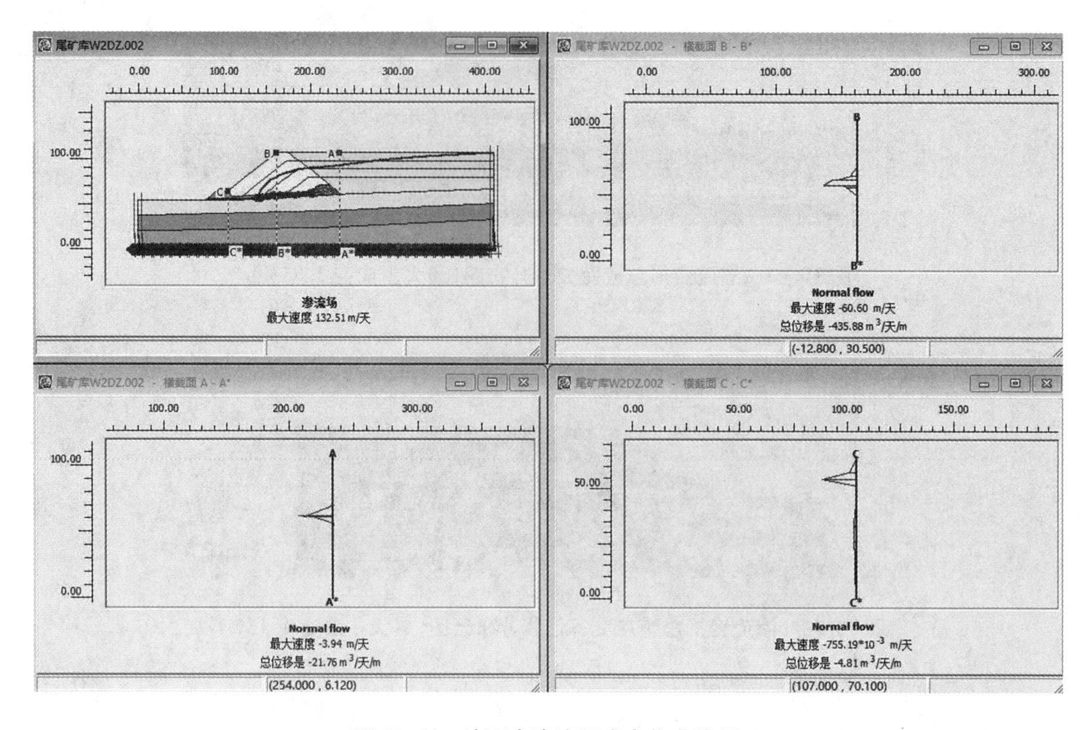

图 10.66　地下水渗流深度变化曲线图

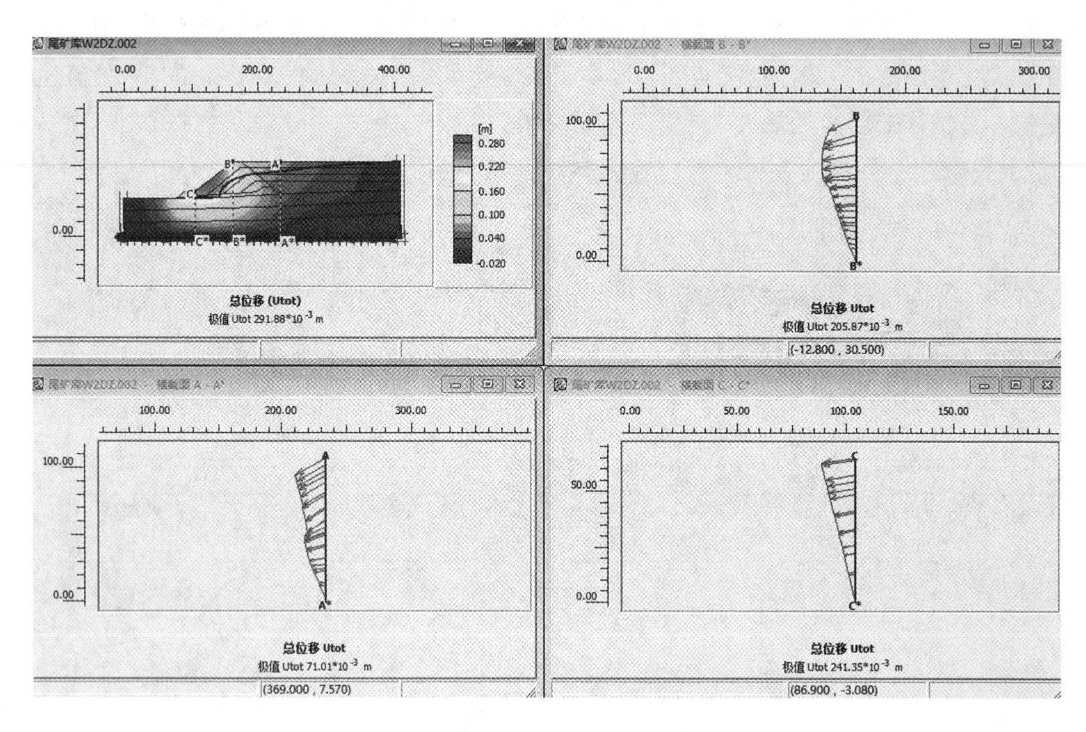

图 10.67　渗流变形位移深度变化曲线图

10.3.2　流固耦合动力特性数值模拟分析

(1)变形网格

坝体有限元静力分析后，其模型进行地震动力响应模拟分析，在模型底部给定地震波的计算分析，得出典型 2.5、5.0、10.0、20.0s 的变形网格图如图 10.68 所示，模型中坝体最大总位移分别为 4.83、9.31、14.05、20.14m，表明随着地震动力影响时间的持续，主坝体发生大变形的网格滑移特征。

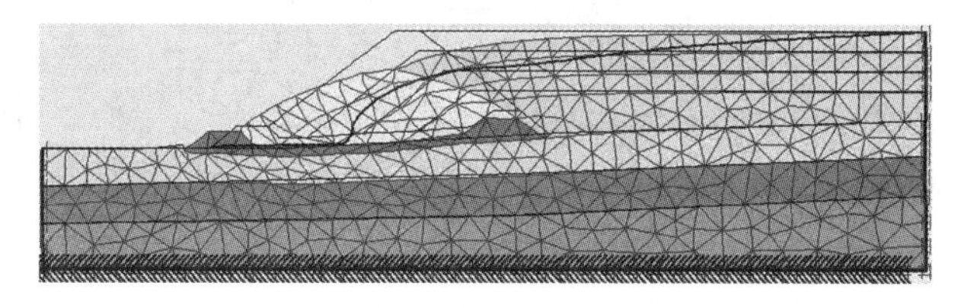

(a)2.5s 地震

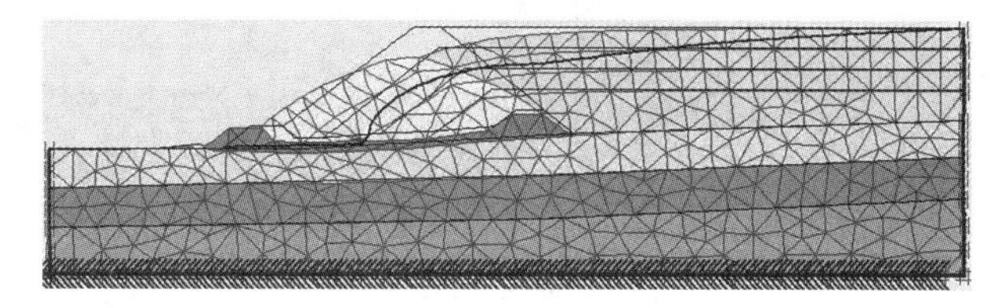

(b)5.0s 地震

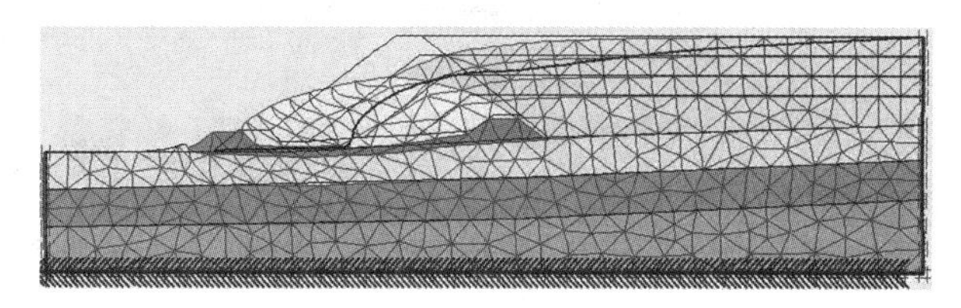

(c)10.0s 地震

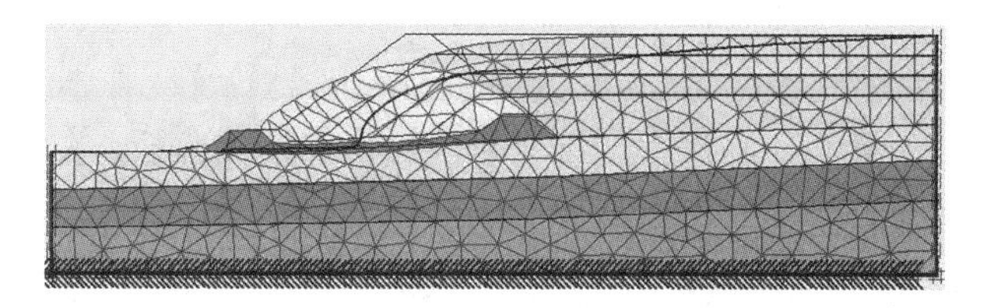

(d)20.0s 地震

图 10.68　地震作用后坝体结构变形的网格图

(2)总应变矢量

坝体有限元静力分析后，其模型进行地震动力响应模拟分析，在模型底部给定地震波的计算分析，得出典型 2.5、5.0、10.0、20.0s 的总应变矢量图如图 10.69 所示，模型中坝体最大总应变矢量值分别为 21.80%、34.12%、45.51%、73.44%，表明随着地震动力影响时间的持续，主坝体发生大变形的滑移特征。

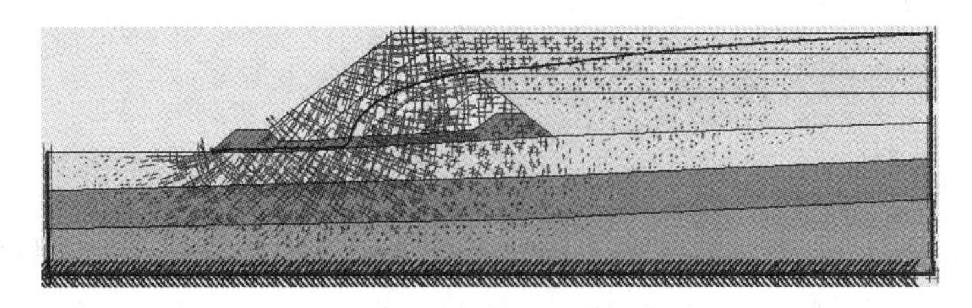

(a)2. 5s 地震

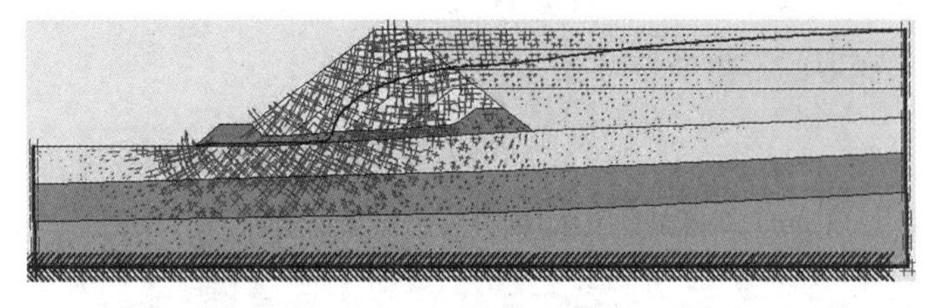

(b)5. 0s 地震

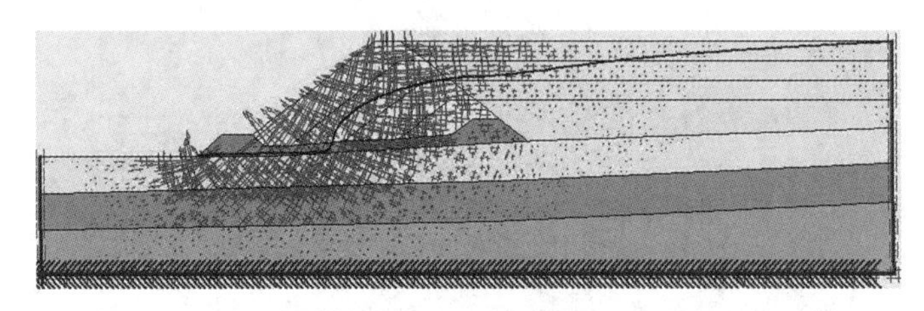

(c)10. 0s 地震

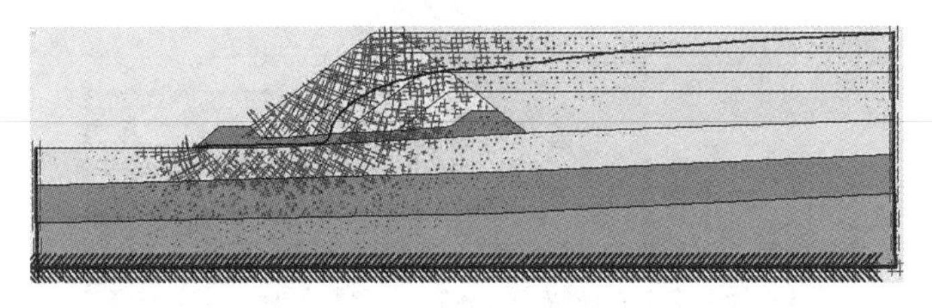

(d)20. 0s 地震

图 10. 69　地震作用后坝体总应变矢量分布图

(3)总剪应变

坝体有限元静力分析后，其模型进行地震动力响应模拟分析，在模型底部给定地震波的计算分析，得出典型 2. 5、5. 0、10. 0、20. 0s 的总剪应变云图如 10. 70 所示，模型中坝体最大总剪应变值分别为 19. 42%、33. 03%、44. 55%、61. 33%，表明随着地震动力影响时间的持续，最大总剪应变值增加，主坝体发生大变形滑移特征。

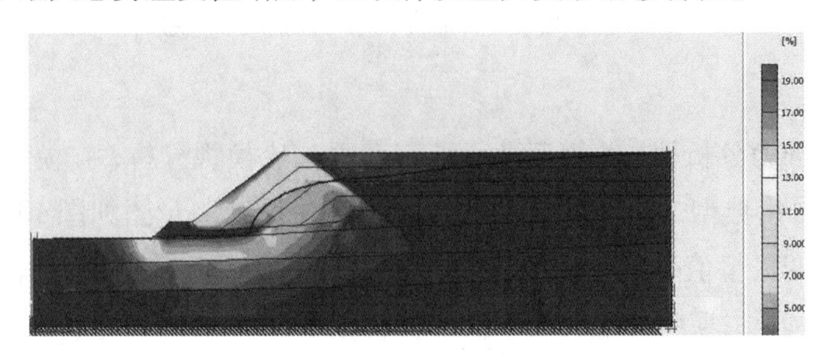

(a)2. 5s 地震

(b)5.0s 地震

(c)10.0s 地震

(d)20.0s 地震

图 10.70　地震作用后坝体总剪应变分布云图

(4)总速度矢量

坝体有限元静力分析后，其模型进行地震动力响应模拟分析，在模型底部给定地震波的计算分析，得出典型 2.5、5.0、10.0、20.0s 的总速度矢量图如图 10.71 所示，模型中坝体最大总速度矢量分别为 2.38、1.32、0.823、0.582m/d，表明随着地震动力影响时间的持续，主坝体发生大变形的滑移特征。

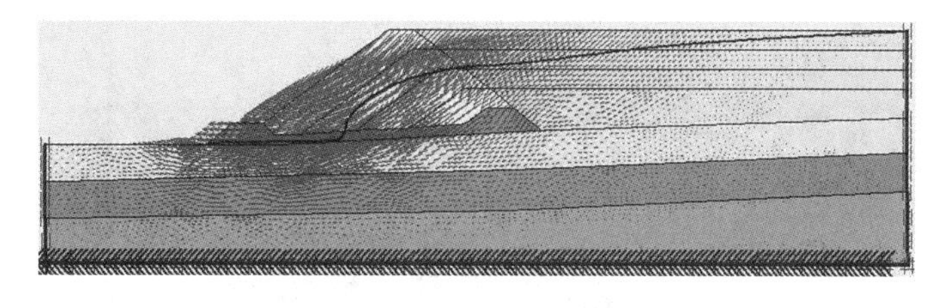

(a)2.5s 地震

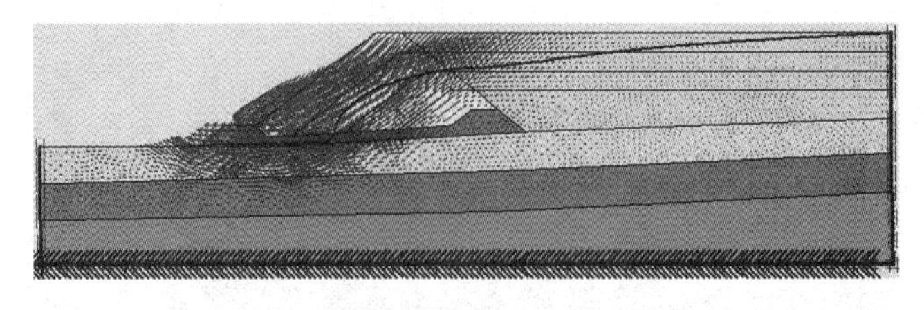

(b)5.0s 地震

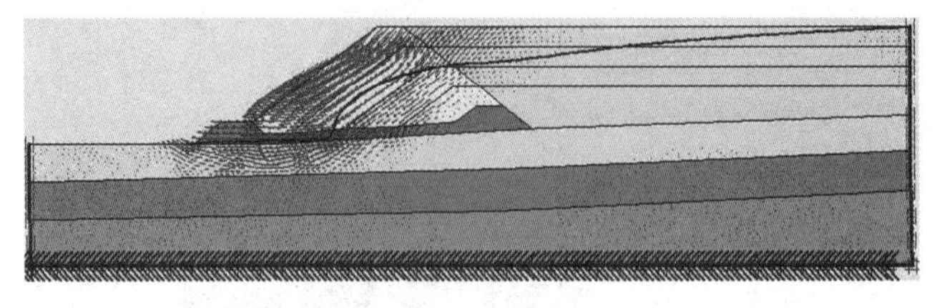

(c)10.0s 地震

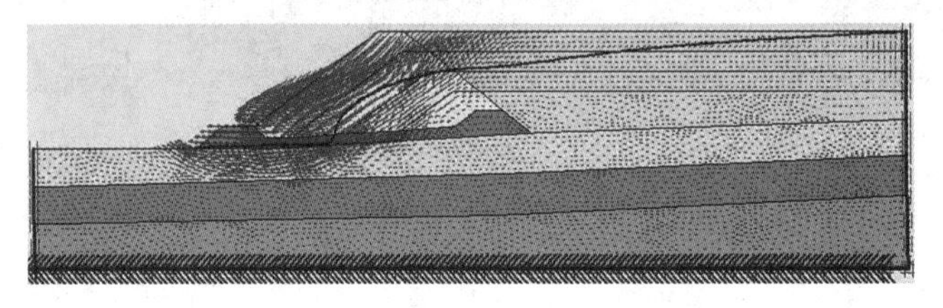

(d)20.0s 地震

图 10.71　地震作用后坝体总速度矢量分布图

(5)总加速度

坝体有限元静力分析后，其模型进行地震动力响应模拟分析，在模型底部给定地震波的计算分析，得出典型 2.5、5.0、10.0、20.0s 的总加速度云图如图 10.72 所示，模型中坝体最大总加速度分别为 0.83228、0.37462、0.15844、0.13531m/d^2。

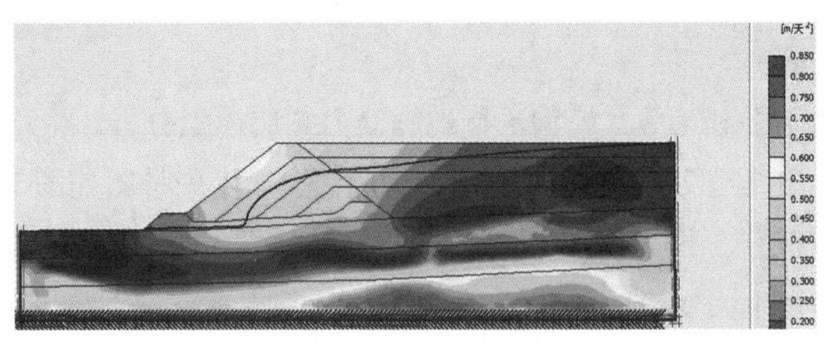

(a)2.5s 地震

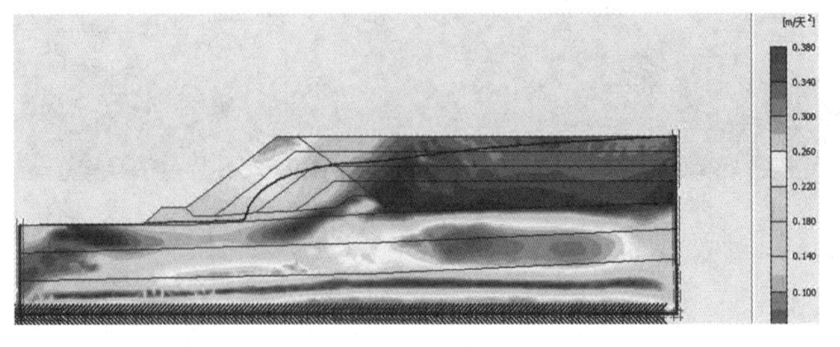

(b)5.0s 地震

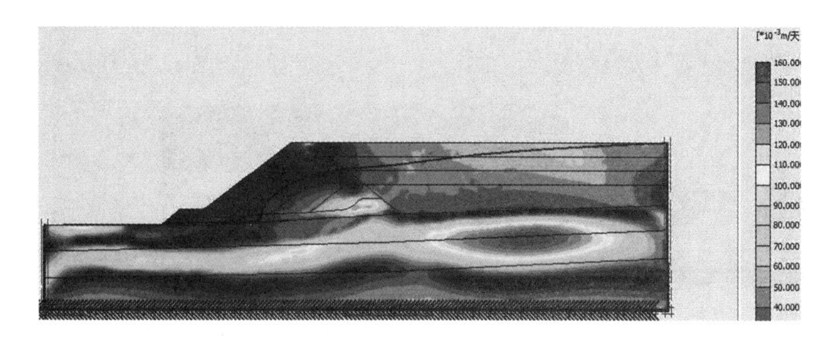

(c)10.0s 地震

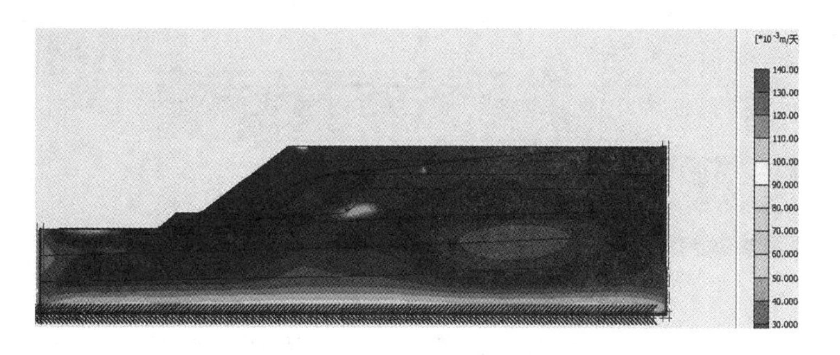

(d)20.0s 地震

图 10.72　地震作用后坝体总加速度分布云图

(6)相对剪切应力比

坝体有限元静力分析后，其模型进行地震动力响应模拟分析，在模型底部给定地震波的计算分析，得出典型 2.5、5.0、10.0、20.0s 的相对剪切应力比云图如图 10.73 所示。

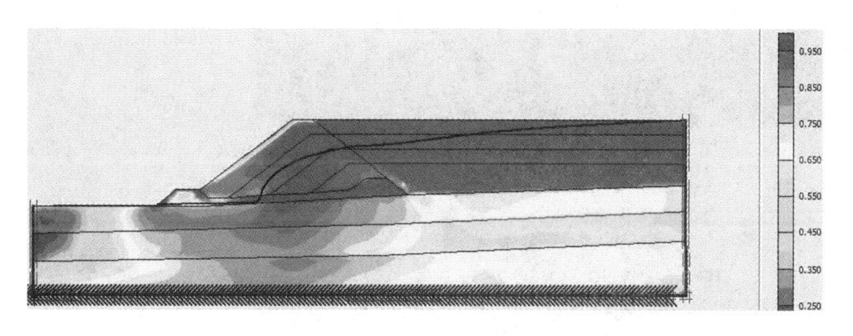

(a)2.5s 地震

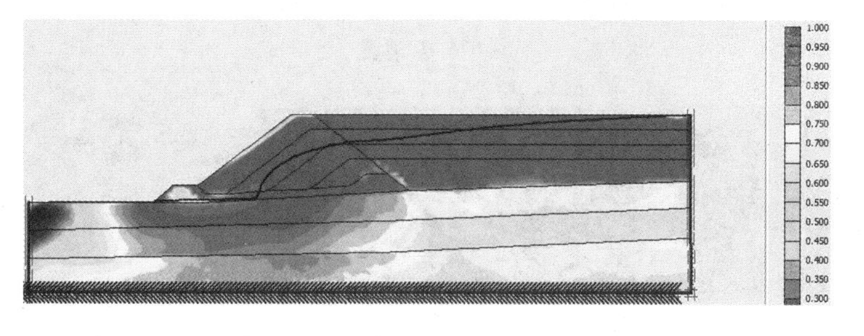

(b)5.0s 地震

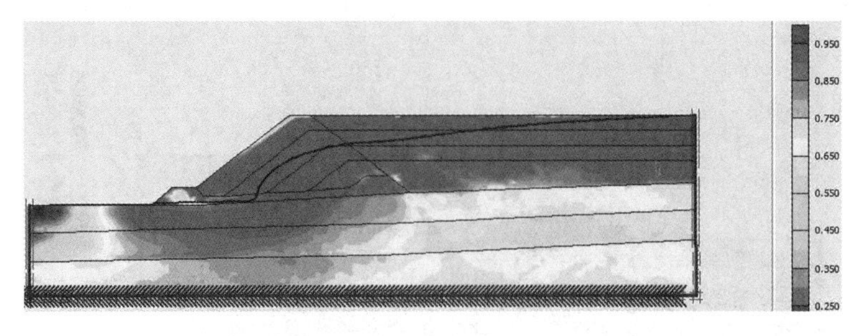

(c)10.0s 地震

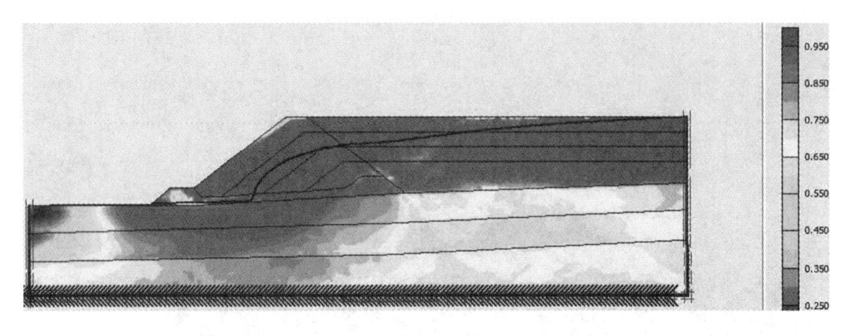

(d)20.0s 地震

图 10.73　地震作用后坝体相对剪切应力比分布云图

(7)破坏区分布

坝体有限元静力分析后，其模型进行地震动力响应模拟分析，在模型底部给定地震波的计算分析，得出典型 2.5、5.0、10.0、20.0s 的破坏区分布图如图 10.74 所示，表明随着地震动力影响时间的持续，主坝体发生大变形的滑移特征。

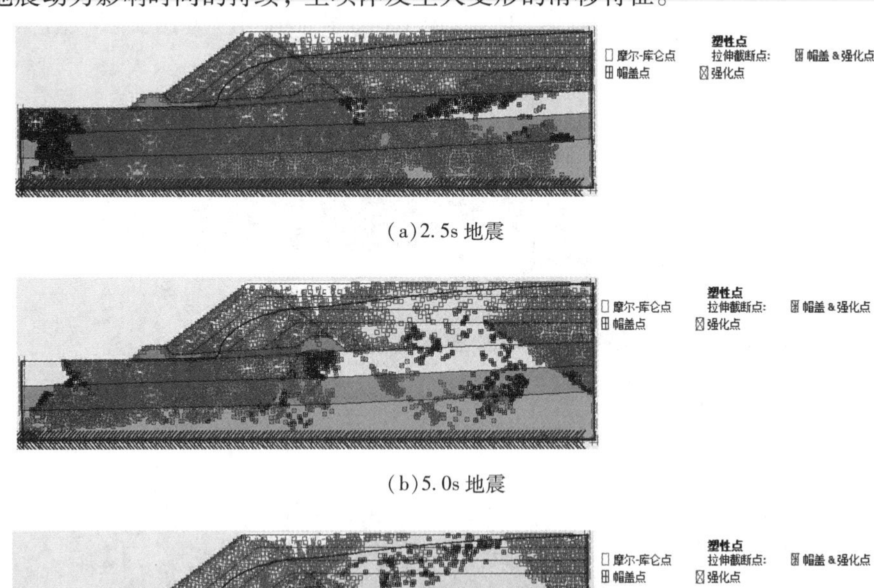

(a)2.5s 地震

(b)5.0s 地震

(c)10.0s 地震

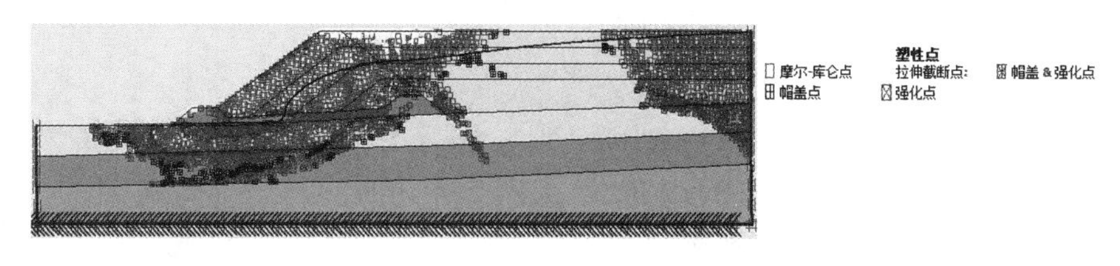

（d）20.0s 地震

图 10.74　地震作用后坝体破坏区分布图

（8）特征点位移、速度和加速度历时曲线

坝体有限元静力分析后，其模型进行地震动力响应模拟分析，在模型底部给定地震波的计算分析，得出典型特征点位移、速度和加速度历时曲线图如图 10.75 至图 10.77 所示。

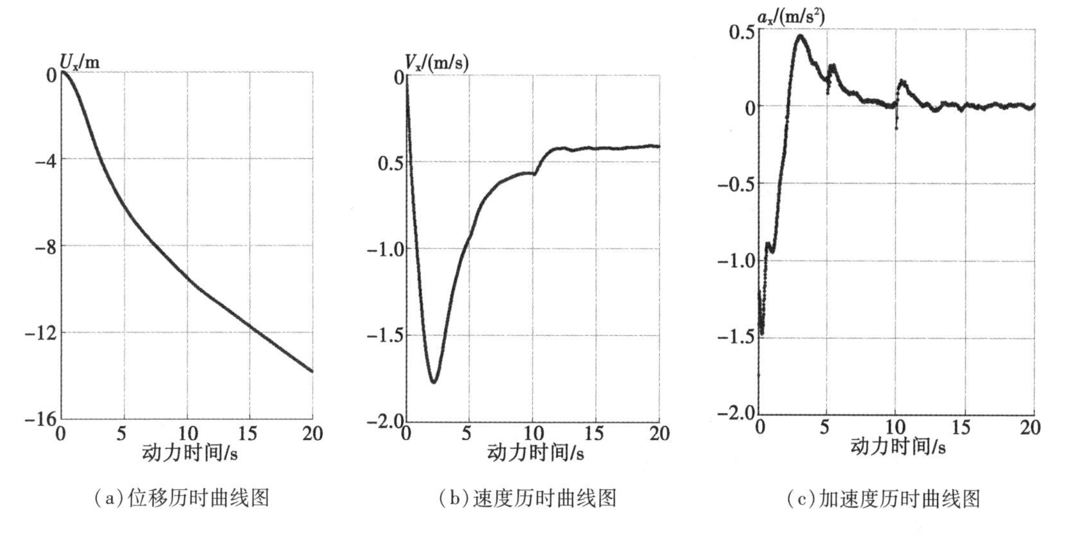

（a）位移历时曲线图　（b）速度历时曲线图　（c）加速度历时曲线图

图 10.75　地震作用后坝体 *A* 特征点位移、速度和加速度历时曲线图

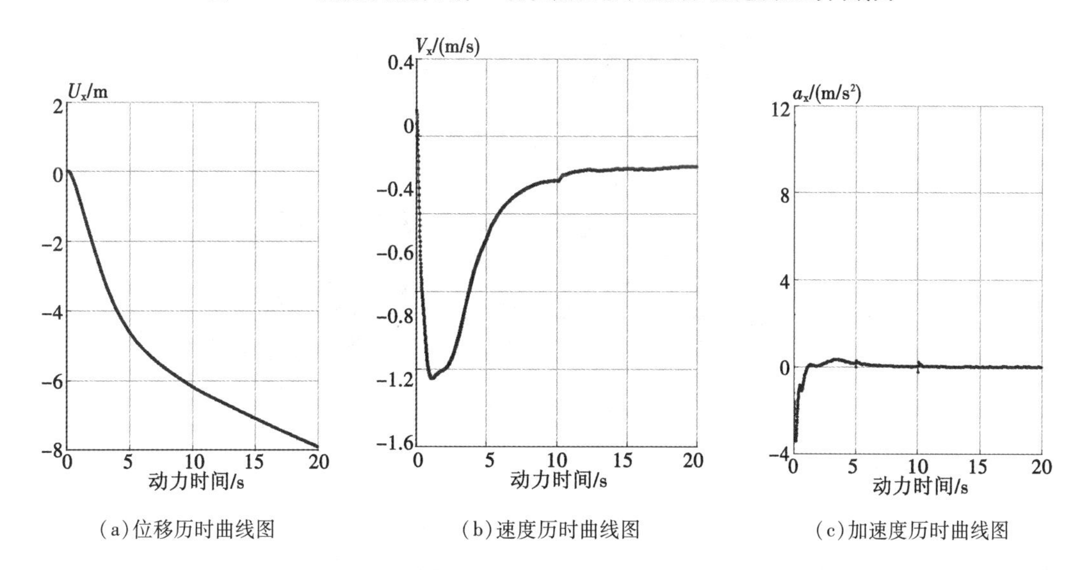

（a）位移历时曲线图　（b）速度历时曲线图　（c）加速度历时曲线图

图 10.76　地震作用后坝体 *B* 特征点位移、速度和加速度历时曲线图

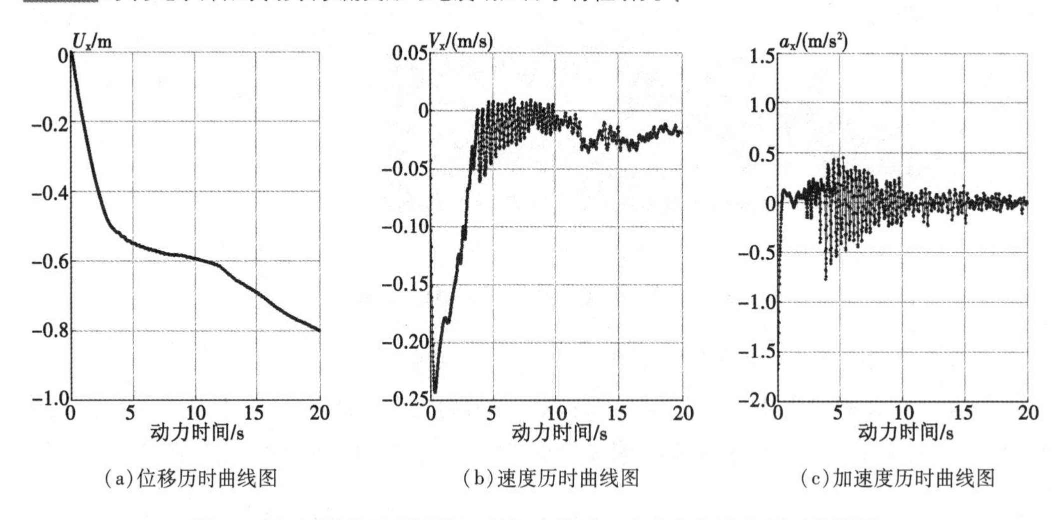

(a)位移历时曲线图　(b)速度历时曲线图　(c)加速度历时曲线图

图 10.77　地震作用后坝体 C 特征点位移、速度和加速度历时曲线图

10.4　不透水棱体+褥垫+渗井排水尾矿库贮灰场坝动力特性

10.4.1　流固耦合弹塑性数值模拟分析

(1)几何与有限元模型

几何与有限元模型如图 10.78 和图 10.79 所示。

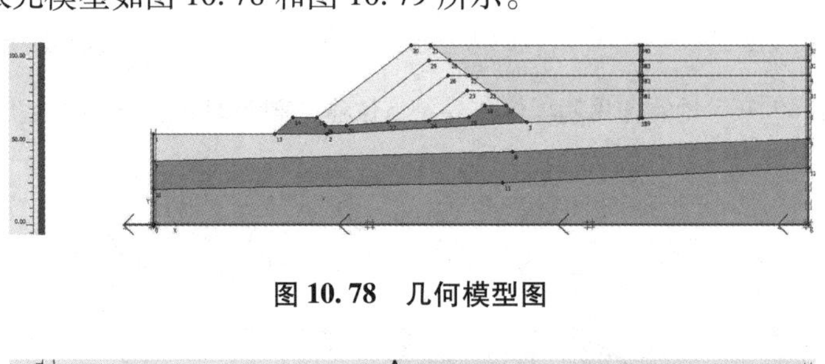

图 10.78　几何模型图

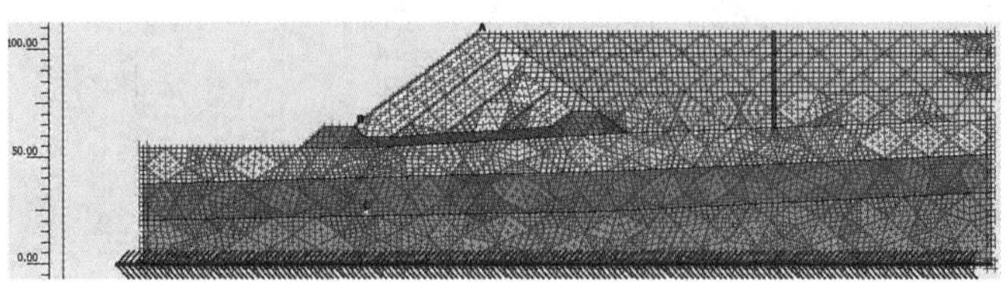

图 10.79　有限元网格剖分模型图

(2)渗流分析

从图 10.80 有效主应力矢量分布图可以看出有效应力没有明显的偏转，最大的有效主应力为 1000 Pa。如图 10.81 至图 10.84 所示，坝体中水位较低，坝体的排水效果较好，不透水棱体+褥垫+渗井作用明显，可以看出具体效果，水沿着排渗井降低坝前水位，然后通过褥垫排水流动，使整个坝体的浸润线降低。

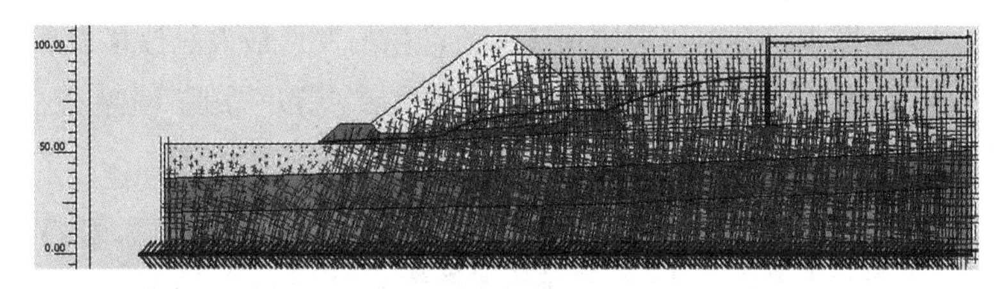

图 10.80　有效主应力矢量分布图(最大有效主应力 1000Pa)

图 10.81　地下水等水位面分布云图(最大总孔压 1080Pa)

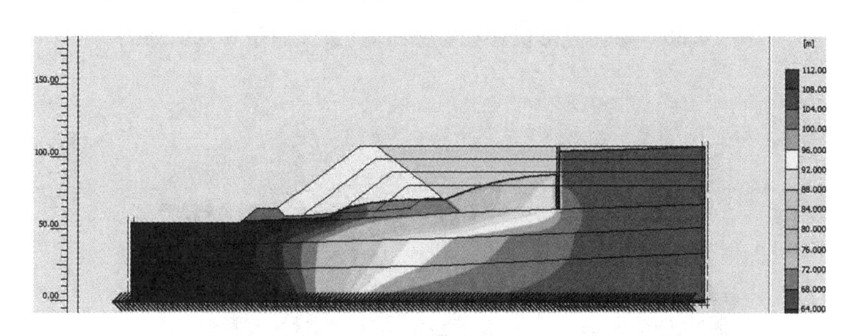

图 10.82　地下水等势面分布云图

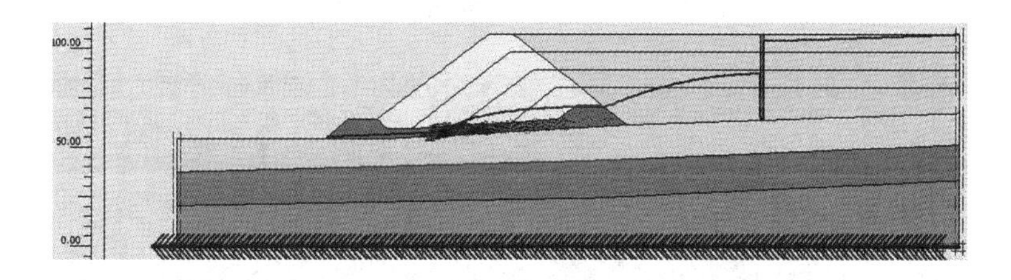

图 10.83　地下水渗流矢量分布图(最大速度 189.15m/d)

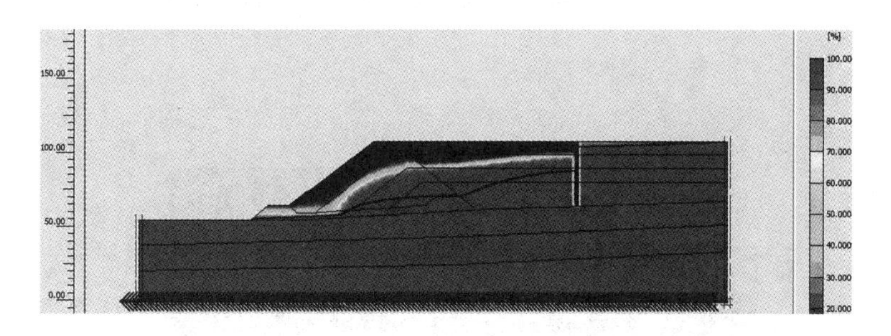

图 10.84　地下水饱和度分布云图(最大饱和度 102.27%)

(3)渗流变形分析

通过图 10. 85 至图 10. 89 可以看出由于渗流产生的变形最大总位移为 0. 220m，向着坝后坡脚处下移，在强度折减分析后，剪应变分布较散，渗井周围产生剪应变，且坝后坡不透水棱体处产生滑动趋势。

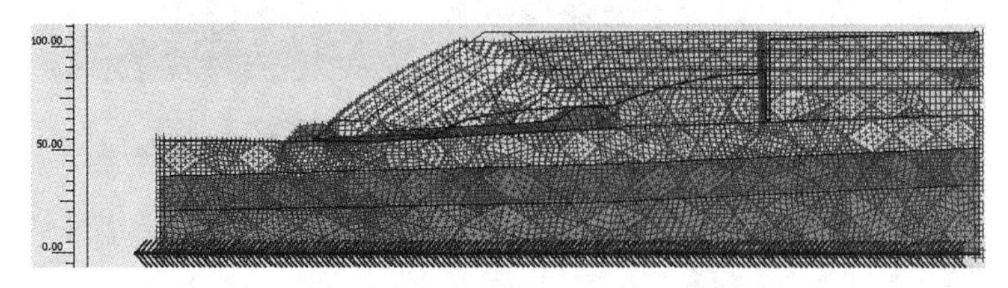

图 10. 85　渗流变形网格分布图(最大总位移 0. 220m)

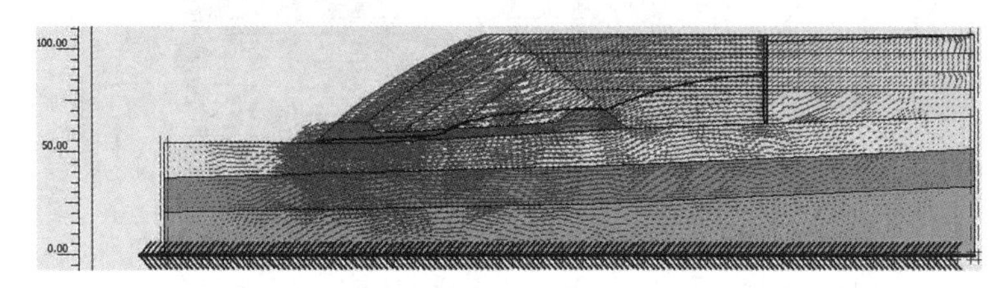

图 10. 86　渗流变形位移矢量分布图(最大总位移 0. 220m)

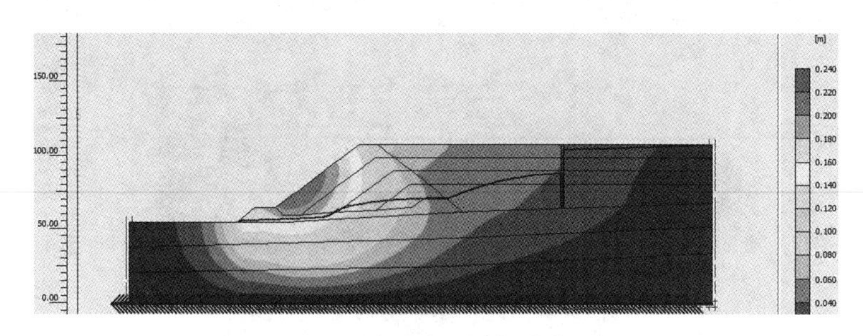

图 10. 87　渗流变形破坏分布云图

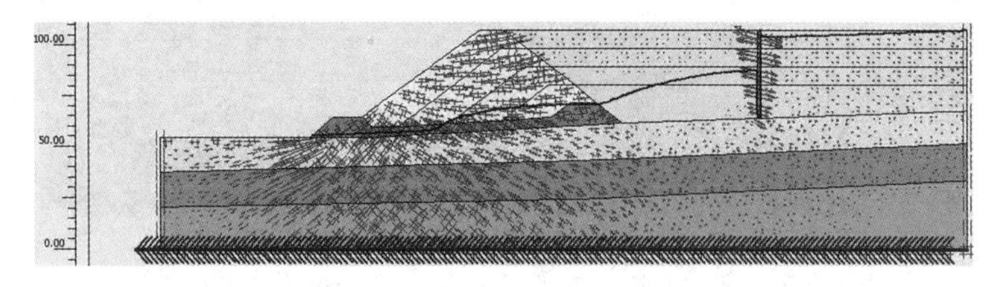

图 10. 88　渗流变形总应变矢量分布图(最大主应变 1. 32%)

图 10. 89　渗流变形总剪应变等值线分布云图(最大主应变 0. 77%)

(4)渗流变形典型曲线特性分析

如图 10.90 至图 10.92，选取 A、B、C 三个剖面，可以清楚地看到 A、B、C 三个面位置地下水孔压、地下水渗流、渗流变形位移随着深度变化情况，如随深度增加孔压的变化逐渐减小，渗流情况与 A、B、C 三点位置有直接关系，C 处褥垫排水处水的流速最大。总位移则是 C 处最大，与模型分析一致。

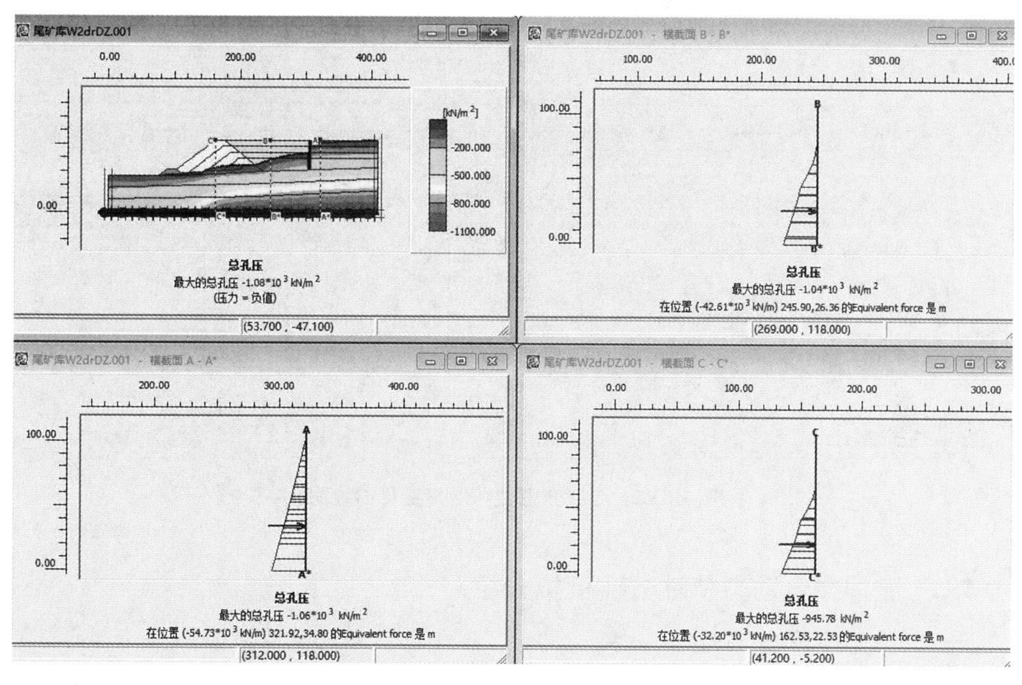

图 10.90　地下水孔压深度变化曲线图

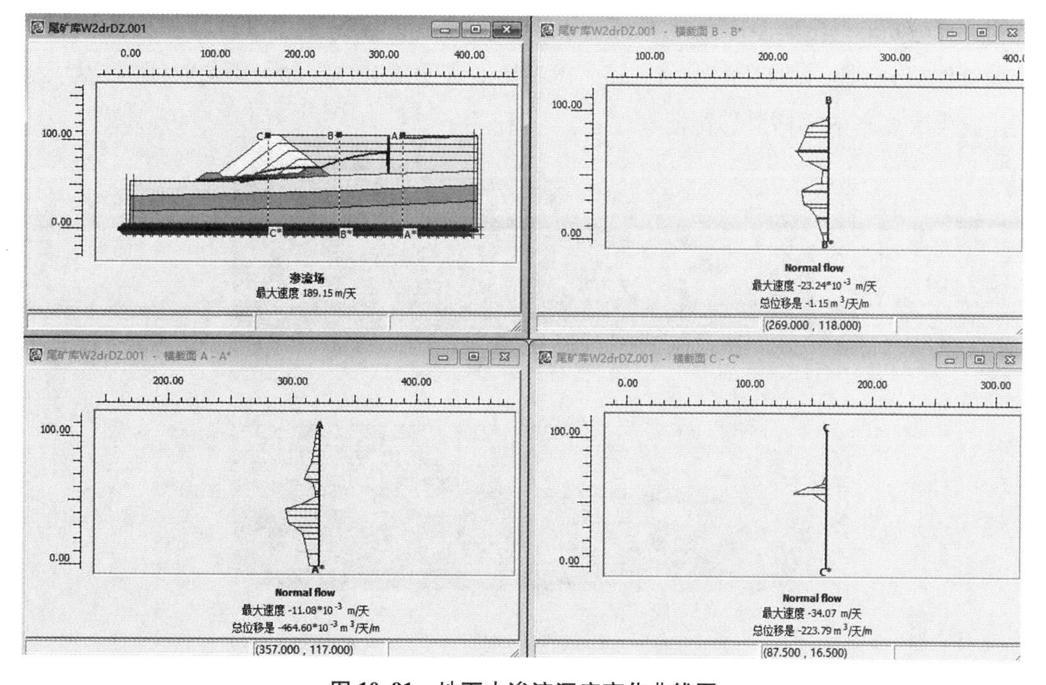

图 10.91　地下水渗流深度变化曲线图

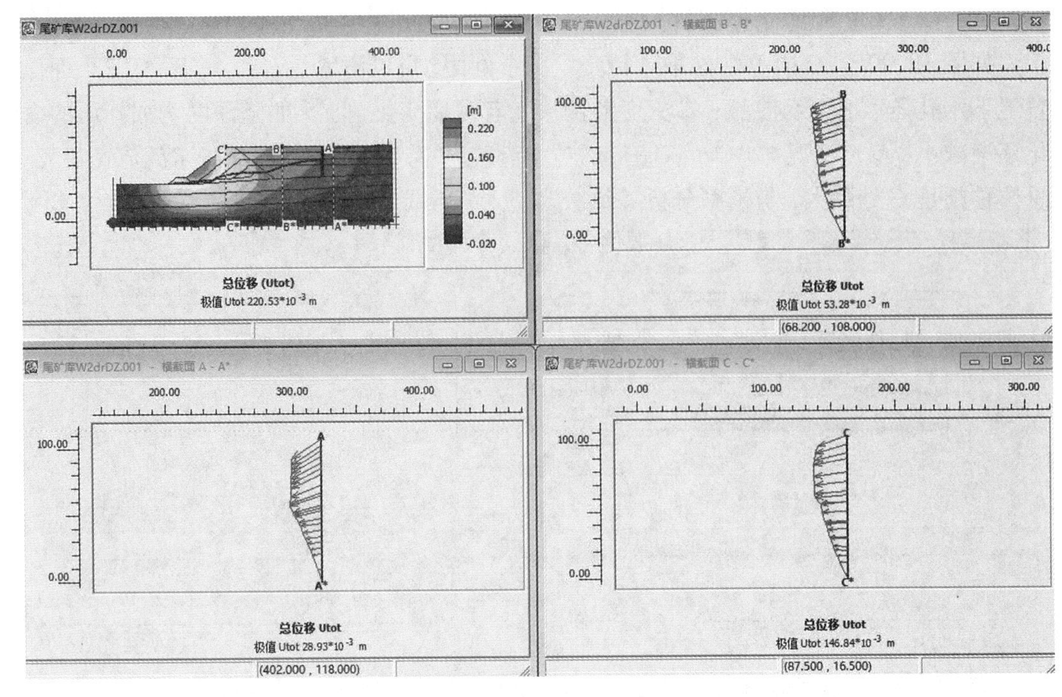

图 10.92　渗流变形位移深度变化曲线图

10.4.2　流固耦合动力特性数值模拟分析

(1)变形网格

坝体有限元静力分析后，其模型进行地震动力响应模拟分析，在模型底部给定地震波的计算分析，得出典型 2.5、5.0、10.0、20.0s 的变形网格图 10.93 所示，模型中坝体最大总位移分别为 4.84、8.91、13.15、18.74m，表明随着地震动力影响时间的持续，主坝体发生大变形的网格滑移特征。

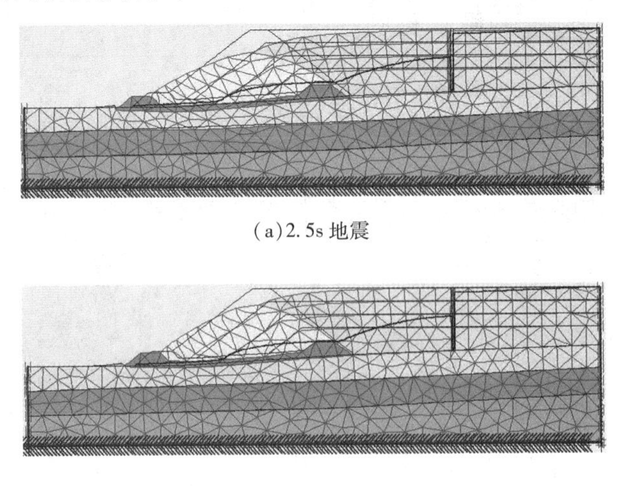

(a)2.5s 地震

(b)5.0s 地震

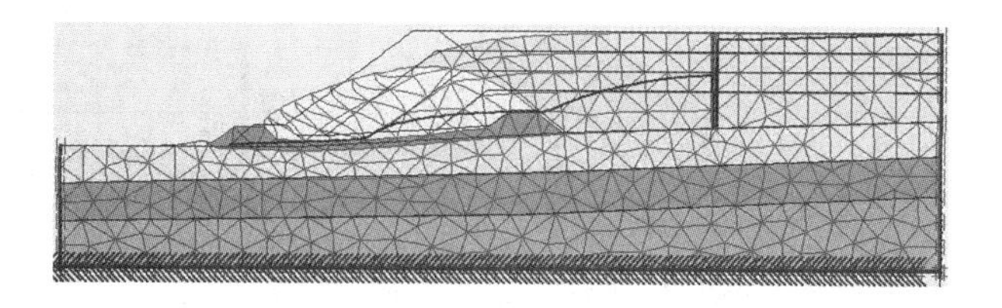

(c)10.0s地震

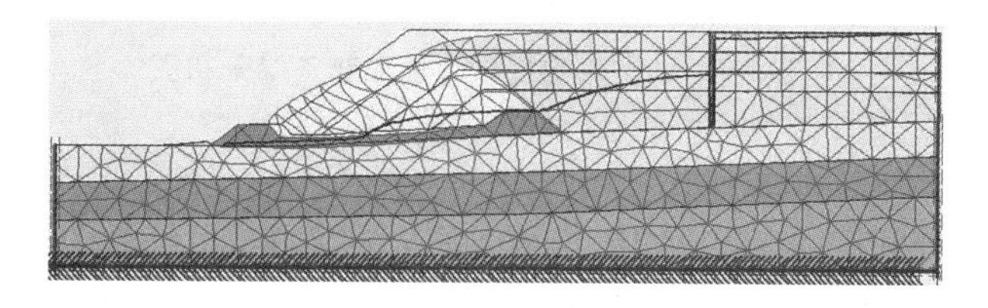

(d)20.0s地震

图10.93　地震作用后坝体结构变形的网格图

(2)总应变矢量

坝体有限元静力分析后，其模型进行地震动力响应模拟分析，在模型底部给定地震波的计算分析，得出典型2.5、5.0、10.0、20.0s的总应变矢量图如图10.94所示，模型中坝体最大总应变矢量值分别为20.46%、30.88%、49.05%、78.68%，表明随着地震动力影响时间的持续，主坝体发生大变形的滑移特征。

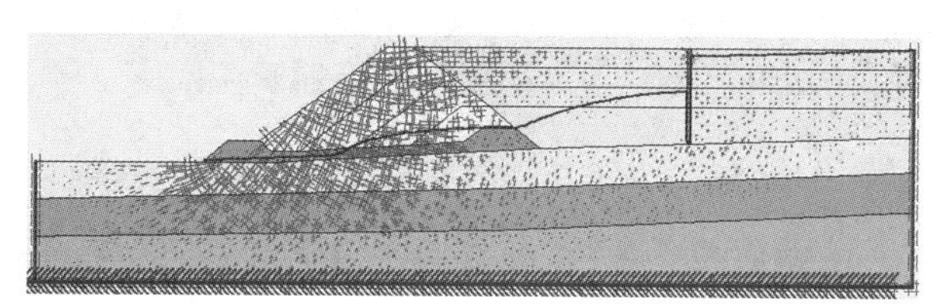

(a)2.5s地震

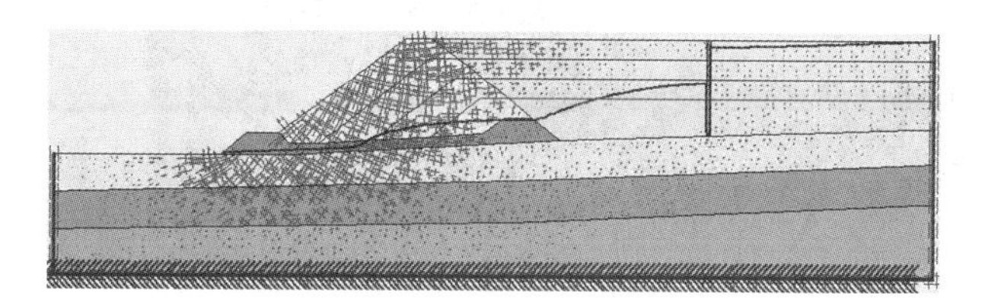

(b)5.0s地震

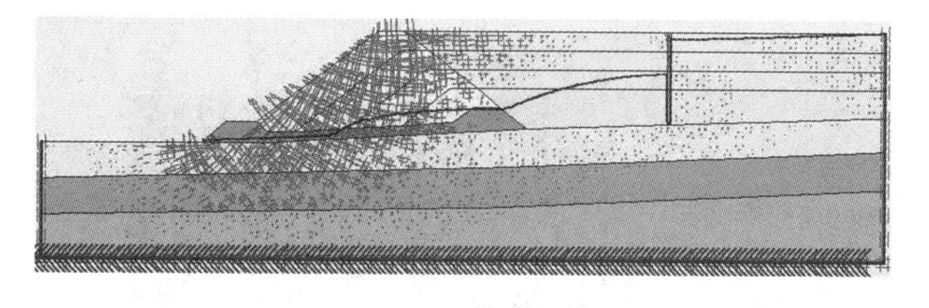

(c)10.0s地震

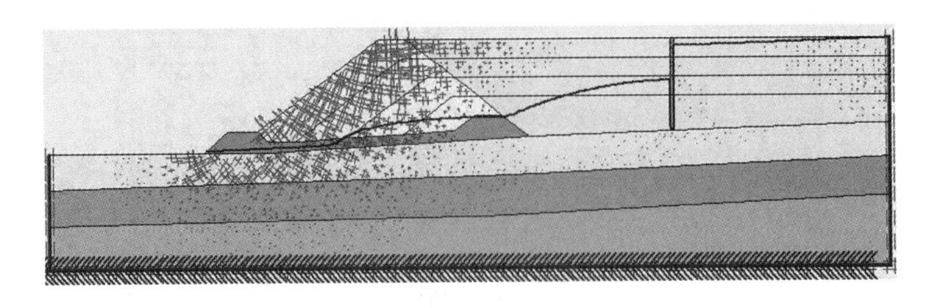

(d)20.0s 地震

图 10.94　地震作用后坝体总应变矢量分布图

(3)总剪应变

坝体有限元静力分析后，其模型进行地震动力响应模拟分析，在模型底部给定地震波的计算分析，得出典型 2.5、5.0、10.0、20.0s 的总剪应变云图如图 10.95 所示，模型中坝体最大总剪应变值分别为 16.81%、27.22%、40.17%、64.42%，表明随着地震动力影响时间的持续，最大总剪应变值增加，主坝体发生大变形滑移特征。

(a)2.5s 地震

(b)5.0s 地震

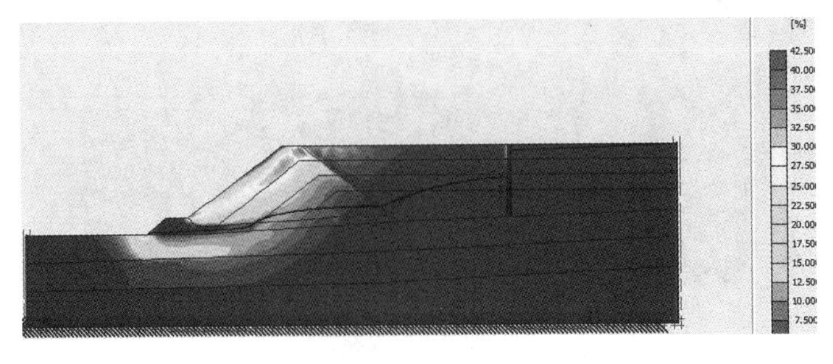

(c)10.0s 地震

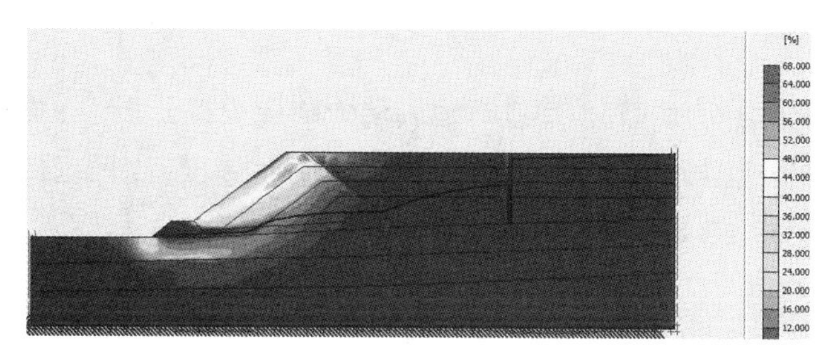

(d)20.0s 地震

图 10.95　地震作用后坝体总剪应变分布云图

(4)总速度矢量

坝体有限元静力分析后，其模型进行地震动力响应模拟分析，在模型底部给定地震波的计算分析，得出典型 2.5、5.0、10.0、20.0s 的总速度矢量图如图 10.96 所示，模型中坝体总速度矢量值分别为 2.25、1.15、0.754、0.534m/d，表明随着地震动力影响时间的持续，主坝体发生大变形的滑移特征。

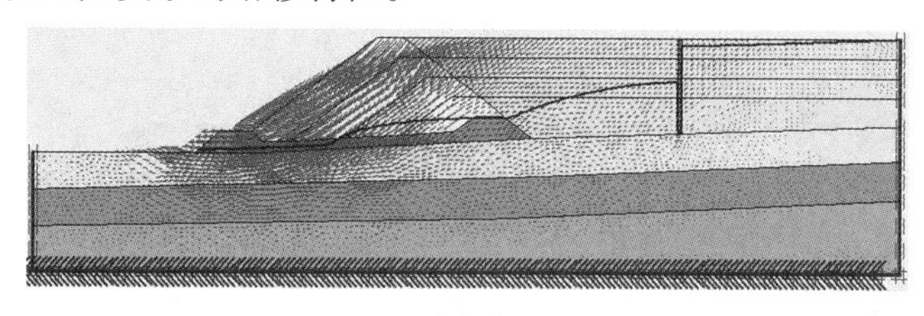

(a)2.5s 地震

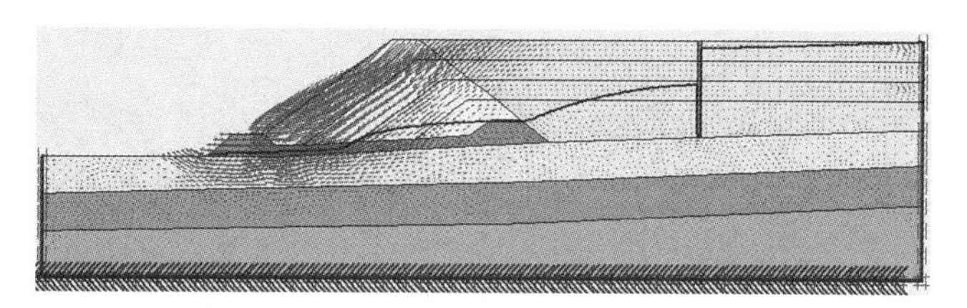

(b)5.0s 地震

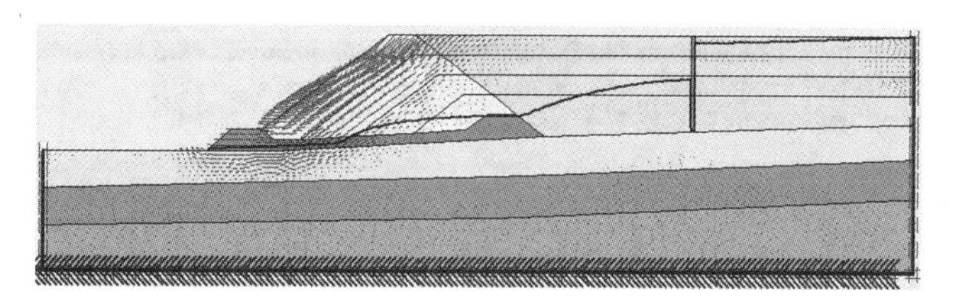

(c)10.0s 地震

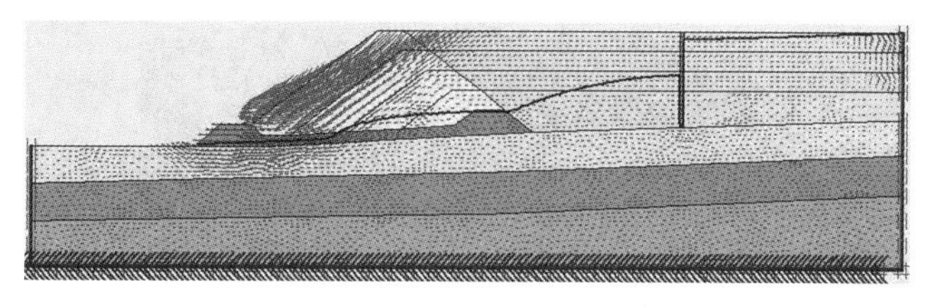

(d)20.0s 地震

图 10.96　地震作用后坝体总速度矢量分布图

(5)总加速度

坝体有限元静力分析后，其模型进行地震动力响应模拟分析，在模型底部给定地震波的计算分析，得出典型2.5、5.0、10.0、20.0s的总加速度云图如图10.97所示，模型中坝体总加速度分别为0.825、0.397、0.182、0.166m/d^2。

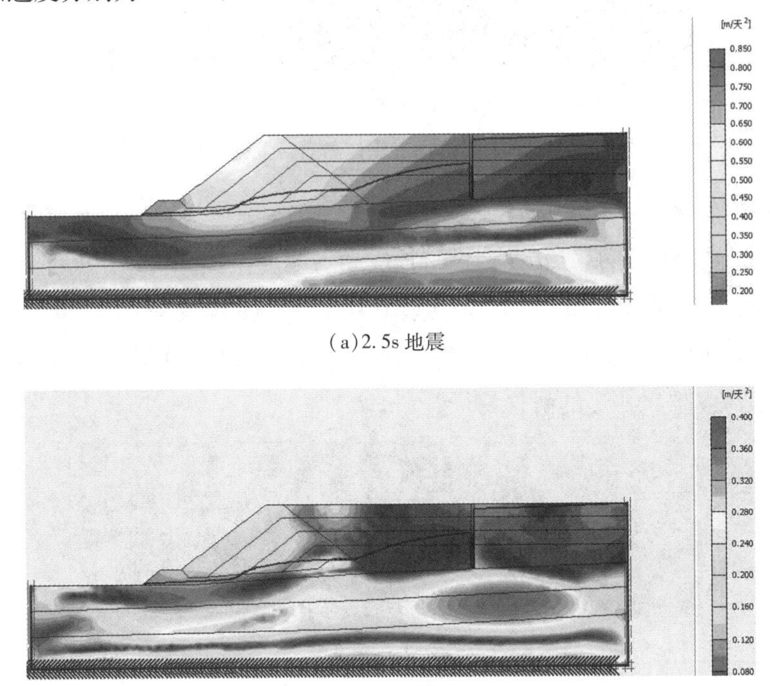

(a)2.5s 地震

(b)5.0s 地震

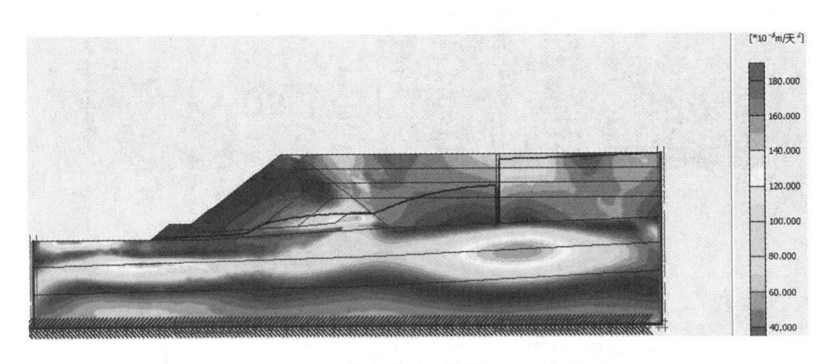

(c)10.0s 地震

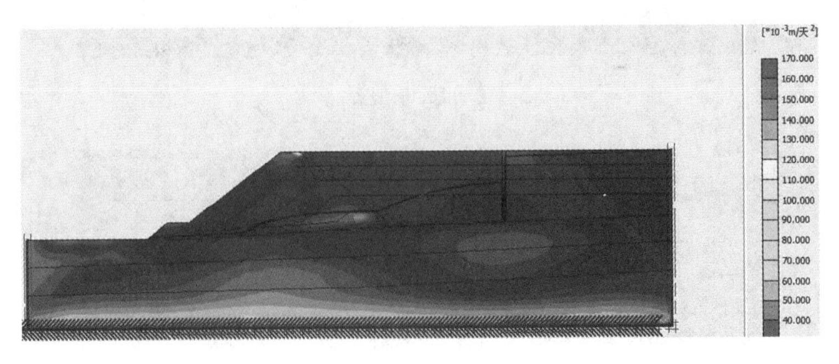

(d)20.0s 地震

图10.97　地震作用后坝体总加速度分布云图

(6)相对剪切应力比

坝体有限元静力分析后，其模型进行地震动力响应模拟分析，在模型底部给定地震波的计算分析，得出典型 2.5、5.0、10.0、20.0s 的相对剪切应力比云图如图 10.98 所示。

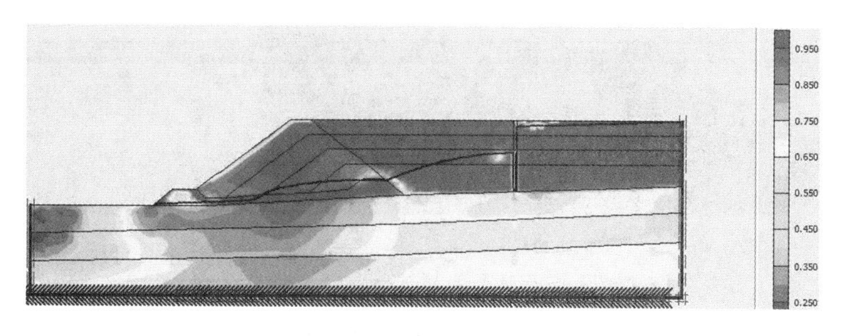

(a)2.5s 地震

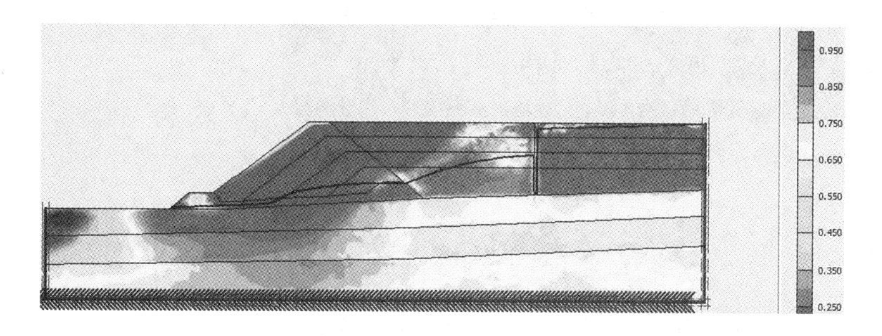

(b)5.0s 地震

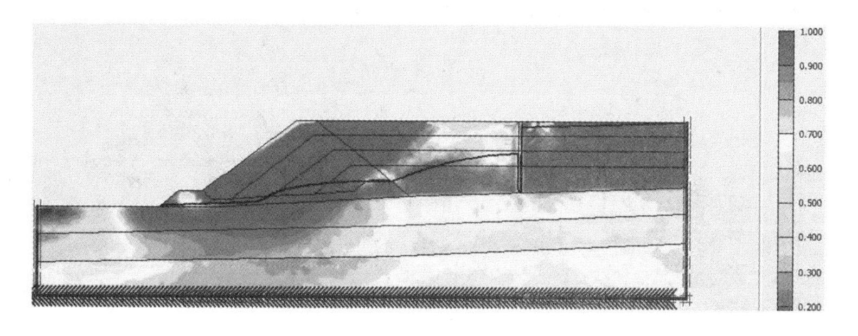

(c)10.0s 地震

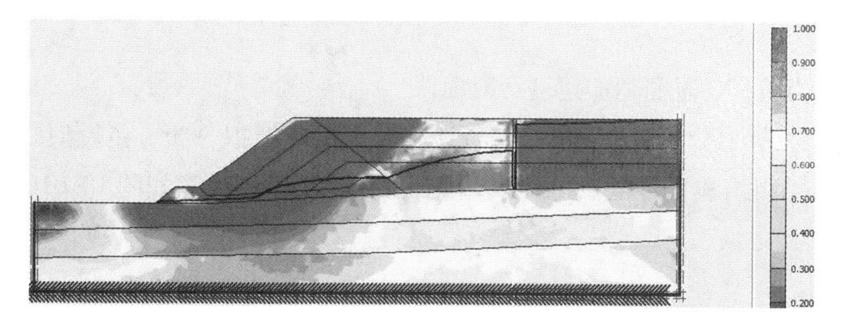

(d)20.0s 地震

图 10.98　地震作用后坝体相对剪切应力比分布云图

(7)破坏区分布

坝体有限元静力分析后，其模型进行地震动力响应模拟分析，在模型底部给定地震波的计算分析，得出典型 2.5、5.0、10.0、20.0s 的破坏区分布图如图 10.99 所示，表明随着地震动力影响时间的持续，主坝体发生大变形的滑移特征。

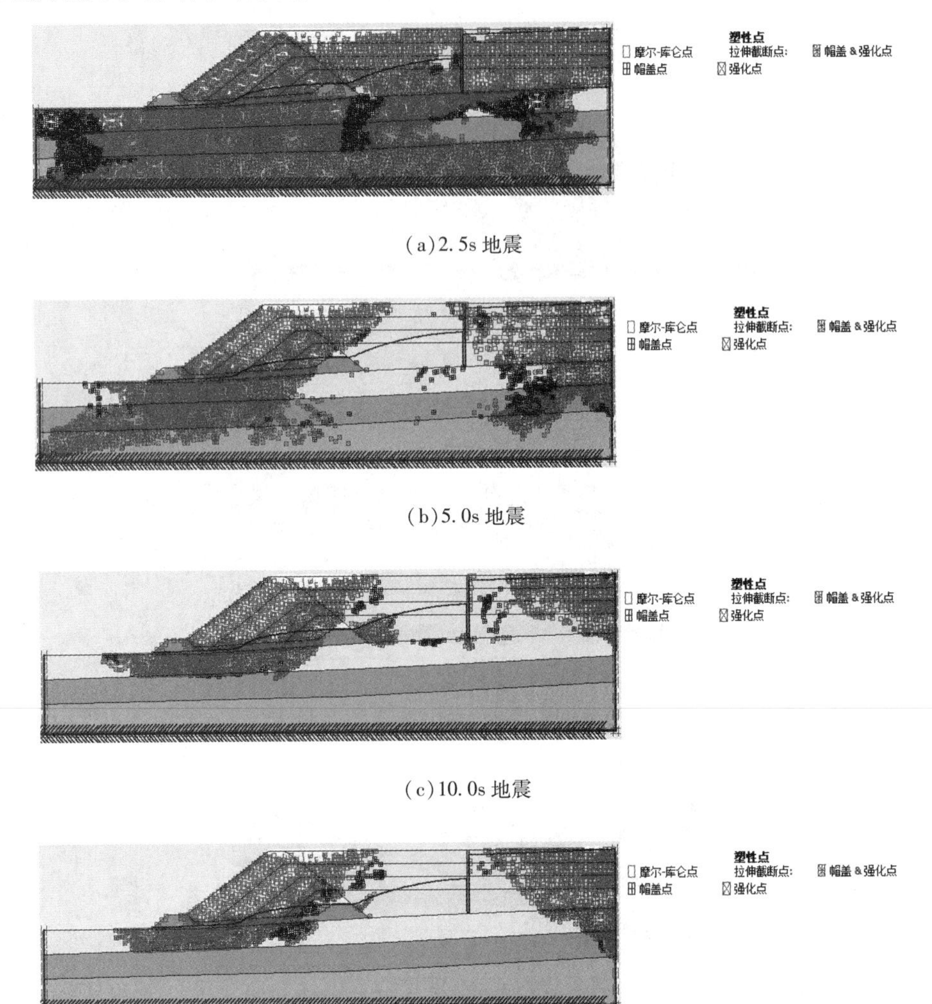

(a)2.5s 地震

(b)5.0s 地震

(c)10.0s 地震

(d)20.0s 地震

图 10.99　地震作用后坝体破坏区分布图

(8)特征点位移、速度和加速度历时曲线

坝体有限元静力分析后，其模型进行地震动力响应模拟分析，在模型底部给定地震波的计算分析，得出典型特征点位移、速度和加速度历时曲线图如图 10.010 至图 10.102 所示。

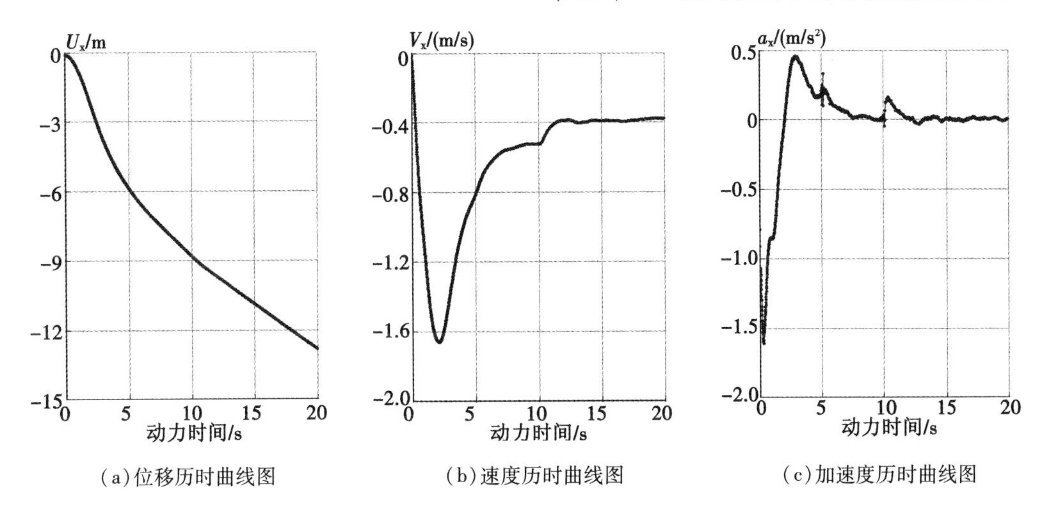

(a)位移历时曲线图　(b)速度历时曲线图　(c)加速度历时曲线图

图 10.100　地震作用后坝体 *A* 特征点位移、速度和加速度历时曲线图

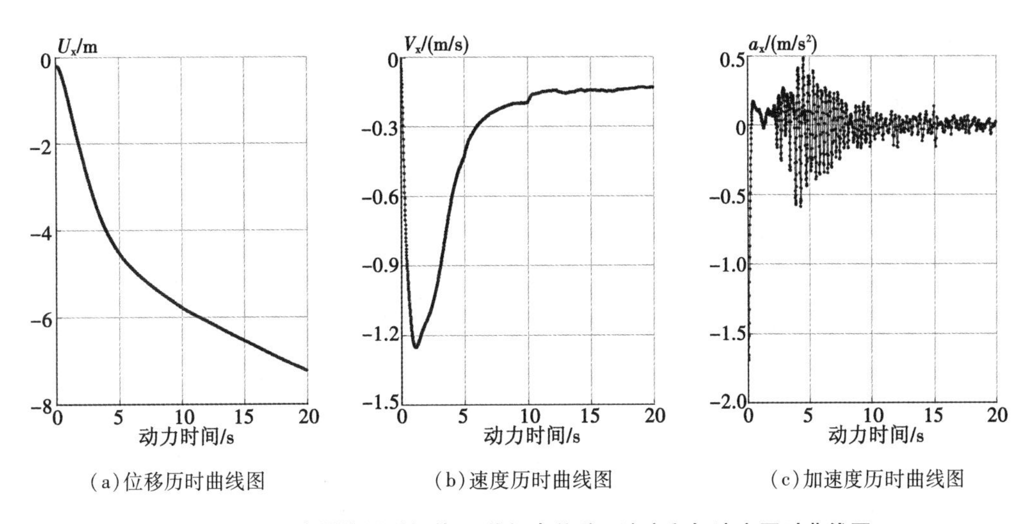

(a)位移历时曲线图　(b)速度历时曲线图　(c)加速度历时曲线图

图 10.101　地震作用后坝体 *B* 特征点位移、速度和加速度历时曲线图

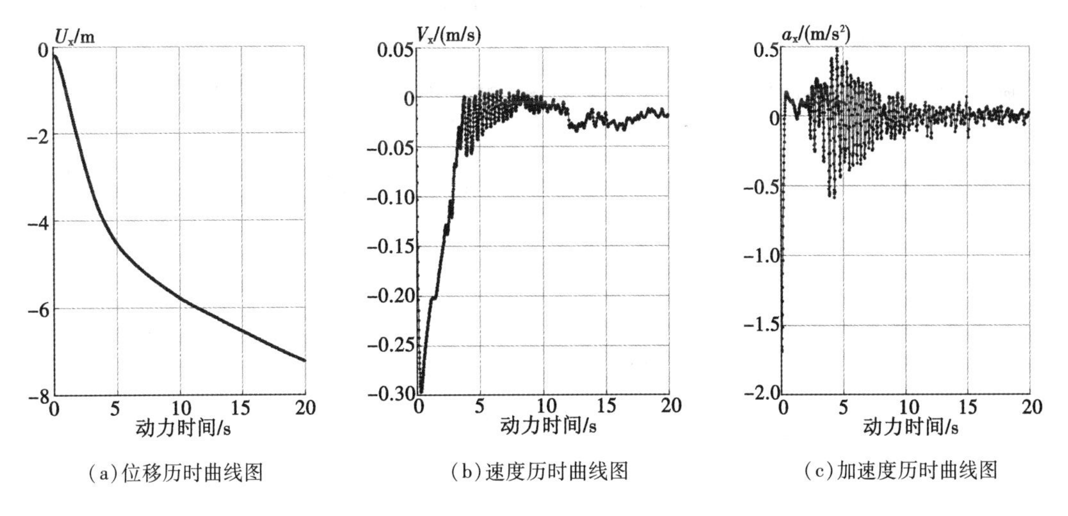

(a)位移历时曲线图　(b)速度历时曲线图　(c)加速度历时曲线图

图 10.102　地震作用后坝体 *C* 特征点位移、速度和加速度历时曲线图

第 11 章　研究结论

针对我国水力尾矿库贮灰场数量庞大，易发生较为恶劣的一些常见灾害问题，为提高水力尾矿库贮灰场安全性和稳定性，确立了研究的目的及意义，形成主要研究内容以及主要研究技术路线。

(1)相关研究文献及流固耦合分析方法综述

对国内外尾矿库贮灰场稳定性、渗流、动力特性、变形破坏监测与防治、灾害预警方法溃败灾害应急准备、安全管理与标准规范研究现状以及流固耦合分析机理与方法进行综述，为后面的研究工作奠定理论基础。

(2)水力尾矿库贮灰场坝溃坝实例与选择设计标准分析

首先简述水力尾矿库贮灰场溃坝的五个主要原因，即洪水、坝体失稳、渗流渗漏、地震液化、坝基沉陷；然后对火谷都尾矿库溃坝、镇安黄金矿业尾矿库溃坝进行仿真模拟，根据断面图建立二维有限元模型，进行稳定性分析；对太平沟贮灰场渗流破坏与加固排水仿真模拟并进行了分析。分析了水力尾矿库贮灰场的选择与规划标准。

(3)水力尾矿库贮灰坝渗流变形控制分析

主要围绕水力尾矿库贮灰场坝渗流防治工程措施进行了分析。对于水力尾矿库贮灰场坝渗流变形排渗、抗渗工程以及渗流变形处理措施，归纳总结分析得出水力尾矿库贮灰场坝渗流变形控制方案及坝型，共有八种情况即基本型、下游褥垫排渗措施、下游棱体排渗措施、下游褥垫疏干排水+黏土心墙防渗措施、黏土心墙防渗措施、灌浆帷幕防渗措施、上游黏土心斜墙防渗措施、上游防渗褥垫铺盖+黏土心斜墙防渗措施。

(4)水力尾矿库贮灰场渗流变形特性分析

依据水力尾矿库贮灰场渗流变形控制典型工程，选择代表性的库坝进行水力尾矿库贮灰场渗流变形特性研究。

(5)水力尾矿库贮灰场坝地震特性分析

在建立地震响应分析原理与方法、有限元数值模拟模型及其相关参数的基础上，选取典型的工程进行流固耦合及动力特性分析。

参考文献

[1] 李岐.尾矿库与贮灰场在安全上的区别[J].世界有色金属，2018(24)：165-166.

[2] 袁多亮，李学锋.基于 Geo-studio 软件的山谷水力贮灰场坝体渗流稳定性分析[J].科协论坛，2011(10)：83-84.

[3] 王明斌，吴勇，梁洪.强降雨条件下贮灰场稳定性模拟研究[J].价值工程，2018(15)：99-100.

[4] 陈承，程三建，张亮，等.降雨对良山太平尾矿坝稳定性影响分析[J].有色金属科学与工程，2015，6(2)：94-98.

[5] 苏永军，王慧，刘风华.尾矿库堤坝地基基础-坝体地震响应有限元-无限元耦合稳定性分析[J].化工矿物与加工，2019(2)：61-65.

[6] 李涛，刘国栋.基于渗流分析的砭家沟尾矿库坝体稳定性研究[J].矿业研究与开发，2019，39(1)：77-81.

[7] 王文松，尹光志，魏作安，等.基于时程分析法的尾矿坝动力稳定性研究[J].中国矿业大学学报，2018，47(2)：271-279.

[8] 娄亚龙，刘永，李向阳，等.某铀尾矿库地震和渗流耦合作用下稳定性研究[J].中国安全生产科学技术，2017，13(5)：79-83.

[9] 贾会会.地震作用下加高扩容尾矿库的动力稳定性研究[J].水力与建筑工程学报，2017，15(4)：157-161.

[10] 朱品竹，蒋欢，秦政，等.静动力条件下尾矿库扩容稳定性分析[J].江西理工大学学报，2019，40(1)：62-67.

[11] Ferdosi B，James M，Aubertin M.Numerical simulations of seismic and post-seismic behavior of tailings[J].Canadian Geotechnical Journal，2016，53(1)：85-92.

[12] 宋家骏.某尾矿库坝体渗流稳定性分析[J].农业经济研究，2019(3)：93-94.

[13] 刘银坤，李全明.尾矿坝渗流稳定性研究[J].华北科技学院学报，2018，15(5)：39-44.

[14] 马波，王文松，杨永浩，等.大沙河尾矿库扩容工程坝体加固设计与稳定性分析[J].有色金属工程，2018，8(5)：84-88+97.

[15] 豆昆，张林琳，郑东.瑞典条分法在石宝铁矿尾矿坝稳定性分析中的应用[J].西部

资源，2017(5)：104-107，117.

[16] 王汉勋，张彬，张中俭，等.渗流与地震作用下铁矿尾矿坝稳定性分析[J].地质与勘探，2018，54(3)：614-622.

[17] 郝喆，张维正，陈殿强.尾矿库加高增容过程的渗流稳定性分析[J].有色矿冶，2018，34(2)：51-54.

[18] 胡亚东，巨能攀，何朝阳.某尾矿坝渗流场数值模拟及坝体稳定性分析[J].人民黄河，2015，37(8)：111-114.

[19] 张圣，李同春，周桂云，等.赵家沟尾矿坝稳定安全系数预测研究[J].矿业研究与开发，2019，39(1)：72-75.

[20] 刘洋，赵学同，吴顺川.快速冲填尾矿库静力液化分析与数值模拟[J].岩石力学与工程学报，2014，33(6)：1158-1167.

[21] 宋国新.应用有限元方法对某水力贮灰场坝体进行渗流数值模拟分析[J].河南城建学院学报，2013(22)：38-40.

[22] 张川.电厂灰坝渗流稳定研究[D].大连：大连理工大学，2013.

[23] 李鑫，刘恩龙，毛磊.3D-Mine 与 HyperMesh 在三维渗流计算模型中的应用[J].四川建材，2019，45(1)：1-2.

[24] 郝喆.大型尾矿坝加高过程三维渗流分析[J].矿业工程，2017，15(6)：54-57.

[25] 缪海波，殷坤龙，郭付三.金属矿山尾矿坝渗流场模拟及稳定性数值分析[J].金属矿山，2010(3)：134-137.

[26] 李鑫，刘恩龙，毛磊.基于 ABAQUS 平台的尾矿库二维渗流分析[J].四川建材，2019，45(2)：24-25.

[27] 孙友佳，秦忠国，仇宇霞，等.尾矿坝准三维渗流计算分析[J].金属矿山，2019(1)：187-191.

[28] 张平，王欢.温庄尾矿库尾矿坝渗流场的数值模拟[J].有色冶金设计与研究，2018，39(6)：12-16.

[29] 乔云航.富贵鸟 1 号尾矿库坝体稳定性数值模拟[J].矿业工程研究，2016，31(1)：58-62.

[30] 秦胜伍，龚文曦，马中骏.考虑降雨重现期的尾矿坝渗流稳定性分析[J].水电能源科学，2019，37(2)：86-90.

[31] 秦金雷，李彪，宋志飞.某尾矿库三维渗流稳定性分析[J].世界有色金属，2018(23)：188-189.

[32] 柴军瑞，李守义，李康宏，等.米箭沟尾矿坝加高方案渗流场数值分析[J].岩土力学，2015，26(6)：973-977.

[33] 李海臣.鞍钢前峪尾矿库尾砂地震液化的研究[J].资源信息与工程，2018，33(6)：76-77.

[34] 张云.地震荷载作用下尾矿坝结构的动力特性分析[J].吉林水力，2018(3)：19-21.

[35] 郑昭炀，罗磊，刘宁，等.湖北大冶铜绿山铜铁矿尾矿库溃坝动力特性分析[J].金属矿山，2017(12)：136-141.

[36] 孙从露，徐洪，郭晓霞.基于 Geo-studio 的尾矿坝渗流及地震动力响应研究[J].矿冶工程，2017，37(6)：30-34.

[37] Chakraborty D，Choudhury D.Investigation of the behavior of tailings earthen dam under seismic conditions[J].American Journal of Engineering and Applied Sciences，2009，2(3)：559-564.

[38] 曹进海，胡军.地震荷载下尾矿坝加固措施研究[J].矿业研究与开发，2017，37(10)：76-81.

[39] 胡再强，于淼，李宏儒，等.上游式尾矿坝的固结及静动力稳定分析[J].岩土工程学报，2016，38(S2)：48-53.

[40] 谭伟雨，刘刚.复合土工膜在防城港电厂贮灰场底部防渗处理中的应用[J].企业科技与发展，2009(18)：59-61.

[41] 张慧峰，谢定松，蔡红，等.桦林西沟贮灰场灰坝渗水综合治理方案探讨[J].工程建设与设计，2014(11)：90-94.

[42] 李桂云，杨家祥.吉林热电厂贮灰场大坝堵漏工程施工工艺[J].西部探矿工程，2011(7)：15-17.

[43] 谢定松，蔡红，温彦锋，等.青石壁贮灰场主坝坝面渗水原因分析及加固方案研究[J].水力水电技术，2011，42(6)：41-45.

[44] 司小飞，殷结峰，王灵.燃煤发电厂贮灰场安全评估及保护措施[J].环境工程，2018(36)：336-339.

[45] 张新法，于立友，齐磊，等.燃煤发电厂贮灰场安全现状分析与对策[J].电力安全技术，2017，19(11)：5-8.

[46] 司小飞，李元昊，黄艳，等.燃煤发电厂贮灰场环境污染与防治[J].环境工程，2017，35(11)：110-113.

[47] 王永金.山谷型贮灰场利用空间增容改造[J].电工技术，2014(12)：74-75.

[48] 潘和平，孙德尧.土工网格合成材料在鸡西电厂贮灰场灰坝加高中的应用[J].中国建材科技，2014(S2)：32，34.

[49] 焦丽芳.新疆某电厂灰场区域湿陷性地基处理[J].山西建筑，2013，42(9)：84-85.

[50] 李毅男，张权，李维朝.基于防排水措施的灰场深厚湿陷性黄土地基处理[J].中国水力水电科学研究院学报，2012(1)：77-80.

[51] 张力霆.尾矿库溃坝研究综述[J].水力学报，2013，44(5)：594-600.

[52] 金佳旭，梁力，吴凤元，等.尾矿坝溃坝模拟及影响范围预测[J].金属矿山，2013

(3)：141-144.

[53] Rico M, Benito G, Salgueiro A R, et al.Reported tailings dam failures：a review of the European incidents in the worldwide context[J].Journal of Hazardous Materials, 2008, 152(2)：846-852.

[54] 刘海明，曹净，杨春和.国内外尾矿坝事故致灾因素分析[J].金属矿山，2013(2)：126-129.

[55] 于广明，宋传旺，潘永战，等.尾矿坝安全研究的国外新进展及我国的现状和发展态势[J].岩石力学与工程学报，2014，33(s1)：3238-3248.

[56] 王瑞，王永增，陆占国.齐大山排土场边坡参数优化及稳定性分析[J].金属矿山，2013，440(2)：41-43.

[57] 宋彦利.河北承德某铁矿尾矿库副坝坡脚渗水治理[J].现代矿业，2018(11)：195-198，214.

[58] 杨海东，孙成刚.尾矿库安全管理技术[J].中国金属通报，2015(3)：42-44.

[59] 蒲明.尾矿库地质灾害主要特征及防治对策[J].世界有色金属，2017(19)：200-201.

[60] 颜世航，湫佳红.矿山尾矿库风险预测时空模型的研究[J].浙江工业大学学报，2016，44(3)：254-259.

[61] 阮修莉.尾矿库环境风险与应对措施[J].世界有色金属，2019(1)：291-292.

[62] 张家荣，刘建林.尾矿库溃坝及尾矿泄漏事故树安全评价与预防[J].环境工程技术学报，2019，9(2)：201-206.

[63] 王昆，杨鹏，Karen Hudson-Edwards，等.尾矿库溃坝灾害防控现状及发展[J].工程科学学报，2018，40(5)：526-539.

[64] 张驰，刘晓茜，张敏.尾矿库灾害主要特征及防治对策[J].世界有色金属，2018(1)：188-189.

[65] 王自力，王立娟，尹恒.基于空天地三维数据的尾矿库安全监管技术研究[J].中国安全生产科学技术，2019，15(2)：124-130.

[66] 马国超，王立娟，马松，等.矿山尾矿库多技术融合安全监测运用研究[J].中国安全科学学报，2016，26(7)：35-40.

[67] 万露，辛保泉，郭明东，等.基于模型相似理论的尾矿库溃坝试验研究[J].矿业研究与开发，2018，38(12)：66-71.

[68] 张力霆，齐清兰，李强，等.尾矿库坝体溃决演进规律的模型试验研究[J].水力学报，2016，47(2)：229-235.

[69] 贾虎军，王立娟，靳晓，等.基于无人机航测的尾矿库三维空间数据获取与风险分析[J].中国安全生产科学技术，2018，14(7)：115-119.

[70] 苏军，王治宇，袁子清，等.光纤光栅(FBG)传感器在尾矿库在线监测中的应用

[J].中国安全生产科学技术，2014，10(7)：65-70.

[71] 李青石，李庶林，陈际经.试论尾矿库安全监测的现状及前景[J].中国地质灾害与防治学报，2011，22(1)：99-106.

[72] 郝喆，张亮.辽宁省尾矿库在线安全监测管理平台设计[J].现代矿业，2018(11)：151-155，170.

[73] 郝哲.尾矿库安全监测预警系统研究[J].中国矿山工程，2016，45(2)：73-76.

[74] 刘迪，李俊平.尾矿坝安全研究方法综述[J].西安建筑科技大学学报，2017，49(6)：910-918.

[75] 黄磊，苗放，王梦雪.区域尾矿库安全监测预警系统设计与构建[J].中国安全科学学报，2013，23(12)：146-150.

[76] 张铎，刘洋，吴顺川，等.基于离散–连续耦合的尾矿坝边坡破坏机理分析[J].岩土工程学报，2014，36(8)：1473-1476.

[77] 于广明，宋传旺，吴艳霞，等.尾矿坝的工程特性和安全监测信息化关键问题研究[J].岩土工程学报，2011，33(S1)：49-52.

[78] 李航.尾矿库坝体稳定性及其灾变预警机制研究[D].大连：大连交通大学，2011.

[79] 宋传旺，于广明，李亮.基于R/S分析法的尾矿坝坝体位移趋势研究[J].矿业研究与开发，2014，34(6)：41-43.

[80] 梅国栋.尾矿库溃坝机理及在线监测预警方法研究[D].北京：北京科技大学，2014.

[81] 刘正强，罗文斌.安全在线监测预警系统在金山店铁矿锡冶山尾矿库的应用[J].金属材料与冶金工程，2014，42(1)：49-55.

[82] 廖文景，皇甫凯龙，何易，等.尾矿库实时监控与安全分析及预警耦合系统[J].中国安全科学学报，2014，24(8)：158-160.

[83] 刘泽华，刘优平.尾矿库坝体孔隙水压力光纤光栅监测技术研究[J].科技视界，2017(26)：21-22.

[84] 李钢，张红，杨曌.尾矿库洪水漫顶溃坝实验研究及数据分析[J].中国矿业，2019，28(3)：129-133.

[85] 敬小非，尹光志，魏作安，等.尾矿坝垮塌机制与溃决模式试验研究[J].岩土力学，2011，32(5)：1377-1384.

[86] 张力霆，齐清兰，李强，等.尾矿库坝体溃决演进规律的模型试验研究[J].水力学报，2016，47(2)：229-235.

[87] 王永强，张继春.基于相似试验的尾矿库溃坝泥石流预测分析[J].中国安全科学学报，2012，22(12)：70-75.

[88] 秦柯，孟宪磊.尾矿库溃坝溃口发展状态模拟试验[J].现代矿业，2016，(11)：183-184，195.

[89] 郑欣，亢永，许开立，等.尾矿坝管涌的试验研究[J].工业安全与环保，2013，39(6)：37-39.

[90] 赵怀刚，王光进，张超，等.尾矿库溃坝泥石流运动过程试验研究[J].泥沙研究，2019，44(1)：31-36.

[91] 赵天龙，陈生水，钟启明.尾矿库溃决机理与溃坝过程研究进展[J].水力水运工程学报，2015(1)：105-111.

[92] 王学良，孙娟娟，周书，等.尾矿库溃坝运动特征模拟研究[J].工程地质学报，2019，27(1)：144-151.

[93] 魏勇，许开立，熊琳，等.尾矿溃坝砂流流动特性及规律模型试验研究[J].中国安全科学学报，2017，27(4)：122-126.

[94] 武鸿鹏.海勃湾电厂四期扩建贮灰场方案优化[J].内蒙古石油化工，2013(6)：68-69.

[95] 霍明，李佐广.煤矿采空区贮灰场地基结构设计[J].山西建筑，2001，27(3)：41-42.

[96] 王有为.热电厂贮灰场设计与防护[J].水科学与工程技术，2016(6)：81-83.